U0397230

"十四五"时期国家重点出版物出版专项规划·重大出版工程规划项目

变革性光科学与技术丛书

# Transparent Laser Ceramics

# 透明激光陶瓷

陈昊鸿 雷 芳 著

清华大学出版社
北京

## 内 容 简 介

已实现千瓦级激光的透明激光陶瓷为现有的、基于晶体和玻璃的激光应用带来了革新,奠定了未来实现核聚变和空间太阳能收集等先进工程的基础,有助于中国"稀土经济"的发展。结合工程实践案例,本书从光功能材料研究的视角,系统介绍了这类新兴材料的结构、性能、制备、应用和发展,包括历史起源、独特多晶结构的影响,从传统不透明到透明激光应用时陶瓷结构和工艺所需的改进与理论机制,面向材料激光的虚拟设计与模拟,以及对今后技术和材料发展的展望。

本书关联基础研究和工程应用,既可作为激光相关材料和器件研究、生产与管理人员的参考资料,也可作为透明激光陶瓷相关课程的专业教材和面向本科及以上读者的科普读物。

**图书在版编目(CIP)数据**

透明激光陶瓷/陈昊鸿,雷芳著. —北京:清华大学出版社,2023.3
(变革性光科学与技术丛书)
ISBN 978-7-302-61981-9

Ⅰ.①透… Ⅱ.①陈… ②雷… Ⅲ.①陶瓷-生产工艺 Ⅳ.①TQ174.6

中国版本图书馆 CIP 数据核字(2022)第 181843 号

责任编辑:鲁永芳
封面设计:意匠文化·丁奔亮
责任校对:欧 洋
责任印制:曹婉颖

出版发行:清华大学出版社
    网　　址:http://www.tup.com.cn,http://www.wqbook.com
    地　　址:北京清华大学学研大厦 A 座　　邮　　编:100084
    社 总 机:010-83470000　　邮　　购:010-62786544
    投稿与读者服务:010-62776969,c-service@tup.tsinghua.edu.cn
    质量反馈:010-62772015,zhiliang@tup.tsinghua.edu.cn
印 装 者:小森印刷(北京)有限公司
经　　销:全国新华书店
开　　本:170mm×240mm　　印　张:36　　字　　数:682 千字
版　　次:2023 年 3 月第 1 版　　印　　次:2023 年 3 月第 1 次印刷
定　　价:269.00 元

产品编号:095478-01

# 丛书编委会

## 主　编

罗先刚　中国工程院院士,中国科学院光电技术研究所

## 编　委

周炳琨　中国科学院院士,清华大学

许祖彦　中国工程院院士,中国科学院理化技术研究所

杨国桢　中国科学院院士,中国科学院物理研究所

吕跃广　中国工程院院士,中国北方电子设备研究所

顾　敏　澳大利亚科学院院士、澳大利亚技术科学与工程院院士、
　　　　中国工程院外籍院士,皇家墨尔本理工大学

洪明辉　新加坡工程院院士,新加坡国立大学

谭小地　教授,北京理工大学、福建师范大学

段宣明　研究员,中国科学院重庆绿色智能技术研究院

蒲明博　研究员,中国科学院光电技术研究所

# 丛 书 序

光是生命能量的重要来源,也是现代信息社会的基础。早在几千年前人类便已开始了对光的研究,然而,真正的光学技术直到 400 年前才诞生,斯涅耳、牛顿、费马、惠更斯、菲涅耳、麦克斯韦、爱因斯坦等学者相继从不同角度研究了光的本性。从基础理论的角度看,光学经历了几何光学、波动光学、电磁光学、量子光学等阶段,每一阶段的变革都极大地促进了科学和技术的发展。例如,波动光学的出现使得调制光的手段不再限于折射和反射,利用光栅、菲涅耳波带片等简单的衍射型微结构即可实现分光、聚焦等功能;电磁光学的出现,促进了微波和光波技术的融合,催生了微波光子学等新的学科;量子光学则为新型光源和探测器的出现奠定了基础。

伴随着理论突破,20 世纪见证了诸多变革性光学技术的诞生和发展,它们在一定程度上使得过去 100 年成为人类历史长河中发展最为迅速、变革最为剧烈的一个阶段。典型的变革性光学技术包括激光技术、光纤通信技术、CCD 成像技术、LED 照明技术、全息显示技术等。激光作为美国 20 世纪的四大发明之一(另外三项为原子能、计算机和半导体),是光学技术上的重大里程碑。由于其极高的亮度、相干性和单色性,激光在光通信、先进制造、生物医疗、精密测量、激光武器乃至激光核聚变等技术中均发挥了至关重要的作用。

光通信技术是近年来另一项快速发展的光学技术,与微波无线通信一起极大地改变了世界的格局,使"地球村"成为现实。光学通信的变革起源于 20 世纪 60 年代,高琨提出用光代替电流,用玻璃纤维代替金属导线实现信号传输的设想。1970 年,美国康宁公司研制出损耗为 20 dB/km 的光纤,使光纤中的远距离光传输成为可能,高琨也因此获得了 2009 年的诺贝尔物理学奖。

除了激光和光纤之外,光学技术还改变了沿用数百年的照明、成像等技术。以最常见的照明技术为例,自 1879 年爱迪生发明白炽灯以来,钨丝的热辐射一直是最常见的照明光源。然而,受制于其极低的能量转化效率,替代性的照明技术一直是人们不断追求的目标。从水银灯的发明到荧光灯的广泛使用,再到获得 2014 年诺贝尔物理学奖的蓝光 LED,新型节能光源已经使得地球上的夜晚不再黑暗。另外,CCD 的出现为便携式相机的推广打通了最后一个障碍,使得信息社会更加丰富多彩。

20世纪末以来,光学技术虽然仍在快速发展,但其速度已经大幅减慢,以至于很多学者认为光学技术已经发展到瓶颈期。以大口径望远镜为例,虽然早在1993年美国就建造出10 m口径的"凯克望远镜",但迄今为止望远镜的口径仍然没有得到大幅增加。美国的30 m望远镜仍在规划之中,而欧洲的OWL百米望远镜则由于经费不足而取消。在光学光刻方面,受到衍射极限的限制,光刻分辨率取决于波长和数值孔径,导致传统i线(波长为365 nm)光刻机单次曝光分辨率在200 nm以上,而每台高精度的193光刻机成本达到数亿元人民币,且单次曝光分辨率也仅为38 nm。

在上述所有光学技术中,光波调制的物理基础都在于光与物质(包括增益介质、透镜、反射镜、光刻胶等)的相互作用。随着光学技术从宏观走向微观,近年来的研究表明:在小于波长的尺度上(即亚波长尺度),规则排列的微结构可作为人造"原子"和"分子",分别对入射光波的电场和磁场产生响应。在这些微观结构中,光与物质的相互作用变得比传统理论中预言的更强,从而突破了诸多理论上的瓶颈难题,包括折反射定律、衍射极限、吸收厚度-带宽极限等,在大口径望远镜、超分辨成像、太阳能、隐身和反隐身等技术中具有重要应用前景。譬如,基于梯度渐变的表面微结构,人们研制了多种平面的光学透镜,能够将几乎全部入射光波聚集到焦点,且焦斑的尺寸可突破经典的瑞利衍射极限,这一技术为新型大口径、多功能成像透镜的研制奠定了基础。

此外,具有潜在变革性的光学技术还包括量子保密通信、太赫兹技术、涡旋光束、纳米激光器、单光子和单像元成像技术、超快成像、多维度光学存储、柔性光学、三维彩色显示技术等。它们从时间、空间、量子态等不同维度对光波进行操控,形成了覆盖光源、传输模式、探测器的全链条创新技术格局。

值此技术变革的肇始期,清华大学出版社组织出版"变革性光科学与技术丛书",是本领域的一大幸事。本丛书的作者均为长期活跃在科研第一线,对相关科学和技术的历史、现状和发展趋势具有深刻理解的国内外知名学者。相信通过本丛书的出版,将会更为系统地梳理本领域的技术发展脉络,促进相关技术的更快速发展,为高校教师、学生以及科学爱好者提供沟通和交流平台。

是为序。

罗先刚

2018年7月

# 序

　　最早与陶瓷结缘还是 20 多年前在厦门大学读本科的时候,当时跟着熊兆贤教授熟悉介电陶瓷的制备流程,了解了陶瓷领域中诸如球磨、排胶、预烧和烧结等概念,期间阅读了金格瑞(Kingery)的《陶瓷导论》(中译本),随后就将研究兴趣转向了材料学、晶体学和物理化学领域,侧重于基础研究。原因与金格瑞一样,笔者对陶瓷领域长期依赖甚至已经引起金格瑞在其著作中反感的"经验"并不满意,而且已经懂得了优化制备工艺与科学研究之间的区别,因此更乐意于从理论的角度揭示那些"经验"背后的东西。

　　透明激光陶瓷实际上可以直接称为激光陶瓷,"透明"的前缀主要是强调其不同于一般陶瓷的外观。这是一个既传统又新颖的事物。"传统"是因为 20 世纪 60 年代激光出现后,就开始了透明激光陶瓷的探索,其历史实际上比更广为人知的激光玻璃还要早,与激光晶体几乎同时出现。然而它又是"新颖的":直到 20 世纪 90 年代才引起陶瓷界的注意,并发展为先进陶瓷的一个分支。而且到目前为止,相比于已经广泛进入工程应用的激光晶体和激光玻璃,透明激光陶瓷虽然在实验室样机中取得了应用,但是仍属于潜在的替代者。

　　这种"传统"与"新颖"之间的矛盾来源于"理论"落后于"经验"。虽然从科学史的角度来看,理论落后于经验的事情很常见,比如麦克斯韦的电磁理论就是在法拉第和安培等积累了大量电磁学经验后才出现的,但是透明激光陶瓷的这种落后却是另一回事。它不是需要某个伟人来建立新的理论,而是仅仅需要坚持原有的、长期以来被陶瓷领域的"经验"掩盖而表面看来缺失的理论,其中又以光散射理论为首。池末(Ikesue)在回忆 Nd:YAG 透明激光陶瓷的发展史时就强调了这一点,甚至为此宣称自己并非陶瓷学家,只是一个注意到光散射理论并想方设法在烧结陶瓷中实践它的工程师而已。

　　20 多年后重回陶瓷领域,笔者发现这种落后仍然存在。比如 MgO 能不能作为 $Y_2O_3$ 的烧结助剂得到透明激光陶瓷? 如果已经假定激光陶瓷需要干净晶界作为必要条件,那么答案当然是"不能"。这是因为 MgO 和 $Y_2O_3$ 都是碱性氧化物,其共熔是热力学不稳定的,反而是 $ZrO_2$ 或 $Al_2O_3$ 可以尝试。遗憾的是,试图烧结 $Y_2O_3$-MgO 体系而得到透明激光陶瓷的工作还是做了不少。虽然现在这个体系已经改向"复相陶瓷"的方向,但是仍有试图基于所谓光散射的尺寸效应去考虑小晶粒陶瓷的报道——哪怕热力学理论已经揭示这种实践同非共熔小晶粒趋于团聚是相矛盾的,即便表面上是透明的,也没有激光的实用价值。

这种落后在透明激光陶瓷文献中还体现为虽然本质上是已有理论知识的利用,但是却误以为是"创新"而出版并宣扬,比如基于光散射理论,很容易推导出界面也是重要的影响因素,而不是直到面临"寄生振荡"的问题时才意识到这一点,并误以为是"新"的发现。

文献中又一种常见的时髦做法是引用公式就代表自己做了理论探讨,哪怕讨论部分实际上还是实验结果的简单罗列和对比,甚至同一公式在不同文献中可以有不同版本,而正文中遗漏了这些版本的适用条件或所采用的实际单位制;严重时甚至以讹传讹,缺乏实际的演算和检验。

以前笔者就想过一个有趣的问题,如果牛顿来写一本机械工程学方面的著作,那么其结果会如何?肯定与工程师根据自己的成果和经验撰写的相关著作不一样。反过来,这些工程师如果真正看懂了《自然哲学的数学原理》之后再撰写自己的著作,又会如何呢?金格瑞和他撰写的《陶瓷导论》就是这样的例子。该书以材料学包含的晶体学、物理学和化学理论为"骨",以陶瓷领域的实践为"肉",再以笔者自己跨学科的修养为"皮",成就了自身长盛不衰的经典地位。虽然书中不少理论是大学教材的基本内容,但是当实践只是忽视理论,而不是超越理论的时候,理论就是长青之树。

本书正是笔者进行这种思考的产物,试图从材料学的角度对 20 世纪 60 年代以来有关透明激光陶瓷的实验和应用文献进行整理,其间也包含了笔者自己的理论和实验成果,以理论结合实践,搭建一座基础研究与工程应用之间的桥梁,并且尝试回答这一领域的来龙与去脉,尽一点菲薄之力,为当前各种具体材料制备工艺参数优化的探索提供潜在的或基础性的学科研究方向。

本书不属于纯粹的基础研究或者应用研究,而可以归属于"应用基础研究"的范畴。基础研究解决"为什么"或"是什么"的问题,但没有应用背景的基础研究很容易落入闭门造车的困境;而应用研究解决"如何实现"或"怎么样"的问题,比如如何将陶瓷烧透明就是应用研究,但是如果将基础研究扔在一边,就容易进入金格瑞指责的经验主义,局限于大量的人力、物力和时间的试差探索或虚假的"优化"研究,甚至获得合格的陶瓷要关联到某个具体的工匠和某台特定的烧结炉上。应用基础研究试图解决这些问题——它不但要解决"如何做"的问题,还要解决"为什么要这样做"和"这样做属于哪一发展阶段"这两个基础研究问题。因此本书并没有否认现有陶瓷领域所积累的经验或者技术数据的价值,恰恰相反,这些是利用和验证本书相关理论的基础,是"成炊的米"。当然,作为"巧妇",无米固然不能成炊,但是如果罔顾"炊"的规律,也同样得不到一锅好饭。

通俗地说,通过本书可以让做材料的人懂得如何围绕激光做材料,让做激光的人懂得如何围绕材料做激光,同时也可以促进双方更好地交流与合作。

虽然目前市面上的相关著作在介绍透明陶瓷的时候也涵盖了透明激光陶瓷,不过相当一部分是实验结果的罗列和诸如气孔率随烧结温度而变化是引起透射率变化的原因等描述性结论(唯象或定性地讨论)。即便是专注于透明激光陶瓷,严格说来也仍然属于物理领域的激光知识与其多年陶瓷制备和表征结果的合编,在理论的统筹上仍有欠缺。

可喜的是近年来不少学者,比如以池末为首的团队也意识到这一点,从其所报道的研究论文可以发现,该团队已经重视基础理论的应用,力图从热力学的角度来获得新技术和新材料,不再如同当年简单报道陶瓷制备条件和陶瓷性能表征了。笔者曾有幸当面做过一个有关 ZnS 透明陶瓷的报告,当时池末就直接关注格点占据的晶体学问题! 有理由相信,今后会日益加大对基础理论的重视,对激光陶瓷发展的推动也会更为迅猛。

为了体现"桥梁"的作用。本书在撰写中保留了当前陶瓷领域的一些常见做法,比如原子百分比和将掺杂元素写在基质化合物名称之前。后者的例子就是在发光材料或发光学领域,$Y_3Al_5O_{12}$(简称 YAG)掺杂 Nd 元素通常写作 YAG:Nd;而在透明激光陶瓷领域,相当多的文献,尤其是池末及其支派的文献则记作 Nd:YAG。另外,本书所用的名词同样来自多个领域,以激光材料为例,它也可以按照激光工作原理称为激光介质或激光增益介质,本书对这些用法都做了解释,随后不再严格区分使用,其目的仍然是围绕"桥梁"而行,不作为规范或标准化专业名词的依据。

本书适合按顺序逐章阅读,除非读者已有相关的专业知识背景,否则不建议择取章节跳读。因为一门学科的知识自有其先后、承转、含纳和因果关系,所谓融汇贯通离不开对这些关系的掌握,这也是科学研究等具有系统性特征活动的精髓所在,所以建议读者通读所有章节,建立起一个较为完整的透明激光陶瓷的知识框架,随后再深入特定的领域,这样可以更为从容。

最后,本书的立项和出版,离不开鲁永芳编辑的大力支持和帮助,也受惠于丛书编委以及出版基金相关评审专家和人员对所提交书稿拙劣手笔的容忍和勉励。在当前唯职称或唯职位仍较为盛行的状况下,他们的支持和帮助弥为珍贵,乃至笔者几易书稿,吟安推敲后仍惶恐于有所辜负,迟迟难以封笔。笔者也要感谢目前就职的中国科学院上海硅酸盐研究所透明陶瓷研究中心下属的透明与光功能陶瓷课题组李江研究员、诸位同仁以及研究生的支持,同时也感谢中国科学院福建物质结构研究所和海西研究院洪茂椿先生等惠赐相关资料并准予使用。

本书的出版得到国家出版基金的支持,并列入"十四五"时期国家重点出版物出版专项规划·重大出版工程规划项目。其中部分工作也得到了国家自然科学基金联合基金(培育项目,项目批准号：U1932160)的支持,在此一并表示感谢。

　　本书抛砖引玉,希望能推动更多理论结合实践的科研著作的问世。囿于作者见识浅陋,书中谬误在所难免,还请不吝赐教,以便后继再版订正。

　　是为序。

陈昊鸿　雷芳

2022 年 4 月

# 目　录

**第 1 章　绪论** ················································································· 1

　1.1　基本概念 ················································································ 1

　　1.1.1　透明 ················································································· 1

　　1.1.2　激光 ················································································· 6

　　1.1.3　陶瓷 ················································································· 8

　　1.1.4　陶瓷组成描述 ·································································· 11

　1.2　陶瓷起源 ··············································································· 13

　　1.2.1　由陶到瓷的演变 ······························································ 14

　　1.2.2　"陶瓷"术语的形成 ··························································· 16

　1.3　传统陶瓷 ··············································································· 17

　　1.3.1　结构陶瓷 ········································································ 17

　　1.3.2　功能陶瓷 ········································································ 21

　　1.3.3　复合陶瓷 ········································································ 22

　1.4　透明化探索 ············································································ 24

　　1.4.1　透明陶瓷化的意义 ···························································· 24

　　1.4.2　Lucalox 陶瓷的发明 ························································· 29

　　1.4.3　透明陶瓷 ········································································ 33

　　1.4.4　透明激光陶瓷的发展 ························································· 34

　1.5　透明激光陶瓷 ········································································· 37

　　1.5.1　单组分透明激光陶瓷 ························································· 38

　　1.5.2　多组分透明激光陶瓷 ························································· 47

　　1.5.3　复合透明激光陶瓷 ···························································· 48

　参考文献 ···················································································· 53

**第 2 章 物理化学性质** ················································ 59

2.1 激光离子与能级跃迁 ·········································· 59
　2.1.1 发光中心与能级跃迁 ···································· 59
　2.1.2 激光的激发、发射与退激 ······························ 62
　2.1.3 激光离子 ············································· 69
　2.1.4 可调谐激光器 ········································· 77
2.2 晶体场效应 ·················································· 78
　2.2.1 晶体场与能级简介 ····································· 78
　2.2.2 晶体场畸形效应与光谱展宽 ····························· 80
　2.2.3 多中心发射与光色调控 ································· 87
2.3 能带与基质效应 ·············································· 95
　2.3.1 发光的能带机制 ······································· 95
　2.3.2 激光的基质效应 ······································ 100
　2.3.3 陶瓷制备过程的影响 ·································· 106
　2.3.4 发光的尺寸与掺杂缺陷效应 ···························· 110
2.4 光散射与光吸收 ············································· 114
　2.4.1 陶瓷中的光散射 ······································ 114
　2.4.2 晶界与双折射 ········································ 118
　2.4.3 吸收、泵浦与量子亏损 ································ 121
　2.4.4 散射与吸收性能评价 ·································· 125
　2.4.5 影响陶瓷透明性的因素 ································ 131
2.5 热性质 ····················································· 135
　2.5.1 激光材料的温度场和热效应 ···························· 135
　2.5.2 内禀散热和外源冷却 ·································· 140
　2.5.3 陶瓷热传导 ·········································· 143
　2.5.4 面向热传导的陶瓷几何结构设计 ························ 145
2.6 激光能级系统 ··············································· 148
　2.6.1 激光能级系统简介 ···································· 148
　2.6.2 粒子数反转的建立 ···································· 150
　2.6.3 三能级系统 ·········································· 152
　2.6.4 四能级系统 ·········································· 154
　2.6.5 能级系统的调控 ······································ 156

　　　　2.6.6　陶瓷多晶结构的微扰影响 ·························· 158
　　2.7　激光性能参数 ······································· 162
　　　　2.7.1　激光光束性能参数 ······························ 162
　　　　2.7.2　激光光束模式与改变 ···························· 165
　　　　2.7.3　激光材料的性能评价与陶瓷影响 ················· 168
　　参考文献 ············································· 173

# 第3章　制备技术和工艺 ····································· 180

　　3.1　粉体制备与预处理 ··································· 181
　　　　3.1.1　粉体内禀性能 ································· 182
　　　　3.1.2　粉体制备 ····································· 184
　　　　3.1.3　粉体预处理 ·································· 188
　　3.2　素坯成型与预处理 ··································· 192
　　　　3.2.1　素坯的影响 ·································· 192
　　　　3.2.2　素坯成型 ····································· 197
　　　　3.2.3　素坯预处理 ·································· 210
　　3.3　烧结 ············································· 212
　　　　3.3.1　烧结热力学与动力学 ···························· 213
　　　　3.3.2　塑性形变与压强的影响 ························· 230
　　　　3.3.3　气孔的排除 ·································· 233
　　　　3.3.4　烧结技术 ····································· 240
　　　　3.3.5　烧结助剂 ····································· 249
　　　　3.3.6　特殊烧结：键合、陶瓷化与单晶化 ··············· 257
　　3.4　后处理与加工 ······································ 260
　　　　3.4.1　后处理需求与技术 ···························· 260
　　　　3.4.2　激光光学级加工与表征 ························· 262
　　参考文献 ············································· 265

# 第4章　测试表征方法 ······································· 269

　　4.1　组成与结构 ········································ 269
　　　　4.1.1　物相与晶体结构 ······························ 269
　　　　4.1.2　组成元素与基团 ······························ 278

  4.1.3 表面分析 ·········································· 287
  4.1.4 组分均匀性及其测试 ···················· 288
4.2 粉体形貌 ················································· 290
  4.2.1 外形与粒径分布 ·························· 290
  4.2.2 比表面与团聚 ······························ 292
4.3 陶瓷微结构 ············································· 293
  4.3.1 密度与致密度 ······························ 293
  4.3.2 显微成像 ···································· 297
  4.3.3 三维微结构 ································ 302
4.4 陶瓷光学质量 ·········································· 304
  4.4.1 光的透过与散射 ·························· 304
  4.4.2 散射点成像 ································ 311
  4.4.3 折射率测试 ································ 312
  4.4.4 激光光束质量对比法 ···················· 314
4.5 离子能级跃迁 ·········································· 316
  4.5.1 吸收与激发光谱 ·························· 318
  4.5.2 发射光谱 ···································· 320
  4.5.3 衰减寿命谱 ································ 323
  4.5.4 瞬态吸收光谱 ······························ 323
  4.5.5 现场吸收光谱 ······························ 325
  4.5.6 其他光谱与衍生分析技术 ·············· 328
4.6 陶瓷热性质与热成像 ·································· 329
  4.6.1 陶瓷热性质 ································ 329
  4.6.2 组分均匀性的热成像 ···················· 330
4.7 激光性能 ················································· 335
  4.7.1 激光输出性能 ······························ 335
  4.7.2 激光光束质量 ······························ 340

参考文献 ························································ 348

第 5 章  材料设计与性能预测 ···························· 351

5.1 引言 ······················································ 351
  5.1.1 试错法的金格瑞评价及其弊端 ·········· 351
  5.1.2 材料设计与性能预测简介 ·············· 352

　　　5.1.3　透明激光陶瓷与多尺度模型 ················· 354
　　　5.1.4　关于本章的一些说明 ···················· 355
　　5.2　陶瓷组成与结构设计 ······················ 356
　　　5.2.1　相图计算 ·························· 357
　　　5.2.2　第一性原理与新结构设计 ················· 360
　　　5.2.3　介观结构与陶瓷制备动力学模拟 ·············· 361
　　　5.2.4　基于化学键理论的激光性能改进 ·············· 370
　　5.3　光谱计算与预测 ························· 373
　　　5.3.1　基质吸收光谱 ······················ 373
　　　5.3.2　拟合法预测离子光谱 ··················· 377
　　　5.3.3　从头法预测离子光谱 ··················· 382
　　　5.3.4　光谱计算与预测在能量转换中的地位和作用 ········ 390
　　5.4　激光光学参数计算 ······················· 392
　　　5.4.1　J-O 参数 ························· 392
　　　5.4.2　吸收截面、受激发射截面、增益截面和激光性能参数 ···· 396
　　　5.4.3　理论折射率、反射率和透射率 ··············· 404
　　　5.4.4　量子效率 ························· 407
　　5.5　热传导与热冲击模拟 ······················ 411
　　　5.5.1　有限元法简介 ······················ 411
　　　5.5.2　热传导模拟 ······················· 413
　　　5.5.3　热冲击模拟 ······················· 416
　　5.6　材料失效预测 ························· 417
　　　5.6.1　失效的评价与预测方法 ·················· 417
　　　5.6.2　陶瓷失效预测 ······················ 418
　　参考文献 ···························· 421

第6章　透明激光陶瓷的应用 ····················· 426

　　6.1　大功率固体激光器 ······················ 427
　　　6.1.1　激光武器 ························· 427
　　　6.1.2　核聚变点火装置 ····················· 431
　　6.2　激光照明 ·························· 435
　　　6.2.1　传统 LED 的问题 ···················· 435
　　　6.2.2　定向照明与投影 ····················· 445
　　6.3　磁光隔离 ·························· 453
　　　6.3.1　磁光效应 ························· 453

6.3.2　透明磁光陶瓷 ･･････････････････････････････････ 457
6.4　激光通信 ････････････････････････････････････････････ 459
6.4.1　大气与空间激光通信 ････････････････････････ 459
6.4.2　量子(激光)通信 ･･･････････････････････････････ 464
6.5　激光光电转换 ･･･････････････････････････････････････ 471
6.5.1　太阳光泵浦 ････････････････････････････････････ 471
6.5.2　光伏效应与应用 ･･･････････････････････････････ 477
6.6　其他应用 ･････････････････････････････････････････････ 480
参考文献 ･････････････････････････････････････････････････････ 485

第7章　展望 ････････････････････････････････････････････････ 490

7.1　新材料设计的"基因组计划" ･･････････････････････ 491
7.1.1　材料设计 ･･････････････････････････････････････ 491
7.1.2　材料基因组计划 ･･･････････････････････････････ 492
7.1.3　高通量计算的利与弊 ････････････････････････ 493
7.1.4　应用与展望 ････････････････････････････････････ 494
7.2　基础研究的"瓶颈"问题 ･･･････････････････････････ 497
7.2.1　玻璃-陶瓷-单晶的转化 ･･･････････････････････ 497
7.2.2　玻璃陶瓷 ･･････････････････････････････････････ 504
7.2.3　非立方结构的透明陶瓷化 ････････････････････ 510
7.2.4　大尺寸陶瓷的组分均匀化 ････････････････････ 519
7.2.5　烧结助剂的分布与作用 ･･･････････････････････ 523
7.2.6　高浓度掺杂的热力学稳定性问题 ････････････ 526
7.3　制备工艺的理论化和标准化 ････････････････････････ 528
7.3.1　工艺参数的统计分析 ････････････････････････ 529
7.3.2　经验公式的建立与应用 ･･･････････････････････ 531
7.3.3　基于标准的质量控制和规模生产 ････････････ 535
7.4　助力"稀土经济" ･･･････････････････････････････････ 539
7.4.1　"稀土经济" ･･････････････････････････････････ 540
7.4.2　透明激光陶瓷的推动作用 ････････････････････ 542
参考文献 ･････････････････････････････････････････････････････ 545

索引 ････････････････････････････････････････････････････････････ 549

第 1 章

# 绪　　论

## 1.1　基本概念

基本概念是从客观事物或实验现象出发,通过正确的逻辑演绎或归纳,从而得到结论、规律、定理乃至公式的基础。掌握基本概念是理解、掌握和运用学科知识的前提。虽然从字面上看,透明激光陶瓷涉及的基本概念:"透明""激光"和"陶瓷"是三个耳熟能详的名词,但是真正理解这些概念的学术内涵并不是简单的事情。考虑到这些基本概念对于读者阅读、理解和应用本书内容的重要性,这里就先从透明激光陶瓷的角度出发,介绍这三个重要的基本概念。

### 1.1.1　透明

"透明"更专业的说法是"透明性"(transparency)。透明性一般有两种定义:第一种是针对材料的吸收性能定义的,即材料对某段光谱没有吸收,那么就说材料在该光谱范围内是透明的;第二种是针对材料的光传输性能而言,即一种材料透明,就意味着当一束光从板形材料的一面射入后,在该材料与之平行的另一面可以观测到足够比例的入射光。后一种经常涉及的是可见光范围,因此"透明性"大小就等同于可视性大小,即将材料放在文字或图案上方,肉眼通过材料可看到底下的文字或图案的清晰程度。如果透明性不随厚度而变,那么材料就实现了全透明(full transparency)[1]。

不管是哪一种透明性,其对应的都是主体的透光性能,反映主体的吸收影响。比如掺 $Nd^{3+}$ 的 $Y_3Al_5O_{12}$ 透明激光陶瓷的透明性是指 $Y_3Al_5O_{12}$ 这个主体材料的透明性,而不考虑 $Nd^{3+}$ 的吸收,反映在透射率相关的谱线上,就意味着透明性来自背底曲线,其中也可以包括非 $Nd^{3+}$ 的,可视为缺陷或散射体引起的吸收或损耗,相对于 $Nd^{3+}$ 的吸收峰,这些吸收或损耗产生的驼峰甚至截断同样属于背底的组成部分。

对于透明陶瓷而言,大多数文献采用第二种定义介绍透明性的可视化模式,即将无机粉末经过烧结所得的陶瓷材料减薄并抛光成 1 mm 或其他厚度的块体,然后放在带有文字的纸上,通过它可读出内容就认为是透明的。伴随这种可视化模式的另一种主要表征手段是透射率——通过具体的透射率数值甚至与理论透射率的比较来显示所得陶瓷的“透明”程度。图 1.1 给出了这种常用于文献中的、通过放在文字或图案上的实物照片和透射率光谱来表示透明性的例子[2]。实际上,图 1.1 这类表征方式是相当粗糙的。首先是肉眼所见的“透明”会受到环境条件的限制,比如图 1.2(a)和(b)中的三块不同透明程度的 $Al_2O_3$ 陶瓷是一样的,但是由于放置的高度不同,下方文字的可见性就不一样;另外,当环境光较亮或者存在背光源时,可读性也会增加,然而陶瓷的透射率其实是没有变化的。

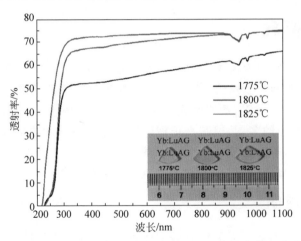

图 1.1  不同温度烧结的平面波导激光陶瓷 LuAG/10 at.(原子个数百分比)Yb：LuAG/LuAG
(LuAG＝$Lu_3Al_5O_{12}$)的透射率光谱及其样品照片(内图)[2]

如果不用肉眼直接观察,透明的可视化表征也可以采用再现黑白相间条纹图的程度来实现,即通过待测试陶瓷拍摄放于其下的黑白条纹图,根据条纹图的分辨率给出陶瓷透明性的定量结果。然而这种测量模式并没有改变肉眼直接观察所受距离与灯源等环境条件的影响,而且它实际测试的是调制传输函数(modulation transmission function,MTF),需要考虑数学意义上的“透明性”,即“数学透明”的影响。

以透射率来表征透明性的可靠性同样值得商榷。理论上表征透明性的透射率是“直线透射率”,然而实际光谱仪收集的是给定立体角内的所有光子,通常孔径角

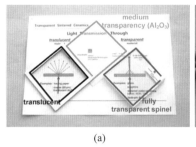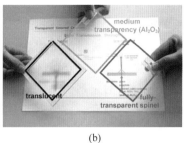

(a)                                              (b)

图 1.2  不同 $Al_2O_3$ 陶瓷的透明性随其与文本间距的变化结果[1]

(a) 三块陶瓷直接放置在文本上；(b) 图(a)中的三块陶瓷距离文本大约一个手指的高度

(aperture angle,等于开度角或张角(opening angle)的一半)是 $3°\sim5°$,而真正的直线透射率(real in-line transmission,RIT)要求该角度在 $0.5°$ 以下(理论是 $0°$),$5°$ 的孔径角虽然只是 $0.5°$ 孔径角的 10 倍,但是光子探测器的探测面积则是它的 100 倍[1],对透射率的影响非常可观。然而大多数文献在报道透射率数据时并没有介绍光谱仪的孔径角等参数,因此各自的透射率光谱并不具有绝对比较的价值。

最近戈尔茨坦(Goldstein)和克雷尔(Krell)进一步对"透明性"做了定义:一种固体材料可以称为"透明"的,前提是它可以将某一对象在特定感知器(比如人眼)上形成一副无畸变的图像,并且该对象上任一点发射的或者反射的光都必须通过这块固体材料,同时这些光与该材料的相互作用尽可能小(理想值等于 0)[3]。除此之外,他们还指出,更严格的"透明性"定义还要考虑所成图像的分辨率,而这些同样与影响材料的透明性的因素有关。

戈尔茨坦和克雷尔的定义在本质上是将"透明性"的两层含义融汇在一起,同时考虑了入射光与材料的相互作用以及光传输的问题。一种固体材料是透明的,就意味着对入射光是不吸收的,而且内部的结构也不影响入射光的传输,从而使得由物体发射或反射的光经过该材料后能够得到不畸变且分辨率仅取决于瑞利(Rayleigh)衍射效应大小的图像。

不同透明陶瓷对透射率和可视化的要求并不一样。如果材料内部引起入射光散射的因素较多,那么直线透射率和总透射率差别就更大。由于透明激光陶瓷需要实现激光振荡、尽量降低热效应和提高激光光束质量,因此要求光传输尽可能不受材料的影响,所以一般考虑的是直线透射率;与此相反,对于照明用的透明陶瓷,如果对光的定向传输要求不高,就主要考察总透射率。这个透射率实际反映了材料发射的光通过其另一表面出射的通量大小,可以更真实地体现材料的流明效率。另外,透明陶瓷中还有一大类主要用作窗口材料或透明装甲材料的陶瓷,对这类陶瓷更看重的是"透明性"的第一种定义,即针对某一波段,比如红外光波段是否吸收很少乃至不吸收,而不是看重可视性。由于随着波长增加,长波被材料内部结构散射的效应下降,这就意味着这类材料虽然在可见光区的透光性能不高,但是在不会发生吸收的红外区却有较高的透射率。

从透射率曲线判断材料的透明性,一般是考虑基线对应的透射率大小。这是因为基线的透射率主要反映光在材料内部的折射、反射和散射引起的损失,因此与成像能力(即可视性)的关系更为密切。当然对于透明激光陶瓷而言,透射率也是激光性能的主要决定因素。另外需要强调的是在测试透射率时一般采用参比光,即以另一束同样强度的入射光作为参比来反映落在材料上的入射光的强度损失。这样一来,材料表面对入射光的反射或散射也是测试透射率时必须考虑的,即材料表面的加工质量必须有可比性:一个毛面的陶瓷材料会散射掉可观的入射光,从而得到不好的透射率测试结果;相反,一个表面抛光的陶瓷材料就容易获得更好的透射率。与此类似,如果在陶瓷表面覆盖一层能起到增透作用的液膜,也会增加透射率,其增加大小与反射率有关,一般为原有透射率的 10% 左右[1]。因此通过透射率曲线来判断陶瓷的光学质量或透明性时,既要考虑陶瓷的本征性质(光谱基线、陶瓷形状和厚度等),也要考虑它的外观因素(表面、镀膜、环境光源等)。

材料在相同波长范围内的透明性或透射率对比除了考虑上述的基线和表面,还需要考虑的一个重要因素就是光的传播路径。通常采用沿入射光传播方向的径向尺寸,即该方向材料的厚度来表征。这个因素的重要性在于它可以独立影响透射率曲线的取值,尤其是基线的取值。

在不考虑表面反射损耗的条件下,表征透明陶瓷透射率 $T$ 的公式为

$$T = \frac{I}{I_0} = \exp(-\alpha l)$$

式中,$I$ 和 $I_0$ 分别是透射光强度和入射光强度,$\alpha$ 是材料的线性衰减或损耗系数,$l$ 是材料沿入射光传播方向的厚度。可以得到:当同一材料厚度减少到原来的一半时,某一波长的透射率 $T$ 与原始厚度时的透射率 $T_0$ 具有如下关系:

$$T = \sqrt{T_0}$$

以此类推,当厚度减少到原来的 1/3 时,透射率变为

$$T = \sqrt[3]{T_0}$$

这种指数关系与表征溶液吸收的朗伯-比尔-布格定律(Lambert-Beer-Bouguer's law)类似,只不过后者采用的是以 10 为底的指数项。显然,如果 $\alpha$ 不等于零,那么当厚度降低时,透射率的增加速度会指数性地显著提高,如图 1.3(a)所示。如果原始透射率取 0.6,即点(0.6,0.6),那么当厚度减少一半时透射率可以增加到 0.77,相对原来的 0.6 提高了 30%;而厚度继续减少到原来的 1/3,透射率是 0.84,增加了 40%。这种增加趋势随原始透射率的降低会进一步增加,比如原始透射率取 0.2,此时厚度降低 1/2 和 2/3 后所得透射率分别是 0.45 和 0.58,接

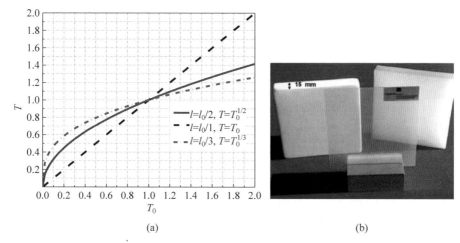

图 1.3　透射率随厚度相对于原始透射率变化的曲线(a)和不同厚度
$Al_2O_3$ 陶瓷的透明性比较(b)[1]

近原来的 3 倍。

图 1.3(b)以 $Al_2O_3$ 陶瓷给出了厚度影响的实际例子。在内部吸收与散射损耗不为零,即指数项不等于 1 时,虽然厚 0.8 mm 的 $Al_2O_3$ 陶瓷可以实现约 60%的直线透射率[1],肉眼看起来是透明的,但是随着厚度增加,会转变成图 1.3(b)中右侧透射率低于 10%的半透明(translucent)状态,而图 1.3(b)中左侧具有类似厚度(15 mm)的陶瓷则因为残余气孔率更多(>0.1%)处于完全不透明的状态。

另一个需要注意的是由设备引起的正透过或负吸收现象。对于测试透射率或吸收光谱的分光光度计,如果入射光不经过分光就直接照射样品,并且其中某波段的入射光(比如蓝光)可以激发样品发射红光,那么这部分红光就会叠加在原来由入射光源产生并透过样品的红光之上,增加了实际被探测到的红光光子数量,导致在红光波段透射率虚假增加,甚至超过 100%。或者吸收光谱中红光波段的吸收峰强度下降,甚至得到反向的吸收峰。这种透射率正向增加或吸收峰反向增加的现象称为"正透过"或"负吸收"。相关的变化趋势可以用图 1.3(a)来说明。在透射率测试中,正常的透射率不会超过 100%(即图 1.3 的(1.0,1.0))。如果越过这一点,那么随着厚度的下降,透射率反而下降。这是因为超过 100%的透过是由样品的发光引起的。因此当厚度下降,发光成分浓度自然减少,发光强度就下降,从而总透射率也下降。需要注意的是,与正常透射率范围的结果不同,对于存在发光参与的透射率测试结果,厚度降低越多,透射率反而越低,比如当越过点(1.0,1.0)后,1/2 厚度样品的透射率要高于 1/3 厚度样品的透射率,与前面的趋势相反。

综上所述,原始透射率的降低既可以是因为厚度增加,也可以是由其他因素引起,比如材料质量降低等。但是不管如何,从这些推论可以发现,厚度对实际材料透射率的表征结果具有明显的影响。因此在介绍材料透射率时,没有注明沿入射光传播方向的材料厚度是没有意义的;同样地,没有说清所用分光光度计的光路设置和样品发光的影响所得的透射率结果也是没有意义的,不能作为衡量材料光学质量的标准。

### 1.1.2　激光

激光是 20 世纪的重大发明之一。它在本质上属于一种发光现象。

光是一种具有能量属性的电磁波。当电子从能量高的状态跃迁回能量低的状态,在这个跃迁过程中会释放数值等于这两个状态之间的能量差值的电磁波,这就是"发光"。激光的独特之处体现在这个从高能级返回低能级的过程。常规的发光是自发的,利用了发光体系总是自发转变为能量最低的稳定态的趋势,即处于高能级的电子不受外界作用就可以自发地跃迁回基态,这称为"自发"发光。激光则相反,它的跃迁是需要外界干涉的,是一种"受激"发光。

从微观角度上看,处于基态的电子在电、光或其他外界能量作用下跃迁到某一激发态(即激光上能级),如果该激发态的粒子数高于某个低能态(即激光下能级)上的粒子数,就会发生粒子布居反转现象。此时用一束能量正好等于激光上能级与激光下能级差值的光波入射材料,就会诱导激光上能级的电子跃迁回激光下能级,同时发射出与入射光同频率的受激发射光,这就实现了多倍于输入光子的光输出,即入射光得到了放大。因此激光一词的英文"laser"是来源于"light amplification by stimulated emission"(受激发射引起的光放大)的缩写。

虽然早在 1917 年,爱因斯坦就从理论上阐释了激光存在的可能性。他从热力学的角度提出辐射场与物质的相互作用包含三种过程:光的自发辐射、受激吸收、受激辐射。如果介质中存在粒子布居反转的状态,即高能态的粒子数目超过低能态的粒子数目,那么就有望获得很强的受激辐射(激光)。但是直到 41 年后(1958年),美国科学家肖洛(Schawlow)和汤斯(Townes)才第一次观察到激光现象。他们在《物理评论》上报道了产生单色相干光的原理,并以气态钾原子发光为例,获得了始终会聚在一起的强光。这种光就是物质在受到与其分子固有振荡频率相同的能量激励时产生的激光。显然,他们的"激光原理"其实是爱因斯坦受激辐射理论在频率选择上的反映。遗憾的是,当时对激光与常规发光现象的差别,尤其是泵浦源的性能和光放大的原理方面仍缺乏认识,因此不但别人重复他们的实验没有成功,就连他们自己也没再进一步展开研究。而公认的人类有史以来获得的第一束激光是 1960 年 5 月 16 日,美国加利福尼亚州休斯实验室的科学家梅曼(Maiman)获得的波长为 0.6943 $\mu$m 的激光(图 1.4),梅曼因而也成为世界上第一个将激光引入实用领域的科学家。

在激光发明者的争夺中，梅曼能后来居上，主要在于他更好地把握了"激光"的概念。从上述激光的定义可以明确产生激光的前提有三个：发光材料、激发光源、光放大。前两者是一般发光所必需的，而后者是激光特有的。是否清楚这三个前提正是激光发明者易主的重要原因。首先，梅曼所用的激光材料正

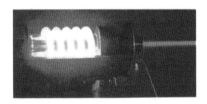

图 1.4　世界上首台红宝石激光器[4]

是肖洛等反对的掺 Cr 的 $Al_2O_3$，即红宝石。他不盲从于肖洛等的报道和研究基础，而是重新考查了红宝石的性质，最终指出肖洛等的理论是错的。其次他也注意到激发光源（也可称为泵浦源）和光放大的问题，因此在实验上选择了可以爆发强光的螺旋式闪光管做泵浦源，以便更高效地泵浦激光材料；同时建立了光学谐振腔加强光的放大。与肖洛等所做的、容易受到自发发光干扰的激光实验不同，梅曼的激光实验在原理上与现代激光器是一致的，因此能够获得可重现的、稳定的激光输出，从而成为公认的激光发明者。

产生激光的三个前提恰好对应激光器的三大组成：激光工作物质、泵浦源和光学谐振腔[5]。其中激光工作物质包含基质和激活离子（即发光中心），泵浦源提供了激发能量，带有反射镜的谐振腔可以让发光在腔中往复反射传播，多次通过发光晶体，起到传递能量（受激吸收）和诱导发光（受激辐射）的双重作用，从而实现光子的倍增，最终出射的光就是高单色性和高亮度的激光。

肖洛和汤斯的贡献主要是起了思想启蒙的作用，即从微波振荡放大衍生出光波振荡放大的思想，并提出了谐振腔和窄线吸收与发射等理论，夯实了实现激光的理论基础。有趣的是在当时知识产权处于起步阶段的背景下，他们在不知道实现方式的前提下居然以"光激射器"（与"微波激射器"对应）的概念成功申请了专利，而另一位同样擅长于理论设计的戈登·古尔德（Gordon Gould）就比较遗憾。由于他没有及时公布研究成果，因此虽然比肖洛等提前一年（1957 年）提出激光的概念，而且还首次使用了"激光"这个术语，但是一方面他的成果仅记载于自己的研究笔记上，另一方面比肖洛晚一年（1959 年）申请专利，因此虽然他实际提出了实现现代激光器的各种概念，甚至还包括调 Q 技术的原理和相关设施，但结果却是陷入与肖洛等的激光专利之争，并且在公众的眼里，他对激光的发展也没有实际贡献——古尔德申请的专利到 1968 年才被公布，已经落后于当时的激光技术了[6]。

类似激光发明的历史在影响深远的新事物的出现中是屡见不鲜的。它深刻反映了人类认识新事物过程中由于主观能动性的影响而必然产生的曲折性。

### 1.1.3　陶瓷

陶瓷的本质是多晶,是由大量体积更小的一种或几种晶体通过化学键合而成的聚集体。这种聚集体既可以是块体材料,也可以是粉末。

晶体是构成一切固体材料的基础。人们很早就通过自然界广泛存在的水晶($SiO_2$)认识了晶体。英语中晶体对应的单词"crystal"来自于希腊语"Krystallos",即"洁白的冰",而这种"冰"就是水晶。

从宏观角度看,晶体就是如图1.5所示外观均匀纯净的块体。晶体在生长不受限制的条件下会发育成特定的几何形状。这种规则的几何外形是晶体内部原子、离子或者分子构成的结构基元在三维空间中周期性排列的一种反映。这种结构基元称为晶胞(unit cell),是描述晶体结构的基本工具。它是从理想晶体中按照反映结构对称性、有尽可能多的直角以及最小的体积三条规则提取的基本结构单元,而理想晶体就是由这种结构单元在三维空间中无限扩展而成的。图1.6给出了铁(α-Fe)单晶的体心立方晶胞及其三维周期性排列的结果。

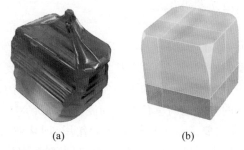

(a) (b)

图1.5　PIMNT($0.24Pb(In_{1/2}Nb_{1/2})O_3$-$0.42Pb(Mg_{1/2}Nb_{2/3})O_3$-$0.34PbTiO_3$)弛豫铁电晶体
(a)和掺Ce的$Y_3Al_5O_{12}$石榴石晶体(b)的图像

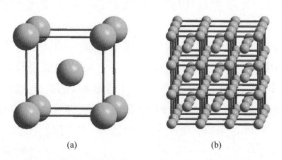

(a) (b)

图1.6　α-Fe单晶的体心立方晶胞(a)及其三维周期性排列而成的点阵(b)

关于晶胞的概念需要注意如下两点。第一是计算晶胞内包含的原子数要考虑晶胞间的共用关系,以上述α-Fe的晶胞为例,由于一个顶角的Fe原子要与其他7

个同样的立方体共用,而处于体心的 Fe 原子是晶胞独有的,因此一个晶胞包含的 Fe 原子数是 2(=1/8×8+1)。第二个要注意的是晶胞不一定是构成晶体的最小单元。这是因为划分晶胞时,人为加入了一些规则,其中最主要的规则就是直角要尽量多,或者说实际选择的晶胞要尽量偏向长方体。这样选取的晶胞同宏观晶体经常呈现的方块外观一致,而且也可以很方便地将各个晶轴与笛卡儿坐标系的坐标轴对应起来,从而使原子坐标的表达以及相关的结构计算(如键长和键角等)得到简化。

但是这种几何学方面的便利对于材料计算而言却是一个麻烦。由于在材料计算中,所涉及的原子越多,需要消耗的计算资源就越多,计算所需的时间也大为加长。因此以材料计算为主的实践中仅考虑能够全面描述对称性和三维空间周期排列成晶体这两个最基本的规则,从而得到了体积可以更小的结构单元。为了与普通的"晶胞"相区别,这种结构单元被称为原胞(primitive cell)或约化胞。显然,对于同种原子构成的晶体,其原胞就是仅含一个原子的单元,类似初基晶胞,而不同种原子构成的晶体,其原胞就要复杂得多。图 1.7 就是透明激光陶瓷常见的 $Y_3Al_5O_{12}$(YAG)的原胞和晶胞的对比。需要指出的是,文献中对原胞的用法比较混乱,是因为晶体学上将初基晶胞也称为"primitive cell",因此有的文献除了将初基晶胞称为原胞,还将晶胞称为布拉维(Bravais)原胞。另外,虽然材料计算中原胞经常用"primitive cell"(晶胞称为"conventional cell"),但是其他学科也有各自的惯用叫法,比如固体物理学中就采用"Wigner-Seitz cell"(维格纳-塞茨原胞,简称 W-S 原胞)的说法。除了上述所含原子数目的差异,区分晶胞和原胞还可以通过它们的几何形状来实现:晶胞通常取其所属布拉维点阵的形状,而原胞则不一定。以图 1.7 属于立方晶系的 $Y_3Al_5O_{12}$ 结构为例,用于材料计算的原胞是三方形状,三个晶轴长度都是 10.445 Å,而晶轴夹角则都等于 109.47°;与它相应的晶胞是边长为 12.06 Å 的立方体,两者体积比或原子个数比为 1∶2。

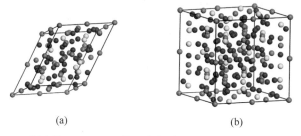

(a)            (b)

图 1.7   $Y_3Al_5O_{12}$ 的三方原胞(a)和立方晶胞(b)

虽然判断一种固体材料是否为晶体可以基于一些宏观性质,比如均一性、自范性和各向异性等,但是这些宏观性质要么不是固体材料成为晶体的充分条件,要么在应用中并不是现实可行的。前者的典型例子就是"均一性",它的规定是"一块晶体随机切割成小块晶体,每一块的物理化学性质都是一样的。这种属性有时也称为各向同性"。显然,一块均匀的玻璃乃至陶瓷也可以做到这一点。而"自范性"则是后者的代表,它认为晶体生长时能自发形成规则的凸多面体外形,具体的外形取决于晶体的宏观对称性(即晶体学上的点群),然而实际晶体生长都是在受限环境下(具有特定形状和体积的容器)进行的,从而即便是晶体,它的形状也与其晶系要求的形状不一样,达不到自范性的要求。

判断固体材料是否为晶体更有效的方法是衍射法和能量判定法。

衍射法是基于晶体的三维周期性重复结构。当一块固体材料内部的三维结构周期性重复的行为可以扫过整块材料,仅在表面才中断,那么这块固体材料就是晶体。如果这种周期性行为在扫过整块材料时不断被中断,而且排列方式或方向也不断改变,那么这块固体材料就是由大量晶体堆积而成的,可以称为多晶(相应地可以将晶体称为单晶)。至于内部不能划分出周期性排列的结构基元的固体,就称为无定形相固体或者玻璃。

周期性结构可以对波长与结构中基元间距在同一数量级的射线产生衍射现象,不同周期排列的衍射花纹就会不一样,从而利用衍射图像可以判断固体材料的结晶属性。这里以电子衍射图像为例进行说明。如图 1.8 所示,对于单晶而言,由于原子排列规则且三维周期性排列取向均一,因此衍射图像为清晰明锐的衍射斑点(图 1.8(a))。多晶存在任意取向的单晶颗粒,相当于同一种衍射斑点在别的方向上也会出现,各个方向的衍射斑点组成了一个圆周,不同种斑点的半径不同,从而多晶的衍射图像是一系列同心圆环(图 1.8(b))。无定形相由于原子排列不规则,没办法周期性散射电子束,最终得到的是弥散的粗大的环晕(图 1.8(c))。

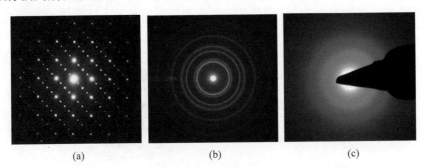

(a)        (b)        (c)

图 1.8 单晶(a)、多晶(b)和无定形相(c)的电子衍射图像[7-9]

能量判定法是基于晶体的最小内能原理,即同一种化合物的不同物理状态中,晶体是体系能量最低的状态。基于能量越低越稳定的原理,其他物理状态都有自发向晶体状态转变的趋势。利用最小内能原理最常用的测试技术是热分析,通常单晶仅在熔点处出现一个尖锐的吸热峰,多晶则不但该峰会宽化,而且峰值位置也有所变化。如果包含组成不同的单晶晶粒,还会存在其他吸热峰或放热峰;而玻璃的热分析谱图谱中具有更多的谱峰数目,主要包括玻璃软化吸热峰、结晶放热峰和熔化吸热峰等,更为复杂。

基于以上关于晶体的分析,由于陶瓷属于多晶,因此陶瓷内部存在一个个体积更小的单晶晶粒,并且晶粒之间以化学键键合,这些键合的结果就在晶粒之间形成了一个用于过渡两种不同三维周期性排列的结构,即晶界。显然,陶瓷与单晶的一个本质区别就在于陶瓷中包含晶界,另一个本质区别是具有相同三维周期性排列的体积大小不一样,陶瓷中是一个个大小不同且彼此排列不一致的周期性排列结构,其性质是这些小周期结构的统计平均;而单晶则是一整个三维周期性结构。这两个区别决定了同样化学组分的单晶和陶瓷之间物理化学性质的差异。

## 1.1.4　陶瓷组成描述

组成是材料的基本属性,也是研究材料物理化学性质的基础。

对于单晶而言,描述组成最简单直接的方式就是它的化学式。需要注意的是,表达材料或者化合物的化学式并不等同于晶胞或原胞,而是与非对称单元相对应,即化学式中的这部分原子不能通过其他同类的原子利用对称性操作产生,而晶胞或原胞所含的原子则是化学式中相应种类原子数目的整数倍,具体数目可以根据该晶体的对称性来确定。比如在图 1.7 所示的 $Y_3Al_5O_{12}$ 结构中,通过对称性操作,一个晶胞可以含有 8 个化学式($Y_3Al_5O_{12}$),即共有 160 个原子。因此,确定某个晶体结构就等同于确定非对称单元的结构以及晶体的对称性,随后就可以明确晶胞或原胞的结构。它可以通过分析晶体在 X 射线、中子束和电子束等波长与晶体中原子间距同一数量级的射线入射时产生的衍射花样得到。

陶瓷是众多小单晶聚集而成的单晶,其组成通常也可以利用构成陶瓷的单晶的化学式来描述,比如由 $Y_3Al_5O_{12}$ 单晶晶粒构成的陶瓷称为 $Y_3Al_5O_{12}$ 陶瓷。

实际情况要更为复杂。如前所述,多晶是允许不同三维周期性结构存在的,或者说不同组成的晶粒之间只要可以化学键合,那么也是可以组成多晶的,并不需要破坏各自的结构而组成新的化合物,比如 $Y_2O_3$ 稳定的 $ZrO_2$ 陶瓷中,基质 $ZrO_2$ 和稳定基质晶相的 $Y_2O_3$ 并没有反应形成新的化合物,而是构成一种复合材料(复合陶瓷),此时描述这种陶瓷的组成就需要采用复合化学式的形式,比如"$ZrO_2$-$Y_2O_3$"等,更进一步的,还需要在各自化学式的前方注明摩尔比例。

虽然复合陶瓷或者离子掺杂改性陶瓷的组分描述要比单组分来得复杂,但是在陶瓷领域,更麻烦的是组分描述的真实性问题。虽然这个问题在其他领域,比如单晶和玻璃领域也存在,但是相比于它们更容易均一化,或者组分连续变化且规律已知的优势,陶瓷就显得更为复杂。这是因为一方面陶瓷在制备中与单晶或玻璃一样,会存在组分的挥发或与环境的组分交换;另一方面是陶瓷由众多的晶粒构成,不但不同局部区域组成难以实现完全一样,而且还存在着晶界这一影响材料实际组成的因素。晶界可以容纳更多的杂质离子,严重时甚至可以形成其他具有确定组成的物相(晶间相)。除此以外,确认陶瓷真实组成还有一个明显的麻烦,那就是陶瓷的制备需要消耗可观的资源和精力,有的陶瓷比如透明陶瓷等还要进一步考虑高纯原料的成本和工艺的稳定性,这就使得将整块陶瓷粉碎,然后用传统化学组分分析法得出真实组成的操作在实际中是不可接受的。陶瓷研究者可以接受的是无损组分分析,然而正如前面所讨论的,由于晶界的存在以及不同组成晶粒的非均匀共存,那些不用破坏陶瓷的方法,比如 X 射线荧光、X 射线衍射和电子探针等并不能真正反映陶瓷的组成。这里举一个电子探针结合等离子体原子发射光谱(ICP)测试的例子进行说明。

图 1.9 是掺 Pr 的 $Lu_3Al_5O_{12}$ 透明陶瓷某个小区域的电子探针线扫描结果,图中从上到下四条振荡的曲线依次是 Al、Lu、Mg 和 Si 的线扫描结果[10]。虽然该文献的作者认为这四种元素分布均匀,没有偏析,但是不难看出,Mg 和 Si 的振荡要低于基质组分 Al 的振荡。而 Mg、Al 和 Si 在周期表相邻,对电子探针而言,其探测效率差别不大,因此浓度较高的 Al(基质组分之一)振荡幅度明显是 Mg 和 Si 的 2~3 倍,实际上就意味着 Mg 和 Si 含量的变化(扫描线的振荡)可能与设备的噪声同数量级,所以并不明显。这同 Mg 和 Si 是分别以烧结助剂 MgO 和 $SiO_2$ 的形式引入的,从而含量很少(约 0.5 wt.%)是一致的;同时也意味着不能以此断定 Mg 和 Si 是均匀分布、无偏析的。另外,文献还提到电子探针分析没有找到 Pr,并将其解释为超过了仪器探测的极限,但是随后的 ICP 分析却表明 Pr 的含量是 0.34 at.%,与 Mg 或 Si 相比仍属于比较高的浓度。最后,从图中还可以明显看出该陶瓷存在气孔,做线扫描的时候有意避开了这些区域。以上这些都表明图 1.9 的电子探针线扫描并不能否认元素偏析的存在,同时也没有体现材料的真实组成。

因此,目前大多数相关文献介绍陶瓷的组成时,都是基于原料中各元素的组成来撰写相应的化学式或者复合化学式,研究者或审稿人都有意或无意地忽略了实际的组成。比如图 1.9 所示的透明陶瓷在公开发表的文章中就直接根据原料中的元素比例写为 0.5at.% Pr: $Lu_3Al_5O_{12}$(ICP 测试结果应该是 0.34at.% Pr: $Lu_3Al_5O_{12}$)[11]。虽然这种操作的确方便了陶瓷组分的描述,而且在反映组分-性能规律时也有一定的效果,但是这种"名义组分"毕竟不能实际取代"真实组分",因此在描述更为精确的组分-性能规律以及解释起源于微量组分变化的性质时就无能为力,甚至有的文章还出现了违背组分-性能规律的常见规则,比如违背维加

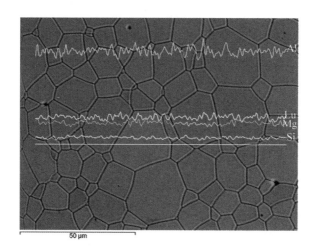

图 1.9　掺杂 Pr 的 $Lu_3Al_5O_{12}$ 透明陶瓷的电子探针线扫描结果（最下方白线指示扫描方向）[10]

（Vegard）定律的"惊奇"发现。

其实这种囿于实际技术困难而让步的做法就连崇尚精确的晶体结构研究领域也是存在的，目前重视材料是否有更好的性能而忽略所报道晶体结构有效性的现象已经是常见的："如今，大多数结构数据作为相应化学研究的一部分或者证明手段发表于非晶体学专业的杂志上。遗憾的是审稿人一般得不到足够的信息来判断其结构分析的正当性……因为对文章的结构进行验证会阻碍重要化学信息的快速发表，所以某些杂志的审稿人中甚至连一个熟练的晶体学家都没有。滑稽的是作为被审核过的出版物，那些仅仅粗略被检查的结构随后就汇入研究文献和数据库中了。"[12]

虽然一种错误的做法可以因为实践方面的原因成为"行业规律"并且国内外通行，但是这不意味着可以放弃科学的严谨性。因此，陶瓷材料研究者和应用者需要牢记这种陶瓷的组分描述主要是基于原料组成的"名义组分"，原则上是不能代替"真实组分"用来讨论陶瓷性能和结构的。

## 1.2　陶瓷起源

透明陶瓷是陶瓷发展过程中的一个新品种。它的出现、发展和成熟是基于陶瓷发展规律的。正如现代陶瓷相比于古代陶瓷而言，虽然无论在组成、质量和功能方面都有很大的差别，但是并没有完全与古代陶瓷绝然分离。这是因为一方面古老的陶瓷产品，比如锅碗瓢盆和装饰器皿等依然活跃于现代社会；另一方面，古人掌握的烧窑、制釉、泥料处理和气氛控制等工艺也仍然在现代陶瓷制作中常用,并且成为陶瓷学的主要内容。甚至仿造古瓷,即以现代科学研究手段重现已经失传的陶瓷器皿的工作都已经成为现代陶瓷学的一个分支。

从下文要介绍的陶瓷发展历史可以发现重工艺而轻理论在陶瓷研究中具有悠久的历史[13],其主要原因在于古时制做陶瓷的工匠擅长于在实践中发明新的技术工艺,却缺乏从理论上尤其是化学的角度来考虑陶瓷体系以及制备陶瓷的工艺。这种传统也导致了现代陶瓷研究依然是工艺先于理论,即便是自觉使用理论的陶瓷研究人员,也是主要参考或借鉴其他学科的知识,严重缺乏从"陶瓷"的角度进行理论的改进,从而导致透明陶瓷出现的曲折性(1.4节)。

## 1.2.1 由陶到瓷的演变

远古人类在取用水等液态物品以及蒸煮、盛放食物的时候,必然面临着需要器具的问题,而火的使用也有助于这些古人发现某些泥土在烧烤过后可以硬化成块状,能够用来盛放水或其他物品的事实。因此,原始的陶器就是直接使用黏土在较低的温度下(一般低于1000 ℃)烧制而成的,这种通过化学变化将柔软疏松的泥土变成坚固烧结的陶器,是人类文明史上人力改变自然的重要成果之一,因此陶器的发明被认为是新石器时代开始的标志[14]。

陶器在中国具有悠久的历史,比如2012年在江西仙人洞发现的陶器罐碎片距当时19000~20000年,是世界上已知最古老的陶制容器。而汉字"陶"最早记载于先秦文献,所记载的事情更可以进一步追溯到上古时期,比如《逸周书》上就有"神农耕而作陶"的说法;《吕氏春秋》则说"黄帝有陶正昆吾作陶"[14],这些都表明陶器制备在当时已经是社会的主要活动之一,以至于要专门设置官吏来管理。

基于考古学的发现,虽然古代的中国并没有发展出有关陶器的科学理论体系,但是这并不妨碍古人们在实践中积累起足够的工程技术和知识。如图1.10所示出土于浙江余姚的河姆渡猪纹陶钵所属的黑陶就是利用纳微米颗粒的热扩散工艺实现的。当烧窑快结束时投入木炭进行不完全燃烧反应,产生大量的由一氧化碳和二氧化碳气体包裹碳微粒的气溶胶(黑烟),烟中的微粒碳在高温环境下扩散进入陶器的空隙,从而使陶瓷呈现黑色而得到黑陶。这其实就是现代特定气氛环境下改性陶瓷的机制。另外,在陶器表面涂覆有颜色的矿石颜料,比如含铁、锰、铜等离子的有色颜料,随后一同烧制,就得到了彩绘陶——秦始皇陵的兵马俑就是彩绘陶。可惜的是,这种纯粹基于实践的摸索所带来的弊端也很明显,由于缺乏化学反应方面的知识储备,制作兵马俑的工匠们并不能预见到颜料的化学稳定性问题,因此陶器外面的彩绘随着时间的推移或者外界环境的剧烈变化,颜料容易剥落而且所用的不稳定颜料会分解或变质。秦始皇兵马俑出土后很快转为黑陶本色就是一个明证。

古代陶器技术的巅峰之作是釉陶,即器表施釉的陶器。这种陶器是彩绘陶的根本改进,在本质上已经是一种真正的复合材料。釉陶是将含颜料的矿物与可低温熔化的矿物混合(常见的是含铅的矿物),研磨成釉料,然后涂覆在陶器表面一同烧结,含铅的釉料在熔化后会在陶器坯体表面形成一层有颜色的玻璃膜。这层膜的颜色随着釉料中所含金属的成分而变。中国的釉陶在唐代进入成熟时期,其代表就是举世闻名的唐三彩。

图 1.10　河姆渡遗址出土的
猪纹陶钵[15]

由陶到瓷转化的典型例子是青釉器到青瓷的变迁。青釉器出现于商代早期,其胎质细腻坚硬,胎色灰白,而釉呈青色,釉和胎结合紧密,不易脱落,符合瓷器的定义,因此虽然这种陶器所需烧制温度低于 1200 ℃,而且釉层较薄,色泽不纯,但它的烧制成功是一次质的飞跃,标志着中国原始瓷器的出现[14]。这种青釉器经过西周、春秋战国到东汉,历经了 1700 多年发展到成熟阶段——青瓷,此时胎质坚硬不吸水,表面是一层青色玻璃质釉。青瓷的制造标志着中国瓷器生产的一个新时代。

需要指出的是,就表面看来,釉陶与瓷器都包含了坯体和釉层,在表观玻璃质釉层的掩映下差别不大,但是实际上,它们分属于陶瓷工艺的两个阶段:釉陶烧成温度在 750～850 ℃,因此质体疏松,不致密,吸水率可以达到 10% 以上;而瓷器经过 1200 ℃ 以上的高温烧结,不但坯体致密,而且玻璃质釉料是以坯体成分的结晶为骨架,填充于结晶之间。这与釉陶纯粹覆盖式的结合不同,前者更为紧密,因此不但很难吸水,叩击还有清脆的声响。此外烧结致密的瓷器不但断面光亮,甚至还可以呈现透明或半透明的效果。最后,这两者所用原料种类也分属于陶土和瓷土,釉陶仍然是利用黏土,而瓷器则采用瓷土(高岭土、长石、石英等),因此它们在工艺和原料上都有本质的差别。

图 1.11　元青花瓷——
鬼谷下山[16]

随着烧窑温度的提高以及制陶原料的改进,在瓷器复合结构的设计上也进一步发展,典型代表是元代的青花瓷(图 1.11)。它采用了釉下彩的技术,即彩色纹饰不是来源于表面的釉层,而是来自釉下面的色层,制作时先在胎坯上画好图案,上釉后再入窑烧炼得到彩瓷。

从彩绘陶、唐三彩到青花瓷,其色层先后经历了表面涂覆、玻璃釉化和釉下分布三个阶段,复合化的程度越来越高。到了青花瓷阶段,由于有表面一层玻璃釉的保护,青花瓷上的彩色图案历经几百年,即便遇到出土面世这样的剧烈环境变化也没有出现褪色或变质的现象,从而代表了中国瓷器的又一高峰。

虽然最早的"瓷"可以追溯到魏晋时期潘岳提的"缥瓷"中的"瓷",但是考古成果进一步指出,"瓷"更早的说法是"资",该称呼在西汉初年就已经出现了,与汉字"陶"的已有记载接近。其依据是湖南省长沙市发掘的马王堆一号西汉墓出土的一批以高岭土做胎的青瓷与魏晋时期潘岳所提到的"缥瓷"是一致的,而随其出土的竹简中介绍这批瓷器时用的是"资"。即便从魏晋有明确的"瓷"字形体算起,它的应用也有 1800 多年的历史了。因此,中国的确是当之无愧的陶瓷古国。值得一提的是,宋代五大名窑之一的磁州窑(河北彭城)以磁石泥为坯来制备瓷器,因此又有了"磁器"的说法。

### 1.2.2  "陶瓷"术语的形成

就历史发展而言,中国汉语的"陶瓷"是陶器和瓷器的合称,而英文的"ceramics"(陶瓷)一词源于希腊语"Keramos"所代表的陶器[13]。由于西方国家的瓷器制造技术是由中国传过去的,因此英文对应"瓷器"的单词是"china"(如果大写首字母,即"China",则表示"中国"),即英文的"瓷器"没有希腊语来源,从而"陶瓷"一词不像中文来自于"陶器"和"瓷器"的合称。

不管是中文的"陶瓷",还是英语的"ceramics",其本意都是指那些利用天然矿物原料经过粉碎、混炼、成型和煅烧等过程制成的产品。

现代广义上的陶瓷已经不仅仅局限于黏土或瓷石制备的物品,其功能也从传统的偏结构方面的应用向光、热、电、磁和声等物理效应的方面发展。金格瑞在其著作《陶瓷导论》中对陶瓷的定义如下:"无机非金属材料作为基本组成的固体制品⋯⋯包括陶器、瓷器、耐火材料、结构黏土制品、磨料、搪瓷、水泥和玻璃等材料,而且还包括非金属磁性材料、铁电体、人工晶体、玻璃陶瓷以及几年前还不存在甚至至今尚未出现的其他各种各样的制品。"[13] 显然,这个定义可以算是最广泛的陶瓷的定义,因为它甚至包含了人工晶体,而按照该书的叙述,这种人工晶体就是单晶。

上述两种定义都有不足之处,传统的陶器和瓷器规定的范围过于狭窄,而金格瑞等给出的定义又过于宽泛。两种定义的共同特点都是基于所用原料的种类来定义的,没有深入考虑微观结构的特征。但是不管如何,目前的"ceramics"(陶瓷)已经成为各种无机非金属固体材料的通称。

正如 1.1.3 节所述,从微观结构的角度看,陶瓷属于多晶,这一属性具有最广泛的通用性。无论是传统的陶器和瓷器,还是现代公认的冠名以陶瓷的各种制品,其所用的原料可以各种各样,制备工艺也可以从煅烧扩展到液态合成和气相合成甚至极端条件下的特殊合成,比如高压相变等,但是都不会改变这一微观结构的性质。因此,笔者认为将陶瓷定义为"无机非金属材料作为基本组成的多晶制品"更为妥当,而且这个定义也与目前 *Journal of American Ceramics Society* 等专业期刊收录的文献内容相符。在这类关于陶瓷材料的期刊中,粉末与块体都可以考虑,但是材料一般都是多晶,而单晶与玻璃分别有相应的晶体(crystal)和非晶(non-crystal)类的期刊收录。另外,这个定义也排除了以玻璃作为主要成分的玻璃陶瓷,这种材料主要是玻璃的改性结果,还没有达到质变的阶段,这也是这种复合材料虽然透明,但并不是真正意义上的透明陶瓷的原因[3]。

# 1.3 传统陶瓷

需要指出的是,本书中所指传统陶瓷与常规介绍的,比如金格瑞在《陶瓷导论》中涉及的不同。金格瑞是从历史的角度来区分,将古时一脉传来的"黏土制品"看作传统陶瓷。而本书则以陶瓷是否透明为界,将非透明的陶瓷按传统陶瓷处理。

同前面介绍陶瓷的起源一样,这里需要介绍传统陶瓷的主要原因有两个:首先是因为透明陶瓷是基于传统陶瓷而发展起来的,正如下文要提及的,公认透明陶瓷的开端是 $Al_2O_3$ 半透明陶瓷的问世。而人们需要研究这种材料的透明化正是源于它作为传统陶瓷的耐高温和耐腐蚀的优点,因此了解传统陶瓷有助于明确透明陶瓷的研究方向。其次,透明陶瓷的制备工艺基本上与传统陶瓷一致,而且所得材料的性能也与组分相同的传统陶瓷差别不大,因此传统陶瓷是透明陶瓷的根底,加深对传统陶瓷的理解,对于透明陶瓷的研发同样是必要的。

传统陶瓷种类繁多,要进行介绍就需要考虑其分类方式。这里采用的是基于陶瓷性能是否与物理效应相关的分类方法,将陶瓷分为主要依赖于陶瓷的力学或机械性能的结构陶瓷;基于光、电、声、磁和热等效应的功能陶瓷,以及在结构或功能上可分为多种单独陶瓷种类的复合陶瓷。

## 1.3.1 结构陶瓷

结构陶瓷主要包括氧化铝、氮化硅、碳化硅和赛隆等。这类材料的实际用途取决于自身的物理化学性质,以陶瓷的力学或机械性能应用为主,同时也具有优越的环境适应能力,比如耐高温、耐冲刷、耐腐蚀、耐磨损和高强度等,可以胜任金属和高分子材料难以应用的工作环境,广泛应用于能源、航天航空、机械、汽车、冶金、化工、电子、医药和食品等行业。

下面仅对比较典型的结构陶瓷体系的性质、特点和用途做概略介绍,更详细的内容可以参见文献[17]。

**1. 氧化铝陶瓷**

氧化铝（$Al_2O_3$）陶瓷是目前氧化物结构陶瓷中用途最广、产销量最大的陶瓷材料。

氧化铝是同质多晶的化合物，其晶体结构有 12 种，应用较多的主要有 3 种，即 $\alpha\text{-}Al_2O_3$、$\beta\text{-}Al_2O_3$ 和 $\gamma\text{-}Al_2O_3$。其中 $\alpha\text{-}Al_2O_3$ 是三方晶系，密度为 $3.96\sim4.01$ g/cm$^3$，晶体结构最紧密、化学活性低、高温稳定性好、电学和机械性能优良。$\beta\text{-}Al_2O_3$ 并不是纯的 $Al_2O_3$，而是 $Al_2O_3$ 含量很高，并且同时含有碱土金属和碱金属氧化物的多铝酸盐化合物，是六方晶系，密度为 $3.30\sim3.63$ g/cm$^3$，具有离子型导电的性能。$\gamma\text{-}Al_2O_3$ 是尖晶石型立方结构，密度为 $3.42\sim3.47$ g/cm$^3$，它在高温下不稳定，但是具有较高的比表面积和较强的化学活性，可以作为吸附材料或与其他材料配合使用。

由于 $\beta\text{-}Al_2O_3$ 和 $\gamma\text{-}Al_2O_3$ 在高温下会转化为 $\alpha\text{-}Al_2O_3$，而这一转化温度范围（$900\sim1200$ ℃）恰好是常规陶瓷烧结的温度范围，因此氧化铝陶瓷是一种以 $\alpha\text{-}Al_2O_3$ 为主晶相的陶瓷。

氧化铝陶瓷按其中 $Al_2O_3$ 含量不同分为高纯型和普通型两种。前者含 $\alpha\text{-}Al_2O_3$ 99.9％以上，可用于 1600 ℃ 以上的高温，最高可达 2000 ℃。而普通型氧化铝陶瓷按 $\alpha\text{-}Al_2O_3$ 含量不同可分为 99 瓷、95 瓷、90 瓷和 85 瓷等品种。如果按照陶瓷内部晶相的差异，氧化铝陶瓷可以分为刚玉瓷、刚玉-莫来石瓷和莫来石瓷 3 种。其中以 $\alpha\text{-}Al_2O_3$ 为主晶相的称为刚玉瓷（corundum），熔点为 2053 ℃，以 $\alpha\text{-}Al_2O_3$ 和 $3Al_2O_3 \cdot 2SiO_2$ 为主晶相的称为刚玉-莫来石瓷（corundum-mullite），而以 $3Al_2O_3 \cdot 2SiO_2$ 为主晶相的称为莫来石瓷（mullite）。

由于氧化铝陶瓷的强度是普通陶瓷的 $2\sim6$ 倍，抗拉强度可达 250 MPa，硬度次于金刚石、碳化硼、立方氮化硼和碳化硅，可在 1600 ℃ 下长期工作，在空气中的最高使用温度达 2000 ℃，而且耐蚀性和绝缘性好，因此可以用在内燃机火花塞、火箭与导弹的导流罩、石油化工泵的密封环、轴承和冶炼金属用的坩埚等。另外，透明化的氧化铝陶瓷除了具有高温机械强度大、耐热性好、耐腐蚀性强、电绝缘好和热导率高等结构陶瓷的优点，对可见光和红外光也具有良好的透过性，因此可以用于高压钠灯的电弧管、高显色性的陶瓷金卤灯电弧管以及半导体产业装备中的抗等离子体腔体等。

**2. 氮化硅陶瓷**

氮化硅（$Si_3N_4$）陶瓷具有高密度、高硬度、热膨胀系数小、耐热冲击、较高抗蠕变性能及抗氧化、耐磨、耐蚀等许多优点，是一种优良的高温结构陶瓷，因此常用作耐热冲击的高温轴承、燃气轮机转子叶片和切削刀具等。由于 $Si_3N_4$ 是强共价键化合物，熔点很高，难以靠常规固相烧结达到致密化，因此除用硅粉直接氮化进行反应性烧结，其他方法都需加入适当的烧结助剂才能获得致密材料[18]。

在氮化硅中引入稀土氧化物能够形成复杂氧化物或氮化物等晶间相来促进烧结的发生，目前较为理想的烧结助剂是 $Y_2O_3$、$Nd_2O_3$ 和 $La_2O_3$ 等[19]。这些稀土氧化物与氮化硅粉体表面的微量 $SiO_2$ 在高温下能反应生成含氮的高温玻璃相而促进氮化硅陶瓷的烧结。此外，不同稀土添加剂还可以调整氮化硅陶瓷的热导率，同时影响陶瓷的力学性能和电学性能等，比如掺杂 $Y_2O_3$-MgO 后，氮化硅陶瓷的热导率可达 80 W/(m·K)，弯曲强度高于 1000 MPa。同时，体积电阻率高于 $10^{13}$ Ω·m，介电常数小于 10，且介电损耗率低于 $3×10^{-3}$ [20]。

**3. 碳化硅陶瓷**

碳化硅(SiC)是共价键很强的化合物，其 Si—C 键的离子性仅 12% 左右，因此它也具有优良的力学性能、优良的抗氧化性、高的抗磨损性以及低的摩擦系数等。碳化硅的最大特点是高温强度高。普通陶瓷材料在 1200～1400 ℃时强度将显著降低，而碳化硅在 1400 ℃时抗弯强度仍保持在 500～600 MPa 的较高水平，因此其工作温度可达 1600～1700 ℃；再加上碳化硅陶瓷的热传导能力较高，在陶瓷中仅次于氧化铍陶瓷，因此目前碳化硅已经广泛应用于高温轴承、防弹板、喷嘴、高温耐蚀部件以及高温和高频范围的电子设备零部件等[21-22]。

稀土氧化物，比如 $Y_2O_3$ 等同样可以作为碳化硅陶瓷的烧结助剂，通过液相烧结的途径获得致密的碳化硅[22-23]。由于其液相烧结是通过玻璃相的形成来降低孔隙率、提高致密度的，因此玻璃相的特性对烧结所得微观结构影响很大。与氮化硅类似，稀土氧化物等也经常用来调整碳化硅陶瓷的电阻率[24-27]，比如掺杂硝酸钇或者氧化钇烧结得到的碳化硅陶瓷的电阻率为 $10^{-3}$ Ω·cm[24]；而 $La_2O_3$ 掺杂烧结后得到的碳化硅陶瓷的电阻率可达 3.4～450 Ω·cm[25]。

与氮化硅相似，碳化硅陶瓷由于具有高温强度高、导热性好、热稳定性强、抗蠕变、耐磨性和耐蚀性等优点，可以作为刹车盘、火箭喷管的喷嘴、浇注金属的浇道口、炉管、热交换器和核燃料包封材料等。

**4. 赛隆陶瓷**

赛隆(sialon)陶瓷是在 $Si_3N_4$ 陶瓷基础上开发出的一种 Si-N-O-Al 致密多晶氮化物陶瓷，主要有 α-sialon(简称 α′)和 β-sialon(简称 β′)两种[28-29]。其强度、韧性、抗氧化性能均优于 $Si_3N_4$ 陶瓷，特别适用于陶瓷发动机部件和其他耐磨陶瓷制品。稀土氧化物同样可以在较低温度下通过液相机制促进赛隆陶瓷的烧结，此外，稀土阳离子(RE)还可以进入 α′ 相的晶格中，生成 RE-α′ 或者 RE-(α′+β′)有限固溶体,从而降低玻璃相的含量并形成晶界相,增强材料的高温性能。

### 5. 氧化锆陶瓷

氧化锆($ZrO_2$)陶瓷具有耐高温、耐化学腐蚀、抗氧化、耐磨以及合适的热力学性质(热膨胀系数、比热和导热系数等),由于存在较高的断裂韧性,被称为"陶瓷钢"。

氧化锆存在三种同素异形体[30]:立方相、四方相和单斜相。它们分别稳定于高温、中温及室温。在高温区属于立方萤石结构,相变温度是 2370 ℃左右(由四方转为立方),密度为 6.27 g/cm$^3$,晶胞参数 $a=5.27$ Å;在中温区的四方相,密度为 6.10 g/cm$^3$,晶胞参数为 $a=5.14$ Å,$c=5.26$ Å;而室温的单斜相密度为 5.65 g/cm$^3$,晶胞参数为 $a=5.184$ Å,$b=5.207$ Å,$c=5.370$ Å,$\beta=98.8°$。单斜相与四方相的相变存在热滞现象,即单斜相要加热到 1150 ℃才转化为四方相,而四方相可以稳定到 950 ℃才转化为单斜相。由于这三种结构的转变都伴随着密度和体积的变动,会在材料内部产生应力,缩短材料的寿命,因此目前实际使用的氧化锆结构陶瓷,除了单斜相,四方相和立方相都需要添加稳定剂,从而增大相关材料的温度稳定范围——这其实是采用复合材料代替原来的纯相材料的一个典型示例。常用的稳定剂有 CaO、MgO、$Y_2O_3$ 和其他稀土氧化物,其中以 $Y_2O_3$ 稳定的氧化锆最为常见,称为钇稳定氧化锆。

不过这种材料体系必然要受到复合材料基本性质的制约,主要体现在两个方面:①稳定剂有合适的数量范围,过多或过少都不能维持所需的稳定性,甚至在烧制材料的时候发生相变不完全的现象,因此这类复合材料也称为部分稳定化氧化锆(partially stabilized zirconia,PSZ);②复合材料的性质严重受制备条件的影响。不同的制备条件可以改变稳定剂在材料中的分布和最终组成,从而影响材料的物理与化学性质。

$ZrO_2$ 陶瓷在机械、冶金、化学、光学、传感器、航天、生物医学等领域有着广泛的应用,比如:

(1) 利用 $ZrO_2$ 的高硬度、耐磨和耐腐蚀特性,可以制作冷成型工具、高温挤压模、切削工具、阀门和轴承等;

(2) 基于 $ZrO_2$ 的高熔点、高强度和高化学稳定性,可以制作高温喷嘴、高温坩埚、航天飞机外壳的隔热瓦、火箭及导弹的保护罩,以及高性能涡轮航空发动机、内燃机和汽轮机的耐高温涂层;

(3) 在 $ZrO_2$ 高强度、高韧性和优良生物相容性的基础上,可以制备关节和烤瓷牙套等生物修复材料;

(4) 由于 $ZrO_2$ 中 Zr 离子处于最高的+4 价态,可以被还原为更低的+3 价态和+2 价态,因此这种陶瓷具有酸性、氧化性和价态的可变性,从而可以用于工业催化剂和环境传感器领域；

（5）利用 $ZrO_2$ 的高折射率和高硬度，其透明的块体可以制作人造宝石，其粉末颗粒可以用作光学透镜的添加剂，矫正因多层膜涂料所造成的透镜的色散和不规则反射。

## 1.3.2　功能陶瓷

功能陶瓷是指具有电、磁、光、声、超导、化学、生物等特性以及可以促使这些特性之间相互转化的一类陶瓷，是电子、信息、计算机、通信、激光、医疗、机械、汽车、自动化、航天、核技术和生物技术等行业或技术领域中的关键材料[31]。

功能陶瓷与结构陶瓷的本质区别就在于这类陶瓷在应用上是基于某种物理效应的。比如热电陶瓷是利用材料的热电转换效应，即在材料两端分别设置不同的温度，此时材料会产生一个电势场，从而给电路中的负载供电。常见的热电陶瓷是方钴矿结构的化合物，比如 $CoSb_3$、$CoAs_3$ 及其固熔产物等，这种陶瓷在工业废热的回收利用方面具有诱人的前景，目前已经成功建立了废热发电示范工程[32]。而巨磁阻陶瓷利用的是当某种材料在施加磁场后其电阻率出现剧烈变化，而且变化值是传统磁阻材料的十几倍以上。现有的巨磁阻材料以钙钛矿结构为主，比如碱土基锰氧化物等，可用作磁场敏感元件。其他功能陶瓷的内禀机制和应用与此类似，比如氧化锆（$ZrO_2$）、氧化铝（$\beta$-$Al_2O_3$）和氧化铈（$CeO_2$）等离子导电陶瓷是基于材料内部的离子迁移效应；$SrO$-$La_2O_3$-$SnO_2$ 系列湿敏陶瓷是利用湿度可以显著改变陶瓷导电性能的效应。而 $SnO_2$ 为基质的气敏陶瓷能够在乙醇作用下改变导电性，因此可以作为探测乙醇的气敏元件。

由于本书与透明激光陶瓷有关，因此这里重点介绍光学陶瓷，即基于发光、电光和磁光等涉及光子产生与传输物理效应的陶瓷。

虽然一般的陶瓷都是以块体材料的形式进入应用的，但是对于光学陶瓷而言，在透明陶瓷出现之前是必须使用粉体的。这是因为 X 射线或紫外光等激发光只能深入材料微米级的厚度，所以在块体材料的另一面要观察到出射光，就要求有光可以透射出来。然而在陶瓷不透明的条件下，这种结果是不会发生的。从而发光陶瓷需要以粉末的形态出现，即使将粉末调成浆料而涂覆成屏幕，屏幕的厚度也只能在微米级的范围。这也是描述"发光陶瓷"更常用的术语是"发光粉"或者"荧光粉"的原因。

至于其他光学陶瓷，比如磁光陶瓷和电光陶瓷等是需要实现透射的，这不是粉末态材料可以做到的事情。

需要注意的是，荧光粉的状态并没有改变陶瓷的微观结构。将粉末在电子显微镜下观察，可以看到每个颗粒仍然是若干个单晶通过表面成键的聚集体，因此荧光粉仍然是多晶。

常见的荧光粉主要是基于稀土发光离子。这是由于稀土元素 $4f$ 电子属于内层轨道,在外层 $s$ 和 $p$ 轨道的屏蔽下,受外界环境影响小,因此 $f$-$f$ 跃迁光谱为尖锐的线状光谱,具有很高的色纯度(色彩鲜艳)。另外,基于过渡金属元素的 $d$ 轨道跃迁(比如 $Mn^{2+}$)以及主族元素的 $p$ 电子跃迁(比如 $Bi^{3+}$)也有实际应用,但是市场化的品种较少。

可以作为激活剂的稀土离子,在可见光波段主要是三价的 $Ce^{3+}$、$Sm^{3+}$、$Eu^{3+}$、$Tb^{3+}$、$Dy^{3+}$ 以及二价的 $Eu^{2+}$ 等,其中以 $Ce^{3+}$、$Eu^{3+}$ 和 $Tb^{3+}$ 较为常见,而 $Nd^{3+}$、$Ho^{3+}$、$Er^{3+}$、$Tm^{3+}$ 和 $Yb^{3+}$ 主要用于红外光波段,也可以作为上转换发光材料的激活剂或敏化剂而用于可见光波段。在实际使用中,也可以根据不同稀土离子能级的宽度进行共掺使用,比如 $Ce^{3+}$ 的 $4f$-$5d$ 能级差较大,因此除了自身可以受激发光,还可以将吸收的能量转移给其他发光离子(敏化),比如 $Sm^{3+}$、$Eu^{3+}$、$Tb^{3+}$、$Dy^{3+}$、$Mn^{2+}$ 和 $Cr^{3+}$ 等,从而获得这些离子的发射光。

荧光粉品种繁多,比如常见的绿色长余辉材料 $SrAl_2O_4$:Eu,农用黑光灯的 $YPO_4$:Ce,Th,用于节能灯照明的红粉 $Y_2O_2S$:Eu、绿粉 $LaPO_4$:Ce,Tb 和蓝粉 $BaMg_2Al_{16}O_{27}$:Eu 等。当前发展方向主要包括提高性价比和增强性能两个方面。首先由于稀土价格较高,因此采用稀土元素作为基质的荧光粉成本相对就高,使得将含稀土组分的基质改成其他非稀土元素,并且具有同样或者更好发光性能的研究成为稀土陶瓷荧光粉的一个主流发展方向。典型的例子就是开发新型的红粉,避免直接使用稀土氧化物或硫氧化物做基质,从而得到一批硅酸盐、铝酸盐、锗酸盐、钛酸盐和钨酸盐等红色荧光粉。其次是现有材料的性能仍不如意,比如稀土三基色节能灯中,红粉 $Y_2O_3$:Eu、绿粉 $CeMgAl_{11}O_{19}$:Tb 和蓝粉 $BaMg_2Al_{16}O_{27}$:Eu 各自的光衰时间不同,从而节能灯在使用 1000 h 后,蓝光亮度会降低,导致色温下降[33]。这就需要发展新型高稳定性的发光材料或者直接实现单一发光中心宽带发光的材料,因此增强性能也是现有发光陶瓷的发展目标。其主要的发展方向除了克服上面提到的光衰问题,另一个就是提高发光的量子效率,比如上述的三基色稀土发光粉中,红粉 $Y_2O_3$:Eu 的量子效率已经接近 100%,而蓝粉和绿粉仅有 90%,仍有提高的余地[33]。

关于荧光粉或发光陶瓷的进一步介绍可参考其他有关发光材料或者固体发光及其器件的优秀著作,如文献[34]～文献[36],这里不再赘述。

## 1.3.3 复合陶瓷

复合陶瓷,即陶瓷基复合材料(ceramic matrix composites,CMCs),是以陶瓷材料为基体,以高强度纤维、晶须、晶片和颗粒为增强体所制成的复合材料,通常也称为复相陶瓷材料(multiphase ceramics)或多相复合陶瓷材料(multiphase composite ceramics)。复合陶瓷根据使用性能可分为结构复合陶瓷和功能复合陶瓷,目前常用的是结构复合陶瓷。它具有耐高温、耐磨、抗高温蠕变、导热系数低、热膨胀系数低和耐化学侵蚀性等优点,可以用作机械加工材料、耐磨材料、高温发动机结构器件、航天器保护材料、高温热交换器材料、高温耐蚀材料和轻型装甲材料等。

复合陶瓷中的增强体包括零维(颗粒)、一维(纤维状)、二维(片状和平面织物)和三维(三向编织体)。目前复合陶瓷的研究领域主要包括:①纤维(晶须)增强陶瓷基复合材料,典型例子是碳纳米管增强的复合陶瓷材料[37]。选择增强复合陶瓷的纤维首要注意的是其高温力学性能,同时还要求该纤维密度低、直径小、比强度和比模量高、在氧化性气氛或其他相关气氛中具有较高的强度保持率等。典型的商业产品有美国 3M 公司生产的 Nextel720 纤维。这种纤维由体积分数分别是55%的莫来石和45%的氧化铝组成,具有针状莫来石环绕细晶氧化铝的结构,可在 1300 ℃下长期使用。②颗粒弥散型复合陶瓷,即在陶瓷基体中加入不同化学组成的第二相颗粒组成复合陶瓷,例如 SiC 颗粒增强的 $SiC-Si_3N_4$ 复合陶瓷[38-39]。③两种晶型组合的复合陶瓷,同一种化学组成的物质通过不同工艺得到的不同晶型或晶粒形貌等产物作为原料复合而成。④梯度复合材料,也称为功能梯度材料。这种材料的组成、结构乃至性能是梯度变化的,例如陶瓷产品中一面为陶瓷,另一面是金属,在金属与陶瓷之间有一成分梯度变化的过渡层,整体就构成了一种梯度复合材料。

对比各种增强体类型可知,虽然颗粒弥散强化陶瓷复合材料的抗弯强度和断裂韧性较差,但是制备颗粒增韧陶瓷基复合材料时,原料的均匀分散及烧结致密化都比短纤维及晶须复合材料简便易行,而且在选择合适的颗粒种类、粒径、含量及基体材料后仍然可以获得所需的高温强度和高温蠕变性能。对于纤维(或晶须)增强的复合陶瓷,虽然可以明显改善材料的韧性,但是需要关注纤维与基体的结合问题,否则反而会劣化所得材料的各项机械性能,其具体因素包括纤维与基体的结合强度、基体的气孔率和工艺参数等。其中纤维与基体的结合强度对韧性与强度模量的影响是相反的:过大的结合强度会降低韧性而提高强度;而气孔率越大,韧性就越差。同样地,定向纤维增强复合陶瓷材料中的剪切强度也会受到纤维与基体间的结合强度以及基体中气孔率的影响,如果结合强度大或气孔率低,那么层间剪切强度就高。

需要提及的是,与结构陶瓷和功能陶瓷一样,稀土在复合陶瓷中也发挥了重要的作用。它们除了促进烧结,还可以作为功能改进添加剂,通过影响最终陶瓷的晶粒形貌、晶粒尺寸、晶相的结构和化学性能等来改进性能,得到功能增强的复合陶瓷。比如在 $Al_2O_3/SiC$ 复合陶瓷中加入体积分数为 5％的 $Y_2O_3$ 掺杂四方 $ZrO_2$ 可使材料断裂韧性提高 40％左右，而且不影响其强度；而在 $Si_3N_4/SiC$ 复合陶瓷中添加不同稀土氧化物（$Lu_2O_3$、$Yb_2O_3$、$Y_2O_3$、$Sm_2O_3$、$Nd_2O_3$ 和 $La_2O_3$）后，其断裂韧性与硬度随着阳离子半径的下降而增高，在添加 $Lu_2O_3$ 后可以得到断裂韧性与硬度最高的产物[39]。

# 1.4 透明化探索

## 1.4.1 透明陶瓷化的意义

需要发展透明陶瓷乃至透明激光陶瓷材料的主要原因有两个，首先是人类生产与生活对材料透明化的需求，其次是透明陶瓷相对透明晶体和玻璃而言具有自己的优势。

**1. 透明化的意义**

根据 1.1 节关于透明或透明性的概念可以知道，将材料透明化的本质目的是发展与光传输相关的功能材料，从而满足人类生产与生活的特定需求。

表面上看，如 1.3 节所述，大多数发光材料可以以粉末的形态进入应用，但是这种应用主要对发散、非定向的照明有利，对于成像和定向光传输等是不利的。以成像分辨率的提高为例，图 1.12 描绘了闪烁体以透明晶体和粉末形态所做器件的成像质量差异。闪烁体是一种可以将高能射线，比如 X 射线转化为可见光，进而激发光电倍增管而获得电信号，最终得到显示屏上可见图像的发光材料。日常生活中经常遇到的安检设备和医院里用作胸透检查的设备就是基于这种成像原理。

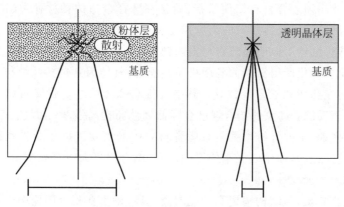

图 1.12　闪烁体粉屏与透明屏对发射光的散射过程示意图[40]

从图 1.12 可以看出,携带所观测对象信息的高能射线入射到闪烁体发出的可见光在到达探测器(主要由光电倍增管和电信号记录器等组成)前需要在闪烁体中传输,因此要获得畸形尽量小即分辨率尽量高的图像,就必须尽量降低出射光的散射引起的串扰问题。所谓串扰是指两束不同方向的出射光产生交叉,从而各自对应的像素点是不可区分的,降低了成像分辨率。透明化对串扰的抑制从而提高成像分辨率的作用可以用如图 1.13 所示的交叉光纤构成的位敏探测器来进一步解释。该位敏探测器通过光纤交叉点的坐标来指示落在该点或其附近光线来源的位置,即要清晰描绘一个对象,就要求该对象上所发射或反射的光线应当互不干涉地落到相应的交叉点上。比如理论上从 A 和 B 两点发出的光应当成为两个独立的信号,即通过透明晶体层后分别落在光纤交叉点 2 和 4 上。但是由于粉末层对光的散射较大,因此实际上这两点的光被多个交叉点所记录,也就是说对应 A 和 B 两点的信号强度其实是混合的信号强度,并且它们对其他点的信号强度也做了贡献。那么这幅图像或谱线只能准确反映尺度比 A 点和 B 点距离更大的结构,即它并不能分辨 A 和 B 两点。要获得更小尺度的信息,就必须进一步提高空间分辨率。

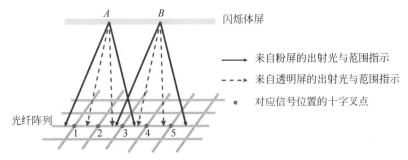

图 1.13  粉屏和透明屏对不同来源点(A 和 B)的光线记录及分辨率的影响示意图(为方便比较,粉屏和透明屏合画一处,以不同标记区分各自的出射光传输方向和覆盖范围)

另外,不同于照明可以不考虑光线传输方向,而是力求将光线散布到整个空间的情形,大多数材料在利用光线的时候都是有方向性的,主要原因就在于探测器不能形成一个包围整个光源的空间。比如投影灯的屏幕就放在待投影对象的一边;安全检查和胸透诊断时,成像屏也是位于物品或人体的一侧;甚至连高空中飞行的红外制导或激光制导的导弹,也是主要接收某个立体角入射的红外光或激光,这就意味着光波所通过的材料必须具有尽可能大的透射率。即 1.1 节中所说的总透射率要尽量大,从而一方面避免光线在材料中散射造成的反向出射的损耗,另一方面允许更多的光波进入探测器,从而提高探测效率。

除此以外,透明化也有助于增加材料中光路的距离和扩大材料的应用范围。正如 1.3 节介绍功能陶瓷时提到的,因为光线在不透明发光陶瓷内部散射和自吸收严重,所以厚度过大就看不到发光,从而发光陶瓷主要以荧光粉的形式应用,即便是将荧光粉涂覆成屏幕构成所谓的"块体",其厚度也相当小。如果能够透明化,就可以将屏幕做得更厚,成为真正的"发光陶瓷"。另外,虽然结构陶瓷耐高温耐腐蚀,但是由于不透明,对于大功率灯具,比如高温气体放电灯而言并没有实用价值。高压钠灯就是在 $Al_2O_3$ 陶瓷实现了透明化后才出现并商业化的。

透明化提升的定向传输性能在高能粒子中还有另一个好处,那就是可以区分不同能量的粒子或者收集更多的高能粒子。这是因为当不同能量的粒子入射到闪烁体上时具有不同的穿透深度,对于透明材料而言,理论上粒子激发该闪烁体发出的光可以直线出射,因此记录该出射光的位置和强度就可以反向推导粒子的能量和数量,但是对于不透明的材料,由于散射的存在,这种出射光(位置和强度)与粒子(能量和数量)之间的对应关系就不存在了。另外,当粒子能量较高的时候,容易深入材料内部,对于不能做厚的粉屏,这意味着不少粒子会透过屏幕而逃逸,从而降低粒子的探测效率。此时如果改用透明材料,就可以将屏幕做得更厚,从而捕获更多的高能粒子来提高粒子的探测效率。这就是目前高能物理中用于探测高能粒子的电磁量能器需要使用大尺寸(长达几十厘米)高透明晶体的原因。

基于上面的讨论,并且结合 1.1 节关于激光的概念的介绍可以发现,激光材料必须是透明材料,而且对透明性的要求更高,因为它理论上除了要求所用的光波在材料内部来回传输和定向出射,还要避免材料内部的散射结构对光线的相干共振产生影响,从而降低泵浦能量的损耗。这种高要求使得激光材料更看重直线透射率的测试(1.1 节)。

透明陶瓷化对激光材料的另一个意义是可以获得现有技术难以得到单晶的材料。目前的单晶生长技术要获得高质量的人工晶体,通常要求优选可以一致熔融的材料。然而作为一类重要的激光材料,稀土倍半氧化物除了熔点超过 2300 ℃,而且随温度升高还会出现各种晶型之间的转化,如 $Y_2O_3$ 在 1800 ℃时从立方相转为单斜相,随后在 2200 ℃又转为六方相,2430 ℃左右开始熔化,这就意味着单晶生长从熔体到晶体需要跨越三种物相,对当前的生长技术和有限生长周期而言,要获得大尺寸晶体是一个挑战。而陶瓷的透明化是基于烧结过程,其温度要低于熔点好几百摄氏度,并且在添加烧结助剂后还可以进一步下降,从而避免相变的影响,获得立方的、各向同性的透明块体。

**2. 透明陶瓷的优势**

自然界可见的水晶、中国古代的铅钡玻璃(最晚出现于西周)[41]以及古阿拉伯人在沙漠中取火产生的低熔点钠钙玻璃熔块的发现不但让人类很早就利用起了透明材料,而且也使得晶体和玻璃成为透明材料的代名词并持续到 20 世纪 60 年代初透明陶瓷问世。

虽然直到第二次世界大战后,陶瓷还是局限于黏土与矿物共烧所得的含玻璃相的多晶状态[3,13],但是人们已经认识到陶瓷的化学性质与其多晶组分代表的晶体的性质更为接近,虽然其在物理性质上的差别较大。比如 20 世纪 50 年代就报道过将氧化铝陶瓷在 1800 ℃ 以上长时间加热后取出锻造,锤子一敲就裂成碎块,脆性更接近于玻璃[42]。

相比之下,玻璃与晶体不管是物理性质还是化学性质都存在较大的差异,以化学性质为例:首先是玻璃在本质上属于过冷液体,因此同样的组分在不同的制备条件下可以有不同的结构;其次是玻璃内部同种离子的配位结构与晶体不一样,即使第一近邻配位一样,第二、第三以及更远层次的配位也会有很大差别,这是由玻璃短程有序而长程无序的性质决定的。

具体到激光材料,这种差异性的体现就是即便发光中心一样,比如都是 $Nd^{3+}$,激光晶体与激光玻璃之间也没有可替代性。因为在晶体(比如 Nd:YAG)中,$Nd^{3+}$处于严格的周期性排列的结构状态,因此能级分布的离散性较大,体现为激发和发射光谱更为尖锐,发射光的能量更为集中;而在玻璃中,$Nd^{3+}$ 的配位结构不规则,能级分布连续性较大,因此激发和发射光谱宽化,发射光容易发生自吸收。虽然玻璃由于 $Nd^{3+}$ 排列的不规则可以允许更多的 $Nd^{3+}$ 进入玻璃基质,但是由于上述能级分布和自吸收的原因,不能同等提高激光泵浦效率。除此以外,玻璃属于过冷液体,意味着某一处格子的振动难以同其他部位的格子产生共振。热在固体中的传输是通过格子振动实现的,共振越容易发生意味着热能越容易通过不同部位格子之间振动的匹配传递出去(这也是激光材料内部要尽量消除散射结构来降低热效应的原因,散射结构与基质结构的格子振动并不协同)。因此玻璃的热导率很低,再加上上述的泵浦效率劣势,使得激光玻璃的性质与激光晶体有着较大的差别。

晶体在激光材料中有很高的优势,缺点同样明显,主要有以下几方面。

首先,上述的掺杂浓度远低于玻璃的问题。这是因为晶体在同组分固体中是内能最小的状态(1.1 节),而体系保持最低能量状态是体系热力学稳定的需求。由于掺杂,比如向 YAG 晶体中加入 $Nd^{3+}$ 后体系的能量提高,因此这种热力学稳定性需求就意味着体系总是尽可能要将这些 $Nd^{3+}$ 排除出去,从而复原到能量更低的纯 YAG 状态。因此,晶体生长过程即便是初始原料中加入很多的 $Nd^{3+}$,最终所得晶体的 $Nd^{3+}$ 含量也不高,大多数 $Nd^{3+}$ 趋向于存留在液相中。而且从晶体最先固化的一端向最后离开熔液的一端前进时,$Nd^{3+}$ 浓度会逐渐升高,这就是晶体生长的排杂现象。排杂带来了晶体的可利用体积问题。因为用于激光时要求 $Nd^{3+}$ 的浓度保持不变或者在一定的小范围内波动,这意味着一整块晶碇只能截取一部分来满足这种浓度稳定性需求,其余部分则作为废料或者重新回炉生长晶体。

其次,它的漫长生长周期同样带来了经济成本和晶体质量的问题。要获得厘米级尺寸的晶体，一般生长周期是以月为单位计算的，因此人力、水电和设备成本比较高，尤其是对空气敏感的晶体，维持气氛的惰性或真空状态进一步增加了成本。晶体质量的麻烦来自于晶体生长动力学的不稳定——在晶体生长过程中，由于环境的干扰、设备的不稳定以及熔液性质的涨落都会在液体凝固为晶体的瞬间带来影响，其体现是包裹物、新晶核以及晶界的出现。图 1.14 是生长锗酸铋（$Bi_4Ge_3O_{12}$）晶体时产生的层状包裹物照片，严重时会导致整炉晶体作废。即便最终可以进入应用，也必须切割晶碇进行选材，仅能择取其中光学均匀的部分（通常体积分数并不高）来实现激光振荡，含有包裹物等缺陷的晶料只能弃置不用，这进一步提高了有用晶体材料的成本。

图 1.14 绿色激光照射下 $Bi_4Ge_3O_{12}$ 晶体中的层状包裹物图像（上海硅酸盐研究所齐雪君提供照片）

最后是晶体囿于生长方法的限制，不能产生复杂形状和复合结构。一般要获得其他形状需通过加工圆柱形晶碇得到，这除了浪费晶料，可加工的形状也有限，而且在尺寸上也是受限的。至于复合结构则更不可能，因为它同热力学稳定性需求的矛盾更大。

对于透明陶瓷而言，上述晶体的缺点就不存在或者影响很小。首先对于掺杂，陶瓷存在晶界的多晶，在内能上高于晶体，因此排杂的效应比晶体弱。而且陶瓷的制备周期远低于晶体的（一般以天计算），因此可以维持内能较高的高浓度掺杂的状态，不至于像晶体那样，在长期缓慢生长中，更容易建立热力学的平衡，而趋于内能更低的低浓度状态。其次是陶瓷制备周期短，在经济成本上更为划算，不至于像晶体那样，要考虑长时间操作时的动力学稳定性问题。最后，陶瓷可以通过各种成型技术获得复杂的形状和复合结构，可以一次性成型，不需要进一步的切削，因此在形状和复合结构上也有优势。

当然，最重要的是由于陶瓷的晶粒组成和结构同单晶是一致的，因此可以预见各自的激光性能也是相似的。相比于玻璃，陶瓷与晶体的光学性能差别主要来自于周期性结构尺寸和晶界的影响，而这种影响远小于玻璃与晶体之间结构的巨大差异所带来的影响。这个理论预见已经在现有单晶与陶瓷的激光性能对比中得到了印证[3,43-44]。

需要指出的是，晶界在本质上相当于一个同晶粒光学性质不同的区域，因此类似低质量单晶中的包裹物和晶界（core and facets），同样会干扰共振光束的有效放大，阻碍激光的产生。这就是 $Dy:CaF_2$（1964 年）和 $Nd:ThO_2-Y_2O_3$（1974 年）陶瓷并不能获得足够好的光束质量和激光效率，从而导致激光陶瓷在当时并没有受到重视的主要原因。直到 1995 年,日本的池末等才取得了突破——基于高纯纳米粉将晶界厚度降低到可以接受的几纳米并且干净无明显晶间相。从而所得的 Nd:YAG 陶瓷在室温下表现出等效于单晶的激光性能,使多晶陶瓷可以用于激光材料,甚至取代同类单晶激光材料的设想成为现实。

基于自身的上述优势,当透明陶瓷,尤其是透明激光陶瓷出现并展示了可用性之后,就迅速掀起了研究和应用的热潮,并使得现代陶瓷材料出现了根本性的变革。正如 1.3 节所述,最根本的变化是发光陶瓷不再局限于荧光粉,而是可以采用真正的块体材料,此外也催生了窗口陶瓷(原结构陶瓷的透明化)、电光陶瓷和磁光陶瓷等新品种。

## 1.4.2　Lucalox 陶瓷的发明

透明陶瓷的面世和发展经过了一个曲折的过程,它既不是经验主义的产物,也不是纯理论指导下的发明,而是一个以经验为主、结合理论得以实现的新的陶瓷种类。

从理论上看,基于 1.1 节关于陶瓷和透明的基本概念可以发现陶瓷的"透明化"是可以实现的,因为不管是陶瓷的定义还是透明性的定义中都没有能够使陶瓷不透明的本征因素。与此相反,从透明性的定义出发可以自然推得只要尽量降低陶瓷内部影响光散射的结构,就可以提高透明性而得到透明陶瓷。然而不管是在中国还是在西方国家,从旧石器时代的陶器开始,发展了 2 万多年,陶瓷仍然处于不透明的状态[3]。

从 1.2 节所述的以中国陶器和瓷器发展为主体的陶瓷的起源和发展来看,这种迟滞现象是可以理解的——从事陶瓷的工匠们基本上是凭借着试错和大量的人力与时间的投入来换取经验和陶瓷制品。正如金格瑞在其 1975 年出版的《陶瓷导论》中提到的:"直到大约十年前,陶瓷在很大程度上还是一种经验性的技艺。为了保持产品的一致性,陶瓷用户们从固定的供应单位或是特定工厂去获得这种材料(有些人至今仍然这样做),陶瓷生产者过去一直不大愿意改变他们的生产和制作方面的任何细节(有些人至今仍然这样做)。"他进一步指出,这种陶瓷工艺中的盲目经验主义是因为"对所采用的复杂的陶瓷工艺制度缺乏足够的认识,不能预测或了解这种变化可能引起的效果"。

即使金格瑞所指的时间已经晚至 20 世纪 50 年代,甚至就算到了科技高度发达的今天,不少从事陶瓷行业的人还是处于盲目的经验主义之中,以至于必须维持特定厂家的原料和特定的某几个技术工人不变,才能确保陶瓷产品的质量和可重现性。

当然,历史上的确曾有"透明"陶瓷出现,比如中国在宋朝时就可以将陶瓷烧得很薄,所得的薄壁陶瓷器皿的厚度小于 1 mm,从而呈现朦胧的透明效果。《陶记》提到这种薄胎瓷:"薄如纸,白如玉,明如镜,声如磬。"随后欧洲出现的骨瓷(bone china)可以做得更厚,在亮光下也具有半透明(translucency)的效果(图 1.15)[3]。但是这些都不是严格意义上的透明陶瓷,其本质更类似于现代的"玻璃陶瓷"。比如薄胎瓷是利用含铅釉在高温下的玻璃化,然后提高釉层厚度的比例得到;至于骨瓷,则直接将动物的骨粉(氧化钙)大量加入泥料中,氧化钙本来就是玻璃行业中有名的助熔剂。因此这两类陶瓷实际上是利用了古陶瓷是硅酸盐晶相和玻璃相形成的复合材料这一特点进行的经验改进,并没有脱离经验主义的窠臼,当然也不是真正的透明陶瓷。

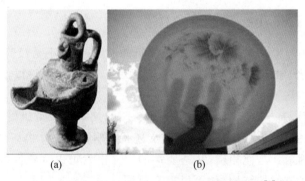

(a)                    (b)

图 1.15　不透明的陶器(a)和半透明的骨瓷(b)[3]

真正意义的并且公认的透明陶瓷是通用电气(GE)公司在 1959 年 9 月报道的无孔且透明较好的(highly translucent)氧化铝陶瓷,名为"Lucalox",取自"transLUCent ALuminum OXide"(半透明的铝氧化物)的缩写,发音是"luke-alox",如图 1.16 左侧的样品所示。

Lucalox 陶瓷的问世直接催生了照明灯具的革命。正如 1.3 节所述,$Al_2O_3$ 作为结构陶瓷具有耐高温和耐腐蚀的特点,一旦实现了透明化,就可以考虑用作灯具的窗口材料。GE 公司的工程师正是基于这一材料,在 1960 年将其作为灯罩材料配套用于钠蒸气的放电发光,随后在 1962 年 12 月实现了 105 lm/W 发光效率,并在 1966 年推出了高压钠灯产品。由于其发光效率远高于当时的灯具(白炽灯是 18 lm/W,日光灯是 50 lm/W,荧光灯是 75 lm/W),引发了高速公路和普通公路照明的革命,催生了每年 50 亿美元的市场[3,42]。

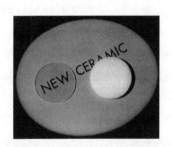

图 1.16　内部无孔(左)和普通多孔(右)氧化铝陶瓷的透明度对比[3,42]

　　Lucalox 陶瓷的发明和发展完美诠释了"一代材料,一代器件"的含义,但是从 1996 年该材料研发团队领导者伯克(Burke)的叙述来看,这种材料,或者说第一个公认的、真正意义的透明陶瓷的发现不但是无心插柳的结果,而且即便是后来转为攻关目标,也经历了一番曲折。这里主要以阐释陶瓷研究中需要克服盲目经验主义,注意结合理论探讨为出发点对这段历史做个简略介绍,更详细的论述可以参阅文献[42]。

　　即便到了第二次世界大战结束,工程材料仍然是基于金属、晶体和玻璃,陶瓷仍主要停留在生活用品的阶段,除了对功能陶瓷的认识尚未开展,对结构陶瓷也局限于脆性过大,以至于实用价值不高的认识阶段。当时的研究潮流是从理论上探讨金属粉末的烧结机制,从而对金属材料的各种性能进行解释。考虑到陶瓷也是从粉末经过烧结而来的,因此虽然伯克是冶金学家,仍被 GE 公司聘请为负责陶瓷研究的团队领导,开展有关陶瓷烧结的研究。

　　当时陶瓷研究主要关注组分的影响,普遍采用地质学方面的岩相分析法,即将陶瓷切成薄片进行物相分析,较少考虑微观结构,而且占主流的烧结理论仍是起源于金属烧结的塑性流变(plastic flow)理论,认为烧结源于颗粒位错的移动。因此伯克最先想到的是将自己擅长的金相显微术转用陶瓷,即模拟冶金学领域的操作,将陶瓷抛光并在熔盐中腐蚀,然后用显微镜观测表面来确认物相。基于 $K_2S_2O_7$ 腐蚀的氧化铝表面的金相观测,伯克发现烧结模型采用库津斯基(Kuczynski)提出的固体扩散模型更为合适,气孔的消除则是亚历山大(Alexander)和巴鲁菲(Baluffi)观测到的沿晶粒边界逸出的模式。同时他提出同金属烧结类似,晶粒的长大有两种方式:一种是相邻晶粒合并再逐渐扩展的连续(continuous)模式;另一种是超大晶粒快速吞并周围极小晶粒的非连续(discontinuous)模式。后者会造成晶内气孔,导致陶瓷的低机械性能。

　　随后伯克基于冶金学中以非金属化合物杂质来阻碍金属晶粒非连续长大的经验,试图采用金属杂质来阻碍陶瓷晶粒的非连续长大,以便获得无孔致密的陶瓷。基于此,他在 $Al_2O_3$ 中引入了铂(俗称白金),结果只是得到一块黑色的、内部充满气孔的产品。

　　随后的进展来自一个偶然的发现,当时团队采用各种原料在不同条件下烧结了大量的 $Al_2O_3$ 陶瓷,其中有一块来自商业 $Al_2O_3$ 粉的陶瓷得到了晶粒不连续生长,内部无明显气孔且朦胧透明的结果。但是并没有人觉得有必要深入研究。直到 GE 公司负责工业灯具的人过来参观并觉得这类陶瓷有用,伯克才将制备这类无孔陶瓷作为目标。

　　$Al_2O_3$ 陶瓷的透明化实际上是随后加入团队的科布尔(Coble)完成的,他师从陶瓷学大师金格瑞(在当时是陶瓷基础理论研究潮流的引领者)[45],专注于陶瓷粉体形成烧结颈和素坯的收缩模型的建立以及实验观察工作。虽然到了 GE 公司后由于工作需要改为从事无孔陶瓷烧结的实验工作，但是基础研究方面的锻炼让他很快抓住了两个关键：首先是必须继续用高纯的、颗粒小于 $1~\mu m$ 且容易球磨打破团聚的商业 $Al_2O_3$ 粉末；其次是必须掺杂来阻止晶粒的非连续长大。与伯克拘泥于冶金学方面的经验，并且对前述偶然得到的 $Al_2O_3$ 陶瓷样品的杂质分析缺乏兴趣不同，科布尔在考虑掺杂的时候借鉴了卡洪(Cahoon)等有关 $Al_2O_3$ 陶瓷烧结助剂的成果，筛选了 MgO 作为烧结助剂。虽然卡洪等已经采用过 MgO 来烧结 $Al_2O_3$ 陶瓷，但是他们并没有认识到其中的机制，而且所用的 $Al_2O_3$ 粉末也没有碰巧符合第一条要求，因此仅是观察到 MgO 可以阻止体积较大晶粒的出现这一现象，并没有得到透明陶瓷，从而与透明陶瓷的第一发明者失之交臂。

基于这两个必需的前提条件，科布尔成功获得了无孔高透明的 $Al_2O_3$ 陶瓷，同时还讨论了气氛等烧结条件的影响，并发表了相关的论文，独立申请了专利[46]，成为现在国际上公认的透明陶瓷的发明者[3,42-43]。戈尔茨坦和克雷尔在总结透明陶瓷 50 年的发展历史中明确指出"某些烧结理论知识渊博的专家——其中首屈一指的就是科布尔——直接参与了 Lucalox 的探索历程"。他们认为正是这些人将实验现象与烧结模型结合起来，从而明确了晶粒异常长大可以通过掺杂来抑制，并且给出了合适的杂质(即 MgO)[3]。图 1.17 给出了没加入和加入 MgO 时烧结所得 $Al_2O_3$ 陶瓷表面的金相显微图像(现在也称为光学显微图像)[42]。从图中可以看出，虽然加入 MgO 后，晶粒的大小也是不均匀的，但是这种不均匀来自晶粒的连续长大；而由于晶粒大小差异产生的非连续晶粒长大则受到了抑制，不像没有加入 MgO 的样品(图 1.17(a))以晶粒的非连续长大为主，很多气孔来不及沿晶界逸出就包裹于晶粒中，从而产生了多孔的微结构。

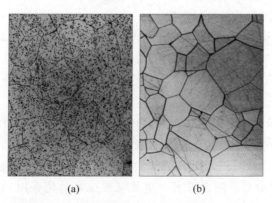

(a)　　　　　　　　　(b)

图 1.17　烧结 $Al_2O_3$ 的孔洞微结构对比，其中图(a)没有加入 MgO，

图(b)加入 MgO 来抑制晶粒的非连续长大[42]

显然,如果没有科布尔的加入,从伯克的研究经历出发,可以肯定他领导的团队将继续基于冶金学方面的经验来探索陶瓷的烧结,虽然与此同时,他们也可能以大量的人力和时间进行庞大的试错(trial and error)实验,能否取得成功是一个未知数,但是延缓透明陶瓷的出现却是必然的结果。

### 1.4.3  透明陶瓷

不同于以往由于玻璃相而透明且本质上属于复合材料的薄胎瓷、骨瓷和玻璃陶瓷等,透明陶瓷是晶粒构成的多晶材料,即透明陶瓷的 X 射线粉末衍射(XRD)图谱具有平坦的基线,没有玻璃相的宽大驼峰——这也是判断某种固体是否为透明陶瓷的一个标准。另一个鉴定标准是可视化能力,即人眼通过该固体材料可以看到下方的文字或图案的能力,陶瓷越透明,这种可视化能力越强。当然,正如1.1.1 节所述,这类标准并没有绝对的定量数值可以参考,更多的是基于透明陶瓷的实际用途,并且利用不同的透射率来表达。

需要注意的是,在某段光波范围内透明的陶瓷并不意味着它对这个波段没有吸收,正如图 1.1 所示。在可见光波段,$Gd_2O_2S$:Tb 存在 Tb 离子的吸收,同样地,对于掺杂 $Nd^{3+}$ 或 $Ce^{3+}$ 的 YAG 而言,也会存在 $Nd^{3+}$ 或 $Ce^{3+}$ 的吸收,并且这类吸收甚至可以达到 100%,即该吸收带没有任何光线透过。这种吸收是透明陶瓷实现光功能所必需的(即激发,参见第 2 章),因此透明陶瓷的透明性所考虑的是基质与该波段光波的相互作用。首先基质对该波段的吸收应当为零或尽可能小;其次基质内部的微结构对光的散射为零或尽可能小。由于以陶瓷为媒介观察陶瓷下方的文字或图案考虑的是由文字或图案发出或反射且透过陶瓷而进入人眼的光线,因此可视化标准更多地体现基质对光的透过水平,同时所得图像或文字与原始图像或文字的颜色差异也反映了基质中掺杂离子对光的吸收范围。

在选择材料体系的时候自然已考虑了基质的吸收问题,因此将该材料透明陶瓷化,或者说实际的透明陶瓷主要考虑的是内部影响散射的微结构。另外,透明陶瓷的透明性除了取决于材料内部的吸收和散射,实际的透射率还与表面光洁度、环境光源、镀膜等因素有关(1.1.1 节)。

有关透明陶瓷的优越性已经在 1.4.1 节做了介绍,这里进一步将透明陶瓷与单晶的比较总结如下[47]。

(1) 高光学质量的透明陶瓷在热导率、膨胀系数、吸收和发射光谱、荧光寿命等方面与同组成单晶相似。而且基于陶瓷中高浓度掺杂以及晶粒聚集对应力的吸收作用,其在发光效率和机械性能方面可以更优。

(2) 容易制备出大尺寸和各种形状的块体,克服晶体受限于生长技术难以获得大尺寸单晶,难以满足特殊形状需求的问题。

（3）陶瓷材料制备周期为数天,成本较低;而单晶生长周期为数十天,通常需要昂贵的铂金或铱坩埚,生产成本很高。

（4）可以高浓度并且均匀掺杂,不像单晶容易形成浓度梯度,甚至出现包裹体。

（5）能实现复合结构,即不同组分和功能的陶瓷材料可以复合烧结为透明陶瓷,从而为各种功能系统的设计提供更大的自由度。比如可以将 Nd：YAG 和 Cr：AG 复合在一起构成被动调 $Q$ 开关,或者将调 $Q$ 激光陶瓷和拉曼激光陶瓷结合为新的激光材料,这对于单晶材料而言是不能做到的。

正是基于上述透明陶瓷相对于单晶的优势,透明陶瓷已经成为目前国际陶瓷材料发展的主要方向之一。当前已发展的透明陶瓷体系有十几种[43,48],其中典型的包括 $Al_2O_3$、$BeO$、$MgO$、$RE_2O_3$（RE 为稀土）、$ZrO_2$、$MgAl_2O_4$、$RE_3Al_5O_{12}$（RE 为稀土）、$ZnS$ 和 $ZnSe$ 等。

与传统陶瓷类似（1.3 节）,透明陶瓷也可以根据应用领域分为结构和功能两大类。将陶瓷做成透明,归根到底是为了在光学上获得应用——只有透明的材料才可以透过外界入射光或自身的发射光。前者本质上是透光的结构陶瓷,包括高温透光窗材、红外透过窗材、高温透镜、高压钠灯灯管和特种灯泡外壳等,表 1.1 给出了一些典型透明结构陶瓷的品种及其应用[43,48-49];而后者就是透光的功能陶瓷,根据应用可以分为激光、闪烁、照明显示、电光和磁光陶瓷等。其中磁光陶瓷虽然不用于激光发射,但是其应用是基于激光的,因此本书也一并列入,加以讨论。至于闪烁、照明显示和电光陶瓷,读者可以参考文献[49],本书不再讨论。

表 1.1　典型透明结构陶瓷的种类与应用[43,48-49]

| 透明陶瓷 | 主要特性 | 主要用途 |
| --- | --- | --- |
| $Al_2O_3$、$MgO$<br>$2Al_2O_3$-$MgO$、$Y_2O_3$ | 透明性与耐腐蚀性 | 高压钠灯及化工窗材 |
| $MgO$、$Y_2O_3$<br>$ThO_2$-$5Y_2O_3$ | 透明性与耐高温性 | 高温窗材、高温透镜及红外透过窗材 |

## 1.4.4　透明激光陶瓷的发展

如果说 Lucalox 陶瓷代表着透明陶瓷的开端,那么透明激光陶瓷就是透明陶瓷发展的里程碑,这是因为理论的"透明性",即直线透射率达到材料理想数值的情况（有时也用高质量单晶的测试值来表示）只有在透明激光陶瓷上才得以实现。

虽然按照戈尔茨坦和克雷尔对透明陶瓷发展历史的计算方法,透明陶瓷的开端从 1966 年 GE 公司发布高压钠灯产品算起,迄今已经有 50 多年的历史,激光也是差不多同时起步并发展了 50 多年,透明激光陶瓷的发展虽然没有这么长,其间同样充满曲折。

在 Lucalox 陶瓷公开后的第二年,即 1960 年,梅曼发明了世界上第一个基于 $Cr:Al_2O_3$ 晶体的激光器后,基于 1.4.1 节有关透明晶体与透明陶瓷的对比,人们很快开始尝试通过透明陶瓷来获得激光输出。最初的探索是 1964 年由哈奇(Hatch)等完成的,他们以 $DyF_3$ 和 $CaF_2$ 粉体为原料,采用真空热压烧结技术制备了 $Dy^{3+}:CaF_2$ 透明陶瓷,随后利用 X 射线辐照将样品中的 $Dy^{3+}$ 还原成 $Dy^{2+}$。然后在液氮冷却条件下,采用氙灯泵浦 $Dy^{2+}:CaF_2$ 透明陶瓷实现了光的受激增益,这是公认的第一例基于透明陶瓷的激光实验[47,50]。随后在 1973 年,格雷斯科维亚克(Greskovich)等制备了 $Nd:ThO_2-Y_2O_3$ 透明陶瓷,采用氙灯泵浦获得了脉冲激光输出。虽然第一次实现了陶瓷材料的室温激光输出,但是激光效率只有 0.1%[43]。紧接着在 1980 年前后,半透明的 $Y_3Al_5O_{12}$ 也被制备出来,致密度仅有 70% 左右,并不能如同单晶那样用作激光材料,从而“激光振荡是不可能通过多晶陶瓷激光增益介质来实现”的观点成为主流思想,以至于当池末制备出高质量 $Nd:YAG$ 透明陶瓷并且实现了高效、与单晶不相上下的激光性能时,学术界并没有立即接受这个事实[50]。

池末后来回忆说,当 1994 年他首次在日本的学术会议上展示了 $Nd:YAG$ 陶瓷激光器的时候,不但只有寥寥数个听众,而且大多数给出了负面评价或者持怀疑态度。虽然第二年(1995 年),他撰写了英文文章并投到国外,而且在文章中提到 $Nd:YAG$ 透明激光陶瓷的激光阈值和斜率效率分别是 309 mW 和 28%,其激光性能优于提拉法制备的 0.9at.% $Nd:YAG$ 晶体[51],试图以此引起国外学者的注意,但是仍没有哪个研究者对此有兴趣[50]。直到 21 世纪初,透明激光陶瓷的研究还主要集中于池末的团队。这种状况一直持续到 2002 年,池末应邀参加了美国陶瓷学会召开的一个年会后才得以改善。这个年会的目的是以学术报告和讨论的形式纪念对陶瓷学科做出杰出贡献的金格瑞、科布尔和布鲁克三位学者,因此参与人多少都是在工作中注意结合理论,较少采用盲目经验主义的研究人员。更重要的是邀请池末做激光陶瓷报告的会议主席就是上述 20 世纪 70 年代第一次实现室温激光输出的格雷斯科维亚克,池末的报告取得了巨大的成功。他后来回忆说当时会议室挤满了人,以至于有的人只好站着听[50]。2005 年,欧洲材料研究学会在波兰召开年会期间特意举办了第一届激光陶瓷论坛,此时已经有很多欧洲和日本的研究者介绍他们在陶瓷激光器方面的研究进展了。随后这个论坛每年举行一次(2008 年在中国上海举行),并且紧随日本,中国和美国也实现了基于陶瓷的激光输出[50],透明激光陶瓷终于成为国际激光材料的研究和应用热门。

与透明陶瓷诞生的艰难一样,透明激光陶瓷的曲折性发展同样有其必然性。首先,虽然科布尔使用微米级 $Al_2O_3$ 粉末来烧结半透明的 Lucalox 陶瓷,但是当时并没有与此对应的微观表征技术,甚至伯克将金相显微术用于陶瓷领域都可以算是一个创新[42]。因此透明陶瓷的发现并没有相应催生出纳微米技术的发展。与此相反,现代的纳微米技术,尤其是纳米粉末的合成与性能研究实际上是 20 世纪 90 年代后才流行起来的,恰好与池末取得成功的时间一致。这一点也得到了池末的承认,他提到他之所以会成功,而以往烧结 YAG 的人却遇到困难,一个主要原因就是以前仅有 $Al_2O_3$ 粉末有商业需求,容易得到高纯纳微米粉末,而 $Y_2O_3$ 高纯纳微米粉末却因为没有明显的市场需求,因此既没有商业产品,也没有成熟的实验室合成研究[50]。

对纳微米粉末制备的漠视除了来自于当时电镜等微观表征技术仍未盛行,也有盲目经验主义的原因。从伯克关于 Lucalox 陶瓷发明历史的叙述就可以看出,他们当时不过是将手头可得的原料粉末在不同的温度、气氛、时间和掺杂下进行烧结而已,并没有主动考虑原料的问题。甚至连那块偶然得到的朦胧透明样品的原料也没有考虑对其进行组分分析,以至于在科布尔选择 MgO 之前,都不清楚其中抑制晶粒非连续生长的因素。

盲目经验主义的另一个表现是在 Lucalox 陶瓷出现后,陶瓷工作者很快在其他体系进行了尝试,比如简单的氧化物体系 $Al_2O_3$ 和 MgO、稍微复杂的 $MgAl_2O_4$(尖晶石)和 YAG,以及更复杂的 $PbO\text{-}ZrO_2\text{-}TiO_2\text{-}La_2O_3$ 体系(PLZTs)等。相比于古陶瓷漫长的发展时间,即便是 20 年也显得太短了,因此这些凭借尝试烧结所做的研究顶多是获得半透明的陶瓷。1975 年出版的《陶瓷导论》不但没有将透明陶瓷作为一个分支展开描述,甚至都没有提及它,而是转而论述玻璃和玻璃陶瓷了[13]。其实,即便在 GE 公司中,虽然有科布尔这类的陶瓷学家,但是实际领导陶瓷烧结的伯克却更执着于自己的知识和经验。虽然在介绍 Lucalox 陶瓷发展历史时不得不提科布尔,但是他更多地是介绍自己基于金相显微术观察陶瓷表面气孔对 Lucalox 陶瓷发明的意义,同时弱化科布尔的理论探讨,甚至不提烧结模型等。同时因为这种固执,即便过去了 30 年,他在回忆录中谈及 MgO 的作用,还是只能定性且形象地说可能是来自一种中毒(poisoning)机制,即 MgO 可以让不连续长大的晶粒的某些表面位置中毒,从而避免它们的长大[42]。当然伯克作为领导是合格的,毕竟他没有盲目坚持自己的权威而试图同化科布尔,这才有了科布尔的创新和 Lucalox 陶瓷的发明。

池末基于自己的经历,对这种拘泥于经验主义而妨碍根本性创新的行为深有感触。他研究了已有的激光陶瓷(如图 1.18(a)为 20 世纪 70 年代报道的 $Nd\text{:}ThO_2\text{-}Y_2O_3$ 陶瓷),直截了当地说:"只要有人清楚瑞利和米氏散射理论,他就可以轻易预测具有大量的晶界和残余气孔等散射源的多晶陶瓷中的散射水平⋯⋯我在 1991 年采用多晶陶瓷材料成功获得了激光振荡。当时我既不是陶瓷专家,也不是激光专家,只是一个普通且执拗的工程师而已。"[50]

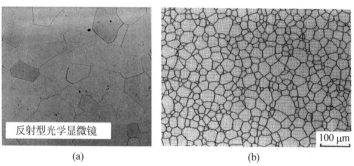

图 1.18 Nd:ThO₂-Y₂O₃ 陶瓷(a)[50]和 Nd:YAG 陶瓷(b)[51]的微观结构

依据前述的透明和陶瓷的基本概念(1.1.1 节、1.1.3 节和 1.4.1 节),正如图 1.18 所示的微观结构对比,实现高效率透明激光陶瓷的困难并不在于材料是否为陶瓷,而在于能否将散射源尽量减少——就像图 1.18(b)那样,没有图 1.18(a)那么明显且数量众多的气孔。池末就是基于材料的性质考虑是否有可能产生激光,而不是基于当时的技术水平来考虑的。因此当他意识到阻碍激光性能提升的并不是材料本身的原因,而是技术问题的时候,他就展开了攻关,并最终取得了成功。

透明激光陶瓷的发展在本质上是因为观念的突破,正如池末在展望陶瓷技术的发展时提到的"大量的知识通常对于创新性思想的诞生是不利的。当一种超越传统理论的技术出现了,并且克服了采用传统理论不能解决的困难,那么这种技术自身就代表着一种新的思想。研发的基础就是既有合理的知识积累,又能对应用技术和基础科学带有疑问。"[50]

# 1.5 透明激光陶瓷

1.1.2 节已经提过,激光材料是产生激光的载体,一般由占主要部分的基质和替换基质阳离子的激光发光中心(也称为激光活性离子,简称激光离子)构成。由于同种基质可以掺杂不同的激光离子而获得种类不同的激光,比如 YAG 可以掺杂 Nd、Yb、Er 和 Tm 等不同稀土离子并用于不同的领域,因此这里主要基于基质对透明激光陶瓷进行介绍。

首先,作为激光材料的基质应当满足如下的要求:

(1)具有合适的带隙,从而可以容纳激光离子能级而获得发光;

(2)具有合适的晶体场,从而产生激光离子所需的能级劈裂、能级分布、能级系统以及合理的吸收截面和发射截面;

（3）对泵浦光和激光所处的波长范围是零吸收或者吸收很小；

（4）可以实现高浓度掺杂而不产生有害的结构缺陷；

（5）激光离子具有合适的能级跃迁寿命；

（6）抗激光损伤，热光系数接近于零，热光畸变与热应变小；

（7）物理化学性质稳定，热导率高，机械性能好，易于加工。

其次，对于透明陶瓷，前述的要求还需要进一步扩展，比如尽量选择光学各向同性的立方晶体结构，基质内部对泵浦光和激光的散射为零或尽可能少，以及基质中不存在包括气孔的杂相等。

正是有了自身的特殊需求，虽然激光晶体材料包括氟化物、氧化物、溴化物、硫化物、氧氟化物、氧氯化物、氧硫化物以及含氧酸盐等很多体系，但是目前已经透明陶瓷化的材料仍然不多，主要是石榴石[52-56]、倍半氧化物[57-60]、氟化物和硫化物体系[61-62]。另外基于这些单组分体系，利用 1.4.3 节所述的陶瓷相对于单晶在材料组成和结构方面的优势，还发展出了多组分和复合结构，这里也一并加以讨论。

## 1.5.1 单组分透明激光陶瓷

如果组成透明激光陶瓷的基质来自一种纯相的、没有发生除激光离子之外的其他离子取代的化合物，就称之为单组分透明激光陶瓷。当然，由于制备陶瓷时还会加入烧结助剂等，它们除了挥发的损耗，也会残留于晶界，甚至可以进入晶格。对于这类通用的掺杂，一般不再进一步区分，这里主要考虑的是基质材料的组成。

### 1. 石榴石基透明激光陶瓷

石榴石是一种矿物，代表着一类结构，可以表示为 $[A^{3+}][B^{3+}][C^{3+}]O_{12}$ 的形式，比如当前激光陶瓷常见的 $Y_3Al_5O_{12}$（YAG）就是典型代表。在石榴石中，阳离子按照不同的配位环境分为 $A$、$B$ 和 $C$ 三种。这三种格位可以是三种不同的阳离子，也可以是同类离子占据不同的格位，比如在 YAG 中，$Al^{3+}$ 同时占据了 $B$ 和 $C$ 格位，而 $Y^{3+}$ 则占据 $A$ 格位。其中 $A^{3+}$ 的配位数是 8，形成十二面体配位，$B^{3+}$ 的配位数是 6，形成八面体配位，$C^{3+}$ 的配位数是 4，形成四面体配位。图 1.19 给出了 YAG 中 $Y^{3+}$ 和 $Al^{3+}$ 的配位结构模型。

石榴石一般是立方结构，空间群是 $Ia\bar{3}d$（NO.230）。以 YAG 为例，其晶胞参数如下：$a=b=c=11.9900$ Å，$\alpha=\beta=\gamma=90°$（摘自国际单位数据库 ICSD ♯170157），其晶胞模型如图 1.19 所示。表 1.2 给出了以 YAG 为例的晶胞内的原子类型、数量以及坐标。需要注意的是，这里仅给出非对称单元所含原子的坐标，其余的原子可以通过空间群所定义的对称性操作产生。一个石榴石晶胞中包含了 8 个化学式，即 160 个原子（恰好对应表 1.2 中多重性表示的总原子数）。

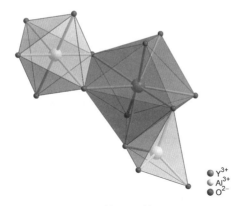

图 1.19　YAG 中 $Y^{3+}$ 和 $Al^{3+}$ 的配位结构模型

**表 1.2　$Y_3Al_5O_{12}$ 的晶体结构数据（摘自 ICSD ＃170157）**

| 原子类型 | 多重性与<br>威科夫符号 | 原子坐标 | | |
|---|---|---|---|---|
| | | $x$ | $y$ | $z$ |
| Y | 24c | 1/8 | 0 | 1/4 |
| Al1 | 16a | 0 | 0 | 0 |
| Al2 | 24d | 3/8 | 0 | 1/4 |
| O | 96h | 0.28023 | 0.10110 | 0.19922 |

从表 1.2 可以知道，一个晶胞中含有 24 个 $Y^{3+}$，40 个 $Al^{3+}$ 和 96 个 $O^{2-}$。$Al^{3+}$ 位于两种不同的对称性位置（威科夫（Wyckoff）符号分别是 16a 和 24d），分别对应两种不同的配位结构，其中 16a 格位是八面体格位，被 40％ 的 $Al^{3+}$ 占据，而剩下 60％ 的 $Al^{3+}$ 则占据四面体配位的 24d 格位，因此 YAG 实际上是 $[Y_3][Al_2]$ $[Al_3]O_{12}$。三种阳离子格位的点对称性分别是 $D_2$、$S_6$ 和 $S_4$，这意味着理想的 YAG 结构中，$Y^{3+}$ 形成畸变的十二面体，而 $Al^{3+}$ 分别形成正八面体和正四面体。激光离子主要占据 $A^{3+}$ 格位，对于 YAG 而言，就是主要取代 $Y^{3+}$。

从 YAG 的晶体结构特点就不难理解目前高性能的激光输出主要集中于取代 $Y^{3+}$ 的激光晶体或者透明激光陶瓷上，这是因为 $Y^{3+}$ 不但数量较多，而且结构畸变，可以容忍引入异种离子后产生的畸变，而不至于引起明显的结构缺陷。与此相反，$Al^{3+}$ 是正多面体配位，一旦引入其他杂质离子就破坏了这种高对称状态，掺杂浓度越大则畸变或缺陷程度越高，对基质的稳定性越不利。反映在透明陶瓷上，就是容易造成杂质离子在晶界中的凝聚，以此来减少晶粒内部的畸变程度，但不利于陶瓷的光学质量。因此基于石榴石的透明激光陶瓷需要注意兼顾组分优化与结构稳定之间的关系。另外需要注意的是石榴石结构的定义中并没有规定离子的价态，也就是说并非只有三价阳离子才能组合成石榴石结构，只要能维持电价平衡，并且满足前述的空间群和晶体结构描述,就可以构成石榴石结构。自然界的石榴石主要是硅酸盐矿物,而 Si 是＋4 价,它可以同＋2 价的阳离子实现电价平衡,同时也满足四面体配位。

在 20 世纪 70 年代,当石榴石晶体作为激光材料应用后,透明陶瓷化的探索也随即展开,但是如前所述,由于技术条件的限制和经验主义居于主流,因此仅能得到半透明的陶瓷块体,受关注程度不高。1990 年,关田(Sekita)等采用尿素均相沉淀法和真空烧结技术制备的 Nd:YAG 透明陶瓷的光谱性能终于与提拉法和浮区法所生长的 Nd:YAG 单晶类似。虽然在激光振荡区(1064 nm 处)有很高的透射率,但是由于样品中的微气孔浓度仍然比较高,在短波区有很强的散射损耗,因此未能实现激光输出[48]。五年后(1995 年),池末等报道了高质量 Nd:YAG 透明陶瓷的制备与高效激光输出,标志着这一透明陶瓷材料体系在激光应用领域出现了实质性的突破[51]。他们采用平均颗粒尺寸小于 2 $\mu$m 的 $Al_2O_3$、$Y_2O_3$ 和 $Nd_2O_3$ 粉体为原料,以固相反应和真空烧结技术制备了相对密度为 99.98%,平均晶粒尺寸为 50 $\mu$m 的 1.1 at.% Nd:YAG 透明陶瓷,样品的光学散射损耗降低到 0.9 $cm^{-1}$。随后采用激光二极管(LD)端面泵浦该 Nd:YAG 透明陶瓷样品首次实现了 1064 nm 的连续激光输出,激光阈值和斜率效率分别是 309 mW 和 28%,优于提拉法制备的 0.9 at.% Nd:YAG 晶体。1999 年,日本神岛化学公司柳谷(Yanagitani)领导的研究小组采用湿化学法先合成 YAG 纳米粉体,然后真空烧结制备了高质量的 YAG 透明陶瓷,其吸收、发射和荧光寿命等光学特性与单晶几乎一致[63],并且也实现了高效激光输出[64]。随后美国和中国也相继制备成功 Nd:YAG 陶瓷并且获得了激光输出。

目前单组分石榴石透明激光陶瓷仍然以 Nd:YAG 为主,不过基于 Yb 激光离子以及其他石榴石组分(如 LuAG($Lu_3Al_5O_{12}$)和 GGG($Gd_3Ga_5O_{12}$)等)的陶瓷体系也有了进展。对于 Nd:YAG 透明陶瓷而言,当前的发展主要集中在大尺寸化和高质量化方向,从而实现了大功率激光输出的目标。Nd:YAG 透明陶瓷从 1995 年首次实现激光输出的毫瓦量级,到 2000 年突破千瓦量级,再到 2009 年突破 100 kW,发展迅猛,其输出功率正朝 600 kW 至 1 MW 的目标迈进[48]。图 1.20 给出了神岛化学公司出品的,2006 年年底由美国利弗莫尔国家实验室基于固态热容激光器系统实现 67 kW 功率输出所用的陶瓷样品照片。

**2. 倍半氧化物**

倍半氧化物是一类氧离子与金属离子个数比为 1.5 的化合物。在透明激光陶瓷中,倍半氧化物的金属离子一般是稀土离子,而化合物体系也以 $Sc_2O_3$、$Y_2O_3$ 和 $Lu_2O_3$ 为主。基于稀土离子在物理与化学性质方面的相似性,它们的结构和性质差别不大,这里以 $Y_2O_3$ 为例进行介绍。

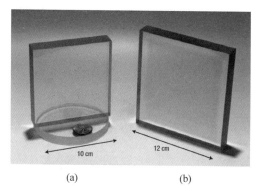

图 1.20 神岛化学公司制备的大尺寸 Nd:YAG 陶瓷(图(b)做了 Sm:YAG 包边),
这类陶瓷获得了 67 kW 的激光输出功率[44]

作为激光材料,$Y_2O_3$ 具有高熔点(约 2400 ℃),高热导率(约 $10 \text{ W} \cdot \text{m}^{-1} \cdot \text{K}^{-1}$)和宽透过范围($0.2 \sim 8 \text{ } \mu\text{m}$)的优势,晶体结构属于立方晶系,空间群为 $Ia\bar{3}$(NO.206),相应的晶胞参数是 $a = b = c = 10.5983$ Å,$\alpha = \beta = \gamma = 90°$(摘自 ICSD ♯185295)。一个晶胞内包含 16 个化学式,即原子总数为 80。相关原子坐标见表 1.3。

表 1.3　$Y_2O_3$ 的晶体学数据(摘自 ICSD ♯185295)

| 原子类型 | 多重性与威科夫符号 | 原子坐标 | | |
| --- | --- | --- | --- | --- |
| | | $x$ | $y$ | $z$ |
| Y1 | 8b | 1/4 | 1/4 | 1/4 |
| Y2 | 24d | −0.03200 | 0 | 1/4 |
| O | 48e | 0.39100 | 0.15200 | 0.38000 |

同表 1.2 一样,表 1.3 仅给出非对称单元中原子的坐标,其余原子的坐标可以利用空间群的对称性给出。由表 1.3 可以看出,结构中的 $Y^{3+}$ 有两种格位,即 8b 和 24d,分别对应两种配位结构。这两种 $Y^{3+}$ 的个数比是 1∶3。虽然石榴石中 $Al^{3+}$ 的差别是配位数不同,但是倍半氧化物中两种 $Y^{3+}$ 的配位数都是 6,其差别在于各自所成八面体的对称性不一样。如图 1.21 所示,8b 格位的 $Y^{3+}$ 所成的多面体具有更高的对称性,为正八面体;24d 格位则是畸形的八面体,这就意味着同种掺杂离子占据不同的格位,所受到的基质晶体场影响是不一样的,因此就会具有不同的能级结构,乃至不同的光谱性质。这些将在后续晶体场效应和激光性质的章节中进一步说明。

正如 1.4.3 节所述,随着 20 世纪 60 年代初半透明 Lucalox 陶瓷和激光的先后出现,基于透明陶瓷相比于单晶的优势,透明激光陶瓷的研究随即展开,其中就

41

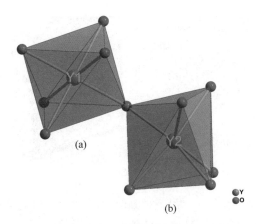

图 1.21　$Y_2O_3$ 中 $Y^{3+}$ 的两种配位结构

(a) 正八面体；(b) 畸形八面体

有倍半氧化物体系。最早报道的倍半氧化物透明激光陶瓷是 $Y_2O_3$ 为主要成分的体系——1973 年，格雷斯科维亚克等以硝酸盐为原料，采用草酸共沉淀法制备了组分为 1 mol%$Nd_2O_3$-10 mol%$ThO_2$-89 mol%$Y_2O_3$、颗粒尺寸小于 100 nm 的纳米粉体，然后采用氢气烧结工艺制备了 $Nd$:$Y_2O_3$ 透明陶瓷。虽然他们采用氙灯泵浦获得了脉冲激光输出，而且也是第一次实现了陶瓷材料在室温下的激光输出，但是由于材料内部气孔较多，光学散射损耗高达 5%，因此激光效率很低，仅有 0.1%，即使随后优化，囿于当时的技术水平，最高也只有 0.32%[48]。

随着纳米粉体制备和透明陶瓷烧结技术的发展以及 LED 泵浦光源的应用，目前倍半氧化物基透明激光陶瓷的质量和激光功率输出均获得了明显的提高。比如神岛化学公司 2000 年前后基于 $Y_2O_3$ 纳米粉体，在低于其熔点约 700 ℃ 的烧结温度下获得了高光学质量的 $Y_2O_3$ 透明陶瓷。随后卢景琦等首次报道了 LD 泵浦下 $Nd$:$Y_2O_3$ 透明陶瓷的激光输出——掺杂浓度为 1.5 at.% 的 $Nd$:$Y_2O_3$ 透明陶瓷在 807 nm、742 mW 的 LD 泵浦下，获得了 160 mW 的激光输出，其斜率效率提高到了 32%[65]。另外，桑赫拉(Sanghera)等使用热压烧结方法制备了 2 at.%$Yb$:$Y_2O_3$ 透明陶瓷，采用 940 nm 激光二极管端面泵浦也获得了连续和脉冲激光输出，斜率效率约为 45%[66]。

目前各种不同掺杂和不同稀土倍半氧化物透明激光陶瓷体系，比如 $Nd$:$Lu_2O_3$、$Yb$:$Sc_2O_3$ 和 $Yb$:$Y_2O_3$ 等也相继被制备出来，并且实现了激光输出[48]。该体系今后的发展与石榴石基透明激光陶瓷一样，主要是制备出大尺寸和高质量的陶瓷来满足大功率激光输出的需求。

### 3. 氟化物

相比于氧化物基质,氟化物作为激光材料的基质具有更宽的光透过范围、更低的声子频率阈值以及更低的线性和非线性折射率,而且热导率优良,从而基于氟化物的透明陶瓷研发工作也受到了重视。不过,囿于氟化物多数是容易水解的离子化合物,因此实际可用于激光的体系并不多,其中又以 $CaF_2$ 最为重要。

$CaF_2$ 的透光范围很广,覆盖了 $0.125\sim10\ \mu m$,而且熔点不高(1380 ℃),因此目前单晶已经实现了商业化。它属于立方晶系,空间群是 $Fm\bar{3}m$(NO.225),晶胞参数是:$a=b=c=5.5010\ \text{Å}$,$\alpha=\beta=\gamma=90°$(摘自 ICSD♯181244)。晶胞中包含了 4 个化学式,即总原子数为 12。具体的晶体结构数据见表 1.4。图 1.22 给出了 $CaF_2$ 的晶胞以及 $Ca^{2+}$ 的配位结构模型。

表 1.4　$CaF_2$ 的晶体学数据(摘自 ICSD♯181244)

| 原子类型 | 多重性与威科夫符号 | 原子坐标 | | |
| --- | --- | --- | --- | --- |
| | | $x$ | $y$ | $z$ |
| Ca | 4a | 0 | 0 | 0 |
| F | 8c | 1/4 | 1/4 | 1/4 |

从表 1.4 可以看出,$CaF_2$ 晶胞中的非对称单元仅有两个原子,其余原子可以根据空间群的对称性给出。其内仅包含一种阳离子格位(4a),如图 1.22 所示,$Ca^{2+}$ 是八配位并且具有规则的立方体的配位结构。其实从表 1.4 可以知道这种规则配位是必然的,因为不管是 $Ca^{2+}$,还是 $F^-$,它们占据的都是特殊位置,即原子坐标没有自由度(等价于表 1.4 中的原子坐标是固定的分数值——相比于晶轴长度),其中 $Ca^{2+}$ 占据了面心和顶点位置,而 $F^-$ 则处于对角线位置,从而 $Ca^{2+}$ 所得的配位多面体是立方体。

最早报道的氟化物基透明激光陶瓷出现于 1964 年,当时哈奇等以 $DyF_3$ 和 $CaF_3$ 粉体为原料,采用真空热压烧结技术以及 0.25 MeV 的 X 射线辐照还原制备了 $Dy^{2+}:CaF_2$ 透明陶瓷,掺杂浓度为 0.05 mol%～0.1 mol%,晶粒尺寸为 150 $\mu m$,在 500 nm 处的光学散射损耗为 2%(光学散射中心为 CaO)。并且在液氮冷却条件下,采用氙灯泵浦实现了激光输出,激光阈值为 24.6 J(与单晶相似),这是历史上第一个陶瓷基固体激光器[48]。

近年来基于氟化物透明陶瓷的研究仍时有报道,除了 $CaF_2$ 体系,其他体系也有了进展,比如巴西夫(Basiev)等开发出一种新型纳米结构 $F_2^-:LiF$ 色心陶瓷,采用 LD 泵浦获得了斜率效率高达 26% 的激光输出[67]。另外,热压 $Nd^{3+}:SrF_2$ 晶体获得的氟化物透明陶瓷具有与单晶相似的光谱特性,采用 790 nm LD 泵浦实现

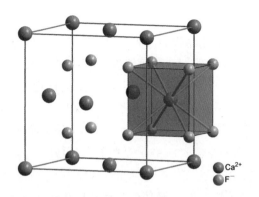

图 1.22　$CaF_2$ 的晶胞以及 $Ca^{2+}$ 的配位结构模型

了 1037 nm 激光输出,斜率效率为 19%[68];而采用 444 nm GaInN 激光二极管泵浦 $Pr^{3+}$:$SrF_2$ 透明陶瓷也获得了首个可见光波段(649 nm)陶瓷激光输出,激光阈值低于 100 mW,斜率效率大于 9%[69]。

需要注意的是,相比于共价性更强的氧化物,氟化物在高温下挥发性较大,会产生腐蚀性气体,容易与水、氧等发生反应,这使得陶瓷的制备过程中容易产生杂相。另外,当前氟化物陶瓷的制备主要是基于热压法,而氟化物晶体容易发生解理,对于多晶构成的陶瓷而言,这种解理性就体现为高压下块体容易由于应力或微裂纹积累而破裂,这也为大功率应用时的热损伤留下了隐患。因此相比于氧化物体系,当前氟化物透明激光陶瓷仍主要处于小尺寸、低功率的尝试阶段,甚至有研究直接采用氟化物单晶通过锻造(二次结晶)来获得多晶陶瓷。总之,在现有的技术下,氟化物透明激光陶瓷是在制备方面相对于单晶并没有占多少优势的少数透明陶瓷体系之一。

**4. Ⅱ-Ⅵ族半导体**

基于 Ⅱ-Ⅵ 族半导体的激光材料主要用于中红外波段(2~5 μm),这一波段位于"大气窗口区",在军事(红外遥感、成像、跟踪预警等)和民用(危险品检测、眼科手术等)领域均有着重要的应用。虽然稀土离子也可以发射这一波段的红外光,比如 $Tm^{3+}$ 的 2 μm 和 $Er^{3+}$ 或 $Ho^{3+}$ 的 3 μm 波段输出等,但是存在调谐范围较窄以及激光能级自身的缺陷(例如 $Er^{3+}$ 中上能级寿命小于下能级寿命),会提高材料的泵浦阈值,从而限制输出功率的升高等缺陷。与此相反,以 $Cr^{2+}$ 掺杂的 ZnS/ZnSe 为代表的过渡金属离子($Cr^{2+}$、$Fe^{2+}$、$Ni^{2+}$ 和 $Co^{2+}$ 等)掺杂的 Ⅱ-Ⅵ 族化合物具有室温量子效率高、吸收和发射截面大、激发态吸收小和声子能量低等优点,因此成为中红外激光材料领域的热点。

这里需要提及的是对于中红外波长的光子而言,其能量与基质的声子能量相近,因此中红外激光容易与基质声子耦合而被猝灭。主要的解决办法是选择低声子能量的基质材料。相比于常用的 YAG 中 $850\ cm^{-1}$ 的声子能量,II-VI族半导体材料的声子能量范围要小很多($200\sim350\ cm^{-1}$),从而有助于中红外激光的输出。另外,声子能量随着温度下降而减小,因此当材料确定后,在低温环境中也有助于进一步提高中红外激光性能。

II-VI族半导体的晶体结构主要有两种,即立方的闪锌矿结构和六方的纤锌矿结构。不管是哪一种,其阴离子和阳离子都是四配位的(图 1.23)。基于晶体场理论,四配位条件下的晶体场强度较低,能级劈裂较少,因此在过渡金属非简并 $d$ 能级中,高和低的 $d$ 能级的差值较小,跃迁时容易实现波长更长的红外光发射。四面体配位的另一个优势是结构缺乏中心对称,因此有助于 $d$-$d$ 跃迁,晶体振子强度高,掺杂离子发射截面大且上能级寿命合适,对红外激光是有利的。目前 II-VI 族化合物以 ZnS 和 ZnSe 最为常用,同时在透明激光陶瓷领域,又以不存在双折射、光学各向同性的立方闪锌矿结构最为重要。另外,相比于 ZnSe,ZnS 具有更高的硬度、热导率、热震系数以及更小的热透镜系数。这就意味着以 ZnS 作为基质的激光材料具有更高的可使用功率范围,从而更适合用于大功率激光器。下面就以 ZnS 为例介绍这种晶体结构。

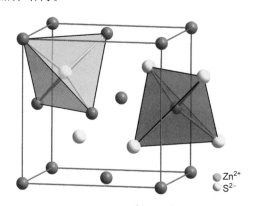

图 1.23　ZnS 的晶胞以及 $Zn^{2+}$ 和 $S^{2-}$ 的配位结构模型

立方 ZnS 所属空间群为 $F\bar{4}3m$(NO.216),晶胞参数是 $a=b=c=5.4550$ Å,$\alpha=\beta=\gamma=90°$(摘自 ICSD ♯186885),相应的晶胞与配位结构模型如图 1.23 所示。另外,表 1.5 给出了 ZnS 的晶体学数据,从中可以看到,一个晶胞内包含 4 个化学式,即共有 8 个原子。与立方 $CaF_2$ 相似,$Zn^{2+}$ 和 $S^{2-}$ 也是占据特殊位置,其中 $Zn^{2+}$ 位于顶角和面心位置,而 $S^{2-}$ 位于对角线上,因此类似于立方 $CaF_2$,$Zn^{2+}$ 和 $S^{2-}$ 各自所得的配位多面体是规则的正四面体。

表 1.5　立方 ZnS 的晶体学数据（摘自 ICSD ♯186885）

| 原子类型 | 多重性与威科夫符号 | 原子坐标 | | |
|---|---|---|---|---|
| | | $x$ | $y$ | $z$ |
| Zn | 4a | 0 | 0 | 0 |
| S | 4c | 1/4 | 1/4 | 1/4 |

　　相比于前述的基质体系，以Ⅱ-Ⅵ族半导体为基质的激光材料起步较晚，这与晶体生长的困难程度较大有着直接关系。与氧化物不同，硫化物在高温下很容易分解挥发，而且容易与外界的水和氧反应，因此单晶生长条件更加苛刻，直到 1996 年才实现了重要的突破——美国利弗莫尔国家实验室采用脉冲 $Co:MgF_2$ 泵浦 $Cr:ZnS/ZnSe$ 晶体获得了斜率效率为 22% 的激光输出。随后韦恩（Wagne）等报道了第一个可调谐全固态连续光 $Cr:ZnSe$ 激光器，平均输出功率达到 250 mW，阈值最低 140 mW，斜率效率达到 63%，调谐范围 2138～2760 nm，峰值波长为 2550 nm。$Cr:ZnS$ 的发展基本上与 $Cr:ZnSe$ 同时起步——2002 年，索罗吉娜（Sorokina）等基于 $Cr:ZnS$ 晶体首次实现连续波激光输出，输出功率约为 100 mW，斜率效率为 16%。与前述氧化物或含氧酸盐激光材料类似，当前 $Cr:ZnS/ZnSe$ 的研究方向同样是尽力提高激光功率，比如在 $Cr:ZnSe$ 实现脉冲激光方面，2002 年麦凯（Mckay）等得到了 4.3 W 的平均输出功率。2004 年，卡里哥（Carrig）等采用 Tm:YALO 激光器作为泵浦源进一步得到了 18.5 W 的平均输出功率⋯⋯如何提高晶体质量以获得更高的激光输出功率仍然是一个挑战。

　　晶体材料领域取得的成功证明了基于 ZnS 和 ZnSe 的激光材料在中红外激光应用上的可行性和潜力，同时陶瓷相比于单晶又具有优势（1.4 节），因此在 20 世纪末晶体获得激光输出后，从 21 世纪初开始，基于 ZnS/ZnSe 的透明激光陶瓷的研究也取得了发展。比如 2009 年，以 Er 光纤泵浦热扩散法制备的 $Cr:ZnS$ 陶瓷首次实现了 10 W 的功率输出，斜率效率为 43%。

　　目前制备 ZnS/ZnSe 基透明激光陶瓷的技术路线主要有两条，以 $Cr:ZnSe$ 为例，第一条是热压烧结 CrSe 和 ZnSe 混合粉体（可辅助使用热等静压）；第二条是先采用化学气相输运法（CVT）或热压法制备纯的 ZnSe，接着在其表面镀 CrSe 膜，然后经高温长时间扩散得到 $Cr:ZnSe$ 透明陶瓷。这两种方法也可以扩展到其他Ⅱ-Ⅵ半导体化合物体系。

　　需要指出的是，六方相的影响是Ⅱ-Ⅵ半导体透明陶瓷化的主要问题。它既可以是体系的杂相（如 ZnS 体系），也可以是陶瓷基质的自有晶相（如 CdSe）。前者会导致立方陶瓷中存在六方杂相而降低光学质量，后者则由于双折射和晶粒非定向排列而难于实现透明化。随着近年来强磁场晶粒定向等新型材料定向制备技术的出现,越来越多的非立方体系陶瓷材料实现了透射率的明显提升[70],因此过渡金属离子($Cr^{2+}$、$Fe^{2+}$、$Co^{2+}$ 等)掺杂的 II-VI 族半导体(ZnS、ZnSe、CdSe 和 CdTe 等)透明陶瓷在激光上的应用可望有更大的发展。

## 1.5.2 多组分透明激光陶瓷

多组分透明激光陶瓷本质上是对单组分透明激光陶瓷进行晶体场或原子格位对称性改造的产物。它通过置换构成基质的阳离子或阴离子来改变激光离子周围的配位环境,实现调控激光能级分布和跃迁,进而改变激光性能。这种改性作用的理论基础就是晶体场效应或基质效应(参见第 2 章相关章节)。

目前,透明激光陶瓷的多组分改性主要是基于石榴石[71]和倍半氧化物[72]进行的,因此多组分透明激光陶瓷也就集中于这两种体系。

虽然石榴石基多组分透明激光陶瓷的种类较多,但是其设计规律并不复杂,以YAG 为例,基于它的多组分透明激光陶瓷主要是将 $Y^{3+}$ 部分置换为其他稀土离子,其中以 $Lu^{3+}$ 最常见[73-74]。这是因为 $Y^{3+}$ 在离子半径上是处于重稀土范围的,因此与 $Lu^{3+}$ 的差异较小,而且 $Lu^{3+}$ 在所需光波范围内没有任何吸收,可以更好地满足激光基质的透光需求。另外,近年来也有将 Al 离子更换为 Ga 和 Sc 等离子的探索[75]。但是正如前述 YAG 或石榴石的结构,这种取代引发的结构畸变要大于取代 Y 离子的结构畸变,因此体系容易由于能量过高而不稳定,其结果就是掺杂不容易进入晶格,反而进入晶界,会降低材料光学质量和热传导,不利于激光性能的改善。

在多组分倍半氧化物透明激光陶瓷领域,常见的是基于 $Y_2O_3$ 的多组分改性,并且主要是以其他稀土离子部分取代 Y 离子[76-78]。比如杨秋红等在 $Y_2O_3$ 中引入 $La_2O_3$ 成功制备了具有较高光学质量的 $Nd:(Y_{1-x}La_x)_2O_3$ 和 $Yb:(Y_{1-x}La_x)_2O_3$ 透明陶瓷,随后用 LD 端面泵浦方式在 $Yb:(Y_{1-x}La_x)_2O_3$ 透明陶瓷分别实现了CW 可调谐激光运转[79]和被动锁模激光输出[80]。

最后需要提及的是在多组分透明激光陶瓷中,如果取代杂质是在烧结时加入,比如在 $Y_2O_3$ 烧结过程中加入 $La_2O_3$,那么它会与原体系构成多元体系,从而降低体系的固熔点温度,使得液相可以在更低的温度下出现,即烧结在更低的温度下就可以发生,这就起到了烧结助剂的作用。由于烧结助剂的含量通常很小,而多组分改性所用的杂质离子浓度却较高,与通常使用的烧结助剂浓度可以差一个数量级以上,从而对陶瓷制备过程的影响不同于纯烧结助剂(低浓度烧结助剂)时的状况。因此这种高浓度烧结助剂对陶瓷制备及其结构和性能的影响研究是多组分透明激光陶瓷领域需要重点考虑的内容。

### 1.5.3　复合透明激光陶瓷

复合透明激光陶瓷主要是基于大功率激光器应用中对激光陶瓷的热传导需求而发展起来的。一开始是为了克服激光材料与冷却台(热沉)直接接触而产生的巨大温度梯度,后来则进一步用于调 $Q$ 激光、倍频激光和拉曼激光输出等领域。比如将 Yb:YAG 和 Cr,Yb:YAG 激光陶瓷复合,可以克服单独使用 Cr,Yb:YAG 获得自调 $Q$ 激光输出时 $Cr^{4+}$ 对泵浦的吸收,以及双掺杂 $Cr^{4+}$ 引入的缺陷所导致的泵浦光低效率利用的问题。

复合透明激光陶瓷本质上属于多组分体系,但是其组成分布与前述的多组分透明激光陶瓷设计不同。以改进热传导为例,复合结构集中于促进热传导的进行,又不至于在透明激光陶瓷中产生温度梯度,而多组分设计的主要作用是调整发光性能。虽然它也可以实现热导率的提升(通常发生在掺杂离子自行组成的单组分基质具有更高的热导率的场合),但是这种提升效果很有限——掺杂引入的结构畸变起到降低热导率的反作用,掺杂越多,热导率下降越快。

除了调控热效应,复合结构也可以用于调控激光的产生,比如作为平面波导陶瓷产生波导型激光等[81]。

复合透明激光陶瓷可以根据几何结构进行分类,主要有如下四种基本形式[4-5,82]。

**1. 块状或分段结构复合透明激光陶瓷**

在块状复合透明激光陶瓷中,用于复合的陶瓷组分厚度较大,至少毫米级以上,形状描绘类似图 1.20 所示,如果根据横截面的形状,还可以进一步划分为圆棒状和方块状等。这种复合结构的优点是制备方便,容易通过不同陶瓷的键合实现,而且有利于实现多种掺杂,能够降低热透镜效应以及热致双折射,从而提高激光光束质量。但是其缺点也相当明显——由于存在明显的浓度梯度,因此这个交界区是热导率剧烈变化的区域,很容易发生热应力破裂,这也为 Nd:YAG 和 YAG 陶瓷的键合结果所证实[44,50]。

另外,这种复合结构也可以实现陶瓷与单晶的复合,比如池末等采用这种技术制备了 YAG/3.6 at.% Nd:YAG/YAG 复合结构陶瓷和晶体[82](图 1.24)。单晶与陶瓷复合除了可以利用单晶相对较好的光学性能(相比于陶瓷的多晶结构),还克服了单晶间直接键合的问题。这是因为单晶中的原子是三维周期排列,所以即便同种单晶键合,也必须要求表面是同样取向的晶面。而对于不同种类的单晶,由于没办法找到原子排列(格位几何结构)完全重叠的两个晶面,因此直接键合的结果就是在界面产生一个缺陷很多的过渡层,不但会造成光散射损失,而且也是复合晶体的结构强度薄弱处,在高功率激光运转下会发生热炸裂。但是这种过渡层对于陶瓷-单晶复合结构而言就不是问题,因为陶瓷是多晶,可以兼容这类过渡层中格位取向混乱引起的畸变,获得比单晶-单晶复合更高的键合强度。

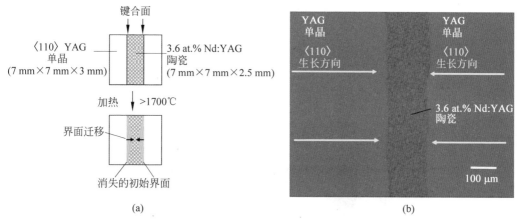

图 1.24　Nd：YAG 陶瓷-YAG 晶体复合结构示意图与界面光学显微镜照片[82]

### 2. 薄片状或梯度结构复合透明激光陶瓷

不同组分的陶瓷以薄片形式复合的设计来自于微片激光器的启迪。这种激光器所用的薄片厚度在几毫米以下,因此可以利用极小的厚度使上下表面的温度与薄片中心温度差别很小,从而温度梯度效应很小。不过由于薄片体积小,从而激光离子总体浓度过低,对泵浦光的利用效率并不高。

以薄片复合而成的结构也可以称为梯度结构,如图 1.25 所示。池末等利用不同 $Nd^{3+}$ 浓度(0.5 at.％～3.6 at.％)的 Nd：YAG 薄片并结合纯的 YAG,干压成型了 9 层 YAG/Nd：YAG/YAG 复合结构,随后真空烧结成透明陶瓷。这些不同掺杂浓度的薄片素坯堆叠在一起,烧结后就成为浓度渐变的复合陶瓷(图 1.25(b))[44]。需要注意的是,这种浓度渐变的复合陶瓷与前述多组分陶瓷是不一样的:前者的离子分布是分层的,层与层之间存在过渡,不同结构的差别仅是各层间浓度落差的大小不同;而后者离子分布是原子级别的混合,不存在任何过渡区域及浓度落差。

用于复合的薄片厚度一般是毫米级别,而基于流延法或镀膜法可以达到微米级别的水平,从而在烧结后利用不同薄片间离子扩散形成的过渡区可以获得掺杂近似连续变化的梯度结构。此时热导率就不会像分段结构那样剧烈变化,而是更为平缓,从而材料内部的温度梯度趋于平滑变化分布,有助于满足高功率激光器所需的减小热效应和提高激光光束质量的要求[44,82]。图 1.26 给出了单一 $Nd^{3+}$ 浓度和上述 $Nd^{3+}$ 浓度逐渐变化的梯度结构的热分布对比,从中可以看出这种复合结构具有较小的温度梯度[44]。

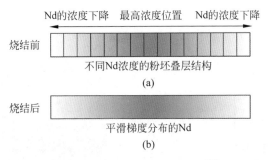

图 1.25　梯度复合结构示意图[44]

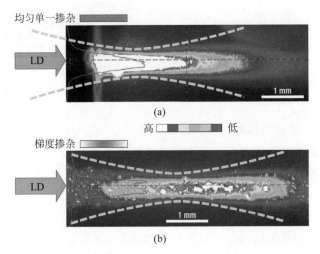

图 1.26　Nd$^{3+}$ 浓度单一分布的 Nd:YAG 单晶(a)与 Nd$^{3+}$ 浓度平滑梯度变化的
Nd:YAG 复合陶瓷(b)各自内部的热分布对比[44]

### 3. 包裹型复合透明激光陶瓷

在包裹型的结构中,激光材料周围覆盖了一层由其他组分陶瓷构成的介质,形成一种同轴夹心的结构。处于内部的激光材料既可以贯通整个介质,仅头尾两部分暴露于空气中,也可以位于长度方向的中间部分,整体都被介质所覆盖。因此相对于前述两种分层或分段结构,包裹型复合结构的温度梯度受材料与环境气氛热导率差的影响会更小。另外,包裹结构更容易控制光波的传导和光束模式,在控制光束图案、提高光束质量和减小激光器尺寸方面具有优势。

最典型的包裹型结构是纤维状(包芯)结构,即光纤激光器,其特征是轴向尺寸较大且径向尺寸很小。这种复合结构的最大优点是可以实现激光器件的微型化。不过由于实际制备条件的困难,目前这种结构设计主要应用于玻璃体系,单晶由于热力学平衡条件的限制,要实现包芯,在组分扩散和晶体质量控制上是相当困难的。与单晶相比,陶瓷光纤激光器的制备会更容易,不过由于透明激光陶瓷发展的时间并不长,而且前期重点是基于板条和杆棒的复合结构,因此纤维状包裹复合结构的研究仍有待进一步拓展。

包裹型复合结构有助于实现高激光功率密度。比如正木(Tsunekane)等制备了外围是 YAG 介质,中心范围是直径 3.7 mm 10 at.% Yb:YAG 的陶瓷圆片,随后切割成 6 mm×6 mm 的正方形。该陶瓷可以获得超过 400 W 的连续波激光输出,而核心部分激光输出功率密度达到 3.9 kW/cm$^2$,陶瓷整体的功率密度是 0.19 MW/cm$^2$[4]。

与前述分段复合结构一样,处于包覆型复合结构中心的激光材料既可以是陶瓷,也可以是单晶,从而为基于单晶的光纤激光器提供了一种新的可行途径。比如匠规(Takunori)报道了中心为直径 5 mm 的 5 at.% Yb:YAG 晶体,周围是 YAG 透明陶瓷的包裹型复合结构,整体直径 10 mm,长度为 30 mm。随后将其切割出 300 μm 的薄片,并加工成与工作窗口相同尺寸的 6 mm×6 mm 的正方形,然后采用边缘泵浦方式,以 YAG 陶瓷引导泵浦光传输到 Yb:YAG 晶体。当泵浦功率为 946 W 时所得的激光输出功率为 340 W,输出功率密度为 56 kW/cm$^2$,激光斜率效率和光-光转换效率分别是 37% 和 31%[83]。

另外,包裹型复合结构还有如图 1.27 所示的一种特殊类型——由居于中心的 Yb:YAG 透明激光陶瓷及其周围包覆的 Pr:YAG 透明陶瓷组成(类似的结构也可以参见图 1.16)。这种复合结构也称为"包边",它可以抑制影响激光质量的各种噪声。比如图 1.27 的包边就是为了利用 Pr$^{3+}$ 在 1030 nm 处的强吸收来抑制盘状 Yb:YAG 透明陶瓷的放大自发辐射(amplified spontaneous emission, ASE)噪声。

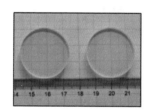

图 1.27　Pr:YAG 包边的 Yb:YAG 复合透明激光陶瓷照片

最后要注意的是,这种复合结构虽然在光束和热传导调控方面有优势,但是设计时要注意与谐振腔匹配,否则会影响光束质量,比如前述匠规报道的单晶-陶瓷包芯结构所得激光的 $M^2$ 高达 17(商用激光器一般是 1～2)就是因为单晶芯和谐振腔的模式失配而引起的[83]。

### 4. 之字形结构(角泵浦或角抽运)[4,84-85]

之字形结构严格说来不是一种新型的复合结构,其构成可以是前面的三种结构之一。在这里作为一种复合结构单独列出的原因,在于它提供了一种全新的光传输思路。一般情况下,泵浦光沿块体材料某个方向(径向)直线前进时,一路被吸收,未被吸收的泵浦光会透射出去,从而除了光-光转换的损耗,这部分透射损耗也降低了激光效率。要充分利用泵浦光,常规的做法是加大材料的尺寸或者增加材料内部激光离子的浓度,前者会提高激光器的成本,而后者的浓度提高会受到结构畸变和热导率的限制,因此并不是理想的策略。

如果跟踪一束泵浦光的传输过程就可以发现光线经过的范围仅仅是激光材料的一个局部,并没有充分利用整块材料。假设能够让光路不是直线通过,而是曲折前进,显然就可以增加对泵浦光的吸收,而且不用改变材料尺寸和掺杂浓度,这就是之字形结构的设计思路。它的基本原理是在板条状激光介质的角部切出一个倒角,泵浦光通过这个倒角耦合到激光介质内部,如图 1.28 所示[4,86]。利用泵浦光在介质内的全反射来实现多程吸收,极大地增加了吸收路程,从而在较低的掺杂浓度下也能获得高的泵浦效率和较好的泵浦均匀性[4]。显然,这种复合结构与前述复合结构的差别主要有两个:①泵浦光传输路径是曲折的;②介质材料与泵浦光入射方向需要满足产生全反射的条件,对于理想无散射的材料,光路总长或对泵浦光的吸收量主要取决于全反射次数。

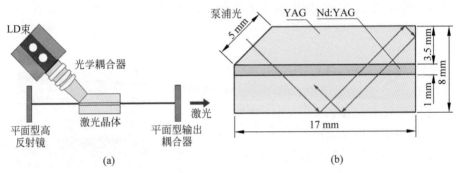

图 1.28　角泵浦 Nd:YAG/YAG 复合结构陶瓷激光器装置示意图(a)和角泵浦工作原理图(b)[4,86]

基于前述四种典型复合结构,进一步进行结构和光路的组合还可以产生更复杂的复合结构,从而获得各种各样的激光系统设计。比如 2011 年,古濑(Furuse)等就制备了一种将之字形结构和分层结构组合起来的复杂的复合透明陶瓷。首先该陶瓷使用之字形结构的设计,两端面加工出 60° 的倾斜角,同时其内部又包含了多层结构:中间部分是纯 YAG,而上下两半各有三个 Yb:YAG 陶瓷层,其厚度分别是 $100~\mu m$、$190~\mu m$ 和 $290~\mu m$。设计该结构的目的是降低泵浦阈限,提高激光的输出功率,而实验结果证实这种结构的确有效——即使在低于 $170~W/cm^2$ 的功率密度下仍然获得了 214 W 的激光输出和 63% 的斜率效率。

但是需要注意的是,复合结构越复杂,内部温度场或热场的分布也就越复杂,利用经验判断或实验测试并不能有效应对这种情况,此时合理且高效的手段是基于有限元法对结构进行建模,通过计算模拟出温度场分布,以此评价结构的优劣。关于这部分内容可以参见 5.4 节,这里不再赘述。

目前获得复合结构的成型方法主要有干压法、热键合法和流延成型法。其中干压法操作简便,也最常用,但是实际操作中坯体的厚度较大,实现渐近变化的多层结构较为困难,而且在挤压中,不同坯体的粉粒流变性质不同,可能会出现粉体渗透等问题,从而影响原定的分层设计。因此干压法主要用于分段复合的场合。热键合法的优势在于使用已经烧结成功的陶瓷材料进行键合,因此不用考虑在烧结中不同层之间由于物理与化学性质不同而产生的相对收缩、组分扩散和机械应力等,对于大尺寸复合陶瓷的制备占有优势。但是其劣势也比较明显:用于热键合的表面需要精细抛光并且保持高纯状态,否则键合后在界面处容易残留气孔和杂质等缺陷;另外界面的浓度梯度需要控制在特定的水平,否则不利于材料内部温度梯度的平缓变化。要获得更加精细(微米级)的陶瓷分层结构和近乎一致的温度分布可以考虑流延成型法。这种成型方法可以制备出薄膜,然后层层叠加来设计多样的复合结构。其最大的优点就是可以获得梯度结构以及复杂的分层结构,有助于改善激光工作物质的热效应和激光质量[4,82]。但是如前所述,梯度结构应当同时考虑温度梯度和浓度梯度,注意两者的平衡。另外,使用流延成型法需要配置浆料,通过挥发沉积出薄膜,叠片干压后还要加热排胶,这些过程除了造成环境污染,对于素坯纯度也有影响,因此其烧结预处理过程要比干压法和热键合法更复杂,也是影响陶瓷质量的关键步骤。

最后,同一种结构对不同性能的影响可以存在大小和变动趋势的差异。以薄片复合结构产生有助于热分布的浓度梯度的改进为例,由于折射率、发光效率、斜率效率等与激光材料的掺杂浓度有关,而且这种关联程度也会随着泵浦光功率的增加而改变,因此面向热分布均匀或缓慢变化的浓度梯度设计也可能导致材料中存在折射率的差异分布。这其实就等同于形成了一个"热"透镜,反而不利于激光的形成和光束质量的提升。同样地,如果发光强度随浓度有很大的变化,那么当泵浦功率足够大的时候,不同浓度范围的发光差异也会达到可观的水平,如何组合成为高质量的激光就成了一个问题。因此在薄片复合结构设计中也要考虑浓度梯度对激光性能的影响,不能单独考虑热效应的调控——这对于其他复合结构的性能改进也同样适用。

# 参考文献

[1] KRELL A,HUTZLER T,KLIMKE J. Transmission physics and consequences for materials selection,manufacturing,and applications[J]. Journal of the European Ceramic Society,2009,29(2): 207-221.

[2] JIANG N,ZHAO Y,ZHU Z,et al. Fabrication and laser performance of planar waveguide LuAG/Yb:LuAG/LuAG ceramics[J]. Optical Materials,2019,89: 149-156.

［3］ GOLDSTEIN A,KRELL A. Transparent ceramics at 50：progress made and further prospects[J]. Journal of the American Ceramic Society,2016,99(10)：3173-3197.

［4］ 巴学巍.多层复合激光透明陶瓷[D].上海：中国科学院大学上海硅酸盐研究所,2013.

［5］ 李江.稀土离子掺杂 YAG 激光透明陶瓷的制备、结构及性能研究[D].上海：中国科学院大学上海硅酸盐研究所,2007.

［6］ 翟令起.激光发明的专利权之争[J].兵器激光,1981(5)：63-65.

［7］ HAWK.多晶 Au 衍射标定_透射电镜(TEM)_电子显微镜_仪器论坛[EB/OL].[2016-03-30].http://bbs. instrument. com. cn/shtml/20090629/1978439/.

［8］ 华南师范大学实验中心.电子衍射[EB/OL].[2016-03-30]. http://syzx. scnu. edu. cn/temdoc/eels. htm.

［9］ LUO F L. 如何判断此选区电子衍射图是多晶还是无定形的[EB/OL].[2016-04-02]. http://emuch. net/html/201405/7451260. html.

［10］ 沈毅强,石云,潘裕柏,等.高光输出快衰减 Pr：$Lu_3Al_5O_{12}$ 闪烁陶瓷的制备和成像[J].无机材料学报,2014,29(5)：534-538.

［11］ SHI Y,NIKL M,FENG X,et al. Microstructure,optical,and scintillation characteristics of $Pr^{3+}$ doped $Lu_3Al_5O_{12}$ optical ceramics [J]. Journal of Applied Physics,2011,109(1)：13522.

［12］ 米勒,斯贝克,施耐德,等.晶体结构精修：晶体学者的 SHELXL 软件指南[M].陈昊鸿,译.北京：高等教育出版社,2010.

［13］ 金格瑞,鲍恩,乌尔曼,等.陶瓷导论[M].清华大学新型陶瓷与精细工艺国家重点实验室,译.北京：高等教育出版社,2010.

［14］ 董琦.中国瓷器的起源[J].南方文物,2001(1)：65-69.

［15］ 西风.西风的相册-古陶器[EB/OL].[2016-03-30]. http://www. douban. com/photos/photo/901907431/.

［16］ 张总.【元青花鬼谷子下山】-上海黄页 88 网[EB/OL].[2016-03-30]. http://lipin. huangye88. com/xinxi/6436533. html.

［17］ 郭景坤,寇华敏,李江.高温结构陶瓷研究浅论[M].北京：科学出版社,2011.

［18］ BHANDHUBANYONG P,AKHADEJDAMRONG T. Forming of silicon nitride by the HIP process[J]. Journal of Materials Processing Technology,1997,63：277-280.

［19］ MARCHI J,SILVA C C G E,SILVA B B,et al. Influence of additive system（$Al_2O_3$-$RE_2O_3$,RE = Y, La, Nd, Dy, Yb）on microstructure and mechanical properties of siliconnitride-based ceramics[J]. Materials Research Bulletin,2009,12(2)：145-150.

［20］ ZHANG J,NING X S,LU X,et al. Effect of rare-earth additives on thermal conductivity, mechanical and electrical properties of silicon nitride ceramics[J]. Rare Metal Materials and Engineering,2008,37：693-696.

［21］ LOMELLO F,BONNEFONT G,LECONTE Y,et al. Processing of nano-SiC ceramics：densification by SPS and mechanical characterization[J]. Journal of the European Ceramic Society,2012,32：633-641.

［22］ RIXECKER G,WIEDMANN I,ROSINUS A,et al. High-temperature effectin the fracture mechanical behavior of silicon carbide liquid-phase sintered with AlN-$Y_2O_3$ additives[J].

Journal of the European Ceramic Society,2001,20：1013-1019.

[23]　KIM K J,LIM K,KIM Y,et al. Electrical resistivity of α-SiC ceramics sintered with Al$_2$O$_3$ or AlN additives[J]. Journal of the European Ceramic Society,2014,34（7）：1695-1701.

[24]　KIM Y,KIM K J,KIM H C,et al. Electrodischarge-machinable silicon carbide ceramics sintered with yttrium nitrate[J]. Journal of the American Ceramic Society,2011,94（4）：991-993.

[25]　ZHAN G D,MITOMO M,XIE R J,et al. Thermal and electrical properties in plasma-activation-sintered silicon carbide with rare-earth-oxide additives[J]. Journal of the American Ceramic Society,2001,84（10）：2448-2450.

[26]　KIM K J,LIM K Y,KIM Y W,et al. Temperature dependence of electrical resistivity （4-300K） in aluminum-and boron-doped SiC ceramics[J]. Journal of the American Ceramic Society,2013,96（8）：2525-2530.

[27]　SIEGELIN F,KLEEBE H J,SIGL L S. Interface characteristics affecting electrical properties of Y-doped SiC[J]. Journal of Materials Research,2003,18（11）：2608-2617.

[28]　刘茜,许钫钫,阮美玲,等. Sialon 基陶瓷材料制备工艺及显微结构变化对力学性能的影响[J]. 无机材料学报,1999（6）：900-908.

[29]　SHEN Z J,NYGREN M,HALENIUS U. Absorption spectra of rare-earth-doped alpha-sialon ceramics[J]. Journal of Materials Science Letters,1997,16（4）：263-266.

[30]　刘开慧. 四方相氧化锆陶瓷相变行为的相场法研究[D]. 武汉：华中科技大学,2017.

[31]　KIM I D. Editorial：advances in functional ceramic materials[J]. Journal of Electroceramics,2014,33（1/2）：1.

[32]　刘光华. 稀土材料学[M]. 北京：化学工业出版社,2007.

[33]　国家发展和改革委员会高技术产业司,中国材料研究学会. 中国新材料产业发展报告2007：新材料与资源能源和环境协调发展[M]. 北京：化学工业出版社,2008.

[34]　史光国. 半导体发光二极管及固体照明[M]. 北京：科学出版社,2007.

[35]　徐叙瑢,苏勉曾. 发光学与发光材料[M]. 北京：化学工业出版社,2004.

[36]　孙家跃,杜海燕,胡文祥. 固体发光材料[M]. 北京：化学工业出版社,2003.

[37]　PORWAL H,GRASSO S,REECE M J. Review of graphene-ceramic matrix composites [J]. Advances in Applied Ceramics,2013,112（8）：443-454.

[38]　YEOM H J,KIM Y W,KIM K J. Electrical,thermal and mechanical properties of silicon carbide-silicon nitride composites sintered with yttria and scandia[J]. Journal of the European Ceramic Society,2015,35（1）：77-86.

[39]　LOJANOVÁ S,TATARKO P,CHLUP Z,et al. Rare-earth element doped Si$_3$N$_4$/SiC micro/nano-composites—RT and HT mechanical properties[J]. Journal of the European Ceramic Society,2010,30（9）：1931-1944.

[40]　WILLIAMS S H,HILGER A,KARDJILOV N,et al. Detection system for microimaging with neutrons[J]. Journal of Instrumentation,2012,7（2）：1-25.

[41]　戴念祖. 文物中的物理[M]. 北京：北京联合出版公司,2021.

[42]　BURKE J E. Lucalox alumina：the ceramic that revolutionized outdoor lighting[J]. MRS

Bulletin,1996,21(6):61-68.

[43]　IKESUE A,AUNG L Y. Origin and future of polycrystalline ceramic lasers[J]. IEEE Journal of Selected Topics in Quantum Electronics,2018,24(5):1-7.

[44]　IKESUE A,AUNG Y L. Ceramic laser materials[J]. Nature Photonics,2008,2(12):721-727.

[45]　HANDWERKER C A,CANNON R M, FRENCH R H. Coble: a retrospective[J]. Journal of the American Ceramic Society,1994,77(2):293-297.

[46]　COBLE R L. Transparent alumina and method of preparation: US 3026210[P/OL]. 1962-03-20. http://patents. google. com/patent/US3026210A.

[47]　LU J R,LU J H,MURAI T, et al. Development of Nd:YAG ceramic lasers[M]. Washington: Optic Soc America,2002:507-517.

[48]　潘裕柏,李江,姜本学. 先进光功能透明陶瓷[M]. 北京:科学出版社,2013.

[49]　潘裕柏,陈昊鸿,石云. 稀土陶瓷材料[M]. 北京:冶金工业出版社,2016.

[50]　IKESUE A,AUNG Y L,LUPEI V. Ceramic lasers[M]. Cambridge: Cambridge University Press,2013.

[51]　IKESUE E A,KINOSHITA T,KAMATA K,et al. Fabrication and optical-properties of high-performance polycrystalline Nd-YAG ceramics for solid state lasers[J]. Journal of the American Ceramic Society,1995,78(4):1033-1040.

[52]　QIN H,JIANG J,JIANG H,et al. Effect of composition deviation on the microstructure and luminescence properties of Nd:YAG ceramics[J]. CrystEngComm,2014,16(47):10856-10862.

[53]　FAN J,CHEN S,JIANG B,et al. Improvement of optical properties and suppression of second phase exsolution by doping fluorides in $Y_3Al_5O_{12}$ transparent ceramics[J]. Optical Materials Express,2014,4(9):1800-1806.

[54]　GE L,LI J,ZHOU Z,et al. Fabrication of composite YAG/Nd:YAG/YAG transparent ceramics for planar waveguide laser[J]. Optical Materials Express, 2014, 4 (5):1042-1049.

[55]　SOKOL M,KALABUKHOV S,KASIYAN V, et al. Mechanical, thermal and optical properties of the SPS-processed polycrystalline Nd:YAG[J]. Optical Materials,2014,38:204-210.

[56]　CHRETIEN L,BOULESTEIX R,MAITRE A, et al. Post-sintering treatment of neodymium-doped yttrium aluminum garnet (Nd:YAG) transparent ceramics[J]. Optical Materials Express,2014,4(10):2166-2173.

[57]　BROWN E E,HOMMERICH U,BLUIETT A, et al. Near-infrared and upconversion luminescence in $Er:Y_2O_3$ ceramics under 1.5 $\mu$m excitation[J]. Journal of the American Ceramic Society,2014,97(7):2105-2110.

[58]　LIU B,LI J,IVANOV M,et al. Solid-state reactive sintering of Nd:YAG transparent ceramics: the effect of $Y_2O_3$ powders pretreatment[J]. Optical Materials,2014,36:1591-1597.

[59]　YU Y,QI D W,ZHAO H. Enhanced green upconversion luminescence in $Ho^{3+}$ and $Yb^{3+}$

codoped $Y_2O_3$ ceramics with $Gd^{3+}$ ions[J]. Journal of Luminescence,2013,143: 388-392.

[60] SANGHERA J,FRANTZ J,KIM W,et al. 10% $Yb^{3+}$-$Lu_2O_3$ ceramic laser with 74% efficiency[J]. Optics Letters,2011,36(4): 576-578.

[61] KURETAKE S,TANAKA N,KINTAKA Y,et al. Nd-doped $Ba(Zr,Mg,Ta)O_3$ ceramics as laser materials[J]. Optical Materials,2014,36(3): 645-649.

[62] LIU Z D,MEI B C,SONG J H, et al. Optical characterizations of hot-pressed erbium-doped calcium fluoride transparent ceramic[J]. Journal of the American Ceramic Society, 2014,97(8): 2506-2510.

[63] YANAGITANI T,YAGI H,ICHIKAWA M. Production of yttrium-aluminum-garnet fine powder: JP,10101333[P]. 1998-04-21.

[64] LU J,PRABHU M,SONG J,et al. Optical properties and highly efficient laser oscillation of Nd:YAG ceramics[J]. Applied Physics B-Lasers and Optics,2000,71(4): 469-473.

[65] LU J R,LU J H,MURAI T, et al. $Nd^{3+}$ : $Y_2O_3$ ceramic laser[J]. Japanese Journal of Applied Physics Part 2-Letters,2001,40(12A): L1277-L1279.

[66] SANGHERA J,BAYYA S,VILLALOBOS G,et al. Transparent ceramics for high-energy laser systems[J]. Optical Materials,2011,33(3): 511-518.

[67] BASIEV T T,DOROSHENKO M E,KONYUSHKIN V A, et al. Lasing in diode-pumped fluoride nanostructure $F_2^-$ : LiF colour centre ceramics[J]. Quantum Electronics, 2007,37(11): 989-990.

[68] BASIEV T T,DOROSHENKO M E,KONYUSHKIN V A, et al. $SrF_2$: $Nd^{3+}$ laser fluoride ceramics[J]. Optics Letters,2010,35(23): 4009-4011.

[69] BASIEV T T,KONYUSHKIN V A,KONYUSHKIN D V,et al. First ceramic laser in the visible spectral range[J]. Optical Materials Express,2011,1(8): 1511-1514.

[70] 李伟. $CeF_3$ 透明闪烁陶瓷的制备及其性能研究[D]. 上海：中国科学院大学上海硅酸盐研究所,2013.

[71] PIRRI A,TOCI G,LI J,et al. A comprehensive characterization of a 10 at. % Yb:YSAG laser ceramic sample[J]. Materials,2018(11): 8375.

[72] PIRRI A,TOCI G,PATRIZI B, et al. An overview on Yb-doped transparent polycrystalline sesquioxide laser ceramics[J]. IEEE Journal of Selected Topics in Quantum Electronics,2018(24): 16021085.

[73] TOCI G,PIRRI A,LI J,et al. First laser operation and spectroscopic characterization of mixed garnet Yb: LuYAG ceramics [J]. Proceeding of SPIE, 2016, 9726: 97261N1-97261N8.

[74] PIRRI A,TOCI G,LI J,et al. Spectroscopic and laser characterization of $Yb_{0.15}$: $(Lu_x Y_{1-x})_3 Al_5 O_{12}$ ceramics with different Lu/Y balance[J]. Optics Express, 2016, 24(16): 17832-17842.

[75] FENG Y,HU Z,CHEN X,et al. Fabrication and properties of 10 at. % Yb:$Y_3 Sc_{1.5} Al_{3.5} O_{12}$ transparent ceramics[J]. Optical Materials,2019,88: 339-344.

[76] KRUK A,BRYLEWSKI T,MRÓZEK M. Optical and magneto-optical properties of $Nd_{0.1} La_{0.1} Y_{1.8} O_3$ transparent ceramics[J]. Journal of Luminescence,2019,209: 333-339.

[77] WU H,PAN G,HAO Z, et al. Laser-quality Tm：$(Lu_{0.8}Sc_{0.2})_2O_3$ mixed sesquioxide ceramics shaped by gelcasting of well-dispersed nanopowders[J]. Journal of the American Ceramic Society,2019,102(8)：4919-4928.

[78] PERMIN D A,BALABANOV S S,NOVIKOVA A V, et al. Fabrication of Yb-doped $Lu_2O_3-Y_2O_3-La_2O_3$ solid solutions transparent ceramics by self-propagating high-temperature synthesis and vacuum sintering[J]. Ceramics International,2019,45(1)：522-529.

[79] HAO Q,LI W X,ZENG H P,et al. Low-threshold and broadly tunable lasers of $Yb^{3+}$-doped yttrium lanthanum oxide ceramic[J]. Applied Physics Letters,2008,92：21110621.

[80] LI W,HAO Q,YANG Q, et al. Diode-pumped passively mode-locked $Yb^{3+}$-doped yttrium lanthanum oxide ceramic laser[J]. Laser Physics Letters,2009,6(8)：559-562.

[81] GE L,LI J,QU H,et al. Densification behavior,doping profile and planar waveguide laser performance of the tape casting YAG/Nd：YAG/YAG ceramics[J]. Optical Materials,2016,60：221-229.

[82] IKESUE A,AUNG Y L. Synthesis and performance of advanced ceramic lasers [J]. Journal of the American Ceramic Society,2006,89(6)：1936-1944.

[83] TAIRA T. Ceramic YAG lasers[J]. Comptes Rendus Physique,2007,8(2)：138-152.

[84] LIU H,GONG M. Corner-pumped Nd：YAG/YAG composite slab continuous-wave 1.1 mum multi-wavelength laser[J]. Chinese Journal of Lasers,2011,38(2)：202001.

[85] LIU H,GONG M,WUSHOUER X, et al. Compact corner-pumped Nd：YAG/YAG composite slab 1319 nm/1338 nm laser[J]. Laser Physics Letters,2010,7(2)：124-129.

[86] LIU H,GONG M. Compact corner-pumped Nd：YAG/YAG composite slab laser[J]. Optics Communications,2010,283(6)：1062-1066.

# 物理化学性质

## 2.1　激光离子与能级跃迁

### 2.1.1　发光中心与能级跃迁

激光是一种独特的光。产生激光的过程是一种能量转换过程,具体涉及泵浦源、工作介质(激光材料)和激光三种要素。其中泵浦源等同于传统发光材料所需的激发光,用来提供转换为激光所需的能量;工作介质提供了能量转换的场所,一般由基质和基质中与发光相关的结构组成;出射的激光则是转换后的能量,其所能达到的理论最大值就是入射源提供的总能量,相当于发光效率(出射光总能量与入射光泵浦光总能量的比值)达到 100%。

激光材料中与发射激光有关的结构通常体现为体积有限的离子、离子对、离子簇或者团簇等,它们被称为发光中心,比如 $Nd^{3+}$、$Er^{3+}$、$Ho^{3+}$ 和 $Yb^{3+}$ 等稀土离子就是常见的发光中心。它们既可以是孤立的离子型发光中心,也可以是团簇型,后者常见于高浓度掺杂或者由于基质结构的独特性而产生的杂质离子聚居分布的场合。此时发光性能不仅要考虑单个离子,还要考虑同类发光离子由于间隔比较短所受到的共振能量传递效应的影响。另外,一些发光中心很难确认具体的位置和体积范围,只能整体描述,比如缺陷发光通常需要利用带有全局性的发光单元来描述,基于能带机制的激子发光或者给体-受体发光就是其中的典型。

虽然激光是在外界同能量光子的激励下产生的受激发光,但是其本质同常规发光一样,都是基于电子的能级跃迁,即电子由谐振态向基态跃迁的辐射。另外,由于无辐射跃迁的存在,发射光波长一般高于激发光波长——这就是 1852 年斯托克斯(Stokes)提出的斯托克斯发光:短波长光波可激发出长波长光波。此时由于能量损耗的存在,发光材料的发射光谱与吸收光谱或激发光谱的峰值位置存在因无辐射跃迁引起的位移。与此相反,如果处于激发态的电子能从周围环境吸收能量而跃迁到更高的能级,那么在返回基态时就可以辐射出波长短于激发光的荧光,即反斯托克斯发光。

由于能级跃迁过程是从能级高的跃迁到能级低的,因此激光所涉及能级跃迁对应的激发态和基态可以不是常规发光对应的激发态和基态。尤其是红外激光,他们所涉及的激发态与基态其实都落在传统发光离子的基态能级范围,本质上属于基态中不同能级之间的跃迁。此时可称之为激光能级或激光工作能级,能量高的为激光上能级或激发态能级(也称为亚稳态能级),能量低的则是激光下能级或终态能级。在不引起理解混乱的前提下,同样也可以分别称为激发态和基态。

表征电子所处能级的电子组态是描述能级跃迁的一个重要概念,符号表达是光谱支项 $^{2S+1}L_J$。如果省略了下脚标 $J$,则称为光谱项,此时表示一组同态能级,比如 $Nd^{3+}$ 的基态能级可以表示成光谱项 $^4I$,这组同态能级在自旋-轨道相互作用下可以进一步劈裂,从而产生了带有下脚标"$J$"的光谱支项 $^{2S+1}L_J$。

光谱支项 $^{2S+1}L_J$ 中的各个参数可以根据电子所处原子轨道的轨道磁量子数 $m_l$ 和自旋量子数 $m_s$ 得到,其中总自旋量子数 $S = \sum m_s$;总轨道量子数 $L = \sum m_l$;总磁量子数 $J$(描述轨道和自旋的耦合,也称为总内量子数或总角动量量子数)取值为 $|L-S|$ 和 $(L+S)$ 及其之间间隔为 1 的整数值。至于能量由低到高是从 $|L-S|$ 到 $(L+S)$ 还是反过来从 $(L+S)$ 到 $|L-S|$ 变化,取决于耦合效应或者说要根据具体的元素而定。当稀土离子处于基态且 $4f < 7$(La-Eu),最低能量对应的 $J = |L-S|$;反之,当 $4f \geqslant 7$(Gd-Lu),$J = L+S$。对于光谱支项来说,$S$ 和 $L$ 不变(即属于同一光谱项),总内量子数可以变化。

传统的光谱支项符号表示中,$S$ 和 $J$ 直接用数字,但是 $L$ 则沿用了数字的字母符号表示,具体数字与字母符号的对照可以参考表 2.1。

**表 2.1　总轨道角量子数 $L$ 的数字与字母符号对照**

| $L$ | 0 | 1 | 2 | 3 | 4 | 5 | 6 |
|---|---|---|---|---|---|---|---|
| 符号 | $S$ | $P$ | $D$ | $F$ | $G$ | $H$ | $I$ |

下面以 $Ho^{3+}$ 基态光谱支项的计算作为例子介绍一下各种量子数的求值。

三价钬离子($Ho^{3+}$)中,$4f$ 电子亚层有 10 个电子,由于基态属于能量最低状态,因此根据洪特(Hund)规则,电子尽量成对分布,未成对电子自旋同向;又根据泡利不相容原理,成对电子自旋必定相反,总自旋为零,从而可知基态时电子按照三对电子＋4 个孤电子的形式填充 $4f$ 电子亚层的 7 个轨道,总轨道角量子数 $L=6$,查表 2.1,6 对应英文字母 $I$,而总自旋量子数 $S=(1/2)\times 4=2$,从而得到 $2S+1=5$,$J=L+S=6+2=8$,因此 $Ho^{3+}$ 的基态光谱项用 $^5I_8$ 表示,相应的光谱项为 $^5I$。

需要指出的是,过渡金属离子外围的 $d$ 电子容易受到外界环境的影响,因此其轨道与自旋之间的相互作用比较弱,更常用的是光谱项 $^{2S+1}L$。在晶体场作用下,具有相同 $L$ 和 $S$ 的、简并的 $d$ 能级会进一步分裂,其分裂数目与 $L$ 有关,这也是 $(2L+1)$ 可用来表示简并多重性的原因,比如 $L=2$ 就是 5 重简并。不同对称性的晶体场会产生不同的分裂,而电子的跃迁振子强度又取决于跃迁矩阵元的数值,因此退简并后的能级也可以用矩阵元的特征标来表示,从而建立起同一 $d^n$ 电子组态在不同外场作用下的另一套能级符号。表 2.2 给出了正八面体场($O_h$)、正四面体场($T_d$)和正方形场($D_{4h}$)作用下,不同总轨道量子数对应的能级分裂所得的特征标。两种不同能级表示体系的联系和差异还可以进一步参见下文 $Cr^{3+}$ 的田边-菅野(Tanabe-Sugano)图。

表 2.2　$d^n$ 组态光谱项不同 $L$ 与其对应的不同晶体场对称性下的特征标

| 总轨道角量子数 | $O_h$(正八面体) | $T_d$(正四面体) | $D_{4h}$(正方形) |
|---|---|---|---|
| $S(L=0)$ | $A_{1g}$ | $A_1$ | $A_{1g}$ |
| $P(L=1)$ | $T_{1g}$ | $T_1$ | $A_{2g},E_g$ |
| $D(L=2)$ | $E_g,T_{2g}$ | $E,T_2$ | $A_{1g},B_{1g},B_{2g},E_g$ |
| $F(L=3)$ | $A_{2g},T_{1g},T_{2g}$ | $A_2,T_1,T_2$ | $A_{2g},B_{1g},B_{2g},2E_g$ |
| $G(L=4)$ | $A_{1g},E_g,T_{1g},T_{2g}$ | $A_1,E,T_1,T_2$ | $2A_{1g},A_{2g},B_{1g},B_{2g},2E_g$ |
| $H(L=5)$ | $E_g,2T_{1g},T_{2g}$ | $E,2T_1,T_2$ | $A_{1g},2A_{2g},B_{1g},B_{2g},3E_g$ |
| $I(L=6)$ | $A_{1g},A_{2g},E_g,T_{1g},2T_{2g}$ | $A_1,A_2,E,T_1,2T_2$ | $2A_{1g},A_{2g},2B_{1g},2B_{2g},3E_g$ |

常见的发光中心的电子能级跃迁主要有过渡金属离子的 $d$ 电子跃迁,主族元素的 $s$-$p$ 电子跃迁和稀土离子的 $4f$ 电子跃迁。不同种类电子的跃迁可以得到不同的发射光谱宽度,从而构成了划分激光材料乃至发光材料的一个标准,即它们可以分为两大类:窄带谱发光和宽带谱发光。窄带和宽带之间的界限没有公认的标准数值,比如有的学者将半高宽为 50 nm 的也归于窄带[1]。稀土离子的 $4f$-$4f$ 电子跃迁产生的发光峰是公认的窄带发射,其半高宽一般小于 20 nm(图 2.1)。而过渡金属元素与主族元素,比如 $Cr^{3+}$ 与 $Bi^{3+}$ 的电子跃迁就属于宽带跃迁,波长覆盖范围可达几十纳米到几百纳米(图 2.1)。

对激光而言,窄带或宽带发光并不是必要条件;能实现粒子数反转,即布居于高能级的电子数高于低能级电子数才是激光发射的必要条件。这就意味着激光材料的发光中心优先选择宇称禁阻的跃迁,即电子在同一电子亚层之间的跃迁,比如 $Nd^{3+}$ 的 $4f$-$4f$ 或者 $Cr^{3+}$ 的 $3d$-$3d$ 电子跃迁就是这种类型。这是因为宇称禁阻的

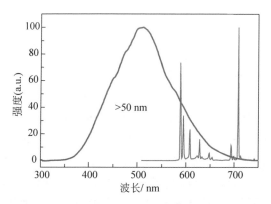

图 2.1　主族元素离子 $Bi^{3+}$（$Bi_4Ge_3O_{12}$）和稀土元素离子 $Eu^{3+}$（$Eu:Y_3Al_5O_{12}$）
的发光光谱。前者为宽带谱，后者为窄带谱

跃迁中，电子从高能级跃迁回低能级的速率相对较慢，从而在相同的激发效率下，即单位时间内激发到高能级的电子数一样的条件下，持续同样长的时间后，有更多的电子可以保留在高能级。总之，从能级跃迁的角度可以认为，要获得高效的激光材料，尤其是高强度的激光输出，维持甚至加强发光中心能级跃迁的禁阻程度是必要的前提。

## 2.1.2　激光的激发、发射与退激

激光的产生与常规发光现象一样，是一种能量的转化过程，如图 2.2 所示，外来能量首先被基质晶格吸收，随后传递给发光中心，将发光中心激发到激发态，随后发光中心返回基态而发光。如果这个过程存在其他非辐射的竞争过程，比如发光中心也可以同晶格振动耦合，将能量转移出去而回到基态，那么就不会有发光现象。另外，激发过程也可以进入更高的能态，随后无辐射弛豫到激发态；而发射过程也可以是回到较低的能态，然后无辐射返回基态，这些过程同样会消耗外来能量，将它们转化为热。

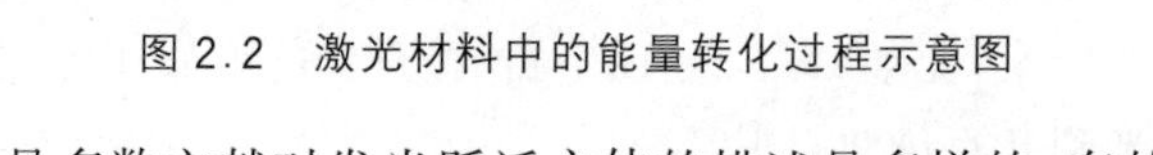

吸收　　　（激发）传递　　　（发射和退激）释放
能量　➡️　基质晶格　➡️　发光中心　➡️　辐射/热

图 2.2　激光材料中的能量转化过程示意图

需要指出的是多数文献对发光跃迁主体的描述是多样的，有的说发光中心，有的说电子，有的说离子……这些并没有本质的区别，因为跃迁的时候，不但电子会分布在更高的轨道上，原子核的位置也会发生变化（或者说激发态时的配位结构与基态是不同的）。所以严格来说，跃迁改变的是一个围绕发光中心的局部区域的结

构,但是这样的描述过于复杂,而且电子和原子核的运动及其关联性是计算能级绝对值才要考虑的内容,从而常规的发光谱峰归属都习惯归因于电子轨道,相关的简化描述也就成了惯例,因此本书也不加以严格区分。

激光的产生是一种特殊的发光现象,这种特殊性并不是说激光的跃迁不一定发生在常规的激发态和基态,而是它的发光是受激的,即被诱导的,而不是通常的为了实现能量最低的一种自发过程(处于高能态的发光中心会自发跃迁到低能态)。

事实上发光材料对外来能量的吸收和后继转化外来能量而产生发光的过程中隐藏着一个环境条件的差异,那就是吸收过程是在外来能量存在的同时发生的。或者说,吸收是在有外界辐射场存在的条件下进行的。然而后继的发光过程并不需要这个外界辐射场!它需要的只是发光中心已经进入激发态。爱因斯坦敏锐地发现了这个差异,进而考虑了当存在与发射波长同能量的外界辐射场时的发光问题,从而提出了有关辐射诱导跃迁的理论和爱因斯坦系数的概念(分为受激吸收和受激发射系数两种,理论上二者是相等的)。

图 2.3 给出了吸收、自发发射和受激发射的示意图。两个发光中心 A 分别吸收了能量进入激发态,如果没有外界辐射场的存在,它们各自自发发射而返回基态,此时得到的就是常见的发光:每一个跃迁各自自发进行,彼此独立,不具有相干性。与此相反,如果存在一个外界辐射场,并且其光子的能量与发光中心的发射能量一样,此时处于激发态的发光中心跃迁回基态就会发射与该外来光子同频率、同相位、同方向并且同偏振面的光子。对于外界光子而言,这个过程除了激发态受它的诱导而发光,还存在着出射三个光子的倍增结果,因此实现了受激的光放大现象,即产生了激光。

实际产生激光的时候并不需要用一束与激光同波长的光入射激光材料,而是直接利用激光材料发射的光作为外界辐射场的来源,即将这些光再反射回激光材料中,然后诱导处于激发态的发光中心发射光子,随后这些光子又再反射回激光材料中,周期重复,最终出射为一束高亮度的光。完成这种周期性振荡行为的装置就是谐振腔。当然,这里也可以看出激光器的能量损耗除了传统发光材料所涉及的能量转换损耗(图 2.2),还包括谐振腔损耗——谐振是需要相干条件的,未能满足的光子,比如没有沿谐振腔轴线传输的光子将被消耗掉,从而降低了入射能量的转换效率。

基于上述的激光发光过程,在激光领域就产生了一套新的专业名词,主要是涉及激光的激发态和基态,分别称为激光上能级和下能级;涉及吸收的入射光源称为泵浦光源;涉及能量转换的斜率效率和光-光转换效率(并不单纯考虑发光材料的量子效率)。

从激光产生的机制不难看出,高效激光材料的探索与高效发光材料的探索很

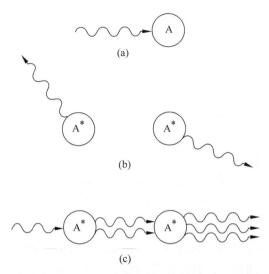

图 2.3　图(a)是吸收示意图(A 吸收了辐射而进入激发态 A$^*$,后者在图(a)中没有画出来)。图(b)表示来自两个 A$^*$ 的自发发射(这两个发射是不相关的)。图(c)反映了受激发射(处于左边的入射光"迫使"两个 A$^*$ 回到基态,从而处于右边的输出光振幅被放大为三倍)[2]

大程度上是殊途同归的,因此发光材料中相关的理论和机制同样适用于高效透明激光陶瓷的研究和开发,而其中又以能量传递和能级跃迁为重。

　　发光中心需要依赖基质的吸收而进入激发态主要源于两个原因:首先是发光中心一般以掺杂的形式存在,其浓度相比于基质少了 2~3 个数量级;其次是有的发光中心,比如经常用作激光发光中心的稀土离子的 $4f$-$4f$ 电子跃迁具有窄带吸收和发射的特点,因此稀土离子之间的能量传递效率并不高,更需要依赖于基质宽吸收带的激发作用。

　　基质到发光中心之间的能量传递属于无辐射跃迁能量传递。而无辐射跃迁能量传递主要包括共振能量传递、交叉弛豫能量传递和声子辅助能量传递三种。图 2.4 给出了这三种能量传递的示意图,其中 D 表示能量供体,也称为敏化离子;A 表示能量受体,也称为激活离子,即发光中心。其中共振能量传递发生于敏化离子和激活离子具有相同能级差的情形(比如两者是同种离子);而交叉弛豫能量传递和声子辅助能量传递则适用于敏化离子处于更高能态的场合,两者的差别在于是否有声子参与——如果发光中心与晶格振动的耦合更为密切,则声子参与无辐射弛豫的能量传递概率就越高。需要注意的是,这里采用不同字母(A 和 D)的另一层原因在于能量受体和能量供体既可以是两种不同的离子,也可以是同种离子,甚至可以是非单个离子构成的基团或团簇。

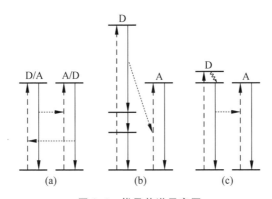

图 2.4　能量传递示意图

(a) 共振能量传递；(b) 交叉弛豫能量传递；(c) 声子辅助能量传递

具体的能量传递可以简单分成 D-A 和 D-D 之间的能量传递两大类[3]。

(1) D-A 能量传递过程是处于激发态的 D 离子通过无辐射弛豫将能量传递给与 D 离子不同种的 A 离子，使之进入激发态。这其实就是如图 2.4 所示的交叉弛豫能量传递和声子辅助能量传递。交叉弛豫类型的 D-A 能量传递要求 D 和 A 之间具有能级匹配关系，如果能量差不对等，就需要其差别等于若干个声子能量的加和。此时能量差可由放出或吸收声子来平衡，相对而言传递速率要小一些，或者说衰减寿命会更长。

(2) D-D 能量迁移主要是基质离子或基团之间的能量迁移，属于图 2.4 中的共振能量传递类型。此时受激发的 D 离子给出了全部吸收的能量，无辐射跃迁到基态，同时将损失的能量传递到另一个处于基态的 D 离子，使之激发到相同的激发态。当发光中心是小浓度掺杂时 D-D 能量传递起主要作用，如果能明确传递能量的离子或基团，则它们在基质晶格的基础上又形成了一个传递能量的亚晶格。

图 2.5 给出了 $Tb^{3+}$ 的能量传递示例，在同种发光材料中，它既可以通过声子辅助能量传递（多声子弛豫，MR）来获得 $^5D_4$ 到基态的绿光发射，也可以利用交叉能量传递（交叉弛豫，CR）来实现。图 2.6 则是 $Tm^{3+}$ 和 $Sm^{3+}$ 之间通过交叉能量传递而实现各自的弛豫和激发的示意图，其过程可以用如下的能量转移方程（ET）来表示：

$$\text{ET}: {}^1D_2(Tm^{3+}) + {}^6H_{5/2}(Sm^{3+}) \rightarrow {}^3F_4(Tm^{3+}) + {}^4I_{19/2}(Sm^{3+})$$

进一步的能量传递机制的解释还需要涉及发光中心、基团和晶格等之间的相互作用模式，即发光动力学机制的研究。这方面最常用的模型是德克斯特（Dexter）等提出的适用于弱激发条件的 D-A 能量传递模型以及各种衍伸改进模型。

基于施主和受主在能量传递中的能量变化，可以将能量传递分为两种，完全匹

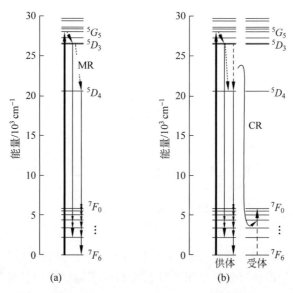

图 2.5　Tb$^{3+}$ 的多声子辅助能量传递(a)和交叉弛豫能量传递(b)示意图[4]

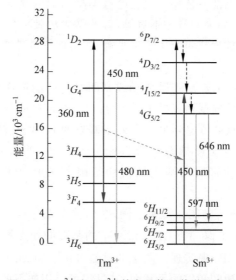

图 2.6　Tm$^{3+}$ 和 Sm$^{3+}$ 的交叉能量传递示意图

配和失配。前者就是德克斯特提出的"谱重叠"——施主的发射光谱和受主的吸收光谱重叠,德克斯特认为能量传递是利用共振过程来完成;而能量失配的时候就需要声子进行能量补偿,即采用声子辅助能量传递的理论,目前也称为微扰理论。

　　由于外界能量首先是被基质等吸收,体系中存在着能量传递,因此掺杂稀土离子材料的发光强度随时间的衰减曲线都是偏离单指数曲线的。虽然理论上在均匀弱激发及无 A-D 逆传递的近似下,对于 D 和 A 随机分布的体系,可以推导出某一时刻 D 处于激发态的概率与 D-D 和 D-A 能量传递速率的关系式,从而描绘出衰减寿命曲线,但实际上相关物理参数的数值难以得到。因此德克斯特理论在研究发光动力学上主要是逆向使用,即反过来利用实验测得的衰减寿命来拟合出各种动力学参数,从而给出能量传递机制。

常规的实验一般是利用不同浓度掺杂时同一发光的衰减寿命谱拟合得到作用参数 $s$ 的数值,根据 $s=6,8$ 和 10 将稀土离子之间的能量传递分别归结为电偶极子-电偶极子、电偶极子-电四极子和电四极子-电四极子三种相互作用,并且进一步获得能量传递的特征距离 $R_0$。然后基于级数近似,利用实验所得给定掺杂浓度的衰减寿命、离子间距和上述的特征距离,计算出能量传递的速率(具体计算可进一步参考 5.3.4 节与相关文献)。

通过吸收光谱或激发光谱的重叠可以初步判断存在无辐射能量转移的可能性。比如将太阳光作为泵浦光产生激光是潜在的新型太阳能利用方式,然而现有的激光发光中心(简称为激光中心)$Nd^{3+}$ 仅在 730~760 nm 和 790~820 nm 存在较强的吸收,这显然不利于宽光谱的、从紫外到红外都有分布的太阳光的吸收利用。从图 2.7 可以发现,$Cr^{3+}$ 在这两个波段可发光,而其吸收则在 400~700 nm 都存在着较强的吸收带($^4A_2$ 到 $^4T_2$ 和 $^4T_1$ 的跃迁),因此 $Cr^{3+}$ 有望作为 $Nd^{3+}$ 的敏化源,自己先吸收太阳光,然后将能量转移给 $Nd^{3+}$,即 $Cr^{3+}$ 原先可发射的红光不再产生,而是无辐射弛豫到基态,这就是当前 $Cr^{3+}$ 和 $Nd^{3+}$ 双掺透明石榴石基陶瓷材料在太阳光泵浦激光领域备受重视的理论基础。需要注意的是,这里所需的 $Cr^{3+}$ 是 +3 价,与作为可饱和吸收体的 $Cr^{4+}$ 是不一样的,后者与 $Nd^{3+}$ 或 $Yb^{3+}$ 双掺,目的是获得自调 $Q$ 激光材料。

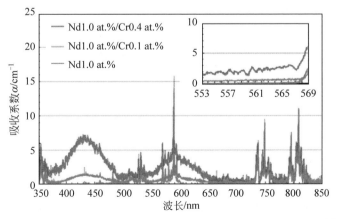

图 2.7　$Nd^{3+}$ 及其与 $Cr^{3+}$ 共掺所得的 YAG 透明陶瓷的吸收光谱[5]

最后,确定是否有激光发射的两个基本条件是受激和光放大,而通常所说的相干性好(同频率、同传播方向)或直线传播(发散角小)等并不是判断某发射光束是否为激光的依据,只能作为激光质量的表征指标(第4章)。下面以近年来出现的无序激光(random laser,也有文献称为随机激光)为例进一步说明。图2.8是室温下以 Nd:YAG 的拉曼激光(波长为 1564 nm,光斑直径为 2.9 mm)泵浦 $Cr^{2+}$:ZnSe 微米粉末所得的发射光谱图。

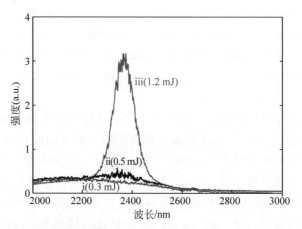

图 2.8　室温下不同泵浦功率时 $Cr^{2+}$:ZnSe 粉末(约 10 μm)的发射光谱图[6]

从图 2.8 可以看出,随着泵浦光功率的增加,$Cr^{2+}$:ZnSe 粉末约 2.37 μm 的红外发光强度先是逐渐增加,当超过 0.5 mJ 后则显著增强,进一步表征其发光衰减曲线也发现了同样的规律。如图 2.9 所示,当泵浦光的功率较小时,发光衰减曲线有较大的拖尾,坡度较为平缓;而高于 0.5 mJ 后,发光衰减曲线变得更加尖锐和单峰化,即衰减寿命更为单一化,或者说发光跃迁的能量弛豫途径逐渐趋于相同。图 2.8 和图 2.9 这种显著的差异就是伴随泵浦光功率的增加,当其超过某个阈值的时候,发光就从自发辐射为主转为受激辐射为主,从而产生了激光。不过整堆粉末的光子并不具有相干性,各方向都有发射,因此是无序的(random)。

事实上,从爱因斯坦提出受激发射理论以来,泵浦光功率增加到一定数值发射光突然增强的现象就成为判断有无激光发射的一种手段。早期的文献并没有当前常见的斜率效率曲线,而是报道功率计的示数或者示波器的脉冲。据此声明实现了激光输出就是这方面的例子。

无序激光可以看作体系中存在着多个微小的谐振腔——常见激光器中的单一谐振腔是产生高度相干发射光的物质基础,非相干的光会在不断往复反射中被损耗掉,最终出射的就是高亮度、高准直和高相干的激光。这种微小谐振腔是基于全反射产生的——适宜产生无序激光的材料通常是高折射率的材料。另外,激光光

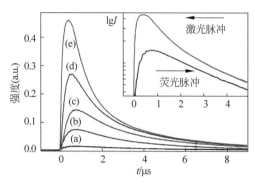

图 2.9　$Cr^{2+}$:ZnSe 粉末(约 10 μm)发光衰减随泵浦光功率的变化[6]

(a) 0.3 mJ; (b) 0.5 mJ; (c) 0.7 mJ; (d) 1.0 mJ; (e) 1.2 mJ

泵浦光波长为 1564 nm,光斑直径为 2.9 mm

谱中存在多个纵模也是无序激光材料常见的特性。

相比于常规激光,无序激光也有它的应用价值。其中最显著的就是成本很低,这是因为实现无序激光并不需要生长晶体或制备透明陶瓷,只需粉末(多晶颗粒)即可,所以其所用的激光材料不但容易制备,也容易实现(包括目前仍难以大尺寸制备高光学质量块体的材料)。它的最大优势就是容易实现不同波长的激光,从而在生物传感器、激光标识和信号笔等对相干性要求不高的场合广泛应用。

## 2.1.3　激光离子

通过能级跃迁释放辐射的离子作为发光中心,是各种发光材料的功能基元。其中具有合适能级寿命和发光效率的离子可用于激光材料的发光中心(激活离子),用来产生激光,称为激光离子或激光中心(激光发光中心)。

正如 2.1.1 节所言,激光离子优先采用具有禁阻跃迁类型的离子,从而为实现粒子数反转奠定基础,因此目前常见的激光离子主要包括过渡金属离子和稀土离子,分别涉及 $d$ 电子跃迁和 $f$ 电子跃迁。其能级结构的解释分别基于晶体场理论和光谱项的斯塔克能级分裂。另外,以 Bi 为代表的主族金属离子近年来也在红外激光领域显示了潜在的应用价值。

### 1. 过渡金属激光离子

作为激光离子的过渡金属离子以 $Cr^{3+}$ 最为常见,基于红宝石的激光器就是利用了掺 $Cr^{3+}$ 的 $Al_2O_3$ 作为激光材料。$Ti^{3+}$ 也是一个常用的过渡金属激光发光中心,近年来面向中红外激光的 $Cr^{2+}$ 和 $Fe^{2+}$ 也得到了重视。

过渡金属激光离子的发光是基于 $d$ 电子跃迁,即电子在不同能级的 $d$ 轨道之间的跃迁而实现的。由于 $d$ 电子数目的不同,过渡金属离子可以存在多种价态,仅当外层电子不处于全满、全空或者半满状态时才可能成为分立发光中心。虽然 $d$-$d$ 跃迁是宇称禁阻的,但是晶体场的微扰作用能实现部分解禁,因此仍可以观察到。

处于外层的 $d$ 轨道会受到周围配位原子、基团或缺陷的影响,能级简并被破坏而分裂,这是过渡金属离子宽带发光的根源。过渡金属离子与周围配位原子的成键性质对激发光谱和发射光谱的重心位置起主要作用,共价越强,吸收中心和发射中心红移越大。而过渡金属离子周围形成的势场(晶体场)则影响到 $d$ 能级的劈裂程度。

另外,过渡金属离子大多数不能作为激光离子的主要原因同样是由于它们的 $d$ 轨道属于外层轨道,很容易与其他轨道,主要是近邻原子的轨道杂化,或者说受到外界配位环境的影响。$d$ 电子发光受外界配位环境影响的极端例子就是即使 $d$ 轨道没有一个电子,即 $d$ 轨道全空的过渡金属离子组成的化合物也可以发光,这是由配体原子的电子向空 $d$ 轨道跃迁(电荷转移跃迁)产生的,发光中心是离子基团,属于复合离子发光中心,比如 $WO_4^{2-}$、$VO_4^{3-}$ 和 $TaO_4^{3-}$。

更进一步地,这种利用外界影响而获得跃迁解禁的机制对激光材料而言既有好的一面,也有不利的一面。首先类似 $Eu^{3+}$ 的电偶极跃迁,这种宇称禁阻的跃迁在配位环境的作用下会部分解禁,对于过渡金属离子而言是促进了所需的发光强度的提高。但是不利的一面就是这种解禁需要适度,因为解禁促进布居于高能级的电子往低能级跃迁其实也意味着降低了粒子数反转程度,从而有助于获得高光效的发光材料(自发发射),却不利于得到激光材料(受激发射)。

$Cr^{3+}$ 红光激光材料就是这种环境适当影响机制的典型例子。Cr-O 键共价性较小的 $Al_2O_3$ 基质晶格可以提供合适的晶体场,从而实现激光发射,而其余掺 $Cr^{3+}$ 的硅酸盐、硼酸盐、磷酸盐等体系则由于化学键的共价性太大,电子云容易展宽,更容易发生自发跃迁,因此主要是观测到 $Cr^{3+}$ 的红色发光,难以实现高效的红色激光。

除了难以找到合适的基质(晶体场)来满足激光必需的粒子数反转条件,过渡金属离子作为激光离子的另一个主要弊端是非全空的 $d$ 轨道属于价层轨道(与被遮蔽的稀土离子的非全空的 $4f$ 轨道不同),因此可以接受或失去电子而发生氧化-还原反应,比如 $Cr^{3+}$ 可以成为 $Cr^{4+}$ 和 $Cr^{2+}$,而 $Fe^{2+}$ 也可以转为 $Fe^{3+}$。不同价态具有不同的发光性能,因此相关激光材料难以用于大功率领域,或者说容易出现辐射劣化的问题。最后,$d$ 轨道能级容易受到外界环境的影响,因此基态和激发态的原子配位结构有较大差异,从而其激发峰和发射峰之间的斯托克斯位移较大,反映在位形坐标上就是表征激发态的抛物线容易与基态抛物线相交,从而除了增加废热的产生,降低能量转换效率,而且在受热时电子可以利用该交点顺着基态抛物线返回最底端(跃迁回基态),产生严重的发光热猝灭现象。

图 2.10 给出了透明激光陶瓷性能受过渡金属离子变价影响的一个典型例子。受结构陶瓷领域中 $Y_2O_3$ 可稳定 $ZrO_2$ 物相理论的启发,在 $Yb:Y_2O_3$ 中加入 $ZrO_2$ 作为烧结助剂尝试提高激光性能。实验结果表明 $ZrO_2$ 的加入的确可提高透射率(图 2.10(a)),但是在 940 nm 泵浦的激光实验中却出现了陶瓷发黑的现象,其原因就是 $Zr^{4+}$ 在 940 nm 泵浦光辐照下发生了变价($Zr^{4+} \rightarrow Zr^{3+}$),从而激光斜率效率下降了近一半(9% vs. 17%)[7]。

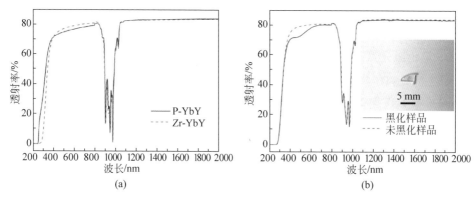

图 2.10　在不添加(P-YbY)和添加 1 at. % $ZrO_2$(Zr-YbY)作为烧结助剂所得的 5 at. % Yb:$Y_2O_3$ 透明激光陶瓷的直线透射率对比(a)以及后者在 940 nm 泵浦光照射前后的透射率变化(b),其中内图给出了泵浦光辐照损伤后的陶瓷实物相片[7]

$d$ 轨道能级受外界环境影响较大,而且这种外界环境的影响不是球形对称的,在一种材料中,同一类的 $d$ 轨道能级可以存在不同程度的解简并,因此能级差可以在一个宽度为 100 nm 数量级的范围内连续取值,实现宽带发光。这种宽谱对实现激光的调谐或锁模是有利的。

需要注意的是,稀土离子同样存在着 $d$ 电子跃迁,其 $d$ 轨道最低能级通常处于蓝光和紫光波段,但是由于其 $d$ 能级与 $f$ 能级的高能区重叠——具体可参考 $4f$-$4f$ 跃迁真空紫外波段测试结果以及佩泽尔(Peijzel)和里德(Reid)基于卡纳尔(Carnall)报道的有关参数数值计算的 $LaF_3$ 中三价稀土离子的 $4f$-$4f$ 跃迁能级分布[8],因此处于激发态的 $d$ 电子要回到基态,实际发生的 $d$-$f$ 跃迁也是一个大概率的事件,即处于激发态的、位于 $d$ 轨道的电子跃迁回处于基态的 $f$ 轨道中而实现发光。这种发光是宇称允许的,具有纳秒数量级的发光衰减速率,难以实现粒子数反转而用于激光,甚至可以认为要实现高效的光-光转换效率是不现实的。

然而与过渡金属离子一样,稀土离子的 $d$ 电子跃迁仍然同激光材料有密切的联系。这是因为稀土离子的 $5d$ 电子壳层在 $6s$ 电子失去后就直接暴露于外界化学环境中,受到离子周围势场的作用,能级跃迁具有较宽的分布,所以 $d$-$f$ 电子跃迁具有宽带的特征,既可以吸收较宽能量范围的入射光,也可以获得宽带发光,而且其中心波长和波长覆盖范围可以通过改变外界化学环境来调整,以匹配激光材料的泵浦需求和光吸收需求,因此在开发新型的泵浦光源与可饱和光吸收器件方面具有显著的潜力。

从上面的论述不难看出,判断某种过渡金属离子是否具有成为激光发光中心潜力的标准就是该离子在给定基质中成为孤立发光中心,即电子跃迁可看作单一离子内部跃迁的程度,或者说其发光受外界配位环境的影响程度——作为孤立发光中心的趋势越大,发光越不受外界影响,那么实现激光出射的概率就越大。

### 2. 稀土激光离子

稀土激光离子实现激光主要依靠电子在不同能量的 $4f$ 轨道之间的跃迁。这种轨道角量子数差 $\Delta l = 0$ 的跃迁按照光谱选律是宇称禁阻的,从而具有较长的激发态(亚稳态)寿命,导致相应的发光衰减寿命落在 $10^{-6} \sim 10^{-2}$ s,即微秒和毫秒范围,这正是成为激光中心所需的能级寿命基础。

稀土 $4f$ 电子跃迁发光涵盖可见光以及更长的红外波段,可用激光离子除了常见的、活跃于红外激光领域的 $Nd^{3+}$、$Yb^{3+}$、$Er^{3+}$、$Ho^{3+}$ 和 $Tm^{3+}$ 等,也包括可用于可见光激光的 $Pr^{3+}$、$Tb^{3+}$、$Sm^{3+}$、$Eu^{3+}$ 和 $Ce^{3+}$ 等[9]。从激光能级系统的角度出发(2.6节),要通过能级衰减寿命的增加来提高粒子数反转水平,激光上能级与基态能级的间距越小越好。因为能量越高,不但自发跃迁回基态或者更低能级的概率越大(寿命与跃迁概率成反比),而且可选能量弛豫的途径也越多,可以进一步增加跃迁概率。因此目前技术较为成熟的稀土激光离子主要是红外光波段的 $Nd^{3+}$ 和 $Yb^{3+}$ 等,而可见激光通常是这些红外激光的倍频结果。

红外上转换发光也是实现可见激光的一种方式。伴随 20 世纪 60 年代激光的出现,1971 年就有了利用闪光灯上转换泵浦的激光发射的报道,其激光材料是 $Yb^{3+}$ 和 $Er^{3+}$ 或 $Ho^{3+}$ 共掺的 $BaY_2F_8$ 晶体,而首次上转换连续激光则出现于 1986 年,以红外激光泵浦 $Er:YAlO_3$ 实现 550 nm 的绿色激光发射($^4S_{3/2} \rightarrow {}^4I_{15/2}$)[10]。

从能量转换的角度看,上转换发光的机制并不复杂,通过 2 个以上低能光子接力将一个电子送入更高的激发态,然后跃迁到基态就可以得到波长短于激发光子的发光。由于激光相比于荧光的特点是粒子数反转,因此上转换激光利用的是上转换发光的光子雪崩机制,其原理就是在发光中心的能级上存在一些介稳激发态能级。低能光子将电子激发到这类能级,随后这个被激发的离子又可以将能量交叉弛豫传递给其他离子,让其进入介稳激发态,而处于介稳激发态的离子会发生激发态吸收,进入更高的激发态。因此随着泵浦能量的增加,众多处于介稳激发态的离子被泵浦到更高激发态(激光上能级),随后又近乎同时地返回基态,就出现了强烈的发光现象。显然,这一过程与产生激光的谐振过程是一致的,因此可以获得上转换激光。以 $Pr^{3+}$ 为例(图 2.11),它具有 $4f^2$ 电子组态,基态光谱支项为 $^3H_4$,其发光可分为两大类:一类是 $d$ 电子轨道参与,类似 $Ce^{3+}$ 的发光,主要在蓝紫光波段;另一类是 $4f$ 电子亚层内的跃迁发光,主要分布在红绿光波段。这两类发光都处于可见光波长范围,因此 $Pr^{3+}$ 是重要的、可直接获得可见激光的发光中心。对于 $Pr^{3+}$ 而言,中间亚稳态能级 $^3H_5$、$^3H_6$、$^3F_3$ 和 $^3F_2$ 等的存在为光子雪崩上转换激光的实施提供了可行性,因此已经通过低能 LD 泵浦,在晶体和玻璃光纤中实现从红色到蓝色的上转换激光。

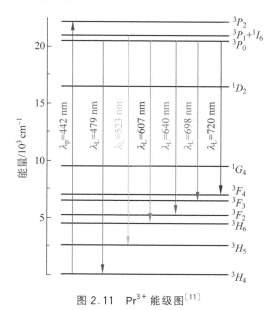

图 2.11　$Pr^{3+}$ 能级图[11]

基于近年来 LD 泵浦源技术的进步,直接激发 $Pr^{3+}$ 而实现所需的可见激光发射已经成为一个新兴的激光领域,比如利用 442 nm 的 LD 泵浦 $Pr:LiY_{0.3}Lu_{0.7}F_4$ 和 $Pr:LiYF_4$ 晶体,都可以得到 640 nm 的激光($^3P_0 \rightarrow {}^3F_2$),其斜率效率约为 9%,最大功率是 340 mW[11];而采用类似的 LD 泵浦源(449 nm),利用 $Pr:YAlO_3$(YAP)晶体也成功获得了 747 nm 的连续激光,其斜率效率是 12.7%,最大输出功率是 181 mW[12]。除了 $Pr^{3+}$,在 $Dy^{3+}$、$Tm^{3+}$、$Ho^{3+}$ 和 $Sm^{3+}$ 等也实现了可见光的激光输出[13]。另外,虽然目前仍没有 $Ce^{3+}$ 的激光报道,但是也已经有了在 800 nm 飞秒脉冲激光泵浦下,上转换晶体 $Ce:Gd_2SiO_5$ 出现 440 nm 的强烈蓝色上转换荧光以及 $Ce:Lu_2Si_2O_7$ 通过三光子上转换过程获得紫外荧光等探索性工作[10]。

上转换激光的发展较为缓慢,光-光转换效率不高(约 10% 或更低)是主要原因,这是因为它的粒子数反转并不是一个直接抽运的过程,而是基于介稳能级的接力抽运过程,能量损耗增加。而能量转换效率的低下反过来又要求上转换激光的泵浦源功率要高,才能满足光子雪崩短时间内将电子抽运到激光上能级(上转换发光的激发态),否则就只能得到常规的上转换荧光。但是这种大功率泵浦不但容易损伤材料,而且加剧了废热对材料的影响。另外,上转换激光常见于氟化物和玻璃光纤也是有原因的,这是因为介稳能级与基态之间的间距较小,因此如果声子能量较大或者能量大小合适,介稳能级的电子更容易通过耦合声子而无辐射弛豫,这不但不利于光子雪崩机制,也不利于介稳激发态电子的稳定,同样不利于提高能量转换效率,也增加了振荡产生激光的难度。因此目前基于上转换发光机制产生激光的研究多集中于纳米材料的随机激光领域[14];一方面是可以利用纳米材料能级的离散性获得更好的上转换发光性能;另一方面也可以为高效上转换激光晶体和陶瓷基质的筛选或探索提供借鉴。

总之,对于上转换激光而言,优良激光基质的研究仍然是一个挑战性课题——与实现粒子数反转相关的高能激发态的衰减寿命、能级系统的性质以及泵浦源仍有待进一步发展。

接下来介绍稀土离子作为激光离子所表现的一般规律。这些规律与作为一般发光中心的稀土离子需要遵守的规律其实是类似的,主要包括如下三个方面。

1) 不同基质的发射光波长相似

由于 $4f$ 电子被外层电子屏蔽,受外界环境影响较小,因此稀土离子的 $4f$-$4f$ 跃迁发光所给出的发光峰值比较固定,即同一类型的跃迁在不同基质中具有相似的发光波长。例外的情况就是如前所述,由于 $d$ 轨道与高能级 $4f$ 轨道重叠,因此短波长的蓝光、紫光等发光有 $d$ 轨道参与,会随基质而改变。

这种发光性质的相似性为解释三价稀土离子 $4f$-$4f$ 跃迁发光所得的发射光谱和激发光谱提供了便利——只要对比已有文献中相应位置或者差别不大的位置处谱峰所属的光谱支项符号,就可以判断某个谱峰到底属于哪两个能级之间的跃迁,然后针对所有的谱峰绘制出所研究材料体系的能级图。

以 $Tb^{3+}$ 为例,可见光波段的一系列发射峰起源于 $^5D_3$ 和 $^5D_4$ 能级到基态 $^7F_J$ ($J=0\sim6$) 能级的辐射跃迁,其中 $^5D_3\rightarrow{}^7F_J$ ($J=0\sim6$) 跃迁引起的发光落在 $370\sim490$ nm,而 $490\sim650$ nm 的发射谱线是由 $^5D_4\rightarrow{}^7F_J$ ($J=6,5,4,3$) 跃迁引起的。由于温度引起的热振动的影响,因此在室温下很难观察到 $^5D_4\rightarrow{}^7F_J$ ($J=2,1$) 的跃迁。又比如 $Eu^{3+}$(能级图可参见图 2.12),它的典型 $4f\rightarrow4f$ 能级跃迁对应的光谱项是 $^5D_0\rightarrow{}^7F_J$ ($J=0,1,2,3,4$) 跃迁,发射红光。但是当基质晶格热振动能量低,比如在具有足够低声子频率的材料 $CaIn_2O_4$ 中[15],更高的激发态能级 $^5D_1$、$^5D_2$ 和 $^5D_3$ 等不能通过声子发射而弛豫到 $^5D_0$,此时就会发生电

子直接从这些更高能量的激发态到基态的跃迁,分别辐射出黄色($^5D_1 \rightarrow {}^7F_J$)、($^5D_2 \rightarrow {}^7F_J$)以及蓝色($^5D_3 \rightarrow {}^7F_J$)的荧光。从图 2.12 可以看出,如果某种材料能实现更高能量激发态($^5D_1$、$^5D_2$、$^5D_3$ 等)到基态的直接跃迁,那么就可以获得 $Eu^{3+}$ 在全谱范围内均有荧光发射($^5D_{0,1,2,3} \rightarrow {}^7F_J$)的结果,从而得到白光,这就为实现单一材料多色激光或者可见光波段激光提供了发光基础。需要注意的是,这里的多种颜色发光是锐线光谱,与上述稀土离子的 $d$-$f$ 跃迁产生的短波宽带发光具有不同的机制和表现,$Eu^{3+}$ 和 $Ce^{3+}$ 的黄光跃迁就是其中一对典型的例子。

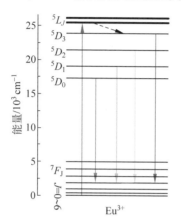

图 2.12　$Eu^{3+}$ 的能级图,紫外激发下所得的发射光从左到右依次为红、绿、黄和蓝光[16]

2) 不同基质的发光强度存在差异

$f$-$f$ 跃迁是宇称禁阻的,但是当 $4f$ 组态与宇称相反的组态发生混合或对称性偏离反演中心时,就可以部分解禁。解禁程度越高,从激发态跃迁回基态并以辐射(发光)的形式释放能量的概率就越大,发光强度也就越强。

这种规律的一个典型表现是同一激发态到不同基态光谱支项跃迁而产生的谱峰可以具有不同的相对强度,从而为调控发光颜色和获得所需波长的主发光奠定基础(2.2 节)。其中占据优势的跃迁分支就决定了最终的发光颜色。比如 $Tb^{3+}$ 基发光材料中,由于对应着 $^5D_4 \rightarrow {}^7F_5$ 跃迁的 547 nm 处发光峰最强,因此通常得到明亮的绿色发光。

3) 较低的能级差与斯塔克能级劈裂

目前基于稀土离子的激光主要处于红外波段是有原因的——任何体系都会自发往更低能量的状态转化,因此基态与激发态的能级差越大,辐射跃迁概率就越高,自发发光的强度就越大,但是反而更不利于实现激光输出——辐射跃迁概率的倒数正比于激发态的寿命,高辐射跃迁概率就意味着电子很难长时间处于激发态,从而难以满足激光所需的粒子布居反转的必要条件。因此当前发展较快甚至已经实现商业应用的激光离子主要是 $Tm^{3+}$、$Nd^{3+}$、$Ho^{3+}$、$Er^{3+}$ 和 $Yb^{3+}$，近年来新发展的 $Pr^{3+}$ 也是能级差较小的稀土离子。与此相反，能量差较大的、发光主要位于红光甚至更短的绿光和蓝光波段的 $Sm^{3+}$、$Eu^{3+}$、$Tb^{3+}$ 和 $Dy^{3+}$ 就较难实现激光输出，只能作为潜在的新型激光离子留待今后进一步探索和应用。

然而，从能量转化的角度上说，能级差较小是不适合作为高效发光材料的。这是因为如果给定材料中所选的发光跃迁涉及的两个能级的能量差较小，那么辐射跃迁概率的下降就意味着非辐射跃迁概率的增加，从而自发辐射（发光）强度较弱，能量转换效率并不高。但是激光是受激发射，其特点是尽量提高激发态电子的数量，而发光强度正比于激发态电子数和跃迁辐射概率的乘积，因此仍可以获得高亮的激光。

另外，激光发光机制分析中还要注意电磁场下能级的进一步劈裂，即斯塔克效应。此时对于单个光谱支项可以产生多个辐射（发光峰），或者说存在多个相比它更低的能态。由于这种劈裂的能级差多数和热振动能级差在同一数量级，因此要研究这类劈裂，高分辨的、低温的发射光谱和激发光谱是理想的选择。

不劈裂或者劈裂产生的发光峰簇在允许的波长差范围内，比如 5 nm 范围内是发展高单色化激光的基础。反过来，这种劈裂也是在固体中不能实现绝对的单色激光的根本原因之一。

需要指出的是，这种劈裂也可能来自结构差异很小的物相——严格说是结构差异很小的激光离子配位环境，因此对于含有不同取代格位，即激光离子可以占据不同原子位置的材料，或者可能存在分相的材料产生的光谱劈裂需要谨慎分析。

有关具体的稀土激光离子及其能级跃迁的介绍可以进一步参考 2.6 节的激光能级系统，这里不再赘述。

### 3. 主族金属激光离子

常用于发光中心的主族金属离子常见于第五周期和第六周期基态电子构型为 $(n-1)d^{10}ns^2$ 的离子，比如 $Sn^{2+}$、$Pb^{2+}$、$Sb^{3+}$、$Bi^{3+}$ 和 $Tl^+$ 等。跃迁激发态电子构型为 $(n-1)d^{10}ns^1np^1$。从跃迁选律看，这种 $s\text{-}p$ 电子跃迁是宇称允许的，但是除了 $^1P_1$，对于 $^3P_J(J=0,1,2)$ 同样存在自旋跃迁禁阻的问题。与 $f$、$d$ 电子跃迁一样，这种禁阻在晶格中被部分解禁，因此部分被允许，从而有助于激光所需的粒子数反转。

但是长期以来，主族金属离子的发光主要是宇称允许的跃迁发光为主，发光波段位于可见光波段，自发发射占据绝对优势，因此难以实现激光应用。这种局面直到 2005 年才被俄罗斯的季阿诺夫（Dianov）等打破。他们在 Bi 离子掺杂的光纤中实现了波长范围在 $1150\sim1300$ nm 的激光输出。这种调谐连续激光的输出功率为 10 W 数量级，斜率效率约为 20%，随后进一步利用它的宽波带性质还实现了锁模激光输出(0.9 ps)。因此季阿诺夫教授被称为"主族金属离子激光之父"[13]。

　　然而随之而来的却是理论研究的困难。因为玻璃基质的结构是近程有序而远程无序的,这就意味着 Bi 元素在玻璃中可以存在复杂的结构,包括不同价态、不同配位甚至不同的聚集状态,而这些是可以通过不同制备条件来间接证明的。比如在还原条件下如果 Bi 离子的发光增强,理所当然可以认为发光与还原价态的 Bi 离子,比如 $Bi^0$、$Bi^+$、$Bi^{2+}$ 甚至 Bi 团簇有关;反过来,如果不采用还原条件,并且对孤电子敏感的电子顺磁共振谱等没有孤电子信号,那么也可以认为是 $Bi^{5+}$ 在起作用。因此当前关于 Bi 离子的红外发光机制仍存在争议,也就谈不上进一步的激光应用开发。

　　不管是宇称允许还是禁阻,对于主族金属离子而言,其 $s$ 亚层和 $p$ 亚层属于无遮蔽的外层,因此受基质影响很大,这就意味着其发光是宽带发光,从而有助于实现可调谐激光和超短脉冲激光。因此主族金属激光离子是今后新型激光材料研发的重要主题之一。

　　目前主族金属离子并没有应用于透明激光陶瓷的相关报道,甚至基于 Bi 离子的激光也集中于玻璃体系。然而玻璃中不但发光中心配位环境的种类多样,性质复杂,并且玻璃的无序结构也意味着能量无辐射弛豫的途径有更多的选择,而且玻璃基质的热导率较低,这些都不利于激光功率的提高。因此发展基于主族金属离子的晶体和陶瓷材料不但可以明确相应的激光发光机制,比如实际发光中心的结构以及能级结构的主影响因素(库仑作用占据主导还是斯塔克能级劈裂占据主导),而且也是高效激光材料的本质需求,同时还可以促进基于主族金属离子的透明激光陶瓷的发展。

## 2.1.4　可调谐激光器

　　可调谐激光是发射波长可变的激光,其可调谐范围既与激光离子原有的能级跃迁有关,也与基质晶体场、基质吸收和电子-声子耦合有关,因此它其实也是一种基质效应(2.3.2 节),只不过与其他基质效应影响给定激光不同,此时出射的是其他的激光。从能级跃迁的角度来看,可调谐激光材料的发光中心仍然维持原有的能态,但是跃迁中却与声子发生了耦合,因此这种发光与能量传递给声子的无辐射弛豫也是关联在一起的,只不过是部分弛豫,仍有辐射存在。即受激发射与声子发射存在耦合关系,此时原先的激光能量可以通过发射声子而部分弛豫,从而获得不同的激光波长,实现可调谐激光发射。

　　以金绿宝石 $BeAl_2O_4$ 中掺杂 $Cr^{3+}$ 为例,其基态是 $^4A_2$,与声子耦合产生了一系列振动态,而激光上能级为 $^4T_2$,激光波长可以通过选择不同的振动态作为下能级来改变。随后处于下能级的粒子也通过发射声子返回基态,因此一个光子的发射伴随着多个声子的发射,这就是 $Cr^{3+}:BeAl_2O_4$ 中可用于调谐激光输出的原因——通过光子与声子之间退激发能量的变化来调节激光波长。

另外,从图 2.13 可以看出,其中的 $Cr^{3+}$ 在能级系统上属于四能级系统[17](有关能级系统的介绍可进一步参见 2.6 节)——由于 $^2E$ 与 $^4T_2$ 差距是 $800\ cm^{-1}$,能级差值并不大,因此两者之间存在耦合,再加上 $^2E$ 的能级寿命又远高于 $^4T_2$,因此可以作为存储能级,通过热跃迁为 $^4T_2$ 补给粒子数。

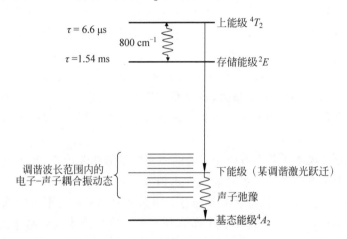

图 2.13　$Cr^{3+}$ 发射可调谐激光的能级结构示意图

# 2.2　晶体场效应

## 2.2.1　晶体场与能级简介

晶体场效应是凝聚态物质中的一种物理效应。就本质而言,晶体场理论提供了一种化学键的模型[18]。它是 1926 年由贝特(Bethe)等将群论、量子力学和经典物理的静电理论结合在一起而建立并发展起来的。晶体场理论一开始主要用于解释过渡金属和镧系元素化合物的磁学性质和吸收光谱,随后进一步推广到晶体结构化学、反应机理和光谱学性质等。

原始的或者说传统的晶体场理论是将中心离子和周围配体(配位离子、基团或分子)都看作点电荷,此时晶体场等效于一个静电场,相关效应的大小取决于这个静电场的对称性和场强。前者是配位多面体的对称性,后者则是中心离子-配体之间的吸引-排斥作用程度(库仑相互作用或静电相互作用)。当然,更严格的定义必须建立在电子分布的基础上,不过并不会影响所得结果的可靠性。

静电场模型与实际化学键的主要差异在于前者没有考虑轨道的重叠,即共价键的作用;而共价成键是分子轨道理论的核心。因此同时考虑静电相互作用和分子轨道的现代晶体场理论一般称为配位场理论。不过,在透明激光材料体系,由于不同离子的电负性差异较大,成键主要是离子键为主,因此对于这种静电相互作用占优势,即不同离子之间电负性差别较大,可以明确区分为不同正负化合价态的成键环境,比如常见的 $CaF_2$、$Y_3Al_5O_{12}$ 基质提供的配位环境,习惯上仍然称为"晶体场"。

更进一步地,晶体场效应本质上来源于中心离子和配位离子带有的电子之间的相互作用,既包括经典物理的库仑作用(静电作用),也包括量子物理的交换关联作用,并且以前者为主。这也是为什么晶体场效应刚面世时虽然考虑的只有点电荷之间的静电作用,但是能合理解释各种有关过渡金属和稀土离子物理与化学现象的根本原因。

虽然从激光离子在激光材料中所占的组分比例出发,晶体场对发光的作用严格说来也是一种基质效应,但是涉及晶体场的时候,通常是将激光离子作为孤立的发光中心,考虑它近邻第一层或几层配位结构的影响,因此晶体场效应主要是作为一种发光中心配位环境的作用加以考虑的,据此判断能级跃迁的性质及其变化。

在没有外场的作用下(严格说是非球形外场),同轨道而不同电子排布方式可以具有同样的能级,轨道能级的简并度较高。而且电子跃迁会因为前后轨道宇称一样而被禁阻,即不能满足光谱跃迁选律中的宇称类型需求(即宇称选律,另一个是自旋选律,强调两个能级对应的总自旋量子数 $S$ 是一样的)[2]。而激光离子所依赖的跃迁反而是这种类型,比如稀土离子的 $4f$-$4f$ 电子跃迁。因此晶体场的最大优势就是有利于实现激光发射所需的能级分裂和宇称禁阻跃迁的解禁。前者是因为晶体场是非球形外场,不同电子排布的轨道与晶体场的相互作用不同,原先简并的轨道会退简并成不同大小的能级,从而为产生激光所需的电子跃迁提供便利。而后者则是晶体场的存在导致了原子核振动以及电子云分布的畸形,可以破坏原有的宇称状态——从结构化学的角度来看,既可以是激发态或者基态的配位几何结构不再是中心对称的结构,也可以是原子轨道之间出现杂化,$d$ 或 $f$ 轨道不再是原先纯粹的、单一 $d$ 或 $f$ 组分的原子轨道,而是含有其他轨道成分。比如 $d$ 轨道与外层 $p$ 轨道杂化而含有 $p$ 轨道的成分,此时其宇称性质也就发生了变化,从而宇称禁阻跃迁会不同程度地松弛,可以实现这种跃迁的发光。以 $4f$-$4f$ 电子跃迁为例,当稀土元素置身于某种基质之中,比如 $Y_3Al_5O_{12}$ 石榴石中,周围离子将在稀土离子上施加一个以静电相互作用为主的晶体场,从而破坏了 $4f$ 轨道的宇称,使得 $4f$ 能级的简并度降低,此时就可以发生 $4f$-$4f$ 跃迁而得到所需的激光发射。这种部分解禁的跃迁具有窄带发射的本征特性,因此也有助于激光单色化性质的实现。

需要指出的是,相比于库仑静电作用和自旋-轨道耦合相互作用,虽然镧系元素(稀土元素)与钢系元素的 $f$ 电子能级所受晶体场的影响效果是很微弱的,但是晶体场作用仍然是通过斯塔克效应产生简并能级进一步劈裂的根源,对激光下能级的影响非常显著,从而成为改变激光能级系统性质的重要手段(2.6 节)。

最后,虽然讨论晶体场效应的时候是以孤立发光中心的角度展开讨论的,但是材料中发光中心的数量是以 $10^{23}$ 为数量级。而且在没有加入发光中心的时候,实际材料的原子排列就存在缺陷,这种状况在加入发光中心后则更为严重。因此材料中发光中心的配位环境并不是单一不变的,而是形成一个分布。这就是晶体场效应实际是一种基质效应的缘由,也决定了实验所得的晶体场效应是一种平均效应,并不排除材料某个局部出现正偏离或负偏离的情况,从而基于晶体场的性能改造还需要从统计学的角度进一步加以评价。

## 2.2.2　晶体场畸形效应与光谱展宽

由于静电作用与粒子所带电荷及它们之间的距离有关,因此晶体场效应的大小同样受制于离子的价态和配位化学键的长度,从而离子能级变化也就同中心离子的配位结构密切相关。基于点电荷模型,晶体场强度参量 $D_q$ 可以如下计算[19-20]:

$$D_q = \frac{ze^2r^4}{6R^5}$$

式中,$z$ 是配位阴离子的电荷或价态,$e$ 是电子电量,$r$ 是 $d$ 电子波函数的半径(表征 $d$ 轨道伸展程度的参量),$R$ 是中心离子与配位之间的距离。$D_q$ 并不是实际能级分裂的大小,而是一个衡量单位,比如正八面体场作用下,5 个 $d$ 轨道分裂为两组 $e_g$ 和 $t_{2g}$,其能级差是 $10D_q$;而正四面体场的这个能级差或者分裂能是正八面体场的 $4/9$,即 $40/9 \ D_q$。

由于波函数半径数据在实际使用中并不方便,因此上述晶体场强度的计算也可以利用如下的近似公式,其中仍然保留了各种幂指数关系,不过一些参量的定义发生了变化[21]:

$$D_q = \frac{3Ze^2r^4}{5R^5}$$

这里改用大写的"$Z$"来表示中心离子的电荷或价态,$r$ 改为中心离子的平均半径,其他变量维持不变。

从上述公式可以看出,只要 $z$(或 $Z$)和 $R$ 有了变动,就可以改变 $D_q$,从而改变电子跃迁的能级差,这就是产生晶体场畸形效应而实现光谱展宽的基本原理。

以正八面体场为例,如果更换这个配位多面体的一个或若干个配体,或者更换相邻配位多面体的中心离子,原先正八面体的配位结构就会被破坏,成为更为畸形的结构,其晶体场的对称性也下降。这是因为不同的配位会产生不同的化学键长($R$)和有效电荷($z$),甚至还可以进一步影响 $d$ 轨道的波函数性质($r$)。这种影响并不是球形对称的,而是局部施加的,其结果就是原有对称性和几何结构被破坏。类比 2.2.1 节所述的晶体场效应的全局性,这种畸形结构同样存在一个分布,即可以产生各种不同的 $D_q$ 变化量。反映在电子跃迁上,就是增加了不同的吸收和发光谱带,从而实现了光谱的展宽。

这里以掺 $Eu^{2+}$ 的钡长石($BaAl_2Si_2O_8$)的原子结构数据进一步说明。单斜相的钡长石相当于一部分 $Si^{4+}$ 被 $Al^{3+}$ 替换的结构(也可以说成是 $Si^{4+}$ 替换 $Al^{3+}$,具体取决于元素分析,这里以前者为例)。这种基质组分取代的结构体现在原子分布上就是一个原子格位既可以是 $Al^{3+}$,也可以是 $Si^{4+}$(当然,这是一种统计分布,实际的某个格位只能是 $Al^{3+}$ 或 $Si^{4+}$ 中的一种)。即基于占位无序的结构特点,满足化学计量比的单斜钡长石分子式应该写成 $Ba(Al,Si)_2(Al,Si)_2O_8$。表 2.3 是斯科莱姆(Skellern)等报道的单晶结构数据(ICSD♯281284),其中给出了 $Al^{3+}$ 和 $Si^{4+}$ 混合占据的格位及其统计比例(占位因子或占位比例)。从中可以明确 Al/Si 无序分布的显著性。这种占位无序也使得纯相容易偏离化学计量比,造成 $Ba^{2+}$ 的缺失或者被取代,然而结构却可以被这种特殊的含氧酸根组合所稳定,同时 $Al^{3+}$ 与 $Si^{4+}$ 的摩尔比例也不是严格的 1∶1。

表 2.3　ICSD♯281284 所给的单斜相钡长石的结构数据

| 原子 | ♯ | 威科夫 | $x$ | $y$ | $z$ | S.O.F |
|---|---|---|---|---|---|---|
| Ba | 1 | 4i | 0.28270(5) | 0 | 0.13057(6) | 0.938(5) |
| Al | 1 | 8j | 0.00832(15) | 0.18272(9) | 0.22450(18) | 0.469(2) |
| Si | 1 | 8j | 0.00832(15) | 0.18272(9) | 0.22450(18) | 0.531(2) |
| Al | 2 | 8j | 0.20313(15) | 0.38148(10) | 0.34697(18) | 0.469(2) |
| Si | 2 | 8j | 0.20313(15) | 0.38148(10) | 0.34697(18) | 0.531(2) |
| O | 1 | 4g | 0 | 0.1381(3) | | 1.0 |
| O | 2 | 4i | 0.1209(6) | 0.5 | 0.2878(8) | 1.0 |
| O | 3 | 8j | 0.3266(5) | 0.3626(3) | 0.2241(5) | 1.0 |
| O | 4 | 8j | 0.0251(4) | 0.3101(3) | 0.2520(5) | 1.0 |
| O | 5 | 8j | 0.1865(4) | 0.1264(3) | 0.3970(5) | 1.0 |

具体 $Ba^{2+}$ 的配位环境可以进一步参见图 2.14。从 $Ba^{2+}$ 的七配位结构看,平均键长分布按照长短可以分为两组:2.6 Å 和 2.85~2.93 Å,即所成的配位结构是畸形的,这种畸形结构与配位氧离子所连接的次邻中心离子($Al^{3+}$ 或 $Si^{4+}$)的类型比例差异结合在一起,构成了调控 $Ba^{2+}$ 周围晶场的主要因素。

更进一步地,钡长石骨架由硅氧四面体和铝氧四面体构成,这两种四面体的链

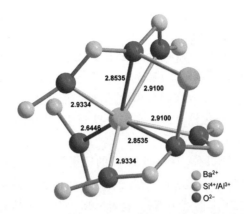

图 2.14　单斜钡长石中 $Ba^{2+}$ 的七配位结构模型

接方式以保证体系电子静电能和应力最小为原则,遵从铝硅酸盐的"铝不碰头"规律(aluminum avoidance principle,即共角时不允许出现 Al-O-Al-O 的链接方式)。根据 Si/Al 的占位比例($Si^{4+}$ 偏多)、无序分布以及"铝不碰头"的规律,可以合理认为 $Ba^{2+}$ 周围的 $Si^{4+}$ 和 $Al^{3+}$ 平均分布主要是两种情况:无序间邻排列以及全 Si 排列。前者由于有 $Al^{3+}$ 和 $Ba^{2+}$ 参与成键,更重要的是都属于"M-O-M-O-M"(M 为 $Al^{3+}$ 或 $Ba^{2+}$)链条的一员,而链式结构能够离散电子云,从而降低 Eu—O 键之间的电子密度,即降低了共价性,因此发光波长较短。而后者基于 $Si^{4+}$ 半径(0.024 nm)要小于 $Al^{3+}$(0.039 nm)。而且硅酸根酸性更强,容易给出电子,即Eu—O 键共价性较强,发光波长红移。如果假设原子个数比例与发光强度成正比,那么仅以占位比例估算,根据表 2.3,由于同一位置 $Si^{4+}$ 与 $Al^{3+}$ 的占位比例差值是 0.062,则 Si-Al 混合配位环境与纯 Si 配位环境产生的发光强度相比为 7.6:1,即短波长的发光强度是长波长的 7 倍左右。图 2.15 的分峰结果清楚表明这种相对优势,验证了 424 nm 和 472 nm 两个主发光带是源于无序结构对 $Eu^{2+}$ 配位影响的结论。当然,上述的比例主要用于表明发光偏向于短波长,毕竟实际还要考虑介于两者之间的配位模式等影响因素,而且发射光谱的平滑变化也不利于准确分峰。

另外,X 射线衍射数据给出的是原子在空间和时间上的统计平均分布,即 $Al^{3+}$ 和 $Si^{4+}$ 占位统计上的无序。如果具体到某个 $Ba^{2+}$,周围与其共用氧离子的 $Al^{3+}$ 或 $Si^{4+}$ 的个数比则是固定的,而且不一定符合占位因子的比例,而是形成一个以之为平均值的涨落。这又能微扰晶体场的分布,从而增加振动能级的可取数值,降低不同发光带的能级差,促进发光光谱的展宽、均匀和连续化。

从能带模型的角度看,这种统计个数有规律,但是长程分布无序的结构必然使峰顶与谷底的取值更为混乱,加上非化学计量比以及高能辐照下光生载流子俘获

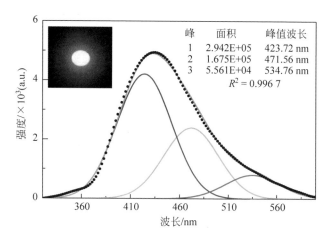

图 2.15　147 nm 激发下掺 8 mol% $Eu^{2+}$ 的单斜钡长石发射光谱的
高斯分解结果,内图为紫外灯激发下的发光照片

后对能级分布的影响,就容易使 $Eu^{2+}$ 出现自离化,产生长波(峰值约为 535 nm)的
异常发射(图 2.15)。

　　总之,在单斜钡长石中,取代 $Ba^{2+}$ 的 $Eu^{2+}$ 的晶体场主要受到第二层配位阳离
子 $Si^{4+}$ 和 $Al^{3+}$ 的影响,其作用机制包括:无序排列(无序间邻排列以及全 Si 排列
等)、Si/Al 个数比围绕平均值涨落,以及无序的结构引起的价带峰顶与导带谷底取
值的更为混乱。最终产生了半高宽超过 120 nm 且长波拖尾的畸形(非二次轴对
称)的发射光谱。

　　上述晶体场畸形效应与光谱展宽机制在激光材料的主要应用就是阳离子或阴
离子的置换,相关理论机制与结果同上述 $Eu^{2+}$ 掺杂的单斜钡长石是类似的。
图 2.16 给出了同种过渡金属离子掺杂不同 Ⅱ-Ⅵ 半导体基质的激发与发射光谱,
其中 CdMnTe 相当于在 CdTe 中引入了 Mn 离子,从而引起了发射光谱的复杂化。
有兴趣的读者可以根据文献所给的配位结构参考上述 $Eu^{2+}$ 掺杂单斜钡长石的例
子自行分析,这里就不再赘述。

　　相对于易受外界环境影响的 $d$ 电子,$4f$ 电子产生的跃迁受晶体场的影响较
小,因此主要是通过基质结构来改变,比如将 YAG 中的全部 $Y^{3+}$ 都置换为 $Lu^{3+}$
(改为 LuAG)就是一种基质结构改性的类型。而将部分 $Y^{3+}$ 或者 $Al^{3+}$ 置换为其
他阳离子的改性效果并不大,不会有类似 $d$ 电子那样明显的变化,一般光谱展宽仅
有几纳米。不过晶体场畸形效应对激光性能仍然存在重要的影响,因为材料中能
量的传输和转化过程是一个整体的过程,并不是局部的,甚至定点的过程。比如当
泵浦光激发激光陶瓷的时候,泵浦光的光子是通过陶瓷基质来传递的,并不是直接
作用于激光中心的。而基质结构越规则,越有助于这种能量的共振传递,最终就体

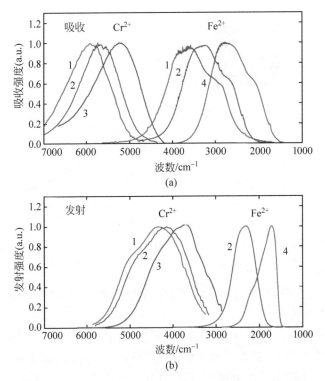

图 2.16　掺 $Cr^{2+}$ 或 $Fe^{2+}$ 的(1)ZnS,(2)ZnSe,(3)CdSe 和
(4)CdMnTe 晶体的吸收光谱与发射光谱[22]

现为吸收截面和发射截面数值的变化。

图 2.17 和图 2.18 分别给出了 YAG 中 $Y^{3+}$ 和 $Al^{3+}$ 各自被 $Yb^{3+}$ 和 $Sc^{3+}$ 取代所得透明陶瓷的吸收截面和发射截面。虽然这两种取代调整晶体场的策略是不一样的,前者是调整激光中心,后者是调整激光中心周围的阴离子基团(或者说第二配位层的阳离子),但是影响的效果类似:随着浓度增加,晶体结构更加偏离理想晶体结构,周期性变差,因此吸收截面和发射截面下降。由于吸收截面或者发射截面反应的是单个激光中心吸收或发射能量的概率(第 5 章),因此谱线重叠区域表明该波长处的吸收或发射并不会受到浓度变化的明显影响。而数值下降的区域则表明随着浓度的增加,单个激光中心的效率是下降的。另外,由于截面数据是吸收或发射强度与粒子数目密度的比值,因此不一定与吸收强度和发射强度的变化(即吸收光谱和发射光谱)相同。如果要进一步查看光谱的展宽,需要将吸收光谱或发射光谱基于最大强度值作归一化处理。截面谱的半高宽变化主要是反映单位激光中心效率的变化范围,而不是光谱的展宽。

图 2.19 进一步说明了 $4f$ 电子晶体场畸形效应在吸收截面与发射截面乃至泵

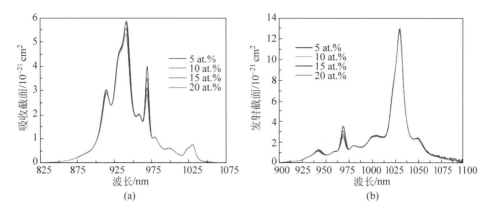

图 2.17　不同 $Yb^{3+}$ 掺杂浓度的 $Yb:Y_3ScAl_4O_{12}$ 透明陶瓷的吸收截面（a）和发射
截面谱（(b)，915 nm 光纤激光激发，基于倒易法计算）[23]

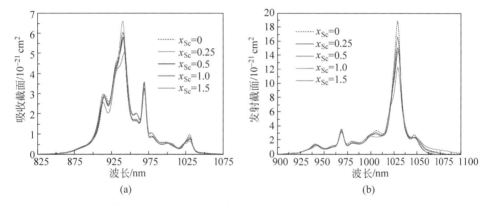

图 2.18　不同 $Sc^{3+}$ 掺杂浓度的 10 at.% $Yb:Y_3Sc_xAl_{5-x}O_{12}$ 透明陶瓷的吸收截面（a）和
发射截面谱（(b)，915 nm 光纤激光激发，基于倒易法计算）[23]

浦性能上的影响[24]。虽然所得的陶瓷相比于单晶具有较小的截面数值，但是由于
这种效应对泵浦波长和激光波长的影响是一致的，因此在激光波长位置（1030 nm），
晶体的自吸收也较大（其吸收截面为 $1.3 \times 10^{-21}$ $cm^2$，是陶瓷的 1.57 倍）。由于泵
浦光处的吸收基本相似（970 nm），因此产生激光所需的最小泵浦强度近似为陶瓷
的 1.5 倍（图 2.19 的内图）。另外，虽然光谱展宽数值并不大——在激光波长
（1030 nm）处陶瓷的发射光谱宽度是 12.5 nm，而单晶则是 8.50 nm，但是由于 $4f$
电子跃迁是窄带跃迁，因此增加倍数还是可观的——陶瓷是单晶的 1.47 倍，从而
更适合于采用锁模法的短脉冲激光以及调谐激光等。

　　晶体场畸形效应也可以来自缺陷的影响，典型例子就是掺 $Yb^{3+}$ $CaF_2$ 的电荷
补偿效应引起的多阳离子格位现象。由于在萤石结构中，阴离子（$F^-$）组成的亚晶

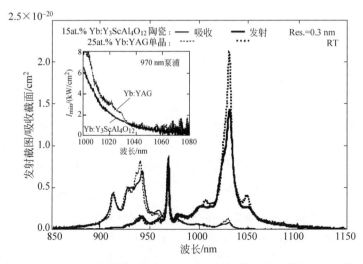

图 2.19　Yb：$Y_3ScAl_4O_{12}$ 透明激光陶瓷和 Yb：YAG 晶体的吸收截面和发射截面对比，内图是输出激光所需的最小泵浦强度 $I_{min}$ 对比[24]

格是简单立方格子，而 $Ca^{2+}$ 则间隔处于这类立方格子的中心，即两个立方格子包含一个 $Ca^{2+}$，因此就存在一个体心空隙（从晶胞的角度看则是间隙）可以容纳多余的 $F^-$。如果掺杂 $Yb^{3+}$ 取代 $Ca^{2+}$，那么 $F^-$ 的间隙填充（弗仑克尔（Frenkel）缺陷，间隙 $F^-$ 可写成 $F_i^-$，其中 i 表示处于间隙位置）就可以满足电荷平衡的要求，实现电荷补偿。不同 $F^-$ 的填隙类型自然会产生不同的阳离子格位对称性，比如当 $F^-$ 填充在上述亚立方格子的体心位置时（距离阳离子最近），$Yb^{3+}$ 的格位对称性是 $C_{4v}$；当填隙 $F^-$ 处于更远的位置，还可以产生 $C_{3v}$ 以及 $O_h$ 等其他对称性，从而材料具有很宽的吸收光谱和发射光谱，有利于实现超短激光脉冲。

　　另外，晶体场畸形效应除了前述基于配位几何结构变化所产生的光谱展宽以及截面的改变，还可以影响电子结构，最终也体现为光谱和截面的变化。

　　基于量子力学理论，电子跃迁产生的光谱强度取决于跃迁振子强度或者跃迁矩阵元的数值，而矩阵元数值不等于零就要求发生跃迁的两个电子组态分别对应的各种角量子数满足一定的规则，这些规则构成了一套光谱选律[2,25]。表 2.4 给出了中心离子通过 $d$ 电子与周围配体形成配位结构后，不同 $d$ 电子跃迁类型所对应吸收系数的数量级（相当于吸收光谱的强度数量级）变化。从中可以看出不同类型光谱选律的作用可以产生不同数量级的吸收，相应地也就可以获得不同数量级的发光。在畸形晶体场作用下，$d$ 电子跃迁可以从原来的宇称禁阻转为解禁，甚至通过轨道杂化而成为宇称允许，其吸收系数可以增至数十到数百倍。另外，如果电子跃迁发生在中心离子和配体之间，则可以获得更大的吸收系数——因为这种跃迁不管是自旋还是宇称,一般都是满足光谱选律的。需要注意的是,表 2.4 也表明 $d$ 电子跃迁中,轨道的作用要大于自旋的作用。但是对于被核外电子层屏蔽的 $f$ 电子则相反,自旋的影响是需要考虑的——自旋-轨道耦合是 $f$ 电子跃迁的主要影响因素。这也是 $d$ 电子和 $f$ 电子跃迁或者能级分别采用特征标(反映晶体场对称性)和光谱支项来表示的重要原因。

表 2.4 $d$ 电子相关跃迁的电子光谱强度

| 谱带归属 | 吸收系数 $\alpha/(mol^{-1} \cdot cm^{-1})$ | $\lg\alpha$ |
|---|---|---|
| 自旋禁阻 | $<1$ | $\sim 0$ |
| 宇称禁阻 | $20\sim 100$ | $1\sim 2$ |
| 宇称允许 | $\sim 250$ | $\sim 2$ |
| 宇称允许的电荷转移跃迁(CT)光谱 | $1000\sim 50000$ | $3\sim 5$ |

需要注意的是,虽然稀土离子通常具有相似的化学性质(因为随原子量增加的是不受外界环境影响的 $4f$ 电子),但是在晶体场畸形效应的影响下却可以存在相反的作用。以近年来在磁光和绿色激光领域受到重视的 $Tb^{3+}$ 为例,在 Ce,Tb: $Y_2SiO_5$ 的基础上用其他非发光活性($4f$ 电子全空、半满或者全满)的稀土元素置换 $Y^{3+}$ 时,$La^{3+}$ 和 $Lu^{3+}$ 可以提高发光强度达 30%;但是 $Gd^{3+}$ 和 $Sc^{3+}$ 的作用却相反,产物发光强度反而降低约 20%。而在阴极射线激发发光中,$La^{3+}$、$Gd^{3+}$ 和 $Lu^{3+}$ 都可以提高发光强度,$Sc^{3+}$ 仍然起猝灭发光的作用[26]。因此,虽然非发光活性稀土离子影响发光强度的机制为调制稀土离子发光性质提供了一条新的途径,但是实际电子结构的影响仍是需要首先考虑的因素。

总之,在原有结构的基础上通过阳离子或阴离子置换的方式可以在激光中心周围形成更为畸形的晶体场,通过设计几何结构和电子结构的影响机制,选择合理的置换离子与比例,就可以实现原有吸收和发射光谱以及吸收截面和发射截面的变化,获得更高效的激光性能。

## 2.2.3 多中心发射与光色调控

晶体场除了可以调整原有激光发射性质,还可以产生新的激光。这种在晶体场作用下,透明激光陶瓷的多中心发射与光色调控的基本机制并不复杂。正如图 2.20 所示,其原因就在于晶体场下 5 个简并 $d$ 轨道的能级劈裂。以正八面体场为例,6 个配体沿 $d$ 轨道的 3 个坐标轴方向靠近中心离子,因此沿坐标轴方向伸展的 $d$ 轨道受到更强的静电斥力而进入更高的能级,处于对角线方向的 $d$ 轨道的能量则下降。基于经典点电荷模型,这种能量的升降需要满足重心原理和能量守恒原理,前者要求正八面体场的能级重心仍然与想象中的凝聚态所产生的球形场的能级等同(高于自由离子);后者则要求各能级相对于重心增加或减少的数量的总和等于零。根据这两个要求,引入晶体场强度参量 $D_q$,并且将八面体场中能级分裂间距设置为 $10 D_q$,就可以得到 $e_g$ 能级的 2 个简并轨道增加了 $6 D_q$,而 $t_{2g}$ 能级的 3 个简并轨道则降低了 $4 D_q$(图 2.20(a))。

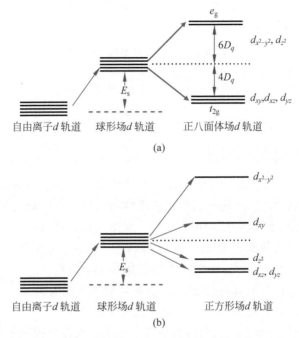

图 2.20　自由离子、球形场以及八面体场和正方形场中 $d$ 轨道的中心位置和退简并图示
(为清晰起见,能量一样的能级用一组等距的平行线表示)

图 2.20 中,正八面体场的晶体场分裂能 $\Delta_o = E(e_g) - E(t_{2g}) = 10 D_q$,按照重心原理,分裂后 5 个 $d$ 轨道的总能量仍然等于它们在球形场中的能量 $E_s$。由于习惯将 $E_s$ 取作零点,因此结合能量守恒原理可得 $2E(e_g) + 3 E(t_{2g}) = 0$。类似地可以推导出正四面体场的能级劈裂,并且得到在其他条件都一样,仅是配位结构不同时,其分裂能 $\Delta_t = 4/9 \Delta_o$。因此正四面体场中,$E(t_{2g}) = 1.78 D_q = 2/5 \Delta_t$;而 $E(e_g) = -2.67 D_q = -3/5 \Delta_t$,其中"−"表示处于重心以下的低能级。

另外,能级劈裂与实际基态的电子分布并不是一回事。以 $d$ 电子为例,如果某个离子的外层 $d$ 电子数目低于低能级轨道数目,比如 $t_{2g}$ 轨道为低能级轨道且 $d$ 电子数目不超过 3 的时候,其基态就是电子各占一个 $t_{2g}$ 轨道。相反地,如果实际 $d$ 电子数高于低能级轨道数,此时就必须考虑电子成对能的影响。因此反映晶体场最终所得基态电子结构的是综合考虑晶体场分裂能和电子成对能的结果,即晶体场稳定化能(crystal field stabilization energy,CFSE)。它决定了基态电子是优先在低能级成对,表现低自旋状态;还是优先进入高能级,成为高自旋状态,进而也就影响了激发态的电子组态。价态不变的同种过渡金属离子在不同基质中显示不一样的颜色就是源于其 $d$ 电子自旋状态之间的差异,而其根源正是 CFSE。

晶体场中轨道能级退简并的复杂性会随着晶体场几何结构的变化而变化,比如图 2.20(b)给出了 4 个配体构成平面正方形配位时能级分裂的情况,此时 5 个 $d$ 轨道产生了四组简并能级——实际的能级间距和简并数目还会根据晶体场场强以及几何结构偏离正方形的程度而变,从而如图 2.20(b)所示的能级还可以进一步劈裂。与此相对应的就是从能级的光谱项(包含多个简并能级)进一步得到了光谱支项,原先能量相同而电子组态不同的轨道在实际晶体场中具有不同的能量。

另一种引起能级退简并的机制是姜-泰勒(Jahn-Teller)效应。它可以利用 $Cu^{2+}$ 在正八面体场中的配位结构及其能级劈裂来说明。$Cu^{2+}$ 属于 $d^9$ 组态,外层有 9 个 $d$ 电子,如果相比于 $d^{10}$ 全满组态,其去掉的是 $d_{x^2-y^2}$ 轨道上的电子,那么此时该 $d^9$ 的电子分布为 $(t_{2g})^6(d_{z^2})^2(d_{x^2-y^2})^1$。这就意味着减少了对 $x$ 和 $y$ 轴方向配体的推斥力;从而 $\pm x$、$\pm y$ 方向上的 4 个配体会内移而形成 4 个较短的键,形成了四短键和两长键的配位结构,并且 $d_{x^2-y^2}$ 轨道能级上升,而 $d_{z^2}$ 轨道能级下降,因此原来简并的 $e_g$ 轨道退简并为两个轨道——实际上 $t_{2g}$ 轨道也会受到影响。这种轨道能级的变化所遵循的规律与图 2.20 是一样的,因此它们对晶体场稳定化能的贡献还与原先轨道上的电子分布有关。

对于 $d$ 电子来说,这种晶体场作用下的能级劈裂可以用田边-菅野(Tanabe-Sugano)图来表示。图 2.21 给出了 $d^3$ 组态的田边-菅野图(对应的典型过渡金属离子是 $Cr^{3+}$)。纵坐标是自由离子的简并能级组,体现为光谱项,而横坐标则给出了晶体场几何结构类型与晶体场强度对能级劈裂性质的影响。以 $^2G$ 光谱项为例,在正八面体场下,它可进一步劈裂为 4 个能级:$^2E$、$^2T_1$、$^2T_2$ 和 $^2A_1$。这 4 个能级的标识符号并不是上述的光谱支项符号,而是与晶体场对称性有关的矩阵不可约表示(特征标)。田边-菅野图另一个需要注意的是纵坐标和横坐标的数值仅是一个比值,与稀土离子能级图(迪克(Dieke)图[27])不同,后者是具体的能量数值。这是因为 $d$ 电子的能级受外界环境的影响,因此能稳定的(或近似稳定的)不是能级的能量数值,而是能级能量与外界影响作用(这里的 $B$)之间的比例,这就意味着实践中需要结合具体的吸收或发射光谱来预测其他能级之间的能量差。

下面以常见过渡金属激光离子 $Cr^{3+}$ 为例进行说明。$Cr^{3+}$ 常见的吸收带可归属于电子从基态到 2 个四重激发态能级的跃迁,即 $^4A_2 \rightarrow {}^4T_1$ 和 $^4A_2 \rightarrow {}^4T_2$。其中 $^4A_2 \rightarrow {}^4T_1$ 吸收带的波长更短,两者能量差值约为 0.5 eV,比如当前者的峰值波长是 450 nm 的时候,后者的峰值位置就落在 550 nm 附近。$Cr^{3+}$ 常见的发射带位于红光或红外波段,常见峰值位置是 700 nm,对应激发态 $^2E$ 到基态 $^4A_2$ 的跃迁,即 $^2E \rightarrow {}^4A_2$。基于田边-菅野理论,利用吸收光谱、激发光谱和发射光谱就可以计

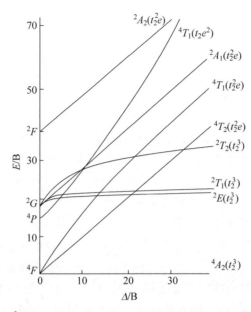

图 2.21　正八面体场下 $d^3$ 组态的田边-菅野图。其中纵轴给出了自由离子的 4 组不同能量的简
并能级,右侧则是它们在晶体场作用下分裂所得的能级(括号中为未成对电子晶体场能
级分布(occupation of the one-electron crystal-field levels),即 3 个 $d$ 电子未成对时的轨道
分布)。需要注意的是,原先属于同一自由离子简并组态的能级趋向于平行,能量 $E$ 和八
面体晶体场强度 $\Delta$ 利用 $B$ 进行归一化后再行绘图,$B$ 是描述电子间排斥作用的拉卡
(Racah)参数[2]

算唯象(源于实验)的晶体场参数数值,包括描述晶体场劈裂程度的强度参数 $D_q$
以及反映成键相互作用的拉卡参数($B$ 和 $C$),得到如下计算 $Cr^{3+}$ 或者 $d^3$ 电子组
态在正八面体晶体场下的晶体场参数计算公式:

$$10D_q = \nu_1$$

$$B = \frac{(2\nu_1 - \nu_2)(\nu_2 - \nu_1)}{27\nu_1 - 15\nu_2} = \frac{2\nu_1^2 + \nu_2^2 - 3\nu_1\nu_2}{15\nu_2 - 27\nu_1}$$

$$9B + 3C = \nu$$

其中 3 个频率值 $\nu_1$、$\nu_2$ 和 $\nu$ 分别对应 $^4A_2 \rightarrow \, ^4T_1$、$^4A_2 \rightarrow \, ^4T_2$ 和 $^2E \rightarrow \, ^4A_2$ 跃迁的能
量,利用光谱中相应跃迁光谱峰的峰值位置可以得到各自跃迁的能量,随后基于普
朗克公式 $E = h\nu$ 可计算出上述各频率值。

　　图 2.22 则给出了如何使用田边-菅野图来解释过渡金属激光离子吸收光谱和
发射光谱的实例。如前所述,横坐标与纵坐标是比值,因此除了根据谱峰的个数和
能量位置粗略判读所对应的能级,更重要地是要利用上述计算公式进一步明确材

料在田边-菅野图横坐标的位置。

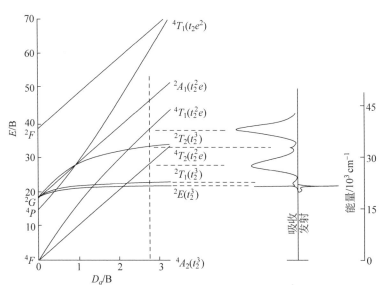

图 2.22　正八面体场下 $3d^3$ 电子组态的田边-菅野图(a)以及 $Cr^{3+}$ : $Al_2O_3$ 的
吸收光谱和发射光谱(b)[28]

关于其他 $d$ 电子组态的田边-菅野图及其说明可以参考文献[29]。虽然这种图是基于经典静电相互作用模型提出的,但是与稀土离子常用的乍得-奥菲特(Judd-Ofelt,J-O)理论一样,由于抓住了主要影响因素,因此即便当前进一步考虑了各种量子效应,也不影响它在发光材料设计与机理解释中的应用价值。

稀土离子同样存在与 $d$ 轨道相关的跃迁,但是由于 $4f$ 轨道高能级与 $5d$ 轨道低能级之间的重叠,因此主要体现为 $5d$-$4f$ 之间的跃迁,常见的稀土离子有 $Pr^{3+}$、$Ce^{3+}$ 和 $Eu^{2+}$ 等。由于 $5d$ 能级与 $4f$ 能级差距相当大,这就可以获得较大的斯托克斯位移,容易实现宽带发光,并且有助于降低激光自吸收的影响。而且 $5d$-$4f$ 跃迁是宇称允许跃迁,因此发光效率比纯粹 $4f$-$4f$ 窄带发光大。然而这种宇称允许的跃迁也是发展激光材料的一个问题——由于上能级的寿命太短,一般是纳秒数量级,因此实现粒子数反转非常困难。相比于当前已发展的,主要落在红光和红外波段的 $4f$-$4f$ 激光跃迁,稀土离子的 $5d$-$4f$ 跃迁是发展不需要通过频率变换、直接可见光波段激光发射的基础,是今后新型激光材料和激光器发展的重要源头。

与上述 $d$ 电子组态跃迁的描述不同,稀土离子的 $5d$-$4f$ 跃迁理论中,描述能级依旧使用光谱支项,其原因就在于一方面稀土离子的 $d$ 电子是 $4f$ 电子进入激发态的产物,另一方面 $d$ 电子的数目较少且一般仅需要考虑最低能级,而电子自旋的影响又大得可以引起 $4f$ 基态的能级劈裂(主要体现为自旋-轨道耦合不能忽略)。表 2.5 给出了有关气态 $Ce^{3+}$ 的基态和激发态光谱支项以及相应的能量(以波数 $cm^{-1}$ 为单位)[30]。实际的能量数值随 $d$ 轨道所处环境而变,这一点与过渡金属离子是一样的。

表 2.5　气态 $Ce^{3+}$ 的 $4f^1 + 5d^1$ 组态及其能量[30]

| 光谱支项 | 能量/$cm^{-1}$ |
| --- | --- |
| $^2F_{5/2}$ | 0 |
| $^2F_{7/2}$ | 2253 |
| $^2D_{3/2}$ | 49737 |
| $^2D_{5/2}$ | 52226 |

由于 $5d$ 轨道裸露于晶体场环境中,其能级简并度的改变以及高能级和低能级之间能量差的大小严重受到晶体场强度以及电子云分布的影响,具体与配体所带的电价、配体离子半径、配体孤电子对分布以及配位构型等密切相关,这就使得 $Ce^{3+}$、$Pr^{3+}$、$Eu^{2+}$ 等能够实现从紫光到红光的不同光色。

以 $Eu^{2+}$ 为例,其 $5d$-$4f$ 跃迁类型是 $4f^6 5d^1 \rightarrow 4f^7$ 跃迁(通常忽略 1,而写成 $4f^6 5d \rightarrow 4f^7$),即基态为 $4f^7$ 的 $^8S$ 组态,而最低激发态为 $4f^6 5d$ 组态。不同基质材料的选择可以影响 $Eu^{2+}$ 激发光谱和发射光谱的峰位。一般情况下,$Eu^{2+}$ 所处基质晶格的共价性和晶体场劈裂程度越高,越容易产生高效的可见荧光发射。比如当化合物 $Eu^{2+}$,$Ho^{3+}$:$CaGa_2S_4$ 的 $Ca^{2+}$ 被其他碱土离子部分代替时,$Eu^{2+}$ 周围的配位环境发生变化,晶体场强度改变,$5d$ 能级相应改变,发射光谱出现红移($Mg^{2+}$ 代替 $Ca^{2+}$)或者蓝移($Sr^{2+}$、$Ba^{2+}$ 代替 $Mg^{2+}$)。并且产物内部缺陷也由于取代离子半径的差异发生了变化[31]。对于磷酸盐系列,$Eu^{2+}$:$KBaPO_4$ 给出的是 420 nm 峰值位置的发射峰;同样激发波长作用下 $Eu^{2+}$:$NaSrPO_4$ 的主峰位置却红移到 480 nm,而且发射峰的半高宽更大。差异更显著的例子还有 $Eu^{2+}$:$KSrPO_4$ 呈现蓝光发射[32],$Eu^{2+}$:$KCaPO_4$ 却可以得到绿光[33]。

目前有关稀土离子 $5d$-$4f$ 跃迁的综述性文献可以参考文献[34]～文献[39],比如道温博斯(Dorenbos)等详细研究了卤化物、氧化物和含氧酸盐中 $Ce^{3+}$ 的发光。提出 $5d$ 能级重心位置取决于化学键的性质,共价性越强,激发光谱和发射光谱红移程度越大;而 $5d$ 能级劈裂则由晶体场强度决定,其宽带发射与强场有关[35-36,38-39]。

除了自身的发光,稀土离子 $5d$-$4f$ 跃迁的另一个用途是调控能量传输,其依据是不同稀土离子能级差存在重叠,即一种稀土离子可以作为另一种稀土离子的能量转移中介(敏化剂或猝灭剂)。比如 $Ce$,$Tb$:$Y_2SiO_5$ 时发现当 $Ce^{3+}$ 和 $Tb^{3+}$ 共掺时,$Ce^{3+}$ 在 400 nm 处对应 $5d$-$4f$($^2F_{5/2}$ 和 $^2F_{7/2}$)跃迁的宽带发光恰好与 $Tb^{3+}$

的 4$f$ 能级跃迁吸收带(360～380 nm)重叠,$Ce^{3+}$ 发射的光子被 $Tb^{3+}$ 吸收并跃迁到激发态,因此 $(Y_{0.965}Tb_{0.03}Ce_{0.005})_2SiO_5$ 仅有 $Tb^{3+}$ 的窄带发光,并且增加了一种将入射光能量传递给 $Tb^{3+}$ 的途径[26]。

与 $d$ 电子跃迁类似,$f$ 电子跃迁能级同样会在晶体场作用下进一步劈裂。但是这种机制与 $d$ 电子相比存在明显的差别。其原因有三个:首先 $f$ 电子被外层 $s$ 和 $p$ 电子屏蔽,相关化学性质受外界环境影响很小;其次传统的晶体场同配位场是密不可分的,但是在成键模型中,$f$ 轨道并没有参与配位成键;最后 $f$ 电子能级劈裂主要是电子自旋-轨道耦合效应引起的,即取决于轨道总角量子数($J = L + S$),而 $d$ 电子主要取决于轨道角量子数 $L$。这些差异的综合结果就是晶体场的电磁作用(主要考虑电场作用)产生的 4$f$ 能级劈裂很小,与环境热能($kT$)同一数量级(图 2.23)。而且晶体场的影响范围包括电子的自旋和组态(轨道分布),因此是在光谱支项的基础上进一步退简并,通常称为斯塔克效应或斯塔克劈裂,相应的劈裂所成的子能级也称为斯塔克能级。

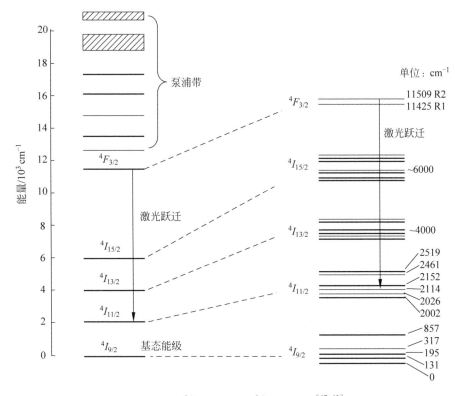

图 2.23 $Nd^{3+}$:YAG 中 $Nd^{3+}$ 的能级图[17,40]

图 2.23 给出了 $Nd^{3+}$ 能级图的示例,在晶体场作用下(主要是非零电偶极矩产

生的内电场),各光谱支项会进一步退简并而获得更多的能级,从而为激光能级系统的调整和激光的产生提供了丰富的选择。从中可以知道,在氙灯或氪灯(泵浦到 $^4F_{3/2}$ 以上)或者激光二极管(也称为半导体激光器)将基态的电子泵浦到 $^4F_{5/2}$,随后无辐射跃迁到 $^4F_{3/2}$ 能级,然后转移到下面三个能级,就可以分别产生三种荧光发射(辐射跃迁)。其中 $^4F_{3/2} \rightarrow \ ^4I_{11/2}$ 由于能量效率最高,因此被选中而获得常见的 1.06 $\mu m$ 激光。

这种能级劈裂就源自斯塔克效应,即原子或分子内部由于存在非零电偶极矩,因此在外电场作用下会发生能量重排,从而产生能级分裂,并且能级分裂间距与电场强度成正比(一级斯塔克效应)。类似拉曼效应,即使不存在固有电偶极矩,也可以在外电场作用下产生感生电矩,从而引起能级分裂,即产生斯塔克效应。此时的分裂间距与电场强度平方成正比,称为二级斯塔克效应。虽然二级效应比一级效应小很多,但是与非线性光学效应一样,在强场条件下,二级效应的影响将会更加显著。

从上述斯塔克效应的叙述可以看出,晶体场对称性的降低或者说畸形程度的加重,有助于增强固有电偶极矩,从而导致能级退简并程度增加,分裂为更多的能级;而能级间距与晶体场强度有关。

斯塔克能级劈裂的数目取决于掺杂离子的轨道电子数(电子组态)及其所处格位的对称性。对于稀土离子而言,具有奇数电子的稀土离子会产生克雷默(Kramers)简并,能级较少。而具有偶数电子的稀土离子,由于姜-泰勒效应的存在,趋向于降低对称性,能级数目增多[41]。以常用的激光材料基质 YAG 为例,由于 $Y^{3+}$ 是十二面体配位,具有 $D_2$ 点群对称性,对于含奇数个 $4f$ 电子的 $Nd^{3+}$ 或 $Yb^{3+}$,某个光谱支项劈裂的能级数目是 $J+1/2$[42];而对于偶数个 $4f$ 电子的 $Eu^{3+}(4f^6)$,则是 $2J+1$,即每个光谱支项可获得的子能级数目主要取决于 $J$,具体可以进一步参见有关光谱计算的 5.3.2 节。

综上所述,改变晶体场环境可以改变能级劈裂方式和程度,从而实现多中心发射与光色调控。从晶体结构的角度来说,就是激光离子占据格位的性质不同,发光的中心波长也不同。前面介绍的图 2.16 就是 $Cr^{2+}$ 和 $Fe^{2+}$ 发光随格位性质或者晶体场性质而变,即光色调控的典型示例。这种改性策略也可称为"晶体场工程"[43]。另外,多中心发射意味着多种格位共存,这种多格位共存既可以是基质结构中同时存在多个合适的取代格位,比如 $Y_2O_3$ 中的两个不同配位结构的 Y 格位(参见 1.5.1 节中的晶体结构模型),也可以是实际结构中的多种格位(即理论仅有一种格位,而实际材料存在缺陷,从而产生多种格位),具体可进一步参见 2.3.2 节。

# 2.3　能带与基质效应

## 2.3.1　发光的能带机制

能带是固体物理的一个基本概念,这是因为在固体材料中,各原子彼此紧密堆积,原先气态原子或自由离子状态下充分伸展的电子轨道会彼此重叠,形成连续的能级分布,从而产生能带。图 2.24 分别给出了金属 Na 和绝缘体 NaCl 的能带构成机制。对金属 Na 而言,由于所有原子都是一样的,因此所形成能带与原先单个Na 原子的轨道类似,芯带和价带分别对应充满原子的 $1s$、$2s$ 以及 $3s$ 等轨道;而$3p$ 等轨道仍为空,构成导带,并且与原子轨道一样,$3p$ 轨道直接落在 $3s$ 轨道之上,不存在带隙,因此 $3s$ 所成价带的电子很容易进入导带(这与 Na 容易形成 $Na^+$也是一致的)。而 NaCl 则相反,此时 Na 是以 $Na^+$ 形成 NaCl 化合物的。因此 $3s$轨道失去电子,成为导带的主要组成,而价带顶则是获得电子的 $Cl^-$ 的 $3s$ 与 $3p$ 轨道。两者之间存在带隙,意味着价带的电子要跃迁到导带,需要吸收一定的能量,这也与夺走 $Cl^-$ 的电子需要额外的更多能量是一致的。

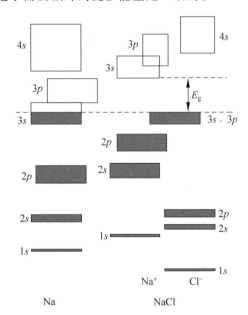

图 2.24　金属 Na 和绝缘体 NaCl 的能带及其组成图[27]

从上述的讨论可以看出,能带模型既有局部的一面(来自具体原子轨道的组合),也有全局的一面(体现的是所有电子轨道的综合作用)。因此基于能带模型的发光也相应可以从两方面进行讨论：①掺杂离子的能级及其跃迁；②将掺杂离子的能级及其跃迁同能带关联起来。前者是常规的单离子发光中心，可以参见前面的章节(尤其是晶体场及其能级劈裂)，后者则是下面要介绍的能带发光跃迁机制。

如果发光更重视整体的效应，比如体结构、表面结构和缔合体等的影响，难以用孤立的原子、离子或基团来解释时，就需要采用基于以原子能级组合及电子尽可能占据低能级轨道为出发点而得到的能带模型。这种发光机制与常规发光中心的发光既有联系又有区别。首先，能带机制不否认常规发光中心的结果，其相应的能级跃迁机制仍然有效，所不同的是这时发光中心的能级跃迁必须纳入能带的范畴，在能带中找到自己对应的位置，然后以最终的能级图来解释各种发光跃迁机制，这就是能带机制的基本观念。目前所讨论的能级(发光中心或各种缺陷)一般都是位于禁带中，因此可以统称为缺陷能级(相对于纯净半导体而言，不管是外来杂质还是各种非原子缺陷，都属于广义的"缺陷")，能带机制所依据的通用模型可以参见图 2.25。

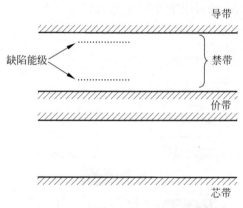

图 2.25　能带发光机制模型示意图[44]

能带发光跃迁机制包括半导体的发光跃迁以及在这种本征跃迁基础上的缺陷调制两大部分，实际以后者更为重要。

半导体的吸收和发射光谱源于电子的价带-导带跃迁，吸收边就是禁带宽度，发射光谱理论上属于窄带型。当半导体材料存在缺陷的时候，就会在本征能带结构中引入新的能级。根据这些缺陷俘获电子/空穴能力的差异，可以将缺陷能级分为施主能级和受主能级。缺陷能级的存在导致在能量更低的范围出现新的吸收带和发射带。因此，各种能量水平的施主能级或受主能级是改造或者调控半导体材料发光的关键。

当然，缺陷能级导致的新发光现象及规律是建立于纯净基质本征跃迁基础上的,换句话说,禁带及其宽度是一个重要因素。比如宽能隙(宽禁带)的存在为杂质能级的多阶分布提供了更大的空间,有助于实现宽带发光。以 GaN 为例,其禁带宽度约 3.4 eV,那么只要最低缺陷能级达到 1.6 eV,理论上就可以得到可见光365~760 nm 范围的发光,这就是半导体照明领域重视 GaN 等Ⅲ-Ⅴ半导体化合物(宽能隙材料,禁带宽度为 3~4 eV)的掺杂产物及其场致/光致发光研究的主要原因。

禁带宽度是影响发光动力学性质的关键因素,较小的禁带宽度有利于载流子的产生,但是也使得复合能级的分布更为狭窄,从而提高了自吸收。理论上,当温度升高时,电子运动更加剧烈,趋于自由电子,而晶格振动的变大也会增加原子间距,此时禁带宽度将变窄,极端情况下则禁带消失,成为导体。一般半导体的禁带宽度随温度的变化关系是[45]

$$E_g(T) = E_g(0) - \frac{\alpha T^2}{T + \beta}$$

式中,$E_g(T)$ 和 $E_g(0)$ 分别是 $T$ 和 0 K 时的禁带宽度,温度系数 $\alpha$ 和 $\beta$ 为常数,具体数值因材料而变——可以预期随温度升高,发光衰减下降。

半导体发光跃迁是激光二极管的应用基础。半导体在电场或高能辐照后可以产生电子-空穴对,这类电子-空穴对在半导体内传输时通常会很快彼此复合而湮灭。与此相反,如果这些电子-空穴对没有被俘获,也没有处于自由状态,而是波函数互相耦合作为一个整体运动,此时半导体整体总电荷为零,不表现出光电导,那么这时的载流子(即电子或空穴,可称为激子)可以产生半导体特有的发光——激子发光。电子与空穴之间存在着库仑静电力,以该力的作用范围大小可以将激子分为弗伦克尔激子(强束缚作用)和万尼尔(Wannier)激子(弱束缚作用),后者在半导体中最为常见。电子与空穴分离成为激子,相当于激子在泵浦作用下实现了基态到激发态的跃迁,而电子与空穴复合发光则相当于激子从激发态跃迁回基态而产生的辐射。

需要注意的是,单独一种半导体很难实现激光,这是因为激子发光本质上属于本征发光,即具有很短的发光衰减时间(皮秒级别),而且严重受到晶格振动的影响,即激子可以将能量通过晶格振动消耗掉而产生发光湮灭,所以通常在低温下才能观测到。高纯氧化锌(ZnO)的蓝紫发光带就属于典型的万尼尔激子发光,其衰减时间约为 400 ps。虽然得益于其激子结合能高于室温热振动,因此在室温下也可以观察到蓝光发射,但是随着温度升高,晶格振动参与激子之间的相互作用会引起发射光谱强度下降,半高宽增大,并且在低能区形成严重的拖尾,因此其激子发光的研究和利用仍以低温环境为主。可以在室温下应用的半导体发光实际采用的是二极管,产生发光的区域是 pn 结[46],这也是激光二极管被称为半导体激光器的原因。

激光离子发光的能带机制一般需要采用缺陷调制机制来解释。此时激光离子虽然还是掺杂的过渡金属离子、主族金属离子和稀土离子等,但是它们不再作为孤立发光中心,而是将它们的能级叠加在能带上,具体的发光现象和性能主要取决于这种叠加的形式和程度,尤其是解释发光性能衰减或猝灭机制的时候——这时涉及能量在基质与发光中心之间的传输以及载流子的迁移,由此产生载流子的俘获、离子化合价的改变以及能量的吸收或热耗散等,就需要将能带也考虑进来,列出各能级的相对位置,进行系统讨论。

图 2.26 以半导体卤化物 BaFBr:Eu$^{2+}$ 光致发光机理的解释给出了一个基于能带图研究发光的典型示例。在这张图中,利用各种发光波长位置获得了禁带、Eu$^{2+}$ 跃迁、Br$^-$ 和 F$^-$ 跃迁的能级大小,然后基于发光跃迁的来源推出了变价的存在——这就要引入被变价离子束缚的带电载流子(电子和空穴)。这种光生载流子参与下的发光是没办法利用单离子模型来解释的,甚至不激发的条件下单独测试化合物也检测不到光致发光机制中所存在的过渡变价离子。

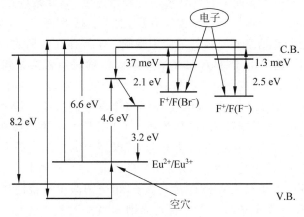

图 2.26　BaFBr:Eu$^{2+}$ 光致发光过程的能带图[47]

另一个利用能带模型可以解释,而单离子发光中心模型不能解释的现象是发射光谱中常见的"长波拖尾"。

所谓的长波拖尾就是在低能侧,发射光谱在临近基线的时候都要降低斜率,缓慢下降,从而使中上部看起来非常对称的峰形也变得不对称了(图 2.27)。如果这种拖尾长度较大,那么还可以分出一个长波发光的成分。但是其波长位置与主发光峰位置差别很小,一般不到 1 eV,而且这类长波拖尾还随着激发光波长的缩短而更加严重——图 2.27 中同一发光材料的两个发射光谱虽然没有归一化,但是从拖尾部分与各自最强峰值的对比不难看出高能激发时产生的发光拖尾更严重。这是不能利用前述不同晶体场效应下环境中的发光波长变化来解释的,但却是不同

含氧酸盐化合物中 $Eu^{2+}$ 发光的共性——这些异常长波发射与主发光峰的差别都是间隔 $0.6\sim1.2$ eV,而且谱带更宽、斯托克斯位移更大。

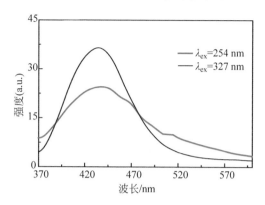

图 2.27　$Eu^{2+}$ 掺杂单斜钡长石在不同激发波长下的发射光谱对比

　　其实不同波长激发下发光拖尾的变化已经暗示这类发光是与激励过程相关的,而不同基质下发光的类似也间接证明发光机制需要考虑能带模型。据此道温博斯认为这是因为 $5d$ 下限能级距基质导带底很近或有小部分已进入导带,从而 $Eu^{2+}$ 易产生自离化($Eu^{2+}/Eu^{3+}$)[48]。这个结论不但解释了低能发射的来源,而且也克服了传统晶体场环境的共价性发生巨大变异的解释与实际结构分析结果互相矛盾的问题。需要指出的是,道温博斯的这个结论不仅将稀土离子的能级嵌入能带中,而且还更进一步考虑了二者的相互作用。

　　综上所述,发光的能带机制是在半导体能带模型中各种可能跃迁的基础上叠加发光中心的能级分布后所产生的一种基于材料整体的发光机制,相比于不考虑或者仅仅考虑近邻局域环境的离子型发光中心模型,能带机制充分考虑了长距作用的影响,从而可以不考虑杂质或缺陷的绝对分布位置,而集中于讨论其平均结构所导致的能级分布和变动,这是能带发光机制的优点。

　　以马丁(Martin)为首的一批学者提出了能带工程和缺陷工程的概念[49-50]。二者其实并没有本质上的差别,缺陷工程的目的是合理设计并实现材料中缺陷的产生和可控,从而获得特定的功能。而相关的理论依据仍然是能带发光模型,换句话说,这也意味着对纯粹基质能带的合理设计与改造。

　　需要指出的是在现有计算条件下,尤其是基于平面波赝势的计算框架下,结构的三维周期有序排列是一个前提,并以此获得目前作为各种材料物理与化学性质推导前提的能带的态密度分布和能级分布的信息。但是这种能带结构除了囿于理论限制并不能得到准确的能量数值之外,另一个主要缺陷就是激光离子的掺杂浓度并不高,因此其周期性(或者统计意义上的周期性)并不是以单个晶胞为单位,而是以多个晶胞为单位,甚至实际材料中并没有形成严格的周期性。从而所得的能带模型主要是作为参考,据此通过介电函数等计算的吸收光谱与实际吸收光谱差别较大也是正常的(5.2节)。总之,能带机制已经成为发光理论的前沿领域,由于材料内部影响发光因素的多样性和彼此关联的复杂性,相关理论的完善仍需要长期不断的努力。

## 2.3.2　激光的基质效应

严格说来,影响激光的材料因素最终都可以归因到基质效应,比如上面提到的发光中心的晶体场效应和能带机制,本质上就是发光中心与基质相互作用的结果。这种关联是两者存在巨大浓度差异的必然——极少量的激光中心被大量的基质组分所包围,泵浦能量和激光的传输与转化当然与基质是密不可分的。

透明激光陶瓷的基质效应可以涵盖发光、传热、机械力学等物理与化学性质。实际材料的基质效应可以分为两大类:理论的基质效应和实际附加的基质效应。前者是从理论结构模型出发可预知的结果,不但可以定性分析,也可以定量预测;后者则是依赖或者局限于实际的制备条件而产生的结果,即便可以定性预知,比如真空缺氧可预计会出现还原反应。但是因为影响因素复杂而难以凭空定量预测,必须根据实际制备条件,在统计理论的指导下设计实验,建立与特定制备条件对应的基质效应模型,实现优化制备工艺参数的目的。

对透明激光陶瓷而言,理论的基质效应就是激光离子所取代的格位类型、对称性、基质的组成和结构、激光离子与基质组分离子之间的相互作用等产生的影响,同时也包括下文要提到的光散射与光吸收等。这些基质效应可以通过上文提到的结构模型、晶体场效应或能带模型等加以讨论并确定其影响基质。而实际附加的基质效应则与陶瓷的原料、制备步骤甚至操作者密切相关。这种基质效应的大小反映了材料偏离理论或者预想性能指标的程度,也是理论设计材料难以完全实现预测性能的主要原因。

囿于篇幅,这里主要基于前述的晶体场效应和能带模型,进一步阐释理论的基质效应在透明激光陶瓷材料中的地位和作用,而实际附加的基质效应则在陶瓷制备过程的影响中进行介绍(2.3.3节)。

晶体场效应就是一种典型的基质效应。由于发光来自电子在不同能级之间的跃迁,因此电子的能级分布是决定激光性能的基础。当存在晶体场的时候,激光离子上的电子会受到周围配体电子的影响,从而能级分布乃至能级跃迁性质也就发生了变化。对于激光材料而言,当基质中部分离子被取代后,因为取代离子的大小、价态和成键作用与原有离子不同,因此原有基质离子的配位多面体的几何形状以及对称性就会发生变化。一般是由高对称性往低对称性变动,这就有助于禁阻跃迁的解禁和谱带的宽化,对于激光效率和激光模式是有利的。

基于晶体场的基质效应在激光材料中广泛存在。以 $Fe^{2+}$ 激光中心为例,同样是 $^5E \rightarrow {}^5T_2$ 跃迁,Fe:ZnSe 中的吸收峰值位置是 3 $\mu m$,半高宽是 1.37 $\mu m$。改为 $Fe:Cd_{0.55}Mn_{0.45}Se$ 后晶体场强度略有下降,吸收峰红移到 3.6 $\mu m$。更重要的影响是由于阳离子种类的改变和多样化,材料中产生了无序取代现象。因此 $Fe^{2+}$ 的配位环境存在多种类型,使得谱峰的半高宽增长到 1.9 $\mu m$。

稀土离子的 $4f$-$4f$ 电子跃迁同样存在基质对半高宽的影响。表 2.6 给出了常用激光离子 $Yb^{3+}$ 和 $Nd^{3+}$ 发射峰半高宽随不同基质的变化。基于激光的单色性和调制机理,虽然相比于 $d$ 电子跃迁,$f$ 电子跃迁的谱峰宽化要低 1 个数量级,但它仍然是调控激光性能的重要手段。

表 2.6　不同基质中 $Yb^{3+}$ 和 $Nd^{3+}$ 的 1 $\mu m$ 波段发射带宽[13]　单位:nm

| 激光材料 | Yb:YAG | Yb:KYW | Yb:GSO | Yb:SYS | Yb:CaF$_2$ |
|---|---|---|---|---|---|
| $\Delta\lambda$(FWHM) | 8.5 | 24 | 72 | 73 | 80 |
| 激光材料 | Nd:YAG | Nd:YVO$_4$ | Nd:CLNGG | Nd:CGA | Nd,Y:CaF$_2$ |
| $\Delta\lambda$(FWHM) | 0.7 | 1 | 16.5 | 18 | 31 |

注:YAG—$Y_3Al_5O_{12}$;KYW—$KY(WO_4)_2$;GSO—$Gd_2SiO_5$;SYS—$SrY_4(SiO_4)_3O$;CLNGG—$Ca_3Nb_{(1.5+1.5x)}Ga_{(3.5-2.5x)}Li_xO_{12}$;CGA—$CaGdAlO_4$。

掺 $Eu^{3+}$ 的 $REVO_4$(RE 为稀土离子)给出了基质改变 $4f$ 电子跃迁峰值位置的一个典型例子。如图 2.28 所示,同构的两种钒酸盐具有不同的 $Eu^{3+}$ 发光位置[51],虽然其差别只有几纳米,在常规发光材料,尤其是宽带发光材料中甚至可以被忽略而被认为是同样的发光;但是对于高单色性的激光而言,1 nm 的差异都可能引起激光效率的显著不同,因此这种基质效应虽然程度小,但是对于激光材料仍然不可忽视。另外,理论上由于 $La^{3+}$ 半径较大,因此其晶体场作用较弱,$Eu^{3+}$ 的发光波长应该比 $YVO_4$ 中的要长。然而这里给出的是纳米 $LaVO_4$:Eu,因此在纳米尺寸效应(纳米状态下发光往短波长移动)作用下,反而是块体的 $YVO_4$:Eu 的发光往长波移动,这也体现了基质效应的复杂性,即理论的基质效应需要周全考虑,不能仅仅关注格位的影响。

斯塔克能级位置、劈裂及其程度是决定激光能级系统(2.6 节)的重要因素,这可以通过选择合理的基质进行调控。有关斯塔克能级的基质效应主要有如下四种。

由于斯塔克能级劈裂来自于同一光谱支项简并能级的退简并,因此基质效应的第一种表现就是可以调节光谱支项之间的跃迁,即调整不同发光分支的相对强度。对于稀土离子的 $4f$ 电子跃迁而言,这种效应主要用于调整电偶极跃迁和磁偶极跃迁的相对强度。$Eu^{3+}$ 的 $^5D_0 \rightarrow {}^7F_1$ 橙光和 $^5D_0 \rightarrow {}^7F_2$ 红光跃迁的相对强度调

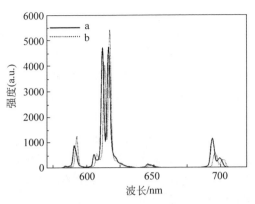

图 2.28　掺 $Eu^{3+}$ 的 $LaVO_4$(a)与 $YVO_4$(b)的发射光谱对比[51]

整就是其中的典型例子。由于 $^5D_0 \rightarrow ^7F_1$ 跃迁属于磁偶极跃迁,基本不受配位环境的影响,而 $^5D_0 \rightarrow ^7F_2$ 属于电偶极跃迁,对 $Eu^{3+}$ 周围的晶体结构环境非常灵敏,受晶体场的影响很大,越不对称的晶格位置越容易破坏这种禁阻跃迁的宇称,从而产生更强的红光。当一种基质材料选定后,$^5D_0 \rightarrow ^7F_1$ 磁偶极跃迁的强度就基本确定了,但是 $^5D_0 \rightarrow ^7F_2$ 电偶极跃迁强度,或者说两种跃迁的相对比例却和 $Eu^{3+}$ 所处的格位有关。比如在 $LaBO_3$ 中,取代 $La^{3+}$ 的 $Eu^{3+}$ 可以处在低对称的位置上,因此就可以获得红光占据优势的发光——$^5D_0 \rightarrow ^7F_2$ 电偶极跃迁对应的红光强度相当于 $^5D_0 \rightarrow ^7F_1$ 磁偶极跃迁发光强度的两倍[52]。另外,通过其他掺杂改变已有 $Eu^{3+}$ 所占据的格位类型或者降低该格位的对称性,也可以实现调控红光和橙光相对强度的目的。

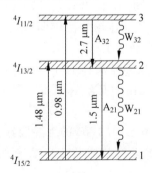

图 2.29　$Er^{3+}$ 的低能级分布图[2]

第二种与斯塔克能级相关的基质效应是实现择优发射,即实现所需的激光波长。从稀土离子的能级跃迁可以看出,同种稀土离子可以产生多种激光发射波长,以 $Er^{3+}$ 为例(图 2.29),它可以获得两种激光发射:1.5 $\mu m$($^4I_{13/2} \rightarrow ^4I_{15/2}$)和 2.7 $\mu m$($^4I_{11/2} \rightarrow ^4I_{13/2}$)。由于目前商用发展较为成熟的是 980 nm 的 LD,以此泵浦将可以同时激发两种发光,这对于提高激光的能量转换效率是不利的。此时就需要选择合适的基质结构,以便通过声子吸收/发射来调控无辐射弛豫过程 $W_{32}$ 和 $W_{21}$。基于图 2.29,当 $W_{32}$ 速率更快,电子大量布居于 $^4I_{13/2}$ 能级,1.5 $\mu m$ 的激光就占据优势;与此相反,如果 $W_{21}$ 速率更快,那么就可以得到 2.7 $\mu m$ 的激光。

第三种有关斯塔克能级的基质效应,是合理的基质结构改性可以提高所需斯塔克能级的跃迁概率。仍以图 2.29 为例,虽然 $^4I_{11/2} \rightarrow {}^4I_{13/2}$ 跃迁是 $Er^{3+}$ 能够获得 3 $\mu m$ 激光输出的来源,但是在常用激光基质中,它却属于自终止过程(self termination transition)。即 $^4I_{11/2}$ 激光上能级的寿命远低于 $^4I_{13/2}$ 激光下能级,从而泵浦之后的电子并不是直接回到基态,而是堆积在 $^4I_{13/2}$ 能级上,从而自动停止了粒子数反转的过程。当存在这种自终止或自阻塞过程时,激光材料的泵浦效率就比较低。目前常用的解决办法是以牺牲激光能量转换效率为代价的,即提高 $Er^{3+}$ 的浓度(比如 30%~50% 的高浓度掺杂)来确保所需的激光功率。这种方法的主要问题是高浓度掺杂容易产生浓度猝灭,即激发态的能量很容易通过相邻激光离子传递出去,最终被基质内的缺陷或者猝灭部位吸收而转为废热。显然,在维持 $Er^{3+}$ 高浓度的同时如果可以调控它们在基质中的分布,就可以解决这个问题。一个有效的改性策略就是引入"稀释离子",即基于掺杂缺陷倾向于团聚的趋势,引入其他非发光中心离子同 $Er^{3+}$ 混合,起到分隔 $Er^{3+}$ 的作用,从而通过降低浓度猝灭程度而提高泵浦能量的利用效率。

$Er^{3+}$ 的主要应用是 1.5 $\mu m$ 和 3 $\mu m$ 激光,除了上述有关 3 $\mu m$ 激光发射的自终止问题,在 1.5 $\mu m$ 激光发射上也存在另一个问题:自吸收。以 Er:Lu$_2$O$_3$ 为例,吸收光谱与发射光谱在 1.4~1.6 $\mu m$ 的波段基本重叠,其吸收截面与发射截面数值近于一致[53],甚至某些波长处的发射截面要高于吸收截面。这种严重的自吸收导致该激光材料在 1.6 $\mu m$ 以后的红外激光才有应用价值,同时也意味着要实现更短的 1.5 $\mu m$ 的红外光,需要考虑其他的基质。

最后一种基质对斯塔克能级的调控是改变激光能级系统的性质,比如使得原先的三能级系统成为准四能级系统,从而具有更好的激光性能,具体可进一步参见 2.6 节。

另外,基质效应还包括晶格振动,即声子的影响。其实在固体发光材料中,声子的影响是一直存在的,是激发和发射光谱宽化的主要原因,也是振动谱峰产生的根源。

没有声子参与的能级跃迁会产生零声子线,反映在光谱上,就是吸收或激发光谱与发射光谱重叠的谱峰——不存在斯托克斯位移,通常对应基态与第一激发态之间的跃迁,对于 $Yb^{3+}$ 的红外发光波段而言,就是 $^2F_{7/2}$ 的最低子能级与 $^2F_{5/2}$ 的最低子能级之间的跃迁。零声子线有助于分辨发光中心的格位,需要在尽可能低的温度下测试(比如 12 K)。

声子参与的振动线(电子振动跃迁)通常以信噪比较差、宽度较大的谱峰出现,并且与各自对应的电子跃迁谱峰(包括零声子线以及第一激发态往其他低能态的跃迁,例如$^2F_{7/2}$的其他子能级)相差一个数值上相同的振动能量(声子能量),这个能量可以通过拉曼光谱得到(即拉曼光谱中的晶格振动跃迁)。当然,通过比较不同谱峰之间的能量差,如果发现有些谱峰对之间的能量差是固定的,并且处于低能范围(比如几百 cm$^{-1}$),也可以判定是电子跃迁及其相应的振动线。

零声子线的判断与这种声子参与的振动谱有着密切的关系[54-55]。当发射光谱存在等间距或近似等间距的谱峰时,零声子线可以在这些谱峰的高能侧能量最大的位置,也可以处于它们的二次对称轴位置。后者常见于卤化物,此时低能侧、高强度的是斯托克斯发光,而高能侧、低强度的是反斯托克斯发光。另外,发射光谱峰对称性的标志以峰形或峰位置为准,并不要求谱峰强度存在对称,这是因为零声子线标注的是能量,由谱峰位置确定;而谱峰强度描述跃迁概率,只是与能级间接相关的性质。尤其是存在反斯托克斯发光的时候,零声子线两侧谱峰的对称性更不会体现在峰强上,而是体现在谱峰劈裂及其分布上。具体有关零声子线的定义和判别可以进一步参考《发光材料》一书中的译者注部分[2],这里不再赘述。

电子-声子耦合产生的简并能级劈裂是$f$电子跃迁除了斯塔克能级劈裂之外的另一种劈裂方式。典型例子就是 Yb$^{3+}$ 掺杂的氟磷酸钙(Ca$_5$(PO$_4$)$_3$F,C-FAP)中 Yb$^{3+}$ 的电子-声子耦合劈裂。在这种基质中,由于斯塔克能级与晶格振动频率(声子能量)在同一数量级,因此两者可发生共振。此时除了振动谱与电子能级跃迁强度相似,而且零声子线也可以产生劈裂,从而$^2F_{5/2}$不再是三个斯塔克子能级。由于这种劈裂与声子有关,因此它随温度而变,以 Yb$^{3+}$:C-FAP 为例,80 K 时其零声子线产生的电子-声子耦合能级是 983 nm、982 nm 和 978 nm,如果温度下降到77 K,则是 983 nm 和 978 nm 两条谱线。

通过基质调控激光材料性能的方式总体上可分为两大类:新基质的选择和原有基质的掺杂改性。实际操作中这两种调控方式并没有严格的分界线,比如将YAG 改为 LuAG(即 Y$^{3+}$ 全部变为 Lu$^{3+}$)既可以说是选择一种新的基质,也可以说是掺杂改性,只不过这种掺杂比例达到了 100%。

筛选新基质的一个重要原则,是基于能带模型考虑基质的声子能量。当激光上下能级差较小并且与基质晶格振动能量的一倍或 $n$ 倍($n$ 为自然数)匹配的时候,就难以实现粒子数布居反转和高效发光——激发态很容易通过多个声子的发射而无辐射弛豫回基态。因此声子耦合的影响是选择优秀激光基质的重要标准。

相比于筛选全新的基质,掺杂改性是更常用的手段。当发光中心确定后,基质组分掺杂改性对发光性能的影响主要体现在光谱移动和发光强度,而且也可以改变基质材料原有的物理与化学性能。晶体场模型和能带模型仍然是解释掺杂产物发光性能的主要机制,其本质就是说明泵浦能量在基质中的传输与转化规律。基质掺杂改性的作用主要有如下六种。

（1）调整发光中心分布，降低交叉弛豫（浓度猝灭），提高分布的均匀有序性。以 Nd：YAG 为例，由于其晶格常数较小，因此 Nd 掺杂后，Nd-Nd 距离较小，容易发生 Nd-Nd 交叉弛豫，导致浓度猝灭，而引入其他阳离子取代 $Y^{3+}$ 和 $Al^{3+}$ 就可以提高 $Nd^{3+}$ 的掺杂浓度，起到"稀释剂"的作用。

（2）改变晶胞大小和配位几何结构（键长、键角和扭转角等），影响晶体场效应。晶胞增大或者键长增加等效于离子性增大，即晶体场强度增强。因此光谱会蓝移，比如部分 $Sc^{3+}$ 取代 $Al^{3+}$ 后，Ce：$Lu_3Al_5O_{12}$ 的激发发射光谱都发生了蓝移。实际上有的文献也将纳微米粉体的尺寸效应归因于这种晶胞变大或化学键长度增加的影响，用于解释纳米 Eu：$Y_2O_3$ 中电荷吸收峰（$Eu^{3+}$-$O^{2-}$ 的电荷转移跃迁）的蓝移，而基于量子力学提出的表面能级离散则用来解释带隙的增加现象。

这种掺杂改性还可以改变发光的光谱宽度。比如 Nd：YAG 的发射光谱宽度过窄，难以用锁模技术实现皮秒或更快时间分辨的激光输出，此时采用部分 $Sc^{+3}$ 取代 $Al^{+3}$，所得的 Nd：YSAG 的荧光光谱可以非均匀增宽至 5 倍左右，在相同浓度 $Nd^{3+}$ 掺杂下，荧光寿命增加了 $30\sim40\ \mu s$。这种基质的结果是 Nd：YSAG 透明陶瓷实现了 10 ps 的超短脉冲。与此相应地，Yb：YSAG 也实现了类似的光谱展宽，而获得了 280 fs 的超短脉冲。

晶胞变大也可以起到稀释掺杂离子的效果，即单位体积的粒子数浓度降低，从而有助于降低浓度猝灭，提高发光强度。

另外，由于能级性质与格位对称性和能级类型有关，因此当几何结构的变化引起格位对称性的变化，比如四次轴加镜面对称的 $C_{4v}$ 格位降低对称性而成为二次轴对称的 $C_2$ 格位，其能级性质就会发生较大的变化，同类激光离子的能级分裂也不一样，最终不同荧光分支的相对强度、衰减寿命和发射截面等就会存在差异。

（3）改变能量转移或转化途径。比如通过掺杂离子来降低间隙氧就可以降低氧空位对 $Eu^{3+}$-$O^{2-}$ 的电荷迁移态的竞争吸收；而降低基质中 $Fe^{2+}$ 杂质的浓度则可以避免 $Fe^{2+}$ 在紫外区与 $Eu^{3+}$ 存在竞争吸收（$Fe^{2+}$ 的吸收能力是 $Eu^{3+}$ 的 65 倍）。

（4）调节衰减寿命或余辉过程。比如在基质中引入可变价的离子，通过俘获空穴或电子进入激发态（介稳的变价状态），起到能量陷阱和储存的作用，从而引起衰减时间的变化，达到调整实际激光能级寿命的目的——这种效应通常会降低发光强度。

（5）改善材料导电、导热和透光等物理性能。比如 Si 掺杂 Eu：$Y_2O_3$ 可以提高材料的电导，此时阴极射线激发发光可提高 10% 以上。

（6）影响显微形貌，调节晶粒形状和生长。这种影响的机制是掺杂离子的引入会改变不同方向的晶面能和晶面生长速度，对于陶瓷烧结，则是影响界面能和界面的离子扩散,从而获得不同的微观形貌。

最后需要指出的是,不管是理论的基质效应还是实际附加的基质效应都只能作为提高激光性能的必要条件,而不是充分条件。这是因为激光性能是一个整体的、系统化的性能,其他要素,比如谐振腔设计、光学元件参数以及散热设施等也会产生影响。以 $Yb^{3+}$ 掺杂的石榴石激光材料为例,虽然在 1030 nm 波长处,Yb:LuAG 的发射截面($2.59 \times 10^{-20}$ $cm^2$)比 Yb:YAG 要高 20%($2.14 \times 10^{-20}$ $cm^2$),但是在相同掺杂浓度和近似几何尺寸的条件下,最终却得到一样的激光输出性能(图 2.30)。因此片面追求"高效"激光材料是不可取的,高性能激光器的研制和发展必须坚持"系统论"的观点,将激光材料纳入其中一并考虑才是尊重客观规律的表现。

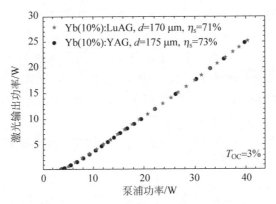

图 2.30 $Yb^{3+}$ 掺杂 LuAG 和 YAG 晶体的激光输出性能对比[56]

### 2.3.3 陶瓷制备过程的影响

陶瓷制备过程对激光性能的影响属于实际附加的基质效应。这种基质效应是不可避免的,因为客观实验条件并不会完全符合理想实验条件,而是存在偏差。比如理论上要求高温烧结炉维持一个稳定的、温度分布均匀的加热环境,但是实际上由于加热、冷却和保温环境的波动甚至设计误差,陶瓷周围的温场会存在波动。如果温场范围远大于陶瓷尺度,这种实际附加的基质效应就比较小,甚至可以忽略不计;但是对于大尺寸陶瓷,这种影响不但不能忽略,而且成了制约陶瓷组分和性能均匀性的一个重要因素,甚至演变为一个面向大尺寸陶瓷致密化烧结的温场或高温炉设计的专业研究方向。

有关制备过程影响的另一个典型例子就是反应气氛会偏离期望值,以实验室常用的马弗炉为例,在高温下由于保温设计和炉膛内外同压却不同温度的实际条件,炉膛内并不是期望的空气氛,而是一种"赝惰性气氛"(或者说"赝缺氧气氛"),

并且这种环境还与炉内的陶瓷样品的种类和数量有关。一个明显的影响结果就是实验结果的可重现性会随着马弗炉的更换而变化,甚至同一台炉子也会出现不能稳定重现已有实验结果的问题。此时除了检查加热程序等定量化的条件,还需要考虑这种实际气氛与期望气氛的偏离问题。

不管是陶瓷还是单晶,乃至其他类型的材料,制备过程对材料性能的影响都是通过结构的变化来实现的。这种结构变化由于偏离理论结构或者期望的结构,都可以归类为"结构缺陷",实际分析时从尺度上可以将它分为微观、介观和宏观三类。

图 2.31 给出了微观结构变化的一个典型示例——基于离子半径大小和配位结构,$Cr^{3+}$ 在理论上会占据石榴石结构中的八面体配位环境的原子格位(对 YAG 就是 $Cr^{3+}$ 取代八面体配位的 $Al^{3+}$)[28,57-59],体现 $S_6$ 的点群对称性。这就意味着低温,不受声子耦合宽化影响的发射光谱仅有一对 R 线:$R_1$ 和 $R_2$——它们分别来自激发态 $^2E$ 到基态 $^4A_2$ 的跃迁。但是实际测试的低温发射光谱却找到了两对 R 线和一个宽峰,这就意味着该 Cr:YAG 并不仅仅存在一种八面体配位的 $Cr^{3+}$ 发光中心,而是存在三种发光中心,或者实际材料中 $Cr^{3+}$ 至少有三种不同的格位,理论预测的八面体格位占据主导位置,而其余两种则来自实际附加的基质效应——由于目前不能明确其具体配位结构,因此相关文献只能将其描述为基质中的结构缺陷[28]。

YAG: $Cr^{3+}$

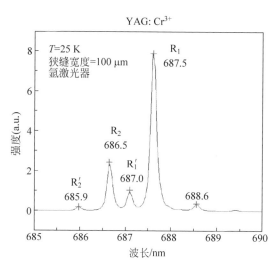

图 2.31　25 K 低温条件下 $Cr^{3+}$:YAG 的发射光谱[28]

实际附加的基质效应也可以直接参与材料的光学性能调控,其中主要的表现就是提供了额外的能量转移/转化途径,或者说形成了额外的吸收体(absorber)和发射体(emitter)——有的文献将这类缺陷称为寄生缺陷(parasitic defect),相应地就有寄生吸收体或寄生发射体的称呼。

图 2.32 比较了不同石榴石基质掺杂 $Cr^{3+}$ 后得到的吸收光谱,从中可以看到,与 YAG 类似,GSGG($Gd_3Sc_2Ga_3O_{12}$)和 CYMGG($CaY_2Mg_2Ge_3O_{12}$)中均明显存在两个分别对应 $Cr^{3+}$ 的基态 $^4A_2$ 到激发态 $^4T_2$ 和 $^4T_1$ 的跃迁吸收峰。而 GGG($Gd_3Ga_5O_{12}$)的吸收光谱则被叠加了一个从 900 nm 往 400 nm 逐渐增强的背景,从而形成一个宽阔的吸收带。这个背景是 $Cr^{3+}$ 引发 GGG 基质产生色心而形成的[28,59]。此时与上述简单产生多发光中心的情况不同,$Cr^{3+}$ 的发光性能虽然同样存在多中心化,但是与 YAG 等相比,其与基质缺陷的关联作用更为强烈,需要进一步考虑电荷补偿的影响——空的原子格位俘获电子或空穴而产生的色心以及存在可变价的杂质元素是无色透明材料显现色彩的来源。而且这种效应是全局的,与能带结构关联密切,因此在显色缺陷种类一样的条件下,其色彩也可以随着显色缺陷的浓度而变化,比如从紫色变化到黄褐,或者从浅紫色变化到深紫色。

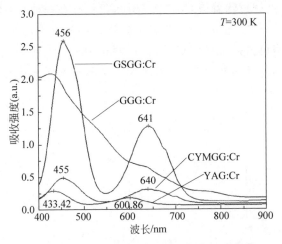

图 2.32　一些掺 $Cr^{3+}$ 石榴石的吸收光谱[28]

除了微观配位结构的变化,制备过程对激光陶瓷微观结构或者微观-介观结构的影响还来自于陶瓷特有的结构特征——晶界。陶瓷中的晶界中断了晶界两侧的三维周期性结构,引起晶粒取向、组成和结构的变化,而陶瓷中晶界的数量、大小和分布并不能人为控制,所谓的实验表征实际上是一个统计平均的结果或者代表。因此制备过程不同,源自晶界的基质效应也会不一样。

晶界产生的基质效应比较复杂,主要可分为结构效应和功能性效应两大类。结构效应的典型例子是调整畸变和偏析。大多数透明激光陶瓷都是掺杂激光中心的发光材料,掺杂元素会引起原先晶胞的膨胀或收缩,这种畸形对于整个三维周期性结构的稳定性是不利的。而晶界可以通过提供过渡结构(结构弛豫),使得整个体系的能量下降,这其实也是陶瓷可以比单晶掺杂更多浓度的原因。

另外,掺杂的晶胞并不是热力学稳定的晶胞,杂质的偏析(分凝)是体系能量最小化的必然结果。对于单晶而言,由于三维周期性结构的需求,这种分凝会造成掺杂浓度的不均匀和高杂质尾料(废料)的产生;而陶瓷则可以通过晶界来容纳这些偏析的杂质。不过对透明陶瓷而言,这种稳定结构的机制是不利的,因为此时晶界与晶粒会存在折射率差异,从而成为主要的散射源。

总之,晶界的功能性效应主要源自掺杂激光中心的偏析及其所形成的与晶粒内部不同的配位结构,因此可以作为新的能量吸收和转化的源头,在发射光谱中增加新的卫星谱峰或者降低原有发光的强度。另外,晶界与晶粒内部的折射率差异也会通过光子的传输而影响实际的出射光子数量与方向,进而制约激光的性能。

以 Cr:ZnSe 透明激光陶瓷为例,目前其制备技术路线主要有两种:第一种是直接热压烧结 CrSe 和 ZnSe 混合粉体;第二种是两步法,先采用化学气相输运法(CVT)或热压烧结等方法制备 ZnSe 陶瓷,接着在其表面镀 Cr 或者 CrSe 膜,然后高温长时间扩散得到透明陶瓷。从晶体学的角度来看,第一种方法更有助于掺杂乃至高浓度掺杂。这是因为第二种方法是在已经稳定的结构中产生缺陷来完成掺杂,不但受到原有结构的阻碍,同时也会破坏原有的性能。前者的体现是掺杂浓度难以提高并且扩散周期漫长,而后者则是掺杂后的产物透明度必然要低于原先的纯净陶瓷,而且应力破裂的趋势也更大。但是直接热压粉体同样存在一个恶性循环:提高烧结性能需要精细的粉体,而粉体粒度的降低也降低了立方-六方相变的发生温度——虽然常温下 ZnSe 是立方相稳定,但是高温(($1425 \pm 10$) ℃)下可以转为六方相(纤锌矿结构)[60]。并且这个相变温度会随着块体尺度的减小而下降,纳微米尺度的粉体的相变温度只有几百摄氏度($573 \sim 773$ K[61]),处于陶瓷烧结温度范围甚至更低,而且还容易生成 ZnO 或硒酸盐化合物等杂相[62]。双折射的六方相和其他杂相会增加陶瓷中的散射损耗而降低光学质量,从而也就降低了陶瓷的实际激光性能,甚至不如热扩散法所得的陶瓷——已有激光实验表明在 Nd:YAG 脉冲激光泵浦下两种技术所得的 Cr:ZnSe 均获得 2.4 $\mu$m 激光输出,其中热扩散得到的 $Cr^{2+}$:ZnSe 透明陶瓷的斜率效率高达 10%,而热压法所得透明陶瓷的斜率效率只有 5%。

气氛在激光陶瓷制备过程中的影响不但重要,而且复杂,需要结合离子与缺陷一起分析。所需实验数据以吸收光谱为主,有时还要结合组分、物相、致密度以及其他光谱数据。图 2.33 给出了掺 Cr 离子的 YAG 透明陶瓷在不同气氛制备下的结果。由于原料中加入 $Mg^{2+}$ 和 $Ca^{2+}$ 用于平衡 $Cr^{4+}$(电荷平衡或电荷补偿),因此在氧气氛下,这三种离子都可以实现最高的化合价,陶瓷呈现 $Cr^{4+}$ 的棕褐色,其透

射率光谱与 $Cr^{4+}$ :YAG 晶体相似；但是如果在真空中烧结，由于处于缺氧条件，化学平衡向产生氧空位的方向移动，阳离子容易形成更低的化合价，即 Cr 离子更容易成为 $Cr^{3+}$ 和 $Cr^{2+}$ ，而 $Cr^{4+}$ 浓度相对较低，因此陶瓷成为浅棕色；随后氧气氛中进一步退火，低价态转为高价态的反应占优势，同时还要考虑到退火过程与烧结中的固相反应不同，由于氧空位的参与，Cr 离子并没有与 $Mg^{2+}$ 和 $Ca^{2+}$ 形成缺陷簇而实现电荷补偿，这就意味着即使氧气氛中退火，Cr 离子的择优价态是组分阳离子的价态，即 +3 价，而不是固相反应中择优的 +4 价，因此真空烧结并氧气氛退火的陶瓷以 $Cr^{3+}$ 为主，陶瓷为浅绿色。总之，探索和设计制备过程对激光陶瓷性能的调整和改进，基质或能带的影响也应当一起考虑，并且结合缺陷方程与化学平衡移动给出合理的机制解释。

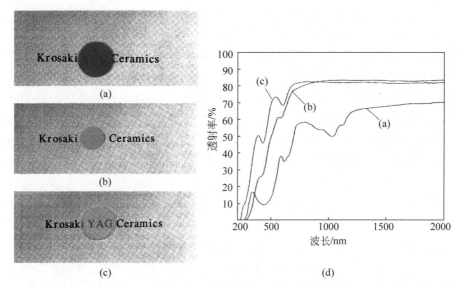

图 2.33　氧气氛(a)和真空(b)烧结以及真空烧结后在氧气氛中退火(c)所得 Cr:YAG 透明陶瓷的实物图片，以及三者的直线透射率测试结果(d)[63]（为方便理解，本图在原先黑白相片基础上增加了相应的陶瓷色彩）

## 2.3.4　发光的尺寸与掺杂缺陷效应

2.3.2 节和 2.3.3 节所涉及的基质效应严格说来是体结构的基质效应，而表面结构的基质效应主要体现为尺寸效应。另外，外掺的激光离子与基质掺杂改性离子一样，本质上都属于材料的掺杂缺陷。如果进一步推广，陶瓷制备过程对激光性能的影响也主要是由缺陷引起的，其来源可以是发光中心，也可以是基质。因此下文首先讨论了表面结构的影响，然后主要基于激光中心掺杂介绍缺陷效应，至于与基质掺杂缺陷相关的效应,在 2.3.2 节的掺杂调控中已有介绍,这里就不再赘述了。

由于构成透明陶瓷的晶粒尺寸大小在纳米数量级,因此或多或少会体现出发光的尺寸效应。这种效应在厘米级甚至更大的单晶块体中也是存在的,只不过单晶块体的表面结构占有的体积比较小,因此发光主要来自体结构的贡献;然而随着颗粒尺寸的降低,表面结构占据的比例不断增加,其发光的贡献增大,就会影响整体的发光性能。由于表面所处的环境与内部并不相同,即发光中心的配位环境以及基质组分产生的能带结构与内部结构存在差别,可以产生不同的发光。因此当表面发光的贡献不能忽略的时候,材料的发光相比于大尺寸形态就可以出现明显的变化。比如图 2.34,$\gamma$-$Ga_2O_3$ 随着颗粒尺寸的增加,在紫外光照射下波长红移了近 50 nm[64]。相比于自由表面的纳米颗粒,透明陶瓷内部的晶粒是受限表面(界面),而且质量越高的陶瓷,晶界厚度越小,从而界面占据晶粒的体积越小,界面(表面)效应就更不明显。再加上目前的烧结技术能够获得的晶粒大小仍在几十纳米以上,因此相比于纳米颗粒的发光,透明陶瓷的发光通常更接近于单晶块体。

按照分布体积的大小,杂质在陶瓷中引起的缺陷可以分为点缺陷、线缺陷和面缺陷三种。对于透明陶瓷而言,线缺陷与面缺陷意味着较低的致密度,属于严重的光学质量问题,仍处于常规陶瓷的工艺水平,需要继续改进制备工艺来消除。因此与激光陶瓷相关的掺杂缺陷一般考虑点缺陷。

按照点缺陷的分布位置,有置换型、间隙型和空位型三种。由于间隙型除了要求结构有较大的畸变或者原来存在大空隙,还要求间隙周围的原子能进一步与间隙原子形成化学键,这对于激光陶瓷中常见的有方向性或者饱和性的

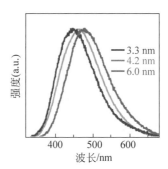

图 2.34 不同纳米尺寸的 $\gamma$-$Ga_2O_3$ 的发射光谱图(激发光波长为 250 nm)[64]

共价键和离子键而言是难以满足的——周边原子一方面要满足原来正常的价态和配位,另一方面还要分流一部分电子云形成新的化学键,增加配位原子(间隙原子),这更难以维持结构的稳定。从自由能的角度看,更可能形成的是分相的结果。文献中报道的所谓间隙掺杂一般都存在争议或者有其他的解释就是一个明证,比如 ZnO 的绿色发光既可以解释为填隙 Zn,也可以解释为氧空位,而且各自都有实验事实作为支撑。与此相反,有关置换与空位缺陷的机制解释在实验与理论上都容易找到明确的证据,因此激光陶瓷中常见的点缺陷主要是置换型和空位型。

置换型缺陷是激光陶瓷中最为常见的缺陷。所谓掺杂离子发光,本质上就意

味着存在置换型缺陷,即掺杂离子取代了晶胞中一种或若干种原子类型,比如 $Lu_3Al_5O_{12}$ 中掺入 $Ce^{3+}$,就意味着部分 $Lu^{3+}$ 被 $Ce^{3+}$ 置换了。置换缺陷除了杂质置换,还有本征置换,即内部组成原子互相换了位置,其结果可以是组成原子的得失,也可以整体组成不变。前者是反位缺陷,比如 $Y_3Al_5O_{12}$ 中 $Y^{3+}$ 取代 $Al^{3+}$,这样 $Al^{3+}$ 数目就降低了;而后者则是混合无序,比如某些铝硅酸盐中,铝和硅离子可以随意互占位置,此时单晶结构解析给出的是平均结构。

反位缺陷(antisite defect,AD)的研究可以溯源到 20 世纪 70 年代,当时就发现富 $Y^{3+}$ 的石榴石 $Y_3Al_5O_{12}$(YAG)单晶中,部分的 $Al^{3+}$ 会被 $Y^{3+}$ 所置换,而这种组分偏离被归因于单晶生长熔化原料的温度过高造成 Al 原子的挥发。随着石榴石材料在激光和闪烁方面的应用,反位缺陷的研究也得到了重视。就目前的报道看,反位缺陷存在着如下特色:①形成能很低,在常规合成温度下可以发生;②形成材料中的陷阱能级,参与发光过程(比如影响载流子的输运等);③对发光的影响一般是提供慢发光分量[65]。不过值得注意的是,目前关于反位缺陷的表征并没有确定性的报道,因为热释光和发光都具有歧义性,而结构表征通常采用的晶胞体积变动也具有歧义性。比如大离子半径的 $Y^{3+}$ 取代 $Al^{3+}$,晶胞会增大,但是这种增大也可能是源于其他因素,尤其是同时掺杂其他稀土的时候。因此,有关反位缺陷的研究仍有待今后进一步的完善。

至于空位,就是本身应占据原子的格位并不存在原子,其来源主要有两大类:一类是不等价离子替换产生的,用于补偿电中性的空位;另一类是原子扩散留下的空位,常见的就是弗仑克尔缺陷和肖特基缺陷,前者形成填隙原子,后者则产生成对的空位缺陷簇。陶瓷中的空位缺陷既可以是掺杂引起的,也可能来自烧结扩散过程——烧结中,原子通过点阵扩散到新的位置,原有的位置如果在烧结结束后来不及补充,也会产生空位。

置换型缺陷所得到的发光材料构成了现有发光材料的绝大多数种类。可以说,没有置换型缺陷就不会有丰富多彩的发光材料。这是因为如果没有置换型缺陷,当一个基质组成原子、离子、分子或基团吸收能量后,很容易将能量转移给相邻的具有同样物理与化学性质的成分,而这种转移伴随着能量的损耗,最终外界能量只是提高了材料的温度(即主要转化为热能)。所以需要引入不同于基质成分的发光中心,使其被具有不同物理与化学性质的原子、离子、分子或基团所包围,从而实现发光中心利用基质吸收的外界能量而跃迁发光。由于两者存在性质差异,因此发光中心吸收能量后很难无辐射又还给基质,从而可以产生高效的发光。

置换型缺陷并不是简单地、唯一地促进发光,实际的影响要复杂得多,甚至在不等价置换的时候还会与空位缺陷相联系,而且如果这些杂质缺陷与本征空位、填隙、反位取代缺陷缔合,能级结构更为复杂,发光性能更为多样化。

需要指出的是,发光的跃迁本质上是电子在不同能级的跃迁,并不要求电子必须依附于某个原子核,因此俘获电子或空穴的空位缺陷也具有自己的能级结构,在可见光照射下可以跃迁而呈现对可见光有选择性地吸收,使得材料在光照下呈现不同的颜色。因此早期在研究卤化物这种空位型缺陷的时候,形象地将其称为"色心"。由于发光陶瓷一般都是氧化物或含氧酸盐,这就意味着容易存在与氧空位有关的色心,其吸收光一般在 $300\sim400$ nm 的蓝紫光范围,波长稍长于常见的 ME-O(ME＝金属原子)价电荷转移跃迁。其实,由于价电荷转移跃迁是外层电子的跃迁,受原子核影响小,可以类比于空位中也受类似晶体场环境作用的俘获电子的跃迁,因此两者的能级结构和能量是可以彼此借鉴的。

就稀土激光材料来说,俘获电子或空穴也可以发生在稀土离子上,尤其是容易发生变价的稀土离子。从图 2.35 可以看出[66],偏离在 Gd 两侧的 Eu、Sm 和 Tb,以及前面和尾部的 Ce 和 Yb 等都容易产生这类缺陷。当然,这类缺陷对发光的影响要根据各自的地位而定,比如 Eu 一般是发光中心,那么其变价主要是引起发光成分的变化,而 Sm 则可能作为俘获陷阱,产生长余辉发光。

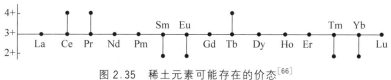

图 2.35　稀土元素可能存在的价态[66]

当然,缺陷除了自身的能级跃迁,还可以作为陷阱,俘获电子与空穴,这就同时获得了能量,进入激发态。如果被俘获的电子与空穴重新复合放出的能量转化为热,这种缺陷就成了发光猝灭的源头,即无辐射复合中心;但是如果能量转化成光子,或者再次传递给发光中心,就可以实现激发态到基态的跃迁。显然,这种俘获-释放过程一般将造成发光的时间延迟效应,这就产生了磷光现象(余辉)。与之相反,如果这种俘获所产生的激发态恰好是发光过程中的一部分,那么反而可以起到相反的效果,即既提高了发光强度,也加快了发光衰减。将这类缺陷俘获激子的机制用于调控激光上能级的衰减寿命,是新型激光材料的发展方向之一。

由于缺陷与周围化学环境密切相关,并且在材料中的分布多样化(比如孤立缺陷、缔合缺陷、浓度各向异性分布等),因此缺陷一般是利用能带理论来进行解释的,即在禁带中引入缺陷能级,以此表示缺陷对材料的整体影响。由此进一步催生了缺陷工程和能带工程,即从能带的观点获得所需发光性能的思想[50]。

总之,缺陷是改造发光材料发光性质的主要手段,就目前而言,一般是利用反应气氛和原料配比来控制材料中缺陷的种类和数量,但是缺陷在材料体内的可控分布仍是一个挑战。从理论上说,定域于晶体格点位置或附近的缺陷是解决这个问题的关键方向。

# 2.4 光散射与光吸收

## 2.4.1 陶瓷中的光散射

光散射(在不引起混淆的时候,也可简称为散射)是一束光通过介质时,在入射光传输方向以外的其他方向上也可以观察到光强的现象。这里的入射光传输方向包括了折射光的传播方向,因此镜面反射属于散射,而连续均匀介质中的折射不属于散射,但是非连续均匀介质中发生的折射也是散射的重要来源[67]。

光散射的本质来源是介质中带电的粒子(主要是电子)受光波电场振动产生强迫振动,然后作为新的波源往各个方向发射电磁波的结果。对于各向同性介质,这种二次光波与入射光波频率相同,属于相干光,不同位置的光波干涉的结果是只有沿折射光方向的光强才不等于零,此时只有折射光,没有散射光。因此散射必定发生在不同位置的折射率存在差异的体系,即非光学均匀的体系中,从而实现其他方向的非零光强。

光散射可以基于散射光与入射光之间的能量差值进行分类。频率没有变化的称为弹性光散射,有时也称为静态光散射或经典光散射;频率发生变化的则称为非弹性光散射。根据频率变化的原因可进一步分为拉曼散射、布里渊散射和多普勒散射。有的文献将拉曼散射和布里渊散射分别称为拉曼荧光和热声波;多普勒散射则称为准弹性光散射或者动态光散射。

由于光散射是入射光的方向乃至能量发生变化的现象,而"透明"在理论上就意味着入射光全部且沿着它的传播方向通过材料,因此光散射是影响陶瓷透明性的重要因素。

透明陶瓷中的光散射属于弹性散射。产生不同折射率的原因主要有三种:气孔、杂相和双折射。其中杂相也称为次要相(second phase),这是相对于纯的陶瓷物相(主相)而言的。不过在透明陶瓷领域,更常见的翻译是"第二相"。这是因为陶瓷透明度的提高要求物相纯度的提高,如果还存在两种以上的杂相,就很难实现陶瓷的透明化。要确保低散射损耗,透明陶瓷中的第二相含量需要控制在 0.1% 以下[68]。

另外,晶粒尺寸或晶粒大小也是常见于文献的散射影响因素,但它是构成陶瓷的组分,或者说是陶瓷这种连续均匀介质的组分,并不是处于连续均匀介质中的散射体,因此其对散射的影响主要是因为晶粒生长会伴随着气孔和杂相浓度与分布的变化;或者是因为组成陶瓷的结构具有双折射,因此光经过不同取向的晶粒会发生折射率的变化;甚至是将晶粒散射与晶界散射等同起来——晶界相当于折射率不同的散射体。

对于分布在连续均匀介质中,并且彼此之间没有相互作用的弹性散射体,比如透明陶瓷中存在的气孔,可以用米(Mie)散射(也称为米氏散射)模型或者瑞利散射模型来解释。研究表明,可以通过颗粒半径 $r$ 和波长 $\lambda$ 的比例 $r/\lambda$ 近似判断哪种散射占优势:小于 0.1 为瑞利散射;0.1~50 为米氏散射;大于 50 则按照几何光学处理。上述的数值随文献而异,比如有的文献将 $2r \ll 0.05\lambda$ 时的散射看作瑞利散射[67]。虽然数值有所不同,但是颗粒尺寸与波长的相对比较趋势是一样的,并且最终要以准确描述实验结果作为唯一的选择依据。

理论证明瑞利散射是米氏散射在小粒子尺度时的简化,而尺度较大时,米氏散射的结果又与几何光学导出的结果一致,因此米氏散射理论是球状粒子散射的通用理论。图 2.36 给出了瑞利散射和米氏散射各自散射光强随角度的分布规律(箭头的长度表示该方向光强的大小),并且给出了不同颗粒尺寸对米氏散射的影响,从中可以明显看出当颗粒尺寸变小,米氏散射逐渐转为瑞利散射的规律。

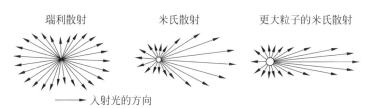

瑞利散射　　　　米氏散射　　　更大粒子的米氏散射

——→ 入射光的方向

图 2.36　一束由左向右传播的光产生的瑞利散射和米氏散射示意图,其中米氏散射对比了不同颗粒尺寸的影响

虽然常规陶瓷中气孔和杂相等散射体的浓度很大,其散射会存在相互作用,实际的散射结果会随着散射体浓度的增加而逐渐偏离米氏散射和瑞利散射。但是透明陶瓷理论上要求没有气孔和杂相,即面向透明陶瓷的研究体系通常具有低浓度的散射体,因此这两种模型仍可用于透明陶瓷散射的研究,所得的结果也接近实验结果。

对于透明激光陶瓷,晶粒大小通常在纳米数量级,而波长则是微米数量级,因此光散射以瑞利散射为主[69]。某个给定方向的瑞利散射强度可以如下计算[70]:

$$I = I_0 \frac{1+\cos^2\theta}{2R^2} \left(\frac{2\pi}{\lambda}\right)^4 \left(\frac{n^2-1}{n^2+2}\right)^2 \left(\frac{D}{2}\right)^6$$

材料的瑞利散射截面 $\sigma_{\mathrm{ray}}$ 等于[71]:

$$\sigma_{\mathrm{ray}} = \frac{2\pi^5}{3} \cdot \frac{D^6}{\lambda^4} \left(\frac{n^2-1}{n^2+2}\right)^2$$

式中,$\theta$ 是散射角,$R$ 是距离散射源的距离,$D$ 是颗粒的直径,$n$ 是相对折射率,即颗粒折射率 $n_{\mathrm{p}}$ 与颗粒所处介质折射率 $n_{\mathrm{m}}$ 之间的比值($n_{\mathrm{p}}/n_{\mathrm{m}}$),$\lambda$ 是入射光在介质中的波长,相当于其真空中的波长 $\lambda_\text{o}$ 与介质折射率之间的比值($\lambda_\text{o}/n_\text{m}$)。如果变量采用其他形式,比如改用颗粒半径 $R$ 和颗粒体积 $V$,甚至引入波矢 $k = 2\pi/\lambda$,瑞利散射截面也可以采用如下的计算公式:

$$\sigma_\text{ray} = 32\pi^4 \cdot \frac{R^3 V}{\lambda^4} \left(\frac{n^2 - 1}{n^2 + 2}\right)^2$$

$$\sigma_\text{ray} = \frac{8\pi}{3} \cdot k^4 R^6 \left(\frac{n^2 - 1}{n^2 + 2}\right)^2$$

这三个公式并无差别,可以根据所讨论参数的性质而择优选择。

从瑞利公式可以看出,散射点的尺寸与所用波长对散射能力或者散射损耗的影响很大,因为这两者都是以幂指数的形式影响散射截面的。当然,散射点的浓度也有影响——散射截面体现单个颗粒的贡献,颗粒越多,散射就越强。

虽然有的文献将瑞利散射截面与瑞利散射系数等同起来,但是两者实际上并不是同一个概念,当所有颗粒形状等同,彼此不存在相互作用并且周围的介质是均匀的,那么散射系数 $\alpha$ 就等于粒子密度 $\rho_\text{P}$ 与散射截面 $\sigma$ 的乘积,即 $\alpha = \rho_\text{P}\sigma$。在这种意义上,当 $\rho_\text{P} = 1$ 时,以散射截面反映散射系数才是可以的。反之,如果颗粒不等同,那么散射系数等于每一个颗粒的散射截面之和。更进一步地,如果颗粒之间还存在空间关联,散射系数的计算还需要考虑表征颗粒位置的结构因子,此时与散射截面之间的差异性就进一步增加了。

这是因为理论的瑞利散射和米氏散射是基于稀疏粒子体系,假定粒子为球形,并且散射光不存在相互作用。而实际的粒子是分布于一个特定的空间中,因此类似于晶体中原子对入射 X 射线的散射会因为彼此的相互作用,通过结构因子的调制而产生衍射一样。如果实际的散射光之间有相互作用,或者说粒子之间存在某种空间关联性,那么就要考虑干涉效应了,此时散射强度的计算需要乘以结构因子 $S(\lambda)$。在小颗粒具有合适的空间关联,$S(\lambda)$ 取值很小时,实际的透明性会比基于瑞利散射所得的理论透明性更高——此时实际的瑞利散射由于干涉效应而被消弱了[69]。当然,这种干涉效应的方向性相比瑞利散射要更为明显。

另外,散射光谱与透射率光谱(透射光谱)既有联系又有区别。散射光谱曲线表示同一波长的光在不同散射角方向上通过材料的能力,而透射率光谱测试的是不同波长的光在光传输方向上通过材料的能力。由于探测器实际收集的是一个方向角区域的光子,因此不管是散射光谱还是透射率光谱,不同设备所得的数据一般是不能直接进行比较的。另外,采用积分球获得的透射率光谱,即全透射率光谱本质上表征的是不同波长的光透过材料入射面的能力,相当于一个积分项,与散射光谱也是有区别的。

陶瓷厚度增加对光散射的影响主要是多次散射将更占优势,从而随着厚度增加,散射程度加大,散射光谱更加宽化。实验验证手段就是将同一样品抛薄或者制备一个厚度系列(需要确保其他诸如物相、气孔和晶粒平均大小等是一致的),如果散射随厚度下降而下降,散射峰愈加尖锐,就可以认为原有的散射主要是厚度引发的,多次散射机制占据优势。

单次散射机制意味着入射光经过的散射颗粒浓度增加一倍,则散射强度增加一倍。偏离这种线性规律越大,多次散射或其他散射效应参与的可能性就越大。范德胡斯特(Van de Hulst)提出了一个判断是否存在多次散射的规则[72]:

$$I(\lambda) = I_0(\lambda)e^{-\tau}$$

上式是直线透射率公式,$\tau$ 就是散射的多重性指数,称为光学深度(optical depth)或浊度(turbidity)[73]。如果 $\tau < 0.1$,散射属于单次散射;$0.1 < \tau < 0.3$,是二次散射;$\tau > 0.3$,是多次散射。也有文献将 $\tau \ll 1$ 作为单次散射的判据,而实际透射率低于最大透射率的 $70\% \sim 90\%$ 则被认为发生了多次散射[73]。

实际上,范德胡斯特判据并不能区分多种散射类型共存与多次散射,但是可以作为选择散射研究体系的有用判据——如果 $\tau < 0.1$,那么体系可以按照单一散射类型,并且散射体之间没有相互作用(不存在多次散射)来处理。显然,对于非厚度产生的高 $\tau$ 数值,"multiple scattering"翻译为"多重散射"是更靠谱的做法,相应地,后面就要跟上"effects"(效应),即 effect 的复数形式,表示存在多种效应。

总之,多种散射可以共存于透明陶瓷中,其中基于散射体尺寸的散射就有瑞利散射和米氏散射两种,拟合散射强度与波长所用的指数函数可以定性论证散射种类、数目以及占优势的散射类型。

由于不同散射机制起主要作用的散射角度范围并不相同,有的主要体现在低角度(米氏散射),有的则均匀分布在整个方向上(瑞利散射),因此这种拟合通常采用散射角度为零的散射数据,即直线透射率数据。通过拟合直线透射率光谱可以分析散射类型和种数。

相比于透射率光谱,随散射角度(实验一般取探测器、样品和光源所在的平面为扫描面)而变化的散射强度谱,即表征给定入射光波长下散射光强度随方向的变化曲线主要是通过其谱峰的半高宽和峰值来反映散射程度的大小,或者直接作为各种模型的输入数据来获得理论的定量信息,比如散射体的尺寸等。由于半高宽的单位也是角度单位,因此有的文献将这个半高宽数值直接称为散射角(scattering angle),用来量度散射大小。

类似拟合直线透射率光谱,基于各种理论模型和散射光谱也可以计算与散射有关的物理量。这里以卡汉(Kahan)等提出的模型为例进行说明[72]。

卡汉等提出,如果连续均匀介质中仅存在一种散射体(即一种非均匀性),那么该散射体平均粒径可以如下计算:

$$d = \frac{\lambda}{4\pi\langle n \rangle} \cdot \left( \frac{\sqrt{L}-1}{\sin^2\frac{\theta_2}{2} - \sqrt{L}\sin^2\frac{\theta_1}{2}} \right)^{\frac{1}{2}}$$

式中的$\langle n \rangle$为平均折射率,而$L$可以根据散射光谱数据计算:

$$L = \frac{I(\theta_1)(1+\cos^2\theta_2)}{I(\theta_2)(1+\cos^2\theta_1)}$$

式中,$I(\theta)$是散射角为$\theta$时测得的散射强度。如果散射体仅有气孔,那么$d$就是平均孔隙尺寸。

这类拟合在一定程度上有助于深化对微结构的理解。不过也有着局限性,尤其是以拟合的逼近程度作为判断标准的时候。比如基于透射率光谱所得的衰减系数,以不同气孔尺寸分布类型并利用米氏理论计算衰减系数进行拟合,结果发现不管是普通烧结还是热压烧结,只有当气孔尺寸分布取对数正态分布(lognormal distribution)时,理论衰减系数随波长的变化曲线才与实验曲线重叠良好[74]。因此实际拟合不一定是越逼近越好,需要考虑模型的局限性。

## 2.4.2 晶界与双折射

晶界是陶瓷区分于单晶的结构特征,是构成陶瓷的晶粒之间的界面,也是一个晶粒过渡为另一个三维结构排列方向不同的晶粒之间的交界。基于体系能量的稳定性,在假定晶界不存在杂质离子或者杂相的前提下,晶界的厚度取决于两个相邻晶粒原子排列的差异程度,或者说取决于从一种排列转为另一种排列的难易程度。因此各向同性晶粒相比于各向异性晶粒,其晶界的厚度一般较小。但是不管晶界厚度的大小,处于晶界的原子排列必然与两侧晶粒内部的原子排列是不同的,而且相比于晶粒内部原子的密集排列,晶界的原子排列比较松弛(图2.37(a))。如果杂质离子在晶界凝析甚至形成了杂相,那么晶界厚度会增大,并且边缘毛糙化,不再是明显的直线(图2.37(b))。

晶界的松弛结构为掺杂或杂相的稳定存在提供了基础,通常认为掺杂引起的结构畸变可以通过晶界来消除,而且位错或者裂纹也可以在晶界部位受到抑制,不影响其他晶粒的正常结构。从热力学的角度看,对于发光材料,晶界的存在具有如下四个主要作用:

(1)类似异离子半径补偿掺杂,晶界也可以抵消掺杂引起的晶格点阵的畸变;

(2)晶界可以作为额外的发光中心产生卫星荧光光谱,或者通过非辐射弛豫参与激发能量的转移而降低发光强度,甚至导致发光猝灭;

(3)晶界折射率的变化,增加了散射和波前畸变;

(4)如果杂质元素凝析在晶界上,那么沿晶粒穿越晶界到另一个晶粒时,掺杂

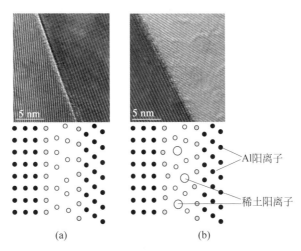

图 2.37　未掺(a)和掺杂(b)稀土元素的氧化铝陶瓷的晶界微结构及其元素分布模型图[75]

元素的分布可以是团聚的也可以是分散的,具体取决于分凝系数。比如在 YAG 中,$Nd^{3+}$ 与 $Ce^{3+}$ 的分凝系数为 0.22,而 $Yb^{3+}$ 的分凝系数为 1,那么后者在晶界的分布要更为分散,也更为均匀。

　　折射率与入射光方向的原子排列密度有关,即便是立方晶系,其各向同性严格上说是指沿晶胞三个晶轴方向上性质等同的现象。由于陶瓷中晶粒取向并不是单一的,因此一束光经过晶界,如果不同取向的晶粒沿光传输方向的折射率差别较大,就会发生散射。考虑到立方晶系各方向的折射率差异一般很小,甚至为零,从而发生在陶瓷晶粒之间的界面上的散射主要是非立方晶系自身的双折射引起的(参见下文),其与波长的关系满足随机散射(stochastic scattering)的规律(假定晶粒取向是无规律的),即散射强度正比于 $\lambda^{-2}$。这不同于瑞利散射的幂次关系 ($I \propto \lambda^{-4}$),也不同于晶界相引起的散射。后者其实就是分布于晶界上的第二相或杂相——另一种分布是包裹于晶粒中(类似人工晶体内部的包裹物)。已有研究表明,如果 Nd:YAG 激光陶瓷中不存在包含气孔在内的杂相,透射率随晶粒尺寸的变化很小[40],而且其值与同浓度的单晶接近,因此可以认为至少对于立方晶系,干净的、不存在杂相的晶界对陶瓷散射的贡献可以忽略。当然如前所述,这种近似性规律要受到原子各向排列密度差异的制约。

　　双折射是描述陶瓷材料(基质)的一种物理性质。对于各向同性的材料,比如非晶态(无定型体)和立方晶体时只有一个折射率 ($n_o$)。而光进入各向异性的材料时则沿晶轴方向存在三个不同的折射率 $n_a$、$n_b$ 和 $n_c$。其中四方、六方和三方晶系中,$n_a = n_b$,因此这些单轴(uniaxial)晶的折射率有两个,常光(ordinary)折射率 ($n_o$) 和非常光(extraordinary)折射率 ($n_e$),其中 $n_o$ 与 $n_a$ 或 $n_b$ 相等,而 $n_e$ 随入射角度而变,最大值是 $n_c$。这就是文献中所谓的双折射,即一束普通光束(非极化)入射单轴晶体后将分为振动方向相互垂直、传播速度不等的两束光波,它们分别有两条折射光线,构成双折射。其中不论光的入射角如何变化,平行于入射面的光线的折射率都始终等于 $n_o$;而另一条垂直于入射面的光线所构成的折射率 $n_e$ 会随入射光的方向而变化。当光沿晶体光轴方向($c$ 轴)入射时,只有 $n_o$ 存在,反之,当光与光轴方向垂直入射时,$n_e$ 达最大值,具体可如下计算:

$$\frac{1}{n_e^2(\theta)} = \frac{\cos^2\theta}{n_o^2} + \frac{\sin^2\theta}{n_c^2}$$

式中,$\theta$ 是入射光偏离光轴的角度,与光轴重叠为 0°,垂直则为 90°。

有关双折射的模拟与实验研究表明即使陶瓷材料属于非立方晶系,双折射的影响也比较弱,通常不占优势,需要排除其他散射机制的影响后才能够确定。双折射引起的散射有如下两个特征:①晶粒择优取向的程度越大,如果不注意取向区域的分布,那么双折射引起的散射反而会增加——实际的散射可能包含了多次散射的影响;②散射峰会随着晶粒尺寸的增加而变窄,散射程度减弱——有的体系由于起始晶粒太小,散射会先增加再减小。

对于双折射陶瓷材料,可以如下理论计算直线透射率[68,76]:

$$\mathrm{RIT} = T_{th}\exp\left(-3\pi^2\,\frac{\Delta n^2 rl}{\langle n\rangle^2 \lambda_m^2}\right) = T_{th}\exp\left(-3\pi^2\,\frac{\Delta n^2 rl}{\lambda_o^2}\right)$$

式中,RIT 是 real in-line transmission 的缩写,即真正的直线透射率,晶粒尺寸是 $2r$($r$ 为半径),$\lambda_m$ 为介质中的波长,$\lambda_m = \lambda_o/\langle n\rangle$,$l$ 为沿入射光方向的陶瓷样品厚度,$\Delta n$ 是平行于和垂直于 $c$ 轴的折射率差,而 $\langle n\rangle$ 是平均折射率[68]。需要注意的是,这里的"real"并不是"客观、实际的",而是"真正的"。因为不少分光光度计测试的透射率对应的方位角过大,虽然探测器、样品和光源排在同一条直线上,但是所得的透射率光谱其实是小角度散射光谱,并不是真正的直线透射率光谱。

显然,小的 $\Delta n$ 有利于大晶粒尺寸,其数值甚至可以达到几百微米,但是由此带来的却是机械性能的下降以及晶内气孔(intragranular pore)浓度的增加。

实际应用中,通过电子显微镜图片获得的是晶粒的"直径"($d$),而且这些晶粒是构成陶瓷的基本成分,严格来说是连续性介质的组分,并不是分布于介质中的散射体,因此就需要进行校正,一个常用的手段是引入有效体积分数(effective volume fraction)$V_g$,此时可以得到如下的公式:

$$\mathrm{RIT} = T_{th}\exp\left(-3\pi^2\,\frac{\Delta n^2 dl}{\lambda_o^2}V_g\right)$$

显然,如果晶粒的有效体积分数 $V_g$ 取值为 0.5 就可以得到前面以 $r$ 为变量的公式,实际陶瓷的 $V_g$ 通常低于 0.5,比如完全致密的条件下,$Al_2O_3$ 的 $V_g$ 取值是

$0.3 \sim 0.4^{[77]}$。

需要注意的是,虽然气孔和杂相(第二相)与陶瓷材料也存在折射率的差异,但是它们对散射的影响是按照散射体与连续性介质之间的关系来考虑的,因此其散射公式中使用两者的折射率比值,而不是两者的折射率差值。具体可以参见2.4.1 节、2.4.4 节和 2.4.5 节,有关晶界对透明陶瓷的影响也可以进一步参考2.4.5 节,这里就不再赘述了。

## 2.4.3　吸收、泵浦与量子亏损

基于能量守恒原理,任何稳定的或者不会衰变的发光材料都需要吸收外界的能量才能发光。此时发光材料相当于一种能量转换的中介,将外界的电能、化学能、辐射能、热能以及机械能等转换为光能。因此激光材料要发射激光,同样需要吸收外界的能量。这个能量除了类似传统发光材料,将激光材料内部发光中心的电子激发到高能级,还需要持续激发以实现粒子反转。这个将电子不断送到高能级并累积在那里的过程与水泵将水抽运到高处贮存起来十分类似,因此激光领域通常将这个能量吸收过程称为"泵浦"(pumping),以区别于普通发光材料发光所需的"吸收"。

由于发光中心在发光材料中处于少量甚至微量的比例,因此一束光入射到样品上,首先遇到的一般是基质(组成基质的主要离子或基团)。同样地,当发光中心的电子跃迁回基态,所产生的荧光在离开样品之前也是在基质中传播。因此基质对光能的吸收和传输性质也制约了入射能的利用和出射光的获取,从而在设计高效能量转换的激光材料时,需要将基质与激光离子结合起来进行系统性地考虑。探讨基质对光能量的吸收和传输性质的主要手段就是吸收光谱,实际的测试技术包括面向透明块体的透射率光谱或者吸收光谱(忽略反射贡献并且不区分散射损耗和吸收的前提下,这两者可以直接进行换算),以及不透明样品(比如粉末)所采用的表面漫散射光形成的漫反射光谱(4.4 节)。需要注意的是,基质的吸收不应当存在对发射带的吸收,即自吸收。材料发射光谱与吸收光谱的重叠范围理论上应等于零。这是判断材料是否具有高效发光的一个基本依据。

如果激光材料(基质与激光离子)已经确定,泵浦源的合理选择也是实现高效激光的一个重要手段——虽然从能量量子化的观点来看,泵浦源只要提供的能量能够高于激发能级和激光下能级之间的能量差就可以了,但是由于能量守恒,如果发光材料不能将入射能量全部转化为激光,那么多余的入射能量就要以其他能量形式分散或消耗,通常是转化为热能,从而不但降低能量转换效率,而且不利于材料的性能稳定,最终也就影响到激光性能的稳定。因此泵浦源的能量范围应当同时考虑激光材料的吸收和转换两个因素,吸收越大,转换效率越高,泵浦源的增强效果就越好。另外,量子亏损(quantum defect)也可以作为衡量泵浦源合适程度的一个简单指标,它意味着过多的能量需要通过发射声子而释放掉(转化为废热),通常以泵浦光子能量与激光上能级之间的差值来表示。基于能量量子化且只能逐个能量量子进行吸收的原理,$q$ 越小,泵浦能量的利用效率越高;而 $q$ 越大则意味着能量损耗会增加,转换效率将下降,而且吸收效率也更差——当然,这个指标不能与能量转化效率等同起来,即它虽然反映泵浦光能量会有损耗,但是不意味着差值越大,损耗就越大。

激光离子的特性在泵浦源的选择中处于首要考虑的地位。比如激光离子的上能级荧光寿命长并且容易维持反转状态,就可以提高储能能力,适用于大功率泵浦;而激光离子存在较宽的吸收带除了有利于吸收泵浦能量,更重要的是可以降低对泵浦源的热稳定性要求——随着温度升高,泵浦源发射光会宽化。此时激光离子具有的更宽吸收有助于匹配这种宽化,从而维持较高的吸收效率。类似地,如果激光离子的发射截面较大,虽然有助于起振,却不利于储能,因此更适合小功率泵浦源,有利于实现连续高频激光,却不利于大能量和大功率的脉冲激光。

以 $Nd^{3+}$ 为例,由于其吸收截面小,因此就要求波长范围狭窄的泵浦源,并且还要控制温度升高产生的展宽效应。与此类似,$Yb^{3+}$ 虽然不存在高激发态,从而可以降低量子亏损,但是其基态 $^2F_{7/2}$ 和激发态 $^2F_{5/2}$ 之间能量差为 $1~\mu m$,如果采用闪光灯等传统泵浦灯源,由于它们的能量集中在紫外和可见光,这就意味着泵浦 $Yb^{3+}$ 时将产生非常低的能量转换效率。因此在发光处于 $0.9\sim1.1~\mu m$ 的 InGaAs LD 泵浦源出现后,$Yb^{3+}$ 才开始受到重视,并逐步发展成与 $Nd^{3+}$ 同等重要的稀土激光离子——同种基质材料中,$Yb^{3+}$ 的荧光寿命近似是 $Nd^{3+}$ 的四倍。并且没有高激发态吸收和上转换过程,因此储能程度高,量子亏损低,无辐射弛豫引起的热负载也低(相当于 $Nd^{3+}$ 的 1/3)。

根据泵浦光波长与激光上能级之间的差值可以将泵浦方式分为直接泵浦(direct pumping)和间接泵浦(indirect pumping)两种。比如 807 nm 的 LD 泵浦可以将 $Nd^{3+}$ 激发到 $^4F_{5/2}$ 能级,随后再无辐射弛豫到低能的激光上能级 $^4F_{3/2}$ 并伴随废热的产生,这种泵浦就属于间接泵浦,会产生量子亏损;与此相反,如果改用 880 nm 的 LD 泵浦,此时 $Nd^{3+}$ 就直接被泵浦到激光上能级 $^4F_{3/2}$,属于直接泵浦,此时没有量子亏损,激光材料的热负载较低[78]。

如前所述,有无量子亏损并不是提高激光效率的充分条件。仍以 $Nd^{3+}$ 为例,采用间接泵浦可以获得更大的吸收截面,而直接泵浦所用波长则对应较小的吸收截面,此时要达到同等效率,直接泵浦就需要更高的 $Nd^{3+}$ 浓度或更长的激光材料(本质上也是提高 $Nd^{3+}$ 含量),这就容易引起浓度猝灭并且增加经济成本;同时入射的泵浦光也没有全部真正被吸收并得以转化为激光。因此如果考虑入射泵浦阈限,间接泵浦方式占优势,其阈限值较低;但是如果考虑的是吸收泵浦阈限,则直接泵浦方式更低。另外,由于不同基质中的 $Nd^{3+}$ 具有不同的吸收截面和浓度猝灭效应,因此直接泵浦的方式在合适的激光材料中也可以具有更好的斜率效率和泵浦阈限。

需要指出的是,热效应在特定条件下也有助于提高激光性能,比如对于不对称性的宽谱吸收,热效应就有助于提高短波范围的吸收,而这种不对称吸收光谱同样与基质密切相关。因此采用何种泵浦方式同样需要综合考虑激光离子与基质两大主要因素。

理论上,对于某一激光材料分别采用间接泵浦和直接泵浦方式产生激光,则两者斜率效率相等时需要满足如下的关系[78]:

$$\lambda_{p,in}[1 - \exp(-2\sigma_{p,in}Nl)] = \lambda_{p,d}[1 - \exp(-2\sigma_{p,d}Nl)]$$

式中,$\lambda_{p,in}$ 和 $\lambda_{p,d}$ 分别是间接泵浦和直接泵浦所用的波长,$\sigma_{p,in}$ 和 $\sigma_{p,d}$ 分别是两者各自对应的吸收截面,$N$ 是 $Nd^{3+}$ 的粒子浓度,$l$ 是激光材料的长度。显然,泵浦与总粒子数有关,即随浓度和厚度而变化。

激光材料的几何结构也会对泵浦效率产生影响。由于光纤具有晶体或其他块体没有的一个巨大优势,即它们的几何构造特殊:半径小而长度大。因此同样的泵浦源条件下,可以充分利用入射的具有给定形状的泵浦光束,即这种构造使得光纤很容易满足三能级激光所需的条件,从而适合 $Yb^{3+}$ 基激光器的应用——三能级激光并不能像四能级激光那样容易实现,其原因就在于三能级激光需要实现泵浦跃迁的饱和,而四能级激光仅需要补偿光损耗而已。

泵浦方式除了有能量上的区分,也可以基于时间性质来分类,并成为当前激光的重要分类依据,将其分为连续激光和脉冲激光两大类。其中连续激光采用连续或长脉冲(脉冲持续时间远大于能级寿命)泵浦,能级反转粒子数大于阈值,维持在稳定状态并连续输出激光;而脉冲激光器是采用短脉冲(脉冲持续时间小于能级寿命)泵浦,在整个激励持续过程期间上能级粒子数处在不断增长的非稳定状态,由于脉冲持续时间很短,在尚未达到新的平衡之前,泵浦过程就结束了,从而产生激光脉冲。

泵浦源一般是可以发射所需波长泵浦光的各种灯源。其中激光二极管(LD)泵浦已经成为固体激光器往高效、高功率、微型化和集成化方向发展的主要趋势。高效和高功率是针对 LD 泵浦波长的匹配性和泵浦功率而言的,而微型化和集成化则来自 LD 的小体积优势。

与传统的泵浦灯源相比,LD 泵浦由于输出波长分布狭窄,在匹配激光材料吸收的前提下,天然具有更高的能量转换效率,避免灯源固有的相当大一部分能量落在激光材料吸收带外面,从而白白消耗的缺陷;而且这种高的光-光转换效率也降低了激光材料的热效应,从而有助于提高激光光束质量。另外,相比于灯源,LD在电能的转换效率上也比较高,因此对冷却系统的要求较低,可以从灯具和冷却系统两方面降低尺寸,实现微型化并便于集成化。并且其具有更高的可靠性和使用寿命,没有氙灯等高热和高启动电压而引起的短寿命的弊端。

LD泵浦固体激光器的研究在激光面世后就随之起步[79]——第一支LD出现于1962年。1964年,美国林肯实验室的凯斯(Keyes)等首次实现了LD泵浦——利用5支发射840 nm红外光的GaAS LD侧面泵浦$U^{3+}$:$CaF_2$激光晶体,获得了2.613 $\mu m$的激光输出。目前通过提高半导体质量,LD的输出功率已经从毫瓦提升到瓦,而且更高的功率也可以利用阵列来实现。与此同时,基于量子阱等技术,LD的发射波长已经覆盖从蓝光到红外波段。

LD既可以作为泵浦源,也可以作为小功率激光器直接使用。受限于半导体激子发光的宽带及其与基质的耦合作用,激光光束质量并不好,而且pn结的饱和阈限也限制了单支LD功率的提高——虽然多支LD组成阵列可以获得高能输出,但是这种输出发散角大,光束质量差,并不能整合为真正意义上的激光,更适合作为一个高亮度的、波长范围相对狭窄的光源。因此LD并不直接用于工业和国防等大功率或高质量激光应用领域,而是作为泵浦源,与其他激光材料组成激光器再应用于这些领域。

当然,相比于氙灯等传统灯源,LD泵浦源仍存在不满足波长匹配的问题,或者说某些激光离子难以应用,是由于采用现有的LD泵浦源会产生量子亏损问题。下面以$Dy^{3+}$为例进一步加以说明。

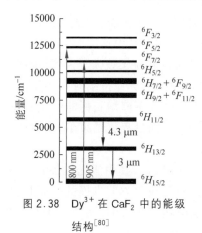

图2.38 $Dy^{3+}$在$CaF_2$中的能级结构[80]

图2.38给出了中红外激光领域热门的$Dy^{3+}$激光离子的能级结构图。显然,$Dy^{3+}$在中红外(2~4 $\mu m$)激光具有应用价值,是因为激光上能级$^6H_{13/2}$到下能级$^6H_{15/2}$的跃迁可以产生3 $\mu m$左右的辐射。而实现高效红外发光就要求基质具有较低的声子能量(<500 $cm^{-1}$)。因此掺$Dy^{3+}$的基质以氟化物为主,此时发光学实验证明合适的LD泵浦波长是2.8 $\mu m$、1.7 $\mu m$、1.3 $\mu m$和1.1 $\mu m$。然而目前并没有满足这些波长的高效LD,而只有800 nm和900 nm左右的LD可以使用,这种泵浦当然存在明显的量子亏损。

对于存在明显量子亏损的激光系统主要有两种改进手段:第一种较为常见,即引入敏化离子,比如在$Dy^{3+}$掺杂$CaF_2$的体系中引入$Tm^{3+}$,利用$Tm^{3+}$发射光在 1.7 $\mu$m 处与 $Dy^{3+}$ 的吸收波段重叠的特性来提高能量转换效率；第二种是实现单光子吸收而多光子发射，即量子效率超过 100%，这种发光机制很少见，需要进一步探讨基质结构与发光机制之间的联系。这方面的研究可以借鉴红外上转换发光材料领域的多光子发光成果。

## 2.4.4　散射与吸收性能评价

在第 1 章已经提到，陶瓷的透明性与可通过材料的入射光比例有关。当一束光从入射材料到离开材料前，其间发生的物理过程有反射、吸收和散射三种，如果各自占入射光强的比例，即反射率、吸收率和散射率分别表示为 $R$、$A$ 和 $S$，那么再加上透射光所占的比例，即透射率 $T$，可以得到如下的公式：

$$R + A + S + T = 1$$

这个公式是描述光传输现象和机制的基础。根据所考虑的问题和材料的特征可以进一步简化，比如大多数文献提供的透射率光谱并没有涉及反射损耗，主要原因就在于抛光的表面以及垂直入射的测试模式使得反射率接近于零，从而对讨论各种入射光损耗的影响较小。

目前有关透明陶瓷的研究并没有区分常规的吸收与拉曼散射等非弹性散射，虽然两者本质上都与能量差值和能量量子化有关——常规的吸收与离子的能级跃迁有关，是决定材料颜色的主要因素。并且吸收强度还取决于单位体积内的离子浓度和光所经过的路径长度。由于能量是量子化的，跃迁只能发生在两个能级之间，因此一个能量量子（光子）要么被一次性吸收，要么不被吸收而透过材料，这与多重或多次散射产生的衰减（光子从其他方向出射）并不一样。

上述的公式也表明透射率是与散射和吸收密切相关的物理性能。当一束光通过透明激光陶瓷后，入射光强会发生变化。透射光与入射光强度之比称为透射率，测试透射率沿不同波长的分布就可以获得透射率曲线。

透射率曲线是入射光经历反射、吸收和散射后所得的结果，在不考虑反射和吸收的前提下，实验测试的透射率曲线可以反映光散射的影响。同样地，如果不考虑反射和散射，那么透射率曲线反映了材料对入射光的吸收，可以获得相应的吸收光谱。

需要指出的是，上述的透射率指的是全透射率，而一般分光光度计测试的是直线透射率。对于高透明的激光陶瓷，两者之间差异较小，因此直接利用直线透射率光谱进行各类散射和吸收分析是可以的。由于实际陶瓷的透明性一般，因此直线透射率与全透射率差异较大，这时就应当据实测试全透射率光谱而不是直线透射率光谱。另一个需要注意的问题是，由于探测器实际接收的光子是分布在立体角范围内的，因此透射率沿入射光传输方向的"直线性"与具体仪器乃至具体测试光路有关,不一定是严格的"直线"透射率。在对比样品的透明度或者透射率光谱的时候尤其需要考虑到这类偏离理论要求的差异。

图 2.39 进一步给出了直线透射率与全透射率之间的差异。虽然透过 Tb：$Gd_2O_2S$ 陶瓷仍然可以看到底下的文字,直线透射率最高只有 2.5% 左右,但是全透射率最高则超过了 40%。不过,对于这种超过 40% 的"透明性",文献通常是以"半透明"(translucent)来描述的。

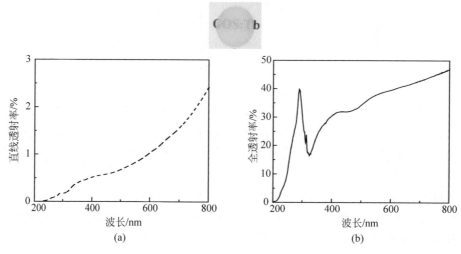

图 2.39　Tb：$Gd_2O_2S$ 陶瓷的相片和透射率谱线

(a) 直线透射率；(b) 全透射率

图 2.40 给出了不同光学质量 YAG 陶瓷在背光源(透射光源)照射下的散射效果。这其实也是一种初步筛选高光学质量透明陶瓷的简单手段。从图中可以看到,陶瓷光学质量越高,光斑不但越刺眼,而且与光源的形状越一致(越接近直线透光)；与此相反,光学质量越差(比如圆片陶瓷内部存在包裹物),透射光(散射光)就越柔和,而且光斑面积主要与散射体(即包裹物)围成的区域有关。

考虑反射损耗的条件下,透明材料的直线透射率(in-line transmission)可以写成如下类似朗伯-比尔-布格公式的形式：

$$T(\lambda) = [1 - R_s(\lambda)]\exp[-\alpha(\lambda)l]$$

式中：$T(\lambda)$ 是实验测试所得的直线透射率($= I(\lambda)/I_0(\lambda)$, $I(\lambda)$ 和 $I_0(\lambda)$ 分别是透射光强度和入射光强度)；$l$ 为样品沿入射光传输路径的有效厚度；$R_s$ 是入射光被反射的比例,代表总反射损耗(包括多重反射),一般取入射光垂直表面入射时的全菲涅耳反射值。可以通过垂直入射时的反射率 $R$,即菲涅耳反射率(Fresnel reflectance)(也称为菲涅耳表面损耗或菲涅耳损耗,Fresnel loss)如下计算：

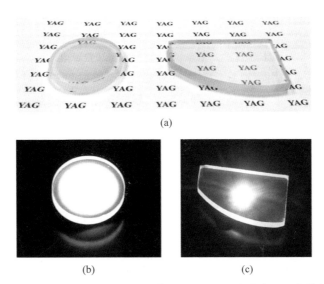

(a)

(b)　　　　　　　(c)

图 2.40　不同光学质量的 YAG 陶瓷(a)及其放在同一小圆形白光光源上的散射图像(b)和(c)

$$R_s(\lambda) = \frac{2R(\lambda)}{1 + R(\lambda)} = \frac{[n(\lambda) - 1]^2}{n(\lambda)^2 + 1}, \quad \text{其中 } R(\lambda) = \frac{[n(\lambda) - 1]^2}{[n(\lambda) + 1]^2}$$

此处的 $n(\lambda)$ 是相对折射率,假设入射光从介质 1 进入介质 2,折射率分别为 $n_1(\lambda)$ 和 $n_2(\lambda)$,那么 $n(\lambda) = n_2(\lambda)/n_1(\lambda)$。当介质 1 是空气时,$n_1 = 1$(真空的折射率数值)。此外,采用菲涅耳反射率的时候已经假设入射光照射的材料表面是理想光滑表面,实际的表面要考虑粗糙度和平整度的影响,其反射率相对更高。

材料的真实折射率是一个复数,常用的 $n(\lambda)$ 是它的实部,虚部 $\kappa$ 与消光有关,来自反射和透射过程中光波相角变化导致的光损耗,即材料内部对光的吸收的贡献,其值 $= (\lambda/4\pi)\alpha$,此时菲涅耳反射率等于

$$R = \frac{|\tilde{n} - 1|^2}{|\tilde{n} + 1|^2} = \frac{[n(\lambda) - 1]^2 + \kappa^2}{[n(\lambda) + 1]^2 + \kappa^2}, \quad \text{其中复折射率 } \tilde{n} = n + \mathrm{i}\kappa$$

实验数值表明,在可见光波段,$\kappa$ 的数量级是 $10^{-4}$,对 $R$ 的贡献可以忽略。但是在红外波段,尤其是远红外波段,材料内部的吸收相当严重,此时消光系数就必须加以考虑,甚至可能成为影响反射率的主导因素。

菲涅耳反射率的另一个用处是可以估计内透射率(internal transmittance)的大小——常用的透射率是外透射率(external transmittance)。从光传输的路径看,如果入射光强为 $I_0$,经过入射平面后的光强为 $I_1$,那么 $I_1$ 就是实际进入材料的入射光,从而 $I_1/I_0$ 就等于内透射率。不难看出,它同时也反映了入射平面上的反射率大小,折射率越大,材料的亮度越高,但是透明性反而越小。

基于总反射损耗并且假设不存在材料内部的散射(含吸收)损耗,就可以如下

计算材料在给定波长的理论透射率

$$T_{\text{th}}(\lambda) = [1 - R_s(\lambda)] = \frac{2n(\lambda)}{n(\lambda)^2 + 1}$$

虽然没有改变采用菲涅耳反射率的理想性（即入射角和出射角都等于零），但是上述的 $R_s$ 由于考虑了总透射率和非相干光的影响，因此更接近实际情况。即它是考虑了进入材料的入射光在入射平面与出射平面之间来回多次反射，且入射光为非相干光时所得的总透射率在假设 $\alpha(\lambda) = 0$ 及上下表面的反射率 $R_1(\lambda) = R_2(\lambda) = R(\lambda)$ 时的结果（可以利用这个公式计算其他非等同表面反射率的情形）[81]：

$$T(\lambda) = \frac{[1 - R_1(\lambda)][1 - R_2(\lambda)]\exp[-\alpha(\lambda)l]}{1 - R_1(\lambda)R_2(\lambda)\exp[-2\alpha(\lambda)l]}$$

不过也有文献直接基于菲涅耳反射率与入射光在上表面和下表面两次反射的过程给出了如下的直线透射率和理论透射率表达式：

$$T(\lambda) = [1 - R(\lambda)]^2 \exp[-\alpha(\lambda)l]$$

$$T_{\text{th}}(\lambda) = [1 - R(\lambda)]^2$$

式中，$1 - R(\lambda)$ 称为菲涅耳反射率的校正因子 $F(\lambda)$。这个式子也是理论计算材料（基质）透射率常用的公式。

利用 $Y_3Al_5O_{12}$ 的常用折射率数据（不考虑波长影响）$n = 1.82$，这两种方法所得的理论透射率分别是 $84.4\%$ 和 $83.8\%$——虽然对于 YAG 而言，两者差别不大，但是其他材料的不同折射率数值可能给出更大的差异，此时就需要结合实验数据选择理想透射率的计算公式。

虽然米氏散射和瑞利散射都是能量不变的散射，但是入射光子的传播方向会被改变，而直线透射率表征考虑的是沿入射光传输方向的透射光，因此即使不考虑材料的吸收，散射的存在也会降低该方向上进入探测器的光子数目，相当于入射光发生了衰减或损耗。与此同时，被散射的光在不同晶粒之间传输时彼此也会发生干涉损耗，对于探测器而言相当于这一部分光子被吸收了。因此在透明陶瓷的直线透射率研究中，散射引起的 $\alpha(\lambda)$ 被称为散射系数、散射衰减（scattering attenuation）系数[69]或散射损耗系数（scattering loss coefficient），有时也称为"消光系数"（extinction coefficient），其单位为 $cm^{-1}$。

实际的激光陶瓷，尤其是掺杂激光离子的陶瓷所得的透射率不仅包含散射的贡献，还包含吸收的贡献。如果同样以指数项表示，那么 $\alpha(\lambda)$ 就是两者的反映，称为损耗系数或衰减系数（attenuation coefficient），有的文献进一步称为总损耗系数或总衰减系数。

考虑了散射的实际 $\alpha(\lambda)$ 与溶液体系常用的、由朗伯-比尔-布格定律给出的吸收系数是有区别的,后者反映的是能级跃迁的吸收,从能量变化的角度也可以将它看成是入射光子发生了非弹性散射。体现两者差异的典型例子有两个：①材料的理论透射率一般考虑的是基于弹性散射,即散射系数的透射率；②进行稀土激光材料的乍得-奥菲特(Judd-Ofelt,J-O)公式计算时需要考虑属于朗伯-比尔-布格定律的、基于常用对数(即以 10 为底的对数)的光密度(也称为吸光度,$=\lg(I_0/I)$),以及扣除散射引起的背景。当然,掺杂离子吸收的存在增加了拟合直线透射率曲线的难度——此时需要同时考虑散射与吸收的影响(假设表面反射可以忽略)。

需要指出的是,部分更早的文献仍然沿用朗伯-比尔-布格定律的定义,将 $\alpha(\lambda)$ 称为吸收系数(absorption coefficient)[82]。也有不少透明陶瓷文献中将散射与吸收混淆,将实际代表散射与吸收共同贡献的 $\alpha(\lambda)$ 称为散射系数或散射损耗系数[71]。这些都需要注意根据原文的说明和理论假设加以区分并正确引用——虽然材料对入射光的吸收也是一种光衰减或光损耗过程,并且不管是散射还是吸收,光强的变化都满足指数关系,但是两者分别来自不同的理论,其采用的底数是不一样的(e 和 10)。

由于长波光更容易透过物质直线传播,因此对于某一陶瓷而言,散射损耗随着波长的减小而增加。具体的变化还与散射点(或散射区域)尺寸与所用波长的接近程度,散射点与陶瓷之间的折射率差异随波长的变化有关。

表 2.7 给出了未掺杂 $Y_3Al_5O_{12}$ 透明陶瓷和单晶在不同波长下的折射率、衰减系数(原文献中称为散射损耗系数)和菲涅耳表面损耗。根据这些数据可以发现,未掺杂的 $Y_3Al_5O_{12}$ 透明陶瓷与单晶之间的散射损耗差别基本上与波长无关,其平均差值是 $0.258\ \text{cm}^{-1}$,标准差是 $0.019\ \text{cm}^{-1}$,从而可以推断 2 mm 厚的陶瓷样品可以获得 95% 的单晶透射率[82]。这里相关的计算采用了校正因子 $F(\lambda)$,即前述的 $(1-R)$ 方式：

$$\alpha(\lambda) = -\frac{\ln[I(\lambda)/I_0(\lambda)F(\lambda)^2]}{l}$$

表 2.7　若干典型入射光波长下未掺杂 $Y_3Al_5O_{12}$ 的折射率($n$)、透明陶瓷($\alpha_C$)和单晶($\alpha_{SC}$)的衰减系数以及菲涅耳表面损耗($\beta$)[82]

| $\lambda/\text{nm}$ | $n$ | $\alpha_C/\text{cm}^{-1}$ | $\alpha_{SC}/\text{cm}^{-1}$ | $\beta$ |
|---|---|---|---|---|
| 400 | 1.8650 | 1.102 | 0.844 | 0.0912 |
| 450 | 1.8532 | 1.073 | 0.838 | 0.0984 |
| 500 | 1.8450 | 1.084 | 0.837 | 0.0882 |
| 550 | 1.8391 | 1.072 | 0.834 | 0.0874 |
| 600 | 1.8347 | 1.093 | 0.832 | 0.0867 |
| 650 | 1.8316 | 1.081 | 0.833 | 0.0863 |

| $\lambda/\mathrm{nm}$ | $n$ | $\alpha_{\mathrm{C}}/\mathrm{cm}^{-1}$ | $\alpha_{\mathrm{SC}}/\mathrm{cm}^{-1}$ | $\beta$ |
| --- | --- | --- | --- | --- |
| 700 | 1.8285 | 1.108 | 0.829 | 0.0858 |
| 750 | 1.8270 | 1.104 | 0.830 | 0.0855 |
| 800 | 1.8245 | 1.107 | 0.828 | 0.0852 |
| 850 | 1.8232 | 1.090 | 0.827 | 0.0850 |

如果散射是由残余气孔引起的,此时散射损耗与残余气孔率、气孔尺寸和入射光波长都有关联。关于残余气孔率的测试可以参见第 4 章相应的章节。这里着重介绍下有关气孔散射的主要结论。

假设散射由气孔引起,并且气孔尺寸一样,同时其大小与入射光近似,那么根据米氏理论,可以得到[83]

$$\alpha'(\lambda) = N_{\mathrm{p}}G_{\mathrm{p}}Q_{\mathrm{sca}} = \frac{3V_{\mathrm{p}}}{2d}Q_{\mathrm{sca}}$$

式中,$N_{\mathrm{p}}$、$G_{\mathrm{p}}$、$V_{\mathrm{p}}$ 和 $d$ 分别是陶瓷中的气孔数目密度、气孔的几何截面面积、残余气孔率(简称气孔率,即气孔的体积百分比或体积分数)和气孔的有效直径(球形气孔就是球的直径),而 $Q_{\mathrm{sca}}$ 则是根据米氏理论计算所得的散射效率。

根据已有实验的结果[81],如果气孔的直径为 1 μm,采用米氏散射理论较为合适,此时气孔的散射损耗系数正比于 $dV_{\mathrm{p}}\Delta n^2$ 而反比于 $\lambda^2$(参见 2.4.1 有关双折射率的公式)。其中 $\Delta n$ 是气孔与晶粒的折射率差值。散射强度则在此基础上进一步追加一个指数关系。当气孔尺寸进一步减小,气孔与晶粒之间的差值进一步下降时,基于瑞利-甘斯-德拜(Rayleigh-Gans-Debye)理论所得的散射分析则更为合适,此时散射损耗系数正比于 $d^3V_{\mathrm{p}}\Delta n^2$ 而反比于 $\lambda^4$(散射强度则正比于 $d^6V_{\mathrm{p}}\Delta n^2$ 而反比于 $\lambda^4$)。其中气孔尺寸和入射波长之间的幂次关系同一般的瑞利散射是一致的。基于瑞利散射得到的气孔散射损耗系数如下:

$$\alpha_{\mathrm{p}} = \frac{16\pi^4 d^3 n_{\mathrm{g}}^2 \Delta n^2}{9\lambda^4}V_{\mathrm{p}}$$

式中,$n_{\mathrm{g}}$ 是晶粒的折射率,气孔的折射率通常与空气等同,近似为 1。另外实际应用中,尤其是在双折射光学材料中需要同时考虑晶粒双折射与气孔引起的散射贡献的时候,$V_{\mathrm{p}}$ 也常被称为有效体积分数。

图 2.41 给出了尖晶石($\mathrm{MgAl_2O_4}$)在 0.01% 气孔率下,直线透射率随样品厚度、入射光波长以及气孔尺寸变化的米氏散射理论模拟结果。从中可以看出在较薄的样品中,散射最大值(透射率最小值)对应的气孔尺寸接近于入射光的波长,而且透射率最小值随着波长的增加而增加:200 nm 入射时约为 13%,而 2500 nm 则是 90%。然而随着样品厚度的增加,这种对应关系发生了变化——在气孔率不变

的条件下,厚度增加意味着散射气孔数目增加,对相同的 2500 nm 入射光,厚度为
5 mm 样品最大散射损耗(最低直线透射率)对应的气孔大小从原来厚 1 mm 样品
的约 2000 nm 降到了约 400 nm,而且相应强度也从原来的 5% 增加到 90%。这就
意味着厚度更大的样品要维持同样的散射损耗,需要进一步降低气孔率。而且提
高陶瓷透射率是一个系统性的问题,并不是单独考虑某个因素,比如气孔尺寸就可
以正确预测透射率的变化。

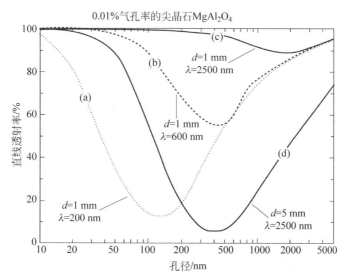

图 2.41　基于米氏散射理论,0.01% 气孔率下模拟的尖晶石(MgAl$_2$O$_4$)

直线透射率随气孔尺寸、样品厚度与入射光波长的变化[81]

　　最后,考虑到米氏散射与瑞利散射都是建立在球形、无相互作用且同一尺寸均
匀分布于连续介质的散射体的基础上,因此要更准确解释或预测实验结果,就必须
在这两类散射的基础上,进一步考虑其他实际存在的额外因素,比如散射体的真实
形状和三维尺寸、散射体的空间分布、多重散射、入射光的非单色性以及光的干涉
作用等。由于这些模型不但更为复杂,而且囿于实验技术水平仍然需要人为引入
若干假设,在准确性与普适性方面仍存在不足,因此这里就不进一步讨论,而是主
要强调米氏散射与瑞利散射在定性和半定量分析与描述透明陶瓷散射损耗中的
作用。

## 2.4.5　影响陶瓷透明性的因素

　　透明性表征的是透射光的强度占据入射光强度的比例,因此从一束光入射到
离开材料后会发生反射、散射、吸收和透过四个物理过程可以看出,提高透明性的
基本措施就是降低其他三种效应。或者说能够增加散射、反射和吸收的因素都不

利于陶瓷透明性的提高。

　　由于透明陶瓷本质上是对材料使用形态的一种选择,而且透明陶瓷的制备相比于常规粉末(陶瓷)的制备更为复杂,成本也更高,因此某种材料在实施透明陶瓷化之前已经完成了基本的物理与化学性质研究。比如作为激光材料而透明陶瓷化就需要预先考虑基质与掺杂离子的吸收问题。因此关于实际透明陶瓷的透明性影响因素,主要考虑的是内部影响散射的微结构和表面的加工质量(可以将透射率提高 $10\%\sim40\%$)——表面可达到的理论光洁度同样受限于陶瓷的内部微结构,尤其在通过抛薄而获得可用透明陶瓷材料的时候更是如此。

　　如图 2.42 所示,陶瓷微结构中引起光散射的缺陷主要有:1-晶界散射,2-残余气孔,3-第二相,4-双折射,5-晶内固溶物,6-表面不平整引起的光散射[84]。需要注意的是,这里列举的因素种类只是文献中常用的说法,它们之间其实没有明确的分界线,比如晶内固溶物也属于第二相。晶界散射广义而言就包括了双折射的影响,甚至表面不平整也可以包含原处于陶瓷表面下经抛光而开口的气孔,因此如上罗列各种因素主要是方便描述现象或讨论机制而已。

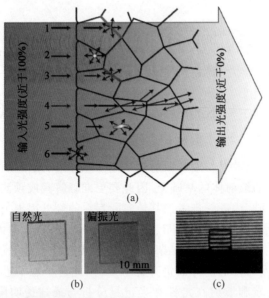

图 2.42　影响陶瓷透明性的散射因素(a),透明陶瓷在偏振光下的观察结果(b)
以及激光干涉图像(c)(陶瓷样品为 1 at. % Nd:YAG)[84]

　　其中气孔对陶瓷光学质量的影响最大,其原因除了透射率与气孔粒径为指数关系,还因为第二相和晶内固溶物可以通过采用高纯原料和超净制备过程来消除,但是气孔的消除需要控制素坯中各晶粒的烧结反应过程,这就要困难得多。另外,相比于各向同性的晶体结构要求,气孔的影响也要更为显著。比如 Lucalox 陶瓷虽然属于存在双折射,非各向同性的六方 $Al_2O_3$,但是当且仅当无孔(free-pore)状态下才具有透明性,即气孔的影响或决定作用要高于晶体结构。因此要实现透明陶瓷,首先必须具有足够高的致密度,或者说陶瓷密度至少为理论密度的 $99.5\%$ 以上。

如果透明陶瓷中气孔的尺寸相当小,就可以按照瑞利散射来考虑,即散射强度随波长的关系大多满足 $-4$ 幂次的规律。随着气孔尺寸增加以及多种散射的共存,虽然反比于波长幂指数的关系仍然成立,但是平均或加权平均后所得的幂指数的绝对值会小于 4。

另外,气孔等异质散射体还存在浓度效应,即低浓度下,各个气孔是孤立的,可认为不存在相互作用的散射中心,入射光在气孔位置只发生一次散射,随后就不再被其他气孔散射;但是随着浓度的增大,不但存在多次散射,还使得多个气孔容易聚合成簇,等效于增加了单个气孔的平均体积,并且改变了气孔的几何形状。而散射和散射体的几何外形与体积密切相关,因此原有的散射类型也可能发生变化,散射损耗也进一步增加,此时就需要考虑散射公式中结构因子项的影响。

单晶由于体结构基本上是正常的晶体结构配置,即使表面结构有畸变,也因为表面与本体相对比例非常小而不能显著体现出来。但是陶瓷存在着晶界,相比纳米颗粒的自由表面,晶界虽然不存在悬挂键,但是其结构与体结构仍有差别。比如激光离子在晶界的配位就可能比晶粒内部的配位更为畸形,甚至可能是不同类型的配位,从而产生不同的折射率。由于陶瓷由大量的晶粒组成,而晶粒之间以晶界连接,因此晶界占据的体积比例是可观的——假定理论单晶晶粒(包含表面层)是长度为 500 nm 的立方体,其表面层厚度是 2 nm,当 1 mol 这样的晶粒构成陶瓷,表面层按照晶界处理,此时晶界体积可达总体积的 2%。但是如果构成单晶,并且所有立方体排成一列(此时具有最大的表面积,但是已经是超长的,不可能存在的纳米棒),仍按 2 nm 厚度考虑表面层,计算可以发现其体积比例近似为零(构成单晶时晶粒之间没有表面层)。由于离子浓度在 $ppm(10^{-6})$ 数量级就可以引发光谱响应,因此高占比的晶界对陶瓷光学性能的影响不能忽略,尤其是激光离子在晶界中聚集程度较大的时候。这也是激光透明陶瓷和激光晶体之间的主要区别——干净的晶界是实现高效透明激光陶瓷的必要条件之一。

理想的透明陶瓷关于晶界散射的要求主要包括晶界尽可能薄,且不存在晶间气孔(或晶界厚度与气孔大小比光的波长小一个数量级以上),同时还要求晶界干净而没有杂相。这就对烧结助剂以及掺杂离子浓度进行了限制,因为这两者很容易在晶界析出并滞留,从而成为晶界散射的主要来源。

有的文献将晶界散射与晶粒散射等同起来,这从几何关系角度来考虑是合理的——晶界面积或体积与晶粒尺寸是直接相关的。对于各向同性的材料,晶粒尺寸对散射的影响规律是随着颗粒尺寸增加,散射先增后减,晶粒越大,越有利于沿入射光传输方向的散射(forward scattering,前向散射),极端情况下就是单晶。但是陶瓷的晶粒尺寸越大,力学性能会劣化。另外,小晶粒也可以降低散射,但是难以实现——小晶粒是热力学不稳定的体系。因此高光学质量的透明陶瓷需要调控晶粒尺寸,从而得到兼顾生产实践和散射损耗的最优粒径。需要注意的是,这种效应与下面要介绍的由晶粒自身非光学各向同性产生的散射效应并不等同,此时考虑的是晶粒之间由于不同取向而对入射光呈现不同折射率产生的散射损耗。

另外,纳微米材料的发光存在尺寸效应,透明陶瓷中同样存在类似的影响,这种尺寸效应可以改变吸收与折射率,因此也可以改变对入射光的散射结果。如前所述(2.3.4 节),这种影响并不显著,因此目前在透明激光陶瓷领域仍未加以考虑。

最后,透明激光陶瓷优选各向同性的晶体结构是由于陶瓷属于多晶材料,晶粒在陶瓷内部的取向是随机的,因此当晶粒不是光学各向同性的时候,光在不同晶粒之间传输就会不断发生折射率的变化,从而增强了内部散射效应,不利于实现陶瓷的高光学质量。要获得优良的透明陶瓷,就应当优先选择立方的晶体结构。如果由于激光离子的要求不得不选择非光学各向同性的六方或四方等晶体结构,就需要进一步探讨晶粒的统一取向技术,从而使得光传输过程类似于在一块单晶中进行——这是目前透明陶瓷领域的挑战性课题,也是 $Al_2O_3$ 陶瓷一般只能是"translucent"而不是"transparent"的原因。

当前陶瓷透明性的研究仍主要处于定性地、现象性地描述阶段。虽然基于前述有关散射和吸收的理论已经认识了影响陶瓷透明性的因素,但是具体的影响机制乃至定量的数学描述仍处于起步阶段——已有的透明陶瓷文献大多是引用瑞利散射公式等来定性提高对实验现象的说明水平,并没有进一步考虑公式的应用或者基于实验结果对公式进行改进。也有部分文献基于各类假想模型进行了公式推导和实验模拟,如文献[85],但是其普适性仍然较差,并不能作为调控或推断陶瓷微结构的直接依据。甚至原有比较权威的,其计算结果被有关材料手册记录的软件,比如 OPTIMATR 等预测的数据也被后来更精细的实验测试证明存在较大的误差(约 40%)[86]。

造成这种局面的原因主要有两个:①实际结构要比理论的球形和无相互作用结构等理想假设更为复杂;②当前仍然缺乏有效的测试陶瓷微观结构的手段,已有的电镜和光学显微技术都存在各自的局限性。因此目前提高陶瓷的透明性仍处于试错法盛行的阶段——将实验表征的透射率、微观结构和已有的散射与吸收理论相结合,定性推断制约透明性的主要因素,然后分析其在陶瓷制备过程的产生和发展,进而提出改进的制备工艺,仍是提高透明化研究效率的关键手段。

# 2.5　热性质

## 2.5.1　激光材料的温度场和热效应

激光器工作于给定的环境中并且内部存在能量的不彻底转换,因此与激光材料相关的温度场及其热效应既有环境的因素,也有自身的因素,而且这两种因素可以互相作用:环境温度的升高会影响发光效率,进而增加废热的排放;废热的排放又会升高环境温度。从而虽然在研究激光材料的时候可以分开考虑,但是设计激光器的时候却必须从系统的观点协同考虑,在一个完整的工作流程框架中合理设计温度场并且尽可能减少热效应。

温度场的概念常见于有限元模拟工作,有的文献也称为热场,通常仅给出一个温度值的条件其实是假设环境中各点的温度是均匀一致并等于这个数值的,比如"室温下"就意味着这种情况。但是这种均匀一致的温度场并不适合于激光材料。因为激光材料是被安放在激光器中,处于一个相对密闭的环境内,而且这个环境中不同位置安装有不同的组件,从而具有不同的导热结构,并非一种可以充分并瞬时完成热交换的开放环境。因此除了量子效率、泵浦源吸收和转换以及激光光束质量,温度场及其密切相关的热效应也是激光材料面向服役需要重点关注的内容之一。

有关外界温度对激光材料的热效应与研究发光材料的温度效应在实验手段、结果和理论机制上并无差别,通常就是以温度为自变量,表征激光材料的变温激发-发射光谱、变温衰减光谱和变温量子效率等,而电子跃迁与声子耦合以及声子能量随温度增加则是解释各种变温发光性能变化的基本要素。以图 2.43 不同温度下 Nd:YAG 的发射光谱为例,随着温度的增高,声子参与的能量转移加剧,因此短波长范围的跃迁容易因激发态能量的再吸收而下降,从而改变长波长特定谱峰的相对强度,并导致短波长发光峰强度的下降。同样地,随着温度增高,一方面是声子与电子跃迁耦合更为强烈,从而引入不同的能级差值和猝灭短波长的发光;另一方面是电子运动速度增加会导致电子云的扩张,从而缩短原先两个电子云的间距,即缩短原有跃迁能级之间的差值。而且这种扩张也增加了能级的数量,前者导致光谱往长波方向移动,而后者则产生了宽化的谱峰(图 2.44)。

需要注意的是,发光衰减随温度的变化较为复杂。这是因为衰减涉及无辐射弛豫,而与无辐射弛豫相关的缺陷的影响机制随温度升高的变化是不一样的,具体取决于温度升高后相关缺陷的浓度以及缺陷能级与激发态能级之间的差值。比如当温度升高后,从能带模型的角度看,带隙会减小,导带底会下降,此时将湮没靠近

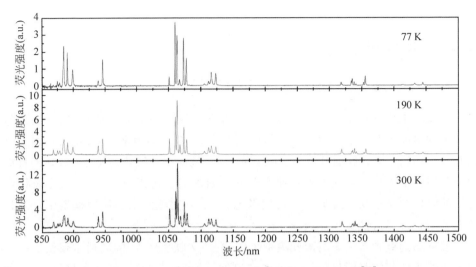

图 2.43　2 at.%Nd:YAG 在不同温度下的发射光谱[87]

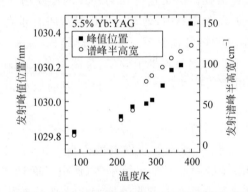

图 2.44　Yb:YAG 的 1030 nm 激光波长和谱峰宽度(线宽)随温度的变化[88]

导带底的缺陷,而且激发态上的电子通过耦合声子进入导带的机会也增加,从而无辐射弛豫的途径和概率都增加,滞留缺陷而延迟发光的概率下降,衰减寿命就会随温度增加而减少;但是如果晶体结构相对比较刚性,此时能级变化的影响就较小,而缺陷俘获电子的影响则更为显著,通常会体现为低温衰减较快。高温由于电子吸收声子能量后可克服势垒而被缺陷俘获,难以返回基态,从而衰减寿命较长。如果温度进一步增高,衰减寿命又会在脱离缺陷速率增加以及能级变化程度增强等因素的影响下再度下降,加快电子从激发态往基态的跃迁(辐射和无辐射)。对于激光材料而言,还需要注意激光下能级不一定是最低能级(真正的基态),激光的衰减寿命取决于给定时刻在激光上能级和下能级上各自的粒子数,如果下能级能迅速排空,激光衰减寿命也可能下降。

　　衰减时间的变化程度也可能在设备的测试误差范围内，此时认为衰减时间在某个温度范围内是稳定的也是可以的，但是就不能进一步对衰减机制作出判断，因为此时的实验数据并不能支撑衰减机理的研究。以图 2.45 为例，可以认为低温的快衰减可能来自于缺陷的低俘获或者激光下能级的更快排空，200 K 以上则看作衰减寿命稳定的区域，因为其差别在测试误差范围内。虽然材料的光学质量可以进一步确认主要来自低能级的影响，但是缺陷表征的局限性意味着缺陷机制仍可能存在，需要进一步提高衰减寿命测试分辨率进行克服，从而得到更合理的结论。

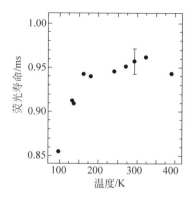

图 2.45　5.5 at.% Yb:YAG 的 1030 nm 荧光衰减寿命随温度的变化[88]

　　基于变温的吸收、激发、发射以及衰减光谱数据，可以根据已有公式进一步计算各种与激光材料密切相关的参数，比如吸收系数、受激发射截面和吸收截面等的变温谱图。图 2.46 给出了不同掺杂浓度 Nd:YAG 激光晶体的变温受激发射截面，从中可以得到发射截面随温度增加而下降，拟合直线所得的斜率是 $3.9 \times 10^{-22}$ cm$^2$/K，这就意味着环境温度增高会影响激光性能，基于这种材料的激光器需要重点考虑温

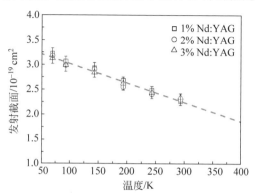

图 2.46　不同掺杂浓度的 Nd:YAG 的受激发射截面随温度的变化[87]

度的稳定性。不过该文献由于缺乏晶体的组分分析数据,考虑到单晶生长的分凝效应而导致实际掺杂浓度远低于原料中的掺杂浓度,因此图中同时给出的受激发射截面的变温性质与浓度近似无关的结论仍需要谨慎对待,即便对于激光陶瓷也是如此(具体可进一步参阅 1.1 节和 4.1 节)。

另外,也可以根据实验数据尝试拟合出经验公式,比如根据不同温度下 Yb:YAG 的吸收截面 $\sigma_a$ 和受激发射截面 $\sigma_e$ 拟合出如下的经验公式[89]:

$$\sigma_a(T) = \left[2.07 + 6.37\exp\left(\frac{273-T}{288}\right)\right] \times 10^{-21}\ \text{cm}^2$$

$$\sigma_e(T) = \left[2 + \frac{10.5}{1+\exp\left(\dfrac{131.6-T}{52}\right)}\right] \times 10^{-20}\ \text{cm}^2$$

这种公式的好处在于一方面可以预测其他温度点的参数数值,为激光器的服役能力提供技术支撑;另一面可以深入认识结构影响性能的机制,其中也包括了不同基质之间的效应,从而突破只能定性描述变化趋势,比如随温度增加还是减小的粗浅认识局限。结合图 2.46 的线性规律可以发现,同一基质体系对不同激光离子的温度响应性是不一样的。由于 $Nd^{3+}$ 和 $Yb^{3+}$ 同属于稀土离子,化学性质相似,因此能级系统就成了这种差别的主要来源。

与常规发光材料不同,折射率随温度的变化是激光材料特有的或者需要重点考虑的因素——常规发光材料由于不涉及热透镜和散射等问题,因此不需要考虑。激光材料要求折射率随温度的变化,即热光系数(thermo-optic coefficient)$dn/dT$ 尽可能接近零。比如 ZnS 和 YAG 的热光系数值分别是 $4.9 \times 10^{-5}\ \text{K}^{-1}$ 和 $8.6 \times 10^{-6}\ \text{K}^{-1}$。主要原因有两方面:①各种光学参数,比如透射率、散射系数、受激发射截面等都与折射率有关,如果折射率随温度的变化较大,那么这种材料的激光性能就存在较大的波动,从而毫无实用价值;②产生激光的过程会在激光材料中产生废热而升高温度,如果折射率随温度变动大,再加上组分难以完全均匀分布,此时就容易形成热透镜而降低光束质量。对于各向异性的材料,通常需要生长晶体测试两种折射率的温度系数。这也是激光陶瓷用于激光器的重要实验数据。这种各向异性材料如果要做成高光学质量,可用于激光材料的透明陶瓷,那么类似于单晶那样使晶粒高度定向分布是最佳的选择。如果陶瓷中晶粒无规则取向,两种折射率的差异就会通过晶界影响陶瓷材料的光学性能。

除了周围环境产生的温度场,输出激光过程中激光材料会生成废热,从而自行产生一个主要影响材料内部范围的温度场——激光器工作时,泵浦光并不能全部转化为激光输出,其中损耗的部分就转变为热,激光功率越高,即便损耗比例不变,所需的泵浦功率也是不断增大,因此产生的热量会越来越多。这些热量如果不及时从透明激光陶瓷中导出,就只能被材料吸收,导致材料内部的组成离子和电子等粒子运动加快,宏观表现就是材料膨胀产生应力、光谱宽化、光强下降以及出射激光质量劣化(比如功率分布不均匀、光斑形状不对称、散射角增大等),严重时甚至会造成材料的热损坏。

这种废热引起的热效应同样也包含了上述源自环境温度场对发光性能的各种影响,但是实际经常讨论的,也是文献更常涉及的是热光效应和热弹效应。其主要原因就在于废热产生的温度场在均匀性方面不如外界温度场,局部性更强,因此与材料中的应力及其破坏的关联性也更为密切。热光效应是温度引起折射率的变化,而热弹效应则是温度引起材料的形变,与之相关的是材料的热膨胀系数(thermal expansion coefficient)。

从激光材料失效的角度来看,热透镜的影响要比热应力严重得多,即在材料炸裂之前,激光束的质量和激光性能已经严重偏离正常的数值。这是因为一方面温度的变化可以通过热光效应改变折射率,而另一方面热弹效应引起的材料内部应变也会通过光弹效应来改变折射率——材料中膨胀程度不同的区域对光的折射是有差异的。从而折射率的变化产生的热透镜效应会造成波前相位畸变和激光束的退偏振等问题,引起激光束功率和光束质量的退化。

激光材料中热透镜的研究可以采用几何光学的理论从光程差的变化展开讨论。激光在材料中传输所产生的、在垂直于传输方向的截面上距离光轴为 $r$ 位置的光程差(optical path difference,OPD)[90-91]可以如下计算:

$$\mathrm{OPD}(r) = (n_0 - 1) \cdot \Delta L(r) + \int_0^{L+\Delta L(r)} \frac{\mathrm{d}n}{\mathrm{d}T} \cdot [T(r) - T_{\mathrm{ref}}]\mathrm{d}z +$$

$$\sum_{i,j=1}^{3} \int_o^{L+\Delta L(r)} \frac{\partial n}{\partial \varepsilon_{ij}} \cdot \varepsilon_{ij}(r)\mathrm{d}z$$

式中:$n_0$ 是未受热形变之前的折射率,比如 Yb:YAG 的 $n_0$ 可以取 1.82;$L$ 是未泵浦时沿光传输方向上的厚度(即激光棒的原始长度);$r$ 是距离,是垂直于光传输方向的截面上的一个极坐标(即半径变量,而另一个变量是角度 $\theta$);$\Delta L(r)$ 是距离 $r$ 处的表面形变;$T_{\mathrm{ref}}$ 是冷却台的温度;$\varepsilon_{ij}$ 是应变张量;$z$ 是沿光传输方向的距离,$\mathrm{d}z$ 为其微分。

另外,在热透镜效应中,热光效应(热引起折射率的变化)与光弹效应(热引起形变,然后形变引起折射率变化)的影响趋势是一样的,但是绝对值有所不同[90]。比如随板条厚度增加,它们的影响逐渐递增(从 0.5 mm 到 3.0 mm),热光效应的影响相对于初始值仅增加 44% 左右;而光弹效应对热透镜的贡献则增加了 400%,甚至可达到 700%。不过基于总贡献而言,光弹效应的数值并不大,即便厚度是 3.0 mm 的时候,热光效应的贡献约 86%,而光弹效应则只有约 5%,比表面形变(由热扩散引起)的贡献还小。需要注意的是,作为第三种产生热透镜的主要因素,表面形变随着厚度的增加反而下降,在上述的厚度变化范围内,相比于低厚度,其下降幅度超过了 80%。

与激光材料自身相关的温度场除了来源于产生激光的能量转换不完全,还来源于产生二次激光的能量转换不完全。常见的二次激光主要是倍频激光和拉曼激光,前者也称为自倍频激光,即基准激光和倍频激光都是同一块激光材料产生,而不是外界激光入射激光材料产生的。显然,这种二次激光的产生对能量转换不完全的影响要更为严重——一个体系的总的能量转换效率是各子过程能量转换效率的乘积,而不完全的能量转换效率是小于 100% 的,因此其连乘是一个不断递减的过程。

实际的温度场要更为复杂,不能看成是外部温度场和内部温度场的简单加和。比如内部温度场也可以通过传导和辐射作用于外界周围环境,其作用程度随材料所处空间的大小和开放性而变化,通常所处空间越宽敞越开放,对周围环境的影响越小。但是高效紧凑是固态激光器追求的目标,这就意味着激光材料是处于狭窄的空间之中,甚至与周围其他部件密切接触,因此环境与内部温度场是耦合影响的。另外,激光器的其他组件也会通过调整损耗过程(本质上是能量转换过程)对系统的温度场产生影响,其中谐振腔反射镜的镀膜就是一个例子——镀膜的质量以及透射率的大小会影响光子在谐振腔中的传输、增益和损耗。而大多数损耗最终是以废热的形式进入环境(不管是激光材料的吸收还是激光器其他组件的吸收),从而影响激光材料的温度场乃至热效应。这也是激光器的设计是一个系统性工程的重要原因之一。

## 2.5.2　内禀散热和外源冷却

将多余热量即时并瞬间释放,维持材料内部温度场的均匀性是激光材料性能稳定的理想要求。实际的激光材料只能通过传热过程尽量达到这个均匀温度场,从而避免热效应出现的目标。对于固体而言,三大传热过程中只有热传导和热辐射可以应用。由于热辐射与温度呈幂指数关系,而高温对激光材料没有实际意义,因此热传导是激光材料传热的最重要过程。

提高热传导能力有两个因素:内部和外部因素。前者对应的是内禀散热能力的优化;后者则涉及外源冷却的设计。

所谓内禀散热就是通过激光材料的结构设计尽可能提高它的热传导能力。基质的热导率是最重要的衡量指标,因此选择一种材料作为激光材料,热导率是其中必须考量的一个材料参数。对于各向异性的结构,除了要求各方向的高热导率,还需要它们尽量接近,即尽可能逼近热导率上的各向同性。这对于晶粒无序取向的陶瓷材料是重要的要求——不同方向热传导差异如果过大,那么由于晶粒取向不可控,其热传导能力乃至材料内部的温度场和均匀性也就复杂起来。内禀散热的另一个主要措施是复合结构。如果说上面所谈的基质热导率属于单一结构设计，那么复合结构就相当于考虑不同热导率的组合设计，借以提高热导率和温度场均匀性，实现降低陶瓷与冷台（紧贴激光材料的降温设施）之间温度差的目标。

近年来出现的浓度梯度分布的激光陶瓷是复合结构内禀散热的典型例子。这种浓度梯度可以分为陶瓷（也可以有晶体参与）之间的叠层以及同一块陶瓷内部的浓度分层两种主要方式。它们在组分上最重要的区别就是界面两侧掺杂浓度的突变程度——这种突变也必然影响激光材料的光、热和机械等物理性能。另外，有关多组分激光陶瓷的设计其实也可以纳入复合结构设计的范畴——原子层次上的复合。此时虽然不存在浓度层，但是对于热导率和各向均匀性的改进仍然是有利的。

内禀散热的改进受到激光材料结构的限制。从 20 世纪 60 年代开始，人们筛选了成千上万种化合物，最终也就寥寥若干种可以胜任激光材料的基质。因此在现有技术水平和可获得激光材料体系仍不丰富的条件下，外源冷却是更有效的选择。

外源冷却是将透明激光材料与降温设施连在一起的，最常见的是直接将材料放在冷却的金属台上。根据降温原理可以进一步分为主动降温和被动降温两大类。前者可以维持一个稳定的低温，后者则是通过快速导热能力在激光材料表面营造一个较低的温度范围。这两类方法各有优缺点。主动降温虽然有助于获得较大的散热能力，却与陶瓷内部的温度存在梯度，从而陶瓷从内部到外部形成了一个温度由高到低的梯度。这种温度场或热场的不均匀实际上加剧了材料内部的热效应，比如温度梯度的存在会导致材料热胀的不均匀，从而产生了内部应力，而这种效应一方面会形成热透镜和热双折射等劣化激光的质量；另一方面又会导致材料的应力破坏，从而成为限制激光功率提升的瓶颈（具体可参见 2.5.1 节）。后者则可以形成一个较宽的温度梯度，其等效于降低了激光材料内外的温差，但是在有限的空间中，其结果必然是整体温度的升高，同样不利于激光性能的稳定。因此外源冷却的设计并不是纯粹关注降温的快慢，而是必须结合热效应下材料结构和性能稳定性及其主要影响因素而进行系统性考虑的，典型例子就是固体热容激光器（SSHCL）和光纤激光器。

1995 年，由美国沃尔特斯（Walters）等提出并在 1996 年申请专利的固体热容激光器给出了一种新型的，主要用于解决产生热应力的温度梯度问题的导热手段。当直接将热连续地从激光材料表面导走，此时激光材料表面的温度要低于中心温度，这个里高外低的温度梯度导致材料内部存在张应力，引起材料变形，光束质量下降，最终导致材料的断裂。由于理论上一般材料在压应力下的断裂阈值是张应力下的好几倍，因此如果将温度梯度的方向倒置，即表面温度高于中心温度，那么此时虽然材料内部仍有热机械应力的存在,但是其类型是压应力,可以让材料工作在更高的温度下而不断裂,这就是固体热容激光器的设计思路。其措施是在泵浦的时候维持一个绝热过程,泵浦结束后才冷却激光材料。由于能量交换和传输的方向是从材料表面向内部,因此实现了表面温度高于中心温度的状态。显然,这种改变在本质上是将传统的连续冷却(边工作边冷却)改为间断冷却(工作—冷却),因此是一个革命性的创新,为大功率激光的实现开辟了一条新路。

与其他脉冲固体激光器相比,固体热容激光器在一次猝发中的平均功率是那些重复模式激光器的 10 倍以上,与最大功率的非脉冲式固体激光器相比,固体热容激光器的平均功率则是 2 倍。另外,固体热容激光器具有在较短波长的激光范围内工作的能力,从而允许激光束在大气中传播更远的距离,而且光束发散较小。因此固体热容激光器已经成为当前千瓦级激光器的主要选择。

从理论上说,与外界环境接触面越大,导热越快,光纤激光器就是基于这一设计思想而发展起来的。在光纤激光器中激光材料作为内芯,直径在微米级别,而光纤长度则是毫米或厘米级别,长径比达到 $10^2 \sim 10^3$,从而与外界(包裹层)有非常大的接触面积,可以实现高效传热。

除了上述传热方面的优点,光纤激光器由于是波导结构,因此激光质量不会受到废热的影响;而且由于内芯截面积很小,激光功率密度分布会更为均匀,同时也便于泵浦功率密度的均匀分布,容易起振而降低泵浦阈值。基于这些优势,再加上无论是玻璃、陶瓷和单晶,理论上都可以做成光纤。光纤激光器在国内外备受重视,在高能激光方面也有应用前景。目前以玻璃光纤的成本最低、性价比最高、发展最快,并且有了商用产品。

然而,光纤激光器的优点也正是其劣势。首先,内芯小会产生泵浦光的会聚对焦问题,这是因为从能量高效传输的角度看,微米级的内芯要求入射泵浦光的直径也应当是微米级,而且入射角度必须尽可能避免泵浦光折射入包裹层。其次是高功率下的热效应问题——虽然光纤激光器有表面积大容易传热的优点,但是其包裹层的热导率以及泵浦光在包裹层的能量沉积等也需要考虑。光纤内芯很小,从材料的角度就意味着其表面相比于本体的体积很大,如果包裹层的传热不行,内芯的热稳定性相比于同样材料构成的块体反而会下降。因此如果内部废热的积累超过一定范围,光纤激光器的热效应比起同组分的块体更为严重,换句话说,光纤激光器的大功率应用必须结合更高的能量转换效率才有实际的意义。再次,光纤激光器在内芯受热失稳前,激光的质量已经严重下降,比如不再工作在基模模式以及产生非线性效应而降低能量等,即它的激光质量稳定性随热失稳的变化比块体型激光器要更为敏感,在明显可觉察热失稳之前已经失去了作为激光器使用的意义。

最后,当激光材料的组成与结构基本确定后,内禀散热与外源冷却可以通过有限元模拟进行设计和评测,从而提高激光材料乃至激光器的研发效率和可靠性,具体可以进一步参考 5.4 节。

### 2.5.3 陶瓷热传导

作为内廪散热最重要的技术指标,热导率(thermal conductivity)是激光材料的关键参数之一。对于激光材料而言,理想的热导率要求是数值高、各方向相同并且不随温度而变化。比如 $Lu_2O_3$ 在 300 K 时热导率是 12.5 W/(m·K),这个数值是比较高的,但是其随温度变化也较大,92 K 已经是 32.3 W/(m·K)(这个数值还是掺杂了 10% 的 $Yb^{3+}$ 的数值,纯相的数值更高)[92]。因此虽然它是优良的激光材料基质,但仍不是理想的,实际应用中对外源冷却的要求仍比较高。

热导率的各向同性和热稳定性是降低激光材料热效应的必然要求。因为在不同方向传热不一样或者传热能力随所处温度的变化而变化的条件下,温度梯度的产生是其必然的结果。从而如上所述,各种热光和热弹及其衍生的光弹效应也就会出现并影响材料的结构和性能。

材料的热导率与比热容既有联系又有区别。热导率反应材料的传热能力,比热容则反映材料的储热或者热稳定性的能力。比热容越大,改变材料温度所需的热量就越多。与此相应,这类材料向外传热的时候,同样温度的变化也就伴随更多的热量交换,即可能得到更大的热导率。但是从比热容的单位,即 J/(g·K) 不难看出,两者之间还需要考虑时间因素(热扩散系数)和质量因素(密度),因此实际热导率的大小并不是仅由比热容所决定的。不过总体说来,高比热容的激光材料通常更占优势。

另一个需要注意的是基质的高热导率并不意味着掺杂后的高热导率。典型的例子就是虽然倍半氧化物的热导率要优于 YAG 的,比如没有掺杂的情况下,$Sc_2O_3$、$Lu_2O_3$ 和 $Y_2O_3$ 分别是 15.5 W/(m·K)、12.5 W/(m·K) 和 12.8 W/(m·K);相比之下,YAG 只有 10.1 W/(m·K);但是同样掺杂 3 mol% Yb 的条件下,Yb:YAG 是 7.6 W/(m·K),只下降了 25%;而 $Sc_2O_3$ 则是 6.4 W/(m·K),整整下降了 60%,$Y_2O_3$ 同样也大幅下降(7.4 W/(m·K),42%),只有 $Lu_2O_3$ 仍保持 10.8 W/(m·K) 的较高数值(下降 11%)。其原因和掺杂离子与所置换阳离子的相对半径大小以及所置换原子格位的对称性有关。即半径越接近,所占据的格位畸变程度越小,那么其热导率就越接近基质的热导率。以此类推,LuAG 必然有利于 Yb 的掺杂——实验表明,50% 的 Yb 掺杂所得的 Yb:LuAG 的热导率相比于 LuAG 基质仅下降了 10%(7.1 W/(m·K) 到 7.8 W/(m·K))。

陶瓷与同组分晶体的关键区别就是陶瓷存在着晶界——即便晶界厚度可以薄到几个原子层。因此陶瓷的热导率与晶体的差异主要体现在晶界的影响是否显著。从微观角度看,热导率是晶格振动传热能力的反应,即声子数量、运动速度和平均自由程决定了热导率的大小。声子数量与比热容有关,而运动速度与平均自由程是彼此关联的,取决于声子在运动时受散射的程度。随着温度升高,原子热振动在强度和速度上都在增加,因此声子受散射的机会增加,平均自由程下降,平均运动速度也下降,从而高温会减小热导率。有的文献也将高温声子平均自由程的下降解释成更高能量声子的激发,其实际效果是一样的,因为能量越高,声子波的波长就越短,单位时间传播的路程也就越短。

显然,晶界的影响在低温时才比较显著。已有理论模拟结果表明,60 K 以下,晶界散射对热导率的贡献起主导作用,因此 YAG 单晶与陶瓷在 100 K 以上时才体现相同的热导率[93]。这是因为陶瓷中晶粒的大小在制备和加工完成后可以认为是不变的,因此晶界对热导率的影响程度取决于声子平均自由程相对于晶粒的大小。如果声子平均自由程远小于晶粒尺度,这就意味着晶界位置的散射相比于格点位置的散射而言,所占比例并不大,热导率主要取决于格点的散射,此时陶瓷与单晶的热导率基本一致。与此相反,低温下平均自由程较长,对于单晶而言,声子可以经过该距离才被散射,而陶瓷则在此之前就遇到晶界并发生散射。平均自由程越长,受晶界散射就越频繁,此时陶瓷的热导率相比于单晶有明显的降低。因此对于激光陶瓷,如果工作在室温下,其热导率与单晶差别不大,但是工作于低温下,其热导率需要重新评估,甚至有助于烧结和光学质量的小晶粒反而成了不利因素,或者说低温下更大的晶粒尺寸对激光陶瓷的热性能可能更为有利。

图 2.47 分别给出了室温及更高温度下 YAG 基质掺杂 $Nd^{3+}$ 和 $Yb^{3+}$ 后各自单晶与陶瓷热导率的实验值和理论计算值(具体参见 5.4 节)。如上所述,在这个温度范围内,晶界散射的影响不显著,因此任一个体系中单晶与陶瓷的热导率都近似一样。另外,随温度升高,由于声子受近邻格点的散射程度加大,平均自由程和平均迁移速度下降,因此热导率随温度增加而减小。与此同时,掺杂体系的热导率介于两个纯相的热导率之间,呈两边升高、中间凹陷的"马鞍"形变化,具体的变化趋势与掺杂离子影响有关。从图 2.47 可以看出,虽然 $Yb^{3+}$ 与 $Y^{3+}$ 的离子半径更为接近,但是同样掺杂浓度下,其对 YAG 热导率的影响却要高于 Nd:YAG,因此掺杂离子的质量及其对德拜温度的影响要比离子半径大小的影响大得多,即晶格振动行为与离子质量的关系更为密切。

最后,基于实验测试的热导率与理论测试的热导率的对比(相对比较)可以研究实际起主导作用的声子散射机制,从而有助于设计陶瓷材料的晶粒尺寸——因为在低温或者晶粒尺寸与声子平均自由程的大小可以比拟的时候,就会产生尺寸效应,此时晶界散射将占据主要作用,不利于陶瓷实现更高的热导率。

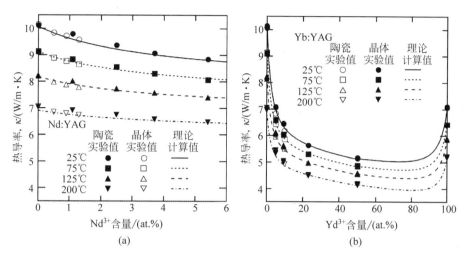

图 2.47　Nd:YAG 晶体及其陶瓷(a)和 Yb:YAG 晶体及其陶瓷(b)的热导率随浓度的变化[94-95]

## 2.5.4　面向热传导的陶瓷几何结构设计

如前所述,激光本质上是将大量能量在短时间内集中释放而获得很高的能量密度,这些能量来源于泵浦输入的能量。那么基于能量守恒定律,由于泵浦输入的能量并没有 100% 转化为激光输出,其中损耗的能量就转变为热,使得透明激光陶瓷乃至周围相关部件的温度升高,产生增益系数降低、热透镜和机械应力等问题,轻者降低激光光束质量和激光输出功率,严重时还会造成激光材料的破裂和激光器的永久失效。因此,导热问题(废热处理)是设计高功率固体激光器的主要困难之一[10]。

目前克服导热问题有两种解决办法,第一种是寄希望于高导热新型材料的研发;第二种则是利用工程设计来改变热流密度和传热途径,其中除了降温设施,激光材料的几何结构设计也是一种有效提升热传导的手段。目前主要有如下四种几何结构。

(1) 盘片

盘片激光的特点是加工后陶瓷的直径远大于厚度,从而降低热流密度,增大导热比表面积,同时热流的距离非常短,因此大泵浦能量也不会在盘片产生大的温度梯度。热流可以看作沿一维方向并且平行于激光方向流动,这样就会大大降低热机械效应。不过,这种几何形态存在一个主要问题,就是当增益达到一定水平时,长轴方向的寄生振荡会严重影响其间的激光输出。因此控制寄生振荡是研制高功率片状器件的核心问题之一。

(2) 板条

板条形状是激光陶瓷和晶体最为常见的几何结构。板条激光器一般采用端面或侧面泵浦的形式,即泵浦光从两个大面或侧面照射激光材料,同时采用热沉(内有循环冷却液,通常是水)进行散热。其优势在于采用这种结构泵浦光可以充满整个晶体,其整个体积内都被激发,而且在均匀泵浦的情况下,工作介质内的温度梯度也可以看作一维分布的,方向垂直于用水冷却的晶体大面的方向。

不过,同盘片激光一样,这种一维的热场分布也会产生问题。由于相应于盘片形状,其厚度的影响不可忽略,因此会产生竖直方向上的热透镜。目前的解决办法是激光材料加工成的板条不是规则的长方体,而是将两个供振荡激光通过的端面绕长轴方向倾斜加工成布儒斯特角($\theta_B = \arctan n$,$n$ 为激光材料的折射率),并将两个安装水冷的大面也抛光。这样一来,振荡激光在板条内部通过两个大面的全反射而呈之字形传播,让激光在另一个方向上不同区域内的不同热影响相互抵消,从而达到减弱甚至消除热透镜的目的。美国达信公司等实现千瓦级激光输出就是采用了板条几何结构。

(3)光纤

光纤可以看作薄片的反面,即直径远小于厚度的细长构造。在同样体积下,其表面积比其他块状工作物质大 2～3 个数量级,散热效果好;而且由于是波导结构,激光模式由纤芯直径 $d$ 和数值孔径 $NA_0$ 决定,不受介质中废热的影响,同时纤芯直径很小也容易实现均匀的高平均功率密度的泵浦而得到高功率激光[96]。

光纤激光器比块状工作介质激光器更容易获得高光束质量,采用多台光纤激光器的输出光进行相干合成的方式也可以实现千瓦级的激光输出。但是由于光纤纤芯横截面积小,因此一方面高峰值功率时废热的能量密度非常高,容易发生光损伤,而且原先低功率光源条件下不需要考虑的高阶介电效应也更为显著;另一方面则对泵浦光的取向和光斑几何(形状与大小)提出了更高的要求,需要专门的泵浦设施才能发挥光纤激光器的高质量优势,这就提高了激光器的复杂性。

(4)叠层复合

叠层复合结构力求综合块体与光纤结构的优点来实现降低激光材料与热沉之间温度梯度的目的。它采用了块体薄片(薄膜)的状态,并利用了光纤波导的全反射机制(图 2.48)[97-98]。其中心的激光材料层厚度为微米级,可作为波导层使用,因此这种结构也称为平板波导,能够有效地抑制光束发散,提高增益介质中的光密度,从而实现低阈值、高功率的激光输出。此外将波导层包裹在热导率高的基质材料中,也可以及时传导激光发射中产生的废热,保证光束质量。由于目前光纤的主要成分是玻璃,因此采用叠层复合,可以基于陶瓷来实现类似光纤激光器的固态波导激光器。比如美国 Raytheon 公司基于 Yb:YAG 已制备出了高增益且输出功率为 16 kW 的平面波导激光器[97]。

另外,这种叠层复合可以衍生出各种更复杂的结构,比如图 2.49 采用透明陶瓷包裹单晶芯棒的复合方式[99]。此时中心的激光材料不再是宽薄层结构,整体更类似大厚度高热导层包芯的光纤,非常有利于降低激光材料与热沉之间的温度梯度。

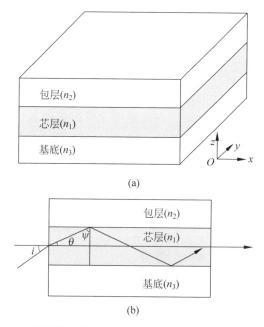

(a)

(b)

图 2.48　平板波导结构与入射光在结构中的传播示意图[97]

(a) 平板波导的几何结构示意图($n_1 > n_2$, $n_1 > n_3$);(b) 光在对称平板波导中的传播($n_1 > n_2$)

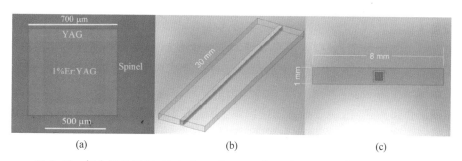

(a)　　　　　　　　　(b)　　　　　　　　　(c)

图 2.49　复合双包层 $MgAl_2O_4$/YAG/Er:YAG/YAG/$MgAl_2O_4$ 波导结构示意图,

其中 $MgAl_2O_4$ 为透明陶瓷,而 YAG 和 Er:YAG 为单晶[99]

需要指出的是,材料几何形状的变化本质上是改变热流的大小,并没有改变发光与冷却同时进行的过程。在这种过程中,废热从激光介质内传导至表面,由水等冷却剂带走,此时将出现大的温度梯度而产生机械应力,并且这种应力是张应力,会引发材料的物理变形与断裂。与此相反的改进思路是发光与冷却不同步进行,即激光工作过程中(10～20 s)是绝热过程,不与外界热交换,停止泵浦后再冷却激光材料。这就是 2.5.2 节所述固体热容激光器(SSHCL)的工作原理。此时废热产生的是压应力,而理论分析表明压应力的破坏阈值为张应力的 5 倍以上,因此固体热容激光器可以工作于更高的温度状态。

总之,在激光材料已经明确的条件下,通过材料几何结构以及材料与周围环境的热流传递模式仍然可以进一步优化材料的热传导过程。这也是激光器是一个系统,并非局限于某一材料的优异物理与化学性能,或者说在实验室常规测试表现良好的材料并不一定适合实际的激光服役需求的根本原因。另外,有关材料几何结构及其相应的热流途径和变化可以利用有限元模拟技术进行预测,从而避免大量尝试性实验造成的人力和资源的浪费,可以极大提高设计与优化的效率,具体可进一步参考 5.4 节。

# 2.6 激光能级系统

## 2.6.1 激光能级系统简介

激光能级系统是激光陶瓷、激光晶体和激光玻璃等激光材料相比于其他发光材料的特色之一。常规发光材料的发光只需考虑高能级到低能级是否能发生辐射跃迁,而要进一步成为激光材料,还需要考虑高能级与低能级之间能否实现粒子数反转(也称为粒子布居反转,在激光领域,这两个产生激光跃迁的能级分别称为激光上能级和下能级),即高能级的粒子数高于低能级的粒子数——此时不仅需要考虑发生跃迁的这两个能级的性质,还需要考虑其他能级相比于这两个跃迁能级的能量差值及其能量转化,甚至还需要进一步结合泵浦光波长加以分析。这就构成了实现受激光放大(激光)的一个能级系统——需要从系统的角度来考虑,而不是孤立地取决于激光上能级和下能级之间的能量差。

需要指出的是,电子进入更高的能级,本质上也等效于离子进入激发态,因此大多数有关激光的文献直接称为粒子,而随后的叙述则可以是"电子"或"离子"混用,本书也遵从这一传统,根据上下文叙述的需要而定,不再加以区分。另一个就是部分文献,尤其是偏工程应用的文献中将激光上能级称为亚稳态,其目的是突出其能级寿命虽然不如基态寿命,但是相比于其他高能态则要大很多——并不意味着其他激发态就不能被称为亚稳态。

粒子数反转是激光产生的必要条件,因此激光下能级相比于热平衡(基态)能级的粒子数比例成为划分激光能级系统的主要依据——具体能级系统种类的判断标准主要有两个:泵浦能量转化所涉及的能级数目以及激光下能级相对于热能

$kT$ 的大小,其中 $k$ 是玻尔兹曼常数,$T$ 是激光材料的工作温度,一般取室温($T =$ 300 K),此时 $kT = 208.5$ cm$^{-1}$。其中激光下能级相对于热能 $kT$ 具有合适的能级差就来自于粒子数反转的需求。这是由于热平衡下粒子数在不同能级的分布满足玻尔兹曼分布规律,因此高能态和低能态各自粒子数的比例及其能量之间存在着如下关系:

$$\frac{n_2}{n_1} \propto \exp\left(\frac{-(E_2 - E_1)}{kT}\right) = \exp\left(\frac{-\Delta E}{kT}\right)$$

式中,$n_1$ 和 $n_2$ 分别是低能态与高能态的粒子数,$E_1$ 和 $E_2$ 是各自的能量。如果考虑激光下能级与基态的关系(发光跃迁的基态能量等于 $kT$,高于 $kT$ 的粒子会释放能量,从而快速自发返回基态),根据上面的关系式,当激光下能级能量远高于 $kT$,就意味着下能级的电子可以迅速回到能量更低的“基态”,即激光下能级的粒子容易被排空。此时激光上能级的电子数就容易实现相对增加,从而提高了粒子数反转的程度。因此当激光下能级远大于 $kT$,就可以形成四能级系统,而随着激光下能级能量的下降,则依次为准四能级系统、准三能级系统以及三能级系统($= kT$)[13]。需要指出的是,在文献中 $kT$ 也被称为基态能级,以同激光下能级或者终态能级区分开来。

可以基于激光下能级与能量为 $kT$ 的“基态”之间的粒子数比例来区分能级系统。参考文献中的数据,不同能级系统之间近似相差 1～2 个数量级,分别是 $10^0$(三能级)、$10^{-2}$(准三能级)、$10^{-3}$(准四能级)和 $10^{-5}$(四能级)。比如取 $kT = 208.5$ cm$^{-1}$,并且作为 $E = 0$ 的基态,Yb:YAG 中 Yb$^{3+}$ 的激光下能级 $^2F_{7/2}$ 能量是 612 cm$^{-1}$,以上述指数项表示的粒子数热分布比例是 5.3%,为准三能级;而在 Yb:GSO(Gd$_2$SiO$_5$)中则是 0.6%(激光下能级是 1067 cm$^{-1}$),可归于准四能级。

分析能级系统的依据就是激光离子的能级图。图 2.50 给出了 Pr$^{3+}$ 的能级图示例,从中可以知道能够实现的激光波长(衰减寿命是微秒级别),即 Pr$^{3+}$ 可以直接获得可见光激光[11,100]。根据能级图判断激光能级系统的具体分析可参见 2.6.3 节～2.6.5 节。

最后,虽然划分能级系统需要考虑能量转化或者电子跃迁所涉及的能级数目,但是它们之间的关联性并不密切,或者说激光能级系统的划分并不受泵浦光单色性的影响。一个典型的例子就是以氙灯等宽光谱光源泵浦的激光能级系统实际涉及更多的激发态,此时这些在激光上能级之上的激发态被整体看作一个“泵浦带”,在能级系统中按照一个能级来处理。换句话说,泵浦时电子可进入比激光上能级更高的多个能级,但是讨论能级系统的时候仍简化为单色泵浦光作用的情形,即按照“一个”能量更高、可传递能量给激光上能级的激发态来处理。

虽然这种近似有助于认识激光的机制,但是在考虑泵浦效率和激光性能等时

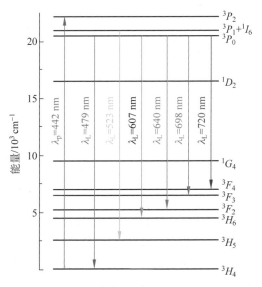

图 2.50　$Pr^{3+}$ 的能级图以及可见光范围内的激发-发射能级跃迁[11]

不能忽略非单色泵浦的影响——更高激发态需要辐射或无辐射弛豫到激光上能级，因此激发态数目越多，能量损耗也就越大，而且自发辐射的干扰也越大。这也是就泵浦效率而言，单色的激光二极管泵浦模式在激光器尤其是固体激光器中更有优势的主要原因。

## 2.6.2　粒子数反转的建立

粒子数反转或粒子布居反转是激光特有的，确保可实现受激光放大的必要条件，也是产生激光的激发源通常被称为泵浦光或泵浦源的原因。这是因为粒子数反转的状态是违反能量最低原理的，所以高能级的电子仍然会自发返回低能级，即自发辐射是时刻存在的，从而要维持这种布居反转，就要类似抽水机将水泵到高处，外界必须不断地给予能量，将低能量的电子抽运到高能量状态。

正是由于自发发光或自发辐射的存在，要实现足够强的受激辐射，就应当积累足够多的布居反转，才能在与出射光同频率的诱导光出现后产生多倍于诱导光的受激辐射。反之，如果只是简单地以入射光将激光离子激发到高能级，然后直接检测发射光，此时就算采用了诱导光，得到的也是常规的自发辐射为主的发光。这其实也是前述肖洛和汤斯的实验不容易被复制的原因——他们注意到了受激辐射，却忽略了自发辐射的存在，因此实验现象容易受到自发发光的影响，难以获得"激光"。

实现粒子数反转是选择可用于激光的发光离子的主要理论依据。首先，适合用作激光的发光离子需要具有更长的(一般在微秒级别以上)发光衰减。这是因为发光衰减越慢,意味着高能量状态的电子自发返回低能量状态的速度越慢,从而停留在高能量状态的时间就越长,越容易实现布居反转。其次是发光过程涉及的能级要多于两个,这是因为从体系自发稳定在低能态的原理出发,二能级系统由于只有高能级和低能级两个能态,因此自发辐射速度快,难以实现粒子布居反转(或者说其泵浦效率极低,毫无实用价值)。而且其泵浦光与激发光频率一样,这就意味着泵浦光子会诱导发射,从而降低了上能级粒子累积的能力,使得粒子数反转难以实现。另外,考虑到能量效率问题,尽力降低跃迁所涉及的能级数目有助于能量转化效率的提高和避免废热的生成,因此激光能级系统主要是三能级系统和四能级系统[101]。

关于能级数目对能级系统乃至实现激光的影响可以用红宝石激光材料 $Cr^{3+}:Al_2O_3$ 中的激光离子 $Cr^{3+}$ 进一步加以说明(2.6.3 节)。它的激光能级系统是三能级系统——基态能级(激光下能级)上方有两个能量不同的能级,其中能量较低的称为激光上能级。发光过程是 $Cr^{3+}$ 吸收了泵浦源的能量后,首先跃迁到位于激光上能级之上的高能级,然后通过无辐射跃迁到达激光发射的上能级,最后发生激光上能级与下能级之间的跃迁而产生激光。

从上述 $Cr^{3+}$ 的三能级系统可以看出,与二能级系统相比,更高能级的存在并参与发光过程就避免了激发光和诱导光同频率的弊端,此时只要发光衰减寿命足够长,可以实现粒子数反转就可以产生激光。

如果激光下能级与基态重叠或差距很小(在环境热能作用下两者难以区分),此时就很难实现粒子布居反转——体系趋于稳定在最低能量,因此粒子倾向于聚集在激光下能级(基态),高能态的粒子数相比于基态都是很小的,要实现粒子数反转就必须大功率泵浦,即提高单位时间内获得能量的粒子数。但是即便如此,激光效率也较低——因为可观数量的高能粒子会快速自发弛豫到基态即激光下能级而产生自发辐射。

与此相反,如果激光下能级远离体系的基态,那么由于落到该能级的粒子会在能量最低原理的驱动下快速回到基态,从而处于激光下能级的粒子可迅速排空。一方面使得激光上能级的粒子数相对增加,另一方面又增加了可泵浦到激光上能级的基态粒子数目,此时就很容易建立粒子数反转,相应地实现激光发射的泵浦阈值(能量或功率)也都可以显著下降。这种激光下能级远离基态的能级系统主要是四能级系统,其中 $Nd^{3+}:YAG$ 中的 $Nd^{3+}$ 就是一个典型例子。其发光过程是 $Nd^{3+}$ 吸收泵浦光后跃迁到一个位于激光上能级之上的吸收带,然后无辐射跃迁进入激光上能级,随后跃迁到远离基态的激光下能级实现激光发射。

不过,四能级系统在热效应方面会存在问题——至少跃迁到激光下能级的粒子还要通过无辐射跃迁回到基态,而这部分无辐射跃迁最终就转化为激光材料中的热(废热),产生不利于激光性能的各种热效应。

实际激光器中,粒子布居反转是泵浦与受激吸收的综合作用。这个过程是在谐振腔中实现的。作为激光器的核心部件,激光谐振腔由两块严格平行且垂直于光增益介质轴线的反射镜组成,其镜面可以是平面或凹球面,根据镜面形状称为平-平腔或平-凹腔等。谐振腔的主要作用就是使沿轴线运动的光子在两反射镜之间反射而不断往返运行(产生振荡),在运行时会不断通过激光材料与激光发光中心相遇既可发生受激吸收,也可以用于产生受激辐射。同时泵浦光也入射到激光材料上,不断将电子抽运到激光上能级,产生更多的受激辐射光子,最终沿轴线运行的光子数不断增加,随后以传播方向一致、频率与相位相同的强光的形式离开谐振腔,此时就成了激光。至于不沿谐振腔轴线运动的光子会很快逸出腔外,不再与激光材料接触。

当粒子数反转实现后,一个外来光子引发受激辐射,离开激光材料后就成了多个"外来光子",从而实现了光的"放大",因此激光材料也称为"光增益介质"。

## 2.6.3 三能级系统

20 世纪 60 年代首次出现的、源自掺 $Cr^{3+}$ 红宝石的红色激光是三能级激光。图 2.51 给出了以该激光基质中的 $Cr^{3+}$ 为典型例子的三能级系统示意图。在这类系统中,总的能级数有三个,分别是激光下能级、激光上能级和泵浦能级,其中泵浦能级是能量高于激光上能级的激发态。

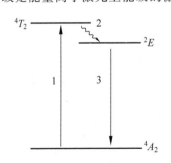

图 2.51 中的过程 1 是泵浦跃迁,粒子从基态 $^4A_2$ 跃迁到 $^4T_2$;过程 2 是无辐射跃迁,粒子从 $^4T_2$ 衰减到 $^2E$;随后发生过程 3,以辐射发光的方式返回基态。其中过程 3 就是所需的激光跃迁。各过程跃迁速率大小的数量级分别是 $p(^4T_2 \rightarrow ^4A_2) = 10^5 \, s^{-1}$,$p(^4T_2 \rightarrow ^2E) = 10^7 \, s^{-1}$,$p(^2E \rightarrow ^4A_2) = 10^2 \, s^{-1}$。过程 3 的速率远低于过程 1 和过程 2 意味着粒子容易停留在高能级,而过程 2 比过程 1 大两个数量级又意味着 $^4T_2$ 的粒子会快速落到 $^2E$,从而增加 $^2E$ 上的粒子

图 2.51 红宝石中 $Cr^{3+}$ 的三能级系统示意图[2]

数,最终实现 $^2E$ 相比于 $^4A_2$ 的粒子数反转,满足引发激光的必要条件。

另外,$^2E$ 和 $^4A_2$ 的自旋多重性不同,因此它们之间的跃迁是自旋禁阻的,这就是该跃迁速率慢,远低于自旋允许($^4T_2 \rightarrow ^4A_2$)和无辐射弛豫($^4T_2 \rightarrow ^2E$),具有很长寿命(毫秒量级)的根本原因,但是也导致了激光效率的低下——激光本质上仍

是发光现象,不会改变能级跃迁的各种选律限制,因此常规发光效率不高的激光材料,其泵浦效率当然也比较差。

另一个不利于 $Cr^{3+}$ 三能级激光效率的因素是激光下能级与环境热平衡所决定的基态的一致性。当激光下能级与基态的能量差较小,在环境温度下两者不可区分,即基态的电子基于热振动很容易进入激光下能级。反之亦然,此时基于体系尽量处于能量最低状态的原理,激光上能级相比于下能级(基态)的粒子数比例就很小,要实现粒子数反转就意味着同一时刻需要尽可能多地将粒子泵浦到高能级。而且还必须尽可能缩短泵浦之间的时间间隔,以此来抵消热平衡重排粒子分布的影响。这其实就是需要依靠大功率泵浦来维持低水平的粒子数反转,当然不利于高泵浦效率乃至高激光性能的实现。考虑到激光服役的环境温度对应的热能($kT$)通常与激光下能级是近似的,因此这种缺陷通常是三能级激光系统的固有或本征缺陷。

从上述有关 $Cr^{3+}$ 的三能级系统的讨论可以看出,基于这种能级系统的激光要提高性能,就必须在各种互相矛盾的需求之间进行平衡——通常高效率的发光跃迁必然伴随高速率,增加粒子数反转的困难;同时高效率发光也趋于返回基态,即激光下能级与基态重叠,又进一步增加了粒子数反转的困难。另外,在其他因素,比如基质和激光离子确定的条件下,降低温度是一种可选的提高激光效率的手段——基态能级随温度而下降,而激光下能级与基态能级之间的差值一般不会变化,从而热平衡决定的下能级相比于基态的粒子数分布会随着温度的下降而下降(两者重叠,$\Delta E=0$,比例为1),即可以加快下能级粒子的排空,增加上能级粒子的相对数目,提高粒子数反转水平。

$Yb^{3+}$ 是另一个典型的三能级激光离子,也是稀土离子中三能级系统的重要代表。它与 $Cr^{3+}$ 不同,其能级系统来自斯塔克劈裂。从能级图上看(5.3.2 节),$Yb^{3+}$ 在低能段仅有两个属于同一光谱项的能级:$^2F_{5/2}$ 和 $^2F_{7/2}$,两者的能量间隔为 $10000\ cm^{-1}$。在晶体场作用下,这两个能级会进一步发生斯塔克分裂,分别分裂成 3 个子能级和 4 个子能级。当 $Yb^{3+}$ 从 $^2F_{5/2}$ 的最低子能级跃迁回 $^2F_{7/2}$ 基态的时候,可以在能量较高的 $^2F_{7/2}$ 基态三个子能级处产生激光(以 1030 nm 的激光最为常见),最终电子再回到最低的基态子能级。虽然基态子能级之间存在能级差,但是在室温下,对于 YAG 等晶体场较弱的激光基质,其能级差与环境热能相近,激光下能级与最低基态子能级重叠,因此仍然属于三能级系统。另外,由于这些能级并不是正常电子组态的变化而产生的,因此与常见的稀土离子基于不同光谱支项之间的 4$f$-4$f$ 电子跃迁产生的窄带发光不同,这种斯塔克能级之间的跃迁具有晶体场作用下能级分布宽化的特点,即可以有较宽的发射光谱带,从而有利于宽调谐及超快激光输出。

激光下能级相比于能量取零的基态能级(子能级)的间距是不同三能级系统具有不同激光效率的主要根源。仍以 $Yb^{3+}$ 为例,在 YAG 基质中,其 $^2F_{7/2}$ 基态通过斯塔克劈裂成 4 个子能级,从而可以同激发态 $^2F_{5/2}$ 的最低子能级分别组合而获得三种激光波长:968 nm、1030 nm 和 1048 nm——理论上应该是四种发射光,实际上由于能量差值关系,只有能量较高的两个基态子能级可以同能量取为零的基态子能级区分开来,因此实际得到的是三种跃迁。根据玻尔兹曼分布,可以知道这三个能级的粒子数相比于基态总粒子数分别是 88%、5% 和 2% 左右,这就意味着后两种激光的运行机制趋向于四能级系统,被称为准三能级系统[102]。而 968 nm 的激光难以实现粒子数反转,或者高泵浦功率却只能获得低的泵浦效率,因此 Yb:YAG 激光器常用于 1030 nm 和 1048 nm 激光,而较少用于 968 nm 激光。

实际上 $Cr^{3+}$ 的能级同样可以在对称性更差的晶体场中进一步退简并,因此不管是 $Cr^{3+}$ 还是 $Yb^{3+}$,本质上都不是理论上严格的三能级系统,只不过是激光下能级与最低(能量取零)的基态能级(子能级)之间的间距太小,因此可以按照三能级系统来处理。这种准三能级的程度会随着温度的降低和晶体场畸形程度的加重而减小(后者也可以称为激光离子与晶格耦合的程度增加),从而向四能级系统转化(2.6.5 节)。

## 2.6.4　四能级系统

顾名思义,四能级系统包含了四个能级(图 2.52)和四个跃迁过程。图中的 H 代表泵浦光跃迁的终止能级($^4F_{3/2}$ 以上的能级)。这里不标注具体的能级符号是因为它可随泵浦光波长而变,甚至对应一个吸收带(泵浦带)。产生激光的跃迁过程与三能级系统类似,其中前三个跃迁同三能级系统一样,所不同的是多了第四个无辐射跃迁过程,即产生激光跃迁的基态能级(其实是激光下能级 $^4I_{11/2}$)与体系实际的基态能级差距较大(Nd:YAG 中,激光下能级是 2111 $cm^{-1}$,相对于

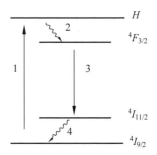

图 2.52　$Nd^{3+}$ 为示例的四能级系统示意图[2]

基态的粒子数比例是 $4 \times 10^{-5}$),几乎不会被热激发,因此会迅速弛豫到能量更低的真实基态能级,很难实现电子在该激光下能级上的布居。

从上述四个跃迁过程的分析可以看出,四能级系统具有实现粒子数反转的先天优势:高能激发态的粒子会迅速衰减到激光上能级,而落在激光下能级的粒子又会迅速排空回到基态,再次被泵浦到高能激发态。如此循环,从而激光上能级的粒子数相对快速增加,产生激光的泵浦阈值(功率或能量)相比于三能级系统有明

显的降低。

但是从能量转换的角度看,四能级激光系统也有本征缺陷:两步无辐射弛豫会产生废热。一方面是四能级系统比三能级系统多了一个下能级到基态的声子发射,而且与准三能级相比,其能量远高于 $kT$,废热更多;另一方面是虽然两者都存在高能激发态到激光上能级的无辐射弛豫,但是三能级系统通常具有简单的激发态能级结构,比如 $Yb^{3+}$ 的激发态甚至可以是斯塔克分裂子能级,与激光上能级之间的能量差很小,无辐射弛豫放出的能量就少。但是四能级系统,比如 $Nd^{3+}$ 的能级系统则相反,其高能激发态对应多个 $4f$ 电子组态构成的光谱支项,与激光上能级的能量差较大,其间的无辐射弛豫在文献中已经属于量子亏损了。即泵浦光与发射光有较大能量差,多余能量需要通过发射声子而释放,即传递给晶格,加速晶格振动,转为热能。

综上所述可以得到四能级系统激光离子的一个筛选标准:合适的(泵浦能级—激光上能级)和(激光下能级—基态)各自所得的能量差值。

$Nd^{3+}$ 是四能级系统的典型代表,而且激光问世后,已报道的 100 多种激光基质材料的掺杂研究也证明 $Nd^{3+}$ 是效率最高的四能级激光离子[17]。图 2.23 给出了 YAG 中掺杂的 $Nd^{3+}$ 的能级结构,其中基态光谱项符号为 $^4I$,包含四个光谱支项,而最低激发态 $^4F_{3/2}$ 具有比较长的寿命,有助于实现高能态数目高于低能态数目的粒子数反转。当 $Nd^{3+}$ 接收外界能量后,将从基态跃迁到高能激发态,随后各个激发态通过能量弛豫跃迁到亚稳态 $^4F_{3/2}$,再由该激发态跃迁回基态,相应于 $^4F_{3/2} \rightarrow {}^4I_{9/2}$,$^4F_{3/2} \rightarrow {}^4I_{11/2}$ 和 $^4F_{3/2} \rightarrow {}^4I_{13/2}$ 能态间的跃迁分别产生 946 nm、1064 nm 和 1318 nm 的荧光,最后无辐射跃迁回到最低的基态 $^4I_{9/2}$。上述三种波长的荧光经过振荡,放大后都可以产生激光输出,其中最常用的就是 $^4F_{3/2} \rightarrow {}^4I_{11/2}$ 跃迁,即 1064 nm 激光,其激光下能级比基态高出 2114 $cm^{-1}$,室温下粒子数相应于基态的比例为 $4.0 \times 10^{-5}$。

更精细的光谱分析进一步表明 $Nd^{3+}$ 的 1064 nm 激光的上能级是 $^4F_{3/2}$ 发生斯塔克劈裂所得的一个子能级($R_2$)。虽然在室温下,$R_1$ 和 $R_2$ 的粒子数比例是 3:2,即仅有 40% 的粒子位于 $R_2$ 能级上,但是两者能级差较小。而且通过室温的热振动,$R_2$ 能级的粒子数可以由 $R_1$ 通过热跃迁来补给,因此大多数文献认为它们在室温下不用区分,直接看作一个能级,此时(尤其是进行各种光谱计算的时候)需要注意这个能级是简并能级(简并度为 2)。激光上能级 $^4F_{3/2}$ 的荧光效率可以达到 99.5% 以上,寿命为 230 $\mu s$,各荧光分支比数值分别是:$^4F_{3/2} \rightarrow {}^4I_{9/2} = 0.25$,$^4F_{3/2} \rightarrow {}^4I_{11/2} = 0.60$,$^4F_{3/2} \rightarrow {}^4I_{13/2} = 0.14$,$^4F_{3/2} \rightarrow {}^4I_{15/2} = 0.01$。这就是 $Nd^{3+}$ 可以得到上述 946 nm、1064 nm 和 1318 nm 三种激光,并且以 1064 nm 激光效率最好的根源——激光上能级 $^4F_{3/2}$ 的粒子有 60% 会落在 $^4I_{11/2}$ 多重态上并发光。

## 2.6.5 能级系统的调控

调控能级系统的手段主要有三大类：激光离子种类及其价态、温度和基质。其中激光离子种类及其价态是基于电子跃迁性质来实现能级系统的调控，也是最基本的调控手段。具体的影响因素或选择规则可以参见 2.1 节，本节着重介绍对于特定的激光离子如何通过温度和基质进一步调控激光能级系统。另外，激光离子浓度的影响也可以纳入基质调控的范畴，因为这种影响是通过材料中的能量传递实现的，与基质本身密切相关。

通过温度调控激光能级系统的理论依据是粒子的玻尔兹曼分布规律，具体体现为跃迁能级的分布以及能级间距受环境热振动的影响。以 $Nd^{3+}$ 为例，室温下是激发态 $^4F_{3/2}$ 的高能 $R_2$ 分量跃迁到 $^4I_{11/2}$ 实现 1064 nm 激光，而低温下则由于低能 $R_1$ 分量的粒子数占优势，因此波长更短的 1061 nm 激光更容易被实现[17]。这其实是低温更有利于粒子低能量布居的反映。与此相对应的就是低温促进激光下能级粒子的排空，从而有利于三能级激光效率的提高，同时也有助于高温下热平衡而实际"简并"能级的分离，从而获得激发态跃迁到"高温基态"的激光。前者的例子就是 Yb:YAG 等三能级激光在低温下有助于提高激光效率，而通过冷却 Nd:YAG 获得 946 nm 的激光则是后者的典型例子(实际还需要采用特殊的光学元件来抑制其他占主要地位的荧光分支)[17]。

基质的调控基础是基态能级是可以退简并的，从而改变基质就可以改变晶体场强度，最终改变退简并程度以及所得子能级之间的能量差。目前最常见的是针对三能级激光离子的激光性能改进，只要激光下能级与最低基态子能级之间的差距超过 $1000~\mathrm{cm}^{-1}$，此时相比于室温，激光下能级的粒子热分布比例低于 0.8%，就接近四能级激光系统了(准四能级)。以 $Yb^{3+}$ 为例，虽然石榴石基质(YAG)中激光下能级与最低基态子能级在室温下不可区分，但是如果改用正硅酸盐基质，两者的能量差就可以有所改善。比如在 $Yb:Gd_2SiO_5$($Yb:GSO$)激光材料中，GSO 基质属于单斜晶系($P2_1/c$)，其中 $Gd^{3+}$ 有两种配位多面体：$[GdO_7]^{-11}$ 和 $[GdO_9]^{-15}$(需要指出的是，这边的价态 -11 和 -15 是根据离子价态做计算，实际上并没有这两种孤立阴离子基团的存在)。由于七氧配位的 Gd(I)具有比九氧配位的 Gd(II)更小的 Gd-O 键距(2.29 Å vs. 2.35 Å)，因此存在更强的晶体场作用，从而 $4f$ 能级的斯塔克分裂更大(图 2.53)。从可选的荧光发现，1088 nm 的跃迁具有最大的发射截面，发光衰减寿命是 1 ms 左右，而且激光下能级与最低基态子能级之间的差值是 $1076~\mathrm{cm}^{-1}$，利用玻尔兹曼分布近似估算其激光下能级和最低基态子能级在热平衡状态下的粒子分布比例可以得到

$$\frac{n_2}{n_1} \approx \exp\left(-\frac{\Delta E}{kT}\right) = \exp\left(-\frac{1076}{208.5}\right) = 0.57\%$$

式中，$n_2$ 和 $n_1$ 分别是激光下能级和最低基态子能级上的电子数，$T$ 取 300 K。相比之下，Yb:YAG 相应的比例值是 5.3%（激光下能级是 612 $cm^{-1}$），而 Yb:YAl$_3$ (BO$_3$)$_4$ 则是 6.2%（激光下能级是 581 $cm^{-1}$）[103]，与 GSO 相比差了一个数量级。因此在 GSO 中，由于激光下能级的电子布居很小，从而很容易产生粒子数的反转，有利于降低激光泵浦阈值，产生高效率的激光输出。2005 年首次实现 LD 泵浦 1090 nm 激光输出，阈值为 1.27 kW/cm$^2$（Yb:YAG 理论阈值是 2.8 kW/cm$^2$）[13]，实际的激光能级系统可以近似看作四能级系统。当然，从结构的角度来看，GSO 并不是理想的激光基质：首先是它容易沿(100)面解理，因此要提高晶体质量，尤其是掺杂后的晶体质量十分困难；其次是单斜晶系对称性低，而当前激光陶瓷技术还局限于各向同性的立方晶系，成功制备高光学质量的非立方晶系陶瓷仍需要长期的努力——虽然理论上是可行的。

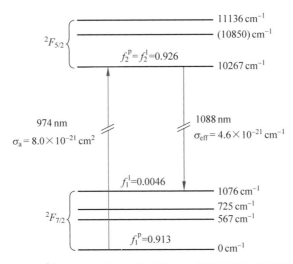

图 2.53　Yb:GSO 中 Yb$^{3+}$ 的能级结构图，其中给出了斯塔克能级劈裂以及 1088 nm 激光的泵浦光吸收截面、发射截面和所涉及各激光能级的粒子数布居比例[104]

另一个通过新基质来提高激光效率的典型激光离子是 Tm$^{3+}$。Tm$^{3+}$ 的 2 $\mu$m 激光来自 $^3H_4 \rightarrow {}^3H_6$，在 YAG 石榴石中同样为三能级系统（激光下能级是 610 $cm^{-1}$）。如果改用稀土正硅酸盐 LSO(LuSi$_2$O$_5$) 为基质，则激光下能级 $^3H_6$ 在强场中具有更强的分裂，能级差为 1094 $cm^{-1}$，从而激光下能级的热布居为 0.5%，近似准四能级系统，容易形成粒子数反转。近年来用钛宝石泵浦 Tm:LYSO 已经成功获得斜率效率达 56.3% 的 2057.4 nm 连续激光输出，同时也实现了 19.6 ps

的锁模激光输出[13]。

通过改变离子掺杂浓度来调控激光性能的典型例子是 $Er^{3+}$。如图 2.54 所示，$Er^{3+}$ 在激光应用中主要涉及的能级是基态光谱项中的 $^4I_{11/2}$、$^4I_{13/2}$ 和 $^4I_{15/2}$ 三个能级，即利用的是基态中能量差较大的能级之间的跃迁。$Er^{3+}$ 常用于 1.5 μm 和 3 μm 波段的激光，分别来自 $I_{13/2} \rightarrow {}^4I_{15/2}$（1.5~1.7 μm）和 $^4I_{11/2} \rightarrow {}^4I_{13/2}$ $^4$（2.6~3 μm）的跃迁，其中 $^4I_{15/2}$ 为基态并以 $^4I_{13/2}$ 作为公共能级。如 2.3.2 节所述，由于 $^4I_{11/2}$ 的寿命为 0.09~1.5 ms，而 $^4I_{13/2}$ 是 2.5~7.5 ms，因此这种跃迁是一个自终止过程，即激光上能级的粒子数反转会因为下能级的粒子累积而停止。改变这种自阻塞或自终止过程的核心是改变能量的转移过程，比如可以通过能量上转换过程 $^4I_{13/2} + {}^4I_{13/2} \rightarrow {}^4I_{9/2} + {}^4I_{15/2}$，一方面减少 $^4I_{13/2}$ 能级的粒子，另一方面 $^4I_{15/2}$ 可以再次被泵浦到 $^4I_{11/2}$ 能级。而 $^4I_{9/2}$ 上的粒子也可以通过多声子弛豫到 $^4I_{11/2}$，这些都增加了 $^4I_{11/2}$ 能级上的粒子数，提高了 $^4I_{11/2}$ 相对于 $^4I_{13/2}$ 的寿命和粒子数比例。要实现这种协同上转换，就需要 $Er^{3+}$ 彼此接近，满足能量在不同 $Er^{3+}$ 之间传递所需要的最近距离。而高浓度掺杂是达到这种近距分布的简单办法，比如目前开发的 Er：YAG 中，$Er^{3+}$ 的掺杂浓度达到了 30%~50%[13]。当然，高浓度掺杂也会带来发光猝灭和废热增加的弊端，因此当前掺 Er 激光器的效率很低，而且主要应用于中低功率范围。

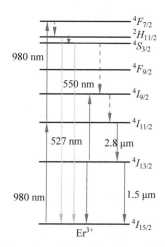

图 2.54　$Er^{3+}$ 能级结构以及 980 nm 激发下的荧光发光机制

## 2.6.6　陶瓷多晶结构的微扰影响

陶瓷与单晶的最大区别是陶瓷中存在三维周期性结构的中断，即存在晶界，从而晶界两边是两套范围有限且不同取向的三维周期性结构。对于发光而言,前者具有尺寸效应,后者则产生取向效应。另外,晶界的存在又会使陶瓷的局部组成和结构与单晶不一样。因此陶瓷的多晶结构对激光性能存在不同于单晶的影响,而且这种影响程度会随着相关性能受局域结构影响的程度以及多晶结构的不同而变化。

陶瓷多晶结构对激光的影响主要体现在两个方面:激光的产生和激光的传输。虽然从系统的观点出发,两者之间并没有明晰的界限,比如传输过程的损耗会以废热的形式释放,反过来必然影响发光过程,但是相对而言,前者与激光的能级系统关系密切,而后者则影响着激光的谐振增益和光束质量。

陶瓷对激光传输的影响可以参见有关散射、吸收、透过和泵浦等内容的章节(1.1 节、2.4 节、4.3 节和 4.4 节),与尺寸、取向和组成结构都有关系,这里就不再赘述,而是重点介绍多晶结构对能级及其系统的影响。

首先构成透明陶瓷的晶粒一般是微米或纳米级别,因此存在尺寸效应和界面效应,从而发射光谱的宽度与峰值位置相比于单晶块体会有所变化,通常谱峰会加宽,而峰位则蓝移,但是也可以红移,具体取决于界面结构的影响程度以及晶粒内部结构相比于单晶的偏离程度。另外,如果发光所涉及的跃迁受对称性的影响较大,那么多晶结构也会起到光色调控的作用,这点与掺杂 $Eu^{3+}$ 的 $LaBO_3$ 纳米颗粒的表现是一样的,都是来源于体结构发光和表面/界面发光的综合作用——在 $Eu^{3+}$ 掺杂的 $YBO_3$ 纳米颗粒中,表面发光不能忽略,而分布于表面的 $Eu^{3+}$ 具有更加畸形的配位环境。因此 $^5D_0 \rightarrow {}^7F_2$ 电偶极跃迁的相对强度更大,可以大幅提高红光强度,此时红光/橙光比值增加,从而色纯度增大,实现了通过畸变调整发光的效果[105-106]。

表 2.8 以 $CaF_2$ 激光材料为例,给出了 $Yb^{3+}$ 在单晶和陶瓷块体中各自的斯塔克能级劈裂结果[107]。由于 $CaF_2$ 中亚晶格和间隙 $F^-$ 的存在,$Yb^{3+}$ 可以占据不同对称性的格位(2.2 节),对于立方对称的高对称性格位($O_h$),$Yb^{3+}$ 在单晶与陶瓷中的能级基本一致。不过陶瓷中基态仍可以进一步劈裂,而单晶则继续维持简并状态,这就意味着陶瓷中需要考虑晶界的参与和影响。随着对称性的降低,陶瓷中不同光谱子项劈裂所得的最低和最高能级之间的差值较大,而其内各能级之差大部分也较大(原始文献没有给出误差),并且还可以观察到单晶中没有的、理论预测可存在的团簇谱峰。因此相比于单晶,陶瓷形态的材料可以增加晶体场的作用强度和作用方式,前者有助于能级的退简并程度和增加能级差,后者则可以提供更丰富的发射光谱,从而实现能级系统的调控——本质上就是改变"基质"的结构(参见 2.6.5 节,这里应该理解为激光离子的局部配位环境)。另外,具体的变化由于需要考虑界面和晶粒内部的协同作用,因此实际的光谱及其能级结构会更为复杂。

表 2.8 CaF$_2$ 陶瓷和单晶中 Yb$^{3+}$ 的激光能级对比 单位：cm$^{-1}$

| 格位对称性 | 多重态 | 子能级 | 单晶实验值 | 陶瓷实验值 | 计算值 |
|---|---|---|---|---|---|
| $O_h$ | $^2F_{5/2}$ | $E_1$ | 10849 | 10845 | 10867 |
| | | $E_0$ | 10384 | 10384 | 10356 |
| | $^2F_{7/2}$ | $Z_2$ | — | 781 | 757 |
| | | $Z_1$ | 649 | 647 | 643 |
| | | $Z_0$ | 0 | 0 | 0 |
| $C_{4v}$ | $^2F_{5/2}$ | $E_2$ | 10766 | — | 10824 |
| | | $E_1$ | 10410 | 10406 | 10465 |
| | | $E_0$ | 10322 | 10324 | 10339 |
| | $^2F_{7/2}$ | $Z_3$ | 588 | 594 | 640 |
| | | $Z_2$ | 520 | 512 | 516 |
| | | $Z_1$ | 456 | 208 | 232 |
| | | $Z_0$ | 0 | 0 | 0 |
| $C_{3v}$ | $^2F_{5/2}$ | $E_2$ | 10346 | 10356 | 10370 |
| | | $E_1$ | 10297 | 10257 | 10253 |
| | | $E_0$ | 10245 | 10243 | 10231 |
| | $^2F_{7/2}$ | $Z_3$ | 107 | 271 | 264 |
| | | $Z_2$ | 83 | 109 | 113 |
| | | $Z_1$ | 42 | 72 | 67 |
| | | $Z_0$ | 0 | 0 | 0 |
| Yb$_6$F$_{36}$ | $^2F_{5/2}$ | $E_2$ | 10881 | 10890 | 10865 |
| | | $E_1$ | 10390 | 10400 | 10399 |
| | | $E_0$ | 10199 | 10205 | 10261 |
| | $^2F_{7/2}$ | $Z_3$ | 689 | 692 | 677 |
| | | $Z_2$ | 532 | 432 | 495 |
| | | $Z_1$ | 113 | 116 | 108 |
| | | $Z_0$ | 0 | 0 | 0 |
| Yb$_6$F$_{37}$ | $^2F_{5/2}$ | $E_2$ | — | 10989 | 10916 |
| | | $E_1$ | — | 10707 | 10653 |
| | | $E_0$ | — | 10189 | 10183 |
| | $^2F_{7/2}$ | $Z_3$ | — | 713 | 766 |
| | | $Z_2$ | — | 574 | 643 |
| | | $Z_1$ | — | 147 | 172 |
| | | $Z_0$ | — | 0 | 0 |

其次是晶界自身也可以提供不同于晶粒内部的结构,即晶界除了作为两个晶粒之间不同取向三维结构的过渡层,还可以产生自己的结构,甚至是其他晶相。由于晶界是一种介稳结构,不一定是热力学稳定,也可以是动力学稳定或介稳的结

构,因此晶界的存在意味着晶界及其附近区域可以是高缺陷位置,比如高浓度掺杂、高位错和不同的物相(点阵常数、溶质浓度等)。这也是陶瓷内能高于单晶的主要原因。

组成与结构同晶粒内部可以不同的介稳晶界也决定了高浓度掺杂的激光陶瓷的制备是困难的,尤其是在经历长时间高温烧结过程之后——高温和长时间恒温都有助于热力学平衡的建立,从而晶粒趋于形成理想的晶格。这与单晶生长中高温和缓慢生长(长时间恒温)更容易生成纯净晶体的分凝排杂是一样的机制,只不过单晶生长中杂质是分凝到尾端,而陶瓷则分凝到晶界中。更进一步地,陶瓷由大量晶粒组成,因此杂质并不会类似单晶那样定向凝析,从而也就难以类似单晶可以基于生长轴方向(平行或垂直)切割获得不同掺杂浓度的晶棒,而是只能获得杂质高度聚集于晶界而导致极差光学质量的陶瓷,从而没有激光材料的应用价值。因此,在透明陶瓷中难以类似单晶那样通过高浓度 $Er^{3+}$ 掺杂来克服粒子数反转的自终止,有待今后快速烧结高光学质量陶瓷技术的发展。目前更有效的做法是选择合适的基质与敏化剂来改变能量转换过程。

从理论上说,如果能够实现“干净”晶界,即晶界厚度仅有几纳米,只存在连接两个不同三维周期取向晶粒的过渡结构(缓冲层或弛豫结构),那么利用多晶结构实现掺杂调控激光性能是更为有利的。比如虽然可以通过 $Na^+$ 的引入来破坏 $CaF_2$ 激光晶体中掺杂稀土离子所形成的团簇结构,实现激活离子的局域配位结构调控,降低浓度猝灭而提高激光性能[13],但是这种措施对高能激光和大尺寸晶体并不是有利的——掺杂意味着破坏原有的结构对称性,即便粉末衍射主相仍然是各向同性的立方相,但是这只是统计的平均,实际上局域结构已经偏离了立方相,其空间群向对称性更低的子群迁移,即高掺杂时局域结构容易向各向异性转化。这就增加了热应力破裂的危害性,从而通过高浓度掺杂来实现大功率激光就存在困难。已有实验表明,$Yb:CaF_2$ 晶体中掺杂 $Yb^{3+}$ 增加到 8.9 at. %时激光性能明显下降,掺杂到 12 at. %则发生热炸裂(输出功率为 15W)[79]。另外,大尺寸晶体生长是一个长时间的高温过程,固化的晶体趋向于获得理想的无掺杂结构,难以形成多种掺杂的高质量单晶,而制备陶瓷必须经历的烧结理论上是可以通过晶粒之间的界面成键来实现的,晶粒内部则维持原有纳微米粉体时的组成与结构。因此与上述由于长时间高温烧结而产生类似单晶的分凝现象不同(晶粒趋于理想无掺杂结构,而晶界除了原有的过渡结构,还包含了高浓度杂质产生的其他组成与结构),如果能够实现晶粒近于“零增长”的陶瓷烧结,那么多晶结构反而有助于获得组成与配位结构更复杂的材料。

# 2.7 激光性能参数

## 2.7.1 激光光束性能参数

描述激光性能的参数主要有强度、模式、束宽、发散角、相干性、偏振特性以及瑞利长度等。有关这些参数的测试及其深入介绍可参见 4.7 节,本节主要解释它们的概念及其在激光性能表征中的作用。

光束强度(简称光强)是指单位时间内通过单位面积的光子能量。理想的激光光强分布是高斯分布,即光轴附近光强最大,距离光轴越远光强越小。因此光强沿光束的横向分布可以用如下的经验公式来近似:

$$I = I_0 \exp\left(-\frac{r^2}{\omega^2}\right)$$

式中,$I_0$ 表示光轴($r=0$)处的光强,$\omega$ 是光束半径。实际应用中,这个公式主要用于拟合靶标上的光斑(假设是高斯分布斑),而从激光器到靶标的光束性能变化还需要考虑光传输的影响,其处理更为复杂。

光束模式也称为激光模式,是描述激光束性能的基本指标,直接决定了其他的光束性能参数,甚至限制了参数的测试手段。

光束模式来源于谐振腔内各种电磁场本征态的组合,反映谐振腔内的各种电磁振荡模式通常分为横模和纵模两类。其中横模反映光强空间分布或传输特性的不同;纵模表征频谱的不同,描述激光的频域特性。

通常 CCD 相机给出的就是横模,可以据此计算光束发散角、光斑大小和光强的横向分布,也是文献中经常报道的激光模式;纵模则影响激光的线宽与相干长度,由满足谐振腔振荡条件所需的波长组成。一个可允许振荡的波长就是一个纵模,实际输出的激光只是其中的一部分。纵模与实现强光输出锁模技术关系密切——锁模就是将正常激光器中相位彼此不等同的各个纵模转化为相位相同的纵模集合,因此它其实是"锁相"。

描述激光的横模可以使用符号"TEM$_{mn}$",其中 TEM 表示横模,下标中的 $m$ 和 $n$ 表示该横模的阶数。比如理想的高斯模用符号表示就是"TEM$_{00}$",也称为基模,因为它是产生其他模式的基础。光束的横模类型可以基于光的电磁波传输理论,在已知激光波长、光学元件吸收系数、焦距和折射率以及谐振腔几何构造等参数的基础上模拟激光传输过程,最终确定光束在靶标平面上的光强分布而得到。也可以利用 CCD 相机等二维探测器作为靶标平面直接测试光强分布,然后将所得的光斑图像与已知各种横模类型的理论光斑图像进行对比而给出横模的类型。

图 2.55 和图 2.56 分别给出了各种厄米-高斯复合模式和拉盖尔-高斯复合模式的光斑示意图,图 2.57 则是一种厄米-高斯横模(TEM$_{22}$)的三维光强分布模拟图——这种模式是没办法通过 $M^2$ 因子来描述光束质量的(4.7.2 节)。

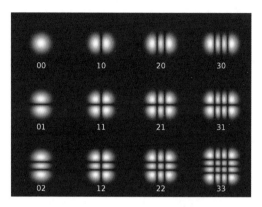

图 2.55　激光模式对应的光斑示意图:厄米-高斯(Hermite-Gaussian)光束[108]

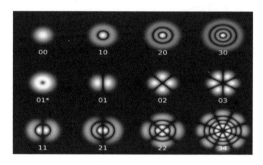

图 2.56　激光模式对应的光斑示意图:拉盖尔-高斯(Laguerre-Gaussian)光束[109]

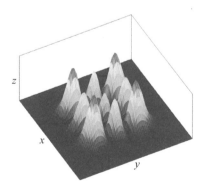

图 2.57　TEM$_{22}$ 型厄米-高斯光束的三维光强分布模拟图[110]

光束束宽或光束宽度用于描述激光光束在空间域中满足特定条件的光斑大小,存在多种描述方式,典型的有最大功率密度 $1/e^2$ 处的光束宽度;86.5% 环围能量(功率)时对应的光斑大小(也称 86.5% 的桶中能量(功率));刀口法测试中对应 10% 和 90% 光束能量截断点之间的狭缝刀口移动距离,以及光强功率密度分布的二阶中心距(方差,简称为二阶矩)等。

发散角(divergence angle)描述的是激光束的传输特性,一般指远场发散角。激光束传输时,在平行于传播方向的平面上是以双曲线的形式从中心向外扩展的,双曲线两根渐近线之间的夹角就是远场发散角 $\Theta$(也称为束散角)。它的一半称为束散半角 $\theta$,具体几何图像可参见图 2.58 经透镜聚焦再发散的图像。发散角的理论计算值是无穷远处光束束宽 $w(z)$ 和传输距离 $z$ 之比:

$$\theta = \lim_{z \to \infty} \frac{w(z)}{z}$$

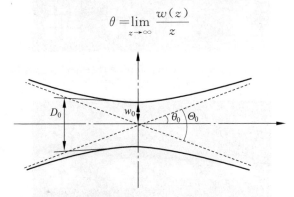

图 2.58　激光光束经透镜(在旁边位置,已略,可参见 4.7.2 节)聚焦后的光束束腰
直径 $D_0$、半径 $w_0$、束散角 $\Theta_0$ 和束散半角 $\theta_0$ 示意图[111]

实际是利用聚焦透镜将光束聚焦后,基于最小束宽和光束离开透镜的距离来计算,即光束在透镜焦距处的束宽与透镜焦距的比值:

$$\theta = \frac{w(f)}{f}$$

式中,$w(f)$ 就是图 2.58 的 $D_0$。对于基模高斯光束,如果其束腰半径为 $w_0$,则有

$$\theta = \frac{\lambda}{\pi w_0}$$

瑞利长度 $Z_R$(Rayleigh length)等于光斑从取得最小半径(束腰半径)的位置到取得该半径的 $\sqrt{2}$ 倍时的位置之间的距离。它同样反映激光束的传输特性,可以理解为该激光束的准直距离,即在这个距离内,激光束可以认为是平行的。对于基模高斯光束,其瑞利长度可如下计算:

$$Z_R = \frac{\pi w_0^2}{\lambda}$$

激光亮度 $B$ 是指单位面积的光源表面($S$)向垂直于该表面的单位立体角($\Omega$)内发射的能量 $P$,其定义如下:

$$B = \frac{P}{\Delta S \times \Delta \Omega}$$

单位是 $cd/m^2$。

## 2.7.2　激光光束模式与改变

激光光束模式是激光光束的重要性能参数,其定义和介绍可以参见 2.7.1 节,本节重点介绍光束模式对激光性能的影响以及改变模式或者如何优化模式的主要机制。

光束模式的存在是由于非严格单色的原因。理论上,激光的单色并不是仅存在一种能级差值对应的上能级与下能级之间的跃迁,而是相比于其他常规发光而言,其发射光谱的半高宽可以降低到小于 1 nm。除了发光跃迁的非严格单色性,泵浦激发的非单色性进一步增加了实际发光跃迁的途径,从而引起发射光谱形状、峰值和半高宽的变化。从电磁波的角度来看就是泵浦激光材料会在谐振腔中产生多种电磁波,出射的激光是它们组合的结果——掺杂的非均匀性会加重这种变化。显然,泵浦光激发下的发射光谱强度分布越狭窄,谱峰越单一,宽化越小,光束模式就越简单,激光光束质量也越好。

描述激光光束的模式可分为纵模和横模,其中纵模的变化除了多色光泵浦引起,通过改变单色(近似)激光二极管的泵浦功率也可以实现。以 808 nm LD 泵浦自调 $Q$ 的 $Cr^{4+}$,$Nd^{3+}$:YAG 微片为例,随着泵浦功率的增加(超过 170 mW),其产生的激光从单个纵模(single-longitudinal-mode,single-mode)转为两个纵模(two-longitudinal-mode,two-mode)振荡(图 2.59),发射光谱除了原有的 1063.86 nm,还出现了第二个谱峰,其波长位于 1064.19 nm。两峰值的间距随着泵浦功率略有变化,范围在 0.31nm 左右,而每种纵模的线宽则是 0.06 nm。纵模个数与频率(波长)的变化会引起激光脉冲强度与频率的变化,随着泵浦功率增加,由于纵模从单模往双模过渡,双模的频谱也有变化,因此脉冲周期变短(重复频率增加),并且脉冲强度也出现了周期性变化(强度调制现象)[112]。

复合结构的存在会进一步增加纵模变化的复杂性。以自调 $Q$ 的 $Cr^{4+}$,$Yb^{3+}$:YAG 激光材料为例,考虑到可饱和吸收剂 $Cr^{4+}$ 对泵浦光的吸收及其对 $Yb^{3+}$ 掺杂浓度的限制,为了充分发挥它对激光的调 $Q$ 作用并降低其前述的副作用,在自调 $Q$ 激光材料上面向泵浦光方向叠加 Yb:YAG 是一种潜在的改进措施[113]。这是因为泵浦光通过 Yb:YAG 时,一方面可以通过高浓度掺杂和无 $Cr^{4+}$ 吸收损耗更充分地实现泵浦作用,另一方面所产生的激光可以作为后面自调 $Q$ 激光材料出射激光的一部分。但是实验发现,这种复合结构会导致纵模的剧烈变化,甚至低功率下也难以获得单模激光(图 2.60)。

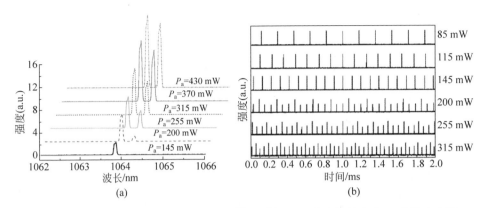

图 2.59　808 nm LD 泵浦下自调 $Q$ 的 $Cr^{4+}$，$Nd^{3+}$：YAG 激光发射光谱（a）和脉冲序列谱（pulse trains）（b）随泵浦功率（$P_a$）的变化，其中光谱分辨率为 0.01 nm[112]

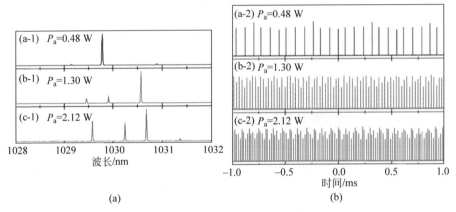

图 2.60　不同泵浦功率下 Yb：YAG/Cr，Yb：YAG 复合微片
激光器的激光光谱（a）和脉冲序列谱（b）[113]

　　提高泵浦功率增强了激发辐射场的强度，而且基于能量转换的不彻底也使得热效应增强（其中也包含了谐振腔损耗等因素的影响），其结果就是晶格振动与电子跃迁的耦合程度增加。因此激光发射光谱除了纵模个数的增加，还出现了峰位置往长波移动以及谱峰宽化、精细结构消失的现象[114]。具体的谱图由于各种因素可以同时起作用，因此较为复杂，比如图 2.61 中，既有谱峰的红移和宽化，也有新尖锐谱峰的形成（反映强辐射场下能级的退简并）。

　　与纵模不同，横模的变化主要来自泵浦光强分布的各向异性及其所引发的热光效应，后者导致不同方向的折射率存在大小不同的差异。典型的改变横模图案的方法就是在其他光学元件固定的情况下沿泵浦光轴移动激光材料，使得经过聚焦的泵浦光落在激光材料的不同位置上，此时就可以实现横模的变化[115]。

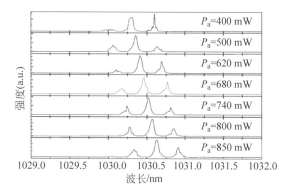

图 2.61　Cr，Yb：YAG 自调 Q 激光材料在不同泵浦功率下位于 1030 nm 附近
的激光光谱（输出耦合镜的透射率为 5%），光谱分辨率是 0.01 nm[114]

图 2.62 给出了自调 Q 的 $Cr^{4+}$，$Nd^{3+}$：YAG 微片在同功率 808 nm LD 泵浦下沿
泵浦光传输方向调整激光材料位置所得的光束横模图案（transverse patterns）及
其理论模拟图案，该横模为厄米-高斯模式，且激光材料的位置（$z$）以泵浦光被透镜
聚焦所得束腰位置（即泵浦光聚焦点位置）为原点（0 mm），往泵浦光聚焦透镜方向
移动为负值，远离透镜为正值[115]。

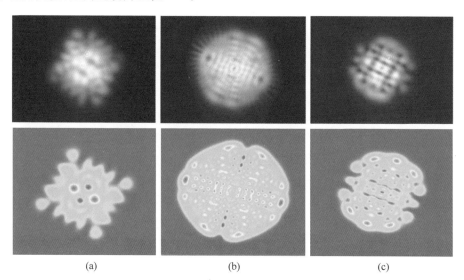

图 2.62　$Cr^{4+}$，$Nd^{3+}$：YAG 微片处于不同位置所得光束的横模图案（上）
及其相应的厄米-高斯模式的理论图案（下）

（a）$z=-2.5$ mm；（b）$z=0$ mm；（c）$z=2.5$ mm[115]

### 2.7.3　激光材料的性能评价与陶瓷影响

如何合理评价功能性材料的优劣一向是材料领域的挑战性问题。这是因为任何一种材料进入服役环节的时候需要考虑的性能都不是单一的,而是需要同时考虑多种性能。然而同种材料对两种不同的性能却可能存在相反的趋向,即一种性能增强会导致另一种性能的减弱,所以最终对材料的性能评价是各种相关性能的综合平衡。

比如随着激光功率的增高,激光材料的热效应或者热稳定性就成了稀土离子类型的主要选择依据。但是要获得激光,粒子数反转是必要条件,激光上能级相对于下能级的热布居越大越有利,这对于同种激光离子就可能产生反向的性能走向。以 $Nd^{3+}$ 和 $Yb^{3+}$ 为例,虽然 $Yb^{3+}$ 没有更高激发态产生的量子亏损问题,相比 $Nd^{3+}$ 在产热比上占有优势(大约是 $Nd^{3+}$ 的 1/3),但是其激光下能级与最低子能级十分接近,准三能级的系统对高效率激光的产生是不利的。因此面向大功率激光应用时,新型高效基质的研发是 $Yb^{3+}$ 基激光材料的关键。$Nd^{3+}$ 虽然在能级系统有优势,但是除了上述量子亏损的不足,还存在掺杂浓度不能过高的缺点,这是因为其离子半径较大容易引起结构畸形不稳定,也容易超过能量传递的临界间距而导致发光猝灭,因此 YAG 晶体中 $Nd^{3+}$ 浓度通常限制在 1%~1.5%。更高的浓度不但难以实现,而且也没有实际意义——调 $Q$ 高能脉冲激光采用高浓度(约1.2%)来实现高储能,而连续激光则选择低浓度(0.6%~0.8%)来获得更好的光束质量[17]。

类似地,如果能级相距较远,就有利于降低无辐射弛豫概率。这是因为此时要实现无辐射弛豫就需要多个声子联合跃迁才能满足其间的能量差,所以就有利于降低废热的产生,是提高激光光束质量和开发大功率激光器的首选。与此相反,如果有关激光发射的各能级之间的能量差比较小,就有更多的能量可以通过晶格振动等消耗于材料的发热过程,即容易发生无辐射弛豫,这对激光材料的寿命以及激光的质量是不利的。比如相比于 $Nd^{3+}$ 的简单能级结构,虽然 $Er^{3+}$ 的能级更为丰富,但是其各能级之间的能量差较小,这意味着特定的跃迁在晶格振动(声子能级)参与下可以包覆较宽范围的多个激发能态,从而容易降低粒子数反转效率并增加热效应——类似的影响也存在于 $Tm^{3+}$ 和 $Ho^{3+}$ 等红外激光离子。

不过能级相距较远也有其不利的地方:①相距较远的能级大多属于允许跃迁,从而高能级的寿命较短,不利于粒子数反转;②相距较远意味着发射光波长短,然而短波长激光的应用范围是有限的。比如光通信就不适合用短波长激光,医疗手术(尤其是人眼手术)也是红外波长激光占优势,此时就要求能级差要尽量小。

显然,要定量评价激光材料的性能,就需要完成性能数量、单一性能的特征参量和影响程度的量化,以此组合成一个综合性能评价指标或品质因子。在激光材料领域,这仍然是一个远未实现的目标,因为迄今为止,激光材料中影响激光质量和效率的各种因素仍然缺乏完善的认识,更不能从微观、介观和宏观三个层次给出系统性的阐释。更多地是针对某种材料的一个或若干个主要性能进行相对比较,或者在此基础上根据各自影响激光质量和效率的趋势组合成一个品质因子,进一步进行定量评价。这种比较由于考虑的侧重点不同,因此同种材料也会给出不同的结果。典型例子就是下面有关德洛克(D. Deloach)和布隆(G. Boulon)等各自提出的评价指标[116]。

德洛克等提出最小泵浦功率密度和发射截面可以作为评估激光材料的主要指标。其中最小泵浦功率密度是在忽略谐振腔损耗的情况下,激光材料达到阈值所需吸收的最小泵浦功率。或者是激光波长位置处吸收和增益相抵消时所需的泵浦功率密度,可如下计算:

$$I_{min} = \frac{\sigma_a h\nu}{(\sigma_a + \sigma_e)\sigma_{ap}\tau}$$

式中,$\sigma_a$ 和 $\sigma_e$ 分别是激光波长位置的吸收截面和发射截面,$\sigma_{ap}$ 是泵浦光波长位置的吸收截面,$\tau$ 是激光上能级寿命(对于 $Yb^{3+}$ 就是 $^2F_{5/2}$ 能级的寿命)。从而可以得到如下以 $Yb^{3+}$ 为激光离子的各种激光材料性能相对比较的二维图(图 2.63),其中各基质的缩写代号与组成对应如下:C-FAP:$Ca_5(PO_4)_3F$,S-FAP:$Sr_5(PO_4)_3F$,LNB:$LiNbO_3$、KYW:$KY(WO_4)_2$、KGdW:$KGd(WO_4)_2$、GGG:$Gd_3Ga_5O_{12}$、YAG:$Y_3Al_5O_{12}$、YAB:$YAl_3(BO_3)_3$、YCOB:$YCa_4O(BO_3)_3$、GdCOB:$GdCa_4O(BO_3)_3$。

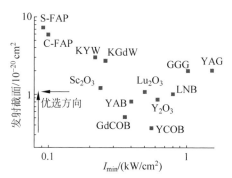

图 2.63　德洛克等提出的基于发射截面和最小泵浦功率
密度的二维激光晶体性能评价图[116]

但是布隆认为这个图是片面的,主要关心泵浦阈限,却没有考虑能量转换的因素,比如泵浦饱和和斜率效率等。因此他提出了另外两个指标:谐振腔产额和放大器的小信号增益数值。其中谐振腔产额等于输出功率 $P_{out}$ 与泵浦功率 $P_{pump}$ 的比值（$P_{out}/P_{pump}$），从而得到图 2.64。对比图 2.63 和图 2.64 不难发现有些材料的排位发生了变化，比如 S-FAP 不再是综合性能最好的激光材料，YCOB 的综合性能相比有了提升，属于中等水平。不过同种激光材料在图中相对于各自两个衡量指标的位置还是比较相似的，以 YAG 基质为例，两张图都清楚反映它具有"性能倾斜"的不足，比如发射截面不错，但是最低泵浦功率则较大；类似地，小信号增益性能不错却伴随较低的谐振腔产额，后者意味着 Yb：YAG 的谐振腔损耗较大。

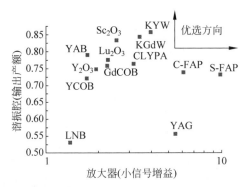

图 2.64　布隆提出的基于谐振腔产额和放大器的小信号增益的二维激光晶体性能评价图[116]

基于散射损耗的观点，透明激光陶瓷在工程领域通常被认为是激光晶体的逼近或者模仿材料，主要看重它的廉价大尺寸制备和高浓度掺杂的优点，有关激光晶体和激光陶瓷的对比也集中在两者的光学质量和激光性能。然而这种比较本质上仍停留在物理性能的层面，并没有涉及外界电磁场的影响。

这种忽视是有原因的，正如普通发光材料的激发源，比如日光灯的紫外线和氙灯的白光等不会引起材料内部分子基团的明显极化，因此极化系数可以看作常量，不需要考虑二阶以上的成分。但是当激发源改为激光后，由于激光的电场强度远高于普通光源，这时二阶以上的极化系数就必须考虑，从而产生了非线性光学效应。其最有名的应用就是可以获得倍频光——入射红光得到绿色出射光，后者的波长是前者的一半（理论上也可以有三倍频、四倍频等，即波长为前者的 1/3 或 1/4 等，不过现有技术条件下所得的强度太弱，实用价值不高）。由于激光自问世以后，闪光灯等普通光源泵浦持续了很长时间，随后虽然采用激光二极管泵浦，但是由于其功率较低，再加上长期惯性思维的影响，因此忽略泵浦源的电磁场影响也就不足为奇了。

实际上光束模式的改变（2.7.2 节）是激光光束性能的一个典型例子，其本质原因除了来自激光器系统的主要属于光子传输的因素，还因为发光跃迁会受到周围电磁场的调控。而电磁场的来源既可以是基质材料固有的晶体场，也可以是外界施加的电磁场，其影响程度取决于电磁场的强度。当然，对于发光而言，实际起作用的是电场（也可以称为电磁场的电场分量）。由于距离越近，电场作用越强，因此基质材料的晶体场主要考虑近邻配位离子或基团的作用，而外界电场要起作用，其强度也只能是激光光源才可能提供，并且功率越大，电场强度越大，影响也就越大。

相比于单晶，陶瓷存在三维周期性排列的中断（晶界）和取向的混乱（晶粒排列无序）。其中晶界对材料激光性能的影响除了前述的光传输和热传导，还包括对缺陷的容忍阈限。这种影响可以用机械加工性能的例子来说明——容易沿某个晶面解理的单晶如果做成透明陶瓷，就会因为晶界的存在（各晶粒取向不同）而具有更好的机械加工性能。在激光材料中，晶界可以容纳缺陷或者缺陷产生的结构畸变（本质上也是缺陷，可以称为二次缺陷，比如晶格畸变而引发的位错可以通过晶界释放掉，不至于引入相邻晶粒而形成裂纹），因此在泵浦功率较高的时候，相比于同样存在缺陷的单晶具有更好的材料结构稳定性，可以避免热破裂以及热畸变的大范围扩展。

更重要的是在外界电场作用下，这种三维周期性结构的变化会产生不同于单晶的响应，一个典型的例子就是单晶中有规则的或者说定向极化所产生的光学效应就不能在陶瓷中同等出现。极端条件下（陶瓷的晶粒完全无序取向，整块陶瓷各向同性），陶瓷会出现与各向同性极化相关的光学效应。

图 2.65 给出了双掺自调 $Q$ 的 Cr,Yb:YAG 激光晶体分别机械结合 Yb:YAG 陶瓷和单晶所得的纵模和激光脉冲对比。由于晶体在双掺后缺陷会增加，提高 $Cr^{4+}$ 的浓度会进一步增加缺陷浓度，而且 $Cr^{4+}$ 对泵浦光有强吸收，会降低泵浦光的利用效率，其体现就是产生激光的阈值增加，并且斜率效率下降。因此要获得高效的 Cr,Yb:YAG 自调 $Q$ 激光，单独增加 $Cr^{4+}$ 浓度并非有效途径，可以考虑捆绑 Yb:YAG 来吸收大部分的泵浦光，而 Cr,Yb:YAG 则吸收剩余泵浦光并充当可饱和吸收体。这种复合体系让泵浦光先通过 Yb:YAG 层，再通过双掺层，其目的是增加材料对泵浦光的吸收，提高整个复合体系的粒子数反转效率，使得 $Cr^{4+}$ 主要发挥可饱和吸收体的作用——Yb:YAG 层也产生了 $Yb^{3+}$ 的激光。

从图 2.65 可以看出，虽然随着泵浦功率的增加，不管是单晶还是陶瓷，其纵模位置和个数都有变化，但是陶瓷相对而言具有更少的纵模个数。而且相比于单晶，陶瓷也具有更狭窄的脉冲宽，这也取决于陶瓷较少的纵模个数和更宽的发射光谱。最终产生的结果就是大功率下，陶瓷与单晶各自所成复合体系的激光性能有较大的差别，在本实验中陶瓷要优于单晶（图 2.66）。

显然，大功率激光领域中，同种激光材料的陶瓷与单晶形态对激光性能的影响

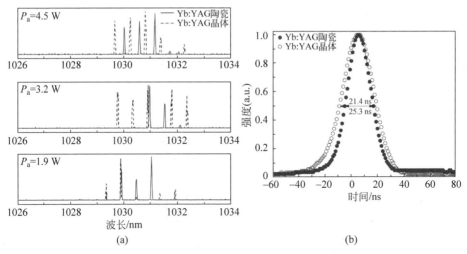

(a)　　　　　　　　　　　　　　　(b)

图 2.65　Yb:YAG 单晶和陶瓷分别强化 Cr,Yb:YAG 自调 Q 激光晶体所得纵模随泵浦
功率的变化(a)以及激光脉冲波形($T_{OC}=20\%$)(b)的对比[117]

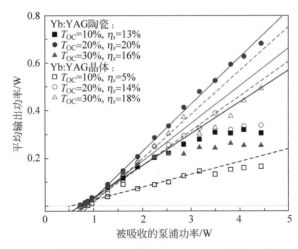

图 2.66　Yb:YAG 单晶和陶瓷分别强化 Cr,Yb:YAG 自调 Q 激光晶体所得的
平均输出功率随其所吸收的泵浦功率的变化[117]

会存在更大的差异,而不是简单的光学质量等同就意味着激光性能类似。不过目
前绝大多数实验室的激光材料研究仍采用较低的功率泵浦,而有条件实施大功率
激光实验的团队和部门则重点关注激光光束的质量。因此从微观和介观角度,即
原子结构和晶粒结构角度探讨陶瓷对激光材料性能的影响,更好发挥透明激光
陶瓷在激光领域,尤其是大功率激光领域的作用仍有待将来的进一步重视和
发展。

# 参考文献

［1］　吴璧耀,张超灿,章文贡.有机-无机杂化材料及其应用［M］.北京：化学工业出版社,2005.

［2］　BLASSE G,GRABMAIER B C.发光材料［M］.陈昊鸿,李江,译.北京：高等教育出版社,2019.

［3］　潘裕柏,陈昊鸿,石云.稀土陶瓷材料［M］.北京：冶金工业出版社,2016.

［4］　WADA N,KOJIMA K. Decay behavior of $Tb^{3+}$ green fluorescence in borate glasses［J］. Optical Materials,2013,35(11)：1908-1913.

［5］　HASEGAWA K,ICHIKAWA T,MIZUNO S,et al. Energy transfer efficiency from $Cr^{3+}$ to $Nd^{3+}$ in solar-pumped laser using transparent $Nd/Cr：Y_3 Al_5 O_{12}$ ceramics［J］. Optics Express,2015,23(11)：A519-A524.

［6］　KIM C,MARTYSHKIN D V,FEDOROV V V,et al. Mid-infrared $Cr^{2+}$：ZnSe random powder lasers［J］. Optics Express,2008,16(7)：4952-4959.

［7］　WANG J,YIN D,MA J,et al. Pump laser induced photodarkening in $ZrO_2$-doped Yb：$Y_2 O_3$ laser ceramics［J］. Journal of the European Ceramic Society,2019,39(2)：635-640.

［8］　PEIJZEL P S,MEIJERINK A,WEGH R T,et al. A complete energy level diagram for all trivalent lanthanide ions［J］. Journal of Solid State Chemistry,2005,178(2)：448-453.

［9］　NIZAMUTDINOV A S,MOROZOV O S,KORABLEVA S L,et al. Cross sections, transition intensities,and laser generation at the $^3 P_1 \rightarrow ^3 H_5$ transition of $LiY_{0.3} Lu_{0.7} F_4$：$Pr^{3+}$ crystal［J］. Journal of Applied Spectroscopy,2019,86(2)：220-225.

［10］　徐军.激光材料科学与技术前沿［M］.上海：上海交通大学出版社,2007.

［11］　LYAPIN A A,GORIEVA V G,KORABLEVA S L,et al. Diode-pumped $LiY_{0.3} Lu_{0.7} F_4$：Pr and $LiYF_4$：Pr red lasers［J］. Laser Physics Letters,2016,13(12)：125801.

［12］　LIN X,HUANG X,LIU B,et al. Continuous-wave laser operation at 743 and 753 nm based on a diode-pumped c-cut Pr：$YAlO_3$ crystal［J］. Optical Materials,2018,76：16-20.

［13］　徐军.新型激光晶体材料及其应用［M］.北京：科学出版社,2016.

［14］　黎浩,崔珍珍,陈卫清,等.稀土掺杂氟化物多波段上转换激光研究进展［J］.激光与光电子学进展,2020,57(7)：11-23.

［15］　LIU X,LIN C,LIN J. White light emission from $Eu^{3+}$ in $CaIn_2 O_4$ host lattices［J］. Applied Physics Letters,2007,90(8)：81904.

［16］　张竞超.稀土硼/钼/钨酸盐的合成及其荧光性质的研究［D］.长春：吉林大学,2012.

［17］　克希耐尔.固体激光工程［M］.孙文,江泽文,程国祥,译.北京：科学出版社,2002.

［18］　伯恩斯.晶体场理论的矿物学应用［M］.任觉,郭其悌,译.北京：科学出版社,1977.

［19］　XIA Z,MEIJERINK A. $Ce^{3+}$-Doped garnet phosphors：composition modification, luminescence properties and applications［J］. Chemical Society Reviews,2017,46(1)：275-299.

［20］　RACK P D,HOLLOWAY P H. The structure,device physics,and material properties of thin film electroluminescent displays［J］. Materials Science and Engineering：R：Reports,

1998,21(4)：171-219.

[21] KIM J S,PARK Y H,CHOI J C,et al. Optical and structural properties of $Eu^{2+}$-doped $(Sr_{1-x}Ba_x)_2SiO_4$ phosphors[J]. Journal of the Electrochemical Society, 2005, 152(9)：H135.

[22] MIROV S B,FEDOROV V V,MARTYSHKIN D V,et al. Progress in mid-IR $Cr^{2+}$ and $Fe^{2+}$ doped Ⅱ-Ⅵ materials and lasers[Invited][J]. Optical Materials Express,2011,1(5)：898-910.

[23] 冯亚刚. 稀土离子掺杂$(Y,Lu,Gd)_3(Al,Sc)_5O_{12}$激光陶瓷的组分设计与性能调控[D]. 北京：中国科学院大学,2020.

[24] SAIKAWA J,SATO Y,TAIRA T,et al. Absorption,emission spectrum properties,and efficient laser performances of Yb：$Y_3ScAl_4O_{12}$ ceramics[J]. Applied Physics Letters, 2004,85(11)：1898-1900.

[25] 陈昊鸿. 新型无机含氧酸盐宽带发光材料的合成及机制研究[D]. 北京：中国科学院大学,2013.

[26] JIAO H,ZHANG N,JING X,et al. Influence of rare earth elements(Sc,La,Gd and Lu) on the luminescent properties of green phosphor $Y_2SiO_5$：Ce,Tb[J]. Optical Materials, 2007,29(8)：1023-1028.

[27] SOLÉ J G,BAUSÁ L E,JAQUE D. An introduction to the optical spectroscopy of inorganic solids[M]. New Jersey：John Wiley & Sons Ltd,2005.

[28] ÖRÜCÜ H,ÖZEN G,DI BARTOLO B, et al. Site-selective spectroscopy of garnet crystals doped with chromium ions[J]. The Journal of Physical Chemistry A,2012, 116(35)：8815-8826.

[29] SUGANO S,TANABE Y,KAMIMURA H. Multiplets of transition-metal ions in crystals [M]. New York：Academic Press,Inc.,1970.

[30] KRAMIDA A,RALCHENKO Y,READER J, et al. NIST physical measurement laboratory[EB/OL]. [2016-03-30]. http://physics.nist.gov/cgi-bin/ASD/energy1.pl.

[31] GUO C,TANG Q,HUANG D,et al. Tunable color emission and afterglow in $CaGa_2S_4$：$Eu^{2+}$,$Ho^{3+}$ phosphor[J]. Materials Research Bulletin,2007,42(12)：2032-2039.

[32] TANG Y,HU S,LIN C C, et al. Thermally stable luminescence of $KSrPO_4$：$Eu^{2+}$ phosphor for white light UV light-emitting diodes[J]. Applied Physics Letters,2007, 90(15)：151108.

[33] ZHANG S,HUANG Y,SEO H J. The spectroscopy and structural sites of $Eu^{2+}$ ions doped $KCaPO_4$ phosphor[J]. Journal of The Electrochemical Society, 2010, 157(7)：J261-J266.

[34] POORT S H M,MEYERINK A,BLASSE G. Lifetime measurements in $Eu^{2+}$-doped host lattices[J]. Journal of Physics and Chemistry of Solids,1997,58(9)：1451-1456.

[35] DORENBOS P. Light output and energy resolution of $Ce^{3+}$-doped scintillators[J]. Nuclear Instruments and Methods in Physics Research Section A：Accelerators, Spectrometers,Detectors and Associated Equipment,2002,486(1-2)：208-213.

[36] DORENBOS P. 5d-level energies of $Ce^{3+}$ and the crystalline environment. Ⅳ. Aluminates

and "simple" oxides[J]. Journal of Luminescence,2002,99(3)：283-299.

[37] DORENBOS P. 5d-level energies of $Ce^{3+}$ and the crystalline environment. Ⅲ. Oxides containing ionic complexes[J]. Physical Review B,2001,64(12)：125117.

[38] DORENBOS P. 5d-level energies of $Ce^{3+}$ and the crystalline environment. Ⅰ. Fluoride compounds[J]. Physical Review B,2000,62(23)：15640-15649.

[39] DORENBOS P. 5d-level energies of $Ce^{3+}$ and the crystalline environment. Ⅱ. Chloride, bromide,and iodide compounds[J]. Physical Review B,2000,62(23)：15650-15659.

[40] IKESUE A,AUNG Y L,LUPEI V. Ceramic lasers[M]. Cambridge：Cambridge University Press,2013.

[41] 张思远. 晶体中 $f^6$ 组态的荧光和点对称性[J]. 发光与显示,1983(3)：18-23.

[42] BURDICK G W,GRUBER J B,NASH K L,et al. Analyses of 4f11 energy levels and transition intensities between Stark levels of $Er^{3+}$ in $Y_3Al_5O_{12}$[J]. Spectroscopy Letters, 2010,43(5)：406-422.

[43] GAO T,ZHUANG W,LIU R,et al. Design and control of the luminescence in $Cr^{3+}$-doped NIR phosphors via crystal field engineering[J]. Journal of Alloys and Compounds, 2020,848：156557.

[44] 赵新华. 固体无机化学基础及新材料的设计合成[M]. 北京：高等教育出版社,2012.

[45] 刘晓为,王蔚,张宇峰. 固态电子论[M]. 北京：电子工业出版社,2013.

[46] 蔡伯荣,陈铮,刘旭. 半导体激光器[M]. 北京：电子工业出版社,1995.

[47] YASUO I A N M. Mechanism of photostimulated luminescence process in BaFBr：$Eu^{2+}$ phosphors[J]. Japanese Journal of Applied Physics,1994,33(1R)：178.

[48] DORENBOS P. Anomalous luminescence of $Eu^{2+}$ and $Yb^{2+}$ in inorganic compounds[J]. Journal of Physics：Condensed Matter,2003,15(17)：2645-2665.

[49] NIKL M,KAMADA K,BABIN V,et al. Defect engineering in Ce-doped aluminum garnet single crystal scintillators[J]. Crystal Growth & Design,2014,14(9)：4827-4833.

[50] FASOLI M,VEDDA A,NIKL M,et al. Band-gap engineering for removing shallow traps in rare-earth $Lu_3Al_5O_{12}$ garnet scintillators using $Ga^{3+}$ doping[J]. Physical Review B, 2011,84(8)：81102.

[51] JIA C,SUN L,LUO F,et al. Structural transformation induced improved luminescent properties for $LaVO_4$：Eu nanocrystals[J]. Applied Physics Letters,2004,84(26)：5305-5307.

[52] GIESBER H,BALLATO J,CHUMANOV G,et al. Spectroscopic properties of $Er^{3+}$ and $Eu^{3+}$ doped acentric $LaBO_3$ and $GdBO_3$[J]. Journal of Applied Physics,2003,93(11)：8987-8994.

[53] HIRT C,EICHHORN M,KÜHN H,et al. Inband-pumped Er：$Lu_2O_3$ laser near 1.6 $\mu m$ [C]. Munich：CLEO/Europe and EQEC 2009 Conference Digest,2009.

[54] ADACHI S. Photoluminescence properties of $Mn^{4+}$-activated oxide phosphors for use in white-LED applications：a review[J]. Journal of Luminescence,2018,202：263-281.

[55] BEERS W W,SMITH D,COHEN W E,et al. Temperature dependence（13-600 K）of $Mn^{4+}$ lifetime in commercial $Mg_{28}Ge_{7.55}O_{32}F_{15.04}$ and $K_2SiF_6$ phosphors[J]. Optical

Materials,2018,84：614-617.

[56] BEIL K,FREDRICH-THORNTON S T,TELLKAMP F, et al. Thermal and laser properties of Yb:LuAG for kW thin disk lasers[J]. Optics Express,2010,18(20)：20712-20722.

[57] TAN S,DAI B,CHEN J, et al. Density functional theory study of aluminium and chromium doped yttrium ion garnet[J]. Materials Research Express,2018,6(3)：36105.

[58] DEREŃ P J,WATRAS A,GAGOR A,et al. Weak crystal field in yttrium gallium garnet (YGG) submicrocrystals doped with $Cr^{3+}$ [J]. Crystal Growth & Design,2012,12(10)：4752-4757.

[59] XU J,UEDA J,TANABE S. Toward tunable and bright deep-red persistent luminescence of $Cr^{3+}$ in garnets [J]. Journal of the American Ceramic Society, 2017, 100 (9)：4033-4044.

[60] TRIBOULET R,NDAP J,MOKRI A, et al. Solid state recrystallization of Ⅱ-Ⅵ semiconductors：application to cadmium telluride,cadmium selenide and zinc selenide[J]. Journal de Physique Ⅳ,1995,5(C3)：C3-C141.

[61] YILDIRIM E,GUBUR H M,ALPDOGAN S, et al. The effect of annealing of ZnSe nanocrystal thin films in air atmosphere[J]. Indian Journal of Physics, 2016, 90 (7)：793-803.

[62] VERMA M,KASWAN A,PATIDAR D,et al. Phase transformation and thermal stability of ZnSe QDs due to annealing：emergence of ZnO[J]. Journal of Materials Science：Materials in Electronics,2016,27(9)：8871-8878.

[63] IKESUE A,YOSHIDA K,KAMATA K. Transparent $Cr^{4+}$-doped YAG ceramics for tunable lasers[J]. Journal of the American Ceramic Society,1996,79(2)：507-509.

[64] WANG T,FARVID S S,ABULIKEMU M, et al. Size-tunable phosphorescence in colloidal metastable $\gamma$-$Ga_2O_3$ nanocrystals[J]. Journal of the American Chemical Society,2010,132(27)：9250-9252.

[65] 冯锡淇. YAG 和 LuAG 晶体中的反位缺陷[J].无机材料学报,2010(8)：785-794.

[66] 唐明道.发光学讲座 第五讲 稀土发光[J].物理,1990(6)：366-371.

[67] 左榘.激光散射原理及在高分子科学中的应用[M].郑州：河南科学技术出版社,1994.

[68] KRELL A,HUTZLER T,KLIMKE J. Transmission physics and consequences for materials selection,manufacturing,and applications[J]. Journal of the European Ceramic Society,2009,29(2)：207-221.

[69] MATTARELLI M,MONTAGNA M,VERROCCHIO P. Ultratransparent glass ceramics：the structure factor and the quenching of the Rayleigh scattering[J]. Applied Physics Letters,2007,91(6)：61911.

[70] IKESUE A,AUNG Y L. Advanced spinel ceramics with highest VUV-vis transparency [J]. Journal of the European Ceramic Society,2020,40(6)：2432-2438.

[71] IKESUE A,YOSHIDA K,YAMAMOTO T,et al. Optical scattering centers in polycrystalline Nd:YAG laser[J]. Journal of the American Ceramic Society,1997,80(6)：1517-1522.

[72] JOHN S,JOSEPH H R. Light scattering in polycrystalline materials [J]. Proc. SPIE,

1982,297: 165-168.

[73]　HŘÍBALOVÁ S,PABST W. Light scattering in monodisperse systems-from suspensions to transparent ceramics [J]. Journal of the European Ceramic Society, 2020, 40 (4): 1522-1531.

[74]　PEELEN J G J,METSELAAR R. Light scattering by pores in polycrystalline materials: transmission properties of alumina[J]. Journal of Applied Physics,1974,45(1): 216-220.

[75]　WEST G D,PERKINS J M,LEWIS M H. Characterisation of fine-grained oxide ceramics [J]. Journal of Materials Science,2004,39(22): 6687-6704.

[76]　APETZ R,VAN BRUGGEN M P B. Transparent alumina: a light-scattering model[J]. Journal of the American Ceramic Society,2003,86(3): 480-486.

[77]　FURUSE H,HORIUCHI N,KIM B. Transparent non-cubic laser ceramics with fine microstructure[J]. Scientific Reports,2019,9(1): 10300.

[78]　HUANG Z,HUANG Y,CHEN Y,et al. Theoretical study on the laser performances of $Nd^{3+}$ : YAG and $Nd^{3+}$ : $YVO_4$ under indirect and direct pumping [J]. Journal of the Optical Society of America B,2005,22(12): 2564-2569.

[79]　徐军,徐晓东,苏良碧. 掺镱激光晶体材料[M]. 上海：上海科学普及出版社,2005.

[80]　BRASSE G,SOULARD R,DOUALAN J, et al. $Tm^{3+}$ codoping for mid-infrared laser applications of $Dy^{3+}$ doped $CaF_2$ crystals[J]. Journal of Luminescence,2021,232: 117852.

[81]　GOLDSTEIN A,KRELL A,BURSHTEIN Z. Transparent ceramics: materials, engineering, and applications[M]. New Jersey: JohnWiley & Sons,2020.

[82]　SEKITA M,HANEDA H,SHIRASAKI S,et al. Optical spectra of undoped and rare-earth-(=Pr,Nd,Eu,and Er) doped transparent ceramic $Y_3 Al_5 O_{12}$ [J]. Journal of Applied Physics,1991,69(6): 3709-3718.

[83]　ZHANG W,LU T,WEI N,et al. Assessment of light scattering by pores in Nd: YAG transparent ceramics[J]. Journal of Alloys and Compounds,2012,520: 36-41.

[84]　IKESUE A,AUNG Y L. Ceramic laser materials [J]. Nature Photonics, 2008, 2 (12): 721-727.

[85]　BERNARD-GRANGER G,BENAMEUR N,GUIZARD C, et al. Influence of graphite contamination on the optical properties of transparent spinel obtained by spark plasma sintering[J]. Scripta Materialia,2009,60(3): 164-167.

[86]　DANIEL C H,LINDA F J,ROBERT S,et al. Optical and thermal properties of spinel with revised (increased) absorption at 4 to 5 $\mu$m wavelengths and comparison with sapphire[J]. Optical Engineering,2013,52(8): 1-12.

[87]　DONG J,RAPAPORT A,BASS M,et al. Temperature-dependent stimulated emission cross section and concentration quenching in highly doped $Nd^{3+}$ : YAG crystals [J]. Physica Status Solidi (a),2005,202(13): 2565-2573.

[88]　SUMIDA D S,FAN T Y. Emission spectra and fluorescence lifetime measurements of Yb: YAG as a function of temperature[C]. Salt Lake City Utah: Advanced Solid State Lasers,1994.

[89]　WANG Y,WANG P,CHEN Y,et al. Experiments and simulations of QCW Yb: YAG

laser with consideration of transient temperature[J]. Optics Communications,2019,435:
433-440.

[90] FERRARA P,CIOFINI M,ESPOSITO L,et al. 3-D numerical simulation of Yb:YAG active slabs with longitudinal doping gradient for thermal load effects assessment[J]. Optics Express,2014,22(5): 5375-5386.

[91] LAPUCCI A,CIOFINI M,ESPOSITO L,et al. Characterization of Yb:YAG active slab media based on a layered structure with different doping[J]. Proceedings of SPIE,2013, 8780: 87800J-87801J.

[92] DAVID S P,JAMBUNATHAN V,YUE F,et al. Laser performances of diode pumped Yb:Lu$_2$O$_3$ transparent ceramic at cryogenic temperatures[J]. Optical Materials Express, 2019,9(12): 4676.

[93] 刘铖铖,曹全喜. Y$_3$Al$_5$O$_{12}$ 的热输运性质的第一性原理研究[J]. 物理学报,2010(4): 2697-2702.

[94] SATO Y,AKIYAMA J,TAIRA T. Effects of rare-earth doping on thermal conductivity in Y$_3$Al$_5$O$_{12}$ crystals[J]. Optical Materials,2009,31(5): 720-724.

[95] TAIRA T,KURIMURA S,SAIKAWA J,et al. Highly trivalent neodymium ion doped YAG ceramic for microchip lasers[C]. Boston,Massachusetts: Advanced Solid State Lasers,1999.

[96] JHENG D Y,HSU K Y,LIANG Y C,et al. Broadly tunable and low-threshold Cr$^{4+}$: YAG crystal fiber laser[J]. IEEE Journal of Selected Topics in Quantum Electronics, 2015,21: 9006081.

[97] 李江,葛琳,周智为,等. 全固态波导激光材料的研究进展[J]. 硅酸盐学报,2015(1): 48-59.

[98] GE L,LI J,ZHOU Z,et al. Fabrication of composite YAG/Nd:YAG/YAG transparent ceramics for planar waveguide laser [J]. Optical Materials Express, 2014, 4 (5): 1042-1049.

[99] TER-GABRIELYAN N,FROMZEL V,MU X,et al. High efficiency, resonantly diode pumped,double-clad,Er:YAG-core,waveguide laser[J]. Optics Express,2012,20(23): 25554-25561.

[100] GÜN T,METZ P,HUBER G. Power scaling of laser diode pumped Pr$^{3+}$:LiYF$_4$ cw lasers: efficient laser operation at 522.6 nm,545.9 nm,607.2 nm,and 639.5 nm[J]. Optics Letters,2011,36(6): 1002-1004.

[101] 李江. 稀土离子掺杂 YAG 激光透明陶瓷的制备、结构及性能研究[D]. 上海:中国科学院大学上海硅酸盐研究所,2007.

[102] 王晴晴,石云,冯亚刚,等. 高光学质量 Yb:YAG 透明陶瓷的制备及激光参数研究[J]. 无机材料学报,2020(2): 205-210.

[103] WANG P,DAWES J M,DEKKER P,et al. Growth and evaluation of ytterbium-doped yttrium aluminum borate as a potential self-doubling laser crystal[J]. Journal of the Optical Society of America B,1999,16(1): 63-69.

[104] CABARET L,ROBERT J,LEBBOU K,et al. Growth, spectroscopy and lasing of the

Yb-doped monoclinic $Gd_2SiO_5$ in the prospect of hydrogen laser cooling with Lyman-α radiation[J]. Optical Materials,2016,62: 597-603.

[105]　WEI Z,SUN L,LIAO C,et al. Size dependence of luminescent properties forhexagonal $YBO_3$:Eu nanocrystals in the vacuum ultraviolet region[J]. Journal of Applied Physics, 2003,93(12): 9783-9788.

[106]　JIA G,YOU H,LIU K,et al. Highly uniform $YBO_3$ hierarchical architectures: facile synthesis and tunable luminescence properties[J]. Chemistry-A European Journal,2010, 16(9): 2930-2937.

[107]　KALLEL T,HASSAIRI M A,DAMMAK M,et al. Spectra and energy levels of $Yb^{3+}$ ions in $CaF_2$ transparent ceramics[J]. Journal of Alloys and Compounds,2014,584: 261-268.

[108]　Wikipedia. 厄米-高斯模式图[EB/OL]. [2021-04-11]. https://commons. wikimedia. org/wiki/File: Hermite-gaussian. png.

[109]　Wikipedia. 从锁模到 CPA 放大——飞秒光纤激光器中的物理[EB/OL]. [2021-04-11]. https://www. sohu. com/a/277516964_157139.

[110]　ALTMANN K. How to use LASCAD$^{TM}$ software for laser cavity analysis and design [EB/OL]. [2021-04-30]. https://www. las-cad. com/lascad_documentation. php.

[111]　贾少春. 激光光束质量评价参数测量技术研究[D]. 西安: 西安电子科技大学,2011.

[112]　DONG J,UEDA K. Longitudinal-mode competition induced instabilities of $Cr^{4+}$,$Nd^{3+}$: $Y_3Al_5O_{12}$ self-Q-switched two-mode laser [J]. Applied Physics Letters, 2005, 87(15): 151102.

[113]　CHENG Y,DONG J,REN Y. Enhanced performance of Cr,Yb:YAG microchip laser by bonding Yb:YAG crystal[J]. Optics Express,2012,20(22): 24803-24812.

[114]　DONG J,LI J,HUANG S,et al. Multi-longitudinal-mode oscillation of self-Q-switched Cr,Yb:YAG laser with a plano-concave resonator[J]. Optics Communications,2005, 256(1): 158-165.

[115]　UEDA K,DONG J. Observation of repetitively nanosecond pulse-width transverse patterns in microchip self-Q-switched laser[J]. Physical Review A,2006,73(5): 53824.

[116]　BOULON G. $Yb^{3+}$-doped oxide crystals for diode-pumped solid state lasers: crystal growth,optical spectroscopy,new criteria of evaluation and combinatorial approach[J]. Optical Materials,2003,22(2): 85-87.

[117]　DONG J,MA J,CHENG Y,et al. Comparative study on enhancement of self-Q-switched Cr,Yb:YAG lasers by bonding Yb:YAG ceramic and crystal[J]. Laser Physics Letters, 2011,8(12): 845-852.

# 第 ③ 章

# 制备技术和工艺

透明激光陶瓷与传统陶瓷在制备技术和工艺上并没有本质区别，是在后者的基础上根据激光应用的要求进行相应改进和优化的。

以成功实现激光输出的 Nd:YAG 透明激光陶瓷的制备为例，其可以采用如下两种途径：

(1) 湿化学法合成高烧结活性的 $Y_2O_3$、$Al_2O_3$ 和 $Nd_2O_3$ 氧化物粉体，随后采用固相反应结合真空烧结技术制备 Nd:YAG 透明陶瓷[1]。

(2) 湿化学法直接合成高烧结活性的 Nd:YAG 纳米粉体，采用真空烧结技术制备高质量的 Nd:YAG 透明陶瓷。典型示例是日本神岛化学公司采用尿素沉淀法制备出颗粒尺寸均匀、分散性好的 Nd:YAG 纳米粉体，然后通过真空烧结技术制备出高质量的 Nd:YAG 透明陶瓷，并实现了大功率的激光输出[2]。

下面以氧化物粉体经固相反应和真空烧结制备 Nd:YAG 陶瓷的过程为例，对透明激光陶瓷的常规制备流程做进一步介绍[2]。

以纯度为 99.99％ 的商业 $\alpha$-$Al_2O_3$、$Y_2O_3$、$Nd_2O_3$ 粉体为原料，以高纯正硅酸乙酯(tetraethyl orthosilicate, TEOS, 99.99％)为烧结助剂(实际是其分解产物 $SiO_2$)，首先按照 1.0 at.％ 的 $Nd^{3+}$ 掺杂浓度称量粉料，接着以无水乙醇为介质，球磨破碎并混合这些粉料。所得浆料干燥后过 200 目筛，然后加热排胶，所得粉料进一步用钢模在 10 MPa 的压强下压制成 $\phi$20 mm 的圆片，再用 200 MPa 的压强进行冷等静压获得素坯。随后在真空炉升温使得素坯发生固相反应，并实现烧结(约 1750 ℃)。由于真空烧结过的陶瓷通常存在氧空位缺陷，因此需要在空气中、1450 ℃ 下进行恒温退火处理，得到原始陶瓷片。最后根据所需尺寸对原始陶瓷片进行切割，减薄并抛光处理后就可以用于激光实验。图 3.1 给出了这一流程的示意图。

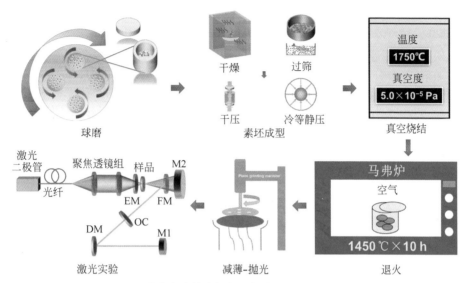

图 3.1　Nd∶YAG 透明激光陶瓷的常规制备与实验流程示意图（感谢杜傲宸供图）

从图 3.1 及其相关介绍可以看出，透明激光陶瓷的制备流程与传统陶瓷类似，同样涉及粉体制备、素坯成型、烧结以及后处理与加工四个方面，因此本章将分别介绍它们在透明激光陶瓷领域的特点、需求以及今后的可能发展。

# 3.1　粉体制备与预处理

粉体是制备陶瓷的起点，是制备过程中可能发生的各种物理化学反应的源头。用于透明激光陶瓷的粉体通常可分为两大类：原料粉体（用于化合反应等）和陶瓷粉体。以 Nd∶YAG 为例，前者的典型是用于合成陶瓷的氧化物粉体，比如 $Nd_2O_3$、$Y_2O_3$ 和 $Al_2O_3$；后者的组成与最终陶瓷的组成一致，即 Nd∶YAG。粉体的选用需要与后继的素坯成型和烧结相匹配。比如氧化物粉体通常经过球磨混合后就直接进入干压和冷等静压阶段；而陶瓷粉体有的可能需要预烧去除内含的杂质，有的则因为颗粒尺寸已经是纳米级别，因此可以直接进入干压和冷等静压，不需要球磨。在烧结上，需要化合反应的粉体就必须加热到一定的高温来引发反应，而直接采用陶瓷粉体则可以实现低温烧结。

原料和陶瓷两类粉体之间的选择还与组成的均匀性有关。对于杂质离子，比如 $Nd^{3+}$ 为激光中心的陶瓷，直接采用氧化物混合，会因为扩散反应的不完全而出现 $Nd^{3+}$ 的团聚，直接采用陶瓷粉体则可以改善离子掺杂的均匀性。另一个差异是表面杂质的影响。理论上一般假定粉体的表面是干净的，但是实际的粉体表面会存在气体、有机小分子、氢氧根以及烧结助剂提供的配位基团等来饱和表面的悬挂键,这些会被带入后继的制备过程,影响最终陶瓷的组成或质量。

如果从球磨混合阶段算起,实际烧制透明激光陶瓷的粉体在广义上还包括各种添加剂,起着分散和促进烧结的作用。这些添加剂的用量并不多,一般质量比在 $10^{-3}$ 数量级,但是可以影响素坯成型和后继的烧结与后处理,尤其是添加剂或其产物在烧结温度下可以转为液相的时候,其影响更为显著。

### 3.1.1 粉体内禀性能

文献中有关透明激光陶瓷粉体内禀性能的介绍一般基于主要组分的粉体,比如合成 Nd:YAG 的氧化物及其球磨干燥后的产物,而较少单独考虑添加剂。其原因除了添加剂含量少,并且混合后已经与主粉体不可区分;还因为透明激光陶瓷为了尽可能降低散射,要求烧结尽可能是严格定义的烧结,只发生致密化和晶粒生长(3.3 节)。这就意味着添加剂可能引起的化学反应,比如热分解等都要在进入烧结阶段前完成,甚至在素坯成型前就要完成。或者说在透明激光陶瓷领域,所谓的粉体一般指的是即将进入素坯成型阶段的粉体。

当粉体定义为即将进入素坯成型阶段的粉体时,就意味着其与原料粉体有着明显区别,而且并不是简单的原料粉体的混合,还包括了原料粉体的处理和反应等。因此粉体的内禀性能只能是与原料粉体有关,但并不是简单的重复。

对于透明激光陶瓷而言,粉体的内禀性能主要是物相与纯度、形貌与分布、表面态和官能化三个方面。具体的表征除了需要选择相应的测试技术,还需要考虑取样因素和环境因素。比如悬浮液中不同位置取样,在测试粉体后,隔了好长一段时间才使用粉体压制素坯或者长时间存储粉体等,都会影响原先测试所得粉体性能的准确性。

粉体物相应当是构成透明陶瓷的物相或者能够通过反应排除其他杂质,仅获得透明陶瓷物相的组分。所用原料的纯度一般在 4N 级(即 4 个 9,99.99%)或更高。由于有益掺杂剂(比如烧结助剂或者发光中心)的用量很少,而其在陶瓷中的纯度是需要同时考虑原始试剂纯度与该试剂在陶瓷中的含量,并与它们的乘积相对应,因此掺杂浓度越低,所需原始掺杂剂的纯度下限也更低,这正是分析纯甚至化学纯掺杂剂可用于单晶生长的主要原因。由于不少掺杂剂的高纯产品非常昂贵,因此这种基于浓度乘积而利用低纯产品的合理做法可以大幅降低生产成本。

粉体属于纯相可以降低杂相引起的折射率不均匀,是实现透明陶瓷的基础,有利于光学质量和激光性能提高。另外,高纯物相也有利于降低晶粒的异常生长——含有杂质的粉体具有更低的熔点、更低的烧结温度和更快的扩散速率,因此也就具有更高的晶粒生长速率,并不利于实现高致密度烧结所需的烧结速率均匀性。

　　粉体的纯相程度也是影响陶瓷烧结质量的主要原因之一,比如生产氧化铝透明陶瓷通常采用 $\alpha$-$Al_2O_3$,由于 $\gamma$-$Al_2O_3$ 在高温下会转变成 $\alpha$-$Al_2O_3$,期间伴随体积缩小 14.3%,因此氧化铝原料粉体中如果含有 $\gamma$-$Al_2O_3$ 就会导致烧结后陶瓷制品的气孔率增高和收缩增大,对陶瓷的光学质量和机械性能都是不利的。

　　表征物相与纯度的必要指标有两个:晶体结构和元素组成。前者通常以粉末衍射图谱与标准样品的对比来说明不含杂相;但是由于无定形相或者低于设备检出水平的结晶相会湮没于背景信号中,因此只有 XRD 谱图是不够的,还必须有粉体的元素组成分析结果,并且该结果与 XRD 衍射峰对应的物相具有同样的元素比例才可以确认粉体是高纯的粉体。事实上,很多文献不但缺乏元素组成分析结果,而且 XRD 谱图的信噪比较差,背景噪声相当大,此时由衍射谱峰找不到杂相就直接得到"纯相"的结论是一种很不可靠的做法。

　　粉体的形貌与分布在文献中通常体现为粒径及其分布,也有直接基于电镜照片的表观描述。对于粒径及其分布,球形颗粒以外的形貌都需要采用等效于球形颗粒的方式才能进行定量描述。其中典型的例子就是基于电镜照片对粉体颗粒尺寸的定量化。由于这种定量化过程是将粉体颗粒看作球体,尺寸以球体直径来表示,但是实际的颗粒并不是球体,并且实际测量取的是给定颗粒的二维图像(即电镜图像)中最长的间距来代表颗粒的直径,因此即便是用这种颗粒尺寸的平均值来描述粉体的尺寸,也是需要进行校正的。不同文献给出了不同的校正手段,其依据的实验事实可以参考首次提出相关校正系数乃至公式的文献。大体说来,这些校正一般是基于某次实验测试结果的拟合,而且有的拟合相当粗糙,比如用电镜所得的尺寸与激光散射或其他方法测试所得的尺寸做对比,将后者看作真实值来获得前者的校正系数。对于这种受具体体系严重制约的校正,如果不加考虑就直接照搬,那么所得结果只能具有"纸面"的意义。

　　形貌与分布对烧结的影响是非常严重的,而且直接关系到素坯的致密性,其根本原因就在于颗粒排列(成型)结束后,要依靠外力(比如外加压强)改变其排列是有限度的,具体与内含气体、粉体的塑性形变和断裂应力有关。一般只对连通气孔和大塑性形变有效,这就意味着成型中颗粒排列的失配未必能在烧结中通过外力作用而获得改善,更经常发生的结果是晶粒的异常生长而获得致密度较差,却更为稳定的"复合"结构。

　　形貌与分布是需要共同考虑的,这也为实验所证明[3]。同样形貌而粒径分布不同或者粒径近似而形貌不同,在成型和烧结阶段所得的微结构就可能不一样,因此需要按照多因素影响的模式来考虑,单独考虑形貌或分布所得的规律并没有普适性。

表面态和官能化是目前透明陶瓷领域仍未受到足够重视,但其影响却客观存在的内禀性能。这类影响的典型例子就是在原料阶段或素坯成型之前加入有机物或水合物,那么陶瓷烧结中经常会出现发黑、分相或多孔的现象。以结晶水为例,相比于物理吸附的可以在 300 ℃ 左右去除干净的吸附水,与基质形成化学键的结晶水可以稳定在 1000 ℃ 左右,此时常规的 300 ℃ 或 600 ℃ 左右的干燥或排胶过程并不能有效去除它们,随后就被带入并参与后继的高温烧结过程。粉体表面 $OH^-$ 官能团的影响与此类似。这种化合成键的水分子或 $OH^-$ 官能团不一定可以通过晶态物质显现出来,更多的是需要通过红外光谱才能表征的非晶相。因此对粉体做红外光谱要比做粉末衍射更容易发现这类影响的存在。

另外,存在于表面的有机基团可以通过彼此结合而改变粉体的团聚、表面结构及其分布,如果排胶中有机基团分解并逸出的同时伴随着无机离子的扩散与结合过程,那么这种改变就不会随着排胶过程中有机物的分解而消除,而是进一步产生无机网络骨架,其强度依据有机物分解的剧烈程度而不同。事实上,燃烧法就是一种程度极为剧烈的排胶过程,最终得到酥脆、很容易磨成微纳米颗粒的片状物。当然,这种结合也有有利的一面——不少透明陶瓷制备工艺中,排胶过程被安排在素坯成型之后,其实就是利用这种有机分解-无机结合机制的典型例子,其操作以真空中排胶为佳,此时一方面有机物的分解促进了粉体颗粒之间的接触与网络状结合,另一方面降解产物可以被快速排除,极大降低外界气体或分解气体对气孔的贡献。这个过程通常也与“预烧”过程重叠,归属于预烧前驱体的过程。

最后,粉体的内禀性能并不是截然分开的,而是有机的统一:不同的颗粒大小会产生不同的表面张力,其表面态当然也不一样;而表面态不一样,也会反过来影响颗粒之间的物理与化学结合,影响最终颗粒的大小。因此研究粉体内禀性能对陶瓷透明性的影响,或者通过陶瓷的内禀性能来优化制备工艺时,系统性地设计内禀性能的组合,包括各自的优点与彼此的关系是非常必要的。

## 3.1.2 粉体制备

面向透明陶瓷的粉体制备与常规获得粉末的制备技术在本质上并无差别——可以制备粉末的化学或物理过程都可以用来制备粉体。当然,最终可用于获取高致密度透明陶瓷的粉体需要特定的内禀属性,这是因为粉体的尺寸、粒径分布、形状以及颗粒的团聚状态等都会直接影响到致密化行为和烧结体的显微结构。对于透明陶瓷,通常要求粉体具有亚微米尺寸、较窄的尺寸分布、形状均一、无团聚或少团聚以及高纯度(一般 4N 以上)等,这就需要优化相关的制备工艺,甚至辅助后继处理才能得到满足要求的粉体。

目前透明陶瓷领域常用的粉体制备方法主要有如下三种。

**1. 固相反应法**

将混合均匀的 $Al_2O_3$ 和 $Y_2O_3$ 粉末在高温下煅烧,通过氧化物之间的固相反应形成 $Y_3Al_5O_{12}$(YAG)粉体是固相反应法的代表,其具体反应过程如下:

$$2Y_2O_3 + Al_2O_3 \longrightarrow Y_4Al_2O_9(YAM)\ (900 \sim 1100\ ℃)$$

$$YAM + Al_2O_3 \longrightarrow 4YAlO_3(YAP)\quad (1100 \sim 1250\ ℃)$$

$$3YAP + Al_2O_3 \longrightarrow Y_3Al_5O_{12}(YAG)\quad (1400 \sim 1600\ ℃)$$

虽然固相反应法工艺简单,容易实现粉体的批量生产,但是温度过高容易发生烧结,通过扩散进行化合反应也容易造成反应的不完全。前者需要后继的球磨才能得到尺寸及其分布合适的粉体,期间又很容易引入杂质(比如由于磨球磨损引入的杂质),而且也难以获得尺寸均一、窄分布的粉体。后者则违反了粉体的高纯要求,不利于透明化。

目前固相反应法的另一种做法是直接将原料混合制备素坯,然后预烧发生反应,再真空烧结得到所需物相的陶瓷,从而避免了后继的破碎球磨过程,而且预烧中少量未反应的杂相也可以在烧结过程中进一步消除,转为所需物相。这种方法已经在 YAG 透明陶瓷中得到了应用,并且扩展到其他石榴石,比如 LuAG 和 TAG 等陶瓷体系。

**2. 沉淀法**

沉淀法至少需要两步才能获得粉体。首先是在溶液中引入沉淀剂获得沉淀,并且进一步干燥得到前驱体;随后通过煅烧除去沉淀物中不需要的成分(热分解等)或者促进无定形前驱体的晶化过程,得到所需的粉体。

沉淀法根据沉淀剂的引入方式可以分为三种:复合沉淀、共沉淀和均相沉淀。复合沉淀法通常是构成沉淀物的组分中,一种来自可溶物,另一种来自沉淀剂,典型的例子是 $BaCl_2$ 和 $Na_2SO_4$ 获得 $BaSO_4$ 的反应。共沉淀法是溶液中包含所需组分的可溶物,随后加入沉淀剂;当然也可以反过来,往沉淀剂中加入溶液(反向滴定),这取决于相关离子溶解平衡的对比关系,通常离子之间溶解平衡常数的差别越大,采用反向滴定的效果就越好。均相沉淀法与共沉淀法类似,差别在于其沉淀剂是缓慢生成的,而不是外界缓慢加入的,比如尿素水解生成沉淀剂就是其中的典型。

目前透明激光陶瓷常用共沉淀法或均相沉淀法来制备粉体。以 YAG 粉体为例,共沉淀法是在 Y、Al 混合盐溶液中添加沉淀剂(一般使用氨水或碳酸氢铵),使 $Y^{3+}$ 和 $Al^{3+}$ 均匀沉淀,然后将沉淀水合物在 900 ℃ 左右进行热分解得到所需的 YAG 粉体。均相沉淀法的代表例子是以氯化铝和氯化钇为原料,以硫酸铝铵为分散剂,尿素为沉淀剂,制备 YAG 前驱体。

沉淀法方法简单,成本较低,可以通过实验条件的控制获得纯度高、粒径小、近似球形和无团聚的粉体,而且可以批量生产,因此同喷雾造粒法一起成为近年透明陶瓷粉体制备的常用方法。当然沉淀法的缺点也显而易见:首先是产生大量的废水,其次是煅烧步骤容易产生有害气体,这些都会污染环境,需要额外的回收处理成本。另外煅烧前驱体的过程难以控制,要获得均一的粉体,比如同样的形貌和结晶性是很困难的,因此即便相比固相反应法可以获得更细的颗粒,沉淀法所得粉体在烧结中也会由于颗粒物化性质的不均匀而出现异常晶粒生长,产生杂相或晶内气孔,得不到透明陶瓷。

### 3. 喷雾干燥法

喷雾干燥(spray drying)法源自喷雾热解,可以归属于热解法。

热解法的基础是热分解反应,$CaCO_3$ 受热分解制备 $CaO$ 是一种常见的热解法制备粉体的实例。热解法与其他包含热分解反应的沉淀法和固相反应法等制备方法的主要差别在于:热解法涉及的对象可以是直接获得的原料或者常规的搅拌或球磨等操作所得的浆料,并不需要经过沉淀或预先的化学反应。前述热解制备 $CaO$ 就是直接使用 $CaCO_3$ 原料。而后者的典型例子就是喷雾热解——直接加热汽化料液所成的液滴(喷雾),随后热解而得所需的粉体。

"热解"在广义上包括了溶剂的挥发和高活性热解产物之间的化合反应。在透明陶瓷领域,基于原料成本和反应可行性的考虑,目前常用的是液滴在受热下挥发溶剂(有时也包含其他低沸点添加剂),原先悬浮的固体物质在表面张力作用下形成球形或近似球形的颗粒而被收集的喷雾干燥过程[4-5]。

传统陶瓷领域所提的"喷雾造粒"是强调喷雾热解法可以获得球形或近似球形均匀颗粒的特点,而从"喷雾"到"造粒"的过程中可以是热分解反应,也可以是溶剂挥发等简单的组分分离,甚至是热分解-化合反应。因此喷雾干燥法只是喷雾造粒的一种类型。

喷雾干燥法既可以制备单相粉体,也可以制备混合粉体。以 YAG 体系为例,首先将氧化物粉末与溶剂、烧结助剂、分散剂和黏合剂等混合,球磨得到浆料,随后喷雾干燥得到球形的混合颗粒,其中也包含不同粒径的单相颗粒。对这些颗粒施压成型后就可以转入固相反应烧结的步骤[4]。喷雾干燥的过程在本质上是利用表面张力并结合表面活性剂作用对原料粉体的微观结构进行改造的过程,其中球磨等步骤的目的是获得具有合适黏度与结构的浆料(悬浮液)。

除了喷雾干燥法,这种改造粉体形貌的操作也可以利用热分解过程。比如工业生产所得的 $Al_2O_3$ 原料以无规则形貌居多,要用于 $Al_2O_3$ 透明陶瓷的制备,可以再次溶解于硝酸溶液,得到溶胶,随后喷雾热解得到球形且粒径窄分布的 $Al_2O_3$ 粉体。

　　粉体颗粒球形或近似球形,并且大小均匀是喷雾造粒法的优点。不过与沉淀法类似,大量溶剂的使用以及硝酸盐和硫酸盐等分解产生的有毒气体对环保和生产的经济性是不利的,而且多组分混合体系的喷雾造粒未必能得到完全混合的均匀球粒,具体效果取决于浆料在受热时的固-液分离过程。除了喷雾工艺参数的影响,原先浆料中颗粒的表面物理与化学性质也是重要的制约因素。

　　表面活性剂对粉体形貌的影响是沉淀法与热解法都要注意的问题。吸附及其伴随的空间位阻效应是表面活性剂的主要影响机制。比如透明激光陶瓷领域常用的无水乙醇可以用作分散剂,其作用机制是无水乙醇被吸附于晶界界面能较高的位置,所产生的空间位阻效应可以抑制该位置的离子扩散和迁移(晶体生长发育过程)。由于晶粒的边棱以及顶角位置通常是界面能较高的地方,因此这些位置的生长速度会变慢,而其他表面能较低的部位由于没有吸附乙醇,其生长速度就会相对加快,最终得到各向大小一致(即球形或近似球形)的晶粒。

　　如果表面活性剂是非极性的,比如丙酮,此时可以无差别吸附于晶体的各个表面,其主要作用是抑制晶体生长,获得较小的晶粒,对晶粒的外形就没有太大影响,甚至在用量较多时还阻碍了结晶过程,降低晶粒数量,乃至获得非晶态的沉淀物。

　　另外,离子型表面活性剂还提供了静电作用,从而影响颗粒之间的团聚。比如十六烷基三甲基溴化铵(CTAB)是阳离子型表面活性剂,可以通过静电作用吸附于颗粒表面,从而起到分散的作用。但是如果有相反电荷存在,颗粒所带电荷被中和后,反而容易彼此团聚,此时就需要采用没有中和团聚风险的非离子型表面活性剂。

　　高分子化合物(高聚物),比如非离子表面活性剂聚乙烯吡咯烷酮(PVP,极性)也可以作为表面活性剂使用。由于其分子量相当大,因此空间位阻作用力很大,通过空间位阻作用来分散颗粒的效果要高于小分子表面活性剂,而且没有中和团聚的风险。

　　最后,表面活性剂与溶剂之间的作用也是需要考虑的重要因素,比如丙酮等有机溶剂沸点较低,与水共溶有助于提高水热体系的饱和蒸汽压,因此在以水为溶剂的体系就容易促进晶体生长,获得大晶粒或者宽粒径分布的晶粒。如果是水热反应,还可以降低反应温度。

　　除了上述这三种主要方法,从理论上说,也可以采用其他可制备粉末产物的方法,比如溶胶-凝胶法、水热法和燃烧法等。但是这些方法在批量生产上存在的不利因素更为严重,因此目前主要用于实验室的基础研究或小尺寸、高附加值的透明激光陶瓷的制备。它们的具体操作同其他领域中同样方法的操作基本一样,其主要差别在于要改进或优化以满足透明陶瓷特有的内禀性能要求(3.1.1 节)。有关这些方法的具体介绍和优缺点可以见参考文献[6],这里不再赘述。

总之,粉体的制备方法多种多样,各有优缺点,需要根据材料体系的特点来确定。就透明激光陶瓷而言,选择的主要依据是能否通过较简单和经济的步骤实现粉体的颗粒尺寸、表面状态和团聚程度的控制。不管是哪一种方法,在目前用于粉体制备时仍然要依赖于经验和尝试。遗憾的是,虽然这种经验和尝试是指目前并不存在一套理论或公式可以直接得到给定制备方法的最佳参数,并不能就此否定积累工艺数据和归纳经验规律的重要性。但是不可否认的是,到目前为止,工艺数据的积累并没有对理论或公式的发展起到应有的作用。现有制备方法之所以有"经验性",更多的是来源于人为的"封闭性",而不是理论或公式难以实现。这是因为工艺数据是归纳规律并形成理论与公式的根源,但在事实上却作为"技术机密"牢牢掌握在各透明陶瓷相关团队的手中,而这些团队人员往往擅长于工程方面的实践,却缺乏理论所需的技术和知识储备,并不能从海量的、经验性的数据中提炼出所需的理论与公式。前文所述的 $Al_2O_3$ 透明陶瓷的发现历史(1.4 节)就是这方面的一个典型例子。因此,在制备方法的选择及其最优参数的获取上要实现从"必然王国"到"自由王国"的飞跃,仍需要长期的努力。至少可展望的一段时期内,各自积累"技术机密"尤其是"工艺参数"仍然是主流。实现具有优异性能的陶瓷需要依赖"某台设备"或者"某位工匠",也仍将是一种常见的现象。

### 3.1.3  粉体预处理

如果原始粉体达不到透明陶瓷所需粉体的内禀性能,就必须经过预处理才能进入下一步的素坯成型流程。这个步骤是必要的,因为实践表明,粉体的问题是无法通过后继的素坯成型、烧结以及后处理流程完全解决的。另外从素坯的角度而言,粉体的制备及其预处理相当于传统陶瓷领域的"造粒"过程。

粉体的预处理是对于初始粉体而言的,因此也可以是粉体的制备过程,两者并没有截然不同的界限,比如前述不同形貌的 $Al_2O_3$ 粉体重新溶解,然后喷雾热解为形貌均一的粉体就是这种典型,既可以将它看作 $Al_2O_3$ 粉体的制备,也可以看作相对于初始粉体的预处理,随后可以进入后继的成型步骤。

就喷雾技术而言,与粉体预处理联系更为紧密的是喷雾干燥。与存在热解反应不同,喷雾干燥并不涉及粉体的生成反应,而是力图打破粉体的团聚,同时也伴随着初始粉体形貌的改造。其主要步骤是先将初始粉体与溶剂(比如无水乙醇或高纯水)、烧结助剂、分散剂和黏结剂等高速搅拌或球磨成料浆,随后通过高压喷雾器将料浆喷入造粒塔中进行雾化,随后雾滴在热气流的作用下被干燥成具有优良流动性的粉料。相比于初始粉体,雾化后的粉体在均匀性和分散性方面通常更有优势。不过其表面状态也发生了变化,如果原浆料中的有机物在干燥中并没有分解或挥发干净,那么就会附着于表面并进入素坯之中,影响后继的制备步骤。另外,由于小体积的球形颗粒彼此团聚成更大体积的球形颗粒,其表面积是下降的,从而可以降低体系的能量,因此喷雾造粒可以获得半径窄分布的球形颗粒,影响最终颗粒稳定性的因素除了表面张力作用下首选表面积最小的球形形貌的趋势,也包括表面不再结合其他颗粒或组分的惰性状态。

相比于喷雾造粒,在其他打破团聚(包括致密块体的破裂)和改变形貌的技术中,更为经济的球磨是透明陶瓷领域常用且重要的粉体预处理手段。对多种原料混合的固相反应烧结,粉体预先球磨尤其重要。这是因为不同原料,比如反应烧结 YAG 所需的 $Y_2O_3$ 和 $Al_2O_3$ 由于制备反应过程不一样,颗粒的大小、形状乃至分布有很大差别。如果直接混合成型,会存在各自团聚、无序晶粒生长、反应不完全和包裹气孔等问题,所以需要预先混合并球磨成为近似形貌的粉体——最终的混合程度和形貌的接近程度取决于球磨的工艺参数。

球磨是一种机械力加工,属于机械力化学学科的重要内容。理论认为[7]:在摩擦剪切和碰撞冲击等机械力作用下,能量被传递给颗粒,会在颗粒表面和内部产生大量的活性点,机械力能产生类似爆炸条件下的短时间的热与压力作用(不如真实爆炸来得剧烈)。这种微观的爆炸在颗粒表面聚集了较高的能量促使电子和离子产生,形成非高温等离子体,借此完成物质迁移,宏观现象是破碎颗粒间会因电荷放电产生电火花。部分机械能转化为热能是球磨中体系温度升高的原因。干磨条件可以促进固相扩散及固相反应(室温固相反应或低温固相反应),而如果是湿磨,比如加入水做介质,甚至可以起到水热反应的效果。

由于透明陶瓷相关的球磨一般要加入无水乙醇等溶剂作为介质,因此机械力的作用相对温和,主要是颗粒的破碎和表面的重构,即在机械力作用下颗粒会产生晶格缺陷(畸变)、局部溶解和局部塑性形变等。颗粒表面成键的不饱和会产生表面的重构,从而表面原子可以发生位移,其中垂直于表面的位移是弛豫,平行于表面的是重建,最终仍以降低体系的自由能作为变化的驱动力,这就意味着球磨破碎的粉体趋向于团聚,从而需要添加表面活性剂参与球磨或者在球磨后进行过筛来获得足够分散的粉体。

球磨过程本质上是一个矛盾的过程:在机械力的作用下,颗粒会破碎并导致表面缺陷增加,对扩散有利,因此也对反应和烧结有利;但是当球磨结束后,由于不再有机械力的作用,此时团聚反而有利于提高体系的稳定性,因此初始粉体如果需要球磨预处理,首先要保证适宜的分散度。

球磨所得粉体除了要有一定的分散度,还要注意保证粉体的原始纯度和合适的表面状态。前者比较好理解,因为力的作用是相互的,磨球对粉体有强烈的机械力作用,自身也受到粉体的反作用,会增加其磨损乃至破裂的趋势。基于这种影响,人们在实践中得出了如下的经验规律:

（1）球磨时间不是越长越好；

（2）磨球的材质在微量甚至少量掺杂时应该对陶瓷无害；

（3）磨球比例要合适，过小会降低球磨效果；过大则容易发生磨球之间的直接碰撞；

（4）球磨内罐容积（或者合适的填充高度）要避免磨球或粉体聚积；

（5）需要采用可稳定体系、抑制污染的溶剂与表面活性剂。

球磨后粉体要获得合适的表面状态有两个因素，首先是避免团聚，其次是获得洁净的表面。对于湿法研磨，除了溶剂和其他添加剂会在机械力作用下与粉体表面发生反应，粉体自身也会发生反应而改变表面的状态。典型的例子就是湿法研磨氧化铝会发生水化作用而得到氢氧化铝，或者说氧化铝的表面被氢氧化了，这对于氧化铝的致密烧结而得到透明陶瓷当然是不利的。对于表面状态的问题，除了调整球磨参数，还可以通过后继的预烧等手段来解决。这些后处理可以在压制素坯之前完成，此时也属于粉体预处理的步骤之一；也可以在素坯压制后才进行，此时就成为素坯的预处理步骤。

球磨过程要优化的工艺参数主要有球料比例（重量比或体积比）、溶剂、磨球粒径、球磨时间、转速、球磨罐体积、球料总填充体积、球磨罐形状、球磨机类型以及球磨罐运行轨迹等。各种参数对不同粉体的影响程度不一样，都是优化工艺参数时需要考虑的。当然，实践中对特定体系，不同因素的影响程度是不一样的，并不需要面面俱到地考虑，而是依据已有基础研究或者类比相似体系筛选出可能的主要影响因素，然后分别设计实验方案，并以所关心的陶瓷性能为评价指标进行验证——期间可能需要进一步考虑原先没被筛选的因素，最终获得可实现所需性能指标的球磨工艺参数的集合，为产业化打下基础。

这里以 $Y_2O_3$ 激光陶瓷基质的烧结为例，介绍磨球尺寸与转速这两个因素的影响[3,8]。图 3.2 给出了不同磨球直径所得陶瓷的透明性与内部散射点的状况。磨球直径越小，所得粉料颗粒的尺寸也就越小，其最小颗粒粒径 $x_m$ 可以利用下面的经验公式进行估算：

$$x_m = Kd^2$$

式中：$d$ 是磨球直径，单位为 mm；$K$ 是一个与材料强度有关的、表征最大破碎率的材料常数，单位为 $mm^{-1}$，其值在 $0.44 \times 10^{-3}$ 左右。在实际应用中，一般是先对待测材料的某个球磨后的粉料进行表征，获得 $d$ 后，根据上面的公式得到 $K$，然后用这个 $K$ 值去估算其他磨球大小时可得的最小粒径。因此 $K$ 会有所偏离上面的数值，比如 $Y_2O_3$ 在这里的 $K$ 是 $0.15 \times 10^{-3}$。

由于球磨条件是多样化的，因此只考虑单一因素不一定适合实际情况，此时需要考虑双因素或多因素共同作用的结果，然后利用统计学的多因素分析或者设计

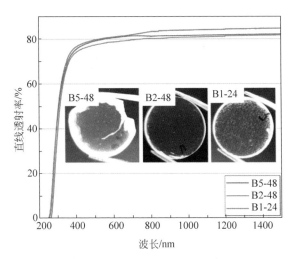

图 3.2　采用不同直径的 $ZrO_2$ 磨球所得三种 $Y_2O_3$ 陶瓷的直线透射率光谱及其照片。其中实
　　　　物拍照时选取黑色背景来突出陶瓷内的散射点。各陶瓷所用磨球直径为 B5-48：
　　　　5 mm；B2-48：2 mm；B1-48：1 mm[8]

某个综合性的优度因子来反映不同球磨条件的影响。比如图 3.3 中同样的 $Y_2O_3$
粉料球磨时既有磨球大小的差别，也有球磨时间与转速等差别，此时可以用基于颗
粒尺寸分布（particle size distribution，PSD）衍生的参数来估测可得陶瓷的光学质
量等性能的变化，并以此反映这些球磨条件的综合影响[3]。虽然图 3.3(a)显示颗
粒尺寸分布谱线形状差别不大，但是不同球磨条件所得粉体的尺寸分布宽度（the
width of the particle size distribution，WPSD）则存在明显差别（分别是 1、1.6 和
2.3），最终导致了所得陶瓷光学质量的变化——直线透射率随着 WPSD 的增加而
递减（图 3.3(b)）。其中 WPSD 按下式计算：

$$WPSD = \frac{D_{90} - D_{10}}{D_{50}}$$

（式中 $D_i(i=10,50,90)$ 表示从最小粒径开始积分，所得体积值占总体积值为 $i\%$
时对应的积分上限的粒径值）。

　　另外，超声波处理也是一种常用的粉体预处理方法。其原理是沿超声波传播
方向上的每一点会交替出现正压和负压，这种以压缩波形式形成的压强在液体里
传播会迫使所经液体交替压缩和稀疏，最终产生液压冲击和空化作用。在两种介
质（液体与粉体）交界处，会存在辐射压强。超声作用本质上也是一种机械力的作
用，因此也伴随着体系温度的升高等其他类似球磨过程的性质。

　　最后，有关粉体的预处理手段通常可以借鉴传统结构陶瓷或功能陶瓷的同类
预处理过程。这是因为透明陶瓷仍然属于结构陶瓷或功能陶瓷的范畴，因此传统

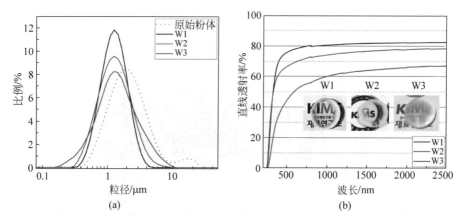

图 3.3　不同球磨条件所得 $Y_2O_3$ 粉体的颗粒尺寸分布及其最终陶瓷的直线透射率光谱和实物照片

的陶瓷工艺只要可以提供满足所需内禀性能的粉体,就可以用于透明陶瓷的制备。正如前面的球磨过程,对于透明陶瓷,只是需要更加注意分散性、粉体纯度以及表面状态,并以此确定球磨参数和优化目的,至于所用的球磨设备和待考虑的球磨条件(因素)与传统陶瓷的球磨过程则是一致的。

## 3.2　素坯成型与预处理

陶瓷的制备首先是粉体固结(consolidation)为有气孔的素坯(green body,也称为生坯或坯体),随后通过烧结而致密化。素坯结构的影响因素很多,比如粉体尺寸与形状、粉体处理过程、成型过程以及环境条件等。

在有限时间的烧结过程中,即使从能量的角度分析可以得到理想的陶瓷材料,但是粉体和素坯阶段的问题却会影响动力学过程,最终获得劣化的陶瓷。而且有的影响,比如粉体的低纯度和素坯中颗粒形状的不规则性是没办法通过优化烧结条件来清除的,至少在有限的时间和性价比的要求下的确如此。因此素坯的成型和预处理也是获得高质量透明激光陶瓷的关键步骤,仅当素坯具有优化的微结构时,进一步的烧结才能获得致密的透明陶瓷。

### 3.2.1　素坯的影响

理想的素坯是颗粒紧密堆积并且各种物理与化学性质(组分、尺寸、形状和取向等)均匀分布的固态聚集体,此时烧结只是简单的晶界形成和晶粒均匀生长的过程,最终得到完全致密的陶瓷。然而实际的素坯很难实现这种完全致密与堆积均匀性(homogeneous packing),而是多孔聚集体,内部遍布大小和数量不等的空隙,而且堆积素坯的颗粒也是具有不同的尺寸和形貌,甚至在形成素坯的时候发生塑性形变,其表面的缺陷和能量大小也随之变化,因此基于这种非理想素坯的烧结要更为复杂。

在透明激光陶瓷领域,素坯的致密度和堆积均匀性直接且严重影响烧结过程以及陶瓷的显微结构和光学性能,因此是重点关注的两种素坯性能。它们组成了素坯中颗粒的团聚性质(agglomeration 或者 aggregation),具体表示为气孔的平均尺寸与尺寸分布、基本外形与外形分布或者堆积致密度等。以图 3.4 为例,图(a)是高度堆积,气孔尺寸小且大小一致地均匀分布在素坯中;图(b)的致密度就较低,不同地方的气孔尺寸和分布位置的均匀性都有所变化;而图(c)的致密度最低,气孔的尺寸存在较大的离差,分布均匀性也最差。

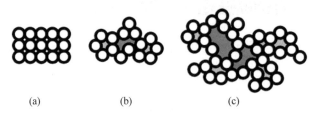

(a)　　　　　　(b)　　　　　　(c)

图 3.4　不同孔洞尺寸与分布所成素坯的堆积结构示意图——假定颗粒均是球形且同粒径[9]

素坯中平均气孔尺寸小并不占优势,影响更大的是气孔尺寸的离差,或者说虽然气孔较大,但是尺寸分布狭窄且分布均匀,那么最终陶瓷致密化的程度仍然高于小气孔却分布不均匀或者尺寸分布较宽的素坯。因此如果以气孔尺寸为横坐标,气孔数目(或者数目比例)为纵坐标作图,要获得透明陶瓷,理论上要求该曲线是一个狭窄的矩形峰,而双峰或多峰结构对致密化是不利的,因为气孔很容易内部团聚,进一步加大尺寸、尺寸分布以及位置分布的不均匀性。

通常要获得透明陶瓷,素坯的致密度需要高于 98%,但是素坯的高致密度并不是获得透明陶瓷的唯一关键因素。实际上高致密度素坯要真正得到透明陶瓷,当且仅当它同时满足了所需的气孔性质(尺寸、尺寸分布与位置分布)。实验证明低致密度的素坯虽然表面上含有更多的孔隙,但是如果尺寸较小并且均一,位置分布均匀,最终得到的陶瓷质量也会远高于高致密度却孔隙尺寸多样并杂乱分布的素坯。因此高致密度是烧结透明陶瓷的必要条件,但并不是充分条件。

在表面张力作用下,球形颗粒有助于降低体系能量,因此在表征颗粒与素坯之间的关系上很有代表性。图 3.5 给出了按照 YAG 组成配料,并喷雾造粒所得的 $Y_2O_3$-$Al_2O_3$ 混合颗粒不同放大比例的图像。其中低倍图除了表明粉体颗粒具有一致的球形形貌,也显示部分颗粒已经彼此接触并产生交颈,而球形颗粒的大小也不一样,不过并不能确定同一球形颗粒是由 $Y_2O_3$ 和 $Al_2O_3$ 按构成 YAG 的化学计量比混合而成。更重要的是从高放大倍率的图 3.5(b)可以看出,球形颗粒内部充满了孔隙,不同氧化物原始颗粒混合且无规则地疏松堆积在一起。

(a)  (b)

图 3.5　喷雾造粒所得 Y$_2$O$_3$-Al$_2$O$_3$ 混合颗粒(a)及其放大图像(b)[5]

　　基于上述的喷雾造粒粉体简单压制素坯,如果继续保持球形的原始形貌,是不可能做到紧密堆积(不管是颗粒之间还是颗粒内部)的,而且也没办法实现堆积均匀性,只能得到遍布气孔和失配结构等缺陷的聚集体。因此要获得透明的 YAG 陶瓷,需要施加压力破坏原始的球形结构,在成型中彻底压碎才能避免大量的残余气孔或异常晶粒生长。素坯致密性随着外界压力的增加而得到了明显改善(图 3.6),不过这种成型并没有改变颗粒组分的分布,这就意味着如果颗粒不是单组分,而是这里的混合组分(Y$_2$O$_3$-Al$_2$O$_3$),那么原先造粒所得颗粒的组分分布均匀性会影响固相反应过程,进而也会影响最终所得 YAG 陶瓷的质量。

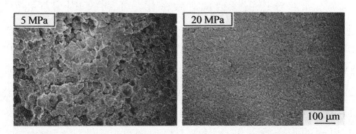

图 3.6　相应于图 3.5 的颗粒在 5 MPa 和 20 MPa 干压成型后所得素坯的断面 SEM[5]

　　加压破碎的混合均匀效果并不是正向增长的。图 3.5 表明粉体中已经包含了非孤立的、团聚在一起甚至形成交颈的颗粒,而外加压力的作用下,更多的颗粒会先团聚而后再被压碎。由于固体颗粒的抗压能力随着粒径降低而增加,而且不管是团聚还是压碎过程,形貌不再维持原先各向同性的球形,而是复杂取向。如果颗粒的体积不变,就可以按照塑性形变来处理,此时颗粒、聚集体或破碎后的残骸堆积在一起,反而降低了致密性,容易形成尺寸与分布不均匀的气孔,而且也产生了表面能分布不均匀的区域。在后继的烧结过程中,前者容易转为残留气孔,后者会引起晶粒异常生长,同样不利于气孔的排除,最终就限制了陶瓷的光学质量。图 3.7 给出了上述(图 3.6(b))20 MPa 干压后的粗坯在不同冷等静压压强进一步处理后所得素坯烧结而成的 YAG 陶瓷的透射率,表明透射率随压强的增加呈现先增加而后降低的趋势。其原因就在于更大的压强虽然起到更强的"压碎"作用,可以缩小颗粒间距,但是也会得到非各向同性的新颗粒,并且形成局部堆积的空位和不同表界面结构等局部缺陷,反而不利于致密化烧结,残留气孔会成为大量散射中心而降低陶瓷的光学质量。

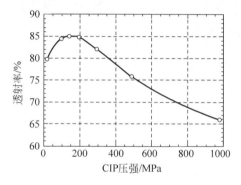

图 3.7　不同 CIP 压强成型后所得 YAG 陶瓷的直线透射率变化[5]

虽然干压等成型操作可以将素坯的成型与烧结分成两个先后完成的步骤,但是有些工艺路线中,素坯的成型与烧结就没有明显的分界线。以热压烧结为例,既可以放入已经压好的素坯再热压烧结,也可以直接将粉料放入模具,然后利用烧结中的加压过程完成成型,即成型过程与加压和高温作用下的烧结过程同时发生。即便是已成型素坯的热压烧结,在烧结过程中也存在着压力引起的颗粒塑性形变和重新排列,不过这个过程与烧结所发生的源于缺陷或界面迁移的塑性形变和重新排列是不能明确分开的。这些素坯成型或者二次成型与烧结难以区分的场合,尤其是同时包含烧结助剂、压力、气氛和温度四个因素影响的热等静压烧结过程,前述有关堆积均匀性的影响仍然适用,不过其形式要更为复杂。

球形颗粒的大小对烧结有着重要影响。在烧结的初始阶段,缩颈的出现主要取决于颗粒的半径(这里的颗粒是不能再分离的颗粒,不是团聚的颗粒),半径越小,表面曲率就越大,从而不但有助于离子扩散,还有助于紧密排列并获得更小的孔隙。颗粒半径与烧结驱动力之间的关系可以近似按照 $F \sim 1/r^2$ 来考虑,即颗粒半径从 500 nm 降低到 5 nm,驱动力增加至 $10^4$ 倍。图 3.8 给出了同样组成的 $Yb:SrF_2$ 粉体在不同形貌下,经同样条件各自烧结所得的陶瓷,显然粉体越精细烧结质量越高[10]。

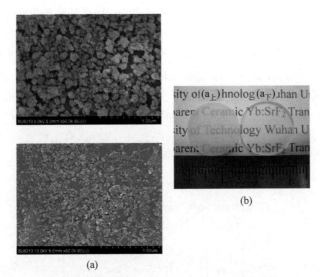

图 3.8　不同颗粒形貌所得 Yb:SrF$_2$ 陶瓷的微观结构的 SEM(a)

及其所得的透明陶瓷实物照片(b)[10]

　　然而颗粒并不是越小越好,因为烧结还会受到团聚结构、颗粒形貌乃至表面化学等的影响,比如颗粒过小,原始颗粒之间将紧密团聚在一起。如果这种团聚不能实现均一的形貌,烧结致密能力反而降低。实践中甚至发现颗粒尺寸分布要比平均大小更为重要,即平均尺寸较大,但是颗粒尺寸分布狭窄的粉体烧结所得陶瓷的光学质量要比平均尺寸较小却宽尺寸分布的粉体更好。另外,球形粉体乃至球形团聚体的好处就是容易运动,因此有利于在外力作用下致密排列为素坯——理论上球形颗粒致密排列后,单个孔隙的最大尺寸不会超过颗粒的 20%[11]。当然,实际素坯中会存在更大,甚至超过颗粒尺寸的可能性(图 3.4)。

　　就烧结活性而言,细颗粒一般是有利的,但是烧结涉及的是一大堆的颗粒,而不是单个颗粒,因此虽然就单个颗粒而言,其直径越小,表面能就越高(表面曲率越大),并且扩散路径也越短,烧结活性就越高;但是就颗粒群体而言,如果其排列不均一,烧结同样难以致密化,或者烧结活性变差。素坯中的气孔尺寸分布可以看作均一性的定量表征指标[12]。实际的烧结活性需要综合考虑颗粒直径 $D$ 和均一性 $H$(图 3.9),从而烧结活性存在一个最大值,而且不是单独依靠降低颗粒直径而实现的——这也意味着如果降低颗粒直径反而恶化透明性,并不一定是工艺仍然优化不够,而是过分优化颗粒尺寸参数,反而降低了烧结活性。

　　另外,透明陶瓷的研究表明球形并不是粉体的必要条件,团聚性质更为重要。图 3.10 给出了以改良的共沉淀法(引入喷雾技术)所得的三种前驱体在同样煅烧

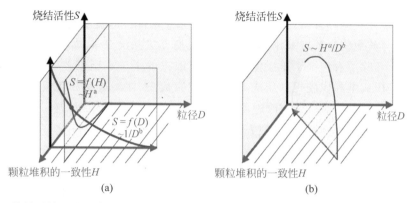

图 3.9　烧结活性 $S$ 与晶粒直径 $D$ 和均一性 $H$ 的关系曲线,其中图(a)给出了一元变量的关系
曲线($S=f(D)$ 和 $S=f(H)$);图(b)是两者组成的二元变量关系曲线($S=f(D,H)$)[12]

图 3.10　三种不同阳离子浓度和喷雾速度所得前驱体并经

1200 ℃,2 h 煅烧所得 Nd:YAG 粉体的 SEM 对比[13]

制度下粉体的微观结构,其颗粒不是球形,形貌不同,团聚也不一样,其中图 3.10(a)
和(b)的粉体团聚均匀性较差,即形貌分布较宽,而图(c)则是均匀性较好的蠕虫
(vermicular)形。因此通过凝胶注模(gel-casting)获得素坯后具有小且均一的孔隙
形貌,最终得到了性能优异的激光陶瓷:厚度 4 mm 下直线透射率约 82%(400 nm),
激光斜率效率约 60%[13]。

　　总之,在粉体满足内禀性能的前提下,颗粒通过成型和随后的预处理所得的素
坯应当具有较好的致密度和堆积均匀性。由于可用的成型技术不能实现理想无气
孔的素坯,因此作为多孔聚集体的素坯,其内部颗粒或者受压而粗化的颗粒各自的形
貌、表面结构和分布的一致性就更为重要。这种堆积均匀性的需求甚至还进一步延
伸到烧结阶段(具体可参见 3.3.2 节),是解决烧结劣化,优化烧结制度的关键。

## 3.2.2　素坯成型

　　素坯成型是构成粉体的颗粒转为具有一定形状和强度的多孔聚集体的过程,

是烧结可控并获得具有特定形状陶瓷制件的必要条件。透明激光陶瓷领域的素坯成型方法与其他陶瓷领域采用的同类素坯成型方法并没有本质的区别,在成型技术的选择上,除了有传统干压成型工艺,还有改进的干法成型工艺(包括冷等静压成型、超高压成型和橡胶等静压成型)以及注浆成型、注凝成型和流延成型等湿法成型工艺[14]。相关的研究与改进可以彼此借鉴使用。限于篇幅,这里主要介绍透明激光陶瓷领域常见的素坯成型方法。

### 1. 干压成型和冷等静压成型

最常用的干压成型是将粉体装入金属模腔中,施以压力使其成为致密坯体,其加压模式包括单向加压、双向加压和振动加压等。干压成型的优点是生产效率高、生产周期短,适合大批量工业化生产;缺点是成型产品的形状有较大限制,坯体内部致密度和结构不均匀等。

干压成型的常用施压方式有单向施压和双向施压两种。实验室常用的压片机采用单向施压的居多。干压法的施力要点是"一轻、二重、慢提起"。开始加压时压力应小些,以利于空气排出;另外,初压时坯体松,空气易排,可稍快加压。在颗粒靠拢后,必须缓慢加压,尽量排出残余空气,以免这些空气在释放压力后发生膨胀使得坯体产生层裂。如果坯体较厚或粉料颗粒较细,流动性低时更要减慢加压速度,延长保压时间。最后提起上模时要轻缓,防止产生裂纹。为了提高压力的均匀性,有时可以多次加压,其要点是在两次加压间隔中短时间内释放压力,使受压气体逸出,显然每一次的加压都是逐渐变重的,否则多次加压反而更易导致坯体开裂。

干压成型也可以用于复合结构等特殊结构的素坯成型。图 3.11 给出了干压制备层状复合结构素坯的示意图。李江等以纯度为 99.99% 的商业 α-Al$_2$O$_3$、Y$_2$O$_3$ 和 Nd$_2$O$_3$ 粉体为原料,99.99% 的 TEOS 为烧结助剂,按照 1.0 at.% Nd:YAG 进行配比,接着以无水乙醇为介质球磨得到混合浆料,干燥后过 200 目筛。随后按照 YAG 的化学计量同样制备粉体,然后两种粉体叠加并压制成 $\phi$20 mm 的 YAG/Nd:YAG/YAG 复合结构的圆片(图 3.11)。再 200 MPa 冷等静压成素坯,真空反应烧结后在 1450 ℃进行退火处理,最后对样品减薄并抛光处理得到最终的复合透明陶瓷(图 3.12)[2],在激光工作波段 1064 nm 处的直线透射率为 80.2%。

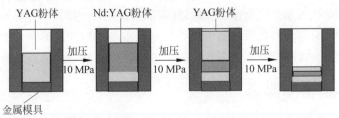

图 3.11　层状复合结构 YAG/Nd:YAG/YAG 陶瓷素坯的成型过程[2]

图 3.12　层状复合结构 YAG/1.0 at.％Nd：YAG/YAG 透明陶瓷的照片[2]

冷等静压成型法通常用于干压成型素坯的强化处理,可以看作一种素坯预处理操作。它是将较低压力下干压成型的素坯密封,然后在高压容器中以液体为压强传递介质,使坯体均匀受压的过程。其作用主要包括压碎粉体中的团聚体,获得更高的素坯密度或致密度以及缩短扩散反应的路径而促进烧结。实践发现干压后再进行冷等静压成型,有利于素坯具有较高的致密度和微结构均匀性。

冷等静压是已有报道的、制备透明陶瓷的必需手段。1995 年,池末等以高纯 $Al_2O_3$、$Y_2O_3$ 和 $Nd_2O_3$ 为原料,以正硅酸乙酯分解所得的 $SiO_2$ 为助熔剂,经球磨机混合研磨后,以干压结合冷等静压压制成型,然后真空气氛下烧结并退火处理而得到透明的 Nd：YAG 激光陶瓷[15],随后甚至制备出了 Nd：$Y_3Al_5O_{12}$ 单晶[16-17]。

需要注意的是,热压和热等静压可以看作干压和冷等静压在高温下的变种,同样可以施加类似的定向或各向均匀的高压。对于透明激光陶瓷,现有的报道通常是将成型后的素坯进行热压烧结,或者先预烧结到 90％ 以上的致密度,然后热等静压处理,因此其作用是烧结或者后处理,并不算作素坯成型。但是在其他陶瓷领域,也有直接将粉体装在模具中,然后热压或热等静压成型的,此时虽然实际发生了烧结(预烧,随后还要进入更高温度或更高压力的正式烧结),但是也包含了素坯成型过程。这种操作理论上也可用于透明激光陶瓷。

**2. 注浆成型**

注浆成型(slip casting)一般是将陶瓷粉料配成具有流动性的泥浆,然后注入多孔模具内(主要为石膏模),水分在被模具(石膏)吸收后便形成了具有一定厚度的均匀泥层,脱水干燥的同时形成具有一定强度的坯体。注浆成型特别适合制备形状复杂、大尺寸和复合结构的样品。在透明陶瓷制备中,注浆成型已被广泛应用,比如 2002 年神岛化学公司以共沉淀法制备的 Nd：YAG 纳米粉体为原料,使用注浆成型并真空烧结得到光学性能优异的 Nd：YAG 陶瓷棒,其尺寸为 $\phi4$ mm× 105 mm[18]。

需要指出的是,配置浆液的液体也可以是有机溶液,因此注浆成型包括水基和非水基两大类。与非水基注浆成型相比,水基注浆成型具有成本低、使用安全环保、便于大规模生产等优点。当使用纳米粉体的时候,还要考虑分散剂和酸碱性等因素。比如阿皮亚格耶(Appiagyei)等以商业纳米 $Y_2O_3$ 和 α-$Al_2O_3$ 为原料,以

PAA 和 PEG4000 为分散剂、TEOS 为烧结助剂(其实是其热解产物 $SiO_2$),利用柠檬酸调节 pH 值,采用注浆成型制备了陶瓷素坯。然后素坯在 600 ℃预处理去除有机物,1800 ℃真空烧结获得 YAG 透明陶瓷[19]。总而言之,将注浆成型与纳微米粉体制备技术和真空烧结技术结合起来制备激光透明陶瓷是很有前景的[20]。

### 3. 注凝成型

相比于古老的注浆成型技术,注凝成型技术是 20 世纪 90 年代以来才发展起来的一种新型胶态成型工艺,根据其工艺特点也可称为凝胶铸模或凝胶注模成型(gel-casting)等[21]。其所得的坯体具有强度高、收缩率小、均匀性好、对粉体无特殊要求,可实现近净尺寸、大尺寸乃至复杂形状成型等优点。

注凝成型与注浆成型同属于湿法成型技术,两者的操作基本一致,都经历了浆料—成型—脱模的过程,其最大区别就是有机物的作用不同,或者说干燥成型的机制不一样——这里的"干燥"是广义的说法,指代固化成型的过程,不再专指"脱水"的过程。在注浆成型中,有机物主要起到分散成浆的作用,而注凝成型中通常包含可聚合成高分子的有机物,还必须参与固化过程,而且其固化是主动的,与注浆成型需要被动干燥,比如通过石膏模脱水是不同的。

根据所采用的溶剂性质可以将注凝成型分为两大体系:以有机溶剂为介质的非水基凝胶体系和以水为介质的水基凝胶体系。两者各有优缺点,比如有机溶剂便于引发聚合,但容易引起环境污染(有机溶剂毒性较大);而水作为溶剂虽然绿色环保,但是可用的有机单体种类较少。不管是哪一种体系,注凝成型的关键工艺都包括:①低黏度、高固相含量浆料的制备;②浆料凝胶化的控制;③坯体的干燥与排胶。

从反应动力学的角度看,注凝成型技术是传统陶瓷工艺与高分子化学相结合的跨学科产物,它的基本原理就是在一个主要包含粉料和有机单体的悬浮液中,通过有机单体聚合成高聚物。在聚合的过程中,粉体自然被包裹于其中,从而当高聚物形成后也就自然与溶剂分离而实现自发固化。相比于注浆成型溶剂析出存在一个由外到里类似于外部加热过程,因而容易产生应力而开裂。注凝成型由于溶剂的析出是全方位的,其驱动力来自高聚物与溶剂的不互溶性质,是伴随聚合反应的排除过程,与注浆成型中溶剂在排除前后会伴随周围粉体的坍缩团聚过程有着本质不同。因此注凝成型对干燥应力有着天然的"免疫力",从而有利于解决大尺寸陶瓷素坯成型时容易变形和开裂等问题。另外,从注凝成型的反应原理出发,不难发现还可以发展出其他衍生工艺,比如在此基础上还可以进一步发展为高聚物中包含构成坯体的某些成分,从而在后继的排胶过程中实现与原始粉体的均匀反应而获得最终所需组成的素坯;或者保留"聚合"这一本质特色,采用可聚合的试剂即可,甚至直接以可聚合的高聚物来参与反应。

由于可溶于水又适合于注凝成型的有机单体种类很少,但是根据同性相溶的原理,如果只是维持"聚合"这个特色,那么就可以借鉴溶胶-凝胶过程,从两性表面活性剂中筛选合适的有机物。这方面的典型例子就是王士维(Wang)等近年来基于可溶于水的异丁烯和马来酸酐共聚物(a water-soluble copolymer of isobutylene and maleic anhydride,PIBM,日产商业试剂,产品名为 Isobam 104♯)同时作为分散剂和凝胶剂(gelling agent)而发展起来的一种注凝成型工艺[22-24]。这种工艺的基本原理是 PIBM 首先吸附在粉体表面,作为分散剂(表面活性剂)将粉体分散在水中,随后利用其官能团(包含了—NH₂ 以及可先水解为—COOH 的酸酐,具体参见如图 3.13 所示的分子式)可以脱水并成键的特点,控制水解过程而成为凝胶。在低凝固程度的条件下所得的浆料可以流延成型,随后进一步干燥。根据不同的水解程度和成型过程,这个工艺有着快速凝胶(rapid gelation)[24]、注凝成型(gelcasting)[23]以及凝胶流延成型(gel-tape-casting)[22]等称呼,并已成功用于 $Al_2O_3$(包括多孔材料)和 AlN 陶瓷的成型,其中 $Al_2O_3$ 陶瓷已经获得了米级尺寸的板材。

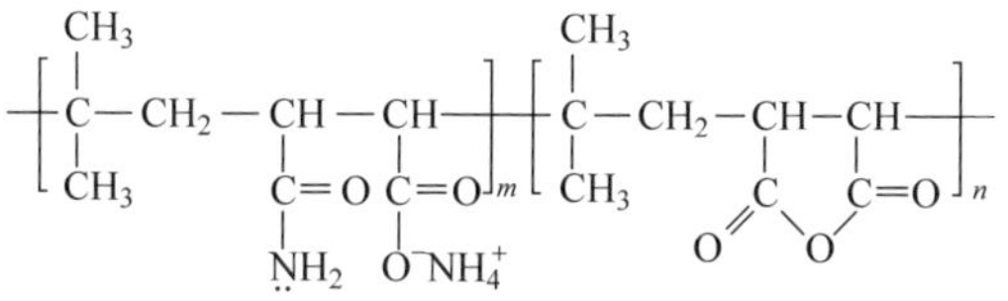

图 3.13 PIBM 的分子式[23]

目前基于注凝成型工艺也有了激光透明陶瓷制备的研究成果[25-26],不过仍然集中在工艺探讨上,陶瓷的质量仍有待提升(图 3.14),因此文献中鲜有激光性能的报道。其实从这种技术基于高聚物网络的特点就不难看出它更适合于多孔材料[21,27]。这一点对于上述的 PIBM 技术也是如此——一开始就是面向多孔 $Al_2O_3$[24]。这是因为在凝胶中,高聚物与粉体是紧密交叉结合的,而高聚物的网络本性也决定了排胶过程只能依靠热解成更小体积的分子才能排出,这个过程容易产生气体而在坯体中留下孔隙。虽然已有文献报道可以将致密度提高到99%以上(比如水基注凝 $Al_2O_3$ 可达到 99.4% 的致密度[28])。但是如前所述,致密度只是代表孔隙率小,并不能排除热解过程的其他物相残留,这种效应会体现为致密度高而透射率低。因此基于注凝成型技术发展透明激光陶瓷,尤其是大尺寸或复杂形状的陶瓷具有优异的可操作性,但是在高聚物类型选择和排胶工艺等方面仍需要进一步探索。

近年来注凝成型领域出现并发展了一种直接凝固注模成型(direct coagulation casting,DCC)技术,其机制是在高固相含量的浆料中引入生物酶等催化剂,分解浆料中的反应物而改变浆料的酸碱性,进而改变原先浆料中悬浮颗粒表面的带电性

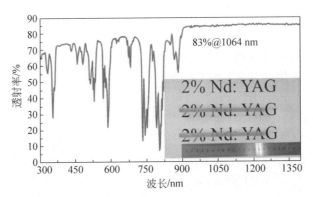

图 3.14　基于 PIBM 注凝成型所得 Nd：YAG 板条的透射率谱图，内图是该板条的实物图[25]

质，消除颗粒之间原有的静电斥力，使得颗粒之间通过范德瓦耳斯引力彼此吸附、团聚乃至形成网络结构而凝固。这种凝固并不需要引发高聚物聚合，而是来自浆料的自发凝聚，因此在安全和环保上更占优势，而且也可以避免后继清除高聚物或有机分解产物引起的问题，从而有望应用于透明激光陶瓷的高质量制备。

**4. 流延成型**

虽然同为注浆成型的变种，但是相比于注凝成型的聚凝固化，流延成型的干燥固化要更为接近注浆成型，其优势是通过控制刮刀高度，素坯的厚度可以达到微米级别，因此是制备大面积薄片或者叠层复合结构所用的微米厚度薄片的首选。图 3.15 给出了流延法成型的 Yb：YAG 流延膜的示例，其中包括采用直径为 20 mm 的环形切刀切割而得的圆片图样。干燥后膜厚度在 100 $\mu$m 左右，便于裁剪，并且柔韧性较好，可以任意弯曲而不出现裂纹。

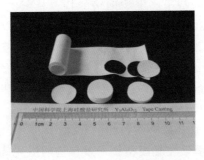

图 3.15　流延成型所得的 $Y_3Al_5O_{12}$ 流延膜和其上切下的圆片叠成的素坯照片[14]

同注浆成型一样，流延成型的操作对象也是浆料，通常需要在陶瓷粉体中添加溶剂、分散剂、黏结剂和塑性剂等有机成分，随后通过球磨或超声波分散均匀，这些浆料在流延机上用刮刀制成一定厚度的流延膜，最后通过干燥、叠层、排胶和烧结就可以得到所需的陶瓷材料甚至是多层复合透明陶瓷材料[29]。同理根据溶剂种类的不同,流延成型可以分为非水基流延成型和水基流延成型两种,其中非水基流延成型首先在激光陶瓷上获得了突破[30]。

刮刀与流延机的拖动会在浆料转为流延膜的过程中形成一种沿流延方向的剪切力。如果悬浮物是板状颗粒,就比较容易形成平板面法线垂直于流延方向的定向结构。即所得流延膜由具有择优取向的晶粒构成,此时就可以烧制有明显取向甚至完全取向的陶瓷块体,对于容易形成板状颗粒的六方或四方等单轴晶系材料的透明化是有利的。

流延成型工艺的选型首先是确定水基与非水基,具体取决于溶剂的性质。非水基流延制膜中常用的有机溶剂有乙醇、丁酮、三氯乙烯和甲苯等。其优点是浆料黏度低,溶剂挥发快,干燥时间短。缺点在于有机溶剂多易燃有毒,对人体健康不利。不过虽然水基流延成型以水作为溶剂,具有成本低、使用安全环保的优点,但是也具有粉体颗粒的润湿性较差、挥发慢和干燥时间长的缺点,而且浆料除气困难,容易存在气泡而影响流延膜的致密性。如果润湿性差,那么水基流延浆料就容易沉淀分层,而且流变性和稳定性较差,需要通过添加分散剂、黏结剂、增塑剂等添加剂来改进,但有可能降低水基流延的安全环保优势。

水基流延成型理论上并没有陶瓷体系的限制(除非陶瓷会与水发生化学反应),因此大多数陶瓷(比如 $Al_2O_3$、$ZrO_2$、$BaTiO_3$、$SiC$、$Si_3N_4$ 和 $AlN$ 等)都可以采用水基流延成型。

黏结剂在流延成型中也占据着重要位置。这是因为黏结剂可以通过表面成键,链接粉体颗粒,从而调整流变行为,并保证足够的生坯强度而得到坯片。有的黏结剂,比如离子型黏结剂也可以起到分散剂的作用。从黏结剂的作用和最终需要从陶瓷中去除的要求,可以得到如下选择的标准:

(1) 能够抑制颗粒沉降而稳定浆料;

(2) 能够实现所需的素坯膜厚度;

(3) 具有较低的塑性转变温度,在室温下不会凝结;

(4) 便于从流延机上分离素坯膜,并且容易烧除且不留残余物。

如果一开始以分散剂的形式加入浆料,随后再加入催化剂和引发剂开始凝胶化反应得到所需的高聚物黏结剂,这种参考凝胶注模成型的流延工艺可称为凝胶流延成型。比较典型的是在水基流延中,采用丙烯酰胺单体的现场聚合得到的黏结剂具有有机物含量低、强度高和干燥较快的优点。不过由于存在氧气的阻聚作用,素坯膜的表面容易掉粉起皮。

常用于机械加压成型的聚乙烯醇(PVA)也可以用作流延成型的黏结剂,有助于获得较高的素坯膜厚度。不过其缺点也明显,比如浆料黏度较大、固含量较小

(35%以下)、干燥时间长且容易变形等。而乳胶类的黏结剂虽然可以获得较高的固含量,而且干燥速度也快,但是强度较低。因此实际操作中复合使用各种黏结剂和其他添加剂是必要的,这也是优化流延成型工艺的重点。

黏结剂主要用于保证素坯膜的强度,而要提高成模性,或者说保证素坯膜的加工韧性,就需要添加一定量的增塑剂(也称塑化剂)。它还可以对颗粒起到润滑和桥联的作用,有助于浆料的流动性和分散稳定,其作用机理是增塑剂分子会插入作为黏结剂的聚合物分子链之间,从而削弱聚合物分子链间的成键作用,增加移动性并降低其结晶度,这就增加了聚合物的塑性。常用于水基流延成型的水溶性增塑剂包括丙三醇(甘油)、聚乙二醇(PEG)、聚丙烯醇(PPG)、苯甲基丁基酞酸(BBP)和双丁基酞酸(DBP)等。

在湿法成型中,分散剂可以调整陶瓷颗粒在溶剂中的分散程度,进而影响所得素坯的显微结构。基于体系能量最低化原理,陶瓷颗粒在液体中容易发生小颗粒团聚为大颗粒,进而沉淀分层,得不到均匀的浆料,因此在浆料中尤其是高固含量浆料中必须加入分散剂。由于分散剂本质上是表面活性剂按照用途的一种分类,与粉体制备中所用的表面活性剂的分散作用是一致的,具体可以参见 3.1.2 节,这里不再赘述。

流延成型过程中,为了更好地调整浆料的性质,先后加入添加剂并多次球磨等改进措施是可取的选择。图 3.16 给出了二次球磨并叠片制备复合结构透明激光陶瓷的典型流程:先球磨烧结助剂、粉体、溶剂和分散剂(一次球磨)得到一次浆料;加入适量塑化剂和黏结剂通过二次球磨得到组分均匀、固含量高和流动性好的二次浆料;然后确定合适的刮刀与基板的距离进行流延刮膜,并且在流延机传送带上进行室温干燥;干燥后的流延膜经过裁剪并叠层成复合素坯片,排胶去除有机物得到均匀致密的素坯;最后经过烧结、退火和抛光等处理得到高光学质量的透明陶瓷。

从实际透明激光陶瓷的制备看,固含量对素坯膜以及烧结后所得陶瓷的致密度有着重要影响。图 3.17 给出了不同固含量的浆料所得 Yb:YAG 陶瓷的透明度对比。需要注意的是,虽然这个体系体现了固含量增高有利于陶瓷的透明化,但是固含量并不是决定陶瓷光学质量的唯一因素,比如随着固含量进一步增加,素坯膜内粉体的堆积均匀性的影响等也会显著起来。

另外,流延成型所得的薄膜可以逐层叠加的特点有两个好处:首先是有助于素坯的均匀性——单层膜越厚,质量控制就越困难;其次是用于复合结构的叠片成型——单组分陶瓷也可以通过同样的薄膜逐层叠片来制备。叠片成型的一种方式是直接加热叠在一起的流延膜,利用原有黏结剂的塑性流动机制实现膜与膜之间的粘结,冷却到室温就可以成为一体,随后还可以进行冷等静压等处理获得结合

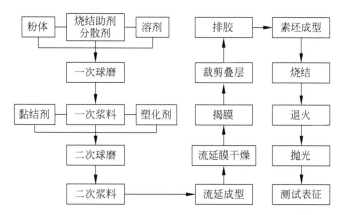

图 3.16　流延成型制备复合结构陶瓷的工艺流程图[31]

图 3.17　不同固含量(依次为 35%、40%、45% 和 50%)料浆制备 Yb:YAG 陶瓷[14]

更为牢固的素坯。冷等静压处理有助于克服片层与片层之间存在缝隙难以实现致密化烧结的问题,而且与直接加压于粉体一样,加压于流延膜同样具有压碎和促进塑性形变等效果。另外,叠片成型也可以采用其他方式来产生不同膜之间的黏合,以便在后续烧结中同样实现足够短的扩散路径。图 3.18 是利用流延成型工艺,通过不同掺杂流延膜的叠层得到的 YAG-Yb:YAG 各种分段复合透明陶瓷,从左到右分别是 YAG/Yb:YAG/YAG、YAG/Yb:YAG/YAG、Yb:YAG/YAG 复合叠片成型和 Yb:YAG 单组分多层叠片成型而制备的陶瓷,其中 Yb 的掺杂量为 5 at.%。图 3.18(a)为没有退火处理的状态,图(b)为退火处理后的状态。

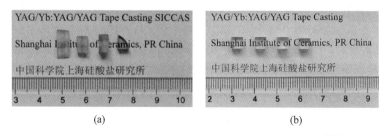

(a)　　　　　　　　　　　　　　(b)

图 3.18　不同复合结构 Yb:YAG/YAG 陶瓷的实物照片[14]

(a) 未退火;(b) 退火

**5. 3D 打印（增材制造）**

3D 打印（3D printing）是近年开始流行的一种自定义性很强的素坯成型方式。在透明激光陶瓷领域，目前 3D 打印的应用实际上类似热等静压烧结或热压烧结，即成型与烧结是同时发生的，彼此之间并没有类似先干压成型、再入炉烧结那样明显的、有更长时间间隔的可划分阶段。

3D 打印是增材制造（additive manufacturing，AM）中包含计算机辅助设计、成型与加工的一种方式，其典型的操作步骤是以计算机提供的数字模型文件为基础，将特定的材料（金属、非金属或高分子材料）通过数控系统以挤压、烧结、熔融、光固化、喷射等方式逐层堆积，再进行必要的加工和处理，最终得到预先设计的三维实体物品。

从字面上的定义而言，增材制造指的是一切通过逐步添加材料（增材）而获得产品（制造）的方法。它是一种基于离散-堆积的成形原理，"自下而上"通过材料累加的制造方法。其主要优点是可以避免传统制造模式在加工处理阶段需要去除部分材料而造成的浪费问题——150 年前，人们基于二维地图和相关地貌的实际高度堆积出三维地形图时就体现了这个优点，这种操作也被公认为增材制造的开端。

区分增材制造与其他制造方法的一个基本依据是产品或工件质量随时间的变化。对于常规制备技术而言，从原料到产品，经历的是减重的过程（需要去掉多余的或者劣质的部分），当然也可以是锻压等质量不变的过程；而增材制造则是一个质量逐渐增加的过程。

另外，基于最终产品，增材制造不需要各种夹具和刀具作用下的加工，从而可以获得使用这些道具难以实现的复杂形状。这也是通常所说的增材制造或 3D 打印可用于定制产品的原因，即灵活根据各种具体需求获得合适形状的实体。但是并不意味着增材制造不适用于批量生产——本质上传统工业的批量生产相当于定制同一种产品的增材制造模式。

不管是哪一种增材制造方法，材料与可控堆积都是其中的关键，这也是增材制造到 20 世纪 90 年代初才显著发展，而且首先发生在金属材料领域的主要原因。随后基于光固化等反应技术，增材制造在高分子材料领域也有了进展，而陶瓷材料，尤其是透明陶瓷材料由于烧结所需的温度较高，而且其微观机制不同于金属的熔融沉积或高分子材料的交联成键，其致密化也是一个问题。因此近年来随着纳微米粉末制备技术和大功率激光高温烧结技术等的发展，透明陶瓷的增材制造才有所报道[32]。

3D 打印的成型与实体化是结合在一起的，依据成型技术的不同主要有立体印刷术（stereolithography，SLA）、选择性激光烧结（selective laser sintering，SLS）、熔融沉积建模（fused deposition modeling，FDM）、基于粉末-黏结剂的 3D 打印、基于气溶胶的沉积打印以及基于细胞的生物生长打印等。与陶瓷有关的主要是立体印刷术和选择性激光烧结。立体印刷术采用可光固化的材料成型,期间用激光照射使之发生聚合反应,逐层固化,叠加而构成三维实体。而选择性激光烧结则是逐层铺粉,逐层烧结。显然,与选择性激光烧结不同,陶瓷材料制备中立体印刷术可用于素坯的成型,随后的致密化烧结则与常规陶瓷烧结类似。如果从增材制造的定义来看,烧结的步骤就成了对材料的加工或处理步骤,而不是常规陶瓷制备中的组成步骤了。

从理论上说,选择性激光烧结或者其他类似的现场逐层或逐部分烧结(比如选择加热烧结,selective heat sintering,SHS)必然面临一个基本的问题:陶瓷的脆性。要获得高致密性,烧结的温度或者激光功率就要高,然而陶瓷的热导率虽然比玻璃和塑料高,但是仍比金属低,因此当激光烧结上一层粉末成实体的时候,已有的实体层容易形成温度梯度,而陶瓷又没有金属的延展性,因此就容易由于脆性而破裂。这种致密性与破裂之间的矛盾已经被实验所证实[32],目前改进的办法与低温烧结的改进类似,即尽量降低激光功率或烧结温度,同时又可以得到足够高的致密度。

相比之下,基于立体印刷术的陶瓷制备在本质上与粉料中加入各种有机辅助成型添加剂,然后压成素坯再烧结为致密陶瓷的传统工艺是一样的,因此更容易实现陶瓷的透明化乃至激光的输出。比如吴义权(Wu)等实现了 Nd:YAG 块体的增材制造,致密度达到 99.9%,而透射率也达到 80%[33];霍斯塔扎(Hostaša)等制备了 10 at.%Yb:YAG 透明激光陶瓷,透射率为 50%,首次报道了激光输出实验,斜率效率为 17.6%[34]。

这些已有的探索结果有其理论的必然性。立体印刷术需要引入光敏有机物质,这就意味着传统陶瓷制备工艺中的"排胶"过程所引发的问题在这种技术中也必然存在,而且更为严重——因为光敏有机物质是成型中光固化必须的组成,其用量和分布相比于传统陶瓷主要用于造粒或作为无机烧结助剂来源的有机物质要大得多。上述的实验结果也提供了这方面的证据,比如 Yb:YAG 陶瓷透射率较低,因此其斜率效率远低于已有的 70%~80% 的水平[34];而 Nd:YAG 虽然报道的致密度是 99.9%,最高透射率达到 80%,但是其透射率基线并不平滑,扫描电镜图像明显有杂相存在,从而证明其排胶过程并不彻底,因此仅有发射光谱,而没有激光实验的报道[33]。

当然,3D 打印乃至其他增材制造工艺的优势在于可获得高空间分辨率的特殊形状或者梯度掺杂的材料,比如当前立体印刷术中每个堆积层厚度已经可以达到 10 $\mu$m 的数量级,因此目前简单的块体及其单一浓度掺杂只是其用于透明激光陶瓷的入门阶段,今后随着技术的进步,有望成为透明陶瓷乃至透明激光陶瓷的主流制备方法之一。

**6. 复合物理场成型与键合成型**

严格说来,复合物理场成型与键合成型并不是传统意义上的素坯成型。前者强调区别于常见素坯成型工艺的特点，即在原有外界作用下增加了新的作用，多种物理场复合，因此也称为多物理场耦合成型；而且多数情况下与烧结（不管是原料颗粒的烧结还是其进一步反应所得组分的烧结）是难以区分或者说是同时发生的。键合成型则是广义上的素坯成型。这种键合操作是在实际的烧结步骤之前完成，所得的用于后继烧结的是复合块体，与原始块体之间的关系类似于素坯与粉体之间的关系，因此也将其归类于素坯成型。这两种手段在透明激光陶瓷中已广泛应用，前者常见于非立方结构陶瓷的制备，后者则面向复合结构的激光陶瓷，因此这里单独做简要介绍。

磁场参与下的注浆成型是复合物理场成型的一个典型示例，在常规温度与压力下，注浆成型的操作追加磁场的作用会改变体系的内能，使得颗粒择优定向排列，比如六方晶粒在磁场作用下可以沿极轴（通常是 $c$ 轴）择优排列。因此磁场辅助注浆有助于提高素坯内晶粒的取向程度，在降低非立方透明陶瓷材料的双折射率、提高光学质量上具有优势。

在前面机械加压成型中介绍的热压烧结和热等静压烧结也具有复合物理场成型的作用，直接从粉体开始热压或热等静压处理更是如此。此时相比于传统机械加压成型多了温场以及气氛的作用。同样地，真空环境下的素坯成型也有不同于常压条件下（一个大气压）的效果。虽然真空参与下的成型也可以看作仅有温场的作用，但是素坯内外的压差变化本质上相当于施加了一个动态变化的气压场。

复合物理场成型或烧结的机制是在体系中施加新的外界作用，通过新的方式对体系供给能量，从而改变体系的热力学平衡状态，相应地就改变了动力学过程，进而衍生出所需的素坯——可以是过渡态也可以是平衡态的结果。

键合成型是将单晶或陶瓷之间面对面叠合在一起，随后直接烧结或者进一步冷等静压或热等静压再烧结成为复合结构。广义的键合也包括将单晶埋在陶瓷内部，在烧结陶瓷中同时键合陶瓷与单晶，此时素坯成型就可以利用前述的干压、冷等静压和热等静压等成型方式。这种操作与另一种产生复合陶瓷的叠片成型操作是有区别的，后者可以通过流延成型所得的不同流延膜叠加—加热黏结—复合成型；也可以是干压中逐层堆积不同组分的粉体或预压片而成型，因此并不需要预先加工块体表面的步骤。两者的制备与物理化学性质等也有所不同，具体可参见1.5.3 节和 3.3.4 节。

### 7. 小结

素坯成型方法各有优缺点和适用范围，并且还受到其他过程及其因素的影响。一个典型例子就是成型需要同粉体匹配，比如干压成型要求粉体容易流动，不管是初始还是预先团聚，均以球形为佳；而凝胶注模则可以考虑有取向性的（比如蠕虫外观的粉体）、更容易获得致密、孔隙形貌均一的素坯。图 3.19 和图 3.20 给出了王士维等以高纯商业 $Y_2O_3$ 粉体为原料，以 $ZrO_2$ 为烧结助剂，分别通过注浆成型和干法成型制备 $Y_2O_3$ 透明陶瓷的结果对比[20,35]。其中图 3.19 是两者各自所得素坯的微观结构图像，干法成型得到的预烧体更致密（致密度为 62.6%），而注浆成型得到的预烧体结构比较疏松（致密度为 57.2%），但是粉体颗粒分布更均匀。进一步的气孔分布测试表明干法成型的压力分布不均匀而导致素坯的气孔分布较宽且为双峰，而注浆成型所得气孔孔径小，分布窄且为单峰，因此其素坯的堆积均匀性更高。图 3.20 是 1840 ℃ 真空无压烧结 8 h 后各自得到的陶瓷，两者的致密度均为 99.6%，但是注浆成型所得陶瓷的光学质量更好。

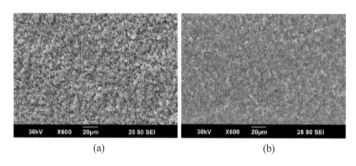

图 3.19　不同素坯成型法得到的 $Y_2O_3$ 预烧体的显微结构[20,35]

（a）注浆成型；（b）干法成型

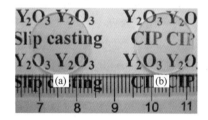

图 3.20　不同成型工艺得到的 $Y_2O_3$ 透明陶瓷（1840 ℃ ×8 h，厚 1.0 mm）的实物照片[20,35]

（a）注浆成型；（b）干法成型

图 3.21 给出了同样颗粒尺寸采用不同素坯成型方法所得的烧结曲线对比。其结果表明：对粉体施加压力并不能确保单个颗粒可以同其他颗粒构成合理的空间排列，需要采用更高的烧结温度，而配成浆料流延成型则有助于提高均一性，达到同等致密度所需的烧结温度就较低，也更有利于逼近理论致密度。因此，虽然选用哪种成型方法最主要的依据是粉体的物理与化学特性，但是更重要的仍然是所得素坯的内禀性能（3.2.1 节），而最终陶瓷的质量还需要进一步考虑后继的步骤，包括素坯后处理、烧结甚至烧结后处理等的作用与影响。另外，迄今为止并没有定

量化的公式或者预测理论来指导素坯成型工艺的选择和参数的取定,因此基于具体的粉体仍需要探索各项工艺参数,从而获得最佳的工艺条件。

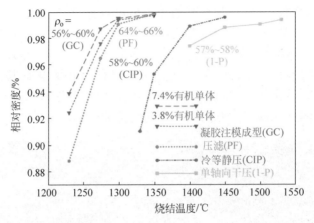

图 3.21　平均颗粒直径为 150 nm 的 $Al_2O_3$ 粉体经过不同成型技术所得素坯的烧结曲线[12]

## 3.2.3　素坯预处理

素坯预处理的目的是衔接素坯成型与烧结这两个阶段,如果成型后的素坯可以直接烧结,那么就可以跳过素坯预处理。与其他陶瓷相似,透明激光陶瓷的制备中,素坯预处理通常是必需的,尤其是如下四种情形。

(1) 不管是基于性价比的考虑还是从热力学规律或者晶粒过度生长的角度考虑,任何烧结都是有限时间完成的过程。这就意味着素坯内预期发生的反应,比如成型中使用的、仍然残留的添加剂(或者其分解产物)的分解和排除不一定能够及时完成。在特定条件下还可能得到其他不希望看到的后果,比如残留的有机黏结剂在真空或还原气氛中烧结,会转为单质碳,并且通过渗碳作用而使陶瓷呈现浅灰色——即便是 10 ppm 浓度的碳,在高度分散的条件下也可以将陶瓷黑化,此时将素坯在氧化气氛下进行预烧就非常必要。这种预处理以排胶过程最为常见。

(2) 素坯的预处理可以调整烧结的动力学过程。一个典型的例子就是先在较低温度下烧结得到一定致密度的坯体(预烧),然后开始更高温度甚至施加气氛和压力的烧结。这种工艺在文献中也被称为二次烧结或者多次烧结,此时素坯与素坯预处理的概念同烧结体和烧结并没有截然的分界线。这种多次煅烧的方式也可以检验素坯的质量,在烧结炉难以用于长时间低温或者成本较高的场合下还具有经济方面的优势。另外,将干压成型的素坯再次冷等静压处理,然后进入烧结阶段也属于这种可调整烧结动力学过程的预处理,这有助于压碎粉体中的团聚体,获得更高素坯密度以及保证无压或者真空烧结中扩散反应的短路径。

（3）所采用的烧结技术难以直接应用于成型的素坯,需要通过预处理对表面甚至整个素坯进行改性。这种预处理以热等静压烧结最为典型。为了避免高压下大量气体逆向扩散进入陶瓷造成后继光学质量反而下降的结果,热等静压烧结之前,素坯需要先行烧结,通过表面传热的方式使得表面的气孔基本闭合——通常采用坯体的致密度来表征,从而省略观察微观结构的麻烦甚至对坯体的破坏。一般要求致密度高于 90％ 才可以用于热等静压烧结,实际数值可以根据具体陶瓷体系和施压气体介质及其压强而调整。当然,素坯表面包裹覆膜处理也是可用于热等静压烧结的预处理方式。类似的还有热压烧结和微波烧结等表面处理方式。

（4）素坯的预处理可以满足制备条件乃至环境的需要,这种类型以大尺寸陶瓷更为常见,比如需要运输到所需的烧结炉位置,为了避免进入烧结炉之前多孔聚集体的损坏,适当提高机械强度的处理就是必需的。

实际的素坯预处理也可以是上述四种情形之间的复合,以氧化物化合所得物相的烧结为例,比如 $Y_2O_3$ 与 $Al_2O_3$ 反应生成 YAG 来烧结制备 YAG 陶瓷的过程中,将氧化物构成的素坯先在较低温度下预烧,可以确保固相反应充分完成,而且也改变了直接升温反应并烧结的动力学过程。显然,直接基于氧化物素坯进行高温加热的过程是固相反应与烧结同步发生的过程,由于烧结也可发生在同种氧化物的颗粒之间,因此对烧结和固相反应的控制会更为困难,不过如果素坯预处理与后继更高温度的烧结分开进行,期间预处理完的坯体暴露于空气中,那么相比于一直在真空环境下的同时反应和烧结,在排气效果上也是不利的。这充分体现了素坯预处理操作的复杂性和系统性,后者要求与后继的烧结及其效果结合起来考虑。

素坯预处理通常伴随着对素坯致密度和物相的检测,分别通过阿基米德浮力法和直接测试块体的 XRD 获得所需的结果,必要时还要进行电镜的微观结构检测。这些检测的作用主要有两个:首先是可以评测素坯质量和可致密烧结的可行性,其依据通常是以往烧结高质量同类陶瓷的经验,目前直接依据微结构来判断的较少,当然,物相过杂或者致密度优化过差则可以直接定性认为素坯需要重新准备;其次是这些检测可以用研究素坯与陶瓷质量之间的关系提供技术依据,并借此制定素坯的制备标准,有助于后继陶瓷的批量生产和标准化生产。

最后必须注意,素坯的预处理不能引入二次污染!以排胶为例,素坯应该放在与其同组分的器皿或垫板之上,比如两次煅烧法生产透明氧化铝陶瓷的时候,第一次煅烧就是预处理,即预烧,在较低温度下进行（1100～1300 ℃）,以便去除有机黏结剂,此时就需要用专用的陶瓷耐火器具,其中将氧化铝坯体放在填有氧化铝粉体的匣钵中是常用的做法。

总之,素坯的预处理在除杂、完全反应、控制致密化和晶粒生长过程以及匹配烧结技术需求等有着不可替代的作用,相关预处理制度也属于透明激光陶瓷制备制度的重要部分。

# 3.3 烧结

在粉体与素坯之后,烧结是制备透明激光陶瓷最为关键的过程。虽然从人类捏土烧结陶器过程开始已经过了好几千年,但是真正意义的烧结研究却不过区区百年,第一篇有关陶瓷烧结现象介绍的文章由弗格森(Ferguson)发表于 1918 年,大约 30 年后,才有关于烧结机制的理论探讨。

烧结是特定温度(低于熔点)、压力和其他环境因素作用下,表面张力推动物质扩散(输运)和气孔消失,从而扩展颗粒之间接触面,将粉末聚集体转为致密体的过程。通过表面张力驱动而降低颗粒系统的总表面能和界面能是促使烧结发生的热力学原因。研究材料致密化、显微结构发展以及两者之间的关系;烧结相关的热力学与动力学理论及其实验影响因素构成了探索烧结机制和工艺的主要内容。

烧结结果本质上取决于颗粒之间的作用力及其变化。颗粒之间的作用力除了源自颗粒表面曲率的表面张力(通常也称为烧结驱动力),还包括颗粒变形而诱导极化所产生的范德瓦耳斯力,颗粒表面附带电荷的静电力以及颗粒表面包覆液膜而产生的表面张力(有时也称为毛细管作用)。在存在杂质或者多种物相的时候,后面三种力的作用通常会增加,甚至占主导位置。

不同烧结工艺所得致密体的密度和微结构不同,理想的结果是得到一个连贯体(coherent object),即晶粒与晶粒之间连贯相接。任何烧结过程都包含致密化和晶粒尺寸的变化,其外部表现主要是体积变小、密度增大和气孔率降低。烧结可以看作烧成的一个阶段,烧成除了烧结,还包括分解、相变和化合等化学反应。由于某些制备过程,比如通过氧化物固相反应获得 Nd:YAG 透明激光陶瓷,虽然可以明确包含了固相反应和真空烧结两个阶段,但是这两个阶段是混合发生的,并不是先后出现、有明确时间界限的,因此相关文献也直接称为烧结。或者说目前有关激光陶瓷的文献并没有严格区分烧结与烧成这两个过程,在大多数情况下都统称为烧结。

烧结的分类有多种方式。根据烧结过程中是否有液相参与(通常是温度超过体系所成相图的液相线后出现的液相),可以将烧结分为固相烧结和液相烧结。固相烧结又可以根据所用粉体是否结晶进一步分为结晶性陶瓷和无定形陶瓷(玻璃)两类,其中后者也称为黏滞烧结(viscous sintering)。另外,根据烧结中是否存在外部压强可分为无压烧结和加压烧结;而根据烧结技术出现的年代则可分为传统烧结和非传统烧结。

给定体系的致密化机制是设计和优化烧结工艺的基础,比如氧化物陶瓷的烧结致密化过程主要由体积扩散决定,即物质在整个颗粒容积内依靠空位而定向迁移。由于空位扩散的驱动力是体积内各点上空位浓度的不同(浓度梯度),因此可促进空位产生的因素,比如氢气氛对烧结有促进作用。

透明激光陶瓷的烧结与其他种类陶瓷基本类似,不过更加强调气孔的排除和晶界的干净,并以此作为筛选和优化烧结制度的主要标准。这里主要围绕烧结热力学与动力学机制、烧结技术和烧结助剂进行介绍,同时还专门讨论了透明激光陶瓷更关注的塑性形变、气孔排除以及相关的特殊烧结技术。有关陶瓷烧结的进一步内容可以参考文献[36]～文献[38]。

## 3.3.1　烧结热力学与动力学

烧结过程是热力学与动力学共同作用的结果。其中热力学是从能量的角度决定体系要稳定的转化方向,给出了体系自发变化的趋势;而动力学则关注这种转化的程度与过程。两者共同作用的典型例子就是烧结可以获得处于多晶状态的陶瓷,而不是必须成为能量更稳定的单晶。基于热力学的观点,体系的能量从颗粒聚集体构成的素坯、陶瓷到单晶依次下降;而从动力学的角度考虑,每一步的转化都需要吸收外来能量,翻越能量更高的中间态(势垒或过渡态)才可以进入能量更低的状态,因此烧结可以获得体系能量介于素坯和单晶之间的陶瓷,并且稳定存在,可以作为材料进入实际应用。

### 1. 烧结热力学

体系从高能量状态转为低能量状态是过程自发进行和维持最终体系稳定性的共性。烧结的热力学机制就是一种能量变化机制,主要体现为体系表面能的减小和界面能的增加,这可以通过烧结中颗粒表面积的减小和晶界面积的增加而被直观地认识。因此总的烧结推动力,即体系总自由能就是表面能与界面能的差,即表面能降低是烧结的推动力,而界面能的增加则阻碍着烧结过程:

$$\Delta G = \Delta G_s + \Delta G_i = \gamma_s dA_s + \gamma_i dA_i$$

式中,$\Delta G$、$\Delta G_s$、$\Delta G_i$、$dA_s$ 和 $dA_i$ 分别是体系的总自由能、表面能、界面能、表面积和界面积的变化,$\gamma_s$ 和 $\gamma_i$ 分别是表面张力和界面张力。

需要指出的是,由于构成素坯的颗粒同最终构成陶瓷的晶粒之间在内部结构和结晶程度上也会有差别,主要体现为陶瓷晶粒的结构规则性高于素坯颗粒的,内部缺陷更低,因此这个能量差对烧结也会有所贡献。不过相比于大量颗粒聚集的体系,其数值与贡献相对较小,从而通常忽略不计,至少目前的烧结理论是假定颗粒之间(内部和表面)可以发生物质的迁移,但是并不涉及内部结构的变化。

界面的迁移是完成烧结的基础。这种运动由扩散引起,包括扩散诱导晶界迁移(diffusion induced grain-boundary migration,DIGM)和扩散诱导液膜迁移

（diffusion induced liquid film migration，DILFM），统称为扩散诱导界面迁移（diffusion induced interface migration，DIIM）。由于扩散源于非化学平衡，因此有的文献也称为化学诱导（chemical induced），甚至将扩散诱导液膜迁移简称为"液膜迁移"（liquid film migration，LFM）。

从表面上看，界面的迁移或物质的扩散（输运）是一种动力学过程，实际上推动界面迁移的内在驱动力正是热力学上的能量差异，这也是杂质或缺陷位置容易发生界面迁移的原因，而且也决定了界面迁移的过程。图 3.22 给出了界面迁移前后微结构变化的典型示例（初始的晶界位置也通过热腐蚀来确定）。烧结中界面迁移的显著特征是界面积增加（图 3.22 中对应"M"位置处的箭头所指，表征新界面的曲线长度增加）。另外，在组成和微观结构上，能量最低原理要求界面迁移的结果是获得更均匀的溶质分布（掺杂或缺陷），从而使得界面两侧的化学势趋一致。不过实际烧结中很容易产生结构失配（图 3.23），从而新生区域（老界面扫过的区域）会出现位错等缺陷。这其实是动力学作用的结果——实际的烧结时间和温度并不能确保热力学平衡的充分完成而获得理想的单晶晶粒。

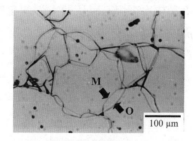

图 3.22　表征 $Al_2O_3$ 陶瓷中扩散诱导的晶界迁移的扫描电镜图像，其中"O"和"M"及其旁边的箭头分别给出了迁移前后的晶界位置[38]

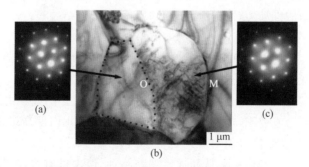

图 3.23　烧结 $99Al_2O_3$-$1Fe_2O_3$（wt.%）陶瓷中扩散诱导晶界迁移引起的结构失配所产生位错的 TEM 图像（b）及其电子衍射图（（a）和（c），沿[0001]方向），其中"O"和"M"分别给出了迁移前后的晶界位置，而两张电子衍射图分别对应迁移前的区域（（a），以原晶粒中未迁移区域代表）和迁移后的区域（（c），介于老和新晶界之间的区域）[38]

解释界面迁移较为常用的理论模型是希拉特提出并获得尹(Yoon)等所做实验支持的共格应变(相干应变,coherent strain)模型。该模型的一个典型实验例子就是在外压条件下烧结所得的陶瓷中,平行于压力方向的晶界与垂直于压力方向的晶界具有不同的迁移距离,而与界面两侧组分的混合程度没有明显关联。这正如图 3.24 所示,在共格应变模型中,位于界面处的扩散层一般厚度不大,因此可认为其虽然同晶粒本体是共格的(体现于图 3.24 中同样的分隔分布),但是具有不同的点阵参数,从而存在着不为零的晶格畸变($\delta$)或者说应变,可驱动晶界的迁移(图 3.24(a),(b));如果界面处的溶质有大有小(相比于基质原子),其所得固溶体的点阵参数与晶粒(母相)近似,此时共格应变等于零(图 3.24(c)),就不会产生界面迁移。

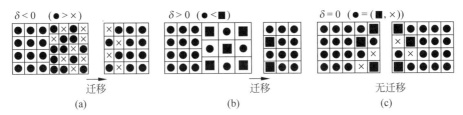

图 3.24　相比基质原子(●)更小(X)或更大(■)的溶质原子的扩散所引发的晶界
迁移或共格应变示意图[38]

(a) $\delta<0$;(b) $\delta>0$;(c) $\delta=0$

基于图 3.24 的共格应变模型,共格性(coherency,也称为相干性或一致性)是界面迁移发生的必要条件。如同单晶外露的晶面越完整,就意味着不同外露晶面生长速度越接近各自的理想数值,从而一致性越差一样。如果陶瓷晶粒出现了光滑的(faceted)界面,并且来自不同的晶面族,那么就意味着各自生长速度的不一致性程度较大,晶界迁移就更为明显。如图 3.25 所示,能形成光滑小平面(faceted boundary)的晶界就意味着晶界能的各向异性程度相当大,从而出现了择优迁移的一个特定方向,这种与单晶生长时显露的晶面越完整就意味着不同晶面的形成能差异越大是同样的道理;与此相反,粗糙的界面则有助于抑制晶粒的异常生长,获得更一致的尺寸分布。这种平滑晶界迁移的实验进一步证明了共格应变是扩散诱导界面迁移(DIIM)的主要驱动力,也意味着如果发生能量差异(或者生长速度差异)较大的界面迁移,就有可能出现反常晶粒生长(abnormal grain growth)的现象。

大晶粒吞并小晶粒的晶粒生长是降低体系能量的自发趋势,因此虽然烧结中期望晶粒生长均匀发生并且尺度可控,但是反常晶粒生长也是一种常见的烧结结果,其表现就是烧结所得陶瓷的晶粒尺寸分布不再是狭窄的单峰(unimodal)分布,而是双峰(bimodal)或多峰宽带分布,其根源主要有如下三方面:

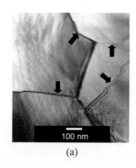 

(a)　　　　　　　　　　(b)

图 3.25　表征 $TiO_2$ 过量 0.1mol% 的 $BaTiO_3$ 陶瓷中两种不同形状晶界的 TEM：光滑的(a)和粗糙的(b)。前者的烧结条件是空气氛中 1250 ℃ 恒温 10 h，而后者则是 $H_2$ 中 1250 ℃ 恒温 48 h[38]

(1) 陶瓷在烧结中析出了其他杂相或者原先就含有高浓度的杂质；

(2) 陶瓷中晶粒的界面能存在较大的各向异性；

(3) 陶瓷内不同部位晶粒的化学势高度不平衡。

这三个与相对能量大小有关的原因也是烧结助剂能起作用的理论依据。由于实际烧结是一个有限时间和特定温度条件下的动力学过程，因此反常晶粒生长的结果还要受到具体烧结条件的制约，这也是烧结中热力学与动力学共同作用的又一个典型例子。

基于图 3.24(c) 的共格应变模型，可以得到当相邻两晶粒的交界区域不存在应变差的时候，晶界不再迁移，晶粒生长停止。因此理论上烧结所得晶粒稳定存在的热力学条件有两个：①光滑界面；②光滑界面的两侧同属于一个晶面族。前者可通过图 3.26 来表示。随着烧结时间的延长，平均晶粒尺寸先增加，随后稳定下来，而致密度的变化趋势也是类似。不管是平均晶粒尺寸还是致密度，其增长与开始稳定的阶段同光滑界面占比的变化是一致的。当光滑界面的比例不再增加，就意味着晶粒生长的结束，此时致密度与平均晶粒尺寸不再随时间而变化。显然，理论的烧结时间就是光滑界面占比停止变化所经历的时间，在实际操作中可以通过监控陶瓷微观结构随烧结时间的变化来确定。图 3.27 给出了最终陶瓷的微观结构及其高分辨晶格条纹像。从晶格条纹像得到的相邻晶粒各自所属的晶面族是一致的，这就意味着晶面能、晶面结构以及化学势等能量与结构是等同的，此时不存在驱动界面迁移的热力学因素，体系处于热力学平衡的状态。

然而最终陶瓷的晶界结构并不能完全满足上述两个热力学条件的要求，这是因为烧结的动力学影响是需要考虑的。虽然基于热力学理论，晶界迁移速度随温度升高呈指数函数关系增加，并且在一定温度下与界面曲率成正比，但是实际的烧结过程是在有限时间内完成的。如果在晶界附近有较宽的晶格缺陷或者存在杂质

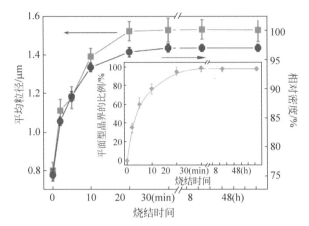

图 3.26   $TiO_2$ 过量 0.4 mol% 时 $BaTiO_3$ 陶瓷随烧结时间的致密度（蓝色带实心圆标记曲线）
　　　　　和平均晶粒尺寸（绿色带方块标记曲线）变化,其中的内置图给出了随烧结时间的
　　　　　平面型光滑晶界占比的变化[36]

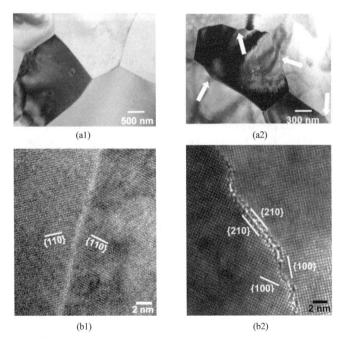

图 3.27   $TiO_2$ 过量 0.4 mol% 时 $BaTiO_3$ 陶瓷的微结构,其中图（b）是对应图（a）的高分辨像,
　　　　　箭头给出了光滑晶界的相交点（光滑晶界的峰位置和谷位置）[39]

向晶界的偏析,那么在这个有限时间段内,晶界迁移就可以延缓甚至停止,晶粒尺
寸也就不再有明显变化。这种源自动力学过程,由于气孔、杂质以及其他缺陷对晶

界运动的妨碍就是前述的钉扎效应。显然,当阻碍因素消除,比如气孔沿晶界继续扩散,迁移入晶界交点甚至沿晶界逸出陶瓷体系,那么原先被钉扎的晶界又可以开始迁移,相当于一个二次的结晶过程。杂质不断进入晶粒产生固溶体的结果也会破坏原先对晶界的钉扎作用。这就意味着动力学意义上的界面迁移的停止并不一定代表真正的停止,也可以是阶段性的停止,随着烧结时间的延长,界面迁移又会再次发生,陶瓷中晶粒尺寸及其分布相应变化——通常伴随着平均粒径的增加和分布的多峰化与宽化。

除了解释界面迁移和(反常)晶粒生长,基于共格应变模型的另一个推论是共格应变能占据主体地位的前提是晶粒足够大。这个临界晶粒尺寸会随不同陶瓷体系而变,比如母相为 $BaTiO_3$,界面层是 $(Ba_{0.8}Pb_{0.2})TiO_3$ 固溶体的条件下,其值为 $0.5~\mu m$,而晶粒较小的时候主要是基于毛细管压差效应的扩散迁移。

界面迁移、晶粒生长或者烧结的完成除了需要足够的时间,烧结温度也是一个重要的参量。从热力学的角度看,陶瓷的烧结与晶体的生长不同,烧结只需要晶粒表面之间实现成键,而晶体生长不但需要表面成键,还需要晶粒与晶粒之间转为同样的周期性排列,相邻区域是同样的晶面而不仅仅是归属于同一晶面族。虽然两者都涉及化学键的断裂和重构,但是烧结相对而言,其剧烈程度要远低于晶体生长。一个直观的区别就是烧结是固相与固相之间的转变,虽然烧结助剂可以液化,但是由于其用量在百万分之一数量级,因此也不会像晶体生长那样需要产生一个明显的液相,然后固态的晶体逐渐从液相中生长出来。这种固-固相转变与液-固相转变之间的一个明显差别就是烧结的温度可以低于熔点。具体的取值通常是该陶瓷熔点的 2/3 左右,不过这个经验规律不一定是获得所需陶瓷的最优参数,比如 YAG 的常用烧结温度一般是 1500 ℃ 以上,而要透明化甚至需要 1700 ℃ 以上,远高于其熔点(1940 ℃)的 2/3(约 1300 ℃)。其原因就在于烧结并不仅仅是考虑热力学上是否可以发生并自发进行,还需要考虑动力学过程,此时有限的时间内实现所需的效果就需要更多的外界能量或更高的温度。

除了基于熔点初选烧结温度,也可以基于固相反应和体系的固熔点来给出烧结温度的预选值。仍以 YAG 为例,由于变温 XRD 表明氧化物发生固相反应获得 YAG 的合适温度就是 1500 ℃,因此可以用该温度作为烧结 YAG 透明陶瓷的初选。更进一步,当 YAG 中添加了 $SiO_2$ 作为烧结助剂,此时可基于相图中固熔体可降低熔点的规律预计更低的烧结温度,将原先需要 1700 ℃ 以上才能实现高致密化透明陶瓷的烧结降低到 1600 ℃ 左右。

相图除了可用于烧结温度的初筛,还可用于烧结中物相的选择和转化预测。这是因为相图是体系在热力学平衡条件下物相关系的表示,对应给定条件的能量最低或者物相稳定状态。图 3.28 给出了常压下不同稀土倍半氧化物 $RE_2O_3$(RE

表示稀土)的物相随温度的变化。该图其实是多个一元相图的组合结果。根据相图可知,除了有宽吸收和不发光的光学性能优势,$Y_2O_3$ 和 $Lu_2O_3$ 在实现透明激光陶瓷上还具有热力学的优势,这是因为它们的立方相稳定存在的温度范围与陶瓷烧结温度匹配;与此相反,$La_2O_3$ 等在 400 ℃下就要发生相变,很难生长晶体或烧结陶瓷,反而比较适合用做烧结助剂——目前 $La_2O_3$ 作为烧结助剂不仅用于稀土基陶瓷,也广泛应用于压电和铁电陶瓷等其他领域。

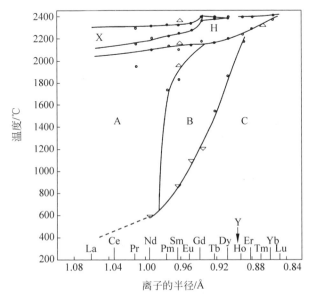

图 3.28　不同稀土倍半氧化物物相随温度的变化[5,40]

A:低温六方相($P\,6_3/mmm$);B:单斜相($C\,2/m$);C:低温立方相($Ia3$);
H:高温六方相($P\,6_3/mmc$);X:高温立方相($I\,m3m$)

除了稳定物相,相图中由相线包围的区域也是烧结热力学驱动力的源泉。尖晶石的烧结就是一个典型的示例。它的理想化学式是 $MgAl_2O_4$($MgO \cdot nAl_2O_3$ 且 $n=1$),其中氧离子构成的四面体空隙只有 1/8 被 $Mg^{2+}$ 占据,八面体空隙则是 1/2 被 $Al^{3+}$ 占据,从而两种阳离子可以在较小能量波动的条件下实现互相替代,产生无序结构。体现在 $MgO\text{-}Al_2O_3$ 相图中就是由标识各化学计量比组成的相线围成的一个同为尖晶石相的固熔区域。这种组成阳离子相互置换的缺陷称为反位缺陷,如果 $n$ 仍然为 1,那么实际的化学式是 $(Mg_{1-i}Al_i)[Mg_iAl_{2-i}]O_4$,其中 i 为反转参数(inversion parameter),反映四面体被 Al 占据的比例。其数值可以通过[27]Al 固体核磁共振技术获得的不同 Al-O 配位多面体的相对比例来计算,比如实验测得 $AlO_4 : AlO_6 = 0.17$,那么就有

$$AlO_4 : Al_{total} = 0.17 : (1+0.17) = 0.145$$

$$i=0.17\times2/(1+0.17)=0.29$$

研究发现,在粉体颗粒尺寸、元素组成比例等其他因素都相同的条件下,尖晶石的烧结温度会随着无序性的下降而降低,即无序性高的粉体烧结活性更好。比如喷雾热解和基于明矾煅烧(商业生产的主要方法)所得的两种尖晶石粉末,在其他因素,比如元素组成等一样的条件下,前者体现出更好的烧结活性(i 分别等于0.36 和 0.29)。其成因就在于反位缺陷存在的同时也伴随着肖特基缺陷簇的生成,生成了氧空位,而尖晶石烧结中半径最大的氧离子是扩散最慢的离子,氧离子扩散是烧结的关键步骤,在存在氧空位时可以促进烧结的发生,获得更低的烧结温度[41]。

相图也为烧结技术的选择提供了热力学依据。其中典型的例子就是压强的影响。同一温度不同压强下的热力学平衡条件是不一样的,固态物质的熔点和挥发点通常随着压力的升高而降低,即高压作用下,原先常压作用下容易转为液相或气相的体系仍然可以维持原先固相的状态,从而满足烧结的固相要求。这有助于解决常压烧结中由于容易液化或汽化而劣化烧结质量的问题。

高压作用会改变体系的最小内能,其体现就是陶瓷的塑性形变行为——这种不可逆的变形与其他变形一样,是内能变化的产物。宏观上则表现为界面的迁移、位错的运动以及颗粒的破碎和聚集体的延展等。需要注意的是,虽然塑性形变在热压烧结法等有压烧结中作用更为显著,但是也可以见于无压烧结的陶瓷体系,因为其本质仍然是物质的扩散运动(其中也包括位错等广义"物质"的运动),而且颗粒的表面张力和内部气体等也可以提供塑性形变所需的外力作用。有关形变的高压作用还涉及体系的耗散结构——其实陶瓷烧结,从无序颗粒转为有序致密体的过程就是一种熵减的行为。有兴趣的读者可以进一步参照有关耗散结构和热力学在弹塑性形变上的应用等内容,这里限于篇幅,就不进一步介绍了。

从自由能的角度来看,高压作用下的体积增大会增加体系的自由能,或者说不利于自由能的减少,因此是热力学禁阻的,体现在烧结上就是高压作用对晶粒生长有抑制作用,图 3.29 给出了压力作用下抑制 $Al_2O_3$ 晶粒生长的例子[42]。从图中可以看出当压力增大时,晶粒尺寸的增加就比较缓慢,并且塑性形变、黏性流动等更为强烈,因此所得陶瓷更为致密,而晶粒的边棱和角顶也更为圆滑,不像低压力下呈现明显的规则多面体的形貌。

最后,虽然受限于动力学过程,实际烧结结果在相图中主要体现为复杂程度不一的亚稳态,比如烧结助剂或者激光中心进入晶格的掺杂状态,但是烧结的高温、高压或长时间作用也提供了加快实现热力学平衡的条件。实验发现热等静压(HIP)烧结会促进物相往热力学平衡方向转化:没有 HIP 作用时,掺入 0.5 wt.%TEOS 的 YAG 陶瓷晶界中观察不到 Si 和 Nd 的成分,然而同样烧结条件并追加

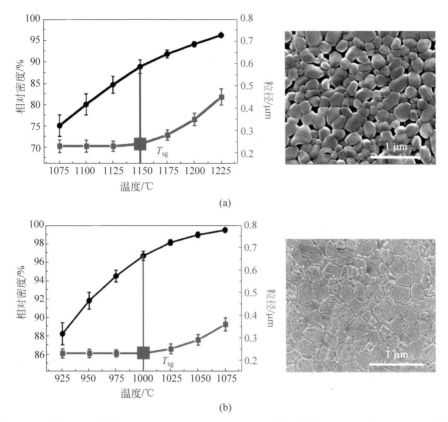

图 3.29　不同压力作用下(30 MPa(a)和 200 MPa(b))平均粒径为 220 nm 的 Al₂O₃ 在同样加
　　　　热程序下所得致密度(相对密度)和晶粒尺寸随温度的变化,其中的竖直线和放大
　　　　的矩形标示晶粒开始长大的温度位置,而右图则是该温度所得陶瓷的表面显微
　　　　形貌[42]

　　HIP 作用后的陶瓷反而出现了 Si 和 Nd 在晶界的凝析现象[5],符合 YAG 陶瓷倾
向于自发排杂而获得能量最低的纯 YAG 的热力学变化趋势。同样地,降低降温
速率后,烧结助剂在晶界中分凝数量的增加也是这种所给烧结制度促进物相的热
力学转化的现象(3.3.3 节)。

　　相比于平衡稳定态,相图亚稳态的研究相对较少,因此当前透明激光陶瓷的烧
结主要利用相图的平衡态,以此判断给定体系烧结的终态、设计粉体的组成、选择
烧结助剂、烧结技术以及优化烧结温度等,并且有助于衡量烧结制度的优劣。

**2. 烧结动力学**

　　从动力学的角度可以将烧结分为三个阶段[38]:初期、中期和后期。烧结初期
以形成烧结颈为特征,即颗粒之间不但有接触还形成了界面。这时如果将两个颗

粒看作"头",那么两者之间的区域在形状上与"颈"就非常相似,因此称为烧结颈。这一阶段主要是烧结颈的形成和增长(数量与体积),此时还没有明显的晶粒长大,对致密化的贡献很小(小于10%,甚至只有2%或更低)。在烧结中期,颗粒间的界面大量形成,并且气孔仍是相互连通而成一个连续网络,因此虽然实现了大部分的致密化过程,但是最终陶瓷所呈现的晶粒三维连接的显微结构才开始发展,或者说晶粒之间直接相连而形成晶界的程度仍然较低。进入烧结后期,陶瓷中的气孔孤立而晶界形成连续网络,此时致密化速率下降,而显微结构的变化,比如晶粒生长的发展则较为迅速。在烧结后期,孤立的气孔分布在多晶粒的结合点或者包裹于晶粒中,前者通过后处理过程是可以去除的,但是后者只能留在材料中,成为透明激光陶瓷材料的主要散射损耗源之一。

基于散射理论,烧结中气孔的排除对透明激光陶瓷有利,而晶粒生长往往伴随着异常性的、会包裹气孔到晶粒内部的过程,从而难于排除气孔,不利于陶瓷的光学质量,同时不适当的晶粒尺寸及其分布也会成为另一个不利的影响因素。因此透明激光陶瓷的烧结动力学过程除了类似其他陶瓷是一个致密化的过程,还更强调气孔的排除和晶粒生长的抑制。当一个气孔被排出烧结体(处于烧结中的坯体),原有的空间需要有晶体物质过来占据,这个过程可以是晶界移动,也可以是扩散。从上述烧结的三个动力学阶段不难看出,排除气孔而致密化的过程在不同阶段物质流动的主要机制是不同的:烧结初期和中期以扩散为主,而烧结后期则以晶界移动为主。

从实验因素看,与烧结动力学密切相关的因素主要有温度、时间、起始颗粒尺寸和烧结气氛。优化烧结制度也主要围绕这四种因素展开——虽然不排除特定体系中需要考虑其他的因素,比如烧结助剂和素坯堆积结构等的影响。

从定性描述的角度看,烧结温度升高可以提高颗粒的蒸汽压,降低体系的黏度、增大物质的扩散、促进颗粒的重排和塑性流动,从而加速烧结过程。温度过低,烧结不完全,致密度不高;而温度过高,陶瓷会"过烧结",即晶粒异常生长乃至玻璃化。适当的烧结时间可以确保烧结过程的充分完成,不合理地延长烧结时间并不意味着可以彻底排除气孔,反而可能出现异常晶粒生长(有的文献称为二次再结晶)而产生封闭气孔,降低陶瓷的致密度和光学质量。

烧结过程与素坯起始颗粒尺寸密切相关的主要原因是实际表征技术的局限性。目前对用于烧结的素坯的常见表征是致密度(孔隙率)和电镜显微成像,前者只能给出一个纯粹借鉴性的数值,并不能明确95%和96%的致密度差异来自什么原因,也不能确认95%的致密度就要比90%的致密度获得更高的烧结质量——后者可能具有更好的堆积均匀性。电镜显微成像由于是微米级区域成像,而且限于测试成本,通常只能拍摄几张到十几张图像,从而主要表征的是起始颗粒的尺寸。

虽然可以通过不同颗粒二维图像得到的粒径值进一步给出尺寸的分布,但是这种三维物体被二维化所得数据的衍生处理结果是无法直接且准确反映形貌分布以及解释均匀性的,只能实现定性或至多半定量化的说明。比如较小的颗粒有助于增加总表面能,从而加快烧结;或者颗粒严重且无规则团聚会增加烧结中局部非均匀性的问题等。

烧结过程中,陶瓷体可以处于各种气体介质或真空中,因此烧结必然受到气氛的影响。气氛的物理作用主要是传压和改变热力学平衡。气体(也包括真空)可以将压强无差别传递给陶瓷,避免轴向机械施压的不平衡或不均匀加压问题;与此同时,气氛也可以提供一种不同于常规,比如空气下的热力学环境,进而表现出与素坯中原有气体不同的热力学平衡条件——当烧结气氛与素坯制备所用气氛不同时,其在固体中的扩散与溶解能力就会发生变化。由于烧结后期,封闭气孔体积逐渐缩小,压强增大,从而抵消了作为烧结推动力的表面张力作用,此时要继续排除气孔完成致密化,除了利用空位扩散,气体在固体中的溶解与扩散起着重要作用。这就是烧结气氛促进烧结致密化,起到"烧结助剂"作用的原因。一个典型的例子是根据扩散系数与气体分子尺寸成反比的规律,采用氢气氛烧结来实现比氮气氛中烧结更好的闭气孔消除效率。

气体也可以与素坯发生化学反应。当烧结过程由阳离子扩散控制时,氧分子被素坯吸附并发生化学反应,可以形成阳离子缺位的非化学计量比化合物,增加阳离子空位,从而促进阳离子的扩散,加速烧结的进行。同时气孔中的氧分子也容易进入晶格,溶解并扩散而排除,因此氧气氛或提高含氧量有利于烧结。相反地,当阴离子扩散较慢,成为烧结反应的控制过程时,还原气氛或较低的氧分压有利于带负电价氧离子空位产生,提高阴离子的扩散而加速烧结和致密化的完成。

真空环境也可以看作一种气氛环境,其物理与化学作用可以同时存在——真空提供了一种负压的或者降低蒸汽压的环境,有助于产生阴离子空位,比如氧离子空位,此时物理的改变蒸汽压与化学的产生挥发气体和空位同时发生。另外,真空也有助于解决体积膨胀过渡物会吸附气体的问题——当 $Y_2O_3$ 与 $Al_2O_3$ 反应生成 YAG 的过程中,扩散化合的结果是先产生 $YAlO_3$,而随后转为 YAG 是体积膨胀的过程,容易引起坯体结构的畸变,导致不利的进气行为,而这些气体会产生后继烧结中的残余气孔问题,因此固相反应烧结 YAG 陶瓷在真空环境下进行有助于避免这种不利进气的行为。

烧结动力学理论的研究起始于 20 世纪 40 年代[38,43-45]。1945 年,苏联科学家弗仑克尔(Frenkel)第一次基于扩散理论,将烧结体系简化为两个球形颗粒之间的接触和物质传输,并据此提出了烧结颈生长的动力学模型。随后其他科学家根据这种简化思想,就烧结初期、中期和后期都给出了一些定量描述模型。比如 20 世纪 60 年代科布尔建立了一个显微结构模型：正十四面体的晶粒并且其每个棱角存在圆柱形的气孔，晶粒堆积为三维阵列而气孔成为连通网络，从而得出烧结中期的致密化方程，并认为残余气孔量与时间对数存在线性关系。基于该模型的修正还可以得到描述烧结后期的气孔与时间关系的表达式。伴随着计算模拟技术的发展，也有学者基于相场模型、蒙特卡罗模拟以及更复杂的多扩散机制耦合计算等对烧结机制进行定量讨论，其中也包含了对原有简单模型的改造或者增加新的体系变量（比如施剑林等在科布尔理论的基础上进一步考虑界面能的贡献[45]）。

这些理论都有一个共同的特点，即必须基于某个特定的模型，然后才能运用各类立体几何公式和物理方程等推导出动力学关系式，但是实际坯体的微观结构要更为复杂。以晶粒尺寸分布为例，即便能准确描述粉体的晶粒尺寸分布，在素坯成型和预处理阶段也会因为塑性形变、团聚或分裂等改变原有的尺寸分布，而且烧结过程是一个温度、气氛和压力耦合作用的过程，外界因素之间的耦合关系也需要明确，目前的理论对多物理场耦合的考虑仍处于探索阶段。最后还有一个麻烦：有关物理参数的取值。虽然建立模型的过程中可以根据需要随意引入物理参数，比如气相扩散系数、黏度、曲率和固相蒸汽压等，但是要应用公式获得结果就需要实际的数值，而相当多的数值却是未知的，或者并非一成不变的，与具体的烧结条件有关，同时在现有条件下又缺乏可行的测试，尤其是现场表征手段。这就导致虽然基于模型从理论上可以给出定量的结果，但是在实际使用中却主要用于定性的讨论。

一个典型的例子就是施剑林等基于科布尔的理论模型自行推导了包含界面张力作用的方程，得到一个气孔收缩的临界条件关系式，其中就需要知道包围气孔的颗粒数目和颗粒接触所形成的二面角这两个与具体体系直接相关的参数。因此基于这个关系式所得的成果主要是解释了有时烧结反而导致气孔生长的现象，即气孔尺寸与包围气孔的颗粒尺寸的比值要低于某个临界值。此时气孔受到的总作用力才是让其收缩的压应力，表面张力占据优势，反过来则是界面张力占据优势，气孔反而变大的结果；但是实际要现场获得所需参数的数值是不可能的。

另外，透明激光陶瓷的烧结是面向晶粒的，而动力学过程的关键步骤是慢反应的步骤，因此与传统模型基于无定形结构不同（即假设颗粒结构，比如晶粒的表面是粗糙的，原子无序分布），在透明激光陶瓷的烧结中，晶界和界面结构及其相关的微观结构演变的影响也需要加以重视。这里以界面迁移过程为例进行说明。

如前所述，界面迁移的热力学驱动力是体系能量的下降。伯克和特恩布尔(Turnbull)最早提出的动力学机制主要考虑晶界的移动趋势，并没有考虑这些长大的晶粒如何填满空间而成为致密陶瓷的过程。有关这方面的经典理论是史密斯(Smith)基于拓扑学提出的。他认为晶粒生长的结果是由满足空间填充和表面张力平衡的拓扑需求所决定的。比如拓扑学表明,二维结构中,一个顶点发出三条边,并且这些边相交角度为 120° 是稳定的结构,在一定的变形范围内具有拓扑不变性。即二维的晶粒趋向于形成六边形,因此高于六边,尤其是存在凹边的多边形趋向于长大而过渡为六边形;而小于六边的,尤其是存在凸边的多边形则趋向于收缩——这其实就是晶粒生长的曲率驱动机制。基于拓扑学,满足史密斯原则的三维多面体(晶粒)应当是每个顶点都是四条边的交叉点,总面数为 14 并且各面交叉而成四面体角 109°28′。在实际烧结过程中,史密斯原则并不意味着陶瓷晶粒必须形成规则的多面体,而是强调与表面(界面)能降低一致的曲率变化是界面迁移或晶粒生长的原因,并以此来分析陶瓷的微结构变化。

　　由于目前表征陶瓷微结构的电镜技术得到的是三维晶粒的二维剖面,因此基于二维拓扑结构的讨论更适合于面向电镜图像的微结构研究。如图 3.30 所示,基于史密斯原则,图(a)中虽然七边形与五边形相邻,满足空间填充和平均边数为 6 的要求,但是其公共边是曲线,因此是拓扑不稳定的。从而七边形会长大而五边形则收缩产生一个四边的交点(4-rayed vertex)(图(c))。这个四边交点在二维拓扑结构中也是很不稳定的,会进一步分解为三边交点(图(d))。随后经过一系列变化,最终在图(f)中,原有的七边形和五边形被新的相邻的七边形和五边形所代替,

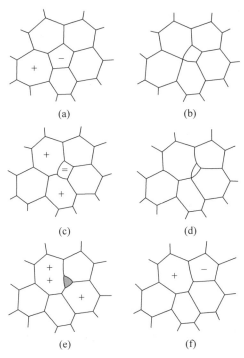

图 3.30　非正六边形所成二维阵列经界面迁移而获得稳定结构的过程示意图[46]

其相邻边的曲率也降低了(长度增加且弧度下降)。

需要注意的是,曲率变化的根源是体系在界面迁移前后能量的降低,即能量降低是必要条件,如果变化前后的状态的能量变化为零或者在热振动平衡范围内(为$kT$,其中$k$是玻尔兹曼常数,$T$是陶瓷所处温度),那么界面迁移就停止了。图 3.31 给出了微结构类似,但是边界或者表面光滑程度不一样而影响致密化过程的示例。在 BaTiO$_3$ 陶瓷的烧结实验发现,当边界为弧状、界面粗糙的时候,界面迁移吞并气孔的致密化过程可以进行得比较彻底;与此相反,当边界为规则线段、界面光滑的时候,致密化过程就停止了,只能维持图 3.31(b)的结构,延长烧结时间也不再有所变化。因此烧结动力学可以得到热力学驱动结构稳定化过程中的过渡结构,但是并不能改变热力学对稳定结构的要求。因此如果出现光滑边界后仍没有实现致密化,那么一味延长烧结时间的"优化"是不可取的,此时从粉体、素坯乃至烧结温度方向上考虑会更为有效。

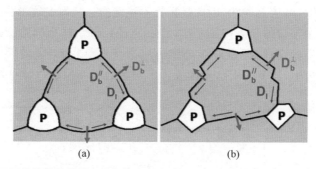

(a)   (b)

图 3.31 两种不同微结构的烧结示意图:粗糙界面(a)和平整界面(b)。其中 P 表示气孔,D$_l$ 表示晶格扩散,D$_b$ 表示晶界扩散(右上角符号"//"和"⊥"分别表示平行和垂直方向),绕着界面的蓝色箭头表示致密化方向(物质往气孔中扩散),而垂直于界面的红色箭头表示晶粒生长中的原子移动方向[36]

在烧结后期,或者当烧结温度高于晶粒生长的开始温度后,晶粒快速长大,而致密度则缓慢增加。晶粒起始生长温度 $T_{sg}$ 可定义为晶粒生长比例等于 8% 时的温度 $T$,即[42]

$$\frac{G_{T+25} - G_T}{G_T} = 8\%$$

式中,各 $G$ 变量代表各自下标所表示温度时的晶粒尺寸。上式表示在某一温度 $T$ 的基础上增加 25 K 后,晶粒粒径相对增大 8%,那么该温度 $T$ 可看作 $T_{sg}$。

由于烧结模型及其相关理论已经有不少著作专门展开论述[36,38,47],因此这里主要介绍一下当前文献中常用的等热(等温)条件下有关晶粒生长动力学机制的公式:

$$G_t^m - G_0^m = kt$$

式中：$m$ 是表征动力学机制的指数，具体取值可以参考表 3.1；$t$ 是时间；$k$ 为常数；$G_t$ 和 $G_0$ 分别是 $t$ 和 0 时刻的晶粒大小。利用该公式可以通过多组$(G_t, t)$拟合得到 $m$ 的大小。并且求得界面迁移是气孔主导还是晶界主导，前者主要贡献于致密化，而后者有助于晶粒生长，各自对应不同的界面构成。由于实际操作中难以现场取出陶瓷测试晶粒大小，因此常规做法是改变不同的烧结恒温时间获得一系列陶瓷，然后将这种恒温时间作为 $t$ 来使用，而晶粒大小则是各个陶瓷样品拍摄电镜照片后统计得到的晶粒尺寸平均值。

表 3.1　晶粒生长的不同动力学机制[46]

| 动力学机制 | 具体动力学过程（含关键物相及其变化） | $m$ |
|---|---|---|
| 气孔主导 | 表面扩散 | 4 |
| | 晶格扩散 | 3 |
| | 气体传输（气压为常数） | 3 |
| | 气体传输（气压与表面张力和晶粒半径有关） | 2 |
| 晶界主导 | 纯相 | 2 |
| | 杂相： | |
| | 第二相通过晶格扩散而合并 | 3 |
| | 第二相通过晶界扩散而合并 | 4 |
| | 第二相的溶解 | 1 |
| | 基于连续型第二相的扩散 | 3 |
| | 杂质拖曳（低溶解度） | 3 |
| | 杂质拖曳（高溶解度） | 2 |

　　需要注意的是，实际拟合结果经常是多个 $m$ 都可以获得足够的数学拟合准确度（具有足够小的残差，以至于在数学上都是可以接受的）[42]，此时就必须结合烧结动力学阶段、致密度与电镜照片等一同确认。比如晶界迁移主导一般出现在烧结后期且致密度接近 100%，相反，如果致密度较低，甚至 95% 的时候，仍以气孔迁移为主，此时可以进一步根据电镜照片上的气体-固体接触面积的大小来判断是否为表面扩散。如果面积很小，并且拟合 $m$ 也可以取 3（点阵扩散），那更可能是通过空位的点阵扩散而引起晶粒的长大。更复杂的是 $m$ 不一定是整数，比如可以等于 $2.5$[46]，其原因在于这个公式起源于孤立、等径球形颗粒模型，因此 $t$ 时刻烧结体的晶粒尺寸分布越不均匀，$m$ 偏离理论整数值的可能性就越大，此时显微结构的正确判读就很重要。因此，显微结构是判断晶粒生长动力学机制的关键。

**3. 烧结机制及其研究**

　　烧结机制是烧结热力学与动力学的综合反映，相比于实际需要长时间，事实上很少可达到的热力学平衡态，烧结机制更关心动力学范畴的内容。研究烧结机制，基于实验数据建立和解释模型是设计与优化烧结过程的基础,不但可以筛选影响给定体系烧结过程的主要因素,还能够揭示它们的作用规律及其之间的耦合方式,使得粉体、素坯和烧结条件的选择与改进更为理性和有效。

烧结机制涉及原始材料、晶界、界面结构和气孔等,由此产生了复合相烧结、多层系统烧结、多尺度建模、非传统烧结的微观建模等研究方向。其中确定并解释烧结动力学过程中反应速率最慢的步骤或者反应速率较慢的步骤组合是理解烧结机制并且获得烧结方程的关键。从 1918 年弗格森在第一期 *Journal of the American Ceramic Society* 发表第一篇有关陶瓷烧结的研究论文以来,基于物质流和空位流的扩散机制是公认的制约烧结过程的主反应过程,主导的扩散类型可以随着烧结体系、烧结阶段和烧结技术而变。其本质上源于物质流和空位流的不同变化,具体表现就是微结构随着温度、时间、环境、颗粒尺寸、陶瓷即时密度以及外界施加应力等的变化。当对一个烧结过程完成详细研究后,可以获得一张明确反映了各阶段的主导扩散类型或者烧结机制的烧结图(由阿什贝(Ashby)首次提出,sintering diagram)。

烧结温度是制定烧结制度和研究烧结机制的起点,可以基于烧结中坯体体积缩小的特点来确认给定体系和条件的烧结温度范围,其中热膨胀法是主要的实验方法。在加热过程中,坯体构成组分的热膨胀与烧结的致密化是竞争的过程,刚开始是受热膨胀占优势,而烧结中则是致密化的体积收缩占优势。因此合适的烧结温度存在于体积剧烈下降的阶段。图 3.32 给出了利用膨胀法(dilatometry)测试的谱线确定烧结温度的示意图——合适的烧结温度在 1673~1873 K[48]。

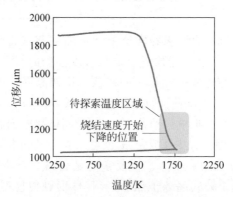

图 3.32 基于膨胀法所得谱线确认烧结温度的示意图[48]

研究烧结机制,一般采用变温法和恒温法相结合,即在烧结温度范围内选择若干个温度点,分别做恒温系列。随后通过扫描电镜图像获得不同时间、不同温度的晶粒直径,然后对于某一温度下的烧结,利用实验所得的晶粒直径与烧结时间建立如下的拟合方程:

$$G = a + b\ln(t + c)$$

式中，$a$、$b$ 和 $c$ 是待拟合常数。接下来就可以利用前述等热条件下的幂函数动力学规律和表 3.1 进行烧结机制分析。另外也可以利用其他理论模型，比如在已经获得晶粒生长速度与晶粒直径之间的关系模型的条件下，通过积分导出晶粒直径与烧结时间之间的关系，然后用实验数据作回归拟合来验证所提模型的正确性或者判断当前的烧结过程是否属于该模型所依据的烧结机制。

如果表征的是不同阶段所得坯体的晶粒尺寸和致密度，那么基于晶粒尺寸和致密度的关系拟合曲线可以得到所谓的烧结路径（sintering path），格兰杰（Bernard-Granger）做了尝试，通过拟合 $Y_2O_3$ 烧结的数据，得到如下的关系式：

$$\frac{1}{R^2} \propto \rho_r$$

这种平方律与基于晶界扩散的晶粒生长和致密化模型一致，因此可以断定主导烧结机制是晶界扩散[49]。

正如前面所述，目前烧结动力学乃至烧结机制的模型建立、选择和使用仍处于有待完善的阶段，其中一个主要原因就在于相关推导过程都做了不同程度的简化，而且所简化的实际对象也是个别的陶瓷体系，从而在精确性和普适性方面仍存在不足。因此烧结机制的研究与使用，在透明陶瓷，尤其是透明激光陶瓷领域仍有待进一步深化。

**4. 烧结理论研究的意义**

现有透明陶瓷的文献有相当一部分是以罗列实验数据的形式出现的，比如改变温度、改变烧结时间、改变烧结压力……然后罗列相应的致密度或微观结构的电镜照片，并描述其中的变化。这类文献本质上是实验报告。这是因为它没有给出什么理论规律，也没有搞清楚不同因素之间的耦合关系，只是简单停留在延长烧结时间可以提高致密度这种定性的描述。

类似地强调实验而忽视甚至轻视理论的现象也常见于工程陶瓷界，尤其是基于长年累月的尝试而在某些陶瓷体系积累起优势的团队或个人，正如第 1 章中所说的，他们更乐意基于经验或试错来优化陶瓷烧结工艺，而不是基于已有的理论以及已有实验数据的分析。其共同特点主要有三个。

（1）详细记录了方方面面的实验数据，甚至包括原料的批次，但是也仅仅是记录而已，并没有进一步推进到标准化或考虑可重现性，更谈不上形成先进的理论。

（2）对新型陶瓷体系的烧结甚至已有体系的改进缺乏效率，在当前理论与技术迅猛发展，以理论提高效率占据主流的条件下，仍然试图通过长年累月的"烧陶瓷"来占据优势的想法使得他们逐渐丧失了优势地位。

（3）混淆了理论或基础研究同工艺参数优化。后者其实是面向产品生产而找到更合适的配料比例、烧结温度和烧结时间,并且同具体的生产设备、生产环境甚至原料来源相匹配,而且有关陶瓷性能和微结构的表征只是用来判断不同工艺参数的相对好坏。典型的例子就是工艺参数优化中,寻找最佳的 YAG 的烧结温度都是在 1700 ℃为中心的一个温度范围内探讨,而理论或基础研究则是要解释为什么是 1700 ℃及其附近的范围,而不是 1400 ℃及其附近的温度范围。

不可否认的是,现有理论难以准确预测实验结果,这也是常为“经验主义者”或“工匠们”诟病并否定的重要理由之一。然而理论不能与实验结果准确对应并不意味着优化烧结工艺的时候可以不考虑这些理论模型或新模型的探索! 这是因为如下几点。

(1) 不依靠理论的烧结实验最终都在考虑定性结果上耗费了大量的时间和精力,比如寻找主要影响因素,尝试加压是往增压方向改变还是降压方向改变,导致所得显微结构的因素有哪些……实际上并没有真正实现他们预先设想的通过实验而获得精确的各类参数数值的目标,而是得到他们探讨范围内的“最优”结果,从而如果其他人来探讨,又会有新的“最优”结果,达不到将烧结工艺优化并稳定下来的初衷。相反地,这些探索如果是基于理论模型和若干已有的实验结果,就可以更合理地设计与初筛,并且可以评价结果的可靠性,实现比纯粹实验本身更为深入的效果。

(2) 理论一般都需要对客观现象进行抽象乃至理想化,从而抓住主要矛盾、主要关系或主要影响因素而建立起相应的规律和公式。理论公式计算的结果更注重于反映客观现象的发展规律,而不是给出准确的数值——因为客观现象并不一定符合理论公式所需的条件,而是存在着偏差,所以要获得更准确的定量结果,就需要根据客观现象进行改进,但是这并没有改变理论的作用,这就好比理想气体状态方程在实际应用中就要引入额外的参量来描述气体分子之间的相互作用,但是并没有否认该方程对压强、体积和温度之间关系的描述能力。

事实上,理论对指导烧结的重要性在科布尔首先获得透明 $Al_2O_3$ 陶瓷以及池末回忆 $Nd:YAG$ 激光透明陶瓷发展史的叙述中已经得到了强烈的印证。正是基于扎实的理论,科布尔才能认识到 MgO 的作用;而池末也是基于理论并没有否定陶瓷的透明化这一结论,埋头探索如何克服陶瓷中的散射,从而引领了 20 世纪 90年代后透明激光陶瓷的发展潮流。因此,掌握、应用和发展烧结热力学与动力学理论对透明激光陶瓷研究和制备具有重要的意义。

## 3.3.2 塑性形变与压强的影响

相比于其他陶瓷领域,透明激光陶瓷对晶粒生长更加敏感,主要原因在于晶粒生长会引起残余气孔远离晶界,难以排除甚至会成为晶内气孔;其次是异常长大的晶粒相当于在连续性均匀陶瓷基体内引入了粒径不同的散射颗粒,在材料光学各向异性时产生的散射损耗更为严重,这些都会导致陶瓷光学质量下降乃至失透,不能用作激光材料。

　　然而晶粒生长也是致密化的一种途径,尤其是烧结后期更是如此。因此既可以致密化,又可以维持晶粒体积基本不变的塑性形变就成了透明激光陶瓷提高光学质量,尤其是在烧结后期提高致密度的主要途径。这也是陶瓷制备中,为了避免晶粒长大,烧结后期加压(HIP 和 SPS)成为主流的原因[48]。

　　塑性形变是烧结中压力作用下热力学与动力学共同作用的结果(3.3.1 节),其致密化的作用以及在烧结整个过程中的地位可以通过图 3.33 来说明。首先,球形颗粒彼此接触后并不需要互相吞并来消除内部的空隙,也可以利用塑性形变,通过位错等缺陷的滑移乃至表层或局部原子的重排去除内部空隙而紧密接触,随后可以进一步发生压力辅助下的晶界扩散而增加致密化程度。

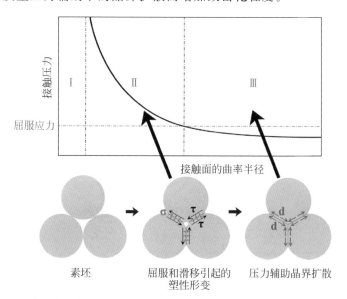

Ⅰ-加压前的素坯;Ⅱ-高压下的塑性形变;Ⅲ-高压辅助下的晶界扩散。

图 3.33　3 mol% $Y_2O_3$ 稳定化 $ZrO_2$(3YSZ)陶瓷烧结的分阶段及其微结构变化示意图[50]

　　需要注意的是,压强的影响并不仅仅是塑性形变。因为无压烧结致密化机制包括表面扩散、晶界扩散、点阵扩散和气相输运,而其中点阵扩散对应的就是晶粒生长。这是热力学自发进行的趋势,并不会随着压力的大小而转移,只是当施加压力后,原先不占优势的塑性形变和科布尔蠕变会更为显著,甚至成为主导机制。比如 50 MPa 下热压或放电等离子烧结氧化铝粉末,晶界扩散主导致密化过程;但是当压强增加到 200 MPa,则改为塑性形变为主。研究发现,初始晶粒大,则致密温度和晶粒开始生长温度就高,而加压烧结有助于降低这两个温度值,而且高压作用下体系的晶界能、残余应力和位错密度相比于无压烧结有明显增加,这些缺陷对点阵扩散也是有利的,可以促进晶界移动,从而有助于晶粒长大[42]。

压强的增加对致密化和晶粒生长的影响程度,即各自随温度的变化速率不一定一致——虽然总体上都是降低各自所需的温度。这是因为晶粒长大还与表面活性等因素有关,比如晶粒越大,其表面能越小,要驱动晶界扩散而长大晶粒所需的温度就越高。如果增加压强引起的降温效应并没有与大晶粒生长所需的起始温度匹配,此时陶瓷体现为致密化程度随温度升高而增加,其晶粒大小基本不变,仍保持初始颗粒的尺寸。

要实现塑性形变为主导的致密化,就应当优化烧结制度,产生塑性形变为主导的扩散机制。理论上,在外界压强作用下,晶粒接触面获得的轴向压应力 $\sigma_{b}$ 可以如下计算:

$$\sigma_{b} = \frac{4pR^{2}}{\pi a^{2}}$$

实际应力 $\sigma_{total}$ 还需要考虑表面张力的贡献,即表面成键应力 $F_{s}$:

$$\sigma_{total} = \sigma_{b} + \frac{F_{s}}{\pi a^{2}}, \quad F_{s} = \frac{3}{2}\pi R\Delta\gamma = 3\pi R\gamma_{s}$$

式中,$p$ 是外部压强,$R$ 是颗粒半径,$a$ 是颗粒接触面的半径(假设是圆面)。发生形变时,$\sigma_{total}$ 等于陶瓷材料在烧结温度下的硬度,由此可以计算出 $a$,进一步考虑摩擦的影响,实际的接触面半径 $a_{r}$ 可以通过下面的校正公式得到:

$$a_{r}^{2} = a^{2}\sqrt{1+\beta f^{2}}$$

式中,$\beta$ 是一个常数,一般设为 9,$f$ 是摩擦系数。利用颗粒半径和接触面半径,基于科布尔的密堆积模型(六方或面心立方)可以得到塑性形变主导烧结所得的致密度

$$\rho_{r} = \frac{\pi}{3\sqrt{2}}\left(\frac{R^{2}}{R^{2}-a_{r}^{2}}\right)^{3/2}$$

上述理论公式的实用价值之一是验证了致密度是可用于判断烧结机制是否塑性形变占主导机制的技术数据。在实际烧结研究中,可以快速升温到烧结温度,随后立即降温,从而抑制基于扩散的烧结机制的发生,实验所得致密度与计算值接近,就可以确认是塑性形变占优势。

另一种实验方法则是监控致密度随时间的变化,然后利用有关理论模型来判断。典型例子就是使用格兰杰模型来判断烧结后期的主导机制[42]:

$$\ln\left(\mu_{eff}\cdot\frac{1}{\rho_{r}}\cdot\frac{d\rho_{r}}{dt}\right) = n\ln\left(\frac{\sigma_{eff}}{\mu_{eff}}\right) + K_{1}$$

式中,$n$ 是代表高温蠕变机制的应力指数,瞬时有效应力 $\sigma_{\text{eff}}$ 和瞬时有效剪切模量 $\mu_{\text{eff}}$ 可以利用杨氏模量 $E$ 和泊松比 $\nu$ 如下计算[51]：

$$\sigma_{\text{eff}} = \frac{1-\rho_0}{\rho_r^2(\rho_r-\rho_0)} \cdot P, \quad \mu_{\text{eff}} = \frac{E}{2(1+\nu)} \cdot \frac{\rho_r-\rho_0}{1-\rho_0}$$

当 $n=1$、2 和 3,分别代表扩散蠕变、晶界滑移和位错运动,高于 4.5 可以是塑性形变,也可以是晶界扩散(源于点阵扩散)。

### 3.3.3　气孔的排除

由于气氛是常用的烧结条件,而残余气孔的排除是实现激光陶瓷高光学质量的关键,因此虽然气氛的影响以及残余气孔的排除也属于烧结热力学与动力学的范畴,在前面已经从物理与化学影响的角度做了介绍,但是仍然需要就其参与下的烧结机制专门做个介绍,以便更好地理解与优化同透明激光陶瓷相关的制备过程。

**1. 烧结三阶段中的气孔及其影响**

如前所述,烧结是某一温度下(低于熔点)聚集在一起的颗粒转化成具有所需密度和微结构(孔隙率和晶粒尺寸)的凝聚(coherent)物质的过程。总表面能和界面能的减小是烧结的热力学驱动力。

激光陶瓷的烧结是针对晶态颗粒的,根据颗粒和气孔结构与分布的变化可以将烧结分为初期、中期和末期三个阶段。这三个阶段之间没有清晰的界限。在初期阶段,颗粒之间连接产生烧结颈,致密度基本不变或变化不大,气孔彼此连通;中期阶段致密度增加,气孔仍然彼此连通;末期阶段,气孔消失或者孤立存在,晶粒生长显著。

初期阶段,$x/a < 0.2$ [36],其中 $x$ 是颈部半径,$a$ 是颗粒半径,而 $r$ 则是烧结颈位置的曲率,相关几何定义如图 3.34 所示。基于物质扩散流动模型可以得到

$$\left(\frac{x}{a}\right)^{n_1} = F(T)a^{m_1-n_1}t$$

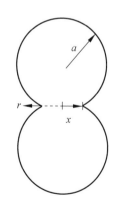

图 3.34　烧结中两个粉体颗粒构成一个粉坯组分及其各几何参量的图示

式中:$F(T)$ 是一个包含扩散系数、温度、摩尔体积以及表面能等物理量的、关于温度的函数;$n_1$ 和 $m_1$ 是指数项;$t$ 是时间。这个公式的一个意义就是反映了颗粒尺寸对烧结的影响,即达到同样的 $x/a$,所需的烧结时间 $t$ 与颗粒尺寸的($m_1-n_1$)幂次成反比。另外,它也意味着温度的影响更为复杂,毕竟扩散系数与温度之间是指数的关系。

如果气孔要么沿着晶粒边缘彼此连通,要么孤立地存在于若干晶粒之间,致密化过程是晶粒内部到晶界的扩散或者晶界到气孔表面的点阵扩散,那么同样基于物质扩散流动模型,烧结的中期与后期阶段的动力学方程可以如下表示:

$$\frac{\mathrm{d}\rho_r}{\mathrm{d}t} = \frac{K_1(1-\rho_r)^{k_1}}{G^{m_2}}$$

式中,$\rho_r$ 是致密度(相对密度),$K_1$ 是包含扩散系数、摩尔体积、表面能和温度等物理量的常数,而 $k_2$ 和 $m_2$ 是指数项。

末期阶段的晶粒生长与气孔的迁移速率有关,要获得致密陶瓷,需要晶粒生长速度与气孔迁移速率匹配,避免连通的气孔破裂并落后于晶粒生长,而成为孤立的晶内气孔。假设气孔始终处于晶粒边缘,那么晶粒生长的动力学方程可以如下表示:

$$\frac{\mathrm{d}G}{\mathrm{d}t} = \frac{K_2}{G^{n_2}(1-\rho_r)^{l_1}}$$

式中 $K_2$ 与 $K_1$ 类似,也是包含扩散系数、摩尔体积、表面能和温度等物理量的常数,而 $n_2$ 和 $l_1$ 是指数项。

如果气孔迁移率高于晶粒生长速率,那么平均晶粒尺寸的平方与烧结时间成正比,这就是所谓的平方律或者抛物线律:

$$\bar{G}^2 \propto t$$

在气孔没有脱离晶界的时候,由前面两式可以得到晶粒生长与致密度变化的相互关系:

$$\frac{\mathrm{d}\rho_r}{\mathrm{d}G} = \frac{K_1}{K_2} \cdot \frac{(1-\rho_r)^{k_1+l_1}}{G^{m_2-n_2}}$$

实际的烧结过程要更为复杂。由于在烧结后期阶段,晶粒长大与致密化是相关的,因此气孔率的变化也可以类似晶粒生长用于研究烧结机制,并且与晶粒生长密切相关[48],从而可以参照等热条件下,烧结动力学采用的幂函数公式(3.3.1节)来研究后期的扩散机制,比如直接利用如下公式:

$$\frac{\mathrm{d}\theta}{\mathrm{d}t} = G^{-w}$$

式中,$G$ 是晶粒尺寸,$\theta$ 表示气孔率,而 $w$ 是类似 $m$ 的晶粒尺寸指数,其数值分别表示不同的烧结机制,比如"3"表示点阵扩散,而"4"表示晶界扩散。

另一种做法则是直接利用幂函数公式并加以修正。前述烧结动力学的幂函数公式(3.3.1节)可以转换为如下的形式:

$$\frac{\mathrm{d}G}{\mathrm{d}t} = \frac{k_0 \exp\left(\dfrac{-Q}{RT}\right)}{G^p}$$

式中：$Q$ 是晶粒生长活化能；$p$ 为晶粒生长方程中的晶粒尺寸指数，其值取 $(m-1)$。即 $(p+1)$ 等于积分形式下的晶粒尺寸指数 $m$，相应取值也对应前述的扩散机制，并以气孔排除为主导：$(p+1)$ 取值为"2"表示无气孔体系的边界移动或者通过挥发或缩聚产生气孔的排除；而"3"是晶格（点阵）扩散的气孔控制，"4"为表面扩散的气孔控制。由于这个公式并没有涉及气孔率，因此赵（Zhao）和哈默（Harmer）提出如下的改进：

$$\frac{\mathrm{d}G}{\mathrm{d}t} = \frac{k_0 \exp\left(\dfrac{-Q}{RT}\right)}{G^p} \frac{N_g^{m'}}{\theta^n}$$

式中，$N_g$ 表示单个晶粒中的气孔数目。当 $p=3, n=4/3, m'=1/3$ 时，取表面扩散机制；当 $p=2, n=1, m'=0$ 时则为点阵扩散。

由于 $N_g$ 与 $\theta$ 之间可以通过单个气孔体积（或有效体积 $\theta^f$）关联起来，因此可以得到如下的正比关系：

$$\frac{\mathrm{d}G}{\mathrm{d}t} \propto \frac{1}{\theta^f}$$

当单个气孔体积和单个晶粒体积（包含气孔的总体积）保持不变时，$f=n-m'$，由于 $n$ 通常大于 $m$，因此采用上面的公式，在气孔率很低，即致密性很高的体系中会得到晶粒生长速度无限大的结论，这显然不符合实际情况。为了解决这个问题，奥烈夫斯基（Olevsky）等提出了如下采用经验参数的气孔校正公式：

$$\frac{\mathrm{d}G}{\mathrm{d}t} = \frac{K(T)}{G^p}\left(\frac{\theta_c}{\theta+\theta_c}\right)^n$$

式中，$K(T)$ 可以用赵等公式中的相应部分代替，而 $\theta_c$ 则是一个经验常数，其取值与具体的陶瓷体系有关[52]。通过调整这个经验参数，在较宽的孔隙率范围内，两个模型所得的结果是一致的。

**2. 气氛的影响**

气氛影响主要体现在体扩散阶段的致密化速率（densification rate）和最终收缩（shrinkage）阶段可得的致密度（最高致密度或致密度阈限）[53]。

反应速率主要取决于速度最慢的过程，对于扩散烧结而言，扩散速率最慢的成分是控制烧结的主要因素。虽然陶瓷晶粒的烧结存在多种机制，但是从气氛影响的角度看，实验数据表明其主要与体扩散（bulk diffusion，也称为点阵或晶格扩散（lattice diffusion），严格说是构成点阵的原子的扩散）过程有关。该过程借助空位的反向移动来实现晶格扩散，即点阵扩散伴随着点阵空位的反向移动。这种关系可以简单用昂萨格（Onsager）提出的关系式来描述：

$$D_v n = D_l N$$

式中，$D_v$ 和 $D_l$ 分别是空位与点阵扩散速率，$n$ 和 $N$ 分别是单位体积的空位与点阵格点数目。显然，$N$ 是一个常量，而 $D_v$ 也可以假定为常量，从而扩散速率正比于空位浓度，而空位可以通过肖特基缺陷产生。因此气氛的种类和压强可以通过影响空位来影响扩散过程。通常与空位同类的气氛影响更大，而不同类的气氛主要是通过分压来调控扩散和肖特基缺陷的产生。另外，从化学平衡的角度来看，如果一种空位的浓度发生变化，其他物种，比如另一种空位的浓度也会发生变化。

需要注意的是，杂质的影响不能忽略，它甚至可以改变气氛影响的性质和程度，比如采用不同来源的 ZnO 烧结陶瓷就发现氧压对烧结过程的影响不同——既可以是促进烧结的正向效应，也可以是延缓烧结的反向效应。

气氛对最终致密度的影响与残余气孔密切相关，主要来自表面开口的封闭以及气体在坯体中的扩散速率。在烧结的初始阶段，气孔不但彼此连通，而且开口于表面，因此收缩时气体可以从坯体排出。但是在传统的由外到内的加热模式下，由于表面烧结速率更快，从而表面的开口会先闭合，因此反而容易封闭内部气体的逃逸通道，内部气孔难以被完全排除。

根据气体在坯体中的扩散速率，可以出现如下三种情况。

（1）气体扩散速率足够快，能够迅速逃离坯体，此时最终致密度取决于陶瓷自己的固体扩散——当然，上述气体影响烧结速率，比如通过分压和种类影响坯体的缺陷结构和点阵扩散等仍然可以发生作用。

（2）气体扩散速率处于中等水平，那么气体扩散到表面的过程以及逃逸的数量就成为最终气孔收缩速率的主要影响因素。

（3）如果气体扩散速率足够慢，以至于烧结期间都没办法扩散到表面（或者表面的开口过早封闭），此时气孔除了在坯体内移动，还会因为相邻气孔的合并而降低气孔数目，增加气孔的平均大小。孤立气孔在陶瓷内部稳定后，其压强 $P$ 取决于表面张力 $\gamma$ 和气孔表面的有效曲率 $R$，即

$$P = \frac{2\gamma}{R}$$

显然，在这种条件下，致密度会先达到阈值，随后继续烧结过程可能发生气孔的移动与合并，小气孔变成大气孔，同时也伴随着晶粒的生长，但是并不会引起致密度的明显变化。

### 3. 微结构演变及其表征

在烧结体系确定后，消除气孔要求尽量避免气孔脱离晶界，即气孔与晶界之间不能分离，从而避免将气孔包含在晶粒内，进而得到完全致密的陶瓷。图 3.35 中，未掺杂陶瓷的烧结动力学机制以晶界扩散为主，致密化与晶粒生长速率相对较大，容易形成孤立气孔，最终停留于较低的致密度水平。相反地，同类陶瓷的掺杂改进

体系可以通过晶格扩散来实现烧结,具有较为平缓的晶粒尺寸-致密度(相对密度)曲线,即晶粒的生长与气孔的排除过程较为匹配,有助于气孔依附于晶界并最终逸出陶瓷,获得 100% 的致密度。

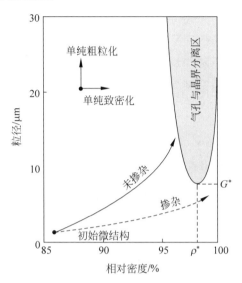

图 3.35　未掺杂和掺杂试样的不同微结构演变示意图[36]

如果气孔分布在晶界上,即便是类似图 3.31 的孤立气孔,致密过程也可以继续进行,而封闭气孔,即晶粒内气孔虽然也属于孤立气孔,但是并没有晶界通道可以排除,只能留在陶瓷中,降低体系的致密度并成为不利的散射损耗源。封闭气孔的形成主要与激烈再结晶(异常或过快晶粒生长)有关,所以烧结透明激光陶瓷必须避免激烈再结晶,一个可取的优化烧结的策略是在加热过程中保证均匀加热陶瓷的整个体积并减慢晶粒生长速度。衡量排气烧结策略的优劣可以通过观察结构的变化曲线来评价,有助于气孔排除的烧结体现在收缩率-温度曲线上就是该曲线上尽可能存在一段稳定期,此时晶粒生长并没有随温度而显著变化,主要是排气为主;类似地,如果用反映烧结中致密度-晶粒尺寸之间关系的直线来表示,则是该直线的斜率越高越好,即致密度增加并没有显著的晶粒生长。

基于上述讨论,虽然降低构成素坯的颗粒粒径有助于降低烧结温度,加快烧结过程,但是并不能确保获得完全致密的陶瓷,即构成素坯的颗粒不是越小越好,如果晶粒一开始就增长,就很容易产生闭气孔而影响后继的致密度。图 3.36 给出了有关 $Y_2O_3$ 陶瓷的一个典型示例——自制 $Y_2O_3$ 粉 1600 ℃ 恒温 40 min 后可以完全致密,致密度为 100%;而粒径降低 33% 的商业 $Y_2O_3$ 粉只能达到 90%,随后延长时间也没有用处,图 3.36 给出的收缩率-温度曲线和致密度-晶粒尺寸直线的不同变化很好地解释了这个结果[5]。

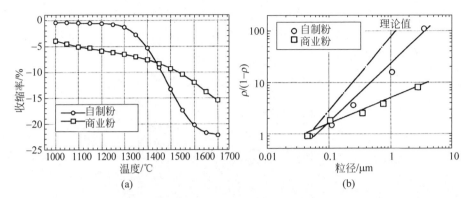

图 3.36　实验室自制 $Y_2O_3$ 粉（60 nm）和商业 $Y_2O_3$ 粉（40 nm）所得的收缩率-
温度曲线（a）和致密度-晶粒尺寸直线（b）[5]

最后,图 3.37 给出了透明激光陶瓷烧结中气孔逐步消除的典型微观结构图像。这是一组不同温度下烧结 1.0 at.%Nd:YAG 所得陶瓷经过热腐蚀抛光后,其表面的扫描电镜图像——热腐蚀有腐蚀液参与和纯粹加热两种,后者是利用抛光后陶瓷的晶界与晶粒具有不同的化学稳定性和物理稳定性(挥发性、热膨胀能力以及表面能降低)而使得晶粒更为明显。

从图 3.37 中可以看出,随着温度的升高,从 1550 ℃时存在大量的气孔逐渐转变为基本看不到气孔,与此同时晶粒尺寸不断增加,1750 ℃时样品的热腐蚀表面看不到晶界的存在,类似于单晶化的效果。由于热腐蚀显露晶界是在原来抛光平坦表面的基础上通过热处理重排表面原子、显露缺陷(晶界和气孔)的过程,因此表面不再有明显可见的晶界意味着表面层较为完整,可以是更大晶粒(超过成像范围),也可以是抛光表面下的缺陷在热腐蚀期间难以扩散到表面上。这也意味着 1750 ℃时的陶瓷样品并不能排除内部孤立气孔的存在——更可信的微观结构表征是查看断口表面的形貌,以晶界或晶粒内部均无气孔作为标准。另外,1750 ℃时样品的平坦表面也体现了前述传热烧结法的弊端——热量需要从表面往内部传递,因此表面更容易优先致密、单晶化甚至玻璃化,反而阻碍了内部气孔的消除。

### 4. 小结

总之,气孔严重影响陶瓷的光学质量,因此尽可能地消除气孔是实现高质量透明激光陶瓷的重要前提。从热力学的角度看,体系最终趋向于排除气孔,从含气孔的高能量状态转为完全致密的低能量状态,但是这个过程在有限时间内完成的程度却取决于烧结动力学过程,如果考虑到天然晶体在热力学驱动下自发排杂的漫长以至于不可接受的地质岁月,那么后者,即动力学的影响更为重要。

从烧结三个阶段来看,从初期到中期,气孔可以通过连续的通道而排除,但是

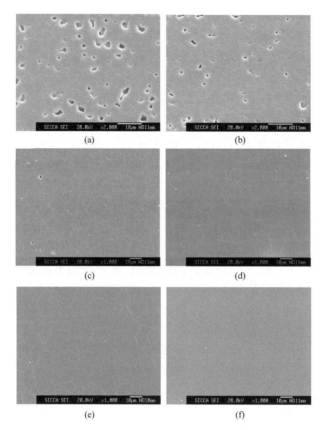

图 3.37　不同温度下烧结 1.0 at.％Nd：YAG 陶瓷的热腐蚀抛光表面的 SEM 图像[2]

（a）1550 ℃；（b）1600 ℃；（c）1650 ℃；（d）1700 ℃；（e）1720 ℃；（f）1750 ℃

中后期,随着晶界比例的增加,残余气孔逐渐成为孤立气孔,有的甚至成了封闭气孔(晶内气孔或闭口气孔),即周围不再提供空位并且气体也不能溶解进入晶格。这些闭口气孔的体积会随着晶界迁移而缩小,而压强则增加,根据热力学理论,压强的增加会使得气-固界面两边的化学势趋于平衡,或者说体系能量逐步接近平衡值,此时气孔的体积变化降低甚至不再变化,致密度也稳定下来。要进一步排除这些封闭气孔,需要依靠体积扩散,即气体溶解进入晶格,随后在晶格中扩散到晶界,然后通过晶界排除。这个过程可以通过后继的处理,比如热等静压处理来促进,但是通常难以实现期望的效果,甚至反而造成封闭气孔的二次聚积、施压气体的逆向溶解以及晶界含气量增加等问题。

　　虽然消除气孔的一个主要手段是优化烧结工艺,尽量避免气孔脱离晶界而被包含在晶粒内,不过如前所述,更为根本的手段是重视粉体和素坯阶段,尽量得到高致密化且均匀性好的素坯。另外,在选择烧结气氛时,尽量降低气体原子半径,选择能更好地在固体中溶解和扩散的气体都有助于降低残余气孔率,这也是氢气氛或真空烧结的理论基础。

### 3.3.4　烧结技术

从理论上看,适用于其他陶瓷烧结的技术也可用于透明激光陶瓷的制备,因此不但透明激光陶瓷领域的学者大多数来自传统陶瓷领域,而且将现有烧结技术应用于透明激光陶瓷的制备,探讨专用于这种陶瓷体系的规律、理论和改进也是透明激光陶瓷烧结技术发展的主线。

烧结技术的分类并没有统一的标准,比如根据烧结过程是否加压可以分为无压烧结和有压烧结两大类。这种分类对于常压(一个大气压)下的烧结和热压烧结是很好区分的,但是不适用于真空烧结。这是因为真空环境不存在施压的气体,应属于无压烧结;但是如果从气压的角度来看,真空烧结属于低气压(约 $10^{-3}$ Pa)或极低气压(约 $10^{-6}$ Pa 或更低)烧结。与此类似,基于加热源的分类也只能是大致分类而已,因为有的加热方式并不是严格的、有明确界面的热源,而是同陶瓷这被加热的物体难分彼此,微波加热和近年来发展的闪烧(flash sintering)就是如此。甚至按照有限元模拟中物理场的定义,可以认为所有烧结都属于场辅助(field-assisted)烧结。因此这里直接介绍透明激光陶瓷领域主流烧结技术的名称、优势及其使用要点[35],对其所属类别则不多加关注。

**1. 真空烧结**

陶瓷透明化的前提是消除内部的散射损耗,其中重要的步骤是尽量去除气孔以提高致密度。真空环境一方面可以避免外界气体扩散进入陶瓷块体形成气孔,另一方面也为陶瓷内部气孔的排放提供了有益的压差。因此,真空环境下的烧结是现有制备透明激光陶瓷的主要手段。目前主要分为直接烧结和反应性烧结(reaction sintering)两大类。

以 Nd:YAG 为例,直接烧结是指 Nd:YAG 素坯在真空环境下高温烧结为致密化的块体;而反应性烧结有时也称为固相反应烧结(这种称呼并不排除存在 $SiO_2$ 等可液化烧结助剂的场合),则是采用氧化物构成的素坯,在高温下反应产生 YAG 物相,随后烧结为致密的块体。反应性烧结虽然可以分为反应和烧结两个步骤,但是实际应用中不一定是先后发生或者明确可分辨的,具体要看反应发生的温度。另外,如果反应结果存在体积的变化,尤其是膨胀效应,那么先低温反应再高温烧结或者降低升温速率有助于陶瓷的致密化,其原因在于需要避免炉中残余气体或者素坯挥发气体扩散入晶粒中。除此之外,调整烧结炉的真空度也是一个有效的解决途径。

虽然真空烧结在降低残余气孔含量有优势,但是这种优势仍然需要素坯微结构的支撑——如果烧结时,表面气孔通道提前关闭,那么真空环境就不足以提供内部气体排出所需的外力;另一方面则是真空环境有助于氧空位等缺陷的产生,进而引起阳离子的变价和材料的变色行为,使得真空烧结后的陶瓷需要进一步处理,消除这些缺陷后才能进入应用。

**2. 气氛烧结**

气氛烧结法其实是常压高温烧结法的衍生物。相比于高压烧结,这类烧结技术也可以称为无压烧结(pressureless sintering)。

日常的瓷器是在常压下,即空气中经历高温烧结而成的。空气氛烧结是各类结构和功能陶瓷最常用的制备技术。采用其他气氛主要的目的有两个:①维持陶瓷组成的需要;②促进扩散性烧结的需要。前者是因为陶瓷中某些成分,比如 Fe 离子需要特定的价态;而后者则是利用气体分子来置换素坯中原有的气体或者促进陶瓷中缺陷的生成与移动,进而吸引其他离子过来填补空位,实现致密化烧结。

对于没有氧化或还原问题的材料,氢气氛烧结是一种有效的致密透明化手段,目前已经在半透明 $Al_2O_3$ 管和透明的稀土离子掺杂 $Y_2O_3$ 陶瓷中取得了商业应用。

另外,虽然氧气是空气的主要成分,但是空气包含各种体积不同的气体,相当于引入了性质不均一的气孔,因此容易残留于陶瓷体内,而且扩散速率缓慢;如果改用纯的氧气气氛,就可以克服这种劣势,而且对于氧空位扩散为主的烧结也是有利的,其典型例子就是以沉淀法制备的 $Y_2O_3$ 纳米粉体为原料,以 $ZrO_2$ 为烧结助剂,采用氧气氛烧结在 1650 ℃可获得 $Y_2O_3$ 透明陶瓷,其在近红外波段的直线透射率达到 80%,接近理论透射率。

与真空环境一样,如果气氛烧结法采用的是与陶瓷组成无关的气体,那么在促进扩散烧结的同时也可能引起陶瓷组成的变化,产生非化学计量比的缺陷。有关气氛的影响可以进一步参见 3.3.1 节,这里就不再赘述。

**3. 热压烧结**[54]

热压烧结(hot pressing sintering)也是传统陶瓷常用的性价比较高的烧结方法。它是在常压烧结法的基础上施加一个固态传压作用,即在高温环境下实现外部压力的同时作用。因此在原先基于高温扩散烧结的基础上又施加了一个外界驱动力,可以降低烧结温度、缩短烧结时间和抑制晶粒的过度生长——这其实起到了类似烧结助剂的作用,即热压烧结有助于降低对烧结助剂的依赖性。

需要注意的是,热压烧结不一定在空气中进行,尤其是所用模具为石墨等可耐高温却容易氧化的材质时,就必须在真空环境下烧结了,此时可称为真空热压烧结。

外加的压力有助于成型,因此热压烧结除了用于已成型的素坯,也可以作用于

241

粉料,实现成型与烧结一体化。对于各向异性较为严重的颗粒,热压烧结是有利的,比如六方相陶瓷容易获得片状颗粒,采用热压烧结就有助于颗粒的定向排列。就成型而言,热压成型相当于在原来的干压或冷等静压这些"冷"压成型的基础上增加了一个"热"环境,如果不考虑固态传压相比于流体传压的缺陷,其相对优势是明显的。

如何加压或者制定合理的加压制度是热压烧结获得透明陶瓷的重点。这其实与烧结动力学过程有关,一步到位的急剧增压要获得高光学质量,对素坯中颗粒分布的均匀性要求很高。如果素坯颗粒分布不均匀,或者说不同部位烧结活性不一致,此时很容易得到低透射率的块体,因此逐步加压是常用的方式。

温场的分布也是一个问题。热压模式决定了陶瓷块体不同部位的传热方式不同,通常与压杆接触的中心部位要同时受到压杆和周围环境热传导的影响;而无压杆作用的边缘部位则仅受周围环境热传导的影响;再加上固态传压的非均匀性,因此两者的烧结速率会存在差异。如果这种差异过大,晶粒异常生长现象就会发生,其宏观现象就是不同部位透射率不一样,并且还容易由于不同部位残余应力不同而发生陶瓷破裂。从这个角度出发,热压烧结更适合于液相烧结机制为主的体系。

热压烧结可以通过压紧和引发高温蠕变来提高颗粒之间的接触紧密性,这是其促进烧结致密化的基础。但是高温与高压环境对模具的要求也较高,除了要求模具的高度稳定性,如果直接装入粉体,还需要模具的热膨胀系数低于陶瓷材料的热膨胀系数,否则就容易脱模,难于致密化。另外,模具在高压高温环境中容易损坏,因此模具成本高也是热压烧结的一个缺点。

热压烧结的另一个主要缺点是传压渠道有限,通常类似普通压片机,采用单轴加压的模式(可以是单向也可以是双向),这就意味着可用烧结的陶瓷形状必须是简单的几何块体,比如圆柱体、圆盘或方块等可以获得均匀轴向应力分布的形状,才不至于在烧结中受外界压力作用而产生内部不均匀应力,进而导致陶瓷破裂。当然,这种非均匀性也会影响烧结过程,产生不一致性烧结,不利于陶瓷的透明化。

### 4. 热等静压烧结

热等静压烧结或热等静压法其实是气氛烧结法和热压烧结法的结合。烧结反应必须在耐高压的腔体中进行,气体既是陶瓷所处的烧结环境,也是施压媒介。热等静压法的名称来自于这种技术的两个特点:"热"和"等静压"。"热"是指高温,所使用温度与常规烧结温度处于同样的温度范围;而"等静压"则是施压媒介为气体,可以无差异传递压强得到的必然结果。

文献中通常将高于常压,但又远低于常规热等静压施加的压强,即处于若干个兆帕压力范围内的烧结称为气氛压力烧结(gas pressure sintering),从这个角度看,热等静压属于气氛压力烧结的高压衍生物。

热等静压设备在 1955 年由美国首先研制成功,20 世纪 70 年代开始用于烧结陶瓷,与热压法相比,它不需要刚性模具来传递压力,也就不受模具材料性能,尤其是模具耐压强度的限制,从而可用于更高的压力。随着设备的发热元件、热绝缘层和测温技术的进步,当前的热等静压设备的工作温度已达到 2000 ℃ 或更高,气体压力则高于 1000 MPa。不同规格的热等静压设备有不同的压力限制,具体取决于样品腔的耐压参数。

考虑到安全性和小分子化,热等静压法常用的气体主要是氮气和氩气,当然,氢气和氧气等也可以使用。比如氧化物陶瓷就可以考虑氧气作为施压媒介。

热等静压的优点相当于气氛烧结法和热压法各自优点的叠加,既具有气氛环境的优点,也有施加压强、提高排气效果的优点,而且相比于热压法,还可以避免模具污染(碳污染为主)和定向固态传压的缺陷。另外,由于热等静压是流体传压,因此很容易实现各向的应力均匀分布,适合于复杂形状陶瓷块体的烧结,有助于通过高温下的黏性流动和塑性流动来推动烧结致密化过程,因此制备出的陶瓷具有均匀的显微结构和高致密度。

热等静压的缺点也相当明显,首先是设备资产和设备使用的成本很高——高温高压并且是小分子气氛环境一方面提高了烧结炉的成本,另一方面也加快了烧结炉的损耗,提高了维护成本;其次是可能造成反向效果,即高压下气体存留于陶瓷,尤其是晶界中;然后降到常压后部分排出,而其余则残留于陶瓷中,甚至连接为更大的气孔。这种不致密化反而起到恶化内部气孔结构的反向效果,其在宏观上表现为热等静压后陶瓷透射率的下降。造成这种现象的原因通常是陶瓷中存在可较好溶解气体的组分,其中又以高温时可液相化的烧结助剂为主。最后,热等静压法同样可能产生非化学量比的缺陷,而且相比于常压烧结,其趋势更为严重。

基于热等静压的特点,目前透明激光陶瓷领域,热等静压烧结主要用于后处理阶段,在原有透明性的基础上进一步优化陶瓷的光学质量。当然,这里的后处理是相对于已处理过素坯并实现一定致密度而言,因此也有将低致密度陶瓷的热等静压处理作为烧结阶段,称为直接 HIP 法,而高致密度(90% 以上)坯体的热等静压处理才作为后处理,两者并没有严格的界限。

高压气体的反向作用和热等静压过程的操作,即需要经历抽气-充气阶段意味着热等静压的对象必须是表面不会进气的块体。这可以通过两种手段来实现:第一种是类似冷等静压,在素坯表面包套;第二种是素坯已经用其他方法烧结过,表面已经封闭,因此主要发生的是内部残余气孔受压排出及其占据空间被封闭的过程。不管是哪一种,内部微结构的变化主要有三大类:①颗粒的破裂和重排;②接触颗粒的蠕变和重排;③气孔的移动与变形(收缩、合并和膨胀)。具体哪一类占优势则取决于陶瓷体系和热等静压条件。

直接 HIP 法所用的包套材料需要满足如下要求：

（1）耐高温，在烧结温度下不与陶瓷发生反应；

（2）易进行包裹操作，可封闭为致密腔；

（3）可变形而有效传递压力，且不应引起素坯的变形；

（4）如果为了满足（2）和（3）而采用可熔化的包套材料，那么其黏度要足够大，不脱离素坯，又不会渗入素坯。

目前，常用的包套材料有低温范围的低碳钢或不锈钢以及高温范围的 Mo、W 和 Ta 等高熔点金属或石英玻璃。

同热压法类似，加压和增温制度是热等静压烧结制度优化的重点，常用的措施是分步分阶段制度，比如先升到烧结温度，再升到所需压力或者先加上所需压力，再升温到烧结温度；也可以是先分段加压，再升温到烧结温度等。

无包套 HIP 或者后处理 HIP 法直接将陶瓷（严格说是预烧体）放入炉膛中热等静压，其要求是陶瓷不含有连通和开口气孔，一个粗糙的判断标准是其密度达到理论密度的 90% 以上。当然，具体与预烧结条件有关，对于从外到内传热且温度过高的模式，表面气孔封闭时所得的致密度也可以较低。实际研究表明，HIP 处理下陶瓷残余气孔的消除时间与气孔直径成幂函数关系，可以正比于气孔直径的平方或更高的幂次。但是这不意味着只要时间足够长，任何气孔都可以消除——后处理 HIP 能够提高透明性有两个条件：①排出残余气孔所需的驱动力与 HIP 可施加的驱动力匹配；②HIP 过程中不会反向引入气体分子。

HIP 通常难以解决第二相问题，即如果陶瓷散射损耗来自杂相，那么 HIP 就难以排除它们而获得更高的光学质量；另外，HIP 处理封闭气孔（晶内气孔或封口气孔）的效果也不一定理想，虽然压力可以提供额外的推动力以补偿被气孔收缩而增大的压力所抵消的表面张力，其作用机制是当外加剪切力超过物质的非牛顿型流体的屈服点时颗粒将出现流动，传质速度加大，有助于气孔通过物质的黏性或塑性流动而得以消除，从而加速烧结与致密化过程，但是如果封闭气孔距离晶界较远，这种变形的作用效果并不显著。因此消除封闭气孔和杂相，更重要的是在粉体和素坯阶段进行改进，基于 HIP 的后处理不一定可以实现期望的效果，尤其是杂相或气体在晶格中溶解度很差的时候更是如此。

**5. 快速烧结**

烧结中的异常晶粒生长是烧结后期难以致密化的主要原因，通常也意味着陶瓷光学质量的严重劣化。另外，热传导也是烧结致密化的麻烦。对于一个热分布均匀的环境，如果需要通过热传导来加热陶瓷，就意味着陶瓷表面肯定优先获得热能，而内部则要靠外层来传递热量。宏观的表现就是表面已经高度致密的时候，内部还处于低致密度的状态。这就产生了两个问题,一个是表面高度致密会阻碍内部气体的排出;另一个是内部低致密降低了整块陶瓷的光学质量。这种热传导弊端的主要体现就是在烧制透明陶瓷中出现的"黑芯乳白边"现象。

快速烧结技术提供了解决这些问题的可行途径。其特点是电磁场辅助烧结和热量不再是从外部到内部的有序供应,而是理论上实现整块陶瓷各个部位的同时同步加热。目前的快速烧结技术主要包括微波烧结、放电等离子体烧结、闪烧(flash sintering)和自蔓延高温合成等。

微波烧结(microwave sintering)是基于材料本身的介质损耗而发热。微波在介质中的渗透深度大致与波长同数量级,即厘米数量级,所以除了米级以上的块体,几厘米乃至几十厘米尺寸范围的块体都可以用微波实现表里一致的均匀加热,不但可以抑制晶粒生长,而且具有能耗较低的优势。

微波烧结条件主要涉及电场强度和材料的介电性质两个因素。电场强度是外界施加的,在烧结过程中可以认为是个常量,但是材料的介电性质则相反,伴随烧结中体系物理与化学性能的变化,其介电性质也会相应发生变化。实践中发现,虽然烧结中介电常数随温度的变化比较小,但是介电损耗却呈指数性变化。从而当体系温度超过某个范围,加热过程就会失控,此时同样会出现晶粒异常生长,而且晶粒软化或非晶化等也更容易发生。

场效应在微波烧结中非常明显。微波烧结中烧结活性的增强现象,即超快的加热速度和表面烧结活化能远低于传统烧结的特点被归因于微波场(微波效应),这是一种非热因素(non-thermal factor)。不过其具体如何作用,即电场如何提供烧结的驱动力仍存在争议,通常认为来自材料内部对微波能的不同吸收能力,但是也有学者认为是颗粒表面或界面上微波激发的离子电流在起作用。

基于微波加热的特点,微波烧结所用素坯的介电性能必须是均匀的。对于介电性质不均匀的素坯,微波加热的作用效果会不一样,产生的温场就存在局域梯度并且导致不同的烧结结果。因此虽然理论上微波可以实现全局性的快速加热和烧结,并且降低烧结温度和晶粒尺寸,容易产生细晶结构,但是实际的陶瓷样品经常出现晶粒异常生长、残余气孔较多以及局部非晶化等缺陷。这意味着微波烧结要用于透明激光陶瓷的制备,仍需要在控温准确度和温场均匀性上取得突破,其中有关烧结体系介电性能的变化和均匀分布是待解决的关键问题。

"放电等离子烧结技术"(spark plasma sintering,SPS)也称"等离子活化烧结"(plasma activated aintering,PAS),早期还有放电烧结(electric-discharge sintering)的说法。从 1968 年贝内特(Bennet)首次用微波激发出等离子体成功烧结了氧化铝陶瓷开始,已经发展出了三种产生高温等离子体的方法:①直流阴极空腔放电法;②高频感应放电法;③微波激发等离子体法。如果基于电流的性质,SPS 可以细分为如下三个种类：采用脉冲直流电的 SPS，既有脉冲也有连续直流电的 PAS，以及采用交流电的电固结（electroconsolidation）。

相比于传统烧结 2～30 ℃/min 的加热速度，SPS 一般可达到 600 ℃/min 左右。以直流脉冲源为例，直流脉冲电压作用于素坯上使粉体颗粒之间或空隙中发生放电现象并导致自发热作用，瞬间产生几千摄氏度甚至上万摄氏度的高温，引起晶粒表面的熔化或蒸发，进而在接触晶粒间引发烧结过程。这种放电-自发热作用会随着带电离子的高速迁移而快速在素坯中扩散，而且由于温度梯度很大，热量也会立即从发热中心向四周扩散，从而实现表里同时加热并烧结的效果。

SPS 至少包含了三个物理过程：与材料密度有关的电作用，与电作用有关的温度分布，与温度分布有关的致密化。实际体系还要考虑密度梯度引起的温度梯度和应力。其中材料密度的不均匀性来自素坯的压制以及随后热压过程的力学不均匀，进而会影响局部的热学和电学性质，从而产生各种热传输和电流密度分布引起的问题。目前讨论 SPS 常用的方式是将其看作一种加热速度很快的热压方法，但是也可能存在场效应，即电场会改变表面能、化学势梯度和扩散系数等影响致密化的基本参数，甚至可能引入其他新的能量损耗或活化机制。不过当前的实验，不管是绝缘体、离子导体还是半导体陶瓷，都没有明显观测到场效应，或许是由于电场强度较小（<15 V/cm）的缘故，这与微波烧结具有显著的场效应是不同的。

商用 SPS 装置除了可产生等离子体，还模仿热压烧结设备，提供了加压设施，因此也可以通过高温和加压引起的颗粒的紧密接触或塑性形变来促进烧结。

可以达到 2000 ℃以上的高温是 SPS 法的一大优势，除了可以用于高熔点陶瓷的烧结，更主要的是这种高温并不是通过热源提供的，而是表里同时升温，因此不但避免了晶粒的异常生长，而且烧结时间很短，几分钟内就可以完成。此时晶粒生长还来不及展开，可以实现细晶结构。

SPS 法的缺点与微波烧结类似，等离子体的产生乃至电场的分布与待烧结体系的介电性质密切相关，不均匀的素坯以及介电性质在烧结过程中的不均匀变化会引起局部加热过快，产生与此相关的缺陷结构及其问题。而且 SPS 法由于温度较高，因此还会出现物质高温下的挥发，使得产物偏离化学计量比，同样不利于陶瓷的光学质量。

SPS 的优缺点可以通过图 3.38 来说明。该图给出了加压 100 MPa，设置温度为 1100 ℃的 SPS 烧结与常规无压高温烧结（1400 ℃）所得 $Al_2O_3$ 陶瓷的微结构对比，其中利用高分辨条纹像及其快速傅里叶变换来反映位错等缺陷的存在与变化[42]，从中可以看出，SPS 所得陶瓷存在较多缺陷，但是晶粒较小，平均粒径是 280 nm，而常规无压高温烧结则是 1.5 $\mu$m。

相比于微波烧结和 SPS，闪烧是一种更快的可实现秒级超快烧结的技术，其特

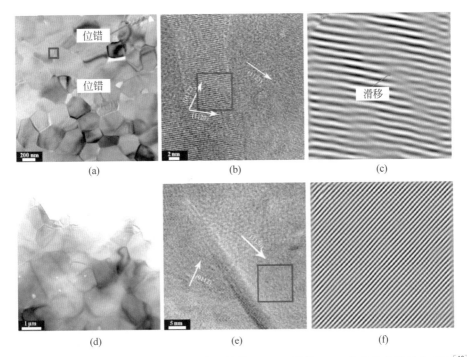

图 3.38 SPS 热压(a)～(c)与常规无压高温烧结(d)～(f)所得 Al₂O₃ 陶瓷的微观结构对比[42]

(a),(d) 透射电子显微像;(b),(e) 晶界及其附近的高分辨透射电子显微像;(c),(f) 是图(b)和图(e)
各自矩形选区经快速傅里叶变换所得的图像

色是利用高温下介质导电能力的增强而作为类似硅碳棒或硅钼棒的电致发热体,
通电在介质中电阻发热产生高温,实现介质的烧结。与其他电磁场辅助烧结一样,
闪烧过程与材料的导电性或极化能力密切相关,电阻或介电常数成了主要因素,甚
至还包括电极的形状——它可以决定施加在素坯上电场(假设不受素坯影响)的分
布。不过,由于闪烧是远离热力学平衡的反应,在目前要实现缺陷的可控和结构的
均匀性仍是困难的,因此在透明激光陶瓷上的应用仍有待发展。

自蔓延高温合成技术(self-propagating high-temperature synthesis,SHS)是
由苏联科学家于 1967 年首先提出,其特点是在体系的一端提供必要的能量诱发高
放热化学反应(点燃),由此形成的化学反应前沿(燃烧波)在短时间内蔓延到另一
端,覆盖整个体系。而且放热反应发生后就不再需要外部供给能量,可以自行维持
到整个体系的反应完成,并且提供了产物烧结所需的热量。SHS 的优点是工艺简
单、反应时间短(几秒至几十秒)、消耗外部能量小(节约能源)、可用于真空或控制
气氛以及可施加外界压力等。另外,SHS 可以最大限度保持梯度功能材料的最初
设计,而且梯度层之间因反应物比例不同而形成自然温差烧结,可以缓和热应力型

功能材料的应力畸变。

从理论上说,SHS属于固相反应烧结,其特点是固相反应必须是一种高放热的化合反应,所产生的热量一方面可以维持剩余固相反应的完成;另一方面还可以用于产物的烧结。对目前的激光陶瓷体系,比如石榴石、倍半氧化物和氟化物体系,尚没有发现这种高放热的化合反应,因此当前SHS在透明激光陶瓷领域中的应用主要是制备高纯纳微米原料粉末。

最后需要指出的是,快速烧结法通过快速避免晶粒异常生长或者抑制晶粒生长是有温度和时间范围限制的。如果温度过高或时间过长,陶瓷的晶粒粒径也会增加,比如同样的氧化铝烧结体系($0.2$ wt. % MgO 作为烧结助剂),1300 ℃下SPS烧结5 min得到的晶粒尺寸为 $0.5 \sim 1 \ \mu m$,而1700 ℃烧结3 min后,晶粒尺寸迅速增大到 $5 \ \mu m$。此时维持烧结均匀性的难度会增加,更容易出现晶粒的异常生长。因此目前在透明激光陶瓷领域,快速烧结法所得的陶瓷仍需要进一步提高控制快速烧结反应的进度和均匀性,其质量与非快速烧结所得的陶瓷仍有较大的差距。但是不可否认的是,快速烧结法在大尺寸陶瓷领域具有优势。因为依赖外界传热完成烧结的非快速烧结法很容易产生大尺寸陶瓷没有烧透的问题——传热中优先并长时间受热的外层会先一步致密化(严重时还会玻璃化),不但阻碍内部气体的排除,还会引起晶粒异常生长而产生更多的晶内气孔。因此,可控的高质量快速烧结是大尺寸透明激光陶瓷的一个重要发展方向。

### 6. 激光烧结

虽然激光烧结(laser sintering)从理论上可以归属于不同加热方式的高温烧结,而且也是快速烧结的一种,但是由于它是三维增材制造方式烧结的主要技术手段,因此这里将其独立于其他烧结技术,单独进行介绍。

激光烧结是以聚焦的激光束产生的高温来实现素坯的烧结。完成烧结所需的这种高温依赖于激光束的高功率密度,这就意味着陶瓷体系中发生烧结的区域一直被限定在一个很小的范围内,或者说加热区域仅有这部分空间,从而产生了很陡的温度梯度。再加上激光束的光斑移动可以精确调控,因此此体系的成核速率与晶粒生长速度都可以得到控制。另外,这种小区域高功率密度加热意味着较短时间内体系可达到很高的温度并完成烧结(快速烧结)。

激光束的光斑大小和位置的可调特性是这种烧结可与增材制造技术相结合用于制备特定形状陶瓷部件的基础。其一般流程是先在计算机上完成部件的三维设计,分层切片得到一系列截面图形,随后逐层填铺粉体并控制激光束扫描烧结,最终得到所需形状的部件。

除了直接作用于粉体,逐步完成切片成型与烧结过程(也有文献基于两者之间较短的时间间隔,视为同时完成的过程),激光烧结也可以直接用于已成型的素坯。

此时相比于传统加热方式,激光烧结的局部效应会更为显著,陡峭的温度梯度也可以起到反面作用,导致晶粒的异常生长和晶内气孔的生成,从而要获得高光学质量的陶瓷,素坯应当是小厚度、小面积、高度均匀的制品。

对于键合型的复合材料,比如单晶-单晶、单晶-陶瓷或者陶瓷-陶瓷等通过表面接触键合而形成的复合材料,上述激光加热在直接烧结素坯上的小厚度应用的缺陷反而成了优势,这也是冶金领域中激光烧结可用于黏结不同高熔点金属的原因。更进一步地,激光烧结也适合于制备梯度功能材料。

当前激光烧结在透明激光陶瓷领域的应用并不多,性价比较低是一个主要原因,而精确调控则是另一个原因。其中最为重要的是加热的调控问题,对于三维打印等增材制造,需要考虑连续移动光斑时,相邻重叠区至少二次以上加热的效应。而直接加热素坯和键合制备时则更加复杂,这是因为相比于传统加热元件提供高温的模式,激光产生的高温不但温度高,而且功率集中,这就意味着从外到内的加热所引起的烧结程度的差异更为明显。此时通过聚焦手段调整光束的焦斑位置,尽量提高内部受热程度是一种可行的解决办法,但是这种聚焦调整光斑的技术在目前主要用于光学显微镜的立体成像,要实现大功率场合下的烧结应用仍有待今后的完善。

**7. 小结**

不同烧结技术有各自的优点和缺点。由于透明陶瓷粉体与素坯的质量较高,因此依靠烧结获得高透明陶瓷,主要的工作是尽可能抑制晶粒的长大,也就是低温烧结更为有利,这也是目前常用的制备策略都是先无压预烧结获得近似致密的前驱,随后再进一步利用各种烧结技术实施后致密化处理(post-densification)的原因,而且还注重热等静压的使用(包括烧结后处理)。另外,实践表明,受限于可用时间和技术水平,如果粉体或素坯的质量不行,此时仅通过烧结过程是难以消除缺陷的,甚至采用 HIP 处理也得不到高透明的陶瓷。

## 3.3.5　烧结助剂

烧结助剂(sintering aid)是对烧结有帮助的添加物。由于扩散是烧结的关键动力学过程,因此促进扩散也是烧结助剂的主要功能。广义上的烧结助剂包括各种可促进扩散的条件,既可以是直接添加于原料中的物质,也可以是烧结所处的气氛等环境,还可以是粉体或素坯的特定微观结构。其中气氛或压强的影响主要是基于空位的产生和小分子取代大分子后对扩散速率的增进。而微结构效应主要是通过扩散路径的改善(比如密堆积、高表面缺陷能和均一粒径等)来影响烧结。它们的机制同样类似于通常所提的"烧结助剂"。

事实上所谓的无烧结助剂体系通常是指没有在原料中添加辅助剂的场合,但是相应地就必须在烧结气氛和微结构上进行改进,从而获得致密的陶瓷。前者的例子是在空气中或惰性气体中直接烧结化学计量比的陶瓷,因为惰性气体容易残留在气孔中,所以难以获得无气孔材料。与此相反,在真空或氢气中烧结氧化物时会伴随某些还原过程的发生,从而增加了材料的缺陷,有助于扩散,最终可提高烧结速度和致密度,而且真空和小分子氢气的存在也有助于素坯的排气(尤其是原先在空气氛中制备的素坯)。以氧化铝为例,由于 $O^{2-}$ 扩散是烧结动力学的制约步骤,因此在真空或氢气氛可形成氧空位的环境下,其烧结可以更为迅速和完全,也是目前商业透明氧化铝陶瓷的主要制备方法。需要注意的是不同气氛的作用效果不同,对于氧化物而言,氢气氛可增加氧离子空位浓度(阴离子空位浓度),氧气氛则增加阳离子空位浓度,而真空环境则是两者均有可能,尤其是阳离子可变价的时候。

除了利用烧结环境作为隐性的"烧结助剂",通过微结构来调控烧结也是无烧结助剂的一种方式,其操作主要是非化学计量比配料或者掺杂。其中掺杂也可以是功能性掺杂,比如 Nd:YAG 陶瓷中加入的 $Nd_2O_3$。此时依赖的是非化学计量比或掺杂物产生的缺陷或固溶体来促进烧结并提高烧结质量。这种相比于化学计量比或纯相是多余的,但仍属于体系组成部分的物质就起到烧结助剂的作用。

在透明激光陶瓷领域,烧结助剂的作用与传统陶瓷领域一样,可用于提高致密化速率、降低烧结温度、缩短烧结时间、促进物相生成和消除杂相。不过因为要满足激光的应用需求,因此烧结助剂易于推动晶粒生长和增厚晶界的特点就成了需要解决的问题,以便尽可能降低散射损耗、提高陶瓷的致密度。另外高激光性能的透明激光陶瓷不允许烧结助剂产生杂质吸收或发光,因此烧结助剂通常只能选择吸收光谱落在紫外区域,主要由轻元素构成的化合物,比如 $SiO_2$ 和 MgO 等。

如果烧结助剂不是起到液相润滑剂(liquid lubricant)的作用,而是自身或者其固溶物以第二相的形式作用于烧结过程,那么反而会钉扎于晶界,阻碍晶界移动,进而抑制晶粒生长。这种已知作用对于降低残留晶内气孔(封闭气孔)是有利的,但是由于钉扎意味着与晶界的牢固结合,因此可能不利于晶粒提高结晶性或者降低畸变等缺陷所需的重排,即对陶瓷光学与力学性能不一定是积极的提升作用。

图 3.39 给出了 $SiO_2$ 在烧结制备 YAG 陶瓷中作为烧结助剂的效果。首先,添加 $SiO_2$ 有助于提高陶瓷的透射率,高浓度、高透明,并且可以几十倍地显著缩短达到同等透射率所需的时间,但是这种效应随着 $SiO_2$ 用量的增加而减弱。其次是 $SiO_2$ 烧结助剂相对于 YAG 陶瓷而言是外来杂质,因此从热力学的角度看,$SiO_2$ 趋向于被排除,聚集于晶界或陶瓷表面,用量越高越容易被现有的技术条件探测到。最后,烧结助剂对透射率的影响主要考虑光学性质的效应,在折射率接近(石英:1.5,YAG:1.8)和烧结助剂不存在透光波段吸收的条件下,即便晶界聚积较

多的 $SiO_2$,也不影响最终的透射率,但是会影响激光的产生与质量——因为此时还要考虑光传输和热效应等影响。

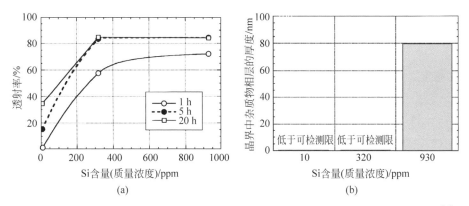

图 3.39　YAG 陶瓷烧结中 $SiO_2$ 浓度对最终样品透射率(a)和杂相晶界厚度(b)的影响[5]

　　烧结助剂的用量与烧结温度是评价烧结制度优劣性的主要指标。这是因为烧结助剂具有两面性:一方面有助于利用固熔降低熔点的方式产生液相,促进烧结;另一方面又会通过与颗粒表面的非均匀分布的结合而引起界面能的各向异性,导致晶粒异常生长。一个典型的例子是高纯 $Al_2O_3$ 烧结后晶粒形状和尺寸比较一致,而纯度较低的 $Al_2O_3$ 在烧结中观测到界面出现了液相,这种固/液扩散层的存在导致陶瓷中容易出现光滑小平面的界面,进而引起晶粒的异常生长。降低这种界面各向异性的办法主要有两个,一个办法是升高温度——实验发现,在原来 $Al_2O_3$ 晶粒异常生长的条件下进一步升高温度,光滑的小平面会变圆,晶粒生长转为正常。这是因为温度越高,体系的熵就越大,或者说原子的热运动程度增加,从而降低了界面能的各向异性程度。另一个办法就是引入其他的烧结助剂,比如 $MgO$ 就可以抑制 $CaO$ 杂质引起的 $Al_2O_3$ 晶粒界面能的各向异性而获得正常的晶粒生长,当然,其含量必须适当。图 3.40 给出了晶粒反常(abnormal)和正常(normal)生长受到的烧结助剂或杂质含量与烧结温度的限制关系,其中具体的浓度和温度数值随陶瓷(母相)而变化,陶瓷纯度越高,烧结中越不容易出现液相。从理论上看,烧结助剂在烧结体系中的临界浓度通常就是其在陶瓷母相中的溶解度(具体可进一步参见下文有关 $ZrO_2$ 作为 $Y_2O_3$ 的合适烧结助剂的介绍)。

　　对于有气氛参与的烧结过程,烧结助剂的用量还要考虑气氛参与的影响。比如制备 YAG 陶瓷中添加正硅酸乙酯(tetraethyl orthosilicate,TEOS)的目的是烧结中可以引入 $SiO_2$ 烧结助剂。由于 $SiO_2$ 可以溶解气体,在晶界形成气泡,当解除高压,返回常压时,高压下溶解于晶界的气体在泄压时不一定被完全排除,残余气体会产生孔隙,而这些气孔是散射的重要来源。因此 $SiO_2$ 的烧结助剂作用与 HIP

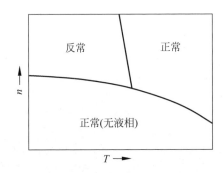

图 3.40　烧结助剂或杂质含量 $n$（ppm 数量级）与烧结温度 $T$ 对正常
和反常晶粒生长的影响示意图

过程中气体的溶解是一个竞争过程,在烧结助剂溶解气体的影响下,HIP 温度越高,压力越大,透射率反而可能更差,甚至不如无 HIP 作用而采用相同烧结温度所得的陶瓷。图 3.41 给出了不同 TEOS 用量对 HIP 所得 YAG 陶瓷透射率的影响,可以发现合适的烧结助剂用量是实现高透明性的前提。

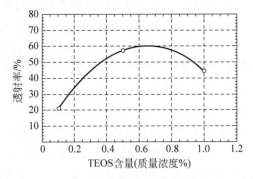

图 3.41　不同 TEOS 用量并经过 HIP 所得 YAG 陶瓷在 1000 nm 处的透射率[5]

　　要避免施压气体介质的溶解,也可以采用包裹素坯再 HIP 的方法,比如用白金包裹并密封的素坯可以用于 Ar 气的 HIP 烧结,此时 HIP 中气体起到的是传递压强的作用。另外,基于气体溶解的驱动力来自素坯内外的压差(化学势差),因此薄片的 HIP 烧结在溶解气体方面的效应就大为减弱。其原因就在于内外的压差较小,不管是高压时气体的进入还是泄压时气体的移除都更为容易,整体等效于不受气体溶解的影响。

　　从已有实践来看,烧结助剂通常选择阳离子或阴离子存在不同于陶瓷组成离子的价态,并且两者的同类离子(阳离子或阴离子)半径相同或接近的化合物,比如 MgO 和 $SiO_2$ 常用作 YAG 的烧结助剂,其中 $Mg^{2+}$ 和 $Si^{4+}$ 就明显区别于 +3 价的 Y 离子和 Al 离子,而 YAG 陶瓷中的 $Al^{3+}$（四配位）和烧结助剂中的 $Mg^{2+}$ 与 $Si^{4+}$

的半径分别是 0.039 nm、0.072 nm 和 0.040 nm。因此长期以来,$SiO_2$ 是 YAG 陶瓷的优选烧结助剂,并且认为 $Si^{4+}$ 可进入 $Al^{3+}$ 的格位,形成四面体配位。这两个源自实验的规律是有理论依据的:首先氧空位等缺陷的形成有助于提高离子的扩散速率,从而促进烧结,而异价阳离子取代能够产生这类点缺陷,因此可用作烧结助剂;其次是烧结助剂的离子大小与陶瓷组成离子接近或等同可以降低晶格的畸变,有助于体系的稳定。这种理论解释是假定烧结助剂进入格点而得到的,也是透明陶瓷制备中所期望的结构,即要尽量避免烧结助剂聚积于晶界,提高晶界的"干净"程度。另外,从理论上也可以看出,离子价态相同的化合物可以通过固熔体的方式起到烧结助剂的作用,这在实践中已经有了典型的例子——那些报道掺杂浓度增加或非化学计量比配料可实现所谓"无烧结助剂"或者"自有烧结助剂"的烧结过程,本质上就是通过固熔体的方式来促进烧结的过程。而且相比于陶瓷母相的"排异",也使得这类烧结容易通过钉扎效应获得小晶粒,但是与之相对应的就是晶界的不干净及其引起的光功能问题(光传输和发光)。

除了离子个体的选择规律,烧结助剂的整体物理与化学性质也是需要考虑的重要因素。MgO 和 $ZrO_2$ 对 $Y_2O_3$ 陶瓷烧结的不同作用就是一个典型的例子。早期阶段基于离子的选择规律,有相当多的工作试图利用 MgO 做烧结助剂来获得高质量的 $Y_2O_3$ 透明激光陶瓷,但是得到的是残留很多气孔或晶界不干净的结果,陶瓷不透明或低透明;而采用 $ZrO_2$ 则获得了成功,比如周圣明等用 $ZrO_2$ 做烧结助剂,将高纯 $Y_2O_3$ 和 $ZrO_2$ 按照化学计量比 $(Y_{1-x}Zr_x)_2O_3$($x = 0, 0.001, 0.004,$ $0.007, 0.01, 0.03, 0.05, 0.10$)配制粉料,1800 ℃真空烧结得到了透明的陶瓷样品(图 3.42)。随着 $ZrO_2$ 含量的增加,透明度先提高而后降低。最大透明度出现在 $ZrO_2$ 掺杂量为 3 at.%的时候,接近 $ZrO_2$ 在 $Y_2O_3$ 中形成固熔体时的最大溶解度(4 at.%)。根据相图规律,当 $ZrO_2$ 的掺杂量进一步增加,部分 $ZrO_2$ 在 $Y_2O_3$ 晶界析出并形成散射颗粒,导致透射率下降;与此相反,如果 $ZrO_2$ 含量较少,此时起到的烧结助剂作用有限,气孔难以完全排出,从而样品的透射率不高。因此接近固熔极限的 3 at.%$ZrO_2$ 的掺杂量既可以尽量提高点缺陷的浓度,又不会在晶界上析出第二相而形成散射中心,降低透射率,从而获得最好的透明性。

MgO 和 $ZrO_2$ 的一个明显差异就是前者是碱性氧化物,而后者是酸性氧化物,对于碱性氧化物 $Y_2O_3$ 而言,就意味着 MgO 容易同性相斥,而 $ZrO_2$ 则可以异性相溶(化合)。而透明激光陶瓷制备中强调的就是晶界干净,以此推理,显然 $ZrO_2$ 更适合于充当烧结助剂。虽然目前有学者提出可以通过降低陶瓷中 MgO 和 $Y_2O_3$ 的晶粒粒径来提高 $Y_2O_3$ 陶瓷的光学质量,但是这种想法一方面意味着需要更复杂的操作或添加其他物质来实现,另一方面也不会改变 $Y_2O_3$-MgO 只能作为"复相陶瓷"的热力学本质。

图 3.42　添加不同量 $ZrO_2$ 制备的 $Y_2O_3$ 陶瓷经双面抛光后的实物照片[55]

(a) 0%；(b) 0.1%；(c) 0.4%；(d) 0.7%；(e) 1%；(f) 3%；(g) 5%；(h) 10%

类似的例子是 MgO 作为烧结助剂可成功获得高致密度的透明 $\alpha$-$Al_2O_3$ 陶瓷——添加 0.1%MgO 的刚玉陶瓷由正六方晶粒组成，晶粒之间以 120° 夹角相交，没有气孔和夹杂物，密度接近理论值 3.98，其理论依据就是 $Al_2O_3$ 是两性氧化物(既可以是酸性氧化物，也可以是碱性氧化物)。当然也可以按照离子个体差异来解释，即由于氧化铝的烧结是体积扩散机制，即 $O^{2-}$ 扩散控制，而 MgO 是异价取代，可产生氧空位，因此可以促进 $O^{2-}$ 的扩散，加速气孔排除，从而提高所得陶瓷的光学质量。

另外，考虑整体差异性的时候，离子个体的差异性反而增加了其整体的差异程度，即 MgO 和 $La_2O_3$ 相比于 $Y_2O_3$，由于后者的离子个体性质与 $Y_2O_3$ 更为接近，虽然同为碱性氧化物，也可以发生置换阳离子的固熔，因此 $La_2O_3$ 也是一种制备 $Y_2O_3$ 透明陶瓷的有效烧结助剂[56]，可以得到透射率达 80%(接近其理论值)的透明陶瓷。不过，这种实验结果并没有改变异性烧结助剂的优势，比如在 Tm:$Y_2O_3$ 中，单独掺 La 的陶瓷不仅晶粒尺寸大而不均匀，同时还存在大量的气孔，而共掺 9 at.%La 和 3 at.%Zr 时才能得到晶粒尺寸细小且无明显的气孔存在的透明陶瓷[35]。

热力学效应是应用烧结助剂乃至优化烧结制度需要考虑的因素，比如烧结助剂的一个重要热力学基础就是其降低熔点的效应(固熔体效应)来自二元相图中间组分范围的熔点都低于两侧单组分的熔点的热力学规律。图 3.43 给出了同样 $SiO_2$ 烧结助剂使用条件而不同降温速率下 Nd:YAG 陶瓷的微观结构。可以发现当降温速率降低时，晶界析出 $SiO_2$ 的含量不断增加，这就是热力学能量最低原理的体现——相比于 Nd:YAG，$SiO_2$ 是外来杂质，因此尽量排除 $SiO_2$ 是获得最低能量体系的自发趋势。缓慢降温所提供的高温环境增加了这种排除的动力学过程，从而更多的 $SiO_2$ 脱离晶格而凝积于晶界。因此热力学效应是有关烧结助剂的选择乃至烧结制度设计的重要评价标准。

到目前为止，有关烧结助剂作用机制的详细讨论并不多，其中最主要的原因就在于表征烧结助剂的结构是困难的——当烧结助剂可以在晶界中被电镜所观察的

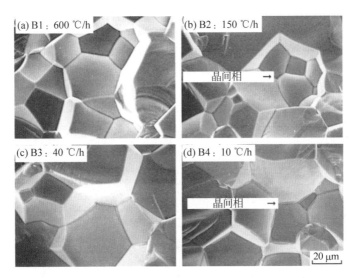

图 3.43　1.0 wt.% TEOS 掺杂的 Nd：YAG 陶瓷在 1750 ℃烧结 20 h 后以不同

降温速率回到室温所得样品的 SEM[5,57]

时候已经是用量较多,聚积于晶界的时候,并不代表那些用量较少可获得干净晶界的体系。因此大多数文献都是直接报道不同烧结助剂在不同烧结制度下陶瓷的结构与性能变化,给出可得到所需陶瓷材料的合适烧结助剂种类及其匹配的烧结制度。只有少数文献进行了初步的探讨,其中典型的是迪龙(Dillon)等提出的“络合子”(complexion)理论。这个理论其实是一个唯象的描述,它基于烧结助剂与陶瓷之间存在成键作用这个实验事实,将烧结助剂的作用描述成晶界位置的物相形成与转变的行为。即存在烧结助剂的时候,在晶界位置就出现了一种新的物相,晶间相(intergranular phase),也就是络合子;不同的烧结助剂浓度和制备工艺会改变络合子的结构和物相稳定性,从而影响晶界的迁移。

　　以图 3.44 为例,沃罗纳(Vorona)等研究了 MgO 作为烧结助剂对 YAG 透明陶瓷光学质量的影响,他们发现随着烧结助剂含量的增加,所得陶瓷晶粒的平均粒径增大,同时粒径分布也增加[58]。这种结果可以用上述的络合子理论进行解释。首先,当不加入烧结助剂的时候,陶瓷烧结中晶界的迁移主要取决于原始粉体的形状,对于尺寸各异的纳米粉体而言,其晶界迁移速率也是各种各样,因此残余气孔很多,得不到透明陶瓷;当少量 MgO 加入后,将在粉体颗粒表面形成几纳米厚度,相当于 1～2 层的 Mg 原子的络合子。这类在迪龙模型中被定义为 I-III 型的络合子让晶界的移动更为规则,从而降低陶瓷的残余气孔率,并且获得狭窄的粒径分布。随着烧结助剂浓度的进一步增大，会发生络合子的相变行为——部分晶界将出现 Mg 的偏析而产生更厚的杂质层，此时在这些位置就形成了Ⅳ型或更高类型的络合子，与它们相连的晶粒会具有更快的扩散速率和再结晶速率，晶粒尺寸增长速度加快。而且多样的络合子会导致多样的晶界迁移行为，因此晶粒粒径分布也随之展宽，另外也导致透射率的下降。

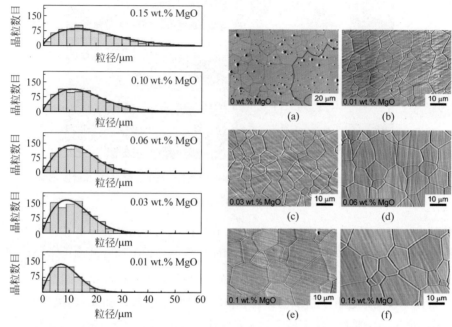

图 3.44　不同浓度的 MgO 烧结助剂所得 YAG 陶瓷晶粒的尺寸分布（左）及其微结构对应的 SEM（右，其中增加了 0 wt.％样品）[58]

　　显然，"络合子"理论主要是从表/界面成键作用出发来讨论晶界迁移和晶粒生长的机制与结果，强调烧结助剂在晶界的存在与作用，与烧结后期的关系更为密切；较少涉及烧结的初期和中期，也缺乏对烧结助剂进入晶格和影响表面与内部离子扩散的考虑，比如实践认为烧结助剂可通过生成固熔体而使晶格疏松或导致在晶格中生成空位，以此来促进或强化烧结。因此该理论属于一种初步的、更多唯象化的描述，从而烧结助剂影响机制的理论探讨仍然是透明激光陶瓷领域乃至一般陶瓷领域的基础性问题（进一步的介绍可参见 7.2.5 节）。

　　最后，由于透明激光陶瓷面向材料的发光应用，除了对烧结的促进作用，光传输和发光也是烧结助剂需要考虑的问题。

　　关于光传输，高透射率一般意味着高致密度，但是并不等同于高密度。这是因为致密度反映的是内部残留气孔的程度，而密度对应单位体积的物质质量。如果气孔为烧结助剂所填充,虽然致密度达到 $100\%$,其密度也会低于理论的陶瓷密度的数值。类似地,高致密度并不等同于高透射率。如前所述,高透射率反映的是光学性质,这就意味着如果高致密度来自于光学活性的烧结助剂或其他杂质,那么陶瓷中的散射和吸收损耗也可能较为严重,透射率反而降低。因此烧结助剂提高致密度、密度或透射率等说法具有特定的适用范围,与烧结助剂、所烧结陶瓷及其之间的结合性质都有关系。

理论上烧结助剂对发光的影响等效于掺杂,更明确地说是离子掺杂对发光的影响。有关离子掺杂如何影响发光以及激光的详细介绍可以参见第 2 章,这里仅做简略的小结。

当发光中心确定后,离子掺杂对发光的影响包括光谱移动和发光强度,前者来源于发光中心的跃迁电子所处的激发态会受到化学环境的干扰,因此离子掺杂后,其配位环境的改变会引起光谱中心波长和光谱峰形的变化。而针对发光强度的改变主要体现在如下几方面。

(1) 通过改变晶胞畸变程度和发光中心分布,可改变原有发光的交叉弛豫(浓度猝灭),通常掺杂可"稀释"发光中心而提高可用的发光中心浓度。

(2) 改变竞争性的吸收,比如掺杂离子可降低间隙氧,从而降低了氧空位对 $Eu^{3+}$-$O^{2-}$ 的电荷迁移态的竞争吸收,提高了红光的强度;但是也可能相反,比如过渡金属离子如 $Fe^{2+}$ 等在紫外区与 $Eu^{3+}$ 存在竞争吸收($Fe^{2+}$ 吸收能力是 $Eu^{3+}$ 的 65 倍),此时红光消失。

(3) 改变配位环境的对称性或晶粒的结晶性,比如 $Li^{+}$ 取代 $Y^{3+}$ 可提高 $Eu:Y_2O_3$ 的发光强度。

(4) 调节衰减寿命,比如容易使高价或者低价的离子通过俘获空穴或电子进入激发态,然后与电子或空穴复合弛豫回到基态,从而降低了衰减时间,此时也造成了发光强度的下降;与此相反,如果这种效应是辐射弛豫回基态或者该俘获转为陷阱态,暂时储存能量,就可以提高发光强度或余辉亮度。

(5) 改善材料的物理性能,其中带隙变窄和能级分布复杂化是主要的结果,进而影响材料的导电性能,有利于次级电子与空穴的传输,比如 Si 掺杂 $Eu:Y_2O_3$ 可以提高电导,因此阴极射线激发发光可提高 $10\%$ 以上。

### 3.3.6　特殊烧结:键合、陶瓷化与单晶化

传统的陶瓷制备需要经历粉体-素坯-陶瓷三个阶段,其中由多孔素坯转为高致密的陶瓷是通过烧结来完成的。从宏观上看,烧结意味着体积的缩小和密度(或致密度)的提高;而从微观上看,烧结意味着原先非接触或简单物理接触的颗粒之间形成了更强的化学键,并以晶界的形式彼此结合在一起,其间还会发生晶粒(颗

粒)体积的变化。从成键和产生晶界这两个微观要素出发,在透明激光陶瓷领域,还存在着键合与陶瓷化这两种独特的、可以看作广义烧结的制备方式;而从晶粒生长的角度来看,陶瓷的单晶化也是一种特殊的烧结。

大功率尤其是超大功率激光器,比如啁啾脉冲放大产生激光的过程是高能泵浦和高能输出的过程,对于小尺寸激光材料,每平方厘米要承受几个吉瓦的功率,很容易导致内部和表面的破裂。因此大尺寸激光材料更适合于大功率和超大功率的激光器,这也是键合这种特殊烧结技术的应用优势之一。事实上,键合技术最早在激光材料中的应用就是为了克服当时只能获得小尺寸激光晶体的局限而得到大尺寸的掺 Ti 的蓝宝石单晶而发展起来的[17,59]。

另外,键合也是制备复合性透明激光陶瓷的手段(有关复合陶瓷的介绍可以参见 1.5.3 节)。键合的模式主要是包端(end-cup)和包边(clad-core)两种,各有其特色[17],前者也称为多层结构。

与直接在成型阶段进行不同组分陶瓷层的叠加成型不同(3.2.2 节),键合是将同质或异质的材料经表面加工处理,随后将两者的表面叠在一起,在特定条件下产生范德瓦耳斯力乃至共价键,从而成为一体化的复合材料。从键合的定义出发,透明激光陶瓷领域内的键合是指有陶瓷参与键合的复合材料的制备过程,陶瓷在其中可以作为激光工作介质,也可以作为辅助性介质,起着降低温度梯度、加快往周围环境散热或者吸收自发辐射等作用。

相比于多层叠加的素坯烧结而成的复合透明激光陶瓷,键合的主要优点有两个:①可用于单晶性能的改进;②可获得更为陡峭的浓度梯度。前者的典型例子是可以在单晶周围包裹吸收体来消除自发辐射放大寄生振荡的影响。在激光材料中,自发辐射与受激辐射是同时存在的,由于激光材料的折射率相比于周围环境(比如空气)比较高,因此自发辐射在激光材料与环境的交界会被反射回来,从而参与受激辐射的振荡放大过程。但是两者并不相干,不但消耗激光上能级粒子而降低激光效率,还会损坏激光器件。此时将周围环境设置成对自发辐射高吸收的材料是一种解决办法,这就是激光材料,尤其是大功率应用中激光材料的"包边",比如在 Nd:YAG 周围包上一圈 Sm:YAG。对于单晶材料,这种包边结构至少在目前的晶体生长技术中是不能实现的,只能通过键合,比如单晶与陶瓷之间的键合来解决。在实际操作中,尤其是圆形包边的场合,更常用的是将单晶放在陶瓷素坯中,一起受压成型,然后烧结陶瓷的同时完成键合。

关于浓度梯度,采用复合叠片成型的素坯虽然可以形成梯度结构,实现在激光工作介质与周围环境(空气)之间温度的过渡性分布,降低过高的温度梯度所产生的应力破坏,但是在长时间高温条件下,不同层之间会存在宽阔的掺杂浓度分布,不利于激光光束的模式和质量调控。而直接键合已有的陶瓷可以产生更为陡峭的浓度梯度,在降低温度梯度和获得高激光性能之间更容易实现平衡。从本质上说,从键合到复合素坯烧结,是单个、具有较小厚度的过渡层(具体厚度由扩散条件决定)扩展到形成一个较宽的浓度梯度过渡层的过程。

键合的关键步骤是表面预处理和表面成键两个过程。预处理所得表面越光洁,成键后界面处的空隙就越少甚至消失,而且也容易范德瓦耳斯力成键并进一步转化为化学键。表面成键通常是高温加热来完成的,实践中发现所需温度低于熔点几百摄氏度,接近或等同于同组分或近似组分陶瓷的烧结温度。

表面成键或者表面结合的质量是表征键合质量的技术指标。简单的测试方法就是散射光成像:一束激光,比如 He-Ne 激光入射复合材料,如果键合界面有明显的散射光,就意味着空隙,散射光的宽度可以定性反映键合的质量,光束越粗则键合质量越差,在高功率激光或者特定频率激光脉冲的应用场合就会发生材料的断裂问题[59]。更进一步的定量表征可以对复合材料做力学实验,有两个衡量标准:①断裂面是不是键合面;②弯曲强度是不是和纯组分一样。对于同样的基质,纯组分就是基质本身;如果基质不一样,那么纯组分则可以根据实际应用需求选择其中一种基质或者构建复合基质的力学参数,然后与力学实验所得的测试结果进行比较,以此判断键合质量并预测服役的可行性。

单晶与陶瓷之间的转变起源于实践的需求,对单晶而言,哪怕是由于包裹或位错等缺陷存在而光学质量不好的单晶也是高致密的块体。如果要获得真正高质量的单晶,面临着性价比很低甚至现有技术手段难以实现的问题。那么将单晶转化为陶瓷,并利用陶瓷烧结过程的排杂作用提高光学质量就是一种可选的办法。反过来,由于单晶相比于陶瓷是热力学更稳定的低能体系,因此陶瓷往单晶转化是一个自发的过程。虽然常温下这种过程由于要克服很高的势垒而难以完成,从而可以认为陶瓷是稳定的材料,但是在高温长时间加热的时候,这个转化速度就可以加快,其本质上相当于处在烧结的末期——大晶粒吞并小晶粒而生长的阶段,只不过这里的最终目标是整个块体成为一个"晶粒"而已。陶瓷转化为单晶的好处也是显而易见的,首先相比于直接生长单晶,其成本可以大为下降;其次是陶瓷转化为单晶并不存在明显的大量液相,转化温度通常就是烧结温度,远低于熔点,因此其生长机制不同于单晶生长的液-固转换机制,所受的热力学和动力学制约也就不一样。一个典型的例子是更高浓度的掺杂是可以实现的。最后,陶瓷转化为单晶,晶界和晶粒对光散射的影响就消失了,这对于光学各向异性陶瓷的激光应用是有利的。

单晶与陶瓷之间的转化条件与相应陶瓷的烧结类似,相比于直接从素坯的烧结行为,其烧结更侧重于热力学稳定性的调控问题,没有素坯中的颗粒排列均匀性和气体排除完全程度等问题,因此更强调的是体系能量的提高(比如锻压单晶)和动力学转化的完成(选择晶种和适宜的温度与保温时间)。

由于单晶陶瓷化或陶瓷单晶化属于透明激光陶瓷领域的基础研究瓶颈问题之一,将会与其他问题集中在第 7 章中介绍并举例(7.2.1 节),因此这里就不再赘述。

# 3.4 后处理与加工

## 3.4.1 后处理需求与技术

烧结所得的透明激光陶瓷并不一定是最终的成品。这是因为烧结中除了陶瓷的致密化,也可能引入其他缺陷,典型的宏观现象就是陶瓷的变色,或者说陶瓷的颜色与实际所需成品的颜色不符合;另一种就是陶瓷的致密度仍有提升的空间。对于固相反应烧结,还可能存在反应不完全的问题。因此所得陶瓷需要进一步处理,即经过后处理之后才能实施后继的加工与服役流程。

陶瓷的变色主要来自空位产生的色心或金属离子化合价的变化,前者的例子是真空气氛下烧结常见的氧空位俘获电子而产生的色心;而后者则来自过渡金属离子或有多种常见价态的稀土离子化合价的升降。这些缺陷会改变材料的吸收光谱,进而改变材料的颜色(进入人眼的反射光色彩)。另外,基于能量最低原理,氧空位等缺陷也会与可变价金属离子相结合而产生复合型缺陷,虽然吸收光谱仍与变价后金属离子的吸收光谱类似,但是其结构是不一样的,光谱动力学性能会存在差别。

针对变色陶瓷的后处理,最常用的方法就是特定气氛下的退火,比如对于氧空位缺陷引起的变色,空气或氧气氛下退火是可行的后处理措施。需要注意的是,退火也提供了一种推动热力学稳定性的条件,最典型的就是随退火温度升高和时间的延长,晶粒生长会显著起来,这其实等效于烧结第三阶段的延伸。另一种常见的例子是原先在更高温度下固熔进入晶格的杂质会如同人工晶体生长中的排杂那样不断凝析在晶界中。与此同时,残留气孔也可能因为周围晶粒结构的变化而在陶瓷内部移动、团聚或排除,从而使得退火过程伴随着陶瓷光学质量的变化,可能增高,也可能降低。对于透明激光陶瓷而言,退火的光学质量改善效果主要取决于晶界的干净程度和残留气孔的形貌与分布。因此退火的温度与时间同退火所用的气氛同等重要。实践表明退火温度通常低于合成反应温度——比如氧化物固相反应得到 YAG 陶瓷是在 1500 ℃ 以上,相应的退火温度可以取 1450 ℃。

另外,与结构陶瓷类似,合理的退火也有助于消除前期过程中在陶瓷内部积累的应力,从而除了提高激光陶瓷的光学性能,也有利于机械性能的改善。

与陶瓷致密度提高相关的后处理主要是热等静压后处理(post-HIP)技术[60]。

严格来说,这种后处理与烧结过程并没有截然不同的界限——如果将短时间的烧结行为看作素坯的预处理,那么随后的 HIP 就是烧结过程了。因此作为后处理来使用的 HIP,通常是用于不满意现有烧结所得陶瓷的光学质量,进而尝试这种提供高压高温条件的技术,检验能否进一步排除残余气孔而获得更高的致密度,实现透射率,尤其是更短波长透射率的提升。

　　图 3.45 给出了 HIP 后处理的优势。基于同样的陶瓷素坯,先 1550 ℃ 真空反应性烧结后再转入热等静压后处理(150 MPa,1650 ℃)所得的陶瓷比直接多温区真空反应性烧结具有更高的致密度,其晶粒尺寸小,均匀性(可以从大晶粒与小晶粒的相对数量和大小进行粗略判断)也更好。不过同样 HIP 但不同 SiO$_2$ 用量的对比也体现了 HIP 的缺点:高压气体会成为新的残余气孔来源。对比图 3.45(f)、(g)和(h)、(i)两组 SEM 可以看出,当 SiO$_2$ 用量翻倍,除了表现出烧结助剂促进晶粒生长的现象,气孔的含量也显著增加。其原因就在于 HIP 条件下,气体小分子一方面作为传递压强的介质,另一方面也可以成为扩散进陶瓷的杂质;而处于晶界位置的烧结助剂如果在高温下对气体小分子有较大的溶解度,那么就会有可观数量的气体小分子进入陶瓷。当 HIP 结束后,原先处于高压状态的气体小分子会受压力差驱动而离开陶瓷,但是其间可以伴随孔隙的扩大而降压并残留于陶瓷中;再加上 HIP 过程如果存在晶粒生长,扩散入陶瓷的气体也可以被包裹而成为晶间

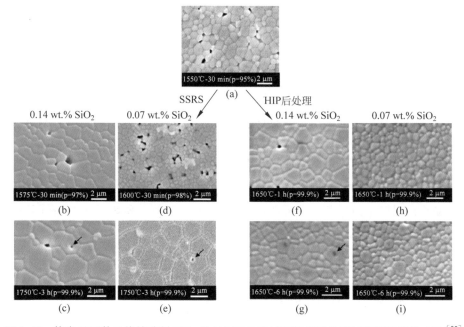

图 3.45　掺杂不同数量烧结助剂 SiO$_2$ 的 Nd:YAG 经过不同烧结处理后所得陶瓷的 SEM[60]

(a)~(e) 直接高温真空反应性烧结的产物;(f)~(i) 真空反应性烧结和热等静压后处理烧结相结合的产物

气孔。原先残留于陶瓷中的气孔同样可以适用上述的机制而继续存在于陶瓷中，体现为气孔增大、增多以及存在晶间气孔等现象，最终的表现就是透射率不但没有增加，反而出现不同程度的下降。因此 HIP 后处理的效果与初始陶瓷（源片）的微结构是密切相关的——所用高压气体分子在陶瓷中的扩散系数越低，原有残留气孔与外界连通的程度越大就越有利实现期望的 HIP 后处理效果。

基于加热过程的后处理经常伴随着晶粒的生长和第二晶相的产生。这其实都是热力学理论中体系能量趋于最小化的反映。前者意味着陶瓷趋向于单晶化，而后者则代表构成陶瓷的晶粒趋向于纯相化。第二晶相通常具有不同的折射率，因此会通过散射增加陶瓷的失透程度。而晶粒生长对光学质量的影响就比较复杂，对于立方晶系，如果没有残余气孔，单晶化显然可以提高透明性；但是如果有残余气孔，此时透明性的变化就取决于最终气孔的微观结构。

总之，陶瓷的后处理是陶瓷在结束烧结过程后被进一步修正，以便满足应用需求的过程。因此具体后处理工艺的选择与烧结后的陶瓷和应用需求密切相关。与此同时，所选后处理工艺对陶瓷热力学和动力学稳定性的影响也是需要考虑的重要因素，它们共同构成了优化后处理工艺参数的重要内容。

### 3.4.2　激光光学级加工与表征

激光光学级加工主要有两种用途：第一种是用于装配激光器，第二种是用于前述的键合过程而得到复合透明陶瓷或陶瓷-单晶等。其加工主要步骤包括切割、抛薄和研磨。其中前两步的目的是获得合适的尺寸并预留一定的公差，与普通陶瓷的相关操作并无区别，可以使用金刚砂轮等设备来完成。另外，缩短厚度的抛薄可以通过切割来完成，也可以利用研磨来实现，因此与切割或研磨之间并没有截然分隔的界限。有的文献在介绍抛薄步骤后，就直接注明表面的粗糙度，此时就意味着抛薄与研磨被看作同一个步骤。

研磨是激光光学级加工区别于其他陶瓷材料加工的主要步骤。对于一般陶瓷加工而言，研磨的主要目的是采用更细的磨粒进一步控制尺寸的公差，有时也可以定性要求是粗糙平面还是光滑平面，但是激光光学级加工则需要定量表征和确认表面的加工质量。

对于透明激光陶瓷，研磨过程也可称为抛光过程。激光光学级加工一般包括粗抛光和精抛光两步。以 Nd:YAG 为例[61]，首先可用粒径为 $3~\mu m$ 的碱性抛光液进行粗抛，并用激光平面干涉仪随时检测表面平整度，当高度差值或高低起伏小于某个数值 $\lambda$（比如 632.8 nm）即可停止，随后逐步改用粒径更小（$1~\mu m$、$0.5~\mu m$）的抛光液进一步精抛光，使得高度差值小于 $\lambda/10$ 或更低。最后一步精抛光中除了采用干涉仪检测平整度，还需用台阶仪和轮廓仪等检测粗糙度和微凸起间距。一个可用于键合制备的表面光学级加工的参考数据如下：表面平整度小于 63.28 nm，表面粗糙度等于 0.332 nm，表面微凸起间距等于 0.14 mm。

实际生产实践中，具体的加工有各自根据特定设备和加工指标制定的操作工序，其内容可以多样，并由熟练的工匠负责操作，而且相应术语也有差别，比如粗抛光的机器也称为研磨机，而细抛光的才称为抛光机；与此相应，用于粗抛光的抛光液也可以称为研磨液……限于本书篇幅，这里不进行具体的介绍，而是重点关注反映表面加工质量的、材料与器件研究人员需要熟悉的、可提高材料加工有用性的表面平整度和粗糙度等参量——表面加工质量越好，可用的面积就越大，也越有利于面向大尺寸激光材料的器件设计以及大面积键合材料的制备。

表面平整度(flatness)、粗糙度(roughness, $R_a$)和平行度(parallelism)是传统采用的表面加工质量的表征参量。除此之外，其他文献也提出了一些参量，比如近年来在研究晶体键合表面加工时提出的表面微凸起间距就是其中的一个典型例子[61]。总体上这些参量的使用目的是一致的，都是为了约束或者反映表面宏观的起伏程度和微观的纵向与横向形貌。

顾名思义，表面平整度描述的是表面轮廓的起伏程度，是宏观的、甚至肉眼可见的凹凸程度。而表面粗糙度则是对局部表面的高度变化测量结果的统计平均，是从统计角度反映表面轮廓起伏纵向高度差值的参量。这两者的共同特征是它们只考虑垂直于材料表面方向的起伏或者高度差，并没有考虑平行于材料表面的情况。不难知道，高度差一样的起伏如果更为密集，即相邻两行起伏之间的间距越小，表面当然越粗糙，因此要更好地表征表面的加工质量，沿平行于表面方向测量的这个间距，即表面微凸起间距也是需要考虑的，可以用它来衡量表面微观起伏的横向间距[61]。表面平行度则是表面或构成表面的边偏离取作基准的平面或直线方向的程度，其值是相对于该基准平行的最大误差，通常以角度为单位。虽然它表征的是形状的规整度，但是由于激光在产生前需要经过发射光在激光材料内(严格说是谐振腔内)的振荡阶段，而且热输运和热分布也与激光材料的外形有关，因此也是有关光输运和热输运的重要变量。

研磨加工所得的毛面和镜面是针对表面平整度而言的。根据光线在表面的散射而产生的表面亮暗的不同，可以通过肉眼进行研磨效果的定性判断。如果在不同方向上所见的表面亮暗程度一致，则平整度很差，如果不一致，甚至某些方向存在很强的亮光，则意味着镜面反射的存在，因此平整度较好。这种操作其实来源于表面粗糙度的另一种表达方式，即按人的视觉观点提出来的表面光洁度——由于表面粗糙度是按表面微观几何形状的实际情况通过确定的公式计算的，也是国际标准支持的，而表面光洁度依赖于相对比较。因此我国在 20 世纪 80 年代后就废止了表面光洁度，全面采用表面粗糙度。

表面光洁度与表面粗糙度有相应的对照表。粗糙度有测量的计算公式,而光洁度只能用样板规对照。所以说粗糙度比光洁度更科学严谨。如果材料在可见光下是透明的,还可以根据透光程度进行判断,透光程度越高,表面平整度就越好。实践表明,经研磨后透明氧化铝陶瓷的透射率可以从 45% 增加到 50%~60%,如果光洁度增加,还可以进一步提高,甚至达到 80%(入射光波长为 5 $\mu$m)。

透射率或散射损耗的测试需要考虑表面粗糙度($R_a$)的影响,一般要求对表面进行抛光,$R_a$ 低于 2 nm。而且为了保证测试数据的有效代表性,样品各处的粗糙度要尽量一致,最高轮廓峰顶线和最低谷底线之间的距离($P$-$V$,peak-to-valley)要尽量小。这两个特征量之间就是平均值与离差值的关系——$R_a$ 是轮廓纵向起伏或者峰谷距离的算术平均值,即在取样长度内轮廓偏距绝对值的算术平均值;而 $P$-$V$(也有直接写 $PV$ 或 $R_{max}$)则是该长度内轮廓偏距的最大绝对值。

如果需要对比不同样品的散射损耗,甚至是单晶和陶瓷之间的对比,那么表面加工就应当一致。实际由于单晶与陶瓷微结构的不同,因此其粗糙度加工只能是近似一致,比如用来进行单晶与陶瓷性能比较的单晶的 $R_a$ 和 $P$-$V$ 分别是 1.64 nm 和 19.0 nm;而陶瓷则是 1.75 nm 和 18.3 nm 是可以接受的,不过这些具体描述表面加工精度的数值必须同散射损耗测试结果一同列出,形成一个完整的、基础研究中的对比性测试。

图 3.46 以尖晶石为例介绍了表面加工对透射率测试的影响。从图中可以看出,短波长范围的吸收也可能来自表面加工精度,其原因就是粗糙度的数量级一般是纳米级,因此对短波长区域的光散射影响较大,这也反映了光学级加工对激光材料实际服役性能的重要性。

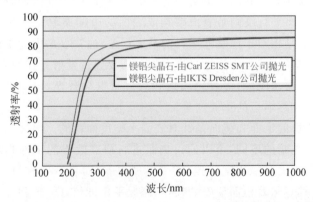

图 3.46 不同表面加工粗糙度所得的尖晶石(MgAl$_2$O$_4$)透明陶瓷的直线透射率曲线[11]

在应用于激光实验或装入激光器之前,激光材料的表面除了光学级加工,还要根据谐振腔的设计进行镀膜。光学薄膜有反射膜和透射膜之分,前者一般是针对发射光,而后者则是泵浦光。当然,也可以同时覆盖两者,比如既有反射泵浦光的发射膜,也有透射泵浦光的透射膜,具体要看谐振腔的光路设计中就各种光学镜面和激光材料表面的定义。其目的是尽可能吸收泵浦光的同时又避免发射光的损耗,有助于实现激光的高功率和高转换效率。这也体现了激光器的系统性特征,即激光功率、转换效率乃至光束质量并不是由激光材料,比如透明激光陶瓷唯一确定的,而是构成整个系统的各个部件综合作用下的结果。

# 参考文献

[1] IKESUE E A,KINOSHITA T,KAMATA K,et al. Fabrication and optical-properties of high-performance polycrystalline Nd-YAG ceramics for solid state lasers[J]. Journal of the American Ceramic Society,1995,78(4):1033-1040.

[2] 李江.稀土离子掺杂 YAG 激光透明陶瓷的制备、结构及性能研究[D].上海:中国科学院大学上海硅酸盐研究所,2007.

[3] OH H,PARK Y,KIM H,et al. Effect of powder milling routes on the sinterability and optical properties of transparent $Y_2O_3$ ceramics[J]. Journal of the European Ceramic Society,2021,41(1):775-780.

[4] ZHANG L,YANG H,QIAO X,et al. Systematic optimization of spray drying for YAG transparent ceramics[J]. Journal of the European Ceramic Society,2015,35(8):2391-2401.

[5] IKESUE A,AUNG Y L,LUPEI V. Ceramic lasers[M]. Cambridge:Cambridge University Press,2013.

[6] 徐如人,庞文琴.无机合成与制备化学[M].北京:高等教育出版社,2001.

[7] 盖国胜.微纳米颗粒复合与功能化设计[M].北京:清华大学出版社,2008.

[8] OH H,PARK Y,KIM H,et al. Effect of milling ball size on the densification and optical properties of transparent $Y_2O_3$ ceramics [J]. Ceramics International, 2021, 47 (4): 4681-4687.

[9] GOLDSTEIN A. Correlation between $MgAl_2O_4$-spinel structure, processing factors and functional properties of transparent parts (progress review)[J]. Journal of the European Ceramic Society,2012,32(11):2869-2886.

[10] LI W,HUANG H,MEI B,et al. Synthesis of highly sinterable $Yb:SrF_2$ nanopowders for transparent ceramics[J]. Optical Materials,2018,75:7-12.

[11] GOLDSTEIN A,KRELL A,BURSHTEIN Z. Transparent ceramics:materials, engineering, and applications[M]. New Jersey:JohnWiley & Sons,2020.

[12] KRELL A,HUTZLER T,KLIMKE J. Transmission physics and consequences for materials selection,manufacturing,and applications[J]. Journal of the European Ceramic Society,2009,29(2):207-221.

[13] JING W,LI F,YU S,et al. High efficiency synthesis of Nd:YAG powder by a spray co-precipitation method for transparent ceramics [J]. Journal of the European Ceramic

Society,2018,38(5)：2454-2461.

[14] 巴学巍.多层复合激光透明陶瓷[D].上海：中国科学院大学上海硅酸盐研究所,2013.

[15] IKESUE A,AUNG Y L,TAIRA T,et al. Progress in ceramic lasers[J]. Annual Review of Materials Research,2006,36：397-429.

[16] IKESUE A,AUNG Y L. Ceramic laser materials[J]. Nature Photonics,2008,2（12）：721-727.

[17] IKESUE A,AUNG Y L. Synthesis and performance of advanced ceramic lasers[J]. Journal of the American Ceramic Society,2006,89(6)：1936-1944.

[18] YAGI H,YANAGITANI T,TAKAICHI K,et al. Characterizations and laser performances of highly transparent $Nd^{3+}$ : $Y_3Al_5O_{12}$ laser ceramics[J]. Optical Materials,2007,29（10）：1258-1262.

[19] APPIAGYEI K A,MESSING G L,DUMM J Q. Aqueous slip casting of transparent yttrium aluminum garnet（YAG）ceramics[J]. Ceramics International,2008,34(5)：1309-1313.

[20] JIN L,ZHOU G,SHIMAI S,et al. $ZrO_2$-doped $Y_2O_3$ transparent ceramics via slip casting and vacuum sintering[J]. Journal of the European Ceramic Society,2010,30（10）：2139-2143.

[21] 周书助,姜佳庚,汤郡,等.注凝成型技术的研究与进展[J].硬质合金,2017(3)：202-211.

[22] SHANG Q,WANG Z,LI J,et al. Gel-tape-casting of aluminum nitride ceramics[J]. Journal of Advanced Ceramics,2017,6(1)：67-72.

[23] YANG Y,SHIMAI S,WANG S. Room-temperature gelcasting of alumina with a water-soluble copolymer[J]. Journal of Materials Research,2013,28(11)：1512-1516.

[24] YANG Y,SHIMAI S,SUN Y,et al. Fabrication of porous $Al_2O_3$ ceramics by rapid gelation and mechanical foaming[J]. Journal of Materials Research,2013,28（15）：2012-2016.

[25] YAO Q,ZHANG L,GAO P,et al. Viscoelastic behaviors and drying kinetics of different aqueous gelcasting systems for large Nd：YAG laser ceramics rods[J]. Journal of the American Ceramic Society,2020,103(6)：3513-3527.

[26] YIN R,LI J,DONG M,et al. Fabrication of Nd：YAG transparent ceramics by non-aqueous gelcasting and vacuum sintering[J]. Journal of the European Ceramic Society,2016,36(10)：2543-2548.

[27] 刘璇,张电,刘一军,等. AlN陶瓷注凝成型体系研究进展[J].耐火材料,2020(1)：82-87.

[28] STASTNY P,CHLUP Z,TRUNEC M. Gel-tape casting as a novel method for the production of flexible fine-grained alumina sheets[J]. Journal of the European Ceramic Society,2020,40(7)：2542-2547.

[29] TANG F,CAO Y G,HUANG J Q,et al. Fabrication and laser behavior of composite Yb：YAG ceramic[J]. Journal of the American Ceramic Society,2012,95(1)：56-59.

[30] 潘裕柏,李江,姜本学.先进光功能透明陶瓷[M].北京：科学出版社,2013.

[31] 赵玉.镱掺杂石榴石基平面波导激光陶瓷的制备与性能研究[D].镇江：江苏大学,2017.

[32] PAPPAS J M,DONG X. Comparative study of filament-fed and blown powder-based laser

additive manufacturing for transparent magnesium aluminate spinel ceramics[J]. Journal of Laser Applications,2021,33(4)：42037.

[33]　ZHANG G,WU Y. Three-dimensional printing of transparent ceramics by lithography-based digital projection[J]. Additive Manufacturing,2021,47：102271.

[34]　HOSTAŠA J,SCHWENTENWEIN M,TOCI G, et al. Transparent laser ceramics by stereolithography[J]. Scripta Materialia,2020,187：194-196.

[35]　潘裕柏,陈昊鸿,石云. 稀土陶瓷材料[M]. 北京：冶金工业出版社,2016.

[36]　BORDIA R K,KANG S L,OLEVSKY E A. Current understanding and future research directions at the onset of the next century of sintering science and technology[J]. Journal of the American Ceramic Society,2017,100(6)：2314-2352.

[37]　RAHAMAN M N. Ceramic processing[M]. New York：CRC Press,2006.

[38]　KANG S L. Sintering：densification, grain growth and microstructure [M]. Oxford：Elsevier Butterworth-Heinemann,2005.

[39]　CHOI S,KANG S L. Sintering kinetics by structural transition at grain boundaries in barium titanate[J]. Acta Materialia,2004,52(10)：2937-2943.

[40]　KORNIENKO O A,SAMELJUK A V,BYKOV O I,et al. Phase relation studies in the $CeO_2$-$La_2O_3$-$Er_2O_3$ system at 1500 ℃ [J]. Journal of the European Ceramic Society,2020,40(12)：4184-4190.

[41]　KRELL A,BRENDLER E. Influences of cation disorder in commercial spinel powders studied by Al-27 MAS NMR on the sintering of transparent $MgAl_2O_4$ ceramics[J]. Journal of Ceramic Science and Technology,2013,4(2SI)：51-57.

[42]　XU H,ZOU J,WANG W, et al. Densification mechanism and microstructure characteristics of nano-and micro-crystalline alumina by high-pressure and low temperature sintering[J]. Journal of the European Ceramic Society,2021,41(1)：635-645.

[43]　果世驹. 粉末烧结理论[M]. 北京：冶金工业出版社,1998.

[44]　李达,陈沙鸥,邵渭泉,等. 先进陶瓷材料固相烧结理论研究进展[J]. 材料导报,2007(9)：6-8.

[45]　施剑林. 高性能陶瓷与先进陶瓷固相烧结理论研究进展[J]. 世界科技研究与发展,1998(5)：124-128.

[46]　ATKINSON H V. Overview no. 65：theories of normal grain growth in pure single phase systems[J]. Acta Metallurgica,1988,36(3)：469-491.

[47]　KANG S L. Ceramics Science and Technology [M]. Oxford：Elsevier Butterworth-Heinemann,2013：141-169.

[48]　KERBART G,MANIÈRE C, Harnois C, et al. Predicting final stage sintering grain growth affected by porosity[J]. Applied Materials Today,2020,20：100759.

[49]　BERNARD-GRANGER G,MONCHALIN N,GUIZARD C. Sintering of ceramic powders：determination of the densification and grain growth mechanisms from the "grain size/relative density" trajectory[J]. Scripta Materialia,2007,57(2)：137-140.

[50]　JI W,XU H,WANG W, et al. Sintering dense nanocrystalline 3YSZ ceramics without grain growth by plastic deformation as dominating mechanism[J]. Ceramics International,

2019,45(7)：9363-9367.

[51] DENG S,LI R,YUAN T,et al. Direct current-enhanced densification kinetics during spark plasma sintering of tungsten powder[J]. Scripta Materialia,2018,143：25-29.

[52] OLEVSKY E A,GARCIA-CARDONA C,BRADBURY W L,et al. Fundamental aspects of spark plasma sintering：Ⅱ. finite element analysis of scalability[J]. Journal of the American Ceramic Society,2012,95(8)：2414-2422.

[53] COBLE R L. Sintering alumina：effect of atmospheres[J]. Journal of the American Ceramic Society,1962,45(3)：123-127.

[54] BROOK R J. Concise encyclopedia of advanced ceramic materials[M]. Oxford：Pergamon Press,2012.

[55] HOU X,ZHOU S,LI W,et al. Study on the effect and mechanism of zirconia on the sinterability of yttria transparent ceramic[J]. Journal of the European Ceramic Society,2010,30(15)：3125-3129.

[56] ZHANG H,YANG Q,LU S,et al. Fabrication,spectral and laser performance of 5at. % $Yb^{3+}$ doped $(La_{0.10}Y_{0.90})_2O_3$ transparent ceramic[J]. Optical Materials,2013,35(4)：766-769.

[57] IKESUE A,YOSHIDA K,YAMAMOTO T,et al. Optical scattering centers in polycrystalline Nd：YAG laser[J]. Journal of the American Ceramic Society,1997,80(6)：1517-1522.

[58] VORONA I,BALABANOV A,DOBROTVORSKA M,et al. Effect of MgO doping on the structure and optical properties of YAG transparent ceramics[J]. Journal of the European Ceramic Society,2020,40(3)：861-866.

[59] SUGIYAMA A,FUKUYAMA H,SASUGA T,et al. Direct bonding of Ti：sapphire laser crystals[J]. Applied Optics,1998,37(12)：2407-2410.

[60] CHRETIEN L,BOULESTEIX R,MAITRE A, et al. Post-sintering treatment of neodymium-doped yttrium aluminum garnet (Nd：YAG) transparent ceramics[J]. Optical Materials Express,2014,4(10)：2166-2173.

[61] 李强,惠勇凌,姜梦华,等. 一种用于提高晶体键合质量的晶体表面加工质量表征方法：CN107655408[P]. 2018.

# 测试表征方法

## 4.1 组成与结构

透明激光陶瓷的组成与结构表征的目的是确定陶瓷中的元素类型和数量、化合物类型及数量乃至原子的空间排列位置。其中晶粒的物相和结构通常使用基于周期性结构的衍射技术,一般不构成周期性晶体结构的晶界或杂质的物相和结构则需要采用其他的技术,并且主要是给出它们的组成和特定离子的局域配位结构。

X射线粉末衍射由于价廉易得、备样便利且可以无损耗表征样品,因此成为陶瓷领域最常用的物相与晶体结构表征技术。虽然实际的衍射技术还包括了电子衍射和中子衍射两种,但是其理论与应用同X射线衍射技术类似,彼此的差别主要在于备样和数据处理方式,因此可以互相参考使用。

### 4.1.1 物相与晶体结构

X射线的波长很短,与构成物质的原子之间的距离处于同一数量级(0.1 nm),周期性排列的原子必然会对入射的X射线产生衍射现象。通过实验测试的衍射数据可以反过来推导原子周期性排列的结构信息,从而获得诸如原子坐标、元素种类、晶胞大小和化合物相态等信息。这就是X射线衍射物相与晶体结构分析的基础。

对于单晶,由于原子在整个三维空间都是按照同一规律周期性扩展的,因此X射线衍射图案是明锐的斑点。但是陶瓷属于多晶,即构成陶瓷的小晶粒之间存在着取向差异,理想情况下是沿各个取向都有晶粒均匀分布,此时同一方向的衍射就会在三维空间中以样品为中心形成衍射圆锥,落在垂直于该圆锥旋转轴的平面上就构成了一个衍射环。实际测试所得的一维图谱给出的是切割各衍射环的直线与该环相交点的强度;如果采用二维面探测器,就可以获得一圈圈同心的环状图案。由于多晶衍射是基于颗粒足够小(100 nm~10 μm)的粉末建立起来的理论和技术,因此也称为粉末衍射,相关说法有 XRD(X-ray diffraction)、PXRD(powder X-ray diffraction)和 XRPD(X-ray powder diffraction),其中又以 XRD 这一术语用得最为广泛。

基于 X 射线的电磁波性质,从经典电磁理论出发,波长为 $\lambda$,强度为 $I_0$ 的 X 射线照射到晶胞体积 $V_0$ 的粉末试样上,设被照射晶体的体积为 $V$,与入射线夹角为 $2\theta$ 方向上产生 $(hkl)$ 晶面的衍射,则距试样 $R$ 距离处记录到的衍射线其单位长度上的积分强度 $I$(绝对强度)为

$$I = I_0 \cdot \frac{e^4}{m^2 c^4} \cdot \frac{\lambda^3}{32\pi R} \cdot \frac{V}{V_0^2} \cdot |F_{hkl}|^2 \cdot P \cdot \frac{1+\cos^2(2\theta)}{\sin^2\theta\cos\theta} \cdot e^{-2M} \cdot A(\theta)$$

式中,$I_0$ 为入射 X 射线强度,$m$ 和 $e$ 分别为电子的质量与电荷,$c$ 为光速,$\lambda$ 为入射 X 射线波长,$R$ 为衍射仪半径(cm),$V$ 为试样被 X 射线照射的体积(cm³),$V_0$ 为晶胞体积(cm³),$F$ 为结构因子,$P$ 为多重性因子,$e^{-2M}$ 为温度因子,$\theta$ 为衍射角,$A(\theta)$ 为吸收因子。这个公式是各种粉末衍射定性和定量分析技术的基础。以透明激光陶瓷为例,由于其制备成本和所耗费时间与精力虽然相比单晶产品有优势,但是仍较为可观,因此无损表征是优先选择。根据上面的公式,可以发现采用整块陶瓷直接测试,而不是研磨成粉末的条件下,与样品有关的变量中,$V$、$V_0$ 和 $\mu$ 同粉末样品类似,但是 $F_{hkl}$ 则严重受到影响。这是因为在实际测试中,这个结构因子项要起作用,要求被辐射的体积 $V$ 内的晶粒存在 $(hkl)$ 方向的衍射。换句话说,该空间内的晶粒具有 $(hkl)$ 取向。如果是粉末样品,由于晶粒随机取向,因此这个要求是可以实现的。但是对于陶瓷而言,晶粒与晶粒之间存在晶界,彼此的取向在陶瓷制备完成时已经固定,因此可能出现被 X 射线辐照体积 $V$ 内的晶粒较少存在,甚至没有 $(hkl)$ 取向。此时根据上述公式,实际的衍射强度很低或者为零,反映在谱图上就是同标准谱图对比,实验谱图中存在某些衍射线缺失、衍射线相对强度不准确以及衍射线峰值位置移动等现象。其中衍射线峰值位置移动常见于多个衍射峰重叠而成的复合谱峰中。当其组分谱峰的强度有了变化,复合所得的峰值位置就会移动。

上述根据衍射公式的讨论同样适用于存在杂相的陶瓷块体经常看不到杂相衍射峰的问题。造成这种现象的原因主要有两个:①被 X 射线辐照的区域缺少杂相,或者杂相本身浓度很低,从而杂相的 $V$ 过低;②虽然杂相被辐射的 $V$ 足够高,但是其晶粒采用低衍射强度值的取向,即 $F_{hkl}$ 过低,并不是其强峰的取向。需要指出的是,这里所谈的检测不出陶瓷杂相与下文提到的粉末衍射只能证明"有"这

个物相,而不能证明"没有"这个物相存在着本质的区别——因为这里所谓的"没有杂相"在本质上属于系统误差,是测试时人为不遵守粉末衍射实验要求而得到的结果。

因此基于透明激光陶瓷块体的粉末衍射测试结果进行相关分析需要考虑到上述的缺陷,在通过谱峰位移确定杂质离子进入晶格和通过没有衍射峰判断不存在杂相的场合需要谨慎。一般要求存在其他独立性测试结果的辅助验证,否则相关判断是没有实际意义的。

下面简要介绍一下有关物相分析和晶体结构表征的理论、方法和技术。

**1. 物相分析**

由于粉末衍射图案是由化合物的晶胞的几何性质和晶胞内的原子组成唯一决定的,因此粉末衍射具有"指纹性",即对比实验所得谱图和已知化合物的谱图,如果两者在谱峰强度和位置上保持一致,就可以确认该实验谱图对应的样品就是这个已知化合物。实际上,由于不同测试得到的谱图具有不同的绝对强度,因此广泛采用的是相对强度,即以最强峰作为 100% 进行归一化,利用衍射峰分布和相对强弱的组合信息作为谱图比较的标准。这种组合信息也构成了标准数据库的基本数据。另外,由于衍射峰的强度正比于试样被照射的体积,因此利用衍射峰强度还可以求取物质的含量,完成定量分析。这种定性判断化合物的晶相并估计该晶相的相对含量统称为 X 射线粉末衍射物相表征。

在物相分析方面,国际公认作为物相归属依据的粉末衍射文件(powder diffraction files,PDF)来自国际衍射数据中心(International Center for Diffraction Data,ICDD)的粉晶数据库。目前该数据库由于所含化合物数量非常庞大,因此按照有机、无机和金属矿物等又划分成若干个子库,而且依据功能和商业用途还专门设置了针对粉末衍射仪的 PDF-2 数据库。这些数据库的名称采用"PDF-x",其中编号"x"用于区分不同的数据类型,陶瓷行业一般购买 PDF-2 数据库即可满足需求。另外,数据库的信息录入一般滞后于新化合物的报道,通常相差半年或更长。因此对于前沿性研究,需要根据文献报道的晶体结构数据(晶胞参数+原子信息)自行建立标准数据,很多软件,比如免费的 Fullprof、GSAS 和商业的 Match、Jade、TOPAS 等都提供了这类功能。值得一提的是,由于粉末衍射技术在 20 世纪初已经开始广泛使用,而计算机及其电子数据库则是半个世纪以后才逐渐发展起来。因此,早期提供的标准文件采用硬纸卡片的形式(后来也出现了成册装订的版本),称为 JCPDS(joint committee on powder diffraction standards)卡片,这也是有些文献在提到参考谱图的时候仍然采用 JCPDS 及其编号的原因。

对于透明陶瓷的物相分析主要有两种形式:第一种形式是将陶瓷破碎成粉末(一般过 200 目筛),严格按照粉末衍射的理论要求进行;第二种形式是直接将陶瓷块体放到仪器上测试,仅满足仪器所需的表面平整和对心等要求,不满足以粉末形态测试的条件。此时虽然也可以获得 XRD 谱图,但是存在择优取向,即某些衍射峰的相对强度比例严重偏离数据库的标准谱图的趋势会增加。择优取向对于物相分析是有害的,因为它导致谱峰相对强度比例的错误,从而破坏了前述物相检索的一个基本前提:基于谱峰强度比较来确定物相。因此以陶瓷块体直接测试一般用于已经可以肯定陶瓷的物相,只是需要用实验来辅助证明的场合,此时可以直接用特定的标准谱图来对照,鉴定相应谱峰的归属。如果要进一步确认是否有杂相存在是不可能的,其原因主要有两个:①杂相同样会有择优取向,如果没办法预知杂相的可能物相,并以标准谱图来对照,那么实际上很难检索出来;②落在块体上的 X 射线尺寸是有限的,而且透入深度是微米级,不一定能恰好有足够多的杂相满足设备信噪比的需求,从而杂相的弱衍射信号成了背景噪声,这对于杂相非均匀分布的情况会更为严重。

基于陶瓷粉末的 XRD 谱图虽然满足理论要求的"粉末"条件,但是并不一定能满足理论要求的另一个条件,即"各向均匀分布"。实际测试的样品,总会有沿某些方向排列的晶粒要少于其他方向的晶粒,因此择优取向也是可以发生的,尤其是粉末颗粒严重偏离球形,比如呈片状的时候。因此在长期的实践中形成了 X 射线衍射物相定性表征的三个原则:①优先考虑衍射峰位置;②优先考虑强峰的存在性;③辅助考虑衍射峰强度相对比例。这是因为相对衍射峰强来说,衍射峰位置受到的影响要少得多,因此物相分析首先对比谱峰位置,然后兼顾谱峰强度,如果位置对上而强度出现反常,在确认组成一致的前提下,可以归因于择优取向。

陶瓷中的杂相分析一般是研磨成粉末,扣除主相的衍射峰,然后仔细分析剩余的衍射峰。由于杂相衍射强度比较弱,因此很难看到所有的衍射谱峰,一般就是显露强峰而已,从而判断杂相的时候以是否找到 2 条以上的衍射峰作为基础,然后结合原料、合成等进一步判断。如图 4.1 所示,首先通过查找数据库,可以发现主相与 PDF♯48-0886 谱图一致,根据原料组成,确认是白钨矿结构的 $NaY(WO_4)_2$。不过谱图在 $2\theta$ 为 23°~27° 的范围内,在较低温度下(1000 ℃ 和 800 ℃)存在着没有对应白钨矿物相的谱峰(杂相峰),通过对比这些谱峰中强峰的位置,找到了 PDF♯20-1324($WO_3$)和 PDF♯05-0386($W_{10}O_{29}$)两种杂相,然后结合反应条件,可以认为的确存在着氧化钨的杂相。更进一步地证明还可以利用衍射峰的分解和全谱精修,从而获得更多的杂相衍射峰进行分析。

需要注意的是,杂相分析的质量与谱图的信噪比有关,因此提高信噪比有助于杂相的确认,目前主要有两种手段:一种是长时间慢速扫描;另一种是采用更亮的光源。比如以同步辐射产生的 X 射线来代替实验室铜靶产生的 X 射线,其亮度提高了上万倍以上。

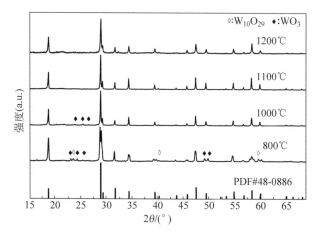

图 4.1 不同煅烧温度时未掺 $Eu^{3+}$ 的 $NaY(WO_4)_2$ 荧光粉的 XRD 谱图[1]

综合前面的讨论,X 射线粉末衍射的定性物相分析结果只能证明是否"有"这种物相,而不能确定是否"无"这种物相。因为找不到某物相的衍射信号有可能是因为信噪比不高造成的,所以如果有其他检测手段,比如光谱技术(可探测 $10^{-6}$ 浓度级别)表明存在着某种杂相,那么通常应当接受存在杂相的结果。

除了前述确认陶瓷中物相类型的分析,X 射线衍射也可以用于确认已知物相数量的定量表征。在假定谱图不存在系统误差和人为误差的前提下,传统的定量分析方法有内标法、外标法和参比法。由于标样法(内标法和外标法)容易受备样的影响而引入系统误差或人为误差,而且操作麻烦,因此常用的是参比法。

参比法也称为相对强度比例(reference intensity ratio,RIR)法,即首先选择一种化合物(目前是刚玉 $Al_2O_3$)作为参比,其他化合物的不重叠最强衍射峰的强度与其最强峰强度进行比较,得到一个比值,利用这个 RIR,不同化合物之间就可以直接比较,而且可以给出相应化合物各自的含量。PDF 数据库中绝大多数化合物都具有 RIR 数据,可以直接进行 RIR 法定量分析。不过,RIR 法没有考虑制样和测试时对谱峰强度的影响,因此这种分析严格而言可以算是半定量分析,虽然在确定物相绝对含量上可能存在误差,但是对于考虑系列陶瓷样品中的物相相对变化是适用的——此时制样和测试对不同样品的影响是相似的。

更先进的 X 射线衍射物相的定量表征是建立各种影响谱图强度的物理模型,将物相含量也作为一个待确定参数。通过对比实验谱图和计算谱图,调整参数取值来获得二者的最佳拟合。其典型代表就是下文介绍的主要用于结构分析的 Rietveld 精修。

**2. 晶体结构分析**

如前所述,多晶的衍射图案不再是明亮的衍射斑点,而是连续化成衍射锥,而更麻烦的是衍射锥只与衍射方向有关,体现在布拉格方程上,就是仅与 $d$ 有关,从而在单晶衍射中属于不同晶面的衍射点。如果各自晶面具有相同的晶面间距,那么在粉末衍射谱图中就会重叠在一起。这就使得基于粉末衍射谱图的结构分析要比单晶困难得多。因此陶瓷的晶体结构分析一般不是真正的"晶体结构解析",而是"晶体结构精修"。

透明激光陶瓷的结构表征通常是从求解晶胞参数或者确认晶面间距开始的,比如求解石榴石立方晶胞的边长用于计算晶胞体积,以便得到理论密度而用于陶瓷致密度的计算。另外,通过晶面间距的变化可以辅助证明结构畸变,比如是否存在氧空位,激光离子是否确实进入晶格并取代基质阳离子,结构是否纯相,是否存在晶胞参数差异很小的同构物相等。严格说来,这类表征从晶体学的角度来看就是实施所谓的"指标化"过程,即对各个衍射峰赋予相应的衍射指标(晶面符号)并且得到晶胞参数,而晶面间距可以通过衍射指标和晶胞参数代入公式计算得到。指标化操作不用涉及原子结构的解析,这是因为它所需的实验数据是谱峰位置,并不考虑谱峰强度,而后者才与原子种类和位置密切相关。

直接利用谱图的单个谱峰指定峰值位置,或者简单进行分峰而获得峰值位置以实施指标化是目前陶瓷领域求解晶胞参数或者确定晶面间距的常用操作。但是这种方法弊端很大,首先,正如 4.1.1 节所述,基于透明激光陶瓷块体所得的衍射图谱在确定峰值位置的时候会受到择优取向的影响,难以正确分解复合谱峰;其次是这种简单的分峰忽略了实验谱图是数学卷积的结果,换句话说,单独一个谱峰同样受到其他位置谱峰的影响,因此分峰并没有考虑这种全局作用;最后,从数学的角度而言,分峰结果不是唯一的,这就意味着基于分峰结果所得的结构信息会因人甚至因时而异。因此利用这些峰值位置实施指标化所得的结果并不一定可靠,在存在晶胞参数相近的第二相结构等特殊情形下更是如此。

更准确地获得晶胞参数及其晶面间距的方法是无结构全谱拟合,具体可以采用勒贝尔(Le Bail)精修或者波利(Pawley)精修。相比于指标化,这两种方法提供了一种修正手段,需要给出初始的晶胞参数和衍射指标。由于透明激光陶瓷是已知化合物的透明陶瓷化产物,比如石榴石、倍半氧化物、氟化物和硫化物等的晶体结构,包括晶胞参数和衍射指标是已知的,因此这些可以作为实施勒贝尔精修或者波利精修的初始参数值。这两种精修手段都是基于整张谱图,同时考虑背景和谱峰线形对实际晶胞参数的影响,不但可以获得更可靠的晶胞参数及其衍生的晶面间距(结合衍射指标计算),而且也是下文所述结构解析和结构精修的基础,即所得的晶胞参数、谱峰线形、背景参数等信息可以进一步使用,结合谱峰强度而解析结构或者完成所给结构模型的修正。总之,在透明激光陶瓷领域,直接基于已经知道构成陶瓷的化合物理论结构的前提条件,改用无结构全谱拟合所得的理想密度、致密度以及结构是否纯相的信息会更为准确可靠。

确定晶体结构就是确定晶胞所属空间群、晶胞参数和晶胞中非对称单元所含原子的坐标。这三部分也是描述晶体结构必需的三大要素。在此基础上,可以进一步确定晶胞中所含化学式的个数,晶胞所有原子数、键长键角乃至特定离子的配位结构等。对于单晶而言,由于每组平行晶面都可以获得一个明亮的衍射点,因此可以依据衍射光学的相关理论,直接逆向推导出产生这些衍射点的周期性结构,即晶体结构,这就是晶体结构解析。相反地,对于多晶,在形成粉末衍射谱图,晶面间距相同的不同组晶面产生的衍射信号重叠在一起,而且还有样品尺寸、应力和仪器衍射几何等对谱峰线形产生影响,因此在衍射点数量和衍射强度准确提取方面都不如单晶,从而要模仿单晶的方法,直接基于衍射强度解析结构就很困难,即便是专业的晶体学专家也不容易胜任。

然而实际的陶瓷晶体结构分析,尤其是透明激光陶瓷晶体结构分析并没有这么复杂,因此它们一般是基于某种已知基质,比如 YAG 进行 $Nd^{3+}$ 掺杂改性,即将 YAG 中的部分 Y 离子改为 Nd 离子而获得 Nd:YAG 透明激光陶瓷就是其中的典型例子。这时的晶体结构分析等效于在原有 YAG 晶体结构上进行 Nd 取代的修正,基本的做法有两步:①将部分 Y 离子换成 Nd 离子;②改变结构参数,让所得的计算谱图与实验谱图一致,此时就得到真实的结构。基于这两步做法的过程称为"晶体结构精修"。实际的精修要更为复杂,这是因为实验谱图除了来自结构的贡献,也有仪器和样品形态的贡献(相关参数一般称为几何参数)。

目前常用的晶体结构精修方法是里特沃尔德(Rietveld)精修。这是一种优化过程[2]。它将实验 X 射线粉末衍射谱图与基于物相含量、晶胞结构、谱峰线形、背景函数、表面粗糙度、择优取向、应变展宽函数等理论模型产生的计算衍射谱图进行对比,通过调整定义各类模型的变量,使得二者的差异低于预先指定的阈限,从而得到合理的描述问题结构的精修参数,其中包括了物相含量、原子坐标、颗粒尺寸和应变大小等信息。每一套参数所得的衍射谱图与实验谱图的一致性一般是利用品质因子 $R$(也称为残差因子)进行评价,常用的 $R$ 因子类型有谱图 $R$ 因子($R_p$)、加权谱图 $R$ 因子($R_{wp}$)和布拉格 $R$ 因子($R_B$)三种。不同精修软件的定义可能有所差别,需要参考相关的软件技术手册。上述三种 $R$ 因子中,由于 $R_{wp}$ 同时考虑谱图的拟合程度和数据点的误差(通过权重来表征),因此最具代表性,也是最常使用的衡量结果的数学性指标。

关于晶体结构精修需要注意如下两个问题:①用于精修的数据质量要远高于普通定性物相分析的数据,一个明显的差异就是谱峰强度。前者一般要好几万,而后者则要低一个数量级,这是因为精修没办法对噪声进行建模,而且又必需依赖于信号,因此尽可能获得准确的信号强度是精修数据的基本需求之一。②尽量避免谱峰的宽化。粉末衍射的谱峰数目本来由于不同晶面衍射信号的重叠已经变少了,但是实际测试中由于仪器和样品因素会导致谱峰的宽化,从而相邻谱峰之间难以分离,又进一步降低谱峰的数目——虽然精修时可以分离,但是这种数学分离的准确性和精度是比不上实际物理分离的。因此采用同步辐射和高结晶性样品来降低衍射峰半高宽对精修操作是有利的。

同步辐射是高速电子在作圆周运动时沿轨道切线方向辐射出来的电磁波,不但能量横跨硬 X 射线到红外光,而且亮度提高了上万倍以上,因此能够实现常规光源由于波长、穿透能力和信号微弱而不能实现的测试。粉末衍射如果改用同步辐射光源,谱峰的半高宽可以降到常规实验室光源所测的十倍以下,从而降低了由于分辨率低而造成的谱峰重叠,提高了纳米尺度物相和晶体结构的分析效率。

目前国内的同步辐射光源已经发展到第三代,归属于大科学设备,分别是北京同步辐射光源、合肥国家同步辐射光源和上海同步辐射光源。

图 4.2 给出了一个基于同步辐射光源的陶瓷高分辨 XRD 示例[3]。西凯拉(Siqueira)等利用同步辐射光的高分辨特性,将 XRD 谱图类似的 $Ln_3NbO_7$(Ln=La,Pr,Nd,Sm-Lu)区分三种结构,即(La,Pr,Nd)属于 $Pmcn$ 空间群,而(Sm-Gd)是 $Ccmm$ 空间群,剩下的则是 $C222_1$ 空间群[3]。具体操作时,首先利用里特沃尔德精修可以获得三种结构(图 4.2),其中 La 和 Gd 基化合物比较明确,而 Tm 基化合物粗看起来可以利用面心立方相进行精修,品质因子 $R$ 也不错,但是进一步仔细分析高分辨 XRD 谱图,发现相应于 $Ccmm$ 的(110)衍射方向存在着宽化的散射峰,而这是面心立方相不应当存在的,这就意味着原来确定的结构对称性过高,因此改用对称性较低的 $C222_1$ 空间群进行精修,获得了更准确的结果。

基于这种能将弱衍射信号从背景中剥离出来的高分辨数据,最终得到 $Tm_3NbO_7$ 的正确结构是 $C222_1$ 空间群。这个结论也得到了拉曼光谱振动模式分析结果的支持——此时反过来察看以前采用其他空间群的精修结果,可以看出这其实是由于纳米相存在的结构无序增大而获得的一种类似立方 $CaF_2$ 结构的平均所导致的"赝结构"。

最后需要指出的是,里特沃尔德精修方法由于综合考虑了各种影响并提出相应的模型,因此其结果要比传统的经验公式或者仅考虑部分影响因素的技术来得准确,比如前述的定量相分析中,基于里特沃尔德精修方法所得的结果要比基于 RIR 法来得准确。但是正是因为里特沃尔德精修结果的可靠性与模型的准确性有关,而现有模型还不能完美描述实验现象,比如微吸收效应和谱峰展宽效应的模型就对粉体的形状和分布做了限制,而实际粉体是难以完全满足这些限制的,因此精修所得结果也不是绝对准确的。同时"精修"本身就意味着原始结果已经大体接近真实值,进一步地计算主要是逼近真实值。基于这些讨论,目前陶瓷领域,包括透

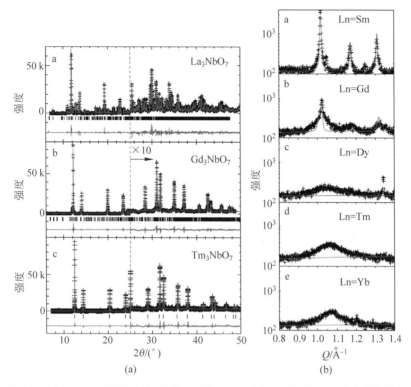

图 4.2　三种不同空间群精修的结果(左)和统一使用 *Ccmm* 空间群所得的(110)方向谱峰放大图(右)[3]

明激光陶瓷经常使用传统方法来处理 XRD 谱图也就合理了,比如基于 RIR 法分析陶瓷制备过程中各物相的增减就是一个典型的例子。图 4.3 给出了利用 RIR 法获得热压温度对 ZnS 物相影响规律的结果。ZnS 基透明激光陶瓷需要立方的闪锌矿结构的 ZnS,虽然室温下立方相可以稳定存在,而转变为六方相需要加热到 1024 ℃左右。但是透明陶瓷的烧结需要使用微纳米粉体,此时相变温度可以降低到 400 ℃以下。这就意味着即便初始粉末是立方纳米粉体,在处理中由于温度升高,也会转为六方相。而六方相存在双折射,对提高透明性是不利的,因此在烧结陶瓷中需要设法获得立方相,其中一种手段就是热压处理[4]。如图 4.3 所示,六方纤锌矿占主要比例的粉体热压成陶瓷后,随着热压温度的升高,六方相会逐渐转变为立方相(闪锌矿),并且在 900 ℃达到临界点(60.7%),而温度进一步升高时(>900 ℃),纤锌矿含量再次增加则可以归因于温度接近大尺寸块体的相变温度(1024 ℃),点阵受热振动并改变原有排列的趋势增强,超过了原有热压压强(250 MPa)的影响,因此促进立方向六方的转化。虽然受限于常规衍射实验的分辨率以及 RIR 法所得结果的准确性,但是图 4.3 仍揭示了实际的物相转变过程以及关键的温度点,从而为 ZnS 基透明激光陶瓷的制备提供了技术依据。

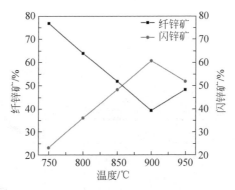

图 4.3　不同温度下热压所得的 ZnS 陶瓷中的物相变化

最后,考虑到实验设备是基于特定衍射几何而建立的,不同衍射几何结构对应不同的样品、探测器和 X 射线源的相对位置分布,所得的原始谱图需要采用不同的强度校正技术,因此使用 X 射线技术进行物相和晶体结构表征的时候必须记录相关设备的信息,并作为实验报告和学术论文中有关实验测试表征的内容。

相关设备的信息主要有两个部分。首先是设备型号、X 射线源电压电流和单色器等的介绍,比如对于实验室用 X 射线粉末衍射仪,可以如下介绍:"Huber G670 平板成像(Guinier 相机),Cu Kα1,锗单色器,40 kV/30 mA"。对于同步辐射光源则需要更详细的说明,比如"上海同步辐射光源 BL14B1 X 射线衍射光束线站的 Huber 六圆衍射仪,弯铁光源,以预准直镜＋双晶单色器＋后置聚焦镜获得较高能量分辨率和角分辨率的单色 X 射线源,能量分辨率:$\Delta E/E \sim 1.5 \times 10^{-4}$ @ 10 keV,聚焦模式时发散角为 2.5 H×0.15 V $\mathrm{mrad}^2$,波长 1.2438 Å"。其次就是数据收集策略相关的信息,比如采用步进扫描的步长和每步所用时间等,这些对于判断分析结果是否合理,是否免除设备噪音影响等是必需的,是所得物相和晶体结构结果是否有效的重要原始判断依据。

## 4.1.2　组成元素与基团

透明激光陶瓷的组成元素与基团分析可以确定陶瓷内部包含的原子种类、数量以及局域配位结构。与 4.1.1 节的分析不同,这种分析涉及的对象除了构成陶瓷的晶粒,还包括陶瓷中的无定形相、晶界和没有反映在 XRD 谱图中的微量结晶杂相。相应地,其所表征的基团(配位结构)也可以存在于这些物相中。

这里需要说明的是,透明激光陶瓷相关文献中描述浓度的单位经常采用"at.％",而不是其他科研常用的摩尔比例"mol％"或质量比例"wt.％"。"at.％"表示原子个数比,比如 1at.％Yb:YAG 就是将 Y 原子置换掉 1％,实际的化学式是 $Y_{2.97}Yb_{0.03}Al_5O_{12}$ 或者 $(Y_{0.99}Yb_{0.01})_3Al_5O_{12}$。下面分别简要介绍一下常用的组成元素和基团测试方法的原理及其在透明激光陶瓷中的应用。

**1. 组成元素分析**

原子外围的电子具有不同的能级,其中越靠近原子核的电子受到外界的影响越小,能量也更加稳定。不同种类的原子,由于原子核与核外电子的相互作用不同,这就使得表征内层电子所处的能量可以鉴别出原子的种类,而相应的电子数量可以代表原子的个数。换句话说,利用外来能量辐照材料后,构成材料原子的内部电子发生能级跃迁所产生的特征谱线及相应谱线的强度能够实现元素的定性、半定量和定量分析,这就是化学法组成分析的基本原理。另外,基于所带的电荷数与原子核数目(即离子的荷质比)也可以鉴别离子来源,反馈元素种类,不过由于荷质比存在多义性,即一个数值可能对应多种离子,因此与上述基于原子光谱的化学成分分析是有区别的。

基于上述的测试原理就产生了常用于陶瓷领域的各种组成元素分析手段,其中包括电感耦合等离子体原子发射光谱(inductively coupled plasma atomic emission spectrometry,ICP-AES)、电子探针微区分析(electron probe microanalysis,EPMA)、X射线荧光以及辉光放电质谱(glow discharge mass spectrometry,GDMS)。其中前三个基于原子发光光谱的测试原理,最后一个基于离子荷质比的测试原理。下面分别做简单介绍。

ICP-AES 的测试原理是在等离子体高温作用下,样品中的分子、原子或者离子被汽化,从而进一步降低原子内部电子能级跃迁受周围环境的影响,并且能够和已经建立的基于气态原子的标准能级数据进行比较。此时通过内部电子能级跃迁所产生谱线的波长和强度就可以确定样品所含成分及百分比。ICP-AES 操作简单便捷,而且分辨率很高,可以达到 $10^{-6}$ 数量级,同时适用于杂质和基质。不过在实际使用中,仪器为了追求高灵敏度都是尽量提高弱谱线的强度。如果同样的部件不加修改就应用于基质元素分析,将因为谱线信号过强而产生饱和,得不到基质的正确组成。因此,实际操作中也有专用于杂质含量分析的做法。另外,近年来通过改变原子化方式也产生了新型的 ICP-AES 技术,比如利用脉冲激光辐照样品,激发出气态离子或原子进行测试。

电子探针微区分析的基本原理是当电子束入射到样品上,构成样品的原子受激发射各自的特征 X 射线,这些特征 X 射线的波长代表了相应元素的种类,其强度则可以用于定量分析。由于电子束可以利用磁场聚焦到微米级甚至纳米级,从而实现微米级甚至纳米级区域元素分布的分析,这就是所谓的"微区分析"的由来,相应地这种技术称为电子探针微区分析(electron probe micro-analysis,EPMA)。通常 EPMA 功能模块都是集成于电镜上,在完成扫描电子显微镜(SEM)或者透射电子显微镜(TEM)操作的同时,即可完成 EPMA 测试。一般 EPMA 的元素分析范围：B—U；元素检测极限约为 0.01％；定量分析的总量误差小于±3％。

有关背散射电子形貌及成分电子探针线扫描分析结果及其解释可以参见 1.1.4 节。图 4.4 是用于磁光材料的 $Tb_2Hf_2O_7$ 透明陶瓷的扫描电镜图以及各组成元素（Tb、Hf 和 O）的电子探针面扫描结果。原始图像是不同陶瓷区域所得给定元素特征 X 射线的强度图像，体现为灰度图，可以利用计算机软件进行后期的彩色化处理，从而充分利用人眼对彩色更为敏感的特点。面扫描图的颜色分布越均匀，元素分布就越均匀，相对较暗或较亮的区域意味着存在元素浓度的异常区，至于是聚集还是缺失则需要根据后期处理时色度条而定。如果没有给出色度条，一般默认是颜色越深，浓度越大。

图 4.4　$Tb_2Hf_2O_7$ 透明陶瓷的电子探针面扫描分析结果[5]

基于电子显微镜的组分分析技术除了利用背散射电子、二次电子和 X 射线，还可以利用电子能量损失谱。它的测试原理与下文要提及的 X 射线吸收精细结构谱相似，都是利用给定元素对不同能量的吸收系数存在着非线性变化，即在相应于原子轨道能量附近（吸收边）存在着强烈的吸收和吸收振荡，因此扫描不同能量的吸收损耗（图 4.5(a)），利用吸收边的专属性和谱峰强度就可以实现元素的种类和含量分析，并且这种分析相比于基于特征 X 射线能量的组分分析（即 EPMA）具有更高的分辨率（图 4.5(b)）。除了表征杂质元素的含量变化，还可以通过半高宽的大小进一步给出杂质元素的分布模型，比如是单层还是多层，是规则分凝还是无序分散等。这种测试效果与下文的 X 射线吸收精细结构相比于 X 射线荧光在组分分析上的优势也是类似的。

另外，基于特征 X 射线的化学成分分析还有一种重要的技术，就是 X 射线荧光分析。它与 EPMA 的主要区别在于入射光源采用的是高能 X 射线。由于 X 射线没有合适的聚焦透镜，因此区域分析一般采用的都是遮光原理，即利用光阑或者光圈来选择，这就限制了区域的尺寸，但是浪费了光源，从而使得 X 射线荧光主要用于宏观尺度（毫米级及其以上区域）整体元素平均含量的分析。不过近年来通过毛细管透镜和波带片实现了 X 射线的聚焦，达到微米级的光斑，但是这种聚焦是以能量的损耗作为代价的，因此目前仅在同步辐射光源上开始初步应用，有待今后的

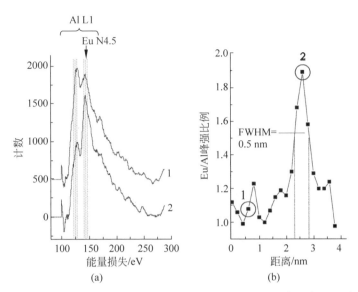

图 4.5　掺 Eu 尖晶石陶瓷的晶粒内部(标"1")与晶界中心(标"2")的电子能量损失谱(a)和能量损耗近边结构谱(energy-loss near-edge structures,ELNES)(b)[6]

发展和普及。

近年来,在有机化合物中广泛使用的质谱技术随着高能激发源等技术的进步,也引入到陶瓷块体的研究中,辉光放电质谱仪就是这类设备的代表。它的原理如下:高压电场电离惰性气体产生的正离子撞击作为阴极的样品表面(阴极溅射过程),产生的二次离子大部分回到样品表面,而中性气态原子则可自由运动,在负辉区(离阴极比较远)被电子和处于亚稳态的惰性气体原子电离,所得离子(一般为+1价态)进入探测器,形成质谱。辉光放电质谱的优点在于可以直接分析固体样品中的痕量杂质。而且它检测的是荷质比,记录的是带电离子的动能,因此涉及元素几乎覆盖整个周期表,具有超低检出限,响应灵敏度因子动态范围宽等优点,已成为固态高纯材料杂质分析的主要手段,大多数元素的检出限为 $0.1\sim0.001\ \mu g/g$。近年来基于等离子体和脉冲激光等高能激发源也发展了相应的质谱,比如等离子体质谱(ICP-MS)和脉冲激光剥蚀质谱等。

最后需要注意的是,陶瓷领域中,尤其是工厂内面向大批量产品的分析主要使用常规化学分析法。这种方法基于化学反应原理:首先将待测样品转化为某种合适的能参与化学反应的试剂,通过化学反应的现象,比如颜色变化等来确定反应终点;然后利用已知的参与反应的试剂用量和反应方程来推算待测样品所转化试剂的用量,从而进一步得到待测样品的组成。常规化学分析法的优点在于操作简单、设备易得和经济性强,但是需要大量样品,不适合 $0.1\%$ 以下元素的精确分析以及不能多元素同时分析是它的弱点。它的优势在于经过长期的发展,针对不同的陶瓷成分,比如 $SiO_2$、$Al_2O_3$ 等已经建立了成熟的测试方法、流程乃至标准,因此十分适合于陶瓷基质组分的确定。具体陶瓷成分的化学法分析可以参考各种教材[7],这里就不再赘述。

**2. 基团表征**

当某个中心离子与周围近邻离子、原子或分子配位成键后就组成了一个基团,此时构成基团的化学键会发生运动(本质上是粒子偏离平衡位置的运动),从而产生化学键的振动与转动。这些振动与转动具有各自的能级,其相对于基态能级的能量大小与基团的组成和结构有关,从而这个能级差可以用来表征基团。由于基态可以通过吸收外界的能量进入特定的振动或转动态来实现能级跃迁,因此以一定波长范围的电磁波扫描样品,对比透过样品的电磁波强度分布,就可以明确被吸收电磁波频率和数量,从而分别确认基团的性质和数量。这就是红外光谱与拉曼光谱的测试原理。

表征基团的方法除了基于基团的振动和转动,也可以基于组成基团的离子、原子和分子等对入射电磁波的散射。4.1.1 节提到的晶体结构的衍射表征其实是这种散射表征的特例。另一种典型的以散射方法来测量基团组成和结构的典型技术是 X 射线吸收精细结构(X-ray absorption fine structure,XAFS)谱。

下面具体介绍三种主要基团表征方法,即红外光谱、拉曼光谱和 X 射线吸收精细结构谱的理论,实施和应用。

1) 红外光谱

红外光谱(infrared spectrum,IR)主要来源于具有净偶极矩的化学键振动。由于这种振动频率范围处在红外区域,因此体现为红外光的吸收。在红外光波段中,近红外区 $12820 \sim 4000 \text{ cm}^{-1}$($0.78 \sim 2.5 \ \mu\text{m}$)属于—OH 和—NH 的倍频吸收区,信息量少,远红外区 $400 \sim 20 \text{ cm}^{-1}$($25 \sim 500 \ \mu\text{m}$)对应纯转动吸收,影响因素复杂。因此常用的是表征振动吸收的中红外区 $4000 \sim 400 \text{ cm}^{-1}$($2.5 \sim 25 \ \mu\text{m}$);其中 $4000 \sim 1300 \text{ cm}^{-1}$ 是官能团区,而 $1300 \sim 400 \text{ cm}^{-1}$ 是指纹区。一般所说的红外光谱就是中红外区的红外吸收光谱[8]。

红外光谱对应的振动根据化学键的键长、键角大小的周期性变化,可以分为伸缩振动($\nu$)和弯曲振动(变角振动,$\delta$)两大类,对原子数大于等于 3 的基团,两种振动都包括对称和不对称类型,不对称伸缩振动 $\nu_{as}$ 频率高于对称伸缩振动 $\nu_s$。

常用的傅里叶变换红外光谱仪一般采用透射模式测试入射红外光的透射率,如果陶瓷样品不透明,对红外光散射严重,可以研磨成粉末,然后与 KBr 混合压成薄片进行测试。

红外光谱的分析一般采用比较法,即将实验所得的谱图与标准数据库或者文献报道进行对比,然后将各谱峰归因于各自化学键伸缩振动或者弯曲振动。目前根据简谐振动模型和原子所处格位的对称性分析,可以从对称元素构成的不可约矩阵的特征标推导可能的红外振动模式,然后通过理论计算得到各个振动模式的频率,从而解释红外光谱图。不过,囿于量化计算在处理电子相互作用和电子与原子核之间相互作用的不精确性,理论计算的频率与实验频率存在偏差,因此主要用于谱图解释时提供借鉴,实际分析仍以对照数据库和文献为主。

另外,在系列比较的红外光谱中,基团谱峰的移动表示成键性质的变化,即化学组分变化,而基团谱峰强度的变化表示成键数量的变化。

2) 拉曼光谱

自从 1928 年印度物理学家拉曼首次报道拉曼效应以来,拉曼散射已经成为物质成键结构分析的有力工具。由于拉曼散射的频率位移(即入射光与散射光的频率之差)由基团振动和转动能级差决定,对特定物质具有指纹作用,不随入射光频率改变,因此拉曼光谱也可以表征基团的组成和结构。另外,当温度或压力等发生变化,此时基团成键环境或者说基团极化率就会发生变化,从而改变拉曼散射的频率、强度和数目。因此拉曼光谱也可用于表征化学键变动、微观结构演变和产物相变等。

拉曼光谱和红外光谱是既有联系又有区别的。这两种光谱都反映基团振动和转动能级差,但是红外光谱源于基态到激发态的跃迁,而拉曼光谱则是受激虚态到激发态或者基态的跃迁,其能级差体现为拉曼频移。某一振动可以同时具有或者同时没有红外活性和拉曼活性,而在基团具有中心对称时,拉曼活性和红外活性则是互不相容的,即某个波数范围存在拉曼光谱时就不存在红外光谱。

相比于红外光谱,拉曼光谱在陶瓷结构表征的应用范围和价值更大。其原因除了上述红外光谱不可替代的中心对称性表征,还存在着如下两个方面:①无损-现场表征的便利性;②中心对称性表征的衍伸信息。

首先,陶瓷是块体,相比于晶体和玻璃而言,它由多个晶粒构成;而相比于粉体而言,它的界面不是自由表面,因此研究陶瓷的时候,无损-现场表征是优先的选择,而研磨成粉体则是不得已的、需要考虑理论和实验限制的选择。红外光谱本质上是一种透射光谱的测试,因此通常要将样品加工为粉末,然后与 KBr 粉末混合压成透明或半透明片状块体进行测试,类似于将粉体分布在 KBr“固态溶剂”中,这就会影响对陶瓷结构,尤其是晶界结构的认识。而且研磨成粉末,原先的缺陷也可以通过自由表面释放掉,并不能反映真实的结构,在关联材料性能的时候先天就丧失了全面性和准确性。

与此相反,拉曼光本质上属于一种非弹性散射,这就意味着对拉曼光子的收集非常灵活,可以是反射型,也可以是透射型,甚至可以采用积分球,将所有方向的散射光都收集记录下来。因此材料不需要进行特定的加工,只是受限于样品架的形状和尺寸而已。基于拉曼光探测的灵活性,拉曼光谱的测试可以很方便地施加各种外场,比如通过加热/冷却台施加温场效应而获得变温或低温拉曼谱。

其次,化学键是联系原子或离子的中介,任何材料的性质与变化都可以归因于化学键的变化,比如悬空的化学键形成了表面缺陷,化学键的断裂引发了相变,配位化学键的几何变形产生了畸变结构……如前所述,由于拉曼光谱就是化学键振动与转动的反映,因此化学键的变化当然可以通过拉曼光谱进行表征。更进一步地,由于理想材料的中心对称性很容易被实际材料中存在的缺陷结构所破坏,此时与此对应的拉曼谱峰在强度、位置和谱峰数目就会发生变化,而这些缺陷结构是影响材料实际性能的结构基础,因此拉曼光谱就为了解它们提供了直接与必要的表征手段——通过拉曼光谱获得有关基团成键方面的信息,从而认识陶瓷的组成、缺陷、物相和区域均匀性等性质。

在实际的表征中,通常利用拉曼光谱峰的位置和数目进行定性分析,而拉曼光谱峰强与相应分子或基团的浓度成正比,则可以用于半定量分析。另外,基于现代激光技术和计算机技术,可以对试样进行三维拉曼信号测试,并且以不同衬度或颜色画出微区拉曼信号的变化,直观地体现试样的微区组成和结构。

基于拉曼光谱的理论和现有的计算与设备技术的发展,当前拉曼光谱在陶瓷中可以实现如下的主要功能:定性或定量表征分子或基团;研究微观形变以揭示材料的残余应变/应力、界面行为及界面微观结构等;进行微区聚焦而表征晶粒、晶界、气孔等微结构的分布、取向、结晶性等;通过相变监测,并且利用变温技术研究温度对体系内部相互作用、新旧相交替等的影响;同时还可以表征体系掺杂、辐照和淬冷等处理后的结构变化,为理论模拟与计算提供依据。

需要指出的是,虽然拉曼光谱在陶瓷领域大有用武之地,但是囿于传统认识的局限和商业设备面世的滞后性,商业拉曼光谱仪仍以面向有机液体的设备为主,近十几年来与显微镜匹配发展的共聚焦拉曼光谱仪才实现了商业化,而变温平台长期以来都是相关实验室自行设计和搭建为主。与拉曼光谱仪配套销售也是这几年的事情,并且在温度范围,尤其是 $1400\ ℃$ 以上的高温区仍然存在限制——商业化设备需要考虑各种安全政策和环境法规,不如实验室的设计具有更大的灵活性。这就导致透明激光陶瓷领域的拉曼光谱表征实验,尤其是现场高温甚至多物理场耦合的实验,通常需要自行搭建拉曼光谱仪,才能确保研究的前沿性,以引领国内外研究潮流。因此这里简要介绍拉曼光谱仪的设计原理和主要注意事项。

图 4.6 给出了拉曼光谱仪的光路原理图。激光器发出的光经反射和准直后进入样品,随后非弹性散射光聚焦后被光谱仪记录。在设计中需要注意如下事项。

(1) 由于非弹性散射光较弱,因此一方面需要提高激光功率,但是又要避免激

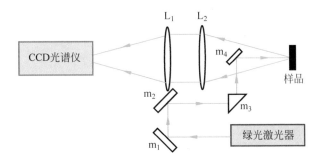

图 4.6 拉曼光谱仪光路原理图（以绿光 514.5 nm 为例，m 表示反射镜，L 表示透镜）

光功率过高而损伤样品。而且随着激光功率增加，同一激光器所得光束的质量可能会下降，比如单色性变差、光束发散等，不利于拉曼光谱的分辨率和准确性。另一方面要设计好光路，比如考虑反射镜和狭缝造成的光损失，以及通过透镜组聚焦散射光落到光谱仪上（与光谱仪内部的透镜组匹配）等。

（2）入射光会被样品反射，因此在进入光谱仪前需要被过滤掉。过滤器可以放在单色器的入射狭缝前（如果采用一整套光谱仪完成分光和记录，则放在光谱仪前），其滤光波段应当包含入射光的波长。而滤光范围会限制实际测试谱图的低波数准确性，待过滤激光波长越处于滤光波段中心，滤光波段越狭窄，效果越好。另外，如果激光功率比较高，在激光器和反射镜 $m_1$ 之间还要考虑加装光隔离器，避免反向激光损坏激光器。

（3）要尽量提高入射激光的单色性，比如让激光器工作在合理功率，不盲目提高功率获得更大的光强。在反射镜 $m_4$ 和样品之间可以加上窄带通滤光器以提高激光单色性。

（4）激光器可采用连续波长激光器，比如总功率为 4 W，实际使用功率为 0.5 W，波长为 514.5 nm 的激光器。而反射镜的反射率应高于 90%，三棱镜的平整度为 95%，单色器则以单色范围和分辨率为主要指标，其前后可以分别用入射和出射狭缝控制散射光，典型的狭缝尺寸示例是高 2 mm，宽 5～20 $\mu$m。

（5）搭好的光谱仪必须校正，主要包括两部分：①波长位置的校正。当激光波长取绿光 514.5 nm 时，可以用汞灯 500～850 nm 的谱线进行校正。②标准样品校正：以金刚石（1332 $cm^{-1}$）和红宝石（694.2 nm 和 692.7 nm，落在 4950～5100 $cm^{-1}$）的特征拉曼谱表征实际测试效果，并据此进行峰形拟合函数的选取。

实验所得的拉曼谱峰一般需要进行拟合处理，从而获得更准确的谱峰位置（尤其是存在重叠谱峰的时候）。这个峰形拟合操作有时也称为谱峰分解。用于拟合的函数可以是高斯函数，也可以是如下的沃伊特（Voigt）函数[9]，其中 $a_0$ 是谱峰幅度值（peak amplitude），$a_1$ 是谱峰位置，而 $a_2$ 和 $a_3$ 用于确定峰宽。具体采用哪类峰形函数,主要看拟合后理论谱峰与实际谱峰的形状对比(即残差)。

$$f(x) = \frac{\displaystyle\int_{-\infty}^{+\infty} \frac{a_0 \exp(-y^2)}{a_3^2 + \left(\frac{x-a_1}{a_2} - y\right)^2} \mathrm{d}y}{\displaystyle\int_{-\infty}^{+\infty} \frac{\exp(-y^2)}{a_3^2 + y^2} \mathrm{d}y}$$

3) X 射线吸收精细结构谱

作为散射方法测量基团组成和结构的典型技术之一,XAFS 谱其实是 X 射线吸收光谱(X-ray absorption spectroscopy,XAS)的特例,这是因为它同样是中心离子吸收高能 X 射线并激发出光电子后产生的。因此散射的不是入射光,而是次生光电子波,而且考虑谱图落在吸收边附近,有效信号随远离吸收边的距离而呈指数衰减,因此在远离前后两个吸收边的能量区域只有背景噪音。

XAFS 的原理如下:中心离子受 X 射线激发产生光电子,其波动(光电子波)会被中心离子附近的其他离子散射而得到散射波。由于波的传播方向是全空间的,因此这些散射波会与从中心离子发出的光电子波彼此叠加而形成振荡,这就会影响相关能量范围 X 射线的吸收。因此如果以能量对强度做图,就可以在中心离子的吸收边附近观察到一系列强度变化不均匀的振荡峰,通过数学处理这些振荡信号可以逆向推导该中心离子周围的近程离子的分布,从而表征中心和近程离子的种类、配位间距、配位数以及基团排列无序度因子等结构信息。根据分析的能量范围相对于吸收边的距离,XAFS 包括 X 射线吸收近边结构(X-ray absorption near edge structure,XANES)和扩展 X 射线吸收精细结构(extended x-ray absorption fine structure,EXAFS)。

除了表征中心离子的局域结构,XAFS 也可以表征中心离子局域内的缺陷,一般的做法是建立模型,比如格位取代模型或者将游离电子或空穴等看作一个假想的原子(哑原子)。然后理论计算谱图,通过修正各类变量来逼近实验谱图,从而给出谱图的实验解释。同样地,XAFS 的这种功能还可以为其他测试所得的缺陷模型提供一种交叉验证手段。

XAFS 测试一般在同步辐射光源中实施。常规的实验室 X 射线光源由于亮度低了 4 个数量级,因此不但信噪比大,而且测试所需时间长达几天甚至几周以上,一般不适用。

在同步辐射光源测试时首先必须根据中心原子的吸收限考虑同步辐射光源的选择,比如上海同步辐射光源(SSRF)BL14W1XAFS 线站提供的光子能量范围分别是:4~22 keV(聚焦)及 4~40 keV(非聚焦);能量分辨(@10 keV):$2 \times 10^{-4}$ Si(111)晶体;聚焦光斑尺寸小于等于 0.5 mm×0.5 mm(H×V),这就意味着该线站不能用于 Si 及其以下的轻元素(这些元素必须使用更低的能量范围)。其次,

XAFS测试必须根据待测中心原子的含量选择测试模式,一般低浓度的掺杂考虑荧光法,而高浓度,比如中心原子本身就是基质组分,则考虑透射法。

目前,XAFS数据处理已经有多种商业和免费学术软件。最广泛使用的是通过Python语言提供友好用户界面的IFEFFIT程序包,它已经成为国内用户常用的数据去噪、校正、归一化、傅里叶转换、建模和拟合的综合性软件。该软件包包含了若干个主要模块,均是可单独使用的软件,其中用于数据分析的是Athena和Artemis两个软件。目前软件作者已经重写软件,合并为一个名为Demeter的软件系统,仍然是学术免费的。当然,之前的软件同样可以继续使用。由于相关软件的操作在图形用户界面(GUI)下其实就是一个按步骤点击各个功能按钮或菜单的过程,主要参数的输入都有详细的提示,因此使用非常方便,读者可自行参考软件包附带的示例进行练习和掌握,这里就不再赘述。

需要注意的是,XAFS数据的处理主要包括两部分:比较和模拟。其中比较功能主要利用Athena模块来完成,其具体操作就是在测试样品的时候也测试一些包含待测元素的标样,该元素在这些标样中的配位结构和价态是已知的,通过谱图的对比,就可以判断待测样品中该元素的价态和配位结构或者不同价态与配位结构的组合——理论认为强度可以叠加,因此可以利用各个标样的谱图来拟合实验谱图,从而半定量获得不同价态或者配位结构的含量,这就是所谓的"主成分分析法"或者"组分分析法"。模拟功能相对比较复杂,此时需要用户自行建立一个配位模型(也可以基于文献或者数据库直接导入或模仿构建),随后软件基于配位模型计算出理论谱图,然后与实际谱图进行对比,根据输入参数的约束(比如指定的键角和键长范围)等自动调整参数值,让理论谱图逼近实验谱图(即精修)。这种模拟有助于发现未知的配位机构,但是由于拟合的结果从数学的角度出发有无数个选择可以满足预设的精度,比如90%以上,甚至由于数据的高信噪比还可能导致更好的精度。因此基于模型的物理意义的判断标准远比基于残差或者一致性因子等数学拟合标准要可靠并重要得多,这是使用Artemis模块进行XANES模拟需要重点注意的。

## 4.1.3　表面分析

表面分析包括表面组成、结构和物理状态的分析。相应的分析技术有两大类,一类是"探针"可进入的深度有限,只能在表面范围,因此其分析结果体现的是表面的特征,比如进行表面组成和结构分析的X射线光电子能谱,表征陶瓷表面原子级别粗糙度的原子力显微镜,表征陶瓷表面或界面结构的扫描隧道显微镜和扫描电镜等。另一类则是"探针"可以调整,将来自材料内部(body)的信号弱化,而表面产生的信号则强化,从而实现表面分析,这类的代表主要是反射型(即"探针"和探测器在材料的同一侧)的测试设备,比如反射式 XRD(尤其是掠入射式 XRD)和反射式拉曼光谱仪等。另外,也可以通过聚焦等方式来加大这种"信噪比",比如共聚焦拉曼光谱仪可以将激光聚焦到材料中的某一层次,使得拉曼光谱主要是该层组成和结构的反映,而其余部分则要么没有信号,要么信号很弱。

陶瓷的表面组成和结构分析中,X 射线光电子能谱(X-ray photoelectron spectra,XPS)占据主要位置,一般可涉及表面 5 nm 左右的结构[10]。其原理是当用高能 X 射线入射材料表面时,表面原子的内层电子会被撞离并以不同的速度逃离样品表面。入射光子的能量用于克服内层电子的结合能并提供逃逸动能,在已知入射光子能量并且用探测器表征电子动能的条件下就可以获得内层电子的结合能数值[11]。由于结合能与原子所处化学环境有关,所以同一元素的 XPS 谱峰的位移能够反映原子所处化学环境的差异,从而给出化合价和配位结构等信息。显然,如果某一原子格位束缚了空位或者游离电子,那么该格位的原子相对于正常原子必然产生变价,这就改变了内部电子的结合能,从而通过 XPS 谱图可以反映出来。另外,为了保证材料表面不受污染,XPS 测试必须在真空条件下进行。

其他表面分析技术可以参考本章相应的小节,就不再赘述。这里需要提示的是除了类似 XPS 这样的表面分析技术,作为"探针"的高能 X 射线本身就只能到达表面层,因此不用考虑材料内部的影响,其余的表面分析技术,比如基于反射型和共聚焦模式的测试技术,一般需要有参考信息,以便区分来自表面的弱信号,因为这些信号也可能是来自于体结构的干扰。

另外,本书提及的表面分析其实也包括了界面的分析,具体操作有两种,第一种是将光学"探针"尽量聚焦,让其落到晶界上,此时界面的图像就比较清晰,而周围晶粒内部的图像因为欠焦而比较模糊,从而获得晶粒干扰较小的晶界测试结果。显然,这种测试模式要求陶瓷对入射光是透明的,比如透明激光陶瓷就可以利用吸收很小的光作为光源来实现这种聚焦操作。这部分内容在下文的三维成像部分还将进一步介绍。第二种则是通过研究断裂面的方式来考察晶粒的界面结构,即在外力作用下使陶瓷样品破裂,随后对破裂所产生的表面进行成像观察等相关研究,这种断裂面研究虽然对界面的研究有一定的作用,但是主要还是用来观察内部的致密性以及晶界和晶粒内部结合作用的强弱对比——断裂是晶粒与晶粒之间分离还是晶粒直接被分成两部分,如果是沿晶断裂,就意味着晶粒内部结合作用更大,晶粒更硬;如果是穿晶断裂则相反。断裂面观测对研究晶界的局限性与粉体自由表面不能反映陶瓷晶界类似,只不过程度不同而已,三者的结构存在晶界—断裂面—粉体表面的递变关系。

## 4.1.4　组分均匀性及其测试

虽然理论上大尺寸和可高浓度掺杂是透明陶瓷相对于透明单晶的优势,但是在实际制备透明陶瓷的时候,受限于具体的工艺和技术路线,在大尺寸的同时又要实现高浓度的掺杂往往会遇上组分的均匀性问题。

这种组分均匀性问题主要包括两种:一种是物相的均匀性,即陶瓷基质物相的比例,均匀性越高,其他物相(包括孔洞)等就越少;另一种是掺杂成分的均匀性,即掺杂的 $Er^{3+}$、$Yb^{3+}$、$Nd^{3+}$ 等激光离子在晶粒中均匀分布,并且每个晶粒具有同样的掺杂比例。

这两种均匀性是实现大尺寸激光陶瓷性能的前提,尤其是掺杂成分的均匀性更为重要,因为不同掺杂浓度除了发光性能不同,热性能也不同,因此不均匀分布就意味着大尺寸激光陶瓷内部很容易产生热透镜和热应力,不利于实现大功率泵浦和激光输出。

目前文献中常见的(4.1.1 节～4.1.3 节)以及后面介绍的光学质量表征主要测试陶瓷基质物相的均匀性,既可以通过物相的平均元素组成,也可以通过物相的平均结构来表征物相的纯度,检验是否存在杂相,进而改进制备工艺,获得高纯的陶瓷。

但是对于掺杂均匀性的测试,上述方法就存在困难,比如原子光谱法不但需要破坏样品,而且获得的是整体的平均,体现不出陶瓷晶粒与晶界等结构中杂质离子的分布;微区电子探针元素分析等由于取样区域过小,属于微米尺寸范围,而且基于电子束荷电效应的影响和设备限制,也不适合于大尺寸样品的测试,因此不能代表块体的整体性质;而 XRD 理论上给出的也是 X 射线辐照体积内掺杂浓度的平均值,而不是特定位置的掺杂比例。因此需要基于掺杂离子的物理化学性质研发并利用新型的测试技术。

一个可行的表征掺杂均匀性的方法是基于激光烧蚀的 ICP-MS 方法。这种方法的原理是利用聚焦激光束直接汽化样品,进而基于质谱方法测试汽化离子的种类与含量,分辨率可以达到 $10~\mu m$ 左右。实际测试中,可以利用激光束在陶瓷块体表面的移动来反映所经路径上的特定元素的种类及其相对浓度,从而给出了几十微米到毫米级别的元素相对分布信息,通过不同方向扫描路径所得的结果对比就可以反映大尺寸样品的分布均匀性;相比于电子探针的线扫描,这种技术除了可用于大尺寸陶瓷,而且不需要表面导电处理,从而更适合于大尺寸的掺杂均匀性表征。另外,这个相对分布的信息如果经过标准样品校正,也可以得到绝对浓度(其准确性随着标准样品与试样对激光束反应效率的一致性而提高)。

另一个可行的方法是 X 射线微区成像法。当前已经可以利用波带片将 X 射线聚焦到几十纳米的分辨率,因此可以在此基础上基于 X 射线荧光、X 射线衬度成像和 X 射线精细吸收成像来表征掺杂的均匀性。其机理分别是掺杂离子的发光,包含掺杂离子的部位相比于不含掺杂离子部位的质量差异,以及掺杂离子的特征吸收边。不过这些方法需要高亮度甚至高单色化的光源,比如同步辐射光源来获得高信噪比的测试结果,而同步辐射光源等可用机时有限,因此这类测试在目前只能小范围内应用。

最后要提及的就是基于热效应的组分均匀测试。这种方法的原理是不同组分的传热能力是不一样的,因此可以根据一段时间后的温度分布来检测组分的均匀性,而且操作简便,其测试主要受限于热源的尺寸和均匀性以及测温探测器的分辨率,具体可参见 4.6 节。

# 4.2　粉体形貌

透明激光陶瓷所用粉体的形貌包含两层概念:外形和粒径。外形除了直观地描述,主要是利用比表面积来表征其团聚程度。由于实际粉体的颗粒形状、粒径和团聚程度多样,并且实验测试表征也不可能落实到每一个颗粒,只能针对某一部分颗粒进行表征,因此理论模型具有简化和统计性的特点。其基于实验数据所得的结果是一种"等效"或"平均"的结果——这种"平均"并不是数学意义上的平均,如前所述,目前的技术是没办法落实到每一个构成粉体的具体颗粒上的。这就意味着粉体形貌的测试结果(包括基于理论得到的衍生结果)只具有"相对"比较的意义,并不具有"绝对"的准确性。这也是透明激光陶瓷制备时通常需要自行测试外来粉体的重要原因——基于自有的设备获得新的粉体形貌结果,除了验证外面测试的结果,还可以同自有的粉体所得形貌数据进行相对比较。

## 4.2.1　外形与粒径分布

透明激光陶瓷粉体的表征与常规陶瓷的手段一样,主要是基于 XRD 谱图、电镜照片、光散射以及比表面分析等技术。

粉体的外形通常利用扫描电镜照片来表示,并根据图片中显示的颗粒外表进行形象说明,比如球形颗粒、片状体、针状体、有(无)明显烧结颈、有(无)明显聚集、形状规则(表面光滑、结晶度高)以及形状不规则(表面粗糙、结晶度低)等。更进一步地说明还可以根据 XRD 谱图中的强峰对结晶度高而表面光滑的颗粒进行晶面标定,给出其露头的晶面族记号。需要注意的是,扫描电镜照片除了只能表征局域性的粉体外形(微米数量级),而且在测试中已经完成了二次处理(取样、分散甚至溅射镀导电膜等),因此同原生的粉体外形还是有差距的。这就要求在条件允许的时候,应当尽量多处取样以避免局部的特有外形过于显著的缺点,同时利用光学显微镜直接观察也是一个较好的辅助手段。严格来说,当前粉体的外形表征仍然局限于二维化的认识,甚至由于团聚的影响,连二维化的描述也只是一种等效的平均图像,因此更重要的测试还是粒径和粒径分布。

陶瓷粉体的粒径可以利用 XRD 谱图、电镜照片和光散射来表征。XRD 主要是基于谢乐(Scherrer)公式,利用谱峰的半高宽而得到颗粒的尺寸:

$$D_{XRD} = \frac{k\lambda}{B\cos\theta}$$

式中: $D_{XRD}$ 为粒径(颗粒直径,实际是晶粒垂直于该晶面方向的平均厚度); $k$ 为与粉体有关的常数,陶瓷一般取 0.89 或 0.9; $B$ 为扣除背底和非尺寸展宽贡献后所得衍射峰在高度一半处的峰宽,因此也称为半高宽; $\theta$ 为衍射峰对应的布拉格角(如果横坐标为 $2\theta$,则取谱峰最大值对应的横坐标值的一半)。

需要指出的是,谢乐公式是基于球形、各向均匀分布的单晶晶粒推导出来的。这有两层意思: ①颗粒外形越接近于球形,所得的粒径数值越准确; ②所得的粒径是引起衍射的单晶颗粒的粒径,如果粉体的颗粒是多个单晶团聚在一起,那么所得的是它们的等效"平均"粒径,而不是这个团聚体的粒径。基于这两个特点,可以利用谢乐公式所得的粒径并结合电镜照片和比表面分析(4.2.2 节)进一步研究粉体的外形和团聚程度。其中 XRD 的粒径与电镜照片所得粒径在同一数量级,通常具体数值会有所差异;而它们与比表面分析所得粒径则可能差一个数量级以上。

另外,谢乐公式的使用除了要求颗粒尽量是球形并且各向均匀分布,还要求扣除颗粒应力展宽和设备噪声展宽的影响,后者也可理解成设备在实际谱图中叠加了一个卷积。因此如果直接采用原始谱图的谱峰宽度,一般所得的粒径会过小。最后就是谢乐公式在推导时是假定 X 射线可以直线传输,这种假设要求颗粒的粒径足够大(10 nm 以上,具体极限与 X 射线波长等有关)。对于常规从块体研磨成细粉的粉体是没有问题的,因为其粒径至少都是几百纳米的数量级,但是利用软化学法,比如燃烧法、溶胶-凝胶法等有可能获得几纳米粒径的粉体,此时应当结合透射电镜照片加以分析,单独通过 XRD 谱图得到的数值不一定可靠。

实际的粉体会偏移球形和各向均匀分布,因此基于不同谱峰所得的粒径不一定等同(注意,必须尽量采用非重叠的、孤立的且信噪比大的谱峰),此时取其平均值更有代表性,如果结合电镜照片进行取舍也可以得到更合理的结果。

XRD 只能给出等效的平均粒径,而电镜和光散射则可以同时得到粒径和粒径分布。前者的操作就是统计电镜照片上颗粒的大小以及在某个尺寸区间中颗粒的个数,然后就可以画出表征粒径分布的直方图。由于电镜照片是将三维的颗粒表示为二维的图像,而且颗粒的形状不一定是规则的球形或正多面体,因此有的文献会在电镜照片所得的粒径数值前乘以某个校正常数或其他校正项,比如门德尔松(Mendelson)法中,每张 SEM 图片划一条线段,至少穿过 5 个晶粒,随后平均粒径采用 1.56 作为校正因子而获得有效粒径数值,这种方法也称为截割法(intercept method)[12]。这些校正项其实都有各自的试用范围,因此相关粒径数值主要用于相对比较。另外,由于电镜照片的结果存在局域性和非原生性的问题,因此大量拍摄不同部位的取样结果以及结合光学显微镜图片可以得到更准确结果。

光散射法源自小颗粒对光的散射理论。光源通常采用激光,从而简化光的波长和入射角。这种技术可以直接给出粒径分布,进而利用统计学方法计算出平均粒径和粒径离差等。与 XRD 和电镜法不同,光散射法可以直接利用测试的散射光强及其分布进行自动化处理,操作快捷简便。当然,其缺点也是比较明显的,首先粉体需要分散于连续性介质(一般是液体)中,因此也是非原生的粉体测试技术(与电镜类似),而且粒径分布与散射光测试结果的关系是利用理论公式计算的,但是这些理论公式都对颗粒的外形进行了限制——主要是基于球形颗粒来建立理论模型。显然,光散射法其实综合了 XRD 法和电镜法的一些特点,比如 XRD 的球形近似和电镜法的颗粒再分散测试等。因此虽然透明激光陶瓷的文献中通常采用 XRD 和电镜表征粉体的粒径及其分布,然而光散射法也可以作为有益的补充手段。

有关比表面测试粒径的方法可参考 4.2.2 节,这里就不再赘述。

## 4.2.2　比表面与团聚

由于实际的粉体并不是一个个分散的不可再分的颗粒(不一定是单晶,也可以是非晶),而是由不同团聚程度的个体构成的。如前所述,XRD 法反映的是单晶颗粒(不可再分的颗粒),而电镜法和光散射法表征的则是不同程度、人为分散后的团聚体,因此需要采用比表面测试技术得到更可靠的团聚信息。

比表面测试技术也称为比表面积(specific surface area)测试技术。为了纪念开拓该领域的三个科学家布鲁诺尔(Brunauer)、埃米特(Emmett)和特勒(Teller),就各取其首字母组成"BET"的名称,从而有了文献上所谓的"BET 公式""BET 比表面积测试"和"BET 法"等名称。其原理是假定氮气等气体分子在团聚体中被吸附时是单分子层的,那么在吸附平衡(吸附稳定)后,测得吸附压力和气体的吸附量,就可以根据单分子吸附模型计算样品的比表面积(单位为 $m^2/g$)。随后可以利用下述公式进一步得到粒径(假设是氮气吸附):

$$D_{BET} = \frac{6}{\rho \cdot S_{BET}}$$

式中,$D_{BET}$ 为粒径,$\rho$ 为粉体的理论密度(单位为 $g/cm^3$),比如 $Tb_3Al_5O_{12}$(TAG) 是 6.063 $g/cm^3$,而 $Y_2O_3$ 则是 5.031 $g/cm^3$,$S_{BET}$ 为比表面积(单位为 $m^2/g$)。由于上述公式是建立在原生粉体基础上的,因此所得的 $D_{BET}$ 可以看作原生粉体的等效平均粒径,这个数值一般要高于通过电镜照片和 XRD 统计得到的平均粒径。考虑到 $D_{XRD}$ 比较真实地反映了构成团聚体的单个颗粒的粒径(电镜照片中的颗粒仍然有不同程度的团聚),因此 $D_{BET}$ 和 $D_{XRD}$ 的比值($D_{BET}/D_{XRD}$)可以用来衡量团聚程度(aggregation degree):比值越大,则团聚程度越高。考虑到颗粒是三维颗粒,因此也有文献采用这个比值的三次方,即$(D_{BET}/D_{XRD})^3$ 来表示团聚程度[13]。

比表面分析的技术已经较为成熟,相关测试可以利用相关设备,比如美国 Micromeritics 公司的 ASAP-2010 型全自动比表面积分析仪完成,通过计算机处理直接获得所需的比表面积和颗粒尺寸等信息。

最后需要强调的是,比表面分析仪所依据的理论与光散射法等一样,相比于实际粉体而言过于理想化。虽然可以建立更复杂的模型,比如多层吸附和不规则粉体形状,但不仅数据处理更为复杂,而且也不一定同实际粉体一致——实际粉体其实也存在形状的分布,不一定是不同尺寸的同样形状的颗粒(比如不同半径的球体)。因此实际测试的时候仍然采用简化的理论模型来处理所得的数据,从而得到的比表面积和颗粒粒径是一种"等效"的数值。

# 4.3　陶瓷微结构

透明激光陶瓷微结构的表征与常规陶瓷基本一致。当然合格的、可用于激光的陶瓷所要求的技术指标要高于一般陶瓷,比如致密度要尽量接近100%,内部要实现晶界干净、无气孔和杂相等。

## 4.3.1　密度与致密度

### 1. 密度

陶瓷密度的测试一般是基于阿基米德排水法(也称为阿基米德法或者浮力法),其标准操作如下[14]:将样品在$(110\pm5)$ ℃烘箱中充分干燥(冷却到室温称重,其次干燥并称重,直到重量稳定),称量重量得到 $w_1$(空气中的干重);再次将样品在蒸馏水中煮沸一段时间(至少 3 h),让内部开气孔(open pores,也称为开口气孔)尽量充满水,随后冷却到室温,先在水中测得样品的重量 $w_2$(浮重);接着将样品取出,用吸潮的布(在蒸馏水中完全浸湿并轻轻拧干)擦掉表面的多余水分,随后迅速测试这湿润样品的重量 $w_3$(空气中的湿重),那么样品的体积密度 $\rho$(bulk density,干重与块体体积之比)可以如下计算:

$$\rho = \frac{\rho_{water} w_1}{w_3 - w_2}$$

由此可如下得到相对密度:

$$D = \frac{\rho}{\rho_0} \times 100\%$$

式中，$\rho_{water}$ 和 $\rho_0$ 分别是测试温度下水的密度以及样品的理论密度。

基于浮力定律不难知道采用阿基米德排水法是为了获得样品的实际体积，如果进一步分析 $\rho$ 的计算公式，可以发现它在表征真实密度上存在两个局限性：①由于直接利用干重，因此忽略了空隙中空气的影响；②样品内部的气孔必须与外界联通，不能有闭气孔（closed pores，也称为闭口气孔）。显然，空隙中的空气多少会增加所得的密度值，而封闭气孔的存在则降低了密度值。因此上述的密度称为"体积密度"比较合适。与此类似，在允许闭气孔存在的前提下如果只考虑表观体积（相比于块体体积，它扣除了开气孔体积，等于固体体积和闭气孔体积之和），就可以得到表观密度（apparent density）$\rho_A$ 的概念，其计算公式如下：

$$\rho_A = \frac{\rho_{water} w_1}{w_1 - w_2}$$

因此在介绍陶瓷材料密度的时候，应当注明具体的计算过程或者相应密度的名称。另外，所用的纯水的密度随温度的变化可以参考表 4.1。

表 4.1　纯水密度随温度的变化（10～30 ℃）[14]

| 温度/℃ | 密度/(g/cm³) | 温度/℃ | 密度/(g/cm³) | 温度/℃ | 密度/(g/cm³) |
|---|---|---|---|---|---|
| 10 | 0.9997 | 17 | 0.9988 | 24 | 0.9973 |
| 11 | 0.9996 | 18 | 0.9986 | 25 | 0.9970 |
| 12 | 0.9995 | 19 | 0.9984 | 26 | 0.9968 |
| 13 | 0.9994 | 20 | 0.9982 | 27 | 0.9965 |
| 14 | 0.9992 | 21 | 0.9980 | 28 | 0.9962 |
| 15 | 0.9991 | 22 | 0.9978 | 29 | 0.9959 |
| 16 | 0.9989 | 23 | 0.9975 | 30 | 0.9956 |

理论密度一般是基于陶瓷样品的 XRD 谱进行指标化得到初始晶胞参数，随后进一步精修而得到更准确的结果。精修的方式主要有两种，一种是基于谱峰的峰值位置，另一种则基于整张谱图。由于衍射谱峰的重叠和非对称线形会影响峰值位置的确定，因此基于谱图的精修结果更为准确。这种精修称为勒贝尔精修，并不需要明确晶体结构（原子坐标和占位等），仅需要初始晶胞参数和空间群，同时考虑了谱峰的强度、位置和线形。另一种不常用的类似的精修方法是波利精修——这两种精修并不是里特沃尔德精修，因为后者还包括有关修正晶体结构（原子种类、坐标和占有率等）。

基于勒贝尔精修或者峰值位置可以得到晶胞参数，以此获得晶胞体积，然后利用陶瓷的摩尔质量就可以计算出理论密度 $\rho_0$。需要指出的是，实际陶瓷的摩尔质量不一定与初始制备粉体所预期的结果组成一样，需要根据元素分析的实际结果来确定。然而现有文献中大部分是直接利用配料时预计的组成来计算,这种计算结果——尤其是掺杂不同浓度的激光离子的时候,如果不考虑实际浓度与配料时期望浓度的差异——就只能作为参考,而不能作为陶瓷性能乃至有关机制分析的可靠依据。

下面以 $Y_3Al_5O_{12}$ 为例介绍理论密度的计算。

根据 $Y_3Al_5O_{12}$ 的晶胞为立方体、1 mol 晶胞等于阿伏伽德罗常数个晶胞以及 1 个晶胞包含 8 个 $Y_3Al_5O_{12}$ "分子",可以得到如下的公式:

$$\rho_0 = \frac{80M}{6.02V} \ \text{g/cm}^3$$

式中,$M$ 是摩尔质量(单位为 g/mol),$V$ 是晶胞体积(单位为 $\text{Å}^3$),等于晶胞边长的三次方。上面公式中的系数已经考虑了不同单位之间的换算关系,因此所得结果以 $\text{g/cm}^3$ 为单位。

另外,有关相对密度的误区除了上述理论密度计算的缺陷,还包括实测密度的失误。除了前述忽略空气和闭气孔的影响,还包括忽略添加剂或其残留物质的影响。比如 $SiO_2$ 容易存留于陶瓷中,在烧结时它们能够以液相的方式促进气孔的封闭,从而降低闭气孔的影响,但是其存在则影响了实测密度,具体看主成分密度的相对大小,比如石榴石密度较高,那么 $SiO_2$ 的存在就会降低实测密度,导致密度降低。然而在观测陶瓷微观结构的时候,相比于不用 $SiO_2$ 作为烧结助剂的、致密度更高的样品而言,这类样品却可能看不到明显气孔,甚至具有更高的透射率。这也是基于致密度数据研究透明激光陶瓷需要注意的地方。

## 2. 致密度

致密度对于透明激光陶瓷而言是相当重要的,因为高致密度意味着高强度、高热导、高化学腐蚀、高热稳定性以及高光学质量等,其原因就在于气孔的存在会降低材料的力学强度、热导率和热稳定温度,并且增加材料与外界腐蚀环境的接触面积有利于腐蚀物质进入材料内部。另外,气孔的折射率与材料的折射率差别明显,因此会产生各种光学不均匀的不利后果,其中之一就是降低了材料的透光性。

由于致密度的概念(反映陶瓷的致密程度)是一种形象的描述,因此文献中有关致密度的定义就有好几种,比如显气孔率、体积密度、孔隙率和相对密度 D(参见上文有关密度的介绍)等。显然,显气孔率(apparent porosity)和体积密度作为致密度的表征量具有明显的缺陷,因为显气孔率没有考虑闭气孔的影响,而体积密度没有考虑化学组成的影响(更高的体积密度可能来自组成的变化),因此孔隙率和相对密度是更好的选择。由于实际操作中没办法直接测试闭气孔的体积,因此孔隙率只能利用相对密度来计算,从而相对密度数值就成了主流的致密度数值,也是透明激光陶瓷常用的表征手段。

从文献看,以相对密度来表示致密度的方法是麦肯齐(J. K. Mackenzie)等在研究耐火材料烧结程度时提出的[15]——致密度(相对密度)等于材料的体积密度与真密度之比。其中体积密度是材料质量与总体积的商,且总体积包括真实体积、闭气孔体积和开气孔体积,而真密度则可用理论密度来代替。另外,文献上也有"密度指数"和"填充系数"等称呼,甚至还可能和孔隙率混淆起来——相对密度 $D$ 和孔隙率可相互换算,即孔隙率(总气孔率)$=(1-D)\times100\%$。

另外,如果利用前述阿基米德法得到的各种重量,那么就可以如下计算显气孔率 $\pi_a$(开气孔体积与块体体积之比,也称为开气孔率),随后结合总气孔率进一步计算闭气孔率。

$$\pi_a = \frac{w_3 - w_1}{w_3 - w_2} \times 100\%$$

实际中致密度或者孔隙率测试的准确性取决于闭口气孔体积和真密度的准确性。从实验操作的角度出发,并且基于前面有关相对密度以及真密度与理论密度之间关系的介绍,真密度准确性的影响更为明显,甚至可能导致错误的结论。如图 4.7 所示[16],随着烧结助剂正硅酸乙酯(TEOS)用量的增加,相对密度(该文献中称为致密度或致密性)先增加到最高点(0.5%),随后下降。文献作者据此认为致密度会随着 TEOS 的用量而变化,却没注意到这个结论与他们的电镜照片以及有关 TEOS 有助于液相烧结、抑制晶粒长大的结论是矛盾的。比如从电镜照片来看,TEOS 增加并没有出现闭口气孔的增加,仍然是致密的结构,意味着致密性是没有变化的。笔者认为造成这种差错的主要原因是理论密度计算的错误,即文献作者并没有考虑 $SiO_2$ 参与的理想晶体结构的理论密度,而是以某一给定的密度值作为标准,因此随着质量较轻的 $SiO_2$ 的增加,体系即便没有任何闭口气孔(致密性为100%),也会得到致密度不断下降的错误结论。因此,如果文献中没有详细介

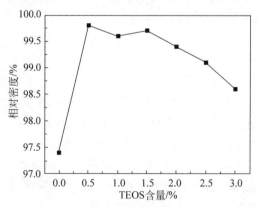

图 4.7　掺杂 YAG 素坯 1750 ℃烧结 2 h 后相对密度与 TEOS 添加量的关系曲线[16]

绍致密度的计算以及相关数据的取值,其致密度随特定实验因素的变化规律不一定可靠,而是需要根据这些文献作者提供的其他测试结果进一步判断(也可能没办法判断,只能有限地参考)。

## 4.3.2　显微成像

根据外来电磁波源可以将显微成像分为光学显微成像、电子显微成像和 X 射线显微成像三大类。

### 1. 光学显微成像

顾名思义,光学显微表征就是利用光学显微镜来观察陶瓷样品的技术。

基于近轴光学理论,光学显微放大倍数反比于透镜的焦距,即焦距越短,放大倍数越大。但是当焦距不断缩短的时候,近轴的假设就不成立了,此时反而会因为表面曲率的过分增大而使映象变得模糊不清,因此普通的放大镜焦距在 10～100 mm,仅能放大 2.5～25 倍,从而放大倍数更高的光学显微镜必须采用多级透镜组合,即所谓的目镜-物镜组合来实现更高的放大倍数。光学显微除了涉及透镜的焦距问题,还必须考虑光源的波长问题——因为实际成像过程是先在焦平面上形成衍射像,然后衍射光经会聚后才形成映像,这就意味着要获得清晰的映像,衍射峰要能明显分辨。理论上已经证明这种分辨率正比于波长,即观察所用的光源波长越短,分辨率越高,可以看到更底层的细节。由于光学显微镜一般工作于可见光波段,因此最多只能达到 2 μm 左右,而电子束的波长更短,利用电磁透镜进行聚焦,就可以达到几十纳米的级别。

传统上,光学显微表征技术常用于分析陶瓷的宏观性质,比如古陶瓷宋代均窑釉中的方石英析晶[17],磨料研磨抛光后陶瓷表面的宏观损伤[18]以及陶瓷表面经过化学腐蚀后的晶界图像和气孔[19]等,从而对陶瓷的宏观质量做出评价,同时也可以作为进一步介观和微观结构研究的依据。

光学显微镜常见的几何光路是透射型的,即光源在下面,相机或成像 CCD 在样品的上方;另外对于非透明的陶瓷,也可以模仿金相显微镜,采用反射型,利用不同组分反射率的区别来实现对陶瓷表面不同部位的成像并且进行分析。对于透光和反光性能差别不大的陶瓷颗粒,还可以利用相衬显微镜,在一般显微镜上附加相环和 1/4 λ 环形相板进行区分。

陶瓷样品在光学显微成像之前一般都要经过前期处理。具体的处理方式根据拟要观察的对象决定。比如要观察陶瓷样品内部的气孔分布,粗略估计气孔尺寸,就需要对样品进行光学级别的抛光和热腐蚀,然后进行显微成像。图 4.8 给出了日本奥林巴斯(Olympus)公司生产的 BX51 激光体视显微镜对掺杂 Yb 的 $Y_3Al_5O_{12}$ 透明陶瓷表面的光学显微成像图[20]。其中图(a)和图(c)是表面成像图，而图（b）和图（d）是利用共聚焦调整激光束聚焦位置得到的内部图像。由此可以获得不同掺杂浓度下气孔的表面和体内分布对比，并且进一步估算气孔的浓度。

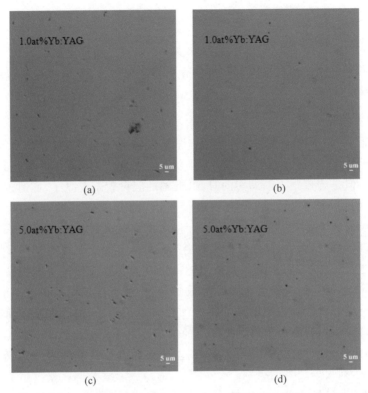

图4.8 掺杂 Yb 的 $Y_3Al_5O_{12}$ 透明陶瓷抛光后的光学显微成像图，其中（a）和（c）是表面成像，而（b）和（d）是内部图像[20]

偏光显微图像（polarizing microscopy photographs）也是光学显微图像的一种，并且同样属于一种透射显微术（transmission microsccopy），所不同的是其透射光的强度变化是通过改变光源的偏振性来实现的，而不是基于样品不同部位的透光能力。换句话说，如果陶瓷中的缺陷并没有偏振性的区别（包括缺陷与基质的界面部分），那么可以利用光学显微镜来成像（基于透射光强度的不同），但不能通过偏光显微图像加以区分。

由于透明激光陶瓷以光学各向同性的立方晶系为主，因此在偏光显微镜下，理论上不管入射光是否进行偏振，即是否使用尼科尔棱镜，所得的图像都是各区域亮度均匀一致的。如果在偏光条件下有亮暗不同于背景的斑点出现（图4.9），那就意味着出现了非光学各向同性的区域，比如晶间相，因此这种技术也可用来表征陶瓷的光学质量。这里需要说明的是，文献中所谓的挪开和封闭尼科尔棱镜（under open or closed Nicols)分别表示采用自然光和偏振光条件。

图 4.9　不同降温速率所得 Nd:YAG 透明陶瓷在偏光显微镜下的光学图像,从左往右降温
速率分别是 600 ℃/h,150 ℃/h 和 10 ℃/h;其中形状不规则的斑点代表光学各
向异性的区域(此处对应晶间相)[21]

### 2. 电子显微成像

电子显微成像技术也是基于透镜放大的原理。与光学显微成像不同,这里的透镜其实是电磁场组成的,而不是实物形式的玻璃透镜。它的聚焦依据是电子束在电磁场中可以改变运动方向,从而实现会聚和发散这两种光波通过玻璃透镜所产生的效果。电子显微成像的另一个特点是电子束波长很短,一般达到 0.1 nm 的尺度,从而成像放大倍数已经不仅局限于微米区域,而是深入到纳米尺度,所得二次电子像的分辨率可以达到 3～4 nm。相应的放大倍数可从数倍原位放大到 20万倍左右,而高分辨透射电子显微镜甚至可以实现原子图像的直接观察,即达到了 0.1 nm 的级别。

随着纳米科学技术的发展,电镜显微技术的使用和传播越来越广泛,已经和 X射线粉末衍射仪、紫外-可见分光光度计、热分析仪等成为各类研究机构的必备设施,而且也有大量相关的教材和著作出版[22-24]。虽然这些教材主要面向金属、合金和纳微米结构材料,但是测试原理是相通的,同样适用于陶瓷材料的研究,因此这里仅做简略介绍。

常用的电子显微成像技术主要是基于二次电子或背散射电子的扫描电子显微成像和基于电子衬度(透射电子数量对比)的透射电子显微成像。

扫描电子显微成像是依据不同结构与物相产生的二次电子或背散射电子的数量不同,从而在成像屏幕上形成亮暗不同的区域来进行结构和物相分析的。陶瓷材料一般可以利用扫描电子显微成像来查看晶粒尺寸和分布、晶界结构、气孔大小和数量、晶相偏析、断面断裂机制、剖面分层结构、表面损伤等微米或纳米区域的图像,同时扫描电子显微技术也可以用来查看粉体的形貌、团聚、颗粒大小及其分布、核壳非均相结构等。但是需要注意的是,这种亮暗不同的区域也可能来自材料表面几何结构的影响,比如同样组成与结构下,凸起部位相对于凹陷部位而言要更亮,因此实际测试时要尽量选取平坦区域进行成像。另外对成像图进行处理,比如锐化或伪彩色化有助于发现更多的信息。伪彩色化成像图是因为原始的扫描电子显微成像图是反映电子数量变化的灰度图，但是人眼对于彩色的变化要比灰度变化来得敏感，因此伪彩色化后有助于看到更多的细节。图 4.10 给出了采用共沉淀法制备的 2 at.％Nd：YAG 陶瓷的扫描电镜照片，其中晶间气孔（the pore at the triple points of the grains）和晶内气孔清晰可见[25]。

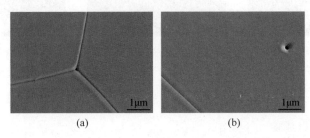

图 4.10　2 at.％Nd：YAG 陶瓷的扫描电镜图，清楚显示晶间气孔（a）和晶内气孔（b）[25]

如果与上面类似的 SEM 图像的数量足够，并且涉及的陶瓷区域有代表性，就可以用来计算残余气孔率。需要注意的是，这种方法涉及的气孔虽然从测试时现场看到的是开气孔，但是实际上既可能是材料原有开气孔，也可能是闭气孔。因此通过剥离等方法逐层获得这类 SEM 图像，就可以表征陶瓷内部的气孔数量及其分布——如果仅仅是利用热腐蚀（thermally etched）后的陶瓷所得的 SEM 图像来进行统计计算，那么就会存在偏差（仅考虑表面层），而偏差的大小则取决于陶瓷内部的气孔分布状况。

假设气孔的有效直径是 $d$，选取的每张 SEM 图片区域面积是 $S$，共选取了 $n$ 张图片，

$$V_{\mathrm{p}} = \frac{\pi}{6} \sum_i m_i d_i^2$$

式中：残余气孔率 $V_{\mathrm{p}}$ 的单位是％，不过为了强调是体积百分比，因此一般写成 vol％；而 $d$ 是某气孔的有效直径（对于球形气孔，就是球的直径）；$m_i$ 是 1 单位面积内该气孔的数目（有时也称为气孔面密度或者散射点面密度），相当于一张 SEM 图像上该类气孔的数目与该图像所涉及面积的比值。如果气孔的有效直径相等，那么上式可以简化为

$$V_{\mathrm{p}} = \frac{\pi N d^2}{6S}$$

式中，$N$ 是所有需统计 SEM 图像中气孔的总数目，而 $S$ 则是所有 SEM 图像代表的区域面积的总和。

如前所述，理论上通过逐层剥离和逐层扫描，这种二维显微成像是可以获得准确的残余气孔率、气孔尺寸和气孔分布的。但是实际操作中，囿于现有扫描电镜技

术条件、机时和制样条件的限制,这种方法更常用于热腐蚀后陶瓷表面 SEM 成像时的衍伸分析。因此所得结果仅具有参考意义,一般会低估气孔的数量影响,从而高估了基线的透射率,这可以从图 4.11 理论模拟基线与实际基线的差异体现出来。由于图 4.11 是基于相同气孔直径的理论计算,而波长越长,其散射受气孔尺寸 $d$ 的影响越小,因此长波范围更能体现这种理论计算的局限性(普遍高于实验直线透射率取值)。

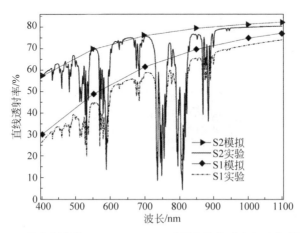

图 4.11　基于 SEM 图像所得的 2 at.% Nd:YAG 透明陶瓷的残余气孔率理论模拟的基线与实验所得直线透过谱的对比(理论模拟仅考虑基质,不考虑 $Nd^{3+}$ 的吸收)[25]

透射电子显微成像一般要求样品厚度为纳米级别,以便电子束能透过,从而利用材料对电子束的吸收差异产生吸收衬度像。需要注意的是,透射电子显微成像还可以基于衍射效应而形成倒易空间像,即常见的衍射条纹像和衍射斑点像,这些衍射像经过傅里叶变换(数学处理或电磁透镜)还可以产生原子结构像。此外,衬度像既可以是电子束振幅的变化(振幅衬度),也可以是相位变化(相衬像),两者结合可以反映样品的纳米级结构细节。

对于陶瓷材料,透射电子显微成像一般用来查看前驱粉体的形貌、粒度及分布、纳米颗粒的晶向和结晶性等,较少用于陶瓷块体分析。这是因为采用陶瓷块体做样品,就需要将样品抛薄到几百纳米或更薄,不但破坏样品,而且不一定有代表性——因为陶瓷是晶粒组成的多晶材料,晶粒之间还会存在其他物相,在减薄过程中不一定可以存留下来,从而反映整个块体的物相分布。因此即便减薄测试,其适用范围也不大,更主要的是说明"有",而没办法确定"有多少"和"如何分布"。在透明激光陶瓷领域,透射电子显微成像主要用于描述晶间相(grain-boundary phase),表明晶界是否干净,有时也利用高分辨透射电子显微成像查看晶粒的结晶方向(同样可以据此验证晶界是否干净,而且更为可靠)。

而图 4.12 是 1.0 at.％Nd：YAG 陶瓷（1720 ℃×30 h）的高分辨透射电镜（HRTEM）照片及相应的电子衍射图谱[26]。两个 YAG 晶粒之间的晶界干净，无第二相存在——干净的晶界是高质量 Nd：YAG 激光透明陶瓷的基本条件。

图 4.12　1.0 at.％Nd：YAG 陶瓷的 HRTEM 照片及相应的电子衍射图谱[26]

### 3. X 射线显微成像

X 射线显微成像本质上是一种元素组成像。它的测试原理是原子在高能射线辐照下会发出特征 X 射线，X 射线的波长和强度就反映特定元素的类型和浓度。如果将材料表面各点的 X 射线拍摄下来，就得到了反映材料表面原子分布的组分像。

实验室常用的 X 射线显微成像主要是电子探针线分析或面分析，即利用电子束激发样品的特征 X 射线，然后扫描材料表面各个部位以构成一个图像。

实现 X 射线显微成像的另一种重要入射源是同步辐射。它具有高准直、高亮度和高偏振性的优点，能够将测量的信噪比提高成千上万倍，从而不但提高了常规实验测试的分辨率，而且实现了以往囿于入射光源的低强度而不能采用的测试技术。与之相关的 X 射线显微成像主要有两种模式：利用特征 X 射线的吸收或者特征 X 射线的发射。前者一般与 X 射线吸收精细结构测试共用设备，通过扫描入射 X 射线强度随能量的变化来鉴别元素及其含量；后者则利用固定能量的高能 X 射线辐照样品，测试激发的特征 X 射线荧光来分析元素及其含量。

## 4.3.3　三维微结构

近年来，随着激光或同步辐射等高强度高亮度光源、共聚焦光路和相位技术的引入，显微成像技术除了向微米级底限进展，更主要的发展是三维化成像表征，从而实现剖面分析和三维体视等立体成像测试。

三维显微结构的实现主要是利用光的吸收和干涉现象,即不同组成和结构的部位具有不同的吸收和干涉效应,从而基于吸收或干涉图像就可以反过来表征结构的特征。由于探测器没办法做成三维的,主要是二维探测器,因此三维显微结构都需要经历一个先多切面成像然后三维重构的过程,后者涉及复杂的算法——从简单的二维像逐帧堆叠到更复杂的三维变角度拉东(Radon)变换,已经成为三维显微结构研究的重点。

虽然同步辐射光源机时稀缺(需要申请并被批准才能得到),但是这类设备(主要是 X 射线三维显微成像)通常以国家为单位来建设,并且有专人负责设备的调试和成像处理,为用户提供便利,因此这里就不作介绍。另外,虽然目前也有实验室可用的 X 射线 CT 机,但是相比于同步辐射光源的亮度至少差 6 个数量级以上,而且主要用于大型工件的质量检测,较少有透明激光陶瓷研究的报道。因此,下面就以目前实验室常用的光学三维显微成像对这类技术进行介绍。

光学三维显微成像需要采用激光光源,这是因为激光属于相干光,相比于金相显微镜常用的卤钨灯光源,所得的衍射像更为清晰,成像分辨率更高,而且激光能量集中,亮度大,因此利用透镜将光束聚焦到样品纵向深度的某一点,此时该点所成物象相对于其余部分更为清晰。通过计算机技术进一步处理后,就可以获得指定深度处的图像,实现剖面分析。同理,基于不同深度距离焦点的远近所产生的不同欠焦像的处理和叠加,可以三维重构物象,获得立体的图像。另外,计算机软件附带的图像元素识别和处理功能还可以进一步实现粒度与气孔的分布绘图和统计分析工作。因此,目前配有强大计算机软件和数字 CCD 成像技术的激光光学显微镜在表征陶瓷的三维微结构上起着越来越大的作用。

图 4.13 给出了 4 at.% Nd:YAG 陶瓷的三维共聚焦激光扫描显微图像(confocal laser scanning microscopy,CLSM)[27],其原理就是将激光聚焦到 $z$ 轴的不同高度,分别得到一张 $xy$ 平面的图像。如图 4.13(a)～(d)所示,其中的色点就是散射点(或者称为散射区域、散射体),随后多个高度位置所得的二维图像用计算机软件合成三维图,从而获得三维的散射点分布图像(图 4.13(e))。这些二维图像可以对比不同高度散射区域的体积大小和分布,二维图的叠加(图 4.13(d))相当于沿 $z$ 轴方向的正视图,能够反映某一层区域的散射状况。当散射点是气孔的时候,类比前面有关 SEM 图像的计算方法,就可以根据三维图像计算残余气孔率:

$$V_p = \frac{\pi}{6} \sum_i n_i d_i^3$$

式中: $V_p$ 的单位是%,不过为了强调是体积百分比,因此一般写成 vol%; $d$ 是某气孔的有效直径(对于球形气孔,就是球的直径); $n_i$ 则是 1 单位体积内该气孔的数目(有时也称为气孔密度或者散射点密度)。这里需要注意的是, $n_i$ 是 1 单位体积内气孔个数的取值,如果计数气孔所用区域的体积不是单位体积,必须除以该区域体积,从而校正到 1 单位体积。另外,有的文献在计数气孔数量的时候采用所谓的平均直径的做法,此时相应的结果只有参考意义,一般会低估残余气孔率[27],因为他们统计气孔直径求取平均的时候并没有涉及所有的气孔(否则就可以直接使用上述基于个体气孔直径的公式),所以所得结果的偏差更大。

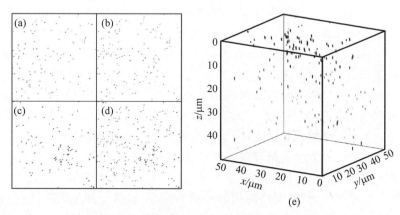

图 4.13 4 at.% Nd:YAG 陶瓷经三维共聚焦激光扫描所得不同 $z$ 轴高度的二维显微截面图
(a)~(c)与叠加图(d)及其同空间区域的三维显微图像(e)[27]

## 4.4 陶瓷光学质量

### 4.4.1 光的透过与散射

一束光通过透明激光陶瓷后,入射光强会发生变化。透射光与入射光强度之比称为透射率,所谓透射率曲线就是透射率沿不同波长的分布。

如果忽略入射光在陶瓷材料表面的反射(镜面反射或者漫反射),此时入射光通过材料可以简单分为两部分,被材料吸收的部分和透过材料的部分,即透射率+吸收率=1,因此透射率曲线也反映了材料对入射光的吸收,可以获得相应的吸收光谱,反之亦然。

这里需要注意两点。首先上述的透射率指的是全透射率,而一般分光光度计测试的是直线透射率(具体可参见 2.4 节和图 4.17(c))。对于高透明的激光陶瓷,两者之间差异较小,因此基于上述的近似考虑是可以的,但是实际陶瓷的透明性一般,此时直线透射率与全透射率就存在较大差异。另外,常规光谱仪测试直线透射率时采集的是一个立体角范围内透射的光子,并不是严格的直线,只有立体角足够小(一般小于 0.5°)时[28],才是真正的直线透射率(real in-line transmission,RIT)。

其次是散射的存在会使得原先向前出射的光改为从其他方向出射,从而探测器接收不到这部分光子,产生了一种"赝吸收"的结果(对于激发光而言,散射的存在降低了激发光的利用);同时散射会增加光子在材料中的传播路径长度,期间不同光波之间的干涉也会产生光损耗,起到类似光子被吸收的效果,甚至在需要考虑不同散射体之间的相互作用,即在散射强度中引入结构因子后,这种散射损耗还可以成为宽吸收峰或驼峰背景的一部分,其与可指认的离子内部能级之间的跃迁(包括可激发发光的跃迁)是不同的。因此透明陶瓷直线透射率曲线的指数项中相应的系数包含了来自散射的衰减(attenuation)系数和来自能级跃迁的吸收(absorption)系数的贡献。

对于直线透射率光谱或者吸收光谱,明显与高斯峰近似的谱峰可归因于某种离子的能级跃迁,而背景的弯曲甚至较宽的驼峰可能包含了散射损耗的贡献——事实上,透明激光陶瓷常用的基于颗粒大小的米氏散射和瑞利散射给出的理论透射率曲线就是以不存在离子能级跃迁的吸收为前提的。

有关散射的理论可以进一步参见 2.4 节。对于直线透射率光谱或者吸收光谱,散射损耗已经包含于背景中,因此可以通过基线的透射率以及短波弯曲位置,弯曲程度或者弯曲曲线二阶导数对应的波长位置(弯曲曲线的拐点)等来表征。对短波位置的分析需要结合理论吸收带(一般可用高质量单晶的透射率光谱或吸收光谱来代替)一起分析,即涉及单晶时假定不存在散射损耗的贡献,从而以此为基准来区分同组分透明陶瓷的散射损耗和禁带跃迁产生的吸收。

在透明激光陶瓷中,这种复合贡献及其相应的处理可以用图 4.14 来说明。图中给出了 $Nd:Ca_5(PO_4)_3F$(简写为 $Nd:FAP$)透明激光陶瓷的直线透射率光谱与损耗系数谱[29],其中损耗系数或者衰减系数包含了散射与吸收的贡献,并且统一处理成以 e 为底的指数项[29]:

$$T(\lambda) = [1 - R(\lambda)]^2 \exp[-\delta(\lambda)l]$$

式中,$T$ 为透射率,$R$ 为反射率,$\delta$ 为线性衰减或损耗系数,$l$ 为入射光传播距离。这里采用 $\delta$ 以便同下面单独考虑电子跃迁的线性吸收系数 $\alpha$ 区别开来——不少文献,尤其是没有专门考虑吸收的文献中通常用 $\alpha$ 表示线性衰减系数。另外,上述公式已经假定入射光在材料的上表面和下表面仅各自反射一次。

虽然损耗系数可以利用上式计算,但是该文献在处理散射系数的时候,仍然是与吸收系数分开考虑,而不是一起加以拟合。其方法就是将背景线作为散射损耗的贡献,然后基于米氏散射和瑞利散射进行拟合,以此来推断陶瓷内部有关弹性散射的微观结构,因此图中反映背景的弯曲是根据拟合参数反过来计算的理论散射谱,而黑色虚线则是根据反射率计算的理论透射谱。陶瓷光学质量越高,表面反射越小(表面加工质量越好),那么扣除背景再反向运算所得的吸收光谱就越准确。具体的散射理论和公式可以参见 2.4 节,这里不再赘述。

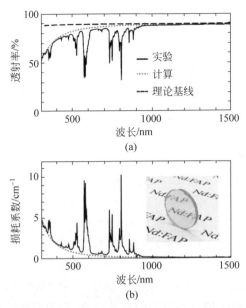

图 4.14 Nd:FAP 透明激光陶瓷的直线透射率光谱（a）和损耗系数谱（b）（厚度
1 mm,两面抛光,可参见内置陶瓷相片）[29]

直线透射率曲线不但可以表征基质的吸收,从而判断是否具有发光应用方面
的价值——比如发光材料的高发光效率要求材料不能存在对发射带的吸收（自吸
收）[30];而且也可以通过非基质吸收峰的来源分析来判断掺杂类型,以及是否存
在其余的缺陷,比如本征非化学计量比缺陷和辐照诱导缺陷等。

对于掺杂的激光材料,通过直线透射率曲线除了可以定性表征材料内部的能
级跃迁规律,还可以进行理论的定量计算,计算的基础就是材料的吸收系数。

当入射光垂直于表面进入样品且不考虑反射与散射损耗时,透明介质的吸收
规律可用朗伯-比尔-布格定律（Lambert-Beer-Bouguer's law）来描述:

$$OD = \lg(1/T) = \lg\frac{I_0}{I} = \alpha l$$

式中,OD 为光密度或吸光度（absorbance）,$T$ 为透射率,$I$ 为透射光光强,$I_0$ 为入
射光强,$\alpha$ 为吸收系数,$l$ 为入射光传播距离。

上述公式对应的是直线吸收或透过的光,此时的吸收系数 $\alpha$ 是同外层电子跃
迁相关的线性吸收系数（$\alpha_l$）,其单位是长度的倒数（国际单位制是 m$^{-1}$）,而 $l$ 则是
沿入射光直线传播方向的长度。吸收系数 $\alpha$ 也可以改用其他类型,比如单位面积
的质量吸收系数 $\alpha_m$（单位是 m$^2$/kg,工程常用的是 cm$^2$/g）来表示,此时 $l$ 也相应
改为材料密度 $\rho$ 与有效长度 $l$ 的乘积（$\rho l$）——如果考虑直线透射率,有效长度 $l$ 与

前述的沿入射光方向的 $l$ 是等同的。

　　实际上由透明陶瓷的直线透射率光谱并不能直接得到吸收光谱。如前所述，对于透明激光陶瓷而言，直线透射率光谱包含吸收和散射两部分的贡献，等于真正的吸收系数与散射系数之和。除了类似图 4.14 那样通过扣除背景来获得吸收的贡献，也有不少文献将单晶的透射率测试结果看作吸收的贡献，然后以此来估算陶瓷的散射损耗，这种做法同样只能得到散射损耗的粗估值。这是因为吸收涉及能级跃迁，而离子在单晶内部的配位结构与在陶瓷内部的配位结构会存在差异，尤其是离子严重聚集于晶界或靠近晶界部位的时候，此时单晶的吸收并不能等同于陶瓷的吸收。这也是透明陶瓷文献中通常不严格区分、甚至不涉及散射损耗和吸收，而统一利用透射率测试来反映光学质量的原因。

　　图 4.15 为双面抛光的 4.0 at.%Nd:YAG 陶瓷的直线透射率曲线，其中样品厚为 2.8 mm，在激光工作波段 1064 nm 处的直线透射率为 79.5%，可见光和红外波段的透射率基本一致。同样制备条件得到的 1.0 at.%Nd:YAG 陶瓷(样品尺寸为 $\phi47.7$ mm×1.9 mm)则具有更好的光学质量，透射率测试表明在激光工作波段 1064 nm 处的直线透射率为 82.45%；在可见光波段的透射率约为 80%[26]。图 4.16 则是掺 Nd 单晶和陶瓷的吸收光谱[31]，与图 4.15 所示的透射率光谱对比，可以看出在两者的共有波长范围(400~900 nm)内存在着明显的对应关系，即吸收大的透射率小，反之亦然。

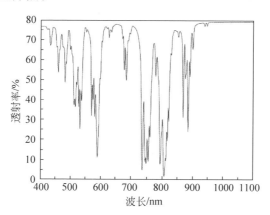

图 4.15　4.0 at.%Nd:YAG 陶瓷的直线透射率曲线[26]

　　吸收光谱的常见用途除了指认掺杂激光离子的能级跃迁，从而确认有效的泵浦波长以及是否满足所需的发射光波长范围，还可以基于 J-O 理论获取各种跃迁物理参数(5.3 节)，并且推算禁带宽度，从而为声子参与的光子能量弛豫过程(尤其是多声子联合弛豫)的分析提供实验依据。下面介绍基于吸收光谱求禁带宽度的具体步骤。

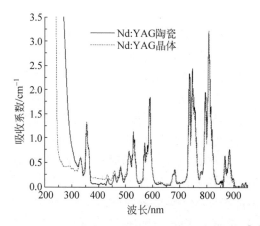

图 4.16  1 at.% Nd:YAG 陶瓷和晶体的吸收光谱[31]

首先,根据下式可以从实验所得的吸收光谱求得线性吸收系数(也有文献称为光学吸收系数):

$$\alpha = \frac{\ln \dfrac{I_0}{I}}{l} = \frac{\lg \dfrac{I_0}{I}}{l \lg e}$$

随后利用如下方程:

$$\alpha = \frac{A\sqrt{h\nu - E_g}}{h\nu}$$

式中,$A$ 是比例常数,$h\nu$ 是光子能量,$E_g$ 是禁带宽度(能隙)。

将上述方程进行变形可以得到:

$$(\alpha h\nu)^2 = y = A^2 h\nu - A^2 E_g = A^2 x - A^2 E_g$$

用上式作 $x$-$y$ 曲线,则曲线与 $x$ 轴的交点,即 $y=0$ 时的 $x$ 取值就是 $E_g$。

由于上述方程是近似的,因此实际是选取 $x$-$y$ 曲线的线性部分延长到 $y=0$ 时求取 $E_g$ 的,说成是将曲线的切线与横坐标相交,取交点的 $x$ 值也近似可以。

需要指出的是,上述吸收系数与禁带宽度的关系是面向直接带隙半导体的,即该材料的能带结构中,导带最低位置和价带最低位置是同一个对称位置(同一个 $k$ 点),此时电子可以直接从价带跃迁进入导带,不需要声子的耦合;与此相反,如果两者的对称位置不一样,那么就成为间接带隙半导体,为了确保动量守恒,就需要声子协助才能完成电子从价带进入导带,此时相应的公式如下:

$$(\alpha h\nu)^{1/2} = y = A^2 h\nu - A^2 E_g = A^2 x - A^2 E_g$$

实际应用中也可以用一个常数变量来代替 $A^2$,从而通过吸收光谱衍生的这类曲线而获得 $(\alpha h\nu)$ 的指数 $1/n$,根据 $n$ 就可以区分材料的能带特性,即 $n=1/2$ 时是直接带隙半导体，$n=2$ 时是间接带隙半导体。上述公式最早由托克（Tauc）等提出，因此在文献中也称为"托克"（Tauc plot）法。

　　同时考虑透过材料的非入射方向的光，即全透射率的测试更为全面地反映了材料内部吸收和散射的影响，从而也就可以更真实表征从材料透过的光强。图 4.17(a)给出了典型全透射率测试装置的示意图，其与直线透射率测试类似，但是在透光的一面不再是直接对准探测器，而是放置了一个积分球，探测器装在积分球壳上。理论上它假定样品厚度可以忽略，然后入射光垂直射到片状样品上，透射光被置于样品后部的积分球反射到探测器上并记录下来，从而不仅包括沿入射光方向的透射光，也包括被材料散射到其他方向的透射光。

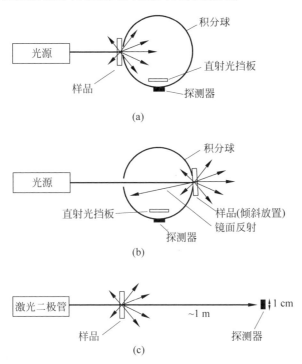

图 4.17　全透射率(a)、全反射率(b)和真正直线透射率(c)的测试光路示意图[32]

　　显然，这种测试方式排除了以入射光入射的材料表面为界线，与入射光同侧的散射光（反射光），而且还假定材料足够薄，因此不适合大厚度的材料——此时其侧面的漏光会低估全透射率。而如果将整片材料放入积分球，虽然可以获得所有的透射散射光，但是同时也包含了材料反射的入射光部分的贡献，反而会高估了全透射率。因此虽然文献上称其为全透射率（total transmission，TT），但它其实是前向全透射率（total forward transmission，TFT）。这也意味着实际的透明激光陶瓷表征需要详细介绍实验条件以及样品尺寸，才能对所得透射率或吸收谱线进行合理地评价和分析。

如果对调全透射率测试光路的样品与积分球的相对位置,就得到了可测试全反射(total reflection,TR)的光路(图 4.17(b))。它实际上也是漫反射测试粉体吸收光谱(4.5.1 节)的光路。由于激光陶瓷的透明性很高,因此反射光的贡献通常可以忽略,即反射光占据的分量很少,主要以透射光为主,从而激光陶瓷相关的文献较少涉及全反射光谱的测试,反而是在组装成激光器的时候需要考虑反射膜对激光和泵浦光的反射率的情况更为常见。

另外,透明激光材料(晶体和陶瓷)还有一种特有的散射系数的测试方式,其原理如图 4.18 所示。

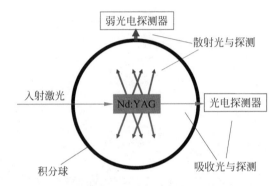

图 4.18　面向激光应用的散射系数测试原理图(为了简化,省略了散射光经过
积分球反射而集中到弱光电探测器的过程)

这种测试是面向透明激光材料的一类服役性测试。理想的激光材料是没有内部散射的,如果采用一束不会被吸收的入射光,比如对 Nd:YAG 透明激光陶瓷可以采用 1064 nm 的激光,垂直表面入射,那么理论上除了表面垂直反射的损耗,其余将直接透过样品。实际的激光材料内部可以有气孔,包裹物和杂相等成为散射中心,除了会导致入射光在材料内部的多重散射吸收,也会减弱直线透射光的强度。因此表征直线透射光强度与非直线透射光强度的比例可以反映材料内部散射中心的严重程度。这就是图 4.18 的设计思想。

然而需要指出的是,这种散射系数同上述直线透射率中的散射损耗并不等同。这种测试其实是前述全透射率测试的翻版——将透射光分成沿入射方向和偏离入射方向两部分,并且用积分球的反射-会聚特性来收集这些偏离入射方向的光。其入射光一般是不被激光材料吸收的单色光。因此这种散射系数主要用于激光材料服役性能的表征,描述材料在不存在吸收的条件下内部散射中心的严重程度。

## 4.4.2　散射点成像

高能激光技术在高能量密度科学、先进激光加工技术、惯性约束聚变和聚变能源等领域有着广泛的应用前景,对于国防和国家战略安全也有着重要意义。基于发光材料的原理,发光中心总浓度越高,单位时间可转化的能量或可发射的光就越强;另外,材料与空气接触的面积越大,散热效果越好。因此研究和制备大尺寸优良激光材料是发展高能激光技术的重要支撑之一。

然而大尺寸激光材料会因为尺寸放大而产生“尺寸效应”,典型的例子就是当材料尺寸增大时,组分的均匀性问题对发光和光传输的影响就更为显著,主要表现为异相区域将作为散射区域而导致光束发散、出射光斑功率分布不均匀以及增加散射损耗等,因此相关表征也就更为重要。

常规的结构表征测试,比如光学显微和电镜成像等虽然更为精细,然而并不实用,其主要的缺陷在于不但要求样品是小尺寸,而且需要进行相应地预处理(比如减薄和溅射镀膜等)。再加上散射与颗粒尺寸大小有关,从而所得的显微结构反映的缺陷也不一定会产生可观的散射。基于这些不足,在透明激光材料的服役表征以及考察制备工艺优劣的过程中就发展了散射点成像技术。它与前面的散射系数成像一样,也是面向材料服役的测试表征技术。

图 4.19 给出了散射点成像的原理图。散射点成像依据的是散射点与激光材料之间存在折射率的差异,因此对同样波长入射的光,其界面会发生散射,沿入射点与散射点方向上的光与其他方向上直接透射的光存在不同的光强,从而在屏幕上形成散射点像。入射光通常采用高亮度的激光。具体激光器的波长既可以是通用的红光(633 nm),也可以选择激光陶瓷基质不吸收的波长,比如激光波长(对于 $Nd^{3+}$,是 1064 nm)。激光器经过透镜组聚焦并且准直后,传输一段距离(适当扩束)而进入陶瓷材料,随后利用垂直于入射光方向的相机(对于红光采用可见光相机,而红外光则需要红外相机)拍摄图像,就可以获得散射点像。图 4.20 给出了红色和红外激光入射表观透明的 Nd:YAG 激光陶瓷板条所得的散射点像,它表明陶瓷内部存在大量密集的散射点,甚至对 1064 nm 激光(Nd:YAG 所预期的激光)有明显衰减,这就意味着存在较高的废热和严重的热效应,因此该陶瓷板条并不适合激光应用。

由于光波长度与材料内部颗粒的大小差别越小散射越厉害,而激光波长通常在微米量级,因此材料内部需要关注的散射区域也是微米量级,从而散射点成像除了光谱范围覆盖所需的激光波长,相机的成像分辨率还应该至少高于微米量级。

基于散射点成像的表征,一方面可以实际检测激光在陶瓷中的光束传输质量,

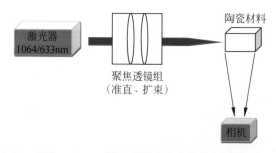

图 4.19　面向 Nd:YAG 等透明激光陶瓷的散射点成像原理图

图 4.20　Nd:YAG 陶瓷板条在 633 nm(a)和 1064 nm(b)激光入射后所得的散射点像

另一方面有助于理解材料内部结构和制备工艺的影响,为消除微米级的散射、畸变和分相等异常结构提供技术依据。

### 4.4.3　折射率测试

文献中常用的折射率是材料真实折射率相对于空气折射率(等于 1)的比值,因此是一个没有量纲的物理量,严格的说法是"相对折射率"。

折射率是透明激光陶瓷的一个重要光学参数,可用于计算理论透射率和散射系数随波长的变化。它反映了透明均匀介质改变光的传播速度和方向的能力,这就意味着它是假定入射光不会被介质吸收的。因此对于掺杂的激光陶瓷而言,折射率主要来自基质的贡献,理论透射率也相应地受限于基质的光学特性。

折射率的实验测试原理就是定义折射率的斯涅耳公式:

$$n = \frac{\sin\theta_i}{\sin\theta_o}$$

式中,$\theta_i$ 和 $\theta_o$ 分别是光线在空气与透明介质两侧与垂直于此界面的法线所成的入射角和折射角。由于直接测试位于介质中的折射角并不容易,而测试空气侧的入射角和出射角则较为简单,因此以这两个角度为基础,采用不同的几何光路发展了多种折射率测试方法,含氧酸盐晶体和陶瓷折射率测试常用的最小偏向角法就是其中典型的一种[33]。

最小偏向角(minimum deviation angle)法的测试原理可参见图 4.21,对于截面三角形某顶角为 $\alpha$ 的三棱柱,当 $AB$ 边的入射角 $\theta_1$ 与 $AC$ 边的出射角 $\theta_4$(第二折射角)相等,基于折射率的定义,透明介质中各自相应的折射角 $\theta_2$ 和入射角 $\theta_3$ 也相等,从而基于折射率的定义可以得到如下的公式:

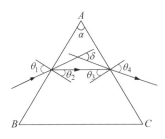

图 4.21 最小偏向角法测试折射率的几何光路图

$$n = \frac{\sin\left(\dfrac{\alpha + \delta}{2}\right)}{\sin\dfrac{\alpha}{2}}$$

式中,$\delta$ 是入射光和出射光方向的变化角度,称为偏向角,其值随着入射角的变化而变化。当入射角与出射角相等时,它可以取得最小值,因此这种方法称为最小偏向角法。

计算随波长变化的散射系数需要已知相应波长位置的折射率,而实验测试的折射率通常是有限的,而且也不一定可以直接获得所需波长的数值,因此折射率的经验拟合就相当重要。

对于激光透明陶瓷而言,由于折射率在较长的波长范围,尤其是红外波段的变动很小,因此采用固定的数值是文献中常用的做法。如果要获得更加严格的结果,就可以尝试各种折射率拟合公式[34],常见的有柯西色散方程(Cauchy chromatic dispersion equation)和泽尔迈尔色散方程(Sellmeiyer chromatic dispersion equation)。

柯西色散方程为

$$n(\lambda) = A + \frac{B}{\lambda^2} + \frac{C}{\lambda^4} + \frac{D}{\lambda^6}$$

式中,$A$、$B$、$C$ 和 $D$ 是待拟合的常数。要利用这个公式,至少需要四组(折射率-波长)数值。实际拟合时,实验数值越多越好,一方面可以提高拟合质量,另一方面也可以有多余的实验数据用来验证拟合公式的有效性。

泽尔迈尔色散方程与柯西拟合公式类似[33]:

$$n(\lambda)^2 - 1 = \frac{A_1\lambda^2}{\lambda^2 - B_1} + \frac{A_2\lambda^2}{\lambda^2 - B_2} + \frac{A_3\lambda^2}{\lambda^2 - B_3} + \cdots + \frac{A_i\lambda^2}{\lambda^2 - B_i}$$

式中,$A_i$ 和 $B_i$($i = 1, 2, \cdots$)是待拟合的泽尔迈尔常数。泽尔迈尔色散方程所需的实验数据要比柯西色散方程多,一般计算仅需取前三项甚至仅有第一项,即 $i = 1, 2, 3$ 或 $i = 1$ 即可。另外,从量纲的角度出发,由于折射率是无量纲的,这就意味着等式左边是无量纲,因此等式右边每一项也必须是无量纲的,从而不难得到 $A_i$ 是无量纲,而 $B_i$ 的单位是 $nm^2$(取波长的单位为 nm),由此可以得到泽尔迈尔色散方程的另一种表现方式(这里仅取第一项):

$$n(\lambda)^2 - 1 = \frac{S_0 \lambda_0^2}{1 - \left(\frac{\lambda_0}{\lambda}\right)^2}$$

相比于 $A_i$ 和 $B_i$,这种表现方式基于单位的相同性引入了 $\lambda_0$ 和单位为 $nm^{-2}$(取波长单位为 nm)的 $S_0$,因此对认识经验公式的理论本性更有帮助,不过其物理意义并不明朗。

另外,基于实验数据也可以自行用多项式尝试拟合而推导出其他经验公式。有的经验公式由于提供了大量材料的数据,也得到了广泛使用——下面的拟合公式就常用于现有透明陶瓷体系,比如石榴石基材料的折射率计算,其系数 $A_i$($i = 1, 2, \cdots$)可在光学相关的数据手册上查找[28]:

$$n(\lambda)^2 = A_0 + A_1 \lambda^2 + A_2 \lambda^{-2} + A_3 \lambda^{-4} + A_4 \lambda^{-6} + A_5 \lambda^{-8} + \cdots$$

最后,由于散射本质上来源于介质内部折射率的不均匀,因此不管是材料自身的各向异性还是介质中存在不同的物相,折射率之间的差异是衡量材料是否能实现近于零的散射损耗,可用于高效透明激光陶瓷的重要技术指标。这种折射率之间的差异,即色散的程度会随着波长而变化,定量化的表达通常是类比可见光区的阿贝尔数(Abbé number),选择某几个波长位置,然后针对它们各自的折射率做个相对的比值。所选波长在可见光范围,并且表征该范围色散程度的阿贝尔数的定义如下[28]:

$$\nu_d = \frac{n_d - 1}{n_F - n_C}$$

式中,下标 $d$、$F$ 和 $C$ 分别代表 587.56 nm、486.13 nm 和 656.28 nm 的波长位置,后来也有以 589.2 nm 代替 587.56 nm 的做法。这三个波长的选取源自历史上研制无色差透镜时形成的历史传统,其中 $d$ 线也称为夫琅禾费(Fraunhofer)线。在透明激光陶瓷领域,反映色散程度的方式主要有两种:一种是比较三个晶轴方向上针对同一光波波长的折射率之间的差异;另一种是采用阿贝尔数,利用可见光区不同波长位置的折射率来反映给定方向上的色散程度。

## 4.4.4 激光光束质量对比法

一束激光在介质中传播时会受到介质的作用而发生吸收、反射、折射乃至散射,因此出射激光与原入射激光相比,既有能量的差异,也有功率分布的不同。其中功率分布的不同会导致光束形状的变化,比如原先圆形的光斑会变成椭圆甚至不规则形状。相比于吸收和散射损耗引起的光强（能量）变化，主要由改变方向的散射引起的功率分布变化可以反映材料内部散射结构及其空间分布。因此已知的入射激光束在通过透明激光陶瓷样品前后的光束质量变化可以反映陶瓷的光学质量，其中不但包括了散射的程度，而且也反映了陶瓷光学质量的空间分布水平。这就是激光光束质量对比法的基本原理。

图 4.22 给出了激光光束质量对比法测试原理的框架图，其中入射激光束的波长可以选择激光材料的发射波长，对于 Nd：YAG 是 1064 nm；也可以选择不与介质发生其他物理效应的激光波长，比如 633 nm 的红光。除了有关波长的规定，对入射激光束的稳定性也有较高的要求——因为测试的结果是以未通过样品的激光束作为参考的，这就要求原始激光束在所需检测的特征，比如光斑几何形状、光斑落到激光功率计平面上所得的功率分布以及其他有关激光光束质量的技术指标（$M^2$ 因子等，可参见 4.7 节）是稳定不变的，要发生变动也是由放入光路的陶瓷材料所引起的。

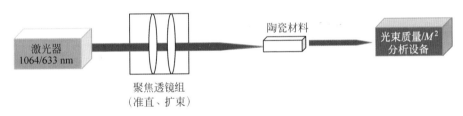

图 4.22　激光光束质量对比测试原理图

激光束经过聚焦透镜组进行必要地准直或扩束等变化后就可以直接进入分析设备或者先通过陶瓷材料再进入分析设备；前者得到参考结果，而后者则是陶瓷材料影响后的结果，两者对比就可以定性反映陶瓷光学质量的优劣和空间均匀性。

图 4.23 给出了这类测试的一个典型例子。从左到右，分别是原始的 1064 nm 激光光斑图像以及该激光分别通过热等静压和热等静压再伴随一次退火后得到的 $Tb_2Hf_2O_7$ 磁光陶瓷（有关磁光陶瓷的介绍可参见 6.3 节）的激光光斑图像。从中可以看出热等静压所得的陶瓷具有畸形的激光功率分布，这就意味着其内部光学质量畸形分布，因此结构或组分存在着严重的不均匀。而经过退火后光斑质量大为改善，这就意味着退火有助于微观结构或组分的改变（原文作者解释为 Tb 和 Hf 组分经过退火分布得更为均匀[5]）。

因此激光光束质量对比法除了有助于鉴定透明激光陶瓷的光学质量，对于陶瓷制备工艺的优化和机制研究也是一种有效的表征手段。

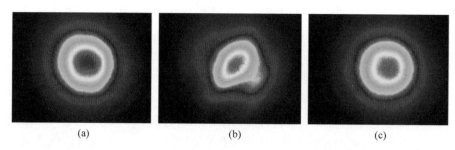

图 4.23　原始激光光斑及其通过不同制备流程所得 $Tb_2Hf_2O_7$ 透明陶瓷后的光斑图像[5]

(a) 原始光束；(b) HIP 后的光束；(c) HIP＋退火后的光束

# 4.5　离子能级跃迁

　　离子能级跃迁的表征是基于能级跃迁需要吸收和释放能量的现象,从而可以利用反映这些能量分布及作用程度的光谱进行表征。

　　透明激光陶瓷的发光表征主要面向原子外层电子的能级跃迁,因此发光一般位于可见光波段及红外波段。这也是发射光谱的波长扫描范围。而激发光谱则根据具体采用的光源而定,波长范围包括了短于发射光波长的任何辐射源。虽然产生激光所用的入射光主要处于红外波段,但是对于 $Nd^{3+}$ 等激光离子,其高能级的跃迁也可以用来研究这些离子所处的结构和对称性,为激光性能的解释和改进提供技术依据。因此实际的入射光还包括紫外-可见光、阴极射线、X 射线等,甚至附加电场等外界作用。

　　由于透明激光陶瓷所涉及的发光离子能级跃迁对应的能量分布范围已经有了大量的文献报道,比如 $Eu^{3+}$ 的 $^5D_0 \rightarrow {}^7F_2$ 跃迁一般是红光,位于 612 nm 附近,并且半高宽小,10 nm 左右,因此如果某种掺 Eu 材料的发射光谱在这个位置附近出现了窄带发射,就可以定性认为是 $Eu^{3+}$ 的发光,并且归属于 $^5D_0 \rightarrow {}^7F_2$ 能级跃迁。从而离子能级跃迁的表征目的不是发现新的能级跃迁,而是鉴别能级跃迁的种类,分析各自的跃迁概率(发光强度),探讨材料的结构机制,并给出改进某种或某几种能级跃迁发生概率的合理途径。

　　根据是否考虑所表征物理量(一般是发光强度)随时间的变化,可以将表征离子能级跃迁的光谱分为稳态光谱(常规光谱)和瞬态光谱(动力学光谱)。具体的谱图除了自变量存在着能量与时间的选择外,光强函数所对应的类型也可以改变光谱的性质,比如以能量作为横坐标轴的时候,常规光谱就有激发光谱、发射光谱、吸收光谱和漫散射谱等。

　　稳态发光测试的特征是入射光源连续辐照样品,获得发射光,然后由计算机记录发射光或者激发光强度随波长变化的谱线,不考虑时间因素。它有两个主要功能。第一个主要功能是可以利用文献调研,定性描述谱峰的归属——包括发光中心离子类型和能级跃迁。对于稀土掺杂发光的材料研究更是如此。然后基于发光峰的位置移动、强度变化和重叠程度等,可以进一步给出晶体场环境、掺杂分布和能量转移等信息。第二个主要功能则是可以表征基质及其缺陷的发光——当发光峰没有特定的发光中心离子可以归属的时候,就必须结合基质的吸收光谱以及相应发光峰的激发光谱进行分析,判断是否属于导带与价带之间的跃迁以及缺陷相关的能级跃迁等。

对于透明激光陶瓷而言,除了稳态发光测试,深入的更高层级的研究还必须表征瞬态发光测试,提取发光动力学参数。这是因为:

(1)发光动力学研究是了解能量转移过程的关键。从动力学参数出发,除了可以推导已知发光中心或者能级跃迁类型的跃迁概率、量子效率和衰减寿命等信息,还可以作为发光成分分析的交叉验证手段。

(2)发光动力学过程的研究也是某些材料的应用所必需的。比如激光的产生需要实现电子布居反转,这就要求激光上能级的寿命相比于激光下能级而言要足够大。同时这两个能级与其余能级的寿命之间也需要匹配,因为激光一般在红外长波范围,与材料中声子参与的跃迁在同一能量数量级,因此会受到其他跃迁的作用。这种作用是增强还是猝灭激光强度,一个衡量标准就是各自能级跃迁的寿命,从而必须进行瞬态发光表征。

值得一提的是,除了上述相对于时间和能量的原始或者一次光谱,实际应用中为了突出某一个或者某几个影响光谱的因素,还可以对原始光谱进行处理,提取相应的信息,然后转换成其他数值之间的相互关系,并以谱图的方式体现出来,这可以称为二次光谱。其中以依赖于掺杂浓度的发光强度和时间变化最为常见(图 4.24)[35]。

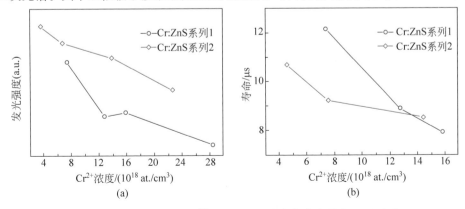

图 4.24　不同掺杂浓度的 $Cr^{2+}$:ZnS 透明陶瓷的发光强度(a)及寿命(b)
对比图(两个系列厚度不同)[35]

### 4.5.1　吸收与激发光谱

对于透明激光陶瓷,吸收光谱可以表明该陶瓷存在吸收的光谱范围以及吸收的强度,从而获得禁带宽度、高透光范围、缺陷吸收和高效泵浦光波长范围等信息。另外,通过对比不同样品的吸收光谱可以揭示材料内部结构的变化。比如图 4.16 中比较了 Nd:YAG 透明陶瓷和单晶的吸收光谱,可以发现透明陶瓷相对于单晶而言,基质吸收带存在着红移,其原因是陶瓷由小颗粒的单晶构成,存在晶界。相比于大块规则的单晶,在入射光波长较短的时候需要考虑颗粒的散射损耗。或者说对于透明激光陶瓷而言,除了与离子能级跃迁对应的吸收峰,比如 Nd:YAG 的透射率谱图或者吸收光谱中对应于 $Nd^{3+}$ 的 $4f$-$4f$ 跃迁的尖锐谱峰,在考虑基线以及连续吸收带(比如短波长处的吸收边)的位置和形状时就需要考虑散射损耗的影响——它本质上也包含了对入射光的吸收。

激发光谱是吸收光谱的特例。它是以某一发射光作为监控光,让波长短于该发射光的光波入射样品,记录激发光波长与所激发的该发射光强度的变化曲线。显然,在激发光谱中,发光强就意味着这个波长的光波能够获得更好的发光,激发效率更高。实际测试时,为了避免激发光强度的干扰,一般需要选择各个波长强度尽量一样的光源,或者对激发光谱进行激发光强度校正,以便真实反映不同波长产生特定发射光的能力。

因此激发光谱的谱峰肯定会出现在吸收光谱中,反之则不一定。另外,由于吸收光谱表示材料对光的吸收能力,而激发光谱则是材料对光的吸收和转换两者的综合,因此激发光谱与吸收光谱都有的谱峰,其强度可能不同,对比的结果可以反映光-光转换效率的信息。

基于吸收光谱和激发光谱可以选择泵浦激光材料的入射光波长。由于固体激光器通常采用激光二极管耦合光纤的泵浦模式,而激光二极管具有较窄的带宽,即激光谱线的 FWHM 很小,单色化程度较高,因此吸收光谱或激发光谱的分辨率越高越好,从而更准确确定峰值位置(吸收效率最大的位置),以此作为选择 LD 泵浦光波长的技术依据。

另外,随着温度的增高,晶格振动对电子跃迁的影响不断增加,光谱宽化并且强度减弱,相邻谱峰会叠加而影响泵浦光波长的筛选,此时低温下测试零声子线就是一个重要的实验表征手段。图 4.25 给出了 1.0 at.％Yb:$Lu_2O_3$ 透明激光陶瓷在低温下测试的,并以最大值为 100％ 进行归一化所得的吸收光谱[36]。温度越低,晶格振动速度越小,因此电子跃迁受声子的影响就越小,从而可以得到没有声子干扰的吸收(零声子线)。从图 4.25 中还可以看出吸收峰线形随温度降低,其带宽不断下降,而且劈裂程度更为明显(受外界环境影响的能级分裂)。另外,虽然理论上谱峰位置应当随着温度变化而保持不变,但是实际材料中基质对发光中心的作用不一定是对称分布的,因此图中峰值位置随温度降低出现了蓝移的现象。

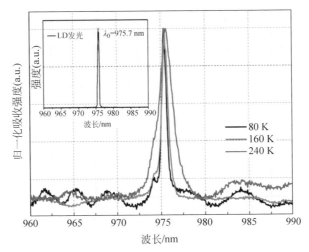

图 4.25　1.0 at.% Yb:Lu$_2$O$_3$ 透明激光陶瓷在低温下测试的归一化吸收光谱,
其中内置图是 975.7 nm LD 发光强度谱[36]

事实上,低温光谱测试属于高分辨光谱测试的范畴,对于透明激光陶瓷更是如此,比如上述陶瓷体系中 Yb$^{3+}$ 的吸收带宽在 298 K 时只有 3.25 nm,而降到 80 K 时是 1.25 nm,其差值为 2 nm。LD 的带宽更低,比如某款 975.7 nm 的 LD,其带宽只有 0.4 nm。这就对波长位置的准确测量提出了更高的要求,毕竟吸收效率随偏离波长位置的程度迅速下降,比如上述 Yb$^{3+}$ 的例子中,940 nm 和 976 nm 的吸收效率分别是 40% 和 99%。另外,如图 4.25 所示的吸收峰位置随温度降低的轻微移动也会造成同一 LD 泵浦下激光性能的变化。比如当泵浦光匹配 240 K 时的位置,即取 975.7 nm 的时候,更低的 80 K 的温度反而获得较差的激光性能(相比于 100 K)[36]。因此研发透明激光陶瓷,尽可能提高光谱设备的分辨率和测温范围有着重要的意义。

针对非透明样品吸收与激发测试的漫反射谱也是激光材料领域的重要表征技术。这是因为激光材料的透明块体制备是在某种激光材料的性能和应用已经较为明朗且可行的条件下才开始的工作,因此新型激光材料的研究其实是从不透明的荧光粉开始的,甚至在透明化的探索过程中也需要对不透明块体进行必要的测试,从而厘清从粉体到块体的可能离子跃迁变化及其机制。这就涉及漫反射测试。

对于非透明样品,比如陶瓷粉体或者不透明陶瓷,由于透射光很弱甚至无透射光,因此只能通过测试反射部分来表征吸收能力。这就意味着与透明块体一般忽略反射,而通过透射光与入射光的强度比较来反映材料的吸收或散射损耗不同,对非透明样品,则是忽略透射光,通过反射光与入射光的强度比较来反映材料的吸收或散射损耗。

当颗粒尺寸达到微米或者纳米级别,光辐射通过这些颗粒就产生了漫反射,并遵循库贝尔卡-孟克(Kubelka-Munk)方程:

$$F(R) = \frac{(1 - R_\infty)^2}{2R_\infty} = \frac{\alpha}{S}$$

式中:$\alpha$ 为吸收系数,即吸收光谱中的吸收系数;$S$ 为散射系数;$R_\infty$ 为无限厚样品的反射系数;$F(R)$ 为漫反射吸收系数。

实际的漫反射测试中,这些微米或纳米级的颗粒构成了材料表面粗糙不平的结构,因此不透明样品的漫反射测试也基于上述的库贝尔卡-孟克方程。

显然,对于 $S$ 基本一样的同一系列样品,$F(R)$ 正比于 $\alpha$,因此,通过测试样品的反射系数,换算成 $F(R)$,就可以表征材料的吸收能力。实际测试中,使用积分球收集漫反射光,并且将样品的测试数据与标准白板(硫酸钡或者 PTFE,测试波段中各波长的反射系数均等于1)作比较就得到相对反射率曲线,这就是通常文献中所提的漫反射谱。

由于测试漫反射谱已经意味着样品的透射率很小,近似为零,因此基于漫反射谱可以利用入射光分为吸收和漫反射两大部分而产生对应的吸收光谱,或者直接从漫反射谱中最低反射和最强反射的谱峰直接给出最强和最弱的吸收位置以及相对强度。

需要注意的是,漫反射谱是相对于白板的比较结果,因此白板的性质就非常重要,即需要尽量选择计量标定过的白板作为标准。有的测试直接使用实验室的硫酸钡化学试剂做成标样来对比并不可靠。这也意味着不同文献的漫反射谱并不具有可比性。另外要获得真实的漫反射谱还需要严格标定的白板的绝对反射率谱线。

另一个需要注意的问题是,有的漫反射谱仪在白光光源(比如氙灯)和样品之间没有单色器,因此漫反射谱上会叠加一个发射光谱,从而产生负吸收的效果。比如含 $Eu^{3+}$ 的红光材料,其漫反射谱在 612 nm 附近会出现反向的吸收峰,这是由于材料在白光激发下有额外的红光发射引起的,此时分析反射或吸收就要注意结合材料的发射光谱进行鉴定。

## 4.5.2　发射光谱

发射光谱和激发光谱一样,也是表征发光材料的重要手段。发射光谱是在某一特定波长激发下,发光材料所发射光波的强度分布。

一般情况下,发射光谱必须注明激发波长,或者直接和激发光谱并列绘制,此时通常利用最大或者较强的激发谱峰对应的波长来激发样品，取其发射光谱，从而两者在强度的数量级上近于一致（图 4.26）[1]。

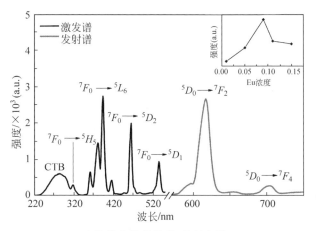

图 4.26　$NaY_{0.91}Eu_{0.09}(WO_4)_2$ 陶瓷荧光粉的激发-发射光谱（$\lambda_{em}=616$ nm，$\lambda_{ex}=393$ nm），内置图为不同 Eu 掺杂浓度（$x$）产物在 393 nm 激发下发光强度的对比结果[1]

虽然发射光谱是研发新型发光材料的必要步骤，但是由于现有透明激光陶瓷的文献主要基于已知的、其荧光粉形态的结构和发光的研究已经较为成熟的材料体系，比如 $Nd:YAG$ 和 $Cr:Al_2O_3$ 等，一般直接表征激光性能，较少讨论发射光谱。因此这里以笔者开发的一种红光材料为例对如何解释发射光谱并得到有用推论做个介绍，便于有兴趣研发新型透明激光陶瓷的读者参考使用。

图 4.26 为紫外光激发下 $NaY_{0.91}Eu_{0.09}(WO_4)_2$ 所得激发-发射光谱，样品显现 $Eu^{3+}$ 的特征跃迁谱峰。以 616 nm 为监测光得到的激发谱包括两部分：200～350 nm 的宽激发带对应于 $W^{6+}—O^{2-}$ 和 $Eu^{3+}—O^{2-}$ 的电荷转移跃迁带（CTB），其中 319 nm 处的尖峰则属于 $Eu^{3+}$ 的 $4f$-$4f$ 跃迁（$^7F_0 \rightarrow {}^5H_5$）；而 350～550 nm 的尖锐激发峰是 $Eu^{3+}$ 的 $4f$ 电子特征跃迁，跃迁类型及中心峰值分别为 $^7F_0 \rightarrow {}^5D_4$（361 nm）、$^7F_0 \rightarrow {}^5L_7$（382 nm）、$^7F_0 \rightarrow {}^5L_6$（393 nm）、$^7F_0 \rightarrow {}^5D_3$（416 nm）、$^7F_0 \rightarrow {}^5D_2$（465 nm）和 $^7F_0 \rightarrow {}^5D_1$（535 nm），其中 393 nm 的激发峰值最强。

以 393 nm 激发所得的发射光谱主要源于 $Eu^{3+}$ 的电偶极跃迁 $^5D_0 \rightarrow {}^7F_2$（616 nm）。它与次强的 $^5D_0 \rightarrow {}^7F_4$（703 nm）强度值相差约 10 倍，而磁偶极跃迁 $^5D_0 \rightarrow {}^7F_1$（595 nm）和 $^5D_0 \rightarrow {}^7F_3$（655 nm）的跃迁强度很低。这种选择性很强的跃迁（即整体发射主要是 $^5D_0 \rightarrow {}^7F_2$ 跃迁）来源于 $Eu^{3+}$ 在晶胞中占据非中心对称的 $Y^{3+}$ 的 $4b$ 格位，而且与 $Y^{3+}$ 的不等径取代增强了该晶体格位的畸形，从而更加偏离中心对称环境，使得电偶极跃迁强度进一步提高。另外，虽然基质在 254 nm

激发下有峰值在 500 nm 处的微弱绿光,但是掺 $Eu^{3+}$ 样品在 254 nm 激发下仅有 $Eu^{3+}$ 的特征发光,没有观察到这类发光。由于 $Eu^{3+}$ 的激发谱中存在属于基质的电荷转移跃迁带,而且 $Eu^{3+}$ 的 350~550 nm 的 $4f$-$4f$ 激发跃迁也与基质的发射峰重叠,加上发射光谱也没有观察到基质的绿光发射,因此可以认为基质能有效将入射能量传递给 $Eu^{3+}$。

图 4.26 的内置图给出了 $NaY(WO_4)_2$:$Eu^{3+}$ 系列样品在 393 nm 激发下红光发射强度与 $Eu^{3+}$ 掺杂浓度 $x$ 的关系。随着掺杂浓度增加,红光强度先增后降,$x=0.09$ 时红光最强,这是发光中心交叉弛豫导致能量转移到缺陷中心并猝灭的结果,证实 $Eu^{3+}$ 掺杂存在着浓度猝灭现象。该结果与蒲锡鹏等提出的燃烧法产物不存在浓度猝灭的现象不同,而是与 $NaLa(WO_4)_2$ 水热产物的结果类似,进一步比较还可以发现所得产物的红光择优性要强于蒲锡鹏等报道的燃烧法产物。

由于高效激发波长 393 nm($^7F_0 \rightarrow {}^5L_6$)与 GaN 基 LED 的输出波长相匹配,并且发射光谱主要是 $^5D_0 \rightarrow {}^7F_2$ 跃迁,因此 $Eu^{3+}$ 掺杂样品不但适合于 GaN 基芯片的激发,而且作为红粉组成的白光 LED 能够具有较高的显色指数,是优良的白光 LED 用红色发光候选材料。

从上述示例可以看出,对发射光谱的解析主要包括如下三个步骤。

(1) 谱峰的指认:对于激光发光离子,比如稀土离子,其自由离子的能级跃迁都已经确定,因此通常是查找文献,将光谱中的发光峰分别归因于各自的能级跃迁。其中稀土离子 $4f$-$4f$ 能级跃迁受基质影响很小,从而基本上可以根据波长或近似波长而直接指认出来。比如 $Tb^{3+}$ 的发射谱线主要起源于 $^5D_3$ 和 $^5D_4$ 能级到基态 $^7F_J$($J=0\sim6$)能级的跃迁,其中在 370~490 nm 的发射谱线由 $^5D_3 \rightarrow {}^7F_J$($J=0\sim6$)跃迁引起的,而 490~650nm 的发射谱线是由 $^5D_4 \rightarrow {}^7F_J$($J=6,5,4,3$)跃迁引起的(在室温下很难观察到 $^5D_4 \rightarrow {}^7F_J$($J=2,1$)的跃迁)。

(2) 强度的对比与机制分析:发光强度与发光中心的浓度及其跃迁概率有关,而后者取决于发光中心作为自由离子时的性质以及它进入晶格后与周围环境的相互作用,比如上述例子中 $Eu^{3+}$ 处于非对称中心格位就可以获得强烈的电偶极跃迁红光发射,而在晶体场作用下,$Yb^{3+}$ 等会发生斯塔克劈裂,从而产生能级差可用的激光能级(第 2 章)。

(3) 应用潜力分析:发光材料的应用都有其特定的服役环境,其中以激发波长为主。比如上述的红粉需要用于白光 LED,那么就要求与芯片的输出波长尽量匹配,越接近主发射波长越好;而用作激光材料,则需要与泵浦光的波长匹配。事实上,现有激光材料的选择相当一部分是受限于可用的泵浦光波长的,即能与商业化的 808 nm、980 nm 等 LD 匹配的激光材料在当前具有更大的固体激光器的应用潜力;反之则会在可得输出功率和激光光束质量等激光输出性能上受到较大的限制。

### 4.5.3　衰减寿命谱

衰减寿命谱是透明激光陶瓷瞬态发光表征的主要内容,相关设备的关键部件包括三大部分:脉冲光源、高速探测器和事件触发机构。根据事件触发机构的工作原理可以分为时间关联单光子计数法和电子门控技术等。目前常用的商业设备一般采用时间关联单光子计数法,配有皮秒脉冲光源以及超高速探测器,普遍可以测试纳秒量级以上的衰减寿命。

瞬态发光测试一般得到的是监控给定发射光强度随时间的衰减曲线,拟合曲线一般采用多指数加和项:

$$I(t) = \sum_{i=1}^{n} A_i \exp(-t/\tau_i)$$

公式中各项的定义如下:

$\tau$:衰减时间,单位为 ms;

$I$:经过模数转换由计算机记录的衰减-时间曲线的发光强度;

$t$:时间,单位为 ms;

$i$:各发射光组分的序号,取值为 $1,2,\cdots,n$ 等自然数;

$A$:分项常数(正比于激发停止瞬间各发射光组分的光强),以下标 $i$ 相区别。

需要指出的是,探测器在测试的时候自身也存在一个信号的衰减过程,作为仪器函数被卷积进了原始数据中,因此拟合之前必须先进行解卷积,得到真实的实验谱线,否则就会发生将设备的快衰减贡献作为样品的快衰减分量的错误。另外,为了避免记录的数值过小,在不同应用领域应当使用不同的时间单位,比如激光材料主要是毫秒数量级,而高速摄像所需的闪烁体材料则需要采用纳秒为单位,两者差了 6 个数量级。

由于衰减寿命受辐射弛豫机制的制约,如果材料发光存在多种辐射弛豫机制,即所监控的发光是通过多种能量传递方式从不同的激发态返回基态而形成的,那么一条发光衰减曲线就是多种发光衰减过程的叠加,这就是多指数拟合的根源,此时可以使用平均衰减寿命作为表征发光衰减的技术指标。以拟合为两个指数项为例:

$$I(t) = A_1 \exp(-t/\tau_1) + A_2 \exp(-t/\tau_2)$$

其平均衰减寿命 $\langle \tau \rangle$ 计算[37-38]如下:

$$\langle \tau \rangle = \frac{A_1 \tau_1^2 + A_2 \tau_2^2}{A_1 \tau_1 + A_2 \tau_2}$$

### 4.5.4　瞬态吸收光谱

瞬态吸收光谱(transient absorption spectroscopy,TAS)是研究激发态能级结

构与激发态能量弛豫过程的有力工具,理论上可以反映被激发的粒子数布居随时间的变化,即各个激发态往低能级乃至基态弛豫的动力学过程(衰减过程)。实际由于可允许间隔时间的限制和测试成本,更多的是获得一个"范围"内部的,分辨率受限的能级结构与衰减过程信息。虽然类似于发光衰减测试,TAS 也需要采用超快光源和超快探测器,但是它还需要一个超快白光光源(探测光),并且探测器扫描的也不是发射光,而是白光经过材料的吸收光谱。TAS 的测试结果通常是一张差分吸收光谱,即存在超快激发与不存在超快激发的两张吸收光谱的差值。另外,TAS 所用的吸收光谱是吸光度 $A$ 随波长的变化谱,其中吸光度 $A = \lg(I_0/I)$,$I_0$ 和 $I$ 分别是透过材料前后的光强。

测试 TAS 的光谱系统可以仅采用一种可调谐的超快激光光源,比如飞秒钛宝石激光器,随后通过非线性倍频获得所需的高能激发光,而宽光谱探测光源(白光)则可以通过光参量放大器产生。

TAS 所得谱图是一种叠加的结果,与常规的激发-发射光谱不同,其峰值位置不再反映(最低振动)能级的位置,也不能根据谱峰的分峰结果来归属各种能级结构。TA 谱的信号主要有如下三个来源:

(1) 基态漂白信号(GSB):样品吸收泵浦光后跃迁至激发态,处于基态的粒子数目就会减少,从而仍处于(或部分处于)激发态样品的基态吸收比没有被激发样品的基态吸收少,此时就得到一个负的 $\Delta A$ 信号。另外,虽然基态漂白光谱形状与稳态吸收光谱类似,主要是某些位置上存在着强度差别,但是也会由于长时间辐照而发生光谱的蓝移或红移(脉冲辐照的积累效应,随激光功率提高而增强)。

(2) 激发态吸收信号(ESA):在扫描透过样品的探测光时,处于激发态的粒子能够吸收合适波长的探测光而跃迁至更高的激发态,此时相当于增加了吸收,从而探测到一个正的 $\Delta A$ 信号。

(3) 受激辐射信号(SE):当扫描吸收光谱的时候,处于激发态的粒子会通过受激辐射(伴随自发辐射)而回到基态,发出的光子被探测器接收,使得荧光波长对应位置处的透射光强增加,产生一个负的 $\Delta A$ 信号。

在实验过程中,首先用探测光测得一张吸收光谱作为本底 $A_0(\lambda)$,随后用一束高能光将处于基态的样品激发到激发态,经过一定的延迟后,再用探测光测出新的一张吸收光谱 $A(\lambda)$,随后调节探测光脉冲相对于激发光脉冲的延迟时间测得多张吸收光谱,分别与本底谱做差分 $\Delta A(\lambda) = A(\lambda) - A_0(\lambda)$。这个随时间变化的差分吸收光谱可以反映激发态能级上的粒子数布居随延迟时间变化的变化,即 $\Delta A(\lambda)$ 是一个与探测光波长以及激发-探测延迟时间 $t$ 相关的变量,测得的吸光度($A$)数据是随波长 $\lambda$ 和延迟时间 $t$ 变化的三维数据,既能读取在某一时刻吸光度的变化量随波长的变化,也能够反映在某一波长下吸光度变化量随延迟时间的变化过程,从而可用于研究从高能级激发态向低能级基态弛豫(激发态粒子数目随时间变化)的详细过程。有关 TA 谱的信号变化以及所得吸光度谱的差异可进一步参见图 4.27。

图 4.27　被激发前(a)和被激发后(b)样品进入探测器的光信号差异示意图(此处忽略激发光,避免误解为激发光和探测光同时作用于样品),前者测得 $A(\lambda_0)$,而后者则是 $A(\lambda)$

### 4.5.5　现场吸收光谱

虽然测试模式都起源于实验室常见的白光扫描的吸收光谱或者透射光谱,但是瞬态吸收光谱描述的是激发态,而现场吸收光谱则描述材料的辐照稳定性,在硬件上更接近于常规吸收光谱。不同的特点就是辐照源与白光扫描可以同步或准同步进行,从而获得透明块体材料在外界辐照下真实的透光性能,相比于常规吸收光谱的非现场透光性能表征,现场吸收光谱能够真实反映材料在外界辐照下的表现[39]。

一方面,透明块体材料主要是在外界辐照下实现光电功能的,比如 Nd:YAG 透明激光陶瓷需要红外泵浦光照射来实现激光的输出,而透明闪烁陶瓷工作时也需要有 X 射线、阴极射线和伽马射线等高能辐照入射到材料上。另一方面,透光性能与材料的光电功能直接相关,是材料的关键技术指标之一。这是因为透光性能不但是材料"透明性"的反映,而且决定了材料对外界输入能量的传输和转化,从而制约了材料的光电功能。比如激光材料的透光性能就决定了激光波段、泵浦光波长以及出光效率等。因此,现场表征外界辐照下的透光性能是评估和改进透明块体材料实用水平的关键基础,也是衡量材料的性能或者产品质量是否满足需求的直接和可靠的技术依据。

从测试方式的角度来看,商用分光光度计实施的吸收光谱或透射光谱的透光性能测试方式有两种:①不考虑外界辐照,直接将样品放在设备中测试透射光谱或吸收光谱;②考虑外界辐照,比如先用 X 射线辐照透明闪烁陶瓷,再到分光光度计中测试透射光谱或吸收光谱,从辐照完成到开始测试透射光谱或吸收光谱的时间间隔有十几分钟甚至更长。显然,第一种测试是不能给出外界辐照下透明块体材料透光性能的;而第二种测试给出的是外界辐照对透明块体材料透光性能影响中存在时间较长的效应,丢掉了短时间效应产生的结果,因为这部分效应在这段较长的时间间隔中,由于材料的自恢复作用已经被抹除。但是在外界辐照下,这部分短时间效应仍然实际影响着材料的透光性能,进而可能导致材料工作时光电功能的劣化,使得材料实际工作时的性能严重偏离根据现有的、非现场测试结果给出的预期性能,降低了材料性能或产品检测结果的有效性,因此这种测试方式距离准同步测试的要求也相去甚远。

需要注意的是,这种短时间间隔很容易与瞬态吸收光谱撤掉激发源的短时间间隔混淆,二者并不是一回事。对于服役过程而言,其时间单位至少在秒级,甚至要以年来计算,因此瞬态吸收光谱的纳秒($10^{-9}$ s)数量级的变化对材料的实际服役并没有影响,其关系类似于微观粒子的运动与宏观温度之间的关系。当然,也可以认为瞬态吸收光谱是现场吸收光谱在准同步模式下的特例。

现场吸收光谱是一种表征外界辐照对透明块体材料短时间影响效应的方法和技术。其中外界辐照的发生与透光性能的测试之间的时间间隔被缩短到前述的短时间影响效应消失之前,也就是时间间隔为零或者低于某一时间,实现同步或准同步的测试。

不管是同步或准同步,现场吸收光谱的表征过程都包含了两大步骤:首先是通过外界辐照源、测试透光功能所用的白光光源、探测器等硬件获取原始实验数据,给出原始透射光谱或吸收光谱;其次是采用合适的方法处理原始数据,给出适合检测需求的吸收光谱。对于准同步模式,需要合理确定外界辐照发生与透光性能测试之间的时间间隔。

对于同步测试,可以采取如下两种方法:

(1) 外界辐照源与白光光源斜向入射到样品上,透射光被位于样品另一边的探测器接收而产生原始的实验数据。这种方式称为旁轴光路法(图 4.28);旁轴光路适合于样品相对于外界辐照是无限厚的情形,即外界辐照强度在样品中衰减到原来的 $1/e$($e$ 为自然对数的底)所需的材料厚度远小于现有材料的总厚度,两者比值一般应低于 100。

(2) 外界辐照源与白光光源沿同一方向入射到样品上,透射光被位于样品另一边的探测器接收而产生原始的实验数据,这种方式可以称为同轴光路法(图 4.29)。

准同步测试中,外界辐照与白光的相对位置同样可以采用旁轴光路或同轴光路法(图 4.30),其中不同的是准同步测试可以在外界辐照从样品上撤除后再开始白光辐照以测量透光性能,获得原始实验数据。

有关数据的处理可以按照如下两种不同情况分别进行:

(1) 一种情况是如果外界辐照入射到透明块体材料上不产生荧光,或者所产生的荧光落在透光性能的检测波长范围之外,所得的原始数据可以直接用于透光性能的表征工作。

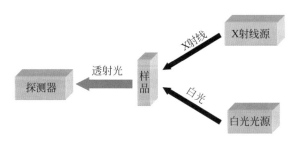

图 4.28　旁轴光路测试示意图(以 X 射线作为辐照源)

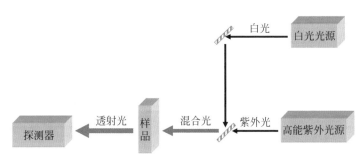

图 4.29　同步-同轴光路测试示意图(以高能紫外光作为辐照源)

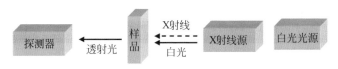

图 4.30　准同步-同轴光路测试示意图(以 X 射线作为辐照源,虚线表示非同时入射)

　　另一种情况是虽然外界辐照入射到透明块体材料上会产生荧光,但是采用了准同步测试方式并且所产生的荧光衰减很快,降低到初始强度的 $1/e$($e$ 为自然对数的底)所需的时间小于准同步测试所需的时间间隔,这时所得的原始数据也可以直接用于透光性能的表征。

　　(2) 如果外界辐照入射到透明块体材料上产生荧光,并且这些发光的颜色在透光性能测试的波长范围内,同时采用的是同步测试或者采用准同步测试时,荧光衰减很慢,降低到初始强度的 $1/e$($e$ 为自然对数的底)所需的时间大于准同步测试所需的时间间隔,此时原始实验数据需要扣除外界辐照所产生的荧光的影响,从而得到可用于讨论透明块体材料透光性能的技术数据。

　　扣除外界辐照所产生荧光背景采用的是基底清除法,其具体做法如下:

　　(i) 关闭白光光源,打开外界辐照,获取一张谱图 A;

　　(ii) 打开白光光源,关闭外界辐照,获取第二张谱图 B;

　　(iii)(谱图 A+谱图 B)构成了谱图 C;

（iv）获取白光光源和外界辐照作用下的谱图 D（原始谱图）；

（v）（谱图 D—谱图 A）与不放透明块体材料时白光通过整个光路所得的空白谱图的比值构成了表征透光性能的谱图；

（vi）（谱图 D—谱图 C）与不放透明块体材料时白光通过整个光路所得的空白谱图的比值给出了没有外界辐照作用和有外界辐照作用时透光性能的差值，可以将现场辐照时透光性能变化进一步放大。

在上述谱图中，谱图 A 及其衍生的谱图 C 或者各自与不放透明块体材料时白光通过整个光路所得的空白谱图的比值都可以称为基底谱图。在步骤（iii）、（v）和（vi）的谱图叠加或消减可以考虑乘以权重因子，以便抵消实验误差，比如先后测试中白光或外界辐照强度不同的影响。

现场吸收光谱所得结果的精度除了取决于透光性能测试部分所用光学器件的综合性能，对于需要考虑外界辐照荧光影响的测试，其结果的精度还与外界辐照和白光强度的稳定性有关。这是因为基底消除法需要将原始数据扣除先前测试的基底数据，理论上要求在这段测试时间内，外界辐照和白光的强度各自保持不变。

总之，现场透光性能的测试结果可用于评价透明块体材料工作于外界辐照下的表现，相比于现有非现场透光性能测试，这种方法能够更直接和可靠地反映外界辐照对透明块体材料的影响，尤其是短时间效应的影响。

## 4.5.6　其他光谱与衍生分析技术

表征离子能级跃迁的光谱除了前述常见的，面向发光应用的吸收光谱、激发光谱、发射光谱及其衍生的发光衰减谱等类型，还包括面向元素或基团分析的，基于基团振动、转动乃至内壳层电子跃迁的光谱，具体可以参考 4.1 节。

需要注意的是，光谱的衍生分析通常可以给出更丰富和深入的信息，而且对准确辨认跃迁机制也相当重要。一种常见的衍生分析就是拟合各个谱峰获得峰值位置，然后比较谱峰之间的能量差，此时不但可以发现来自电子-声子耦合的振动峰（2.3.2 节），而且对于辨认跃迁机制也有作用，甚至是决定性的作用。比如以 163 nm 的深紫外光激发 1.96 at.％ $Yb^{3+}$，20.0 at.％ Na：$CaF_2$，发射光谱存在 330 nm、425 nm 和 570 nm 三个发射带，其中 330 nm 和 570 nm 间隔是 12000 $cm^{-1}$，接近 $Yb^{3+}$ 两个能级 $^2F_{5/2}$ 和 $^2F_{7/2}$ 的能级差，因此可以认为这两个发射峰是 $Yb^{3+}$ 的某个激发态跃迁到基态 $^2F_{7/2}$ 和第一激发态 $^2F_{5/2}$ 的发光。这个激发态有两种选择，$Yb^{2+}$ 和 $Yb^{3+}$ 的电荷转移态（$Yb^{2+*}$）。因为 $Yb^{2+}$ 的发光并不能产生这么大的斯托克斯位移，而电荷转移跃迁发光则可以因为电荷转移态与 $Yb^{3+}$ 的平衡态结构之间存在相当大的差别，从而可能产生较大的斯托克斯位移。对于 $Yb^{3+}$ 转为 $Yb^{2+*}$ 的电荷转移吸收，可以用乔根森（Jorgensen）给出的经验公式估算其吸收带的能量位置：

$$E = 30000[\chi_{opt}(F^-) - \chi_{opt}(Yb^{3+})]cm^{-1}$$

式中，$\chi_{opt}$ 是离子的光学电负性，可以用鲍林（Pauling）电负性来代替，比如 $F^-$ 的值是 3.9，而 $Yb^{3+}$ 则是 1.68，从而得到 $E$ 的数值是 66600 $cm^{-1}$，即 150 nm，恰好与 163 nm 的激发光接近，从而验证了 $Yb^{3+}$ 的电荷转移发光机制。

同样的能量差方法也可用于鉴别 $Yb^{2+}$ 的吸收光谱（$Yb^{2+}$：$CaF_2$），首先 $Yb^{2+}$ 的 $5d$ 能级拆分为两组 $e_g$ 和 $t_{2g}$，但是考虑到 $5d4f^{13}$ 的电子组态会受到 $4f^{13}$ 的影响，因此每组 $5d$ 轨道又可以进一步拆分——其实验证据就是第一激发态和第二激发态之间相差 10000 $cm^{-1}$，等同于两个 $^2F$ 子能级的间距，因此相应的两个吸收峰可以分别归属于基态 $^1S_0$ 到 $5d(e_g)4f^{13}(^2F_{7/2})$ 和 $5d(e_g)4f^{13}(^2F_{5/2})$ 的跃迁，与此类似，更短波长的吸收光谱也可以进一步归因于 $t_{2g}$ 和 $4f$ 能级之间的耦合。

最后，变温光谱除了表征发光材料的热稳定性和热性能，同样也为发光机制的研究提供了进一步的技术数据。比如低温（12 K）可以获得零声子线，有助于分辨发光中心的格位。另外，对前述深紫外激发 $Yb^{3+}$，$Na$：$CaF_2$ 在室温和 20 K 条件下分别做了发射光谱，发现原先室温下较弱的 425 nm 的发射带随着温度的降低，与 570 nm 发射带连成一个更大的发射峰，不再是明显的双峰结构。这就表明，当温度升高时，425～570 nm 存在着某种自吸收（比如来自 $Yb^{2+}$），从而产生了室温下表面的双峰结构。

# 4.6　陶瓷热性质与热成像

## 4.6.1　陶瓷热性质

狭义的陶瓷热性质指的是材料特有的、与温度相关的物理量，比如陶瓷的熔点、导热系数和热膨胀系数等。而广义的陶瓷热性质还包括了与热相关的性能变化趋势，比如在温度变化下，透明激光陶瓷的激光的强度、功率分布和模式变化；陶瓷内部应变的积累和释放（陶瓷破裂）以及陶瓷受热后结构的改变和组分的挥发等。

热分析技术用于表征材料具有的与温度或热相关的性质及其变化过程。陶瓷领域常用的热分析技术有很多种，其中主要包括：测试质量随温度变化的热重分析（thermogravimetric，TG），测试热流（吸热或者放热）随温度变化的差热分析（differential thermoanalysis，DTA——测试样品与参比物的温差随温度的变化）与差示扫描量热法（differential scanning calorimetry，DSC——测试维持样品与参比物温度等同时所消耗电能随温度的变化），表征陶瓷在温度改变时的膨胀率的热膨胀分析,表征陶瓷在温度改变时的应力变化的热应力分析,以及表征陶瓷在温度恒定或者温度存在梯度时组分的偏析现象的热扩散分析等。

实际的热分析可以是上述一种或多种测试的组合,比如常规热分析就是 TG-DTA 或 TG-DSC 的一种组合;而热机械分析则包括热膨胀和热应力/应变。组合使用热分析技术有助于获得详细的实验信息,典型例子就是基于 TG-DTA 或 TG-DSC 组合分析可以获得陶瓷的融化温度、分解温度、烧结温度、去水温度、中间反应成分、反应热效应等重要的物理化学参数,从而指导陶瓷粉体的制备、陶瓷块体的烧结、陶瓷浆料的处理、陶瓷纯相的判断以及陶瓷制备动力学的分析等。

需要指出的是,实际的热分析结果是受到样品和测试条件影响的,以 TG-DTA 或 TG-DSC 测试为例,其主要影响包括:①样品必须尽量磨细,而且用量合适,过少则信号弱,过多则造成加热不均,谱峰宽化;②升温速度过快会导致谱峰往高温移动,并且湮没肩峰,但是过慢除了测试时间延长,还要受到系统噪音的影响;③气氛选择要合适,否则热分析时会由于气体的释放或者吸收而产生信号强度的古怪变化,影响结果分析。

因此热分析测试所得的参数值,比如粉体去水温度不一定是实际的温度,但是其重要性就在于为调整去水温度给定了方向,一般在热分析所得温度值范围附近调整即可,避免了盲目或经验式实验的低效率。

值得一提的是,物质中如果存在缺陷,当它受外界能量激发产生电子-空穴对后,部分电子/空穴就会被俘获。当加热该物质时,这些电子/空穴获得能量,从陷阱中脱离,电子-空穴对重新复合并产生光辐射,这就是热释光。本质上,热释光就是研究加热过程中物质的发光现象的技术,也属于热分析技术的一种。通过分析热释光谱峰,可获得材料内部的可能缺陷类型的数目,估计缺陷能级和振动因子,然后依据光谱波长对缺陷种类进行定性判断,同时可以根据已经建立的各种动力学模型计算缺陷寿命等,从而为陶瓷材料的缺陷研究提供理论和实验依据。

## 4.6.2 组分均匀性的热成像

透明激光陶瓷主要是通过基质掺杂来实现相应的激光性能。高性能的材料要求内部的化学组分尽可能均匀分布;而且应用于产品的原始毛坯一般是厘米级别的大尺寸材料,因此提供大尺寸下材料化学组分分布均匀性的程度是这类材料研究和应用的基础技术数据,也是选择和应用相关材料的关键技术依据之一。

现有的化学组分表征方法(4.1 节)难以满足这种表征大尺寸透明材料化学组分均匀分布的要求。这是因为它们要么是需要破坏材料(比如原子发射光谱法),要么是局部甚至微小区域取样(比如电子探针的面扫描),甚至需要大型昂贵设备的支持(比如基于同步辐射光源的 X 射线荧光显微成像),因此主要用于毫米级或更小的块体,不能适用于大尺寸材料。

当前查看大尺寸透明激光陶瓷的方法主要是光学检测,比如测试材料的吸收或透射率或者观察材料表观的色块分布等。但是这些方法主要适用于存在明显杂质或者高浓度组分聚集的材料。这是因为光学检测法对于吸收差别小或者所掺杂组分存在高吸收的材料,其吸收或透射率谱图只能表示该区域存在吸收,而具体情况则由于突破了测试阈限(比如吸收超过 100% 或直线透射率小于 0%)变得不得而知。至于肉眼观察材料表观色块分布的方法则更为粗糙,比如对于有色的透明材料,采用这种方法连内部的微裂纹等也可能被忽略。

由于不同原子的比热容不同,因此不同原子组合而成的化学组分自然具有不同的比热容,在传输同样的热量时,相应的温度变化就不一样,或者说各自的热传导效率是不同的,从而基于温度分布的测试可以反过来表征材料的化学组分分布[40]。这种方法其实对于各种块体材料都是适用的,但是实际应用中更适合于透明激光材料,这是因为透明激光材料对红外光的散射很小,因此可以更好地反映化学组分的差异,避免受到材料内部对热流传递的散射干扰,有助于提高温度分布与化学组分分布的直接关联性。

反映块体温度分布的热成像技术一般获得的是块体某部位的二维热像图,而通过块体材料的不共面的多个方向上所得的温度分布作为剖面图,然后通过计算机三维建模可以绘制出块体材料化学组分分布的三维图景,以表征特定化学组分区域的分布位置。

需要注意的是,热成像法重点在于表征组分的分布,而不是组分的属性——这是因为它的出发点是不同组分之间的温度差异,其理论依据则是不同组分在导热系数或者比热容参数上存在差别。这种差别没办法明确组分对应的元素、基团乃至化合物的具体类型。因此热成像法可以用于表征化学组分的数目和分布的均匀性程度,即它测试的是材料各个部位的组分是否一样以及热传导不同的组分数目,并可以通过各点温度的差异来分析组分分布一致性的程度。它也可以反映材料内部的微裂纹、第二相等缺陷,因为这些缺陷本质上就是和材料基质组分不同的化学组分分布,或者说是偏离基质化学组分的杂相,所以它们的热传导同基质组分是有差别的,同样可以通过温度分布反映出来。

图 4.31 是针对某透明 Ce:YAG 单晶薄片的热像图表征结果。这个单晶薄片整体表现是色彩分布均匀,虽然没有双面镜面抛光,但是从薄片下的文字清晰可见就可以确定它的透明性也是比较好的(抛光后直线透射率 80%,厚度为 1 mm)。然而低温热像图(一面放置在实验室用不锈钢加热平台上,37 ℃,平台各点温差 ±2 ℃,采用美国福禄克公司的手持式热像仪)清楚表明该晶片加工时没有处理好边缘部位,从而存在崩裂的区域,而且由于内部应力过大,因此晶片中部有微裂纹

并且纵深扩展。另外,从低温和高温热像图都可以看出以薄片中央偏左位置为中心地带,温度向外层递分布的现象,这意味着整体上 Ce 的掺杂浓度呈环状变化,同半径的环带上均匀分布,而不同半径的环带上则表现为浓度递进分布。热成像所得结果与通过原子发射光谱的元素分析结果一致。这种浓度逐层变化的现象来自Ce 离子在晶体生长中由于排杂效应而出现的围绕中心逐层分布凝析,并且其浓度呈指数变化的结果。另外,在热台置于样品底部的条件下,热台温度越高,样品达到同样温度所需的时间就越长,这样就越有助于加大不同热容部位的温度差别,因此相比于低温热像图,高温有助于温度分布区域分辨率的提高,具体表现是环带数目更多,边缘更清晰。

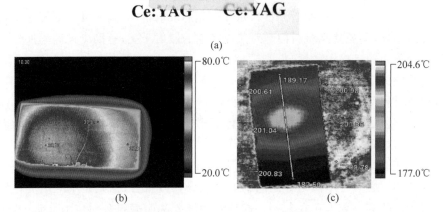

图 4.31　透明 Ce:YAG 单晶薄片(两面未抛光)的照片(a)及低温(b)和高温(c)热像图

　　加热并不是热成像的必要条件,比如军事或医学上的红外热成像就可以依据黑体辐射来实现。根据黑体辐射的理论,任何物体在室温下都会发出红外光,而红外光的强度乃至波长则随其温度而变化。医学上就是根据病变部位相比于健康部位的温度变化进行疾病的诊断。而且正常人的同一部位,比如脸部也会存在红外辐射强度的差异——因为脸部不同部位,比如眼睛、鼻子和嘴唇等具有不同的黑体辐射效应。因此透明激光陶瓷材料也可以基于黑体辐射实现室温下的热成像图。图 4.32 就是某 Nd:YAG 透明激光陶瓷板条降到室温时的红外热成像照片。如果陶瓷板条是严格组分均匀的,可以预见其各部分的热成像应当是均匀一致或者围绕它与外界(此处是卡座)的接触点呈对称分布,但是这个板条却具有明显的不同温度区间的差别,这就意味着其组分存在着不均匀——组分不均匀将引起材料中热传导的不均匀,从而引发热应力和热透镜等效应。

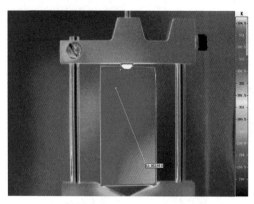

图 4.32　Nd:YAG 透明激光陶瓷板条的室温红外热成像照片

　　图 4.33 是基于长方体透明水晶样品不同方向所得温度分布数据为剖面进行三维图景建模及其化学组分分布。该图只是介绍热像图三维建模、揭示块体组分三维分布的原理，具体实践中还需要考虑热像仪的性能和三维建模条件等。

　　正如图 4.33 所示，基于长方体的三维建模可以将六个面分为三对，即两对侧面和一对底面，测试得到三个面的温度分布数据，以这三个面的温度分布数据作为三个互为直角方向的剖面进行三维建模。根据粗略建模的结果可以认为本透明材料的组分分为两部分，其中热传导低的部分占体积的 25%，沿侧面的组分分布是两个区域，高度近似 1∶3，各区域内组分接近均匀；而平行于底面所截的平面上，组分分布均匀（参见左下角粗略建模结果）；由于温度分布数据其实是渐变的，因此改进建模技术可以得到组分渐变的立体分布（参见右下角的改进建模结果）。此时沿侧面的组分分布虽然也可以近似为两个区域，高度近似 1∶3，但是彼此之间没有明确界限，其中平行于底面所截的薄片，即垂直于侧面截取较短厚度的区域，其化学组分近似均匀，而平行于底面所截的平面上组分分布均匀。

　　基于上述的三维建模原理，可以发现三维建模的准确性与样品沿各剖面图相应法线的长度关系密切，因为三维建模的基本出发点是假设剖面图可以代表垂直于该剖面所在平面方向的样品的组分分布。这对于该方向上较薄的样品是合理的，但是如果厚度过大，样品中心部位的表征就可能有偏差，即此时表面所得的剖面热像图不一定代表内部的热像。当然，对更多的表面拍摄热像图，比如对图 4.33 透明水晶的六个面都拍摄热像图并进行对比可以揭示各组相对表面是否存在着差异，以此也可以估计内部的组分分布差异，进一步提高组分均匀性测试的准确度。总之，对于厚度较大方向的组分，热像图主要是定性判断整体是否均匀，而定量表征还需要新型加热模式的发展，从而可以直接测试不同深度的热像图，而不是简单基于表面热像图的延伸，即假定两剖面之间的热像是它们彼此向对方演变的结果，

图 4.33　长方体透明水晶样品三组平行面的热像图和不同建模方式得到的三维图景

从而真实组分均匀性的表征就会受到限制,尤其是样品厚度较大的方向。

最后,图 4.34 给出了热成像设备系统的原理图。首先可以利用热台或激光加热样品,其中激光主要是陶瓷材料发射的激光或泵浦光,对于 Nd:YAG,它们分别是 1064 nm 和 808 nm。具体功率根据陶瓷材料所需服役的范围而定——面向大功率应用的时候需要百瓦级以上,因为这种激光加热其实就是模拟材料在服役时被大功率泵浦光激发并且其内部有发射光来回振荡而获得大功率激光的热效应,可以更准确地评测所给定的透明激光陶瓷在大功率激光服役场合下的潜力或可行性。热像仪与分析软件也是这套系统的重点,它们决定了测试的分辨率、可靠性和结果处理的便捷性,因此也需要加以重视。另外,如前所述,热成像中对热台加热的稳定性和均匀性要求很高——实际成像图中不同区域的温差分辨率要低于热台的温差分辨率。

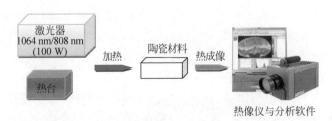

图 4.34　透明激光陶瓷红外热成像测试原理图

# 4.7　激光性能

## 4.7.1　激光输出性能

和其他激光材料一样,透明激光陶瓷的最终目的是输出高性能的激光,因此激光性能是衡量该陶瓷是否可用的决定性指标。激光输出性能测试也就成了透明激光陶瓷研发的一个关键阶段。

需要指出的是,文献报道的激光输出性能并不一定就是所给材料可实现的最佳性能,因为激光输出是一个系统工程,激光材料只是其中的一部分。其他部分,包括泵浦光源、光路上的各种光学元件、可饱和吸收体、热沉、反射或透射膜乃至谐振腔的长度和形状等也会影响最终的激光输出。再加上整个光路的调试,尤其是谐振腔部分主要依靠人力完成,因此操作者的熟练程度和专业水平也会对激光输出产生影响。这也是目前激光器的发展和应用可以在物理和工程学的基础上独立成一门学科的根本原因。因此本书主要面向从事透明激光陶瓷研发的读者,介绍激光输出性能的主要概念和相关结果的报道与解读,而有关实施激光实验和研制激光器的内容建议读者自行参考其他文献资料,此处不再赘述。

图 4.35 给出了连续(CW)激光输出性能测试的实验装置[36],其原理是激光二极管输出的泵浦光通过光纤耦合到透镜组中,然后通过分光镜入射到激光材料上(此处是 Yb:Lu$_2$O$_3$ 透明激光陶瓷),激光材料与散热的热沉组装在一起(此处采用黄铜),也可以进一步放在一个低温并可加热的样品腔中而实现变温测试。涂有高反射膜(针对激光波长)的反射镜构成了谐振腔,其中输出耦合镜(也有称作输出反射镜)可以更改透射率 $T_{OC}$,比如取 10%、20%、30% 和 40% 等。调整谐振腔长度可以改变激光束的功率分布(通常以获得高斯功率分布为主)。如果要产生脉冲激光,可以采用调 $Q$ 技术,即在样品后部插入可饱和吸收体(saturable absorber,比如 Cr:YAG)。需要指出的是,实际的激光器或者激光实验装置可能更为复杂,比如谐振腔的设计可以是多组反射镜、分光镜以及独特泵浦光传输路线的结合,从而使得激光的实现和激光器的研发成为一个复杂且系统的工程。不过,透明激光陶瓷等激光材料的首要地位并不会因此而降低。

测试用的实验装置还可以更为简易,只要满足泵浦光聚焦准直,有一个谐振腔可以获得激光输出即可,甚至连冷却都不需要(直接空气中自然冷却)。图 4.36 就是简易的自调 $Q$ 激光性能实验装置,其中晶体靠近泵浦光的一面直接作为后腔镜,镀上对泵浦光的增透膜和激光的高反膜(各自对应波长 808 nm 和 1064 nm);而输出耦合镜(前腔镜)则是一块对 1064 nm 的反射率高达 90% 的平板玻璃,有时

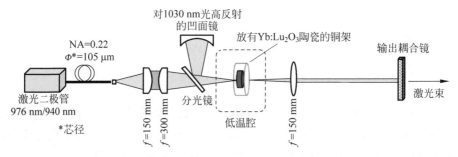

图 4.35 典型的连续激光输出实验装置图,其中 NA 是光纤的数值孔径,它表征入射到光纤端面的光可以被光纤所传输的角度范围,其数值等于该角度 $\alpha$ 的正弦值,即 $NA = \sin\alpha$[36]

甚至直接将晶体出激光的一面当作前腔镜使用。在激光实验中,前腔镜和后腔镜是以激光发出的方向为"前方"来定义的,两镜之间就是谐振腔。根据两镜的形状,可以将谐振腔称为平-凹腔和平-平腔等。平-凹腔模式采用平板后腔镜,而前腔镜是凹面透镜;相应的平-平腔中两者都是平板,这也是微片激光器的谐振腔构造。

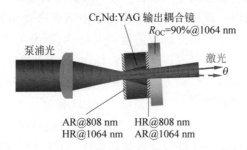

图 4.36 简易的自调 $Q$ 激光性能实验装置示意图[41]

表征激光输出性能的指标主要有输出功率和斜率效率,后者是激光输出功率与泵浦光功率(泵浦功率或入射功率,严格说是落在激光材料表面上的泵浦光功率)的比值。文献中也有其他类似的、不同定义的效率变量,比如光-光转换效率和能量转化效率等。

对于连续激光输出,其典型的激光输出性能测试结果可参见图 4.37,一般就是输出功率与泵浦功率之间的关系曲线,从中可以读取激光阈值(lasing threshold)、饱和阈值并计算斜率效率。其中激光阈值和饱和阈值分别是开始有输出功率和输出功率不再增加时的泵浦功率。另外也可以进一步给出其他非材料的实验因素的影响(参见图 4.37 中有关 $T_{OC}$ 和温度的影响以及图 4.38)。从图中可以看出,100 K 下可以获得最大的斜率效率为 59%,相应的最大输出功率是 11.24 W,泵浦功率则是 20.3 W,在实验条件下没有观察到饱和现象,因此可以用于更高功率的泵浦和输出。另外随着温度增加,激光输出性能不断劣化,室温

(300 K)的输出功率和斜率效率分别下降到 4.44 W 和 27.5%。而 80 K 的反常（不但没有增加，反而稍低于 100 K）可归因于实际材料中吸收峰值位置随温度下降会有所变化（4.5.1 节），从而引起发射光波长的变动，比如从 100 K 到 300 K，该陶瓷材料输出的激光中心波长从 1031.6 nm 移到了 1032.3 nm。

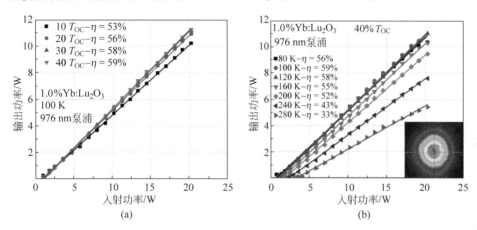

图 4.37　1.0 at.% Yb:Lu$_2$O$_3$ 透明陶瓷在 976 nm 激光二极管泵浦下输出的 1032 nm 激光性能[36]

（a）100 K 时不同 $T_{OC}$ 取值下输出功率随泵浦功率的变化；（b）$T_{OC}$ 为 40% 时不同温度下得到的输出功率随泵浦功率的变化，其中内置图为彩色化的光束功率分布图

图 4.38 进一步体现了实验条件对激光输出性能的影响，由于这种陶瓷的最佳吸收波长位置在 976 nm 附近，因此所选泵浦光的波长与该吸收效率最大波长位置越接近，激光输出性能越好——在 80 K 时，976 nm 和 940 nm 泵浦产生的激光的斜率效率分别是 56% 和 17%（这里的 $T_{OC}$ 分别是各自泵浦波长下在 80 K 时可获得最大斜率效率的透射率数值），其值差了 3 倍。不同实验因素的影响程度不同，比如其他条件保持一致的前提下，激光输出性能随 $T_{OC}$ 的变化并不大，正如图 4.37 所示，虽然 $T_{OC}$ 从 10% 增加到 40%（变为原先的 400%），但是斜率效率只是从 53% 增加到 59%——只增加了 11.3%。

输出耦合镜的透射率也并非毫无影响。图 4.39 以 Yb:LuAG 的激光输出性能给出了一个典型例子：随着透射率（$T_{OC}$）的增加，斜率效率先是较快增加，随后进入一个平稳变动的阶段，最后下降；因此如果实验时采用的范围处于中间稳定的阶段，那么就会得到前述 $T_{OC}$ 对斜率效率影响不大的类似结论。其实理论上并非如此——$T_{OC}$ 的两个极端就是完全不透光和完全透光，它们都阻碍了产生激光所需的谐振，比如透射率增高的时候，产生激光的泵浦功率需要加大，这就等同于增加了谐振腔内的损耗，并且增加的热效应又会反过来阻碍激光的转化，形成恶性循环。因此 $T_{OC}$ 过高或过低，斜率效率都要下降。

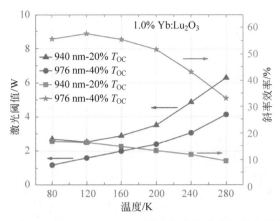

图 4.38　1.0 at.% Yb:Lu$_2$O$_3$ 透明激光陶瓷的激光阈值和斜率效率
随泵浦波长、$T_{OC}$ 和温度的变化[36]

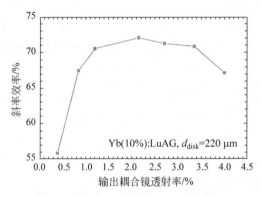

图 4.39　Yb 掺杂 LuAG 单晶激光输出的斜率效率与输出耦合镜透射率之间的关系[42]

　　图 4.40 给出了典型的脉冲激光输出性能表征的实验结果。此时激光的输出是周期性、离散非连续的,因此相应的斜率效率计算采用平均功率(考虑整个周期)。由于这里的脉冲激光采用调 $Q$ 技术,即使用了可饱和吸收体,可饱和吸收体的因素也会产生影响(参见图 4.40(a)所给的不同可饱和吸收体透射率时的斜率效率)。另外,相比于连续激光,脉冲激光增加了脉冲能量、脉冲宽度、峰值功率以及重复频率(简称重复率,repetition rate)等新的技术指标,分别如图(b)和图(c)所示。最终的实验结果表明 1.0% Yb:Lu$_2$O$_3$ 透明激光陶瓷在 976 nm 激光二极管泵浦下,通过调 $Q$ 技术可以获得 9.84 W 的最大平均功率(对应可饱和吸收体 95% 的透射率),而且重复频率随可饱和吸收体的透射率而增加,对于 95% 的透射率,重复频率可以达到 64.8 kHz。但是脉冲宽度则随可饱和吸收体的透射率增加而下降,因此 85% 的透射率给出最短的脉冲宽度(116 ns),对应最大的脉冲能量

（0.35 mJ）和峰值功率（3.24 kW）。

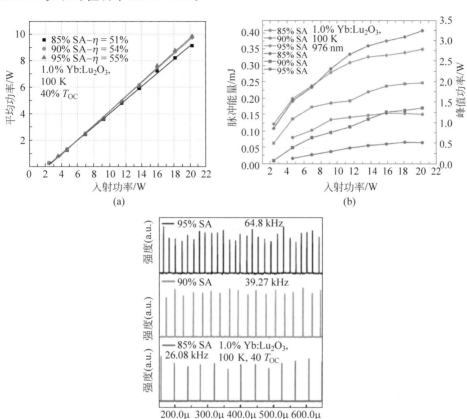

(a)

(b)

(c)

图 4.40　100 K 下 976 nm 激光泵浦，不同可饱和吸收体透射率时调 $Q$ 产生的 1.0% Yb:Lu$_2$O$_3$
的脉冲激光性能（脉冲序列）[36]

　　（a）平均功率随泵浦功率的变化；（b）脉冲能量和峰值功率随泵浦功率的变化；

　　（c）脉冲序列轮廓图（traces of pulse train）

　　显然，激光输出性能与实验条件也有很大的关系，因此一种激光材料是否先进，并不是仅仅查看材料的性能参数，比如热导率、各种光谱截面等，而是需要联合实验条件一起考虑。一个典型的例子就是想用于固体激光器的透明激光陶瓷应当有与之匹配的泵浦光光源，而且所用泵浦光波长与其吸收峰值越接近，可用功率越高，相应的激光输出性能就越好，可得激光功率也就越高。这也是研发新型高效透明激光陶瓷需要注意的关键问题之一。

　　最后，由于实现激光输出乃至研发激光器属于工程学的范畴，并不是专注于激光材料研发的团队和机构所擅长的，但是一种材料是否有所需的激光应用潜力却必须由他们给出评测，才能引起工程界的兴趣和重视。因此除了前述较为简单的连续和脉冲激光实验装置，也可以通过理论模拟，根据测得的折射率、热导率、发射和吸收截面等材料参数，并且假设泵浦光波长和功率、几何光路、样品尺寸、各种光学元件的透射率和反射率等参数是已知的，就可以利用激光学的基本理论推导激光输出性能。图 4.41 给出了理论模拟的板条厚度与光-光转换效率之间的关系。其中泵浦光功率密度、输出耦合透镜的透射率等均为假定数值。另外，有的文献甚至出现给出的是理论模拟的激光输出性能，但有意在标题乃至摘要中不特意说明是"理论的"，此时更需要读者自己分析和鉴别，切勿将尚未实现的、理论上的激光输出或激光器（严格说应该是"概念设计"）当成现实。

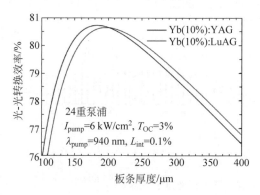

图 4.41　理论模拟的 Yb 掺杂石榴石激光晶体板条厚度与光-光转换效率的关系[42]

## 4.7.2　激光光束质量

激光输出性能主要是从光谱学的角度，即波长、半高宽、能量转换效率、激发波长以及最低泵浦能量来描述激光的性能，而描述激光的应用潜力则依赖于激光的光束质量。这是因为相同光谱学性质的两束激光在传输时如果可聚焦程度不同，或者说发散程度不同，那么到达同样的目标就具有不同的功率密度或者能量密度，而功率密度或能量密度正是激光切割、焊接乃至激光武器的重要技术指标。因此激光光束质量是激光器设计、制造和评测的重要依据，也是激光质量监控的重要指标。

激光光束质量与激光的准直性和相干性密切相关，而亮度则是其直观的体现。它是激光束可聚焦程度的度量，理想的激光光束的远场发散角等于单模高斯光束（$TEM_{00}$）的衍射极限。实际的激光光束质量会受到高阶模输出、衍射、光路中光学元件的像差、光路校准的误差、激光材料的热透镜效应等的影响而下降。

事实上，基于热力学第二定律，高相干高准直的激光属于高度有序的体系，具有自发转为无序体系的趋势，以便增加整个体系的熵值。显然，无序激光就是激光光束质量很差、体系熵值较高的一种特例,因此它在多晶颗粒中就可以产生。与此相反,优异的激光光束质量则需要高质量的激光材料乃至复杂的激光器设计才能实现。

1990 年国际标准化组织(ISO)下属的激光委员会(SC9)推荐的 $M^2$ 因子是目前国际光学界公认的标准[43],根据该标准,不同激光器的光束质量可以相互比对。

$M^2$ 因子的理论基础是光束经无像差光学系统变换后,束腰的束宽和远场发散角乘积不变,其原理如图 4.42 所示,其中 $d$、$d'$、$\theta$ 和 $\theta'$ 分别是光束通过无像差透镜后的束宽与远场发散角。

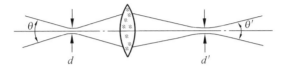

图 4.42　光束经无像差透镜前后各自的束腰与发散角示意图[43]

当光束为理想单模高斯光束时,可以得到束腰 $d$ 和远场发散角 $\theta$,而实际测得的束腰和远场发散角分别是 $D$ 和 $\Theta$,则可以如下计算 $M^2$ 因子:

$$M^2 = \frac{D\Theta}{d\theta} = \frac{\pi}{4\lambda} \cdot D\Theta$$

$M^2$ 因子是利用空间频率和强度矩而定义的一个物理量,其取值与光强分布的二次矩有关,简单说就是束腰宽度反映了束腰截面上的光强分布,而远场发散角则由相位的分布所决定,因此这个物理量同时反映了激光光束的强度分布和相位分布特性。当然,因为它的定义涉及二次矩的计算和遍历整个空间的积分,这就意味着它要求光束截面上的光强是连续分布的,不能有急剧变化的区域,甚至是空洞的出现,因此对于非高斯模式的激光不一定适用。

对于基模高斯光束,$M^2=1$,并且其平方值与激光亮度成反比关系,因此除了反映激光光束的传输质量,还可以体现激光亮度——同样能量和波长条件下,$M^2$ 越大,激光的亮度就越低。

虽然理想的高斯光束的截面是圆形,光强对称分布($M^2=1$),但是实际激光光束的截面并不是标准的圆形,即光束的光强分布不对称或存在像散,因此更常用的 $M^2$ 因子是两个垂直于光束传播方向上的分量 $M_x^2$ 和 $M_y^2$。它们各自表示 $x$ 方向和 $y$ 方向的光束质量,计算其数值时采用各自方向上的束腰和远场发散角。这种分量计算的好处是可以用于多模光束的质量评测,并且可以进一步将多模光束用等效的单模高斯光束来描述(称为"嵌入高斯光束"[43]),从而给出光束质量和传播方程。

对于非基模高斯光束,可以根据其横模类型和阶数 $(m,n)$ 求取理论的 $M^2$ 因子(关于阶数和模式的介绍参见 2.7 节)。这里以常见的厄米-高斯和拉盖尔-高斯模做介绍。

(1) 当激光光束属于厄米-高斯光束时:

$$M_x^2 = 2m+1, \quad M_y^2 = 2n+1$$

(2) 当激光光束属于拉盖尔-高斯光束时:

$$M^2 = 2m+n+1$$

(3) 当激光光束属于多种厄米-高斯模式的复合,并且各模式之间互不相干,则 $M^2$ 因子是各模式的加权平均:

$$M_x^2 = \sum_{m=0}^{\infty}\sum_{n=0}^{\infty} w_{mn} \cdot (2m+1) \quad M_y^2 = \sum_{m=0}^{\infty}\sum_{n=0}^{\infty} w_{mn} \cdot (2n+1)$$

式中,$w_{mn}$ 为权重因子,满足

$$\sum_{m,n} w_{mn} = 1$$

类似地也可得到多种拉盖尔-高斯模式组合,且各模式之间互不相干的激光光束的 $M^2$ 因子。另外也可以获得其他横模类型,比如因斯-高斯(Ince-Gaussian)模式及其多模式组合而成激光光束的,有兴趣的读者可以自行查阅相关文献[44-45],这里不再赘述。

需要指出的是,基于上面非高斯模式的理论 $M^2$ 因子的计算不难看出它在表征非基模高斯光束质量的理论局限性,比如不同的拉盖尔-高斯光束可以给出相同的 $M^2$ 因子,而两者的光束质量显然是不等同的。另外,$M^2$ 因子的实际测量同样存在着不足,具体可参见下文。

$M^2$ 因子的测试已经有成熟的设备可以使用,因此这里重点介绍不同设备的测试原理。目前具体的 $M^2$ 因子测量方法可以分为两大类:第一类是根据 $M^2$ 因子的物理定义,基于空间频率、强度矩和统计分布(二次矩)计算而得,其主要操作是利用傅里叶变换将束腰截面测得的强度分布和相位分布转换为空间频谱,然后做强度分布宽度和频谱宽度的乘积就得到了 $M^2$ 因子;另一类则是基于光束传播方程的束宽测量法,利用如下公式得到 $M^2$ 因子:

$$M^2 = \frac{\sqrt{D^2 - D_0^2}}{Z - Z_0} \cdot D_0 \cdot \frac{\pi}{4\lambda}$$

式中,$D$、$Z$ 和 $D_0$、$Z_0$ 分别是光束传输路径上任一其他位置以及束腰位置处测得的束宽和相对于光束起始点的距离。这种方法由于操作简便,因此应用最为广泛。

ISO 提倡的束宽测量法并不是直接测试自由激光光束的束宽,而是建议将光束通过一个无像差透镜,将光束聚焦,以透镜所成的"像"来反推实际的"物",从而可以克服自由光束的束腰距离过远(几米开外)或过小(在谐振腔内)的问题,使得

测量更为准确。

　　除了有关自由光束束腰距离的问题,使用束宽测量法的另一个问题是必须了解测试设备所用的"束宽"定义。通常将束宽定义为光强分布曲线上相对光强为峰值的 $1/e^2$ 的两点之间的距离,不过工程应用上也有采用 $1/e$ 或者 50% 来定义束宽的。当然,严格的定义是基于二次矩计算的结果,其积分遍历整个空间,适用于任何光强分布。

　　实际的测试可以描绘光强分布曲线,也可以直接与全部光束能量做对比,再进行校正(或不校正)。前者是用刀口扫描法:先测出一个刀口在总能 10% 与 90% 之间移动的距离 $D_c$,再修正到实际束宽 $D$($D = 1.56D_c$);而后者是用可变光阑法,当通过光阑的能量为全部光束能量的 86.5% 时的光阑口径就是束宽。

　　以上的方法适用于连续激光的光束质量测量,而脉冲激光的 $M^2$ 因子测量光路要更为复杂。以束宽测量法为例,它要求在同一个脉冲持续时间内同时测得两个截面的束宽。通常的做法是在光路中加入分束器,再增加一个同样的探测器(比如 CCD)。

　　如果考虑探测模块在光路的位置,测试方法还有接触性和无接触性之分,基于可变距离的刀口或可变半径的光圈属于接触性测试,测试时探测模块的部分或全部介入到激光束中,容易影响激光光束的参数;而 CCD 相机则属于无接触性,它可以直接基于光斑成像,并经过计算机的分析来获得二维光强(功率密度)分布,然后根据这个分布获取激光束峰值位置、质心位置、光斑大小、椭圆度和高斯拟合结果等。

　　不过 CCD 相机虽然优势较多,但是在大功率测试和灵敏度方面仍有缺陷。首先是 CCD 相机需要直接受到激光束的辐照,因此大功率激光需要预先衰减以避免损伤 CCD 相机的感光元件,这种衰减会干扰激光束实际参数的测量;其次是 CCD 相机对不同波长的灵敏度不同,因此除了必须根据激光波长范围选择合适的 CCD 相机,还需要注意该 CCD 相机在该波长范围内的灵敏度校正问题。

　　图 4.43 给出了 $M^2$ 因子的测试示例。实验的结果就是直接给出 $x$ 和 $y$ 方向所得的 $M^2$ 因子。图中还进一步给出了沿光束传输路径方向($z$ 方向)的束宽(以相对于峰值的 $1/e^2$ 为基准),内置图则利用 CCD 拍摄光斑截面图,并依据光强分布(功率分布)给出了 $x$ 和 $y$ 两个方向的强度分布曲线。由于 $M^2$ 因子接近于 1,因此光斑呈圆形对称分布,而光强分布曲线也具有较好的高斯峰形。图 4.44 的测试结果与此类似,进一步比较了近场与远场条件下的光强分布,表明当 $M^2$ 因子接近 1 时,近场条件下的光强分布要比远场条件下的更为宽化,这意味着远场条件下光束的能量更为集中,相应地具有更狭窄的高斯峰。另外,文献中(尤其是偏重于性能报道的文献)用语并不规范统一,坐标轴也可以用其他名称来表示,甚至 $M^2$ 因

子也被称为"$M^2$变量"等。

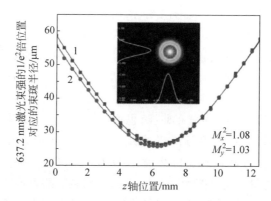

图 4.43　周期极化掺 MgO 的铌酸锂倍频所得的紫外激光光束的 $M^2$ 因子测量结果[46]

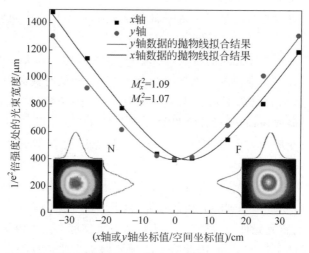

图 4.44　Yb:CaF$_2$ 的 1030 nm 飞秒激光的 $M^2$ 因子测试结果,内置图分别是近场(N)和远场
(F)的光束截面处的光强分布[47]

需要指出的是,虽然 ISO 选择了 $M^2$ 因子,并且 $M^2$ 因子可以反映高阶模含量。但是并不意味着原有的其他光束质量评价方法就没有应用价值。如前所述,$M^2$ 因子是基于二次矩计算的,在理论上要求光束截面上的光强是连续分布的,但是对大功率的强激光而言,其模式可以多种,存在大量高阶分量,构成了各类超高斯模,比如厄米-高斯和因斯-高斯等。其中随着泵浦功率增加而获得更大功率激光输出产生的模数变化以及厄米-高斯激光的光强分布示例可以参见 2.7 节,而因斯-高斯激光光束截面的光场分布以及理论模拟的图样可以参见图 4.45。这类光斑在照亮区域中通常具有类似的功率,并且激光的空间能量分布通常是离散的,

因此如果基于二次矩计算,所得的光斑面积与实际光斑面积相差很大,从而给出的 $M^2$ 因子是错误的。图 4.46 给出了这类不能采用 $M^2$ 因子来评价光束质量的一个 CCD 记录示例。该激光光束是采用非稳腔输出的高能/高功率超高斯光束,其截面是强度均匀的环孔,在照射范围内各点的功率密度差别不大,此时只能给出 $x$ 和 $y$ 方向的光强分布曲线以及截面的光强分布,并不能随便套用公式来计算 $M^2$ 因子——这种环形光束的 $M^2$ 因子测试问题也得到了理论验证,其解决办法就是人为选用非基模高斯光束作为理想光束,比如与该环形激光束具有相同发射口径的实心等振幅的平面光束[44]。

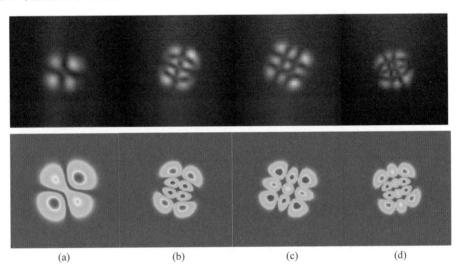

(a)　　　　　　　(b)　　　　　　　(c)　　　　　　　(d)

图 4.45　$Cr^{4+}$ ,$Nd^{3+}$ : $Y_3Al_5O_{12}$ 自调 $Q$ 激光实验所得的各种因斯-高斯激光光束的实验和理论模拟光强(光场)分布[41]

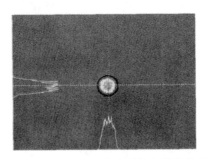

图 4.46　光斑能量分布图——采用非稳腔输出的高能/高功率超高斯光束,其截面是强度均匀的环孔,在照射范围内各点的功率密度差别不大[48]

　　另外,即便强激光是单模高斯光,也不一定适合于 $M^2$ 因子。因为 $M^2$ 因子通常采用近场聚焦技术来获得束腰参数,然而强激光经过聚焦后,其功率密度足以烧毁可选的光学元件(尤其是 CCD 探测器)。而且强激光一般需要在大气中传输以作用于实际目标,近场测试并不能反映大气湍流、吸收和热晕效应等的影响。虽然将强激光衰减后再测试可以满足 CCD 等元件的承受能力,但是此时的不利因素,比如高阶分量被过滤和漫反射不均匀等会带来测量误差,从而得不到准确的光强分布和光斑尺寸,也就得不到准确的 $M^2$ 因子。

　　因此在激光应用中,尤其是强激光为主的应用领域,光束远场发散角、光束远场光斑半径(参考上文的可变光阑法,工程上也称之为"套桶法"[49])或焦斑尺寸、衍射极限倍数($\beta$)、斯特列尔比(Strehl ratio)和环围功率比(BQ)等仍被广泛应用。其中发散角和光斑半径法缺乏可比性,因此同 $M^2$ 因子类似,与理想光束作比较所得的衍射极限倍数和环围功率比更具有实用价值。当然,实际测试的时候,理想光束经常采用事先约定的某种标准光束,因此也称为参考光束。另外,描述激光能量强弱可以用能量单位也可以用功率密度单位,从而环围功率比也有环围能量比的衍生方法——其他方法与此类似,可以因为描述激光能量的方式不同而有不同的计算公式。

　　由于透明激光陶瓷的诞生主要面向大功率固体激光器的强激光应用领域,因此这里就对强激光光束质量测试所需的衍射极限倍数、斯特列尔比和环围功率比分别进行介绍。

　　衍射极限倍数的定义如下:

$$\beta = \frac{\theta}{\theta_0}$$

式中,$\theta$ 是被测光束的远场发散角,而 $\theta_0$ 是理想光束(参考光束)的远场发散角。激光武器等强激光应用中常采用与发射望远镜主镜口径相对应的平面波作为参考光束,此时可以利用如下的公式计算 $\beta$[49]:

$$\beta = \frac{\theta \cdot D}{1.22\lambda}$$

式中,$\lambda$ 是激光波长,$D$ 为发射望远镜的主镜口径,从而 $1.22\lambda/D$ 就是在衍射极限情况下,与发射望远镜主镜口径相对应的平面波的远场发散角。

　　环围功率比的定义如下:

$$\mathrm{BQ} = \sqrt{\frac{P_0}{P}}$$

式中,$P_0$ 和 $P$ 分别是落在靶标上规定尺寸内理想光束光斑和实际光束光斑的环围功率。在工程应用上同样经常采用与发射望远镜主镜口径相对应的平面波作为参考光束。另外如前所述,激光能量也可以用其他单位,比如能量单位,此时就称为环围能量比。又因为测试时是在靶标上圈定范围,因此又称为"靶面能量比"或"靶面功率比",甚至还有更形象的称呼,即"桶中能量比"和"桶中功率比"等,这些在阅读年代较远或者不符合学术规范的文献时要注意统一。计算环围功率比的时候需要选取光斑尺寸,这种尺寸的选取可以参考破坏目标的尺寸和破坏的目的,比如"点状破坏(硬破坏)"就应该将尺寸选得更小。另外,这种尺寸选取也影响到激光能量的描述单位,具体可参见 6.1.1 节。

显然,从前述 $M^2$ 因子的介绍可以看出,$\beta$ 对应于相位分布,而 BQ 则对应光强分布(实际上是光束的能量集中度)。在强激光应用中,由于光斑尺寸难以明确,而 BQ 法中计算功率的范围可以人为指定,不需要考虑整个光斑范围,因此更适合于强激光光束质量的评价[50]。

与面向整体(最终)激光光束质量评价的 $\beta$ 和 BQ 比不同,斯特列尔比($S_R$)主要用于描述自适应光学系统的质量(当然也可以反映整体的光束质量)。它主要反映光束波前畸变的影响,从而评价自适应光学系统的质量(用于矫正波前畸变),其定义如下:

$$S_R = \frac{P_m}{P_{m0}}$$

式中,$P_m$ 和 $P_{m0}$ 分别是实际光束和理想光束所产生焦斑的峰值功率,显然,$S_R \leqslant 1$。

不管是哪一种测量方法,针对光斑的测量都是必须的。对于强激光光斑的直接测量主要有烧蚀法和导热法[50]。烧蚀法是用已知烧蚀能的标样在激光辐照下产生的烧蚀分布、烧蚀深度和烧蚀掉的质量,并且结合辐照时间、材料密度和烧蚀能来计算落在材料上的激光光强分布和输出功率。常用的烧蚀材料是有机玻璃。导热法是利用已知热传导性质的金属靶盘上各点的温度并结合辐照时间来计算靶盘上的激光强度分布,除了要求靶盘可以承受强激光,还要求其响应快,并且热传导是一维的(即沿单一方向传热),常用的有钢盘(SS304 钢)和镍盘(Ni200)。

对光斑的间接测量都需要预先进行衰减,随后利用 CCD 或者光电二极管阵列探测器等进行测量。相比于直接测量,间接测量的操作和数据处理都更为便利,但是准确性却较差。需要指出的是,直接测量的准确性虽然也不好,但是其原因是实践方面的原因,比如找不到合适的标准靶等;而间接测量的准确性差则是理论的必然,因为衰减后的光束并不是真实的光束,基于衰减后光束的测量结果也就只能是近似的结果,只有相对比较的意义。这也就意味着在间接测量的时候,$M^2$ 因子也可以使用,但是其结果更适合于进行相对比较,并且假定被衰减的成分没有影响,比如不影响进一步评价激光的杀伤效果。

最后,由于 $M^2$ 因子基于光束一定时,通过各种聚焦系统都维持束腰直径与远场发散角乘积的不变性(图 4.42),因此其光束质量不会高于理论光束,但是其他方法,比如 $\beta$ 和 BQ 等并没有这个不变性的限制,因此实际得到的数值也可能出现光束质量优于理论光束的谬误[49]。

# 参考文献

[1] 李梦娜,雷芳,陈昊鸿,等. Li,Eu 掺杂 NaY(WO$_4$)$_2$ 荧光粉的合成与红色发光[J]. 无机材料学报,2013(12):1281-1285.

[2] RIETVELD H. A profile refinement method for nuclear and magnetic structures[J]. Journal of Applied Crystallography,1969,2(2):65-71.

[3] SIQUEIRA K,SOARES J C,GRANADO E, et al. Synchrotron X-ray diffraction and Raman spectroscopy of Ln$_3$NbO$_7$(Ln＝La,Pr,Nd,Sm-Lu) ceramics obtained by molten-salt synthesis[J]. Journal of Solid State Chemistry,2014,209:63-68.

[4] LI C,PAN Y,KOU H, et al. Densification behavior, phase transition, and preferred orientation of hot-pressed ZnS ceramics from precipitated nanopowders[J]. Journal of the American Ceramic Society,2016,99(9):3060-3066.

[5] AUNG Y L,IKESUE A,YASUHARA R,et al. Optical properties of improved Tb$_2$Hf$_2$O$_7$ pyrochlore ceramics[J]. Journal of Alloys and Compounds,2020,822:153564.

[6] WEST G D,PERKINS J M,LEWIS M H. Characterisation of fine-grained oxide ceramics[J]. Journal of Materials Science,2004,39(22):6687-6704.

[7] 熊兆贤. 无机材料研究方法[M]. 厦门:厦门大学出版社,2001.

[8] 朱自莹,顾仁敖,陆天虹. 拉曼光谱在化学中的应用[M]. 沈阳:东北大学出版社,1998.

[9] BANDYOPADHYAY A K,DILAWAR N,VIJAYAKUMAR A, et al. A low cost laser-Raman spectrometer[J]. Bulletin of Materials Science,1998,21(5):433-438.

[10] YANG H,ZHANG D,SHI L, et al. Synthesis and strong red photoluminescence of europium oxide nanotubes and nanowires using carbon nanotubes as templates[J]. Acta Materialia,2008,56(5):955-967.

[11] FELDMAN L C,MAYER J W,严燕来,等. 表面与薄膜分析基础[M]. 上海:复旦大学出版社,1989.

[12] KERBART G,MANIÈRE C,HARNOIS C,et al. Predicting final stage sintering grain growth affected by porosity[J]. Applied Materials Today,2020,20:100759.

[13] LIU Y,QIN X,XIN H, et al. Synthesis of nanostructured Nd:Y$_2$O$_3$ powders by carbonate-precipitation process for Nd:YAG ceramics[J]. Journal of the European Ceramic Society,2013,33(13):2625-2631.

[14] 蒋丹宇,李蕾,周丽玮,等. 精细陶瓷密度和显气孔率试验方法[S]. 北京:中国标准出版社,2011.

[15] 徐平坤. 谈陶瓷耐火材料的致密度[J]. 陶瓷,1988(2):45-48.

[16] 陈婷. Ce:YAG 透明陶瓷的制备与性能表征[D]. 济南:山东大学,2010.

[17] 陈显求. 陶瓷的显微结构及其研究方法[J]. 河北陶瓷,1980,4:1-12.

[18]　李军,朱永伟,左敦稳,等. Nd：$Y_3Al_5O_{12}$ 透明陶瓷的超精密加工[J].硅酸盐学报,
2008(8)：1178-1182.

[19]　闻芳,何庭秋,雷牧云,等.透明陶瓷镁铝尖晶石 $MgAl_2O_4$ 耐酸碱性能的初步研究[J].腐
蚀与防护,2009(1)：36-38.

[20]　谢腾飞.稀土离子掺杂 YAG 激光透明陶瓷的制备及性能研究[D].上海：上海师范大
学,2014.

[21]　IKESUE A,YOSHIDA K,YAMAMOTO T，et al. Optical scattering centers in
polycrystalline Nd：YAG laser[J]. Journal of the American Ceramic Society,1997,80(6)：
1517-1522.

[22]　黄孝瑛.材料微观结构的电子显微学分析[M].北京：冶金工业出版社,2008.

[23]　章晓中.电子显微分析[M].北京：清华大学出版社,2006.

[24]　黄孝瑛.透射电子显微学[M].上海：上海科学技术出版社,1987.

[25]　ZHANG W,LU T,WEI N,et al. Assessment of light scattering by pores in Nd：YAG
transparent ceramics[J]. Journal of Alloys and Compounds,2012,520：36-41.

[26]　李江.稀土离子掺杂 YAG 激光透明陶瓷的制备、结构及性能研究[D].上海：中国科学院
大学上海硅酸盐研究所,2007.

[27]　KOSYANOV D Y,YAVETSKIY R P,PARKHOMENKO S V,et al. A new method for
calculating the residual porosity of transparent materials [J]. Journal of Alloys and
Compounds,2019,781：892-897.

[28]　KRELL A,HUTZLER T,KLIMKE J. Transmission physics and consequences for
materials selection,manufacturing,and applications[J]. Journal of the European Ceramic
Society,2009,29(2)：207-221.

[29]　FURUSE H,HORIUCHI N,KIM B. Transparent non-cubic laser ceramics with fine
microstructure[J]. Scientific Reports,2019,9(1)：10300.

[30]　冯锡淇,韩宝国,胡关钦,等. $PbWO_4$ 闪烁晶体的辐照损伤机理研究[J].物理学报,
1999(7)：1282-1291.

[31]　吴玉松.稀土离子掺杂 YAG 激光透明陶瓷的研究[D].上海：中国科学院大学上海硅酸
盐研究所,2008.

[32]　APETZ R,VAN BRUGGEN M P B. Transparent alumina：a light-scattering model[J].
Journal of the American Ceramic Society,2003,86(3)：480-486.

[33]　KUWANO Y,SUDA K,ISHIZAWA N，et al. Crystal growth and properties of
$(Lu,Y)_3Al_5O_{12}$[J]. Journal of Crystal Growth,2004,260(1)：159-165.

[34]　COOKE D L,COOKE T L,SUHEIMAT M,et al. Standardizing sum-of-segments axial
length using refractive index models [J]. Biomedical Optics Express,2020,11(10)：
5860-5870.

[35]　陈敏.$Cr^{2+}$：ZnS/ZnSe 中红外激光材料的制备技术和性能研究[D].上海：中国科学院大
学上海硅酸盐研究所,2014.

[36]　DAVID S P,JAMBUNATHAN V,YUE F,et al. Laser performances of diode pumped
Yb：$Lu_2O_3$ transparent ceramic at cryogenic temperatures[J]. Optical Materials Express,
2019,9(12)：4676.

[37] MA T,LEI F,CHEN H,et al. Novel bifunctional YAG：$Ce^{3+}$ based phosphor-in-glasses for WLEDs by $Eu^{2+}$ enhancement[J]. Optical Materials,2019,95：109226.

[38] PARTHASARADHI R C,NARESH V,RAMARAGHAVULU R,et al. Energy transfer based emission analysis of（$Tb^{3+}$,$Sm^{3+}$）：lithium zinc phosphate glasses[J]. Spectrochimica Acta Part A：Molecular and Biomolecular Spectroscopy,2015,144：68-75.

[39] 陈昊鸿,李江,寇华敏,等. 一种新型表征透明块体材料现场透光性能的方法：CN 109959636B[P]. 2019-07-02.

[40] 陈昊鸿,李江,寇华敏,等. 一种大尺寸块体材料的化学成分分布的表征方法：CN109406565B[P]. 2019-03-01.

[41] DONG J,MA J,REN Y Y,et al. Generation of Ince-Gaussian beams in highly efficient,nanosecond Cr,Nd：YAG microchip lasers[J]. Laser Physics Letters,2013,10(8)：85803.

[42] BEIL K,FREDRICH-THORNTON S T,TELLKAMP F,et al. Thermal and laser properties of Yb：LuAG for kW thin disk lasers[J]. Optics Express,2010,18(20)：20712-20722.

[43] 曾秉斌,徐德衍,王润文. 激光光束质量因子 $M^2$ 的物理概念与测试方法[J]. 应用激光,1994(3)：104-108.

[44] 贺元兴. 激光光束质量评价及测量方法研究[D]. 长沙：国防科学技术大学,2012.

[45] 贾少春. 激光光束质量评价参数测量技术研究[D]. 西安：西安电子科技大学,2011.

[46] 王军民,白建东,王杰英,等. 瓦级 319 nm 单频连续紫外激光的实现及铯原子单光子 Rydberg 激发[J]. 中国光学,2019,12(4)：701-718.

[47] KAKSIS E,ALMÁSI G,FÜLÖP J A,et al. 110-mJ 225-fs cryogenically cooled Yb：$CaF_2$ multipass amplifier[J]. Optics Express,2016,24(25)：28915-28922.

[48] 戎善奎,李佳戈,张艳丽,等. 激光医疗器械光束质量评价的研究[J]. 中国医疗设备,2013,28(10)：27-29.

[49] 王科伟,孙晓泉,马超杰. 高能激光武器系统中的光束质量评价及应用[J]. 激光与光电子学进展,2005(8)：13-16.

[50] 高卫,王云萍,李斌. 强激光光束质量评价和测量方法研究[J]. 红外与激光工程,2003(1)：61-64.

# 材料设计与性能预测

## 5.1　引言

### 5.1.1　试错法的金格瑞评价及其弊端

从文献记载上看,古代乃至当代的陶瓷研究和生产一直是经验主义盛行,大量的人力、物力和时间投入是它特有的工作模式,产品质量严重依赖于个别"能匠"或"专家"是这个领域的特色。这正如 1.4 节著名陶瓷学家金格瑞所描述的:"陶瓷在很大程度上还是一种经验性的技艺。为了保持产品的一致性,陶瓷用户们从固定的供应单位或是特定工厂去获得这种材料(有些人至今仍然这样做),陶瓷生产者一直不大愿意改变他们的生产和制作方面的任何细节(有些人至今仍然这样做)。"遗憾的是,即便在 21 世纪的今天,这段话仍然是适用的,其典型表现就是有意或无意地忽略了以往五年、十年甚至更久的代代积累才获得现有成果的事实,反而觉得其成功来自于自己对规律的掌握和理解。其后果就是虽然可以适应原有的用户需求或稍作改动的需求,但是并不能适应更高的用户需求,而且在抢占新的制高点的竞争中也常常有心无力——因为他们赖以发展壮大的因素——时间、人力、材料和设备在当前科研活动普遍受到各级政府重视和支持的前提下已经不再处于优势地位,而他们所缺乏的研发效率及其背后的专业理论指导的短板反而更为突出,甚至成了决定性的因素。新材料的历史一再证实这种称为"炒菜"或试差的研究和生产模式与高效率材料的研发是不适应的。事实上,在过去也正是这种模式才导致了透明陶瓷以及透明激光陶瓷的难以面世和缓慢发展(第 1 章)。

"炒菜"或"试错"模式除了效率低下,在透明激光陶瓷领域还有另外三个缺点。

首先是成本高昂,因为透明陶瓷所需的粉体是高纯粉体,成本很高,而陶瓷烧结所需的粉体数量一般是千克级别的,所以通过长期烧制来摸索新材料和新工艺需要支付昂贵的原料成本。此外,制备透明陶瓷需要历经多个步骤,而且最终的烧结需要高温,因此在水电方面也是一笔较大的开支,如果再加上整个过程涉及的人工,其费用更是进一步增大。这也是目前透明陶瓷的研发基本上需要以研究所或公司为单位来支撑的主要原因。

第二个缺点是流于经验和肤浅的表面认识。这是因为基于经验的研发往往意味着相关人员缺乏理论的积累,所以他们更热衷于记录大量的参数,并且将具体的参数视为"机密",却没有也难以发现这些数据背后的东西,从而不能适应新情况的变化。比如产品指标改动或者原料来源变化时,他们就只能从头开始新一轮的试错,这对于提升材料供应效率和竞争水平是非常不利的。正如几百年前的丹麦天文学家第谷,虽然一生搜集了相当精确的行星轨道数据,但是由于缺乏必要的数学理论,而且又秘不示人(开普勒其实是在第谷死后才从他的亲戚手中得到这些数据),因此对天文学乃至经典力学的发展作用不大,更谈不上可以解释并利用行星运动的规律。

最后,经验性的研发严重受到具体的实验装备和人为条件的影响,所得结果并不具有代表性——不同研究团队制备的同种材料,其性能可以有很大的差异,此时材料性能的理论值就是一个很重要的衡量标准和预设目标,但是这些性能理论值是没办法通过某人或某个团队的经验而获得的,而是必须利用基于物理与化学理论并且结合现代高性能计算技术而发展起来的材料设计与性能预测来克服这种经验式研发的缺点。

## 5.1.2　材料设计与性能预测简介

材料设计与性能预测主要包括如下三个方面:

(1)基于实验数据建立数学模型,利用数值计算来模拟实际过程;

(2)基于基本物理常数和晶体结构模型,通过理论模型的建立和计算来设计或预测材料的结构与性能;

(3)模拟服役条件,包括在实验室中难以实现的超高温、超高压和核反应堆环境条件,以便研究材料的结构-性能演变规律和失效机理等。

通过材料设计与性能预测可以获得材料性能在理想条件下的理论值,为研发的投入和实际目标的设定提供权威的依据,为实验指定探索的方向,避免盲目摸索,从而深入认识实验中积累的数据和结论,揭示背后的规律,在面对新的环境时(比如新的技术指标要求和原料参数变化等)可以预测可能的结果以及所需的工艺改动。

　　材料设计与性能预测可以归属于计算材料学,这门学科是材料科学与计算机科学的交叉。具体的材料计算一般都要考虑两个因素:空间尺寸和时间尺度。根据研究材料体系的不同,计算涉及不同层次的结构,比如原子层次、晶粒层次、晶粒聚集体层次和试样层次,相应地分别称为微观、纳观、介观和宏观结构;而在考虑材料动力学方面的属性时,还要涉及从飞秒到年的时间观念,比如研究分子反应动力学就要考虑飞秒时间范围,常规发光跃迁是纳秒到毫秒级别,而腐蚀、蠕变与疲劳等可以长达好几年,至于材料失效和分解破坏甚至可以达到几百年乃至万年以上。

　　根据空间尺寸和时间尺度两个因素就可以确定具体要采用的计算方法,比如原子尺度的动力学模拟可以采用分子动力学和蒙特卡罗法;试样层次的问题可以利用有限元通过建立合理的偏微分方程组、边界条件以及初始值来解决。需要指出的是,不管是哪一种方法,其所适用的空间尺寸和时间尺度主要受到方法背后的理论和假设的限制,并没有明确的数值范围。比如蒙特卡罗法,既可以用于模拟宏观上射线在器件中的传输,也可以用来模拟原子层面上高能粒子通过散射而弛豫的过程,从而揭示高能粒子与物质之间的相互作用,在空间尺寸上跨越了近 7 个数量级($10^{-9} \sim 10^{-2}$ m)的范围。这主要是因为蒙特卡罗法的核心是给予一种运动的机制,因此受到的限制较少。与此相反,量子化学常用的哈特里-福克(Hartree-Fock)从头法通过构建波函数来求解薛定谔方程,而波函数描述的是原子核和电子的运动,更多地体现局域的性质,用于分子轨道相关性质的计算分析,并不适合于分子之间相互作用的表达,因此主要用于 $10^{-12} \sim 10^{-10}$ m,即 3 个数量级的范围。

　　在选择计算模拟方法的时候除了需要考虑相关方法的理论和适用范围,还需要考虑计算成本的问题。这也是区分同一类计算模拟方法的不同应用的主要原则。另一个需要注意的是采用不同尺度计算方法的复合来解决复杂系统的问题——多尺度模拟(5.1.3 节)。

　　图 5.1 以目前广泛用于材料研发的密度泛函法为例,形象介绍了计算成本或计算精度与计算方法之间的关系。从局域密度泛函(LDA)将局域电子密度 $n$ 当作常量,到广义梯度泛函(GGA),不但要考虑局域电子密度 $n$,还需要考虑不同局部区域电子密度之间的梯度 $\nabla n$(表征电子密度的变化量),再到超广义梯度泛函(Hyper-GGA,即杂化泛函),不但需要周全考虑实际的电子密度,还必须考虑真实的电子之间的交换作用。相关的计算方法是越来越复杂,而计算所用的时间则呈指数增加,如果同样的计算机,对于同样的体系,LDA 只需要几小时的话,Hyper-GGA 则需要几天、几周甚至几个月以上,计算成本相当可观,当然,计算精度也更为精确。因此,基于计算模拟的材料设计与预测的第一步就是给定计算精度或计算成本,然后选择相应的计算方法及其软件。

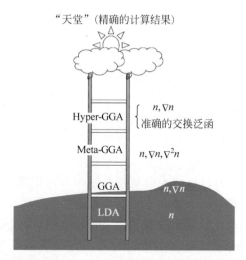

图 5.1 采用"雅各天梯"对 DFT 各种泛函进行分类的普度(Perdew)图[1],梯子上方是各种泛函的名称,而右侧则是它们各自需要考虑的主要物理量(图中的地面和"天堂"一方面与"雅各天梯"的故事匹配,另一方面暗喻计算准确性的提升)

### 5.1.3　透明激光陶瓷与多尺度模型

由于透明激光陶瓷的性能既与微观原子和电子结构有关,也与介观和宏观的晶粒结构乃至块体结构有关,因此基于计算模拟的材料设计与预测的第二步需要考虑的是多尺度模型(multiscale models,有的文献也称为 QM/MM,即量子力学/分子力学)。这种模型本质上是一种在确保解决问题的前提下尽量节省计算成本的方法,或者说是一种抓主要矛盾和重点,忽略次要矛盾和旁枝末节的方法。其相关设想和理论由马丁·卡普拉斯(Martin Karplus)、迈克尔·莱维特(Michael Levitt)和亚利耶·瓦谢尔(Arieh Warshel)在 20 世纪 70 年代末提出(2013 年他们据此获得了诺贝尔化学奖)。关于多尺度模型的解释可以用图 5.2 进行形象地说明。

将经典的牛顿力学和量子力学结合在一起的多尺度模型,可以正确且方便地描述受限于昂贵的量子化学计算成本而无法处理的大尺度体系。这种模型将关注原子及其以上尺度的经典牛顿力学与关注原子核和电子运动的量子力学紧密结合起来,以待解决问题为导向,突出与问题密切相关的计算部分,淡化其他有关联但是较为次要的部分,从而在一定精度上解决问题。

虽然多尺度模型也可以简单理解成高精度的计算用量子力学、低精度的计算用牛顿力学,但是更准确地说,多尺度模型运用的要点是将需要涉及电子转移的,比如化学反应的细节采用量子力学来处理;而不涉及电子转移的则用牛顿力学处

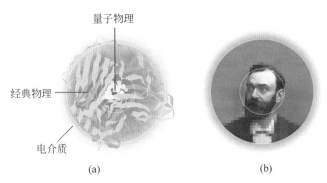

图 5.2　多铜氧化酶(一种金属蛋白)的多尺度模型(a)和人物图像各个部位的不同分辨率表
　　　　示(b)。对于多铜氧化酶的计算模拟,中心活性反应部位采用量子物理模型(量子化
　　　　学计算);而临近部位用经典物理模型处理,最外面的部分(环境)则看作均一的电介
　　　　质,从而在合理的计算成本之内得到所需的蛋白酶催化反应机制的信息。这就好比
　　　　图(b)的人脸识别,能与其他人区分的区域用高分辨率,而脖子、头发乃至上身部分
　　　　衣服则不需考虑(低分辨率)——显然,单独从中心圆圈的高分辨图像,不需要照片
　　　　全部清晰,同样可以分辨出他就是 X 射线发现者、第一届诺贝尔物理奖获得者伦琴
　　　　(Röntgen)[2]

理,从而可以面向更大的体系并且花费较小的计算成本,使得问题的求解与所需的
计算成本得以协调,或者说在现有技术条件和可容忍的成本范围内求解出答案[3]。

　　由于"牛顿"是经典力学的代名词,而揭示量子系统不确定性原理和波粒二相
性的"薛定谔的猫"是量子力学的代名词,因此这个模型等同于沟通了两个领
域——让牛顿拥抱了薛定谔的猫。

　　另外,虽然基于多尺度模型的计算软件或者软件平台并不少,但是关键的选择
依据是一样的,那就是不同系统之间的耦合作用,具体包括待处理体系中牛顿力学
和量子力学各自处理区域之间相互作用的能量耦合项,以及这两部分与电介质环
境之间的能量耦合项[4](具体可参见图 5.2,其分别等效于中心与周围的交界以及
将中心和近邻看作整体,考虑其与更远距离的环境之间的交界)。

## 5.1.4　关于本章的一些说明

　　由于透明激光陶瓷出现比较晚——如果从 20 世纪 90 年代算起,到现在也不
过是 30 多年,再加上透明激光陶瓷从面世到现在的研发主要集中于工程材料界,
因此基础研究仍有待加强,这就导致与透明激光陶瓷直接相关的计算材料学方面
的工作尚没有全面化和系统化。为了方便读者深入理解相关计算与模拟的内涵、
意义和价值,下面在介绍有关计算和模拟理论与技术的同时,除了列举已有的与透
明激光陶瓷直接相关的工作,也适当选取其他材料体系的研究成果作为示例,以便

读者能有所借鉴,并且能在今后真正用于透明激光陶瓷,从而实现从"炒菜＋经验"到"理性＋功能取向"的发展。

另外,有关计算材料学的详细介绍可以进一步参考相关的论著[5-7],本书侧重于介绍与透明激光陶瓷关系较为密切的计算技术、概念和原理,并且列举近年来的研究成果。至于如何操作相关软件进行计算,包括如何准备输入文件以及文件中各种参数的定义和取值,如何处理输出文件并形成所需的图表,如何基于输出文件进一步实施各种计算而获得所需的衍生谱图,对比结果以及状态参量数值等,则建议读者自行参考具体软件的使用手册或技术文献,这里限于篇幅,就不再赘述。

## 5.2　陶瓷组成与结构设计

组成与结构是材料性能的基础和决定因素,比如碳元素组成的石墨与硅元素组成的单晶硅因为组成不同,所以其性能也不同;而同组成的石墨和金刚石则因结构不同而性能也不同;因此透明激光陶瓷的组成与结构是研究和实现激光性能的出发点。

透明激光陶瓷由晶粒构成,晶粒则由更小的原子构成,而原子中存在电子的运动,因此在考虑组成的前提下,所需要考虑的结构涵盖了宏观、介观和微观尺度,是一个多尺度的体系,从而需要采用多种计算方法甚至联合使用它们才能获得有关陶瓷的完整的组成与结构描述。

理论研究陶瓷组成与结构设计的工作是不能被实验制备和表征陶瓷的行为所取代的。首先是因为透明激光陶瓷的制备成本较高,比如需要高纯原料、大尺寸烧结炉和高温高真空等反应条件,所以通过大量实验来摸索可行的组成和结构并不是经济高效的行为;其次是透明激光陶瓷的制备条件与最终陶瓷的组成和结构密切相关,因此不但容易受到人为因素的影响而使得结果不可靠,难以重现;而且也增加了实验要考虑的因素,然而兼顾各种因素影响所需的实验次数将呈指数性增长,所需要消耗的原料、人力和时间成本是难以接受的;再次,有些实验条件在目前仍然没有办法实现在线且精确地观测,比如抽真空过程中致密度的在线变化,加热过程中烧结炉的温场分布等,从而难以研究这些制备条件对最终陶瓷组成和结构的影响——这是"经验主义"在陶瓷工业中占有较大的比重甚至成为主流的根本原因。最后一点就是由于缺乏理论的演绎和归纳,因此实验所得的"诀窍"和数据要么难于解释,要么难于整理,除了有助于"经验主义",并不能为新问题、新需求和新指标的解决提供应有的支持和启发。

下文将主要围绕透明激光陶瓷组成与结构设计的需要,先从相图和第一性原理的角度探讨如何预测组成和结构的可行性与相对稳定性;随后介绍有关介观结构与制备条件影响的模拟技术；最后从唯象性的角度出发，从化学键的角度，面向激光性能的改进，提出组成与结构设计的一些定性规则。

## 5.2.1　相图计算

相图是体系相平衡的几何图示，可以为材料设计提供指导，是热力学数据的源泉。由相图可以提取热力学数据（相图的解析），而反过来，由热力学原理和数据也可构筑相图（相图的合成）。由于在现有技术条件下，即使测定一个三元系相图也需要巨大的实验工作量，因此相图计算应运而生。20 世纪 70 年代以来，随着热力学、统计力学、溶液理论和计算机技术的发展，相图研究进入了相图与热化学的计算机耦合研究的新阶段，并发展成为一门独立的学科——计算相图（CALculation of PHAse Diagram，CALPHAD），其主要内容包括溶液（液态溶液和固态溶液）模型研究、多元多相平衡计算方法、数据库和计算软件的完善以及具有实用价值的多元体系计算相图的构筑和相图计算在材料合成与性质预测中的应用[8-9]。

与相图计算相关的软件既有免费的 Solgasmix 程序和 Lukas 程序，也有商业盈利为目的开发的 ASPEN、FACT Sage、Thermo-Calc 和 MTDATA 等[8]以及新一代的 PANDAT。由于相图计算的基础是热力学数据，因此软件要被广泛应用就必须提供尽可能多和尽可能全的热力学数据。而 Thermo-Calc 的开发团队一方面通过商业模式收集热力学数据，另一方面还通过学术合作模式合并世界各地的研究团队自行收集各类材料的热力学数据，而且这个软件除了能够结合热力学数据库计算实际材料的平衡状态，还能结合基于扩散方程和热力学数据而衍生建立起来的动力学数据库来模拟材料对加工处理过程和外界环境作用的响应。更重要的是，其发展目标是"傻瓜化"＋"黑箱化"，因此该软件已经成为目前相图计算软件中的主流，也是国内最常用的软件。

传统相图的计算流程可以用 Thermo-Calc 软件各模块的组合以及运行流程来表述（图 5.3）——图中同时也包含了动力学过程，甚至有面向介观结构演化的相场模拟（5.1.3 节）。

当前相图计算的最新进展是 CALPHAD 方法与第一性原理计算相结合以及热力学计算与动力学模拟相结合，从而将 CALPHAD 的内涵从传统的相图和热化学的计算耦合拓展到宏观热力学计算与微观量子化学第一性原理计算相结合，宏观热力学计算与微观动力学模拟相结合，以及建立新一代的计算软件及其相应的多功能数据库。其中重要的变化主要来自两个方面：①热力学数据库中的数据除了继续来自实验测试，同时也利用第一性原理计算得到结合能、形成能、相变热、自由能等热力学函数或状态参量；②动力学数据库所需的或者所衍生的扩散系数与迁移率同样引入了量化计算得到的理论值。

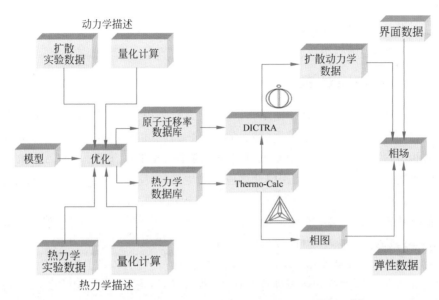

图 5.3　Thermo-Calc 软件中的 CALPHAD 操作示意图[8]

有关相图计算的著作和文献繁多[10-14],甚至出版了 CALPHAD 期刊,有兴趣的读者可以自行参考。下面介绍一下相图计算在透明激光陶瓷主要基质之一的 $Y_3Al_5O_{12}$ 上的实际应用例子。

奥尔加(Olga)等基于实验所得的热力学数据和理论模型,利用 Thermo-Calc 软件计算了 Y-Al-O 三元相图。所用的建模过程主要包括:①将吉布斯自由能作为温度的函数;②当 Y 成分含量变动时 O 的固溶性用间隙固溶体模型来处理;③$Y_2O_3$ 作为纯相稳定时则用瓦格纳-肖特基(Wagner-Schottky)固溶体模型进行建模;④液相描述则利用希拉特(Hillert)等提出的部分离子化子阵模型等。所得计算结果与已有实验数据(主要是热分析数据)拟合得很好(图 5.4),从而可以认为上述模型的选择是合理的[15]。

利用这个计算相图还可以获得各个温度下的投影图,从而明确给定组成在该温度下的物相分布。文中给出了 2000 K 时这个三元体系的等温截面(图 5.5)。从图中可以看出这个三元体系即使到高温,仍然由几个基本化合物以及液相构成,而液相包含了富金属和富氧(氧化物)的物相,这就意味着高温下根据具体实验条件的不同(即偏离热力学平衡),将有金属和氧的挥发,就液相的稳定区域对比可以看出,2000 K 时氧的挥发较为严重。

基于相图计算结果,比如图 5.5,可以揭示长期以来石榴石基透明陶瓷在烧结后都必须做退火处理的"秘密",而且也与退火前陶瓷存在氧空位缺陷的实验结果一致。另外,近年来基于石榴石基材料的长余辉发光材料也是利用这种高温陶瓷存在氧挥发所成的氧空位缺陷可以俘获电子,延长发光时间的性能而发展起来的。

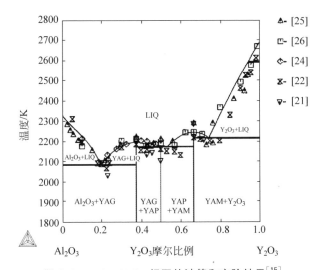

图 5.4 Y₂O₃-Al₂O₃ 相图的计算和实验结果[15]

实线：计算结果；符号：实验数据；方括号数字：原文引用的参考文献编号

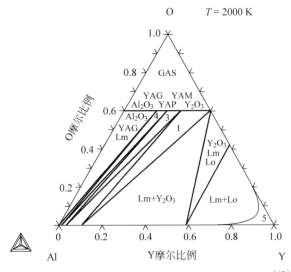

图 5.5 Y-Al-O 体系相图在 $T = 2000$ K 时的等温截面[15]

总之，利用有限的但足够的热力学数据，根据一系列计算模型计算出相图，其
与已有实验对应的部分可以用来同实验结果对照验证相图的准确性，并且为相图
其余部分所得预测结论的可靠性提供坚实的支持；而纯理论计算的部分可以避免
大量的后继实验，同时可以克服难以开展高温高压等极端条件实验的困难。另外，
所得的计算相图可以提供各种新的热力学参数数值，而且能为不同状态下的物相
稳定性和材料的后继处理提供指导，为材料性能的变化提供结构或物相依据。更

加重要的是,相图给出的是连续的数值变化,这不是特定若干个实验所得的离散数据点可以比拟的,在预测变化趋势和获取极值点的场合会更为准确。

## 5.2.2　第一性原理与新结构设计

量子力学第一性原理(First Principles)计算也称为从头法或从头计算(ab initio),其特点是仅需采用5个基本物理常数:电子静止质量 $m_0$、电子电荷 $e$、普朗克常数 $h$、真空光速 $c$ 和玻尔兹曼常数 $k$,然后结合给定的结构模型,在不依赖任何经验参数的条件下就可以合理预测微观体系的状态和性质。

目前陶瓷材料领域常见的基于第一性原理的计算是利用密度泛函来求解构成多粒子系统的薛定谔方程。这是因为陶瓷属于多晶,构成一个晶粒至少含有几十个晶胞,而单独一个 YAG 晶胞就有 160 个原子,所以透明激光陶瓷属于复杂的多体体系,需要改用电子密度而不是粒子坐标才能在获取同样的性能和结构参数值的前提下将计算量降低到可以接受的机时水平。

基于第一性原理的计算方法可以用于计算微观体系(几个到几百个原子集合)的总能量和电子结构等,进而计算总能、生成热、相变热和热力学函数等热力学性质。它既可以作为实验的补充,对真实实验结果进行理论解释,也可以直接用于符合要求的实验设计,缩短材料研发的周期。

常用的基于密度泛函的第一性原理计算软件有 VASP、CASTEP、ADF 和 Abinit 等。虽然具体软件背后的计算算法和基组有所不同,但是实际计算步骤基本一致,都包括建模和基组选择、能量计算和结果的处理与解释三个部分。

具体的计算可以参考各类软件附带的教程,需要注意的是,由于不同软件在实施第一性原理计算时存在着计算算法和基组等的差异,因此比较计算结果的绝对值没有意义,但是在计算操作和所依据理论模型及其参数正确的前提下,相关的变化趋势是一致的。图 5.6 给出了 Materials Studio 的 CASTEP 模块计算所得的透明激光陶瓷常用基质 $Lu_2O_3$ 的能带结构图(GGA-PBE,超软赝势)。从中可以看出三者均为宽带隙半导体,但是相比于六方和单斜,立方的导带分布局域性较强,因此不容易受到掺杂离子在禁带中引入的杂质能级的影响,这正是立方结构 $Lu_2O_3$ 常用作基质材料而进行发光中心掺杂的依据。基于第一性原理计算还可以进一步获得掺杂后的能带结构和能量,为体系的稳定性以及光学性质的研究奠定基础。

目前第一性原理在陶瓷材料上的应用主要集中在各种物理化学性质的计算和预测,另外也可以利用动态反应时不同条件下参数值的计算来研究材料的动力学行为。前者的例子有基于 Gd 掺杂石榴石结构的能带计算,从而解释 Gd 掺杂后产物有效抑制反位缺陷,从而调整基质吸收(相当于改变泵浦效率)的效果[16],以及利用费米能级附近价带与导带各自的轨道组成来分析不同组分元素对结构稳定性

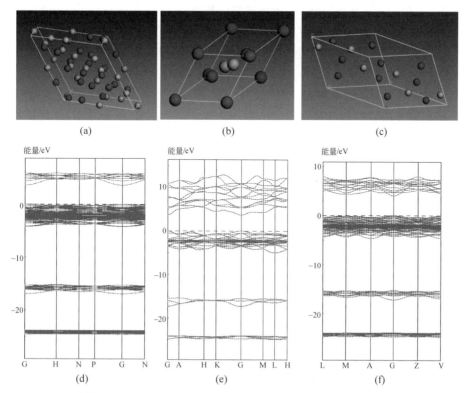

图 5.6　计算所得的 $Lu_2O_3$ 不同晶系的原胞结构(a)～(c)及其能带结构(d)～(f)，
从左到右依次对应的晶系是：立方、六方和单斜

的贡献——如果需要维持原有的结构特性，那么其轨道是价带主要成分的元素一般不能替换，而其轨道是导带主要成分的元素则可以部分或全部替换。后者的例子是以第一性原理结合晶格动力学的模型研究 YAG 的热输运性质[17]，从而为激光材料的热效应问题的解决提供理论支撑。具体可以进一步参考下文有关光谱、传热、材料失效等应用型计算。

## 5.2.3　介观结构与陶瓷制备动力学模拟

第一性原理计算主要是在原子尺度下研究材料的结构和性能，或者说其对象是构成陶瓷的单晶晶粒。这是因为单晶可以看作晶胞在三维空间中周期性排列而得到，因此可以基于晶胞来设计和预测单晶材料的结构和性能。当单晶晶粒组合成多晶块体，即陶瓷的时候，要研究这个过程中的结构和性能，就需要考虑介观结构层次了。

1981 年范坎彭(van Kampen)创立了介观(mesoscopic)概念[18]。介观体系具

有形状、大小等宏观属性，也具有微观世界的物理性质，具体体现为三个方面：

(1) 表面效应：表面原子状态确定的属性；

(2) 小尺度效应：当颗粒尺寸的数量级与外界光子波长、电子波长和磁单畴尺寸相当的时候，原有块体的周期性边界条件会被破坏，从而具有新的性质；

(3) 量子效应：颗粒中能量状态的分立不连续。

透明激光陶瓷的介观层次模拟主要与陶瓷的制备过程有关，其内容包括晶粒如何彼此吸附并烧结成块体；气孔如何排除以及表面张力如何作用于陶瓷的烧结过程等。这种层次的模拟一般不考虑电子的作用，甚至不考虑体系基本单元内部原子之间的相互作用，而是考虑单元之间以及单元与环境的相互作用即可。

烧结中物质流动的过程是原子从源头解离，然后在某个嵌合点(空位、凹坑、下陷等)与固体结合的过程，这本质上与原子从溶液中脱离，落在晶种表面实现晶体生长的过程是一致的，既要考虑扩散(原子的迁移)，也要考虑界面反应(化学键的断裂与重建)。传统烧结模型仅考虑扩散的做法适合于表面缺陷众多的颗粒的烧结。这也符合单晶生长的原理，缺陷会增加体系的能量，有助于快速晶体生长，此时扩散就成了相对较慢的反应过程。但是如果晶粒表面的结构是理想的晶体结构，原子规则排列且晶界是光滑的平面，反映在电镜照片上就是晶界是明显的直线或者多个线段组合的 Z 型边界，此时原子的解离和成键就要困难得多，需要提供更多的能量——相当于单晶生长时需要将晶种部分熔化才能开始晶体生长，即界面反应的影响就显著起来了。目前判断这种效应的一个有效证据就是开始出现光滑晶界的时刻与平均晶粒尺寸和致密度达到最大值的时刻基本一致，此时是界面反应占据主导地位，致密度与晶粒尺寸不再有明显变化。

界面反应可用于解释异常晶粒生长的现象——不同取向的晶面具有不同的反应速率，从而引起晶粒生长的各向异性。当然，也有将这种现象归因于溶质拖曳或者晶粒-晶界复合相模型等机制。异常晶粒生长容易引起晶内气孔，因此需要注意抑制，以便获得高质量的透明陶瓷。

有烧结助剂或者掺杂，可形成低熔点固溶体，从而烧结中出现液相的过程称为液相烧结。它综合了无定形相和结晶相固相烧结的两种特点，首先传质过程通过液流来实现，这与无定形陶瓷烧结中处于黏性流动状态是相似的；这种传质的效果是原子从源头转向嵌合点，这又与结晶相固相烧结中的原子扩散一样。

液相烧结中会发生如下三种主要现象：①颗粒在液相中的取向和重新排列；②颗粒在液相中的溶解和沉淀；③原子通过液相实现输运过程。其实②和③是关联的，只不过③强调原子没有回到原来脱离的位置。相应地，在烧结初期，两个颗粒之间是通过液膜相连的，不再形成烧结颈，随后它们通过在液相中的溶解和沉淀实现彼此的聚合与晶粒生长。

通过液相作为媒介,以小晶粒溶解并在大晶粒上沉淀而实现晶粒长大的现象称为奥斯特瓦尔德熟化(Ostwald ripening),其驱动力就是晶粒之间毛细管能的差异。这种晶粒生长过程必须同时考虑扩散和界面反应,与液相相邻的固体表面的结构会显著影响液相烧结的微结构变化,其影响也可以通过观测异常晶粒生长现象来解释。

对于气孔的排除,理论上有两个模型:一个是气孔周围的晶粒长大,从而击破气孔;另一个是液体填充气孔。这两个模型可以通过实验观测的气孔尺寸分布随烧结时间的变化来加以取舍。其中前者意味着随时间推移,小气孔比例增大;而后者则相反,毕竟大气孔更难填充。目前已有的实验结果都观测到大气孔相对比例增加的现象,因此液相烧结中是通过填充气孔(pore filling)机制来消除气孔的,与此同时伴随着晶粒的生长。这也意味着液相烧结中,致密化过程主要通过晶粒生长来实现——液相区域仍然是另一种"气孔"。除了类似固相反应需要考虑的晶粒尺寸和孔隙率等因素,液相烧结还需要考虑液相的因素,比如润湿率、黏度、溶解度和液相体积比例等。

实际的烧结还需要考虑宏观方面的因素,比如素坯的运动学限制、外力以及单位体积内性质的非均匀性。当素坯放在垫板上时,靠近垫板的一面相比于另一面,其运动就受到了限制,施加应力(热压、锻压等)会引起素坯内部的应变,这种状况又会随着非均一性而增强。不同部位密度、组分和烧结机制不一样都会对烧结过程产生影响。

在宏观角度下,烧结的方式可以分为自由(free)与受限(limited)两种,前者主要是无压烧结(严格说不是完全的自由烧结),而后者的典型就是各种热成形烧结,比如热压(hot pressing)、热等静压(hot isostatic pressing)、热拉(hot drawing)和热锻(锻压,sinter-forging)。这些热成形烧结需要考虑宏观应力的影响,目前有关其主导机制的实验结论是以幂指数变化的蠕变(power-law creep),其通用描述方程如下:

$$\frac{\sigma}{\sigma_0} = A\left(\frac{\dot{\varepsilon}}{\dot{\varepsilon}_0}\right)^m$$

式中,$\sigma$ 和 $\dot{\varepsilon}$ 分别是应力和应变率,$\sigma_0$ 和 $\dot{\varepsilon}_0$ 是材料的本构参数(constitutive parameter),$m$ 为指数项,$A$ 是一个包含其他本构参数的函数或常数项。本构参数可以实验测得,也可以通过多尺度建模理论计算得到。

总之,有关陶瓷制备动力学,包括烧结模拟的是一个体系从初始状态经过一段时间获得终止状态的过程,属于介观动力学模拟的范畴,目前常用的方法有蒙特卡罗法、相场法和有限元法等。

**1. 蒙特卡罗法**

蒙特卡罗法也可以称为随机抽样或者随机模拟法,其基本思想是将待解决的问题转化为概率学上的求解随机性问题,利用随机抽样所得到的结果来近似表示问题的解。这个思想可以利用如下求解单重积分的示例来说明。

假定要计算 $\exp(-x^2)$ 在 $[-1,1]$ 内的定积分,由于不能得到原函数,只能采用其他数值型方法进行近似,其中蒙特卡罗法的操作如下:首先构造一个横轴区间为 $[-1,1]$,纵轴为 1 的正方形,接着绘出 $\exp(-x^2)$ 曲线,将这个矩形切割为两部分。显然,曲线和横轴包围的面积就是所求的积分值。接下来就是最关键的一步,如何转化为求解随机性的问题了。可以认为,当往这个矩形随机投掷小球,落在上述面积中的概率就是该面积与矩形面积的比。因此,可以进行一系列的投球操作(抽样)$N$,然后记录落在待求面积的球数 $n$,则 $n/N$ 再乘以矩形面积就可以近似表示上述单重积分的值。具体实施蒙特卡罗操作时,可以由计算机随机在矩形内产生大量的点,比如 1 万个(即 $N=10000$),然后算出点坐标落在矩形范围内的点 $n$,就能得到一个近似结果。

显然,抽样越多,所得数值越准确,但是所消耗的计算机时也越长,因此实际使用蒙特卡罗法的时候需要在两者之间进行折衷。

陶瓷的烧结是将直径为微米或纳米的粉体压实而得的坯体在高温下转变为瓷件的过程,烧结温度一般是熔点的 $1/2 \sim 3/4$。由于陶瓷烧结过程中的晶粒生长具有随机的本性,因此要模拟出真实的晶粒演化乃至预测最终晶粒大小可以采用蒙特卡罗技术。

常用的模拟陶瓷晶粒成长的波茨(Potts)模型是将材料的微观结构映射到一个离散的网格上,然后给每一个网格赋予一个特定的状态(用随机数表示),该状态可以用来描述晶粒的特性,这样状态相同且相邻的区域表示同一个晶粒,而不同状态值的交界处即晶界。晶界的移动可以通过改变邻近晶界的网格方向来完成。具体模拟晶粒生长(烧结)的基本过程如下:在模拟时随机选择一个网格,根据玻尔兹曼统计按照其能量情况为此网格指定一个新的状态,这样就改变了整个体系的能量。是否接受这个新状态就可以根据所得能量与旧能量的对比来确定,一般采用新能量不大于旧能量就完全接受,否则按一定概率接受策略。全部有效格点(主要是晶界处的格点)都尝试改变一次称为完成了一个蒙特卡罗步(MCS)。当位于晶界处的网格状态被改变时,晶界发生移动,如果相邻格点的新状态是相同的,就看作晶粒生长,合并为一个新的晶粒[19-22]。

近年来,蒙特卡罗法在揭示陶瓷烧结机制的理论研究方面获得了不少有意义的成果,比如图 5.7 给出了某种陶瓷体系在不同 MCS 条件下所模拟的结果。其中显示了晶粒从尺寸均匀到不规则增长的过程。需要指出的是,蒙特卡罗法获取新状态的选择规则并没有固定——虽然基于能量最小化是共同的基本原则。因此不同的选择规则可以获得不同的模拟结果,不过,如果起始模型(即反映微结构的模型)一样,那么主要改变的是收敛到最终状态的步数。比如在上述模拟结果的基础上再添加一条选择规则,即新状态除了满足能量最小化的要求,还要考虑同以往状态的相似性,这样就避免了很多重复的或者稍有改变的结果,同样收敛到类似图 5.7 的结果(图 5.8)——但是其步数降低了 100 倍以上。

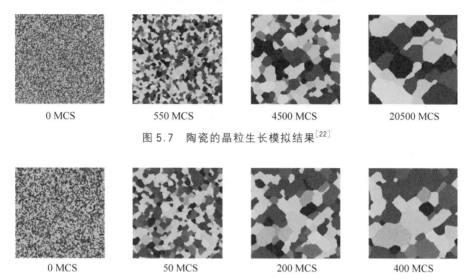

| 0 MCS | 550 MCS | 4500 MCS | 20500 MCS |

图 5.7　陶瓷的晶粒生长模拟结果[22]

| 0 MCS | 50 MCS | 200 MCS | 400 MCS |

图 5.8　图 5.7 所示陶瓷在增加相似性规则后的晶粒生长模拟结果[22]

　　另外,通过蒙特卡罗模拟也可以证明杂质对晶粒的钉扎效应,即高杂质浓度可以获得更小的晶粒平均尺寸[22]以及在表面张力作用下,对于一个陶瓷片烧结来说,上层的致密度要高于更底层的结论(图 5.9)。

　　从蒙特卡罗模拟的策略可以发现,这个方法对维度是没有限制的,既可以模拟二维,也可以扩展到三维,具体取决于编程的实现过程。就目前来说,由于作为实验对照的电镜照片一般是二维的,从而二维模拟时所得的实验结果和理论模拟不同 MCS 步的结果可以直接对照分析,而且二维模拟比三维模拟节省更多的机时,因此目前一般是二维模拟为主。

　　需要指出的是,蒙特卡罗法也存在着一些限制,比如点阵离散化导致模拟的晶粒长大形态呈现各向异性、难以直接跟踪生长过程中动态界面的演变、模拟过程只涉及最近邻格点的相互作用、难以考虑畸变场等物理场以及晶界形态对晶粒长大过程的影响等。

**2. 相场法**

　　除了基于蒙特卡罗的随机动力学模拟,也可以对体系中的作用建立模型后,让构成体系的基元在这些作用下逐步演化而进行确定性的动力学模拟。相比于随机

图 5.9　表面张力作用下陶瓷片不同深度位置的致密度对比[23]

(a) 上层的理论和实验结果；(b) 下层的理论和实验结果

性模拟,这种模拟主要面向初始条件明确,力图通过理论推导终态的场合,因此所得结果不一定与随机性动力学模拟的结果相同。相场(phase field)法就是其中的典型代表。

"相场模型是一种建立在热力学基础上,考虑有序化势与热力学驱动力的综合作用来建立相场方程描述系统演化动力学的模型。"[24]其核心思想是引入有限个连续变化的序参量,用弥散型界面代替传统尖锐界面来描述界面,通过与其他外部场的耦合,能有效地将微观与宏观尺度结合起来用于研究微观组织的演化过程以及所得到的宏观结果。

相场法顾名思义是与相变和场变量密切相关的一种方法。由于相变不会改变组成,因此相场法并不关注材料化学组分的变化,重点在于模拟材料微结构的动力学演变。以成核和扩散为例,虽然这两种动力学过程表面看来存在组分的变化,比如在界面两侧组分的互扩散、晶粒的生长和粗化、沉淀的生长和溶解、位错的发展以及裂纹扩展引起局部空隙体积的变化等,但是这类变化并不同于原子层次模拟的组分变化。首先,这类变化所涉及的基元要大得多,一般是晶粒的范畴;其次是这种变化主要利用扩散方程来模拟;而原子层次的组分变化则重点考虑化学键的断裂和重建;最后就是相场法面向整个体系,并不仅仅局限于发生扩散的界面,如果从体系的角度来看,扩散等过程改变的也是局部化学组分的变化,因此成核和组分浓度变化可以用相场法进行模拟。

由于相场法不需要考虑原子核和电子的波函数,因此某个体系的相场模型也可以用于不同组分构成的体系来代替,只要该体系的场变量及其之间的关系满足该模型的定义即可,这也是相场法的优势之一。比如锂电池的充放电过程本质上是锂离子的扩散过程,因此探讨水分子在四方氧化锆单晶中由于扩散而诱导相变(四方→单斜)的机制就可以参考锂离子扩散来建立相场模型[25]。

从相场法的实施过程来看,微结构和场变量是必须掌握的两个基本概念。首先相场法是基于材料微结构的技术。这些材料的微结构包括结晶相的空间分布、晶粒的不同取向、电磁极化区域的分布和裂纹等。如果类比有限元法中的基元,那么就可以发现相比于跟踪粒子运动轨迹与体系能量分布的分子动力学模拟,相场法更接近于有限元法——具体的实施过程就是在给定微结构上施加应力场、温场、电磁场和自由能场等场变量,并且赋予相关的函数将它们关联起来,随后对这个体系施加扰动,求解以各类场参数为变量并且与时空相关的动力学方程,从而得到模拟外界条件影响或自身能量涨落引起的体系微结构的变化结果。

另外,相场法名称中的"场"与它采用场变量密切相关。场变量也称为序参量,是一种空间连续的状态变量,可以用来表征材料内部的微结构或组织形态。根据演化中是否变化可以将场变量分为两类:总量在演化中始终保持不变的保守场变量和总量可以从零到有限值之间变化的非保守场变量。前者的例子是浓度场、电荷密度场;而后者的例子是晶粒取向、磁化取向、极化取向以及结构场等。其中结构场与物相有关,比如可以将构成微结构的某一微粒属于四方相的概率 $p$ 作为一个场变量,$p=1$ 就意味着存在四方相,而 $p=0$ 则是其他晶相。非保守场变量在时间和空间上的演化就是通过动力学方程,比如金兹堡-朗道(Ginzburg-Landau)动力学方程来表示的。另外,场变量的部分取值以及所属函数中的常量可以是实验测试结果,也可以参考其他文献的经验数值。

在陶瓷领域,相场法可以在初始微结构的基础上,通过人为定义体系的扰动或者外力的改变,以便基于金兹堡-朗道动力学方程等理论研究陶瓷的相变、成核、扩散、晶粒取向、裂纹的萌生和扩展等微结构演化现象,同时也可以研究不同微结构之间的耦合作用机理。

氧化锆的相变增韧机制就是相场法应用的典型例子[25]。在这种材料中,四方相晶粒会在应力作用下转为单斜相,因此裂纹端部的应力场会诱导四方到单斜的相变,而这些相变的晶粒由于体积与原四方晶粒不同,因此产生的应力反过来又起到屏蔽裂纹的作用,使得应力变化趋缓,从而阻碍裂纹扩展,产生增韧效应。

基于相场法在模拟晶粒生长、处理晶界上溶质聚集和第二相析出,以及研究晶界能和晶界迁移率的各向异性等方面的优势,可以用它来研究陶瓷粉末的烧结机制。比如图 5.10 是以相场模型研究陶瓷粉末烧结过程中晶粒生长和气孔演化过程所得的模拟结果与电镜照片的比较。二者十分相似。该模拟结果表明单相陶瓷粉末烧结中,晶粒间以及晶粒内部的气孔都在逐渐球化、聚合,且晶粒间的气孔通过晶界向附近大气孔扩散迁移[26]。

图 5.10　相场模拟气孔演化和晶粒生长所得的结果(a)和实验电镜照片(b)[26]

有关不同气孔状态时气孔的脱钩(相对于晶界)行为也可以利用相场法进行模拟。图 5.11 表明对于初始状态为体积较大的气孔,陶瓷烧结后期全部分布在晶界处,并且大多数气孔位于三个或者三个以上晶粒交汇点上(图(a)和图(b))。而对于小气孔,最终的位置分成三部分:晶粒内部、两个晶粒相邻的晶界和三个晶粒交汇点。因此晶界更容易摆脱小气孔的钉扎,或者说小气孔的分布更加复杂和多样化[24]。

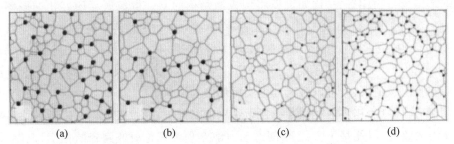

图 5.11　不同气孔初始状态时陶瓷烧结后期的相场法微观模拟结果[24]

(a) A1; (b) A2; (c) B1; (d) B2

需要说明的是,相场法的成功使用更多时候需要丰富的专业经验——因为相场方程的建立取决于问题的定义以及求解的方法,而且不同场也需要选择合适的随时间演化的动力学过程或者自建方程来描述。另外,由于相场方程很少有解析解,这就需要进行离散格子划分,并且采用数值求解方法。因此,相场法的应用以及所得结果的普适性(虽然已有报道声称符合实验)等都需要谨慎对待。总之,就其基本思想而言,随着理论模型的进一步完善,相场法作为能够直接联系微观-宏观的介观结构计算和模拟方法将会获得更多的应用。

### 3. 有限元法

严格来说,有限元法属于数值计算的范畴,因为它的出发点并不是没有准确的数学解析式,而是求解过程与现有的计算机技术不匹配,比如当前计算机在计算某个函数积分值的时候其实采用的是级数求和的算法,并不是人为操作时先求得原函数,再根据原函数计算数值。而且很多积分的原函数也不是简单的多项式函数之类的初等函数,因此有限元技术就应运而生了。它的要点是将待计算的体系分割成若干个单元,然后每个单元分别运用一套偏微分方程,近似求解,从而给出问题的近似解。形象地说,有限元方法与求圆周率 π 的"穷竭法"思想在本质上是一致的,后者是以圆内切多边形和外接多边形来逼近圆,相当于用一条线段来表示一段圆弧,显然,只要线段足够短(多边形的边足够多),这种逼近就足够准确。具体的叙述可以进一步参见 5.4 节。

有限元法作为数值模拟方法可以用于模拟陶瓷烧结过程。比如在假定碳化硅素坯为黏弹性材料,烧结为蠕变过程的基础上,实现了常压碳化硅烧结的热-结构耦合非线性仿真,结果表明理论模拟的陶瓷收缩率与实际同样形状碳化硅素坯在模拟所用的载荷和边界条件下烧结时的陶瓷收缩率之间的差别小于 5%,因此该数值模拟有助于指导大尺寸碳化硅的可控烧结[27]。

基于有限元法的基础理论,有限元法模拟陶瓷的烧结过程更侧重于模拟大尺寸陶瓷烧结的形变、温场分布和应力分布,这是与有限元法的单元彼此分隔又连续的需求分不开的。有限元法采用将整体分割成单元的基本策略,因此很适合于大尺寸体系——有限元法本身就是汽车和飞机设计的通用方法;而被分隔的单元在边界处是连续的,这就意味着没办法类似蒙特卡罗法那样随机运动。事实上,在上述碳化硅的模拟中,素坯中的孔隙是以孔隙率作为变量参与模拟过程的,所得到的是整体的陶瓷的收缩。当然,从理论上说,有限元法也可以模拟孔隙的形状和数量的变化,但是此时不仅需要有准确的描述孔隙的分布函数(形状和数量),还需要有大量的计算机时(因为此时分割单元必须足够细密),事实上成了难以完成的任务。

相比于蒙特卡罗法和相场法,有限元法所涉及的尺度范围更大,而且选择正确的材料性质模型是一个关键前提——比如上述碳化硅的例子中,采用黏弹性来描述材料,就是基于实验观察到碳化硅在烧结中体现出黏弹性的特征,总的应变率包括弹性应变率、热应变率(热膨胀)和蠕变应变率,在此基础上进一步考虑载荷(加热、加压)和边界条件来模拟材料的形变过程。因此,一个有效的有限元烧结模拟必须尽可能包含与实验符合的材料性质模型,动力学描述公式、载荷与边界条件。

另外,为了从宏观的角度讨论烧结,有限元模拟常用的连续介质力学模型被引入烧结领域。烧结体被看作黏塑性介质,随后基于力学理论探讨材料在各种应力作用下的反应,计算相应的体积与形状变化。目前这类模拟与实验结果具有很好的匹配性,但是绝对数值仍有偏差,比如致密度和微结构等。其原因在于模型的简化问题,一个典型的例子就是单向锻压下,实际的晶粒也可能受到各向异性应力作用,而不是理论的各向同性应力。

因此基于有限元模拟的麻烦就在于模型难以做到各向异性,但是实验表明,固态烧结中微结构在应力作用下的演化是各向异性的,哪怕所施加的条件理论上应该引起各向同性的变化。因此今后这类宏观作用下的烧结机制研究需要考虑如下的内容:

(1) 确定各向异性变化过程及其相关的物理量;

(2) 通过实验或模拟获取各向异性相关的本构参数;

(3) 在现有各向同性计算的基础上,发展各向异性模拟计算。

关于有限元模拟的介绍可以进一步参见 5.4 节,在透明激光陶瓷领域,目前这种方法更常见于对材料的热性质模拟以及烧结的物理场环境的设计,反而是结构陶瓷领域模拟烧结的尝试更多一些,因此可以互相借鉴。

## 5.2.4　基于化学键理论的激光性能改进

化学键是构成材料结构的基础,从微观、介观到宏观尺度的结构都是由离子键、共价键、金属键以及范德瓦耳斯力等各种化学键所构成,因此在组成不变的条件下,化学键材料是决定材料性能的关键因素。

理论计算模拟的基本任务之一就是确定化学键的性质,比如第一性原理计算中的电荷布居分析就是通过不同原子核周围电荷的得失来判断它们的成键性质。

差分电荷密度(difference charge density,也有文献翻译为差值电荷密度)可以基于电子结构的计算而得到。这种密度是成键后的电荷密度与对应点成键前的电荷密度之差,可以清楚显示成键性质、成键电子耦合过程中的电荷移动,以及成键极化方向等性质。由于主要的计算过程是做一个成键前后电子密度值的减法运算,因此称为“差分(或差值)”。另外,由于成键后的电子密度相比于原有中性原子的电子密度在形状上有所变化,而后者的电子密度分布更为对称,因此这种电荷密度差值被称为畸变电荷密度(deformation charge density)。此时着重突出原子之间电荷密度分布的畸形变化,或者更形象地说,就是突出电子云形状的畸变行为。

差分或畸变电荷密度对材料宏观物理化学性能,尤其是发光性能的预测是十分有用的。比如,如果作为发光中心的 $Eu^{2+}$ 与周围的 $O^{2-}$ 之间存在更为浓厚的电子云,就意味着成键共价性增强,那么可以预见这种材料的发光将往长波方向移动,可以获得更红的发光。图 5.12 是另一个基于畸变电荷密度研究发光颜色变化和热稳定性的典型的例子。已有实验测试发现,在 $Y_3Al_5O_{12}:Ce$ 中将部分 $Y^{3+}$ 置换为 $Gd^{3+}$ 可以增加红光成分,弥补它发射的黄光与芯片所发蓝光组合成白光时缺乏红光的问题，但降低了未掺 $Gd^{3+}$ 之前产物的热稳定性。

这种热稳定性的降低是一个反常的现象——因为热稳定性与晶格振动有关，而晶胞大小和原子位置等的表征结果却指出 $Gd^{3+}$ 的取代并没有引起钇铝石榴石刚性结构的明显变化，理论上应当不会明显影响掺杂 $Gd^{3+}$ 产物的热稳定性。然而从图 5.12 所示的畸变电荷密度图可以看出，较大的 $Gd^{3+}$ 半径在钇铝石榴石刚性结构中会造成电子云变形，从而引起电子有效质量的减轻，而且还提高了 $Ce^{3+}$ 与周围 $O^{2-}$ 成键的共价性，使得发光中心局部配位环境可变形能力增加。因此其除了引起波长的红移和热稳定性的降低，还会导致发光效率的下降——因为基于位形坐标模型，容易变形的配位结构其激发态所成的抛物线越容易展宽，从而与基态的抛物线相交，提供了无辐射弛豫的通道，最终不利于发光（辐射弛豫）的过程。

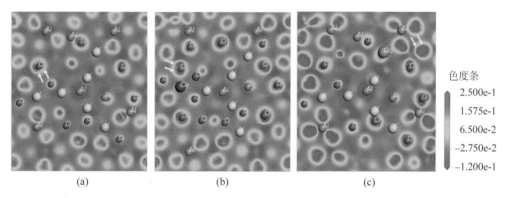

图 5.12　$Y_3Al_5O_{12}$ 中不同稀土离子掺杂所得畸变电荷密度图（箭头标示 $O^{2-}$ 电子云变化）[28]

(a) 纯 $Y_3Al_5O_{12}$；(b) 掺 $Ce^{3+}$ 的 $Y_3Al_5O_{12}$；(c) 掺 $Gd^{3+}$ 的 $Y_3Al_5O_{12}$

基于化学键预测激光性能除了可以仿照上面的例子，利用差分或畸变密度图来研究发光波长的移动和热稳定性，还可以基于成键-结构的关系来改进陶瓷的光学质量和激光性能。

近年来，$Lu_2O_3$ 基透明激光陶瓷的研究受到国内外的重视。对于这种基质，其中的 $Lu^{3+}$ 存在两种不同的格位，如图 5.13 所示，各自与周围 $O^{2-}$ 配位所得多面体的对称性分别是 $C_2$ 和 $S_6$（或者记为 $C_{3i}$）。其中 $C_2$ 格位是非中心对称的，$S_6$ 格位是中心对称的。由于 $4f$ 电子跃迁的激光来自电偶极跃迁，这种跃迁理论上违背了宇称规则，是禁阻的，需要发光中心处于非中心对称的配位结构时才能部分解禁，从而产生相应的发光。这种选择规律可以通过 $Eu^{3+}$ 的红光强度变化进一步说明。当 $Eu^{3+}$ 占据 $S_6$ 格位，其电偶极跃迁被禁戒，仅有较弱的磁偶极发光（590 nm 附近）；只有占据了 $C_2$ 格位，才能出现波长在 612 nm 左右，属于电偶极跃迁的红光发射。因此要增强 $Eu^{3+}$ 的红光，从成键的角度来看，一方面需要让 $Eu^{3+}$ 尽量占据

$C_2$ 格位,另一方面是进一步降低 $C_2$ 格位的对称性。除此以外,如果可以使得 $S_6$ 格位发生畸变,脱离中心对称,也是增强红光的有效途径。当然,这些改进措施同样适用于提高 $Yb^{3+}$ 等激光发光离子掺杂的激光性能,因为它们的跃迁属性是一样的。

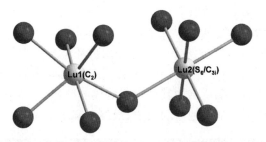

图 5.13  $Lu_2O_3$ 中两种 $Lu^{3+}$ 格位及其对称性标记

另外,陶瓷的透明性主要受材料光学各向异性和气孔率的影响,前者与构成陶瓷化合物的晶胞结构有关,对于 $Lu_2O_3$ 而言,就是要维持立方晶胞,而不是其他的晶胞,比如六方或单斜。考虑到不同离子的半径差异,比如 $Eu^{3+}$ 与 $Lu^{3+}$ 在半径上的差异(13%)已经处于固熔要求的上限(15%)附近,其取代所造成的结构畸形容易在透明陶瓷的高温烧结中产生不利的影响,比如物相分离、杂质沉积以及电子缺陷生成等,因此要提高电偶极跃迁激光发射的效率,需要对 $Lu_2O_3$ 进行掺杂。但是与此同时,又不能仅仅考虑掺杂(很容易导致结构相变和杂相的偏析),而是要确保晶胞维持立方相,即一方面要通过外来元素促进 Eu 的固熔,另一方面又要稳定立方相,从而为提高陶瓷的透明度打下基础。从化学键的角度看,其实就是要求尽量维持化学键的键长和键角,至少让平均键长与键角同 $Lu_2O_3$ 基质的原有对应的化学键(即 Lu—O 键)的键长与键角近于一致。

综上所述,基于化学键预测材料的激光性能既可以结合理论计算,从电荷密度的取值和分布进行探讨,也可以直接从已知的经典物理化学属性(离子半径、电负性和浓度等)出发,结合经典位形坐标、晶体场和杂化轨道等模型对成键性质进行判断,分析配位环境和格位对称性,从而与发光性能关联起来,定性预测材料的激光性能。

另外,这一理论设计方法可以借助离子半径、电负性和掺杂浓度等实验数据进行有效的掺杂或多组分设计,相比于盲目或随机选择掺杂元素的试错模式,可以提高选择掺杂或多组分体系的准确性,具有更好的研发效率。因此相比于专业的计算模拟工作,比如基于波函数的分子轨道计算与讨论等,基于化学键的分析和预测可以提供经典的物理图像,更容易被材料研究工作者所理解和接受。考虑到目前透明激光陶瓷的研究者绝大多数并不具备量子力学或量子化学的专业背景,却能理解各种化学键、杂化轨道、晶体场和配位场等经典物理和化学的理论知识,因此在激光材料领域推广这种定性设计方法是有用且必要的。

## 5.3　光谱计算与预测

严格说来,光谱计算与预测在透明激光陶瓷甚至激光材料上的研究仍很薄弱,其主要原因有两个。首先是现有激光的能级跃迁主要是稀土离子的 $4f$-$4f$ 跃迁,能量差较为固定,发射光谱的峰值位置一般都是相似的,以至于判断给定谱峰的能级跃迁归属相当容易;其次是当前激光材料的研究更侧重于晶体的生长与陶瓷的制备,或者说是建立在常规荧光粉研究基础上的工程化,从而关于光谱预测的基础研究就较为薄弱,而且也难以开展——研究团队一般关注某种具体的激光材料,而光谱预测需要建立在一个系列甚至一个家族的材料上,而且需要考虑设备和人力造成的误差,或者说需要排除所谓的“经验或诀窍”,因此两者的覆盖面和深入度是不等同的。

然而一方面,即便是 $4f$-$4f$ 跃迁也会受到基质的影响,存在谱峰的偏移甚至激光能级机制的变化(比如从三能级系统往赝四能级转变);另一方面是稀土离子的 $4f$-$4f$ 跃迁并不能满足所有的激光应用需求。基于 $d$ 和 $p$ 亚层的电子跃迁也是重要的激光实现方式,而这两类亚层由于没有外层电子的遮蔽,因此严重受到外界化学环境(基质)的影响。其离子光谱的变化相对较大,此时如果能够对光谱进行可靠的预测,对提高材料研发效率是极为重要的。另外,激光材料的研究要提高效率,对特定的材料体系进行掺杂改性仍然是行之有效的手段,如果能在实验工作之前有个准确的预测,就可以避免无效的掺杂设计以及后继的大量实验人力和物力的花费,从而提高研发效率和可行性。

### 5.3.1　基质吸收光谱

由于激光离子是被包含于基质的组分之中的,因此当泵浦光落在透明激光陶瓷上的时候,它们需要先通过基质才能传输给发光离子,此时基质的吸收就极为重要——它决定了能量传输和转化的过程,比如当泵浦光的能量与发光离子激发态-基态能级差一致的时候,基质可以直接让其通过,仅起到传输介质的作用;而当泵浦光能量与这一能级差不一致的时候,基质则需要尽量吸收,并通过晶格振动消耗或补充部分能量(发射或吸收声子),从而与该能级差一致,再传递给发光离子而实现激发-发光的过程。

要获取高效的激光材料,基质的吸收光谱是需要首先考虑的因素之一,对其进行理论预测的目的主要是查看在特定波长范围内是否存在吸收以及是否涵盖了发光离子的激发光谱。以发光二极管泵浦激光发射为例,此时理论上要求基质的吸收光谱在激光波段的吸收为零,同时在掺杂发光离子后又必须具有尽可能强的泵浦光波段的吸收,从而实现能量传输的功能。

在讨论计算基质吸收光谱之前需要区分一个不易察觉的概念——基质的吸收与掺杂产物的吸收是有区别的。比如 $Y_3Al_5O_{12}$ 不掺杂的时候,理论上仅在高于带隙能量的波长范围存在 100% 的吸收,因此在可见光乃至红外光区的吸收为零,相应的理论透射率等于 100% 的水平线(实际测试透射率时还需要考虑反射等影响);当掺杂 $Nd^{3+}$ 后,此时的吸收会在原来基质的吸收上叠加 $Nd^{3+}$ 的特征吸收,在可见光区和红外光区增加的谱峰对应 $Nd^{3+}$ 的 $4f$ 电子跃迁。这些电子跃迁吸收峰与基质吸收的差别就在于前者是局域性的,需要考虑 $Nd^{3+}$ 激发态和基态的配位结构;而后者是全局性的,可以基于能带的角度进行分析,反映在吸收光谱计算上,就意味着前者是激发光谱的计算(具体可参见下文有关离子光谱计算的章节),而后者才是通常所说的基质吸收光谱的计算。

透明激光陶瓷所用的石榴石、硫化物、氟化物和倍半氧化物等都是绝缘体或半导体。主要的吸收就是带间本征吸收,即电子从价带到导带的跃迁。带间本征吸收的最小能量下限就是禁带宽度 $E_g$,也称为长波截止波长或本征吸收限。由于电子跃迁要满足能量守恒和动量守恒原则,因此在光子动量可以忽略不计的时候,要求电子跃迁前后动量不变或者相差一个声子动量,也就是电子跃迁前后波矢一样或者相差一个格波的波矢。前者是直接跃迁,此时带隙称为直接带隙;而后者是间接跃迁,对应间接带隙。判断直接带隙和间接带隙的方法是查看能带结构图,如果价带顶和导带底在同一个 $k$ 点位置(这里的 $k$ 是倒易空间中的矢量,要与下文的消光系数 $k$ 区别开来),那么就是直接带隙结构,否则就是间接带隙结构。具体可以参见图 5.6,其中价带顶和导带底都处于 $G$ 点(即 $\Gamma$ 点)上,因此 $Lu_2O_3$ 是直接带隙的半导体。有时也可以直接从实验所得的吸收边谱线的形状进行判断:如果吸收系数在吸收限后上升相当陡峭,就是直接跃迁;反过来,如果先上升到一段比较平缓的区域,再进一步剧烈上升,就是间接跃迁,其中后续的剧烈上升过程对应于价带顶与具有同样波矢的导带位置之间的直接跃迁吸收。

显然,基于上面的讨论,基质的吸收光谱其实是能带结构的反映,因此根据理论计算所得的能带结构就可以定性分析基质的吸收,而定量的计算则可以基于经典物理,通过计算基质的介电系数来完成。

在经典物理中,电磁波在介质中传播时会与介质中的偶极子发生作用,偶极子在电磁波作用下的极化效应可以用折射率这个物理量来描述,折射率与介电系数有关,因此基质的吸收计算就与介电系数的求解关联起来。为了方便读者理解,下面简单介绍相关的理论。

首先,折射率是真空中与介质中光速的比值,由于介质中的光速是复数,因此折射率也是复数,即复折射率 $N$ 如下计算:

$$N = n - \mathrm{i}k$$

式中,$n$ 和 $k$ 分别是折射率的虚部和实部,$n$ 是通常所称的材料折射率(可进一步参见 5.3.3 节),与光在基质中的传输方向直接相关,而 $k$ 表征光衰减,称为消光系数,与基质的吸收直接相关。

根据麦克斯韦方程组,可以得到光在介质中沿某个方向,比如 $x$ 方向传播的波动方程的解是

$$E(x,t) = E_0 \mathrm{e}^{-\frac{\omega k}{c}x} \mathrm{e}^{\mathrm{i}\omega\left(t - \frac{nx}{c}\right)}$$

其中前半部分是光波电分量的振幅,最后一个指数表示光波在介质中的传播因子,公式中其他物理量:$c$ 为真空中的光速,$t$ 为时间,$x$ 为位移,$\omega$ 为光波角速度。

根据这个波动方程,假定光在介质中沿给定方向传播了一个距离(厚度或位移 $x$),那么可以推导出如下的幂指数衰减规律:

$$I = I_0 \mathrm{e}^{-\alpha x}, \quad \alpha = 2\omega k/c, \quad \omega = \frac{2\pi c}{\lambda} = 2\pi\nu$$

式中,$\alpha$ 是吸收系数,$\lambda$ 和 $\nu$ 分别是光的波长与频率,$1/\alpha$ 称为穿透深度(或衰减深度、平均深度、自由程等),即透射光强 $I$ 衰减到初始光强 $1/\mathrm{e}$ 时光需要在介质中经过的距离。

利用电介质理论可以将复折射率的实部与虚部同介电系数关联起来而得到对应于自由载流子的如下公式:

$$n^2 = \frac{1}{2}\mu_\mathrm{r}\varepsilon_\mathrm{r}\left(\sqrt{1 + \frac{\sigma^2}{\omega^2\varepsilon_\mathrm{r}^2\varepsilon_\mathrm{o}^2}} + 1\right)$$

$$k^2 = \frac{1}{2}\mu_\mathrm{r}\varepsilon_\mathrm{r}\left(\sqrt{1 + \frac{\sigma^2}{\omega^2\varepsilon_\mathrm{r}^2\varepsilon_\mathrm{o}^2}} - 1\right)$$

式中,$\sigma$、$\mu$ 和 $\varepsilon$ 分别是介质的电导率、磁导率和介电系数,下标 r 表示介质,o 则表示真空。如果取材料的平均值,$\varepsilon_\mathrm{r}$ 就是通常所说的介电常数;如果考虑取值随频率(波长)的变化,那么就是介电函数。

显然,在自由载流子的条件下,绝缘体的电导率 $\sigma = 0$,因此吸收系数 $\alpha = 0$,从而 $k = 0$,不存在吸收。当然,实际上并没有电导率严格为零的绝缘体,而半导体的电导率更大,因此透明激光陶瓷的基质是存在吸收的。对于电导率很高的金属,此时真空介电常数 $\varepsilon_\mathrm{o}$ 将具有巨大的增强作用,从而具有较大的 $k$,因此金属是不透光的。

从 $k$ 的表达式可以进一步看出,由于绝缘体和半导体的电导率与真空介电常数 $\varepsilon_\mathrm{o}$ 均很小,是接近于零的数值,因此 $k$ 的取值主要由介电系数 $\varepsilon_\mathrm{r}$ 所决定。这正

是基质的吸收光谱取决于介电系数的基础。实际上,介电系数同样是复数,其实部 Re 和虚部 Im 分别如下计算(上标波浪线表示复介电系数,以便同前面的 $\varepsilon_r$ 相区别):

$$\widetilde{\varepsilon}_r = N^2, \quad \mathrm{Re}(\widetilde{\varepsilon}_r) = \varepsilon_1 = n^2 - k^2, \quad \mathrm{Im}(\widetilde{\varepsilon}_r) = \varepsilon_2 = 2nk$$

进一步可以换算得到通过 $\varepsilon_1$ 和 $\varepsilon_2$ 求取 $n$ 和 $k$ 的如下公式:

$$n^2(\omega) = \frac{\sqrt{\varepsilon_1^2 + \varepsilon_2^2} + |\varepsilon_1|}{2} = \frac{|\widetilde{\varepsilon}_r| + |\varepsilon_1|}{2}$$

$$k^2(\omega) = \frac{\sqrt{\varepsilon_1^2 + \varepsilon_2^2} - |\varepsilon_1|}{2} = \frac{|\widetilde{\varepsilon}_r| - |\varepsilon_1|}{2}$$

这里的折射率、消光系数和介电系数都是角频率的函数,因此介电系数可改称为介电函数。

从上述的理论推导可以看出,求解吸收系数就是求解消光系数,最终就是求解介电函数,而介电函数与介质的偶极子分布有关,这种一头带正电,另一头带负电的经典物理模型可以通过计算所得的电子分布或者波函数来描述,因此可以通过占据态(比如价带的能带)和非占据态(比如导带中的能态)的动量矩阵元求得 $\varepsilon_2$,随后再利用 $\varepsilon_2$ 和克雷默-克罗尼格(Kramer-Kronig)变换公式计算 $\varepsilon_1$,最终就可以计算出所需的吸收光谱。因此理论计算基质的吸收光谱等同于两个计算的综合,一个是电子结构的计算,另一个是光谱计算。当然,实际的计算过程还要包括一开始就需要进行的晶体结构优化(弛豫)。目前的计算软件,比如 CASTEP 和 VASP 等,可以在输入文件中选择光谱计算任务(打开光谱计算的开关),随后程序就会自动根据所给的优化后的晶体结构完成前面两种计算,并给出吸收光谱数据。

最后,理论计算基质的吸收光谱需要注意如下要点:

(1) 现有的计算技术不能得到准确的能量数值,因此吸收光谱是相对意义的吸收光谱,主要用于系列比较,比如不同掺杂浓度的系列比较。如果要将某理论计算谱直接与实验谱比较,两者之间会存在能量差异,这与现有第一性原理计算采用 LDA 或 GGA 泛函不能获得准确的带隙是一个道理。

(2) 计算所得的吸收光谱主要是基质能带结构的反映,如果掺杂离子的吸收效应是全局性的(一般需要足够高的浓度),也会存在掺杂离子的电子跃迁——实际上是禁带中缺陷能级的吸收。因此基质的吸收光谱主要用于判断基质对激发和发射光的影响,不要随意同掺杂离子的吸收光谱或者激发光谱等同起来。

(3) 基于上面的讨论,吸收光谱体现能带结构中不同能态之间的跃迁,并且其数值与消光系数直接相关,而消光系数的计算公式又表明其与介电函数的虚部关系更为密切,因此通过消光系数谱(消光峰)、介电函数谱(介电峰)的分析有助于进一步理解吸收峰的离子或基团来源。

（4）实验所得的吸收光谱包含了设备的影响,是仪器函数和真实谱图的卷积结果,因此理论计算的吸收光谱与它相比,除了有前述(1)提到的绝对能量差值,谱峰形状也有不同,因此要让理论计算谱与实验谱一致,除了需要人为修改能量差值,还需要选择某个描述曲线形状的函数,比如高斯函数与理论谱图进行卷积运算。

## 5.3.2　拟合法预测离子光谱

目前预测离子光谱主要有两种手段:拟合法和从头法。前者也可以称为经验法,即研究者基于一大堆数据,从中筛选出主要影响因素,然后将它们的数值同目标值(比如发光峰位置)画在图上,随后建立各种解析曲线,比如直线、曲线乃至曲面进行拟合,从而获得一个经验公式,可以在某个范围内预测所需的离子光谱性质,并与实验结果高度一致[29]。后者就是直接基于给定的晶体结构,顶多再加上一些基本物理常数来计算离子光谱,获得所需的谱峰位置、个数和相对强度等性质(5.2.3 节)。

拟合法的优势是操作简单,在某个参数范围(一维)或某组参数集界定的区域(多维)内可以给出足够可靠的结果,缺点就在于拟合公式中的常数项和系数项的设置受到人为的影响,并且物理涵义不清晰,只能大致归因于是某个效应或因素占据主要作用,或者说反映了某种作用的相对强弱;另外,其取值也受到拟合所用的原始数据值的影响。一般越符合统计规律要求的数据,比如样本量大、随机分布和有代表性的数据所得的拟合结果就越可靠。因此,基于大量国内外文献的数据拟合推导的公式的可靠性和适用性要高于基于自身研究,甚至某组实验数据拟合所得的结果,这是考虑拟合法预测离子光谱必须注意的一个原则。

拟合法预测离子光谱另一个必须注意的原则,是不能超越拟合该公式所用的样本适用的范围,比如样本数据来源于多晶粉末,那么应用于内部离子严格三维周期性排列的单晶时就要谨慎,尤其是在表面态影响较大的情况下,如果不加改造就直接用于单晶,很容易出现偏差。另一个典型的例子是如果样本数据来自硅酸盐化合物,根据周期表"斜线相邻相似"的规律,此时应用于铝酸盐或硼酸盐就可以获得比较好的结果,但是直接用于氧化物就可能有较大的偏差,因为对发光中心而言,与氧配位和与含氧阴离子基团(此处为硅氧多面体)配位,所受的成键作用(共价性、电子云扩展等)是不一样的。此时最好的办法是引入一个修正项,然后自行准备一个样本,建立适合自己研究体系的、改进的经验公式。

推导拟合法预测离子光谱所需的经验公式主要经历如下四个步骤。

（1）查找文献,尽可能收集数据,并根据各自的代表性分为两组:拟合组和验证组。

（2）基于已知理论模型或者定性实验数值变化趋势预测经验公式的初始解析式，比如是线性还是非线性。如果是非线性，还要进一步考虑是使用多项式还是指数函数，并且引入所需的参数项。

（3）基于拟合组数据进行拟合，一方面可以判断所用解析式的合理性（必要时需要另行选择解析式，开始新一轮流程），另一方面可以获得解析式中常数项的数值。

（4）利用验证组对所得经验公式进行验证，归纳出一些校正规则，尽可能明确经验公式的适用范围。

这里以范维特（L. G. Van Uitert）提出的预测 $Eu^{2+}$ 和 $Ce^{3+}$ 的 $5d \rightarrow 4f$ 跃迁的发射光谱位置的经验公式为例对这种方法加以说明[30]。由于 $d$ 轨道能量受到晶体场的影响，而发射光谱位置考虑的就是最低 $d$ 轨道与 $4f$ 基态轨道之间的相对能量差异（能级差），因此可以根据晶体场模型的一些结论来考虑经验公式的表达形式。

从晶体场模型出发可以发现实际的发射光谱是基于气态离子发射光谱的改变结果，即原先处于气态的离子进入基质晶格并受到晶体场作用，从而发生轨道退简并以及能级差的变化，因此经验公式中必然包含气态离子的能量值。然后在此基础上对其加入一个修正项，而这个修正项可以描述晶体场作用，比如描述经典静电相互作用所需的离子价态、配位数以及电子亲和力等。

范维特所得的经验公式正是这种思路的反映——他在引文中提到自己注意到这类发光受配位环境静电作用，即电子与电子之间的排斥作用强度、离子价态、配位数以及电子亲和力或电子云扩展效应（也有翻译为电子云重排效应，其实不合理，因为原始文献解释 nephelauxetic effect 时都提到"nephelauxetic"来源于希腊语，是"cloud expanding"即"云层弥漫"的意思）的影响较大，将这些参数作为修正项考虑就得到了如下的经验方程：

$$E = E_0 \left[ 1 - 10^{-n f_{ea} r / 80} \times \left( \frac{V}{4} \right)^{1/V} \right]$$

式中，$E$ 就是最低 $d$ 轨道与基态的能级差（文中称为 $d$ 带边），$E_0$ 为气态离子或自由离子的 $d$ 带边数值，$n$ 是发光中心周围第一配位壳层中的阴离子数目，$f_{ea}$ 是阴离子所属原子的电子亲和力，比如发光中心与 $O^{2-}$ 配位，那么 $f_{ea}$ 就是 O 原子的电子亲和力，$r$ 则是基质中被发光中心所取代的离子（一般是阳离子）的半径，而 $V$ 就是发光中心的价态。

另外，实际应用的时候，$E$ 和 $E_0$ 的单位是 $cm^{-1}$，对于 $Eu^{2+}$ 和 $Ce^{3+}$，$E_0$ 值分别是 $34000 \ cm^{-1}$ 和 $50000 \ cm^{-1}$。而 $f_{ea}$ 和 $r$ 的单位分别是 eV 和 Å。

经验公式是基于一系列已知的实验数据提出来的，因此它首先需要能够拟合出这些实验数据,比如上述的 $d$ 带边能量经验公式就与图 5.14 中相关化合物,尤其是卤化物的实验光谱一致。

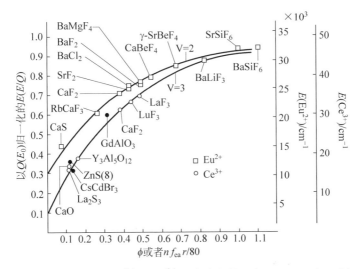

图 5.14　不同化合物分别掺杂 $Eu^{2+}$ 和 $Ce^{3+}$ 后实验所得 $E/Q(Q=E_0)$ 与 $E$ 随 $\phi(=nf_{ea}r)$ 的改变,其中小黑点表示相关化合物的 $\phi$ 做了必要的校正,两条曲线分别是基于 $Eu^{2+}$ 和 $Ce^{3+}$ 用上述的经验公式各自拟合的结果。所有的 $Eu^{2+}$ 相关的数据取自 77 K 的环境,而 $Ce^{3+}$ 则是室温测得[30]

　　但是经验公式的缺点也是显而易见的,首先是不一定满足物理学要求的单位量纲的一致性,即等号两边的单位量纲要一样的要求。比如从上式可以看出,$E$ 和 $E_0$ 的单位要一致,那么对于有量纲的 $f_{ea}$ 和 $r$ 的单位要互相抵消,而实际上这边是利用指数的形式直接采用计算所得的数值结果,并避免了量纲的传递,即 $\phi$ 实际被用作一个无单位的因子。

　　这就必然引入了相当大的误差,这种误差本质上来源于对影响因素定义的模糊和不清晰,比如可能是某个因素过于笼统,需要进一步精确分割,或者某个因素需要用其他的表达方式参与,而不是直接以单独一个数值的形式参与。

　　事实也的确如此。范维特在文中就提出在拟合的时候有可能需要对 $n$、$f_{ea}$ 和 $r$ 参数进行校正,而不是直接基于表观的配位环境给出数值。

　　首先 $n$ 是发光中心第一配位壳层中的阴离子数目,而不是一般所说的配位数,这里有两层意思:①如果在配位键近似距离处存在空位,那么就要包含到 $n$ 中,比如有 7 个配位阴离子、1 个空位,那么实际的 $n=8$。举个例子,对于 $ZnS:Ce^{3+}$,表面上 $Ce^{3+}$ 取代 $Zn^{2+}$ 是八面体配位,但是实际上为了匹配更大的离子半径,$Ce^{3+}$ 显然应该构成更高的配位,即考虑 $Zn^{2+}$ 空位的加入(间隙取代),此时得到了十二面体配位。②如果成键的阴离子中有部分阴离子距离较远,或者其他阴离子可以构成一种对称的多面体(具有一些对称性),那么此时需要考虑降低 $n$。③如果一些阴离子距离较远,但是又需要考虑在内,此时以该距离为半径的壳层内包含或者接近该壳层的阴离子也需要一并考虑,$n$ 就要增加。因此 $n$ 其实是一种"几何"意义上的配位数,而不是常规确定的配位数。

图 5.15 给出了一些化合物经过校正后的 $n$ 值,有兴趣的读者可以结合实际晶体结构进一步理解上述的经验规则。

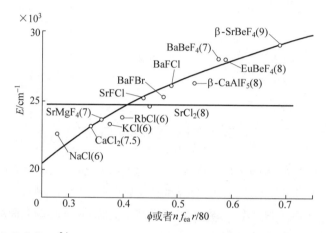

图 5.15　某些卤化物掺 $Eu^{2+}$ 所得的 $E$ 随 $\phi$ 变化的实验数据以及根据经验公式拟合而成的曲线,其中括号中的数值是校正后的配位数 $n$。大部分数据取自 77 K 的环境测试,β-$CaAlF_5$、NaCl、KCl 和 RbCl 则是室温下的测试数据[30]

电子亲和力 $f_{ea}$ 反映原子得失电子的能力,如果某个阴离子除了与发光中心配位,还与其他阳离子配位,构成配位基团,比如$[SiO_4]^{4-}$ 基团,那么其 $f_{ea}$ 一般要增加,因此在 $BaF_2$ 中,$F$ 的 $f_{ea}$ 是 3.45 eV,而在 $BaSiF_6$ 中则是 4.73 eV。反过来,如果被发光中心取代的是这个阴离子基团的阳离子,此时 $f_{ea}$ 反而要降低,比如 $Ce^{3+}$ 取代 $CsCdBr_3$ 中的 $Cd^{2+}$,由于 $Cd^{2+}$ 与 $Br^-$ 构成阴离子基团,此时 $Br$ 的 $f_{ea}$ 是 1.2(自由离子的时候对应的 $Br$ 原子的 $f_{ea}$ 是 3.36),属于必须校正的数据点(图 5.14)。另外,当阴离子从自由离子成为晶格离子时会受到基质的作用,一般是极化作用为主,此时它的 $f_{ea}$ 也会发生变化。范维特发现所需的校正与阴离子的配位有关(注意,这里的配体是阳离子),并总结了如下规则:

(1) 当阴离子,比如 $F^{-1}$ 处于八面体配位的时候,其值是自由离子时的 1/0.73 倍;

(2) 当阴离子处于四面体配位时,不需要校正;

(3) 当阴离子处于立方体配位时(八配位),其值是自由离子时的 1/0.86 倍;

基于上述的规则和配位结构,就可以根据自由离子的 $f_{ea}$,比如 3.45(F)、3.61(Cl)、

3.36(Br)、1.17(O)和 1.0 eV(S)获得校正后的、更接近实际的 $f_{ea}$。另外,对于同时存在两种类型的阴离子,比如 $SrFCl$,则分别计算 $f_{ea}$,并且取更小的那个 $f_{ea}$ 参与拟合。

按照范维特的说法,与 $n$ 不能简单理解为常规的配位数一样,$r$ 最好也不要直接理解成中心离子与配体之间的距离,而应该理解成两者静电作用的反映,因此其具体的计算需要放在已经确定 $n$ 之后,是需要考虑的所有配位键长的平均值。

从本质上说,这个经验公式是晶体场作用的反映,因此其结果与晶体场作用下的定性结论是一致的(具体可参考第 2 章相关内容),但是在认识事物的程度上当然比起定性解释发射光谱移动方向要深入得多。而且逆向采用经验公式,即通过已知的 $E$,可以反向推导 $n$ 或者 $f_{ea}$,从而对发光中心的实际微观结构进行研究,更全面评价周围配位离子的影响,这也可以为晶体场作用的解释甚至校正提供实验基础。

从上述也可以看出,拟合是推导经验公式的基本步骤,而已有理论模型是合理选择和确定公式中相关参数的基础。一套有代表性的原始数据和一套用于验证的原始数据也是必需的前提条件,其中前者用于获得经验公式的解析式,而后者除了验证经验公式的可靠性,还可以进一步就相关参数的校正积累相应的规则,从而降低经验公式中所用参数(包括常数项)由于物理涵义不清晰而导致的计算结果与实验数值的偏离。

显然,随着实验数据的积累和理论的发展,相关的经验公式可以进一步得到改进,物理参数的定义也可以得到提高。比如上述的范维特经验公式近年来已经有道温博斯(Dorenbos)等基于更多的发光材料数据和晶体场模型的发展结果而推导的改进版本,有兴趣的读者可以进一步参考道温博斯的著作,这里就不再赘述。当然,这种改变并不会影响范维特经验公式的实际可用价值,毕竟目前即便是从头法理论计算,都达不到精确获得这类 $d$ 带边绝对能量数值的地步。

在激光材料领域,目前文献中更常见的是直接基于实验数据猜测可能的解析式并进行拟合尝试,较少有类似范维特的推导、验证和校正都全面涉及的研究。比如针对 $Yb:YAl_3(BO_3)_4$ 中,$Yb^{3+}$ 的发射光谱有两个组分峰,其重心位置的差值 $\Delta\lambda$ 会随着 $Yb^{3+}$ 的掺杂浓度而变,根据实验数据可以拟合出如下的公式:

$$\Delta\lambda = 38.8[1 - \exp(-x/0.266)]$$

显然,如果将常数项用参数 $a$ 和 $b$ 表示,可以得到一般性公式如下:

$$\Delta\lambda = a[1 - \exp(-x/b)]$$

虽然判断这个公式能否适用于其他体系,需要取决于对物理定义的理解程度,但是有了这个经验公式,至少在认识波长变化的程度上已经比仅仅罗列一堆数据或画出一个表格大为前进了一步,而且也指明了今后基础研究的主要方向——理解 $a$

和 $b$ 背后的物理机制,从而有助于预测基质改变时可获得的发光离子光谱位置的变化结果。

最后需要指出的是,虽然基于上述建立的规则,拟合法预测离子光谱是一项繁重又需要审慎的工作,既要埋头查找大堆的已有实验数据,又要从合理性的角度给出使用的规则以及结果的可靠性。但是随着已有文献的数字化,各种结构和性能数据库的建立以及计算能力的发展,运用这种方法的便利性和有效性都可以大幅度提升,从而更好发挥它源于实验数据,因此也能较好逼近客观现实的优势——至少在目前,基于经验公式的预测结果通常要好于纯粹理论计算的结果,甚至还可用于检验理论计算的合理性。

当然,这并不意味着经验公式就可以取代理论预测(5.2.3节),因为拟合法得到经验公式只是认识事物的中间阶段,能够从物理上真正解释其中参数的含义并获得正确的数学解析式才是认识的终点,而这就是理论工作的内容。

### 5.3.3 从头法预测离子光谱

从头法或者第一性原理预测离子光谱是基于薛定谔方程,仅需要利用真空光速、普朗克常数、电子静止质量等基本物理常数和材料的结构信息就可以计算出所需的各种光谱,并且以此研究各种能量转换和转移机制。因此从理论上说,只要知道基态和激发态中原子的位置(即结构信息),就可以预测吸收能级、发射能级、吸收光谱和发射光谱等。

虽然目前在计算模拟领域,从头法一般指直接基于波函数构建原子与分子轨道的计算方法,涉及具体某个电子的空间坐标;而第一性原理则侧重基于电子密度来计算体系能量等性质,涉及的是电子的空间分布概率,但是由于两者都具有不依赖实验数据的特点,甚至有文献认为两者的差异就是不同学术领域的不同专业术语而已。比如从头法在化学领域较为常见,而第一性原理则在凝聚态物理或者材料学中广泛使用,因此本书就不进一步加以区分,根据文献常用说法和行文需要而使用不同的说法,方便读者的理解。

从头法计算离子光谱的一般流程如下:首先需要考虑各种作用力,其次需要得到不同平衡态(比如第一基态和第一激发态都是各自所处结构中的局部能量极小值),最后计算不同能态之间的能级差,此时就可以得到气态原子或离子的线状光谱。而要获得测试材料常见的宽谱,还需要进一步考虑固体中的晶体场效应乃至设备的卷积,就可以得到实际的各种带状光谱。

玻尔用来解释气态氢原子光谱的模型就是从头法预测离子光谱的一个成功例子(严格说来,这个模型是由经典物理和人为的假设得到的,刚提出时并没有现在所用的量子力学理论)。首先玻尔考虑了氢核与电子之间存在库仑相互作用,电子绕核旋转具有动能和角动量；其次是基于牛顿力学的平衡关系给出了电子所处轨道半径的表达式；再次根据轨道半径和作用力给出不同轨道电子的能量(以无穷远处的势能为零)；最后就可以利用这些能量数据计算各轨道之间的能级差，从而解释实验所观察到的不同系列的谱线系统(对应不同的激发态)。甚至还可以进一步预言其他氢原子光谱的波长位置和来源，从而为今后的氢原子光谱测试实验提供指导。

与玻尔模型可以预测气态氢原子光谱类似，在量子力学中，轨道的概念要用波函数来代替，因此从头法预测离子光谱，首先要求有正确的核与电子、电子与电子、核与核之间的相互作用、外界势场以及动能模型；其次需要构建波函数来反映核外电子的运动。有了这些信息，吸收光谱、激发光谱和发射光谱所需的能级和强度信息就可以被计算出来。

当前透明激光陶瓷所涉及的激光中心以稀土离子为主，同时也包含一些过渡金属和主族金属离子，因此需要考虑 $f$ 亚层、$d$ 亚层以及 $p$ 亚层等电子的作用。其中 $f$ 和 $d$ 这两个亚层的共同特点就是具有强烈的电子关联作用，这是因为它们的轨道数目较多，因此可容纳的电子数目也更多，从而组态(电子在不同轨道中分布的状态)多样，当某个电子已经存在的时候，其他电子的排布除了不能违背泡利不相容原理(即不能和该电子存在同样的量子态)，还需要受到已有电子的影响。换句话说，如果存在某个电子的波函数，那么其他电子的波函数并不是任意取值的，而是要受到这个电子波函数的影响，因此计算需要进一步反映强电子关联作用的贡献。除此之外，对于 $4f$ 电子，由于其可以隧穿到原子核附近，因此 $f$ 电子运动速度与光速可以比拟，此时还需要考虑相对论效应。然而直到目前，这些作用，尤其是强关联作用的具体机制仍未完全清楚，只能通过各种近似模型来解释，相应的计算也就受到模型准确性乃至计算收敛性的影响。

目前预测离子光谱的从头法计算中，基于密度泛函的第一性原理计算主要用于获得基质的吸收、反射乃至拉曼光谱等，而直接计算发光中心的光谱则采用波函数方法，因为后者可以考虑电子组态之间的相互作用，下面分别加以说明。

### 1. DFT 法及其局限

由于可以极大缩减计算量，并且具有成熟的、易于上手的商业软件，因此基于(电子)密度泛函法(DFT 法)的第一性原理计算是材料，尤其是工程材料领域常见的计算模拟手段。但是由于它毕竟是基于一些近似模型而提出的，因此难以用于预测离子光谱。

从本质上说，DFT 法采用电子密度作为自变量，将能量表示为电子密度的泛函，在大为缩减计算量的同时抹掉了单个电子的从属和坐标信息，因此得到的是空间中某位置所有电子的贡献，这其实与经典物理的能带理论是一致的。因此基于

DFT 法计算电子结构一般就是计算能带结构,进而给出不同带成分对应的电子的贡献,而不是单个发光中心及其近邻配位离子构成的光谱能级。另一个不足在于 DFT 法不需要知道电子坐标就可以确认电子密度的原因是它求取的是电子密度的一个极值,即所得的电子密度让体系能量达到最低,此时电子密度可以唯一确定。这种做法相当于确认基态的电子密度(虽然不是实际的基态),即便可以通过电子密度计算波函数,所得的也是基态时的能级,而不是激发态的能级。

除此之外,DFT 法的第三个麻烦就是电子的交换关联能的函数形式并不明确,只能用近似的模型来代替,因此能量的计算并不准确,比如带隙被低估就是一个典型。其总能的计算结果主要用于相对比较,因此作为搜索过渡态或者比较不同结构的稳定性是可以的,但是要具体到计算光谱所需的能级大小就会产生较大的误差,从而进一步限制了 DFT 法在从头计算离子光谱方面的应用。

当然,基于 DFT 法的第一性原理计算也不是毫无所用。首先,它的全局化可以用于考虑基质的能级,比如带隙的大小就对应吸收光谱中基质的带边吸收光谱,而禁带中的缺陷能级也可以进一步与具有全局性的发光中心的能级对应起来(此时相当于采用能带结构模型来解释发光,或者发光中心不再是孤立的离子或基团,具体可以参见第 2 章);其次是在进行激发态处理的条件下,它搜索能量极小值(基态化)的方法也可以用来搜索激发态。

一个比较合理的处理激发态的手段就是引入外界势场(或微扰),产生一个新的、与激发态对应的平衡,常用的含时 DFT 计算就属于这种例子。其原理可以用计算势能差的例子简单说明:如果仅考虑地球引力,那么位于地面上的物体处于"基态",如果要计算它升高到某个高度 $h$ 时(处于"激发态")具有的能量(如果以地面处势能为零,那么就是计算该高度相距地面的能量差),就有两种方法:一种是能够得到高度并且计算能量;另一种就是给物体一个拉力,将它拉到这个高度,然后计算过程中消耗的能量。基于 DFT 法的计算相当于可以预测物体处于地面并且没办法通过测量获得高度。因此就需要通过动态的方式(即上述例子中的提拉物体)来进入激发态所处的极小值位置(高度 $h$),同时也给出了能量。

当然,基于 DFT 法的计算也可以尝试"直接通过高度 $h$ 计算能量",即人为设置一个激发态结构作为"赝基态",通过 DFT 计算给出这个"赝基态"的能量,其与原先"真"基态能量之间的差就可以表示激发态与基态的能量差。典型的例子就是人为将 $Ce^{3+}$ 所用的基组中位于 $4f$ 轨道的电子限制在 $5d$ 轨道(相当于高度 $h$),并且强制电子如同激发态那样落在 $5d$ 轨道上,以此构造赝势,随后的计算与常规过程一样,比如基于平面波基组的计算等。显然,这种称为"限制性轨道布居"[31]的处理受人为因素的影响较大,其中最主要的就是计算软件所提供的赝势是经过验证,有各自适用范围,因此这种自行修改赝势和构造新的基组所得结果的可靠性就需要慎重对待,或者说这类尝试应当有第三方的验证。

由于加入外界势场(或微扰)的计算本质上是引入更多的假设或模型,因此预测离子光谱的精确度并不见得会比构造"赝基态"的方法更好,从而基于 DFT 法的计算来预测光谱应该侧重于全局性的,比如基质或者可以利用能带模型解释的缺陷的光谱。

**2. 波函数法及其应用示例**

基于波函数的从头法可用于 $f^N$、$f^{N-1}d^1$ 和 $f^{N-1}s^1$ 的电子和几何结构的计算,从而可以得到 $f$-$f$ 与 $f$-$d$ 吸收和发射能级及其相应的光谱。这种方法适用于孤立的或者局域性很强的发光中心。目前常用的,可利用 MOLCAS 软件实现的从头嵌入簇方法(ab initio embedded cluster)就是其中的一种。这种方法考虑相对论效应,在基于模型势的从头法(ab initio model potential,AIMP)的基础上加入全有效空间自洽场(complete-active-space self-consistent-field,CASSCF)与二阶多体微扰(second-order many-body perturbation)的复合作用(称为 CASPT2 法),因此其专业名称是"CASSCF/CASPT2 AIMP 嵌入势从头模拟法"。

以计算 $Y_3Al_5O_{12}$ 中孤立发光中心 $Ce^{3+}$ 的吸收和发射光谱为例[32],首先基于 $Ce^{3+}$ 的电子跃迁具有很强的局域性的假设(对于簇模型,局域性越强结果越准确),从而可以将发光中心 $Ce^{3+}$ 与周围若干近邻原子组成的一个小集合抽取出来构成一个"簇"——$(CeO_8)^{13-}$(图 5.16),而实际结构中围绕这个簇的周围环境则只考虑彼此之间的相互作用,即嵌入效应(embedding effect)。这种相互作用可称为嵌入势(相当于施加一个外界势场),主要包括经典物理的静电作用(考虑电荷密度而不是无体积的点电荷,其包括长程的马德隆(Madelung)势和短程的库仑势)和短程的量子力学作用(主要是簇中电子与环境电子之间的交换作用)。

显然,对于 $Y_3Al_5O_{12}$,嵌入势需要同时考虑 Y 离子、Al 离子和 O 离子的作用。由于这些离子各自的作用可基于 $Y_3Al_5O_{12}$ 的晶体结构,通过自洽的嵌入离子哈特里-福克(Hartree-Fock)计算而得到,即计算中仅用到实验晶体结构,因此外加的势场可称为全离子嵌入从头法模型势(total-ion embedding AIMPs),其中全离子是因为计算嵌入势的时候考虑了基质的全部离子,而模型势(model potential)的说法则是因为嵌入势是基于特定结构模型来计算簇周围环境对簇产生的势场。需要注意的是,这里的结构模型是簇模型,在本例子中就是以 $Ce^{3+}$ 为中心,长度为 $4a$ 的立方体($a=12.000\text{Å}$,$Y_3Al_5O_{12}$ 晶胞的边长)。其中以 $Ce^{3+}$ 为中心,长度为 $2a$ 的立方体包围的离子均考虑具体的电荷密度,而更远空间的离子则按照点电荷处理,换句话说,后面的离子电荷就是其化合价(名义电荷),而前者则按照实际电荷数处理(可以是名义电荷的一部分)。

为了简化计算,原子核外的电子轨道同样分为价层和芯层两部分,由于 $Ce^{3+}$

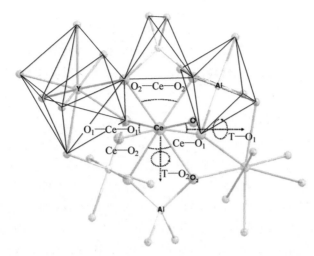

图 5.16 (CeO$_8$)$^{13-}$ 簇及其近邻多面体的结构示意图,其中近邻多面体包括 Al—O 准四面体,
Al—O 准八面体和 Y—O 准十二面体;虚线弧和虚衔环分别表示 Ce—O 键所成的夹
角和扭转角,作为衡量结构弛豫程度的主要参量[32]

取代了 Y$^{3+}$,因此这里需要考虑的波函数是 O$^{2-}$、Al$^{3+}$ 和 Ce$^{3+}$ 的波函数,对其芯层以及 Ce 的相对论效应仍按照 AIMP 法进行处理;而价层才考虑波函数的应用,比如 O$^{2-}$ 就采用氦(He)的 AIMP,而价层则采用包含 $p$ 轨道和 $d$ 轨道作用的波函数基组(价层基组,valence basis set);Al$^{3+}$ 则是[Ne]核的 AIMP+包含 $d$ 轨道作用的价层基组;而 Ce$^{3+}$ 比较复杂一些,它采用线性叠加的方式,由两部分构成,第一部分是不考虑自旋-轨道相互作用的[Kr]核的 AIMP 和高斯函数型价层基组,而第二部分是自旋-轨道相互作用校正项(该项的系数为经验值,这里是 0.9)。

另一个简化计算的策略是附加其他基组而实现内嵌簇分子轨道和外界环境分子轨道之间的正交性,当然,这里的正交化是简化计算的需求,类似于傅里叶变换计算中以有限的加和项来代替无限的加和项一样,主要影响的是计算精度。这里的正交化增强过程是通过内嵌簇与外界环境之间的过渡离子来实现的,即在内嵌簇周围进一步考虑近邻配体,表征相关离子的分子轨道的基组,比如 Y$^{3+}$ 的 4$s$ 和 4$p$,Al$^{3+}$ 的 2$s$ 和 2$p$ 轨道的基组就被用来提升正交性,而这些也是利用上述的自洽嵌入离子哈特里-福克计算而得到。

当嵌入势(环境势)、芯层势、价层基组和环境-簇界面基组都确定后,就可以实施基于波函数的从头法计算,即前述的全有效空间自洽场计算,从而获得优化的几何结构以及根据波函数计算所得的各能级。需要注意的是,计算所得的波函数是对应分子轨道的,原有的 Ce$^{3+}$ 的原子轨道按照一定规律与周围其他离子的原子轨道组合成分子轨道,虽然近似地理解可以认为仍然存在 7 个 4$f$ 轨道和 5 个 5$d$ 轨

道,但是它们本质上都同时含有原先 $4f$ 和 $5d$ 轨道的成分,主要的差别是前者以
$4f$ 轨道成分为主,而后者以 $5d$ 轨道成分为主。这些分子轨道的其他成分则以
$O^{2-}$ 的轨道成分为主。因此讨论的时候不能冠之以 $4f$、$5d$ 轨道等名称,而是用对
应的 $D_2$ 点群($Ce^{3+}$ 所处的格位对称性为 $D_2$)的不可约表示或其衍生的双值群(考
虑自旋-轨道耦合效应)的 $\Gamma_5$ 类不可约表示的符号来代替。具体也可以参见下文
有关吸收光谱和发射光谱的说明。本例的计算中既采用 MOLCAS 软件考虑无轨
道-自旋耦合的情况,同时也使用 EPCISO 软件考虑有轨道-自旋耦合的全哈密顿
算符的情况。

　　基态或激发态配位几何结构优化计算的根据是当电子在不同轨道上分布的时
候,比如 $Ce^{3+}$ 唯一的 1 个 $4f$ 电子分别在 $4f$ 和 $5d$ 轨道上分布时,其与周围近邻
的 $O^{2-}$ 之间的相互作用,至少静电相互作用(库仑作用)是不一样的。此时将通过
改变 Ce—O 化学键的键长、键角和扭转角来实现新的受力平衡,得到所需的基态
或激发态的几何结构。与此类似,当该电子在不同 $5d$ 轨道上分布的时候也会产生
不同的激发态结构。从高能几何结构往低能几何结构,比如高激发态往激发态,或
者激发态到基态的转变称为弛豫,两者结构差异越大,弛豫程度就越大,从位形坐
标模型的角度,就意味着代表激发态的位形抛物线与代表基态的位形抛物线偏移
越大,从而具有更大的斯托克斯位移,即入射光的波长与它所激发的发射光的波长
之间的差值增加了。

　　在各种建模和势场计算方式的选择工作完成后,随后基于波函数的从头法计
算同基于电子密度的第一性原理计算的过程是相似的。首先是优化几何结构,随
后基于这个结构计算波函数,从而可以得到不同能级的能量数值以及化学键的信
息。如果计算波函数所用的几何结构不同,所得的能级就不一样。理论上,计算吸
收光谱应当假定电子处于基态而优化结构,计算发射光谱则改为电子处于激发态
而优化结构,这是由这两种光谱各自对应的跃迁始态和终态所决定的。本例中就
是以 $Ce^{3+}$ 外层唯一的一个电子分别落在 $4f$ 轨道成分为主和 $5d$ 轨道成分为主的
最低分子轨道上各自优化结构并进行相应的计算。

　　经过上述计算所得的理论 $Ce^{3+}$ 吸收光谱包含了 5 个谱峰,分别对应从 $4f$ 轨
道成分为主的最低分子轨道 $1\Gamma_5$ 到 5 个 $d$ 轨道成分为主的高能分子轨道的跃迁。
而实验所得的吸收光谱通常包含 4 个谱峰和 1 个更短波长的吸收带($50000\ cm^{-1}$
($200\ nm$)以上区域),这 4 个谱峰波长分别是 $22000$($455\ nm$)、$29400$($340\ nm$)、
$37000$($270\ nm$)和 $44000\ cm^{-1}$($227\ nm$)。经过对比分析,可以认为理论所得的
5 个谱峰中,有 2 个落入基质的吸收带,不可分离,而其他 3 个则如图 5.17 所示,波
长值分别落在 $23820\ cm^{-1}$、$31740\ cm^{-1}$ 和 $48390\ cm^{-1}$,各自对应上述峰值落在
$22000\ cm^{-1}$、$29400\ cm^{-1}$ 和 $44000\ cm^{-1}$ 的实际吸收峰。要得到图 5.17 中的理

论吸收光谱,除了需要前述计算所得的能级数据,还需要计算跃迁振子强度和进行基于高斯峰形的宽化。由于吸收光谱需要的是各个谱峰的相对强度,因此振子强度也可以用相对振子强度来表示,即只需要考虑它们的相对比例,因此可以用半经典含时海勒(Heller)法进行处理。理论计算所得的结果是基态 $1\Gamma_5$ 到 3 个激发态(即 $5d$ 轨道成分为主的能量较低的 3 个分子轨道)$8\Gamma_5$、$9\Gamma_5$ 和 $10\Gamma_5$ 的跃迁振子强度比例是 $1.00 : 0.47 : 0.71$。

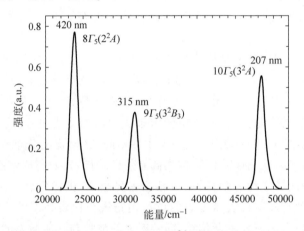

图 5.17　基于波函数的第一性原理计算所得的 $Ce^{3+}$ 吸收光谱,其中 $8\Gamma_5(2^2A)$ 之类的符号是计算中用来表征不同分子轨道的标识符(原图符号标注有误,这里按照原文叙述已改正),与对称性点群的不可约表示有关,可以简单理解为一套代表 $Ce^{3+}$ $5d$ 轨道特性为主的一个轨道或轨道能级标识符,宽化谱峰时采用了高斯峰形函数[32]

　　从能级绝对位置的对比可以看出,在簇模型的基础上基于波函数的从头法计算所得的谱图可以实际考虑发光中心的贡献,不但可以准确认识谱峰的来源和构成,而且可以得到被基质强吸收所掩盖的其他吸收峰。与此同时,基于理论的谱图可以鉴定源自基质或其他杂质产生的缺陷吸收。比如在本例中,实验所得的 $37000\ cm^{-1}$($270\ nm$)的吸收峰并没有理论对应的谱图,而且常见于自限激子吸收的报道(因为低温下该位置存在精细电子振动结构,即由一组峰值间距近于一样的谱峰组成),因此就从理论上证实了它属于自限激子吸收。

　　另一个需要注意的问题是能级的绝对位置并不能与实验谱图重叠,上述的理论峰值位置与实验数值相比,都往短波长方向移动,差值在 $3000\ cm^{-1}$ 的数量级。而且计算中还进一步发现,如果不考虑 Ce 离子周围结构的弛豫以及轨道-自旋耦合效应,反而得到更准确的结果,其计算值分别是($22120\ cm^{-1}$、$30600\ cm^{-1}$ 和 $47900\ cm^{-1}$)。与此类似,如果扩大簇结构,比如添加两个 $[AlO_4]$ 四面体而得到更大的簇 $(CeAl_2O_{12})^{15-}$,也可以得到更准确的结果($22500\ cm^{-1}$、$30000\ cm^{-1}$ 和 $46000\ cm^{-1}$),误差数量级下降三分之一。前者表明所用的计算模型以及波函数仍然需要进一步改进，才能更符合真实情况；而后者则意味着截断效应——因为不管是哪种簇结构，都是在原来一个近于无限的几何结构中截取出一部分，并且人为设置周围环境与其的相互作用。显然，簇结构越大，这种人为因素的影响才能更小，但指数级增加了计算量，甚至让计算成本不可接受。

　　与吸收光谱类似，利用最低激发态 $8\Gamma_5$ 到基态各个能级 $1\Gamma_5 - 7\Gamma_5$ 的跃迁，相对振子强度和高斯宽化可以计算出图 5.18 中的 $Ce^{3+}$ 的 $5d$-$4f$ 发射光谱。与实验谱图类似，发射光谱包含两个组分，波长数值分别位于 21130 $cm^{-1}$（473 nm）和 23350 $cm^{-1}$（428 nm），各自对应的基态分子轨道组成可以参见图 5.18 的虚线谱峰。常规实验一般解释为最低 $5d$ 能级到两个 $4f$ 非简并能级，即 $^2F_{7/2}$ 和 $^2F_{5/2}$ 的跃迁（基态最低能级对应的光谱支项是 $^2F_{5/2}$）。另外，模拟结果也表明对实验谱图进行分峰（常见实验谱图中，这两个组分可能重叠成一个有肩峰或者边上有另一个凸起的谱峰）时，将半高宽设为一致是合理的（有时也可以不一样），一般是 3500 $cm^{-1}$ 左右。

　　与实验谱图所得的峰值 17400 $cm^{-1}$（575 nm）和 18700 $cm^{-1}$（535 nm）相比，理论谱同样往短波长移动，差距为 5000 $cm^{-1}$ 左右，相应的解释与吸收光谱类似，主要来自理论模型的缺陷和截断效应的影响。

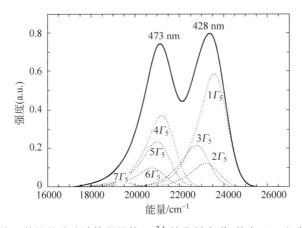

图 5.18　基于波函数的从头法计算所得的 $Ce^{3+}$ 的发射光谱，其中 $7\Gamma_5$ 之类的符号是计算　　　　　用来表征不同分子轨道的标识符（原图符号标注有误，此处根据原文已改正），　　　　　与对称性点群的不可约表示有关，可以简单理解为一套代表 $Ce^{3+}$ $4f$ 轨道特性为　　　　　主的一个轨道或轨道能级标识符，宽化谱峰时采用了高斯峰形函数[32]

　　需要进一步指出的是，理论计算结果与实验结果并不是绝对值的单调平移差异，比如此处两个基态 $4f$ 能级 $^2F_{7/2}$ 和 $^2F_{5/2}$ 之间的能量差异也不一样（理论与实验值分别是 2200 cm$^{-1}$ 与 1300 cm$^{-1}$），这意味着理论计算高估了配位体场对 $4f$ 能级的劈裂效应，从而计算所得的 Ce—O 键长偏短，当然，也可能高估了自旋-轨道耦合的影响。另外，激发光与发射光之间的波长差，即斯托克斯位移也不一样，在这里就是吸收光谱的 $8\Gamma_5$ 对应的谱峰峰值 23820 cm$^{-1}$ 与发射光谱中长波长组分的峰值 21130 cm$^{-1}$ 的差额，约 700 cm$^{-1}$，而实验数值则是 3000 cm$^{-1}$。斯托克斯位移越小，就意味着基态结构和激发态结构越接近，或者说簇结构的刚性越强，因此这个差异表明理论计算模型低估了激发态结构的弛豫程度，即低估了基态与激发态结构之间的差异性。这主要是因为计算中人为将激发态结构也按照基态结构的 $D_2$ 对称性进行处理，虽然可以简化计算，但是实际激发态结构或多或少是偏离这个对称性的。

综上所述，基于波函数的从头法预测离子光谱可以基于多尺度计算的原理来简化计算量（弱化波函数法的这个严重缺点），即将发光材料不同尺度范围的结构分别处理，其中发光中心及其近邻结构量化处理，而周围远邻结构则用经典物理的方式处理，以此简化计算量，以便直接基于波函数进行从头法计算而获得分子轨道的信息，并且进一步得到基态和激发态的几何结构及其各自的能级。

另外，虽然基于波函数的从头法预测离子光谱的建模理论仍未成熟，从而能级的绝对位置（谱峰的绝对位置）、能级之间的差值（不同谱峰之间的间隔）以及优化后几何结构与实际结果仍有差别，仍然需要进一步合成样品并做发光表征进行验证。但是在定性确认实验谱峰来源，区分非发光中心贡献的谱峰以及指导重叠峰的分离方面是可以胜任的，并且谱峰的相对强度比例也是有效的。

最后，相比于 DFT 计算，基于波函数的计算更为复杂，需要的专业知识也更多，不过囿于理论模型的不成熟，虽然后者在理论上的考虑更为全面和深入，但是并不意味可以获得更好的计算结果，甚至还要差于经验公式所得的结果。然而这种方法及其相应领域却是解决光谱预测问题的必由之路，是跨过"炒菜"或"试错"研发模式，进入理性设计模式的关键。

## 5.3.4　光谱计算与预测在能量转换中的地位和作用

能量转换是激光材料乃至发光材料研究关注的主要内容。光谱的计算与预测是能量转换过程模拟的一部分，而且是承上启下的部分。它一方面为高能弛豫提供了能量衰减的目标（截断能），另一方面又连接着发光的传输过程。它对应着发光中心的激发-发射过程。

首先，由于能量是量子化的，并且只能一份一份吸收，对发光中心而言，这就意味着只有当能量大小等于激发态和基态之间的能级差的时候才能进行吸收，从而被激发而发射光子，因此辐射的高能量必须经过弛豫，通过产生大量的次生电子和空穴或者耦合声子运动,将能量降低到发光中心可以吸收的水平。另外,由于晶格振动的存在,这个最终能量体现为一个能量区间——这个能量区间就是由材料的激发光谱或吸收光谱给出的。

高能粒子能量沉积-弛豫过程的模拟主要基于高能粒子的碰撞、散射和次生电子与空穴产生及其能量转移等理论,目前国际上已经有基于蒙特卡罗法和粒子物理参数数据库的成熟的软件包可以模拟,比如 Geant 4 软件包。

其次是当光子从发光中心发射出来后,需要在材料内部传播一定的距离才能脱离材料表面而成为探测器可记录的光子。这部分构成了发射光子在发光材料中的传输过程。在实际模拟中如果材料对该波长的光吸收很小,并且不考虑散射损耗(比如在粉末中多次散射-吸收),那么就可以直接假设产生的光子在材料内部直线传播,主要损耗发生在材料表面的反射和折射,否则就需要考虑基质的吸收与其中的散射损耗过程。

发光中心的激发-发光过程与本节所涉及的各种光谱之间的关系最为密切。它是发光中心吸收能量并转化为光子的过程,对应于发光材料理论发光或量子效率的计算。它考虑的是发光材料从激发态有辐射弛豫到基态的概率,所依据的是能级位置、发光寿命以及粒子在能级布居的概率等。这就需要能级的位置信息,也就是离子光谱数据。当然,由于当前量子力学理论和计算算法的局限性而导致有关能量的绝对值计算不可靠,主要是提供有实际意义的相对值的计算结果,因此也可以直接采用实验数据,比如激发-发射光谱和量子效率等。这类计算模拟是发光材料领域计算模拟通常代表的内容,也已经有 Gaussian 等成熟软件可以使用。

如果要进一步逼近实际情况,除了能量模拟的准确性需要提高,其他效应也需要加以考虑。比如对于大尺寸材料而言,如果发光中心分布不均匀,就需要考虑与分割区域的有限元模拟进行复合,否则只能获得该块体材料的平均值。另外,由于发光材料是在具体环境中工作的,因此环境的温度、气氛和电磁性质等也会对其性能产生影响,比如温度会通过晶格振动的变化改变发光中心对能量的吸收,从而改变激发光谱的强度和能量范围;如果入射能量的弛豫过程不能与之匹配,那么在温度变化的条件下性能劣化就是必然的结果。因此实用化的计算模拟还需要进一步考虑温场、气氛和外加电磁场的效应。当前这类模拟主要是利用有限元方法,基于材料的技术参数模拟相关物理场随时间的分布。

总之,激光材料的能量转换模拟工作包含了如下五个主要方面。

(1)泵浦能量的弛豫及其向发光中心的能量传递是关键,因为它决定了最终可吸收能量的实际水平。

(2)发光中心的能量转换效率一般远高于泵浦能量的转换效率,因此在模拟能量转换过程时,前者的效率直接按照100%来考虑,重点考虑泵浦光在基质中的弛豫和传输——这其实对应激光测试中常见的斜率效率(输出功率随输入功率的变化)。

（3）发光中心发射光子后还需要考虑光子的传输过程——在激光中主要考虑谐振过程中光子的损耗，即在假设发射光不被基质吸收的前提下，主要考虑反射、折射等光路模拟，并考虑沿激光方向的功率分布。

（4）根据需要考虑温度场等外界条件的影响，激光材料对泵浦光转化不完全产生的热也可以按照材料被施加了一个等效温度场(或热源)来处理。

（5）相关计算模拟工作最终目的是获得各个物理过程的能量转化效率 $\eta_i(i=1,2,\cdots)$，然后彼此连乘得到总效率。类似物理学的其他理论探讨过程，如果存在数值差异较大的转化效率，则主要考虑数值较小的转化效率对应的过程，对它们进行更完善和深入地探讨，从而简化问题的同时仍可以获得可靠的结论。

## 5.4　激光光学参数计算

### 5.4.1　J-O 参数

1937 年弗莱克(Vleck)首先利用奇宇称静态晶体场和奇宇称晶格振动定性解释电偶极跃迁解禁现象的基础上，1962 年，乍得(Judd)和奥菲特(Ofelt)分别给出了定量描述稀土离子在晶体场中的电偶极和磁偶极跃迁的理论，这就是著名的乍得-奥菲特(Judd-Ofelt,J-O)理论(或模型)[33-35]，适用于分析稀土离子的吸收光谱、激发光谱和发射光谱，进而在一定精度范围内得到稀土离子的发光强度、辐射跃迁概率、辐射寿命、不同辐射跃迁的荧光分支比以及理论量子效率。

利用 J-O 理论进行计算的目的是通过实验光谱(一般是吸收光谱)求解振子强度参数 $\Omega_t(t=2,4,6)$；而另一个变量，即同样与振子强度有关的跃迁矩阵元则假设不随基质而改变，直接取已有文献的数值。另外，J-O 理论既可以处理单个辐射跃迁，也可以处理多个辐射跃迁，尤其是光谱仪分辨率较低，同一光谱项而不同支项的能级到某个指定能级的多个跃迁产生的谱峰不能分离的时候，就应当将它们合在一起处理。此时这些跃迁被认为是各自独立，可以彼此简单叠加，即将相关跃迁矩阵元做加和即可。由于基质影响和不同跃迁之间的关联作用实际上并不显著，因此基于这种实践操作所得的 J-O 理论的计算结果仍与实验结果符合得很好。

除了实践操作的近似，其实 J-O 理论在推导时为了简化模型和计算，也提出了三个近似假设：

（1）中间态是简并的，即简并缔合近似——假定中间态的贡献都是一样的，所有虚中间激发态的能量都取为它们的平均值，从而可以简化计算公式；

（2）中间态处于基态和终态的能量中值位置；

（3）初态和终态如果是多重态，那么其各能态上具有相同的粒子数布居。

显然，这三个假设不一定满足事实。比如某种材料的能级跃迁中，如果各中间态的贡献明显不同，那么计算结果与实验就有很大的偏差，典型的例子就是稀土磷酸盐的电子拉曼散射强度计算值与实验值存在严重偏离[36]。另外，粒子数布居由玻尔兹曼分布决定，而这种分布与能态的能量大小有关，并不会有完全相同的粒子数布居，只有在能量大小近似的时候才能满足假设（3）。

除了上述三个理论假设，在考虑粒子之间的相互作用时，J-O 理论仅考虑奇宇称晶体场和奇宇称晶格振动，而且忽略电子-电子库仑作用和自旋-轨道耦合产生的关联作用，甚至进一步将 $d$ 轨道波函数与 $f$ 轨道波函数简单混合而不考虑它们不同宇称所产生的贡献。显然，如上的这些理论近似假设或处理并不一定与事实相符，其中以 $Pr^{3+}$ 最为突出，因为 Pr 原子的外层电子是 $4f^3 6s^2$，而 $Pr^{3+}$ 是去掉 3 个外层电子的结果，虽然从能量角度而言是去掉高能的 $6s$ 亚层的两个电子和 1 个 $4f$ 电子。但是这种组态与其他的可能组态并没有较大的能量差，比如当 $4f$ 亚层失去三个电子的时候也可以得到 +3 价，而按照洪特（Hund）规则，全空轨道的能量更低，更稳定，这就导致了 $Pr^{3+}$ 外层电子的交换关联作用相比于其他稀土离子都要更为强烈，从而在有关 $Pr^{3+}$ 的实际计算中有时会得到负的 $\Omega_2$。

实际上，后来对 J-O 理论的修正主要就是解决 $Pr^{3+}$ 相关的计算错误，从而有了各种改进的 J-O 模型[37]。实践发现，即便是当前新发展的、进行各种相互作用校正，甚至考虑了相对论效应的量化计算，其所得的结果也没有比基于 J-O 理论所得的振子强度准确多少，后者仍然是正确的[38]，从而使得这一半定量性的理论一直是激光材料以及基于三价稀土离子的发光材料常用的、更为简捷的讨论晶体场作用和预测一些发光性能参数的经典理论。

传统的 J-O 理论应用需要的实验数据就是一张高分辨吸收光谱。当然，由于激发光谱是吸收光谱的特例，因此近年来也有采用激发光谱替代吸收光谱的报道。

下面简要介绍一下有关运用 J-O 理论求取相关物理参数的步骤与要点。

首先是借助扣除背景的吸收光谱，利用下式对吸收带下的面积进行积分，从而得到每个谱峰对应的 $f$-$f$ 电偶极跃迁的实验振子强度：

$$f_{\exp} = \frac{2.303 mc^2}{\pi e^2 N d \langle \lambda \rangle^2} \int OD(\lambda) d\lambda$$

式中，$c$ 是光速，$OD(\lambda)$ 是光密度（也称为吸光度，等于 $\lg(I_0/I)$），$\langle \lambda \rangle$ 是所积分吸收带的平均波长，$N$ 是掺杂稀土离子的粒子浓度（对于 Nd:YAG 就是 $1\ cm^3$ 的 $Nd^{3+}$ 个数），$l$ 是样品厚度（单位为 cm），$m$ 和 $e$ 分别是电子的静止质量和电量。

其次是根据文献或数据库对各个谱峰进行能级跃迁的鉴别，如果某些能级跃迁对应的谱峰不能分离,则按照单一谱峰处理,但是仍需要注明包含了哪些光谱支项之间的跃迁,据此将各自相应的矩阵元相加作为总的矩阵元——根据 J-O 理论如下计算各谱峰相应的理论振子强度[39]:

$$f_{cal} = \frac{8\pi^2 mc}{3h\langle\lambda\rangle(2J+1)} \times \frac{(n^2+2)^2}{9n} \times \sum_{t=2,4,6} \Omega_t |\langle S,L,J \| U^\lambda \| S',L',J'\rangle|^2$$

式中,$h$ 是普朗克常数,$n$ 是基质的折射率,包含 $n$ 的项是局部场校正因子,$J$ 是该跃迁较低能量态的总角动量(对于 $Nd^{3+}$,$J=9/2$),更严格的说法是$(2J+1)$是稀土离子激光下能级的简并度因子 $g$ 的取值,$(n^2+2)^2/9$ 是电偶极跃迁的局域电场修正项(磁偶极跃迁则是 $n^2$),$|U^\lambda|$ 是吸收跃迁的约化矩阵元(跃迁矩阵元),$\Omega_t$($t=$ $2,4,6$)是与跃迁振子强度相关的唯象参数(可简称为强度参数、强度参量或者振子强度参数),用于描述稀土离子的配位环境,即基质对这些发光跃迁概率的影响。其中 $\Omega_2$ 容易受到共价键数量和配位环境对称性的影响,或者说对基质的变化最为敏感,又称为超感系数。共价性越强,电子云重排效应越显著,$\Omega_2$ 越大。配位结构越偏离中心对称,$\Omega_2$ 也越大。$\Omega_6$ 则相反,它随共价性增强和基质刚性的增加而减小。而 $\Omega_4$ 则受到上述所有因素的影响。$\Omega_t$ 在这一步是未知的,因此理论振子强度相应地也是未知的。

这里需要注意三点:①联系$(S,L,J)$和$(S',L',J')$之间跃迁的矩阵元 $|U^\lambda|$ 可以用文献中已有的同基质或其他基质的数据。这其实是 J-O 理论在应用时最重要的一个假设,即跃迁矩阵元的值是不变的,不同基质之间可以通用(一般是直接利用已有文献报道的数据)。不过这个假设与前述的理论假设具有不同的性质——它是应用理论的合理近似,并不是推导理论的基础假设。②如果某个谱峰包含多个跃迁,那么就要将这些跃迁对应的矩阵元加在一起,$\Omega_t$ 在这些跃迁中的数值是一样的,以这个加和来计算该谱峰的理论振子强度。③有的文献采用的是线振子强度(line oscillator strength)的概念[40],此时该强度 $S$ 的实验值如下表示:

$$f_{exp} = \frac{3hc(2J+1)}{8\pi^3 e^2 N\langle\lambda\rangle} \cdot \frac{9n}{(n^2+2)^2} \int \frac{2.303\,OD(\lambda)}{l} d\lambda$$

相应地,理论值就只包含矩阵元和振子强度参数,即

$$f_{cal} = \sum_{t=2,4,6} \Omega_t |\langle S,L,J \| U^\lambda \| S',L',J'\rangle|^2$$

这种表达与前述的表达是等效的,影响的是各自的振子强度,但是并不影响 $\Omega_t$ 以及各种光学参数的求解。

接着就是将实验振子强度取代理论振子强度,此时就可以得到一组以 $\Omega_t$ 为未知变量的线性方程组。求解这个线性方程组就可以得到 $\Omega_t$。显然,从数学上说,只要有三个谱峰就可以求解出三个 $\Omega_t$ 的值。然而一方面实际的谱峰通常多于三

个，另一方面，基于实验误差理论，平均值要比单独一个样本值更接近真实的数值，因此实际的做法是基于最小二乘法拟合实验所得的 $f$-$\langle\lambda\rangle$ 曲线，从而得到 $\Omega_t$。拟合的残差 $R$ 也称为最小均方根（minum root-mean-square，rms），计算如下：

$$R = \sqrt{\frac{\displaystyle\sum_{i=1}^{q}(f_{\text{cal}} - f_{\text{exp}})^2}{q-3}}$$

式中，$q$ 是所用的实验振子强度的个数。

对于偏振化吸收光谱，可由下面公式求得有效的强度参数 $\Omega_{t,\text{eff}}$，再代入 J-O 公式中进行拟合：

$$\Omega_{t,\text{eff}} = \frac{1}{3}\Omega_{t,\pi} + \frac{2}{3}\Omega_{t,\sigma}$$

最后，基于求得的 $\Omega_t$ 可以计算各种跃迁参数，比如自发辐射跃迁概率 $A_{\text{rad}}$（爱因斯坦系数）可以如下计算：

$$A_{\text{rad}} = \frac{64e^2\pi^4}{3h(2J+1)\lambda^3} \times \left[\frac{n(n^2+2)^2}{9}S_{\text{ed}} + n^3 S_{\text{md}}\right]$$

式中，$\lambda$ 是辐射跃迁的波长（有时也采用平均波长），而 $S_{\text{ed}}$ 和 $S_{\text{md}}$ 分别是电偶极跃迁和磁偶极跃迁的贡献（也称为电偶极或磁偶极相互作用强度）——如果仅有电偶极跃迁，则 $S_{\text{md}}=0$，反之亦然。另外，上述公式中的中括号内与 $S_{\text{ed}}$ 和 $S_{\text{md}}$ 分别相乘的 $(n^2+2)^2/9$ 和 $n^2$ 是各自跃迁的局域场修正项 $\chi$，据此并结合下面关于 $S_{\text{ed}}$ 和 $S_{\text{md}}$ 的计算公式，就可以类比前述的电偶极跃迁振子的计算与拟合，在其中加入磁偶极跃迁的贡献，此处就不再赘述了。

$$S_{\text{ed}} = \sum_{t=2,4,6} \Omega_t |\langle S,L,J \parallel U^\lambda \parallel S',L',J'\rangle|^2$$

$$S_{\text{md}} = \frac{h^2}{16\pi^2 m^2 c^2} \times |\langle S,L,J \parallel L+2S \parallel S',L',J'\rangle|^2$$

需要指出的是，这里的 $J$ 同样是能级较低的能态的总角量子数，对于 $Nd^{3+}$ 的 $^4F_{3/2}$ 激发态产生的各种辐射跃迁，$J$ 就是各个 $^4I_J$ 光谱支项的 $J$，包括 15/2、13/2、11/2 和 9/2，另外计算自发辐射跃迁概率的时候还要注意不同单位制之间产生的系数的差异——国际标准单位制与高斯单位之间相差 $4\pi\varepsilon_0$（$\varepsilon_0$ 是真空中的介电常数）。

辐射跃迁概率的倒数就是荧光寿命：

$$\tau_{\text{rad}} = \frac{1}{A_{\text{rad}}}$$

辐射跃迁对应的发射截面 $\sigma_e$ 可以结合实验所得发射光谱如下计算[41]：

$$\sigma_e = \frac{\lambda_p^4 A_{rad}}{8\pi c n^2 \Delta\lambda_{eff}}$$

式中,$\lambda_p$ 是发射峰波长,而 $\Delta\lambda_{eff}$ 是有效发射带宽,既可以用发射峰的半高宽,也可以基于如下公式计算(更为准确):

$$\Delta\lambda = \frac{\int I(\lambda)d\lambda}{I_p}$$

式中,$I_p$ 是峰值位置的发光强度。

由于同一个激发态可以进入其他能量更低的光谱支项,产生多种辐射跃迁,因此荧光分支比 $\beta$ 就是某个辐射跃迁的概率占该激发态产生的所有辐射跃迁概率之和的比例,即

$$\beta = \frac{A_{rad}}{\sum_{S',L',J'} A_{rad}}$$

如果光谱支项的能量差异很小而光谱仪的分辨率过低,此时测得的荧光寿命包括了各个辐射跃迁的贡献,假设它们彼此独立,那么其概率的加和就是总的辐射跃迁概率,可以如下求得这个总的理论荧光寿命:

$$\tau_{rad} = \frac{1}{\sum_{S',L',J'} A_{rad}}$$

基于这些跃迁参数可以对不同跃迁的优势进行相对比较,选择有利于激光输出的跃迁,而且也可以评测当前材料的质量水平,比如基于实验所得的荧光寿命和上述计算的荧光寿命就可以获得量子效率,从而作为现有材料发光性能的一个评测指标(5.3.4节)。

最后,基于 J-O 理论的简化假设可以推出的 $\Omega_t$ 受掺杂浓度的影响并不大,尤其是它们之间的相对比例,比如 $\Omega_4/\Omega_6$ 更是如此[40]。这主要来自两个原因:①实际的掺杂浓度一般不会太高,尤其是生长激光晶体的时候,其掺杂浓度都在 1 at.% 的数量级;②J-O 理论简化了相互作用,而且计算公式中,掺杂浓度引起的谱带强度和粒子浓度是相互抵消的关系,这就进一步降低了掺杂浓度变化的影响。另一个需要注意的是不同辐射跃迁的叠加必须考虑跃迁概率的叠加,并在其基础上进一步利用倒数关系考虑衰减寿命,而不能直接将衰减寿命加在一起,这是由统计学上独立发生事件(跃迁)的概率可以相加而得到总的事件发生概率的理论所决定的。

## 5.4.2　吸收截面、受激发射截面、增益截面和激光性能参数

吸收截面、受激发射截面和增益截面的"截面"来源于这些物理量的单位在量

纲上与面积的单位一样,国际单位制是 $m^2$,在激光材料领域通常用的是更小的 $cm^2$——实际上它们表示的是单个粒子产生特定物理行为的概率[42],比如吸收截面就是材料中单个给定粒子(吸收中心)发生吸收反应的概率。根据这个定义很容易可以得到如下计算吸收截面的公式[43]:

$$\sigma_a(\lambda) = \frac{\alpha(\lambda)}{N}$$

式中,$\alpha$ 是吸收系数,可以通过吸收光谱得到。

由

$$I(\lambda) = I_0(\lambda)\exp[-\alpha(\lambda)l]$$

可得

$$\alpha(\lambda) = \frac{2.303\lg[I_0(\lambda)/I(\lambda)]}{l}$$

相关变量的定义与 5.3.1 节是一样的,即 $l$ 是沿入射光方向的样品厚度,$N$ 是样品中该吸收粒子的浓度(单位体积的粒子数目),比如 Nd:YAG 透明激光陶瓷中求取 $Nd^{3+}$ 的吸收截面,此时 $N$ 就是 $Nd^{3+}$ 的浓度。当然,这个浓度严格来说是入射光所途经区域的 $Nd^{3+}$ 的浓度,如果材料内部存在 $Nd^{3+}$ 的浓度分布,则需要进行校正或更为复杂的计算。换句话说,两块 Nd:YAG 透明陶瓷材料的吸收截面要进行比较,其前提是 $N$ 和 $l$ 已经被正确取值,否则其比较结果是毫无意义的。

另外,吸收截面其实是受激吸收截面的简称,因为吸收光谱是在外来辐射的存在下测试的,天然就是"受激"的。这点与下文的受激发射截面不同。通常发光材料的发射光谱是自发的,发光的时候不需要外界辐射源或外界辐射场;而激光材料的激光是在外界辐射存在下的一种光增益行为,此时的发射是受激的发射。因此谈论发射截面,严格说必须加上"受激"两个字,以便同自发发射区分开来。

表征发射中心发光概率的受激发射截面是评估激光材料起振阈值和斜率效率的重要参数。目前主要有两种计算方法。第一种是利用麦坎伯(McCumber)理论,通过吸收截面进行计算,也常称为倒易法,其计算公式如下[42-44]:

$$\sigma_e(\lambda) = \sigma_a(\lambda) \frac{Z_l}{Z_u}\exp[(E_0 - hc/\lambda)/kT]$$

$$Z_j = \sum_i g_i\exp(-E_i/kT), \quad j = l, u$$

式中,$\sigma_a$ 和 $\sigma_e$ 分别是吸收截面与受激发射截面,$Z_l$ 和 $Z_u$ 分别是激光下能级和激光上能级的配分函数,$E_0$ 为激光上下能级组中各自最低子能级之间的能级差,$h$ 为普朗克常数,$k$ 为玻尔兹曼常数,$T$ 为绝对温度,$g_i$ 和 $E_i$ 分别表示第 $i$ 个子能级的简并度和相对于同一个能级组最低能级的能量差值。

这里进一步说明配分函数的计算。图 5.19 给出了 Yb:YAG 中 $Yb^{3+}$ 的能级结构,从中可以看出激光上能级$^2F_{5/2}$和激光下能级$^2F_{7/2}$在YAG基质中由于$4f$电子与晶格的耦合(电子-晶体场相互作用或者说电子受到周围电磁场的作用)会发生斯塔克(Stark)劈裂,对于YAG中$Y^{3+}$的$D_2$格位对称性,当掺杂稀土离子具有奇数电子的时候(此处是$Yb^{3+}$的$4f^{13}$),其劈裂的能级数目$m$可以如下计算:

$$m = \frac{2J+1}{2}$$

因此下能级$^2F_{7/2}$劈裂为四个非简并能级,而上能级$^2F_{5/2}$劈裂为三个非简并能级,每个能级的简并度$g_i = 1$。如果在其他基质中,这些能级存在简并(即某两个或两个以上能级的能量一样),那么简并度就大于1。其他光谱支项或者其他稀土离子的光谱支项也可以类似处理。另外,这种光谱支项的劈裂本质上是晶体场引起的,因此$L$不能等于0,即不能表示为$S$——此时不存在劈裂,比如$Gd^{3+}$的基态就是如此($^8S_{7/2}$),而其激发态$^6P_{7/2}$和$^6P_{5/2}$到$^8S_{7/2}$基态的发射峰则分别产生四重和三重劈裂。

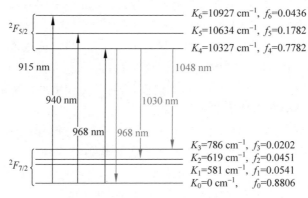

图 5.19　Yb:YAG 中 $Yb^{3+}$ 的能级结构[43]

基于图5.19,$E_0$就是上能级最低子能级($K_4$)和下能级最低子能级($K_0$)之间的差值($10327$ cm$^{-1}$),而求解配分函数所需的能量则是各组能级中各自相对于其最低子能级的差值,比如$K_6$的$E_i$就是$600$ cm$^{-1}$($=10927-10327$ cm$^{-1}$),而$K_3$则是$786$ cm$^{-1}$。求解$Z_l$就是遍历四个子能级,加和得到$1.136$,相应地,$Z_u$则是$1.285$(此处的$T=300$ K)。

需要补充说明的是,图5.19中$K_i$给出了各子能级的能量,$f_i(i=0\sim3)$和$f_i$($i=4\sim6$)则分别是热平衡下两组能级中各自子能级的粒子数相应于该组能级所有粒子总数的比例。具体计算如下:

$$n_i = \exp\frac{-K_i}{kT}$$

$$f_i = \frac{n_i}{\sum\limits_i n_i}$$

式中,$n_i$ 表示第 $i$ 个子能级的粒子数密度,$k$ 为玻尔兹曼常数,$T$ 为温度(取 300 K 时,$kT$ 约为 208.5 cm$^{-1}$)。严格说来,$n_i$ 是相对于能量看作 0(比如这里的 $K_0$)的基态能级的粒子数比例(基态能级的粒子数为"1"),更普遍的表达式如下:

$$\frac{n_i}{n_j} = \frac{g_i}{g_j}\exp\frac{-(E_i - E_j)}{kT}$$

显然,当 $n_j = 1$,且 $E_j = 0$,并且子能级的简并度 $g$ 均为 1 的时候,就得到上面计算 $n_i$ 的公式。因此在具体计算的时候,以图 5.19 为例,$n_0 = n_4 = 1$,在计算 $^2F_{5/2}$ 组子能级的 $f_i$ 的时候,要将 $K_4$ 看作 0,此时 $K_5$ 和 $K_6$ 分别是 307 cm$^{-1}$ 和 600 cm$^{-1}$。根据 $f_i$ 的取值可以看出,1030 nm 相比于 968 nm 荧光更容易获得激光输出,这是因为它们各自下能级的占据分数分别是 4.5% 和 88%。这就意味着 1030 nm 的发光,其下能级的粒子会迅速落回能量更低的基态,在上能级一样的条件下会更容易实现粒子数的反转,从而获得激光。同理可知 1048 nm 激光在 Yb:YAG 或 Yb 基的激光材料中也是较为常见的。

利用图 5.19 的能量数据,并且已知斯塔克分裂下各子能级的简并度为 1,那么根据上面吸收截面和受激发射截面的计算公式,就可以得到 Yb:YAG 中与激光应用有关波长范围的吸收截面与受激发射截面(图 5.20)。

需要指出的是,根据实验数据计算的受激发射截面并不完全是受激辐射的概率,其中也包含了自发辐射的贡献,然而倒易法的理论推导过程中已经忽略了自发辐射的贡献(对自发辐射而言,高能级占据的粒子数相比于低能级可以忽略不计,从而实际贡献近似为零)。因此运用倒易法的时候,自发辐射必须是可以忽略的,如此才可以得到可靠的结果。

其次,不管是吸收截面还是受激发射截面,一般考虑的是电偶极跃迁,如果是磁偶极跃迁,则需要另行计算。由于对激光材料而言,常用的是电偶极跃迁,因此这里就不再对磁偶极跃迁的计算进一步介绍。这与 5.3.1 节的 J-O 理论的应用类似,虽然该理论可以用不同的公式来表达电偶极跃迁和磁偶极跃迁,但是大多数涉及激光材料的文献给出的实际是电偶极跃迁的公式,此时所讨论的也是电偶极跃迁。

另外还需要注意到倒易法特有的"倒易"限制:用来计算吸收与发射过程的跃迁必须是同一对多重态,比如上述的 Yb$^{3+}$,吸收是 $^2F_{7/2} \rightarrow {}^2F_{5/2}$,而发射则是反过来(倒易)的 $^2F_{5/2} \rightarrow {}^2F_{7/2}$。这种倒易关系或倒易限制起源于理论推导时的一个假设:能级 1 跃迁到能级 2 的概率等同于能级 2 跃迁到能级 1 的概率,因此利用倒易法计算受激发射截面,就必须满足这个假设才能得到准确的结果。

显然,倒易法比较适合于激光下能级就是基态的状况,而不适合于下能级不属于基态的离子,比如 $Nd^{3+}$ 的吸收光谱并不是从下能级 $^4I_{11/2}$ 往上能级的跃迁,而是基态能级 $^4I_{9/2}$ 往更高能态的跃迁。同样地,倒易法并不适合于同声子强烈耦合的跃迁,不管是伴随声子产生的光发射还是声子湮灭的光吸收,此时都会导致光吸收与光发射概率的不相等,从而不能使用倒易法。

如果遇到非"倒易"的情形,就只能直接基于发射光谱计算,即采用费希特鲍尔-拉登堡公式(Füchtbauer-Ladenburg,简称 F-L 公式,也有文献称为"F-L 方程")[44]。

F-L 公式的物理基础是虽然荧光光谱来自自发辐射,但是从理论上看,自发辐射与受激辐射都来源于相同的跃迁能级种类,具有相同的跃迁矩阵元,不同的仅在于计算各自跃迁概率的时候,受激辐射比自发辐射多了一个表征辐射场强度的因子——描述"受激"这个过程的物理量。经过理论推导所得的 F-L 公式如下所示[40,45-46]:

$$\sigma_e(\lambda) = \frac{1}{8\pi} \cdot \frac{\lambda^5}{n^2 c\tau} \cdot \frac{I(\lambda)}{\int I(\lambda)\lambda \, d\lambda}$$

式中,$\tau$ 是激光上能级的寿命,当有关激光跃迁的量子效率等于 1 或近似为 1 时,它可以用实验测试的辐射跃迁的衰减寿命代替,即此时激光上能级的寿命近似等于辐射的(衰减)寿命。公式中第三部分的积分对应自发跃迁分布(spontaneous-emission distribution)[47]。采用积分是由于一个激光上能级通常可以跃迁到多个能量更低的能级,因此激光上能级的寿命是多个辐射所得寿命的综合,积分的波长范围是发生斯塔克分裂的两个(母)能级之间所有跃迁涉及的发射波长范围,对于 $Yb^{3+}$ 就是 $^2F_{5/2} \rightarrow {}^2F_{7/2}$ 所涉及的所有辐射跃迁波长范围。

如果发射光谱的峰值强度归一化为"1",那么上面公式的分母部分可作为描述激光材料的有效发射带宽。

如果发射光谱半高宽较小(窄带发射),上面的公式可以改用平均波长的形式:

$$\sigma_e(\lambda) = \frac{1}{8\pi} \cdot \frac{\langle\lambda\rangle^4}{n^2 c\tau} \cdot \frac{I(\lambda)}{\int I(\lambda) \, d\lambda}$$

式中,平均波长 $\langle\lambda\rangle$ 可以通过该激光上能级往低能级跃迁产生的发射光谱带的积分来计算,也可以近似使用中心波长或峰值波长。$n$ 和 $c$ 分别是材料的折射率和真空中的光速,$I(\lambda)$ 是扣除背景后的发射光谱强度。需要指出的是,$n$ 的取值其实与波长也有关系,严格来说应该是 $n(\lambda)$,不过实际计算中,如果所考虑波长范围内材料的折射率变化不大,那么可以近似使用常数,比如 Nd:YAG 的取值是 1.82。

F-L 公式可以基于发射光谱计算,前提是发射光谱必须经过校正——因为原始的发射光谱会受到探测器对不同波长灵敏度不同的影响,因此发射光谱上的相对峰强并不是实际正确的结果。校正一般是测试标准光源的发光,然后利用已知的标准光源各波长的光强分布做出校正曲线。经过校正的发射光谱再扣除背景后,就可以用于受激发射截面的计算。另外,F-L 公式的推导并不考虑自吸收,但是实际材料是存在自吸收的,虽然对发射光的吸收很弱,不过吸收系数并不等于零,因此实际的光谱强度偏小,所得的受激发射截面偏大,其程度随波长而变化。这种自吸收效应也可以进一步扩展到其他影响实际发射光谱积分的效应,比如辐射缺陷等。显然,不同文献所得的同一激光材料体系的计算结果不一定相同,彼此相对比较时尤其需要注意所用近似条件的差异,其中又以 $n$、$\tau$ 和 $\langle\lambda\rangle$ 为重点关注的参数。

实际应用也可以联合使用倒易法与 F-L 公式,即吸收光谱中短波长一侧对应的受激发射截面用倒易法,而长波长的一侧则用 F-L 公式,中间波长区域则任取其中一种——理论上两者的计算结果应该相同。

对于各向异性材料,发射光谱的强度分布随晶体取向而不同,而多晶陶瓷中晶粒是无规则取向的,因此晶体和陶瓷各自所得的受激发射截面会有差别,进行对比之前可对晶体的受激发射截面做非极化校正。以四方晶系的激光材料为例,其非极化后的数值 $\sigma_{\mathrm{e,unpol}}$ 如下计算:

$$\sigma_{\mathrm{e,unpol}}(\lambda) = [2\sigma_{\mathrm{e},\sigma}(\lambda) + \sigma_{\mathrm{e},\pi}(\lambda)]/3$$

式中,$\sigma_{\mathrm{e},\sigma}$ 和 $\sigma_{\mathrm{e},\pi}$ 是晶体材料沿 $\sigma$ 或 $\pi$ 方向(光的电场振动方向,即电场强度矢量 $\boldsymbol{E}$ 的方向分别垂直或平行于 $c$ 轴)各自测试发射光谱所得的截面数值。

假定发光峰为高斯峰,那么 F-L 公式还可以如下近似计算:

$$\sigma_{\mathrm{e}}(\lambda_{\mathrm{c}}) = \frac{\lambda_{\mathrm{c}}^4}{4\pi n^2 \tau c \Delta\lambda} \cdot \left(\frac{\ln 2}{\pi}\right)^{\frac{1}{2}} = \frac{0.03738\lambda_{\mathrm{c}}^4}{n^2 \tau c \Delta\lambda}$$

式中,$\lambda_{\mathrm{c}}$ 是发光峰位置的波长(就是通常所提的激光波长或发射波长 $\lambda_{\mathrm{em}}$),$\Delta\lambda$ 是发光峰的半高宽,其他变量的定义同前。

图 5.20 给出了有关 Yb:YAG 透明激光陶瓷吸收截面和受激发射截面的结果表示例子,从中可以得到波长 915 nm、940 nm 和 968 nm 处(均有商业的激光二极管可用)的吸收截面分别为 $3.22\times10^{-21}$ cm$^2$、$7.21\times10^{-21}$ cm$^2$ 和 $3.99\times10^{-21}$ cm$^2$;而激光波长 968 nm、1030 nm 和 1048 nm 处的受激发射截面分别为 $3.23\times10^{-21}$ cm$^2$、$19.1\times10^{-21}$ cm$^2$ 和 $3.23\times10^{-21}$ cm$^2$。显然,有关吸收截面和受激发射截面的计算并不需要覆盖整个波长范围,而是根据可用的泵浦光和所需的激光波长选择局部范围,从而更好反映材料的激光应用价值。

基于激光材料的吸收截面和受激发射截面可以进一步预测激光性能参数,为筛选激光材料和设计高性能激光器提供理论与技术依据[44]。

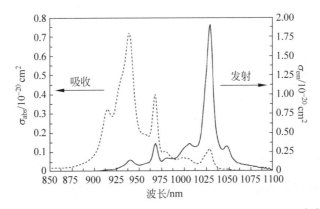

图 5.20　Yb:YAG 透明激光陶瓷的吸收截面和受激发射截面[43]

首先,激光产生过程中存在增益饱和现象,当入射光强与饱和光强可相比拟时才会稳态振荡输出激光,因此小的饱和光强或饱和光通量意味着更容易实现激光输出。激光跃迁饱和光通量(饱和能流密度)表示为

$$\Phi_{sat}(\lambda_{em}) = \frac{hc}{\sigma_e(\lambda_{em})\lambda_{em}}$$

式中,下标"em"表示采用的是激光波长(发射光,emission)。

基于受激发射截面 $\sigma_e$、发射峰半高宽 $\Delta\lambda$ 和衰减寿命 $\tau$ 还可以得到两个表征激光性能的重要因子: $\sigma_e(\lambda_{em})\tau$ 和 $\sigma_e(\lambda_{em})\Delta\lambda$,其中前者与激光阈值成反比,而后者与光放大器带宽增益成正比,因此这两者的数值越大,激光性能越好。

同样地,基于吸收截面、发射截面以及能级衰减寿命,泵浦跃迁饱和光强可以表示为

$$I_{sat}(\lambda_{ex}) = \frac{hc}{\tau_{em}\sigma_a(\lambda_{ex})\lambda_{ex}}$$

式中下标"ex"表示采用的是泵浦光波长(激发光,excitation)。

而激光材料所需的最小泵浦功率密度可以如下估算[48]:

$$P_{min} = \frac{\sigma_a(\lambda_{em})h\nu}{\sigma_a(\lambda_{em}) + \sigma_e(\lambda_{em})\sigma_a(\lambda_{ex})\tau}$$

式中, $\sigma_a(\lambda_{em})$、$\sigma_e(\lambda_{em})$ 和 $\sigma_a(\lambda_{ex})$ 分别是激光发射波长的吸收截面、发射截面以及在泵浦波长处的吸收截面,$\tau$ 是激光上能级寿命(近似为激光发光衰减寿命),而 $\nu$ 则是激光的频率,$h$ 是普朗克常数。最小泵浦功率密度相当于在不考虑谐振腔等额外损耗的情况下,激光材料达到出光阈值所需吸收的最低泵浦功率,它同时等效于吸收和增益彼此抵消时的泵浦功率密度。由于吸收截面和发射截面随激光离子浓度的变化较小,而衰减寿命则随着激光离子浓度增大而降低,因此高浓度掺杂反而增加了泵浦功率密度,这其实是能量转移和粒子数反转共同作用的结果。

另外,由于激光的输出是多因素影响的结果,因此综合各种因素可以给出品质因子,典型的一种用于描述连续激光品质因子 $M$ 的定义如下[43]:

$$M = \sigma_a(\lambda_{ex})\sigma_e(\lambda_{em})\tau(\lambda_{em})N$$

式中,$N$ 是材料中激光发光中心的粒子数密度(浓度)。品质因子 $M$ 越大意味着更适合固体激光的输出。

最后,基于同一波长处的同时发生的受激吸收和受激发射这个竞争过程可以给出如下增益截面 $\sigma_{gain}$ 的定义,它代表可以实现发光增益(激光输出)的概率大小:

$$\sigma_{gain}(\lambda) = \beta\sigma_e(\lambda) - (1-\beta)\sigma_a(\lambda)$$

式中,$\beta$ 是该波长处产生粒子数反转所需的透明性(transparency),反映了获得激光所需激活离子的分数,即发生受激辐射粒子数所占的比例。在激光波长处,满足 $\sigma_{gain}=0$ 时 $\beta$ 的取值($\beta_{min}$)就是产生激光所需的受激辐射粒子数比例的最小阈值(激活离子最小分数):

$$\beta_{min}(\lambda_{em}) = \frac{\sigma_a(\lambda_{em})}{\sigma_a(\lambda_{em}) + \sigma_e(\lambda_{em})} \times 100\%$$

利用这个最小分数 $\beta_{min}$,并且假设不存在任何的谐振腔损耗,那么实现激光输出所需的最小泵浦强度,即泵浦阈值 $I_{min}$ 可以如下计算:

$$I_{min}(\lambda_{ex}) = \beta_{min}(\lambda_{em})I_{sat}(\lambda_{ex})$$

更严格地计算则采用如下公式[49]:

$$I_{min}(\lambda_{ex}) = \frac{\beta_{min}(\lambda_{ex})\beta_{min}(\lambda_{em})I_{sat}(\lambda_{ex})}{\beta_{min}(\lambda_{ex}) - \beta_{min}(\lambda_{em})}$$

由于泵浦波长处的吸收截面远大于该波长的受激发射截面以及激光波长的吸收截面,而激光波长处的吸收截面要远小于该波长的受激发射截面与泵浦光波长处的吸收截面,因此该公式中的分母约等于 $\beta_{min}(\lambda_{ex})$,从而可以简化成上述的公式。

在计算增益截面的实际操作中,一般是人为指定一系列的值,然后计算某个波长范围内(包括若干个感兴趣的激光波长)的增益截面,并画出类似图 5.21 的曲线。显然,某个波长位置要实现激光输出,其增益截面必须大于 0,此时的 $\beta$ 越小就意味着自吸收的损耗相对越小,激光性能就越好。另外,在某个 $\beta$ 取值下可以获得正的增益截面的波长范围就意味着在该波长范围均可获得激光输出,可以用于预测激光光谱宽度,比如图 5.21 中,$\beta=0.06$ 时,1030 nm 处的增益截面由负值变为正值,并且延续了近 70 nm(1030~1100 nm)。因此 Yb:YAG 透明激光陶瓷易于泵浦产生 1030 nm 的激光,并且具有较宽的激光波长可调谐范围,这个结论与当前 Yb:YAG 激光材料的应用事实是一致的。

总之,在增益截面曲线中,对某一 $\beta$ 而言,横坐标以上的曲线意味着可以实现

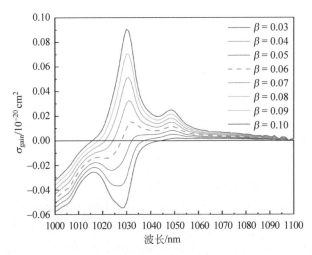

图 5.21　不同 $\beta$ 取值所得的 Yb：YAG 透明激光陶瓷的增益截面[43]

激光输出,对应发射波长覆盖的范围,而各个谱峰的半高宽则是发射带宽。显然,如果增益截面曲线是宽而平坦的线形,就意味着这种材料容易实现宽带调谐和超短脉冲激光输出,如果存在尖锐谱峰,则适合该波长的单波长激光输出。

## 5.4.3　理论折射率、反射率和透射率

光线入射透光材料时发生弯折的现象称为折射( refraction ),其方向改变的大小可用折射率 $n$(折射指数)来表述。常用折射率的定义其实是真实折射率的实数部分,即光在真空和材料中的速度之比,也等于入射角与折射角的正弦值之比:

$$n = \frac{c}{c'} = \frac{\sin\theta_i}{\sin\theta_r}$$

式中,$c$ 为真空中的光速,$c'$ 是材料中的光速,$\theta_i$ 和 $\theta_r$ 分别是入射角与折射角。

如果光从材料 1 通过界面进入材料 2 时,与界面法向所形成的入射角、折射角与材料的折射率之间存在着下述关系:

$$\frac{\sin i_1}{\sin i_2} = \frac{c_1}{c_2} = \frac{n_2}{n_1} = n_{21}$$

式中,$c_i (i=1,2)$是光在不同材料中的速度,而 $n_{21}$ 称为相对折射率,显然材料的折射率就是相对于真空环境的相对折射率(有的文献称为“绝对折射率”)。

一般材料的折射率大于 1,如空气 $n=1.0003$,固体氧化物 $n=1.3\sim2.7$,硅酸盐玻璃 $n=1.5\sim1.9$。折射率随入射光波长而变化,然而对大多数材料而言,这种变化的程度并不大,因此文献中通常用一个数值来统一表示(平均值或代表值),此时可称为“常数”。

影响折射率 $n$ 的因素主要有如下三种,它们构成了经验法计算材料折射率的基础。

(1) 构成材料元素的离子半径。

根据麦克斯韦电磁波理论,光在介质中的传播速度应为

$$c = \frac{c_{vac}}{\sqrt{\varepsilon\mu}}$$

式中, $\mu$ 为介质的磁导率, $\varepsilon$ 为介质的介电系数,由此可得

$$n = \sqrt{\varepsilon\mu}$$

对于多数无机材料,可以认为 $\mu = 1$,因此介质的折射率是其介电系数的平方根。由于介电系数与介质可被极化能力有关,当离子半径增大时,其介电系数也增大,因此大离子高折射率,而小离子低折射率,比如 PbS 的 $n = 3.912$,而 $SiCl_4$ 的 $n = 1.412$。基于这一结论,提高玻璃折射率的有效措施是掺入铅和钡等重金属氧化物,例如含 PbO 90%(体积)的铅玻璃 $n = 2.1$,高于普通的钠钾玻璃(1.5)。

(2) 材料的结构、晶型和晶态。

折射率还与材料中组成原子、离子或基团的排列密切相关。通常沿着晶体密堆积程度较大的方向 $n$ 也较大,即粒子越致密的方向折射率越大。需要注意这种方向性是微观的方向性,而不是宏观的方向性。材料的光学各向异性和各向同性考虑的是前者,取决于沿晶轴方向的折射率数值及其相对大小。

对于晶型的影响,一般是高温时的晶型折射率较低,低温晶型折射率较高。例如常温下石英晶体的 $n = 1.55$;高温时的鳞石英的 $n = 1.47$,方石英的 $n = 1.49$。

一般晶体折射率要高于非晶体,比如石英玻璃的 $n = 1.46$,小于石英晶体的 $n = 1.55$。

(3) 材料内应力。

有内应力的透光材料,垂直于受拉主应力方向的 $n$ 大,平行于受拉主应力方向的 $n$ 小。

需要注意的是,上述的介电系数也是真实介电系数的实数部分,与 $n$ 也属于复折射率的实部一样,主要用于介电损耗相对很小,可以忽略不计,从而不需要考虑虚部部分的场合。具体可进一步参见下文。

折射率对于透明激光陶瓷而言是一个重要的因素,主要体现在透光性和热透镜效应两个方面。为了尽量提高陶瓷的透光性,应当优先选择立方晶系(等轴晶系)或者折射率相对差异很小的非等轴晶系。前者的实例是 $Y_2O_3$ 和 YAG 等,而后者则是双折射率很小(0.008)的三方晶系的 $Al_2O_3$ 为典型。这样在晶界上就不会产生明显的折射率变化,降低散射损耗,易于使陶瓷材料具有良好的透光性。与此类似,烧结助剂等非主晶相成分加入后会聚集于晶界或直接产生第二相晶粒。

那么调整其折射率,使之尽可能接近主晶相的折射率也有助于消弱光线的散射,增强透光性。

折射率对热透镜的影响是因为透明激光陶瓷工作时会由于能量的转化不完全而发热,内部温度分布不均匀及其产生的热应力可以分别通过热光效应和光弹效应改变陶瓷材料局部的折射率,从而引发热透镜效应,造成波前相位畸变和退偏振,对光束质量与输出功率都产生负面影响。因此预测材料折射率的大小及其随温度的变化对激光材料的研究十分重要。

透明激光陶瓷的折射率、反射率和透射率的理论计算以及相关概念的解释和说明可以参见 5.2.1 节。掺杂其他离子,比如激光发光离子后的折射率、反射率以及透射率的计算其实与基质是一样的,同真实实验结果的差异主要来自目前理论技术的局限性。除了在获取能量绝对值上源自各种近似而导致的不准确,还包括对局域作用影响描述的不完善——事实上,目前的计算不管是理论还是计算所用的算法都试图尽可能地"平均化"或者"等同化",从而以合理的计算资源获得足够准确的结果,比如密度泛函理论中采用的局域密度近似(LDA)泛函就不考虑局部电子密度的变化。显然,这种处理是不利于极为敏感、可反映百万分之一浓度含量的吸收光谱或透射率光谱的。当掺杂浓度较低的时候,目前利用介电函数得到的吸收光谱其实更接近基质的光谱。

相比于反射率和透射率,由于折射率是全局性质,主要受限于基质,因此目前所谓的材料光谱性质计算通常指的就是有关折射率的计算,以及在此基础上进一步给出基质的反射、吸收和透射光谱。

另外,基于几何光学,如下的一些公式也可以用于实验数据的衍生求解。

如果一束光垂直入射到折射率为 $n$ 的介质表面,可以得到反射光相对于入射光的强度比(反射率或反射系数)为

$$R = \frac{(n-1)^2}{(n+1)^2}$$

或者

$$n = \frac{1+\sqrt{R}}{1-\sqrt{R}}$$

由于在一个界面上,根据能量守恒,透射光与入射光的比例(透射率或透射系数)$T = 1 - R$,因此当光通过介质上下两个表面出射后,如果不考虑多次反射,那么其理论透射系数为

$$T_{th} = (1-R)^2$$

如果考虑在上下表面的多重反射,则如下计算理论透射率[50]:

$$T_{th} = \frac{2n}{n^2+1}$$

以 YAG 为例,$n=1.82$,可以得到理论透射率 $T_{th}=84.4\%$。对于掺入激光离子的 YAG 激光陶瓷,这个数值就是基质的理论透射率。在透明陶瓷相关文献的实验透射率谱图中通常以一条水平线来表示理论水平,其数值($y$ 轴或透射率轴)也是这个(基质的)理论透射率。

需要注意的是,几何光学所得的公式强调的是一种理论上假想的连续均匀介质的物理性质,因此试图利用上述公式进一步计算掺杂材料的吸收光谱是不可取的——其道理同前面介绍的理论计算的局限性是一致的。更靠谱的做法应当是基于实验吸收光谱可分解为各种组分贡献的事实,分别对基质和掺杂基团(以团簇为单位)计算各自的理论光谱,然后将两者叠加,从而更逼近实验谱。

另外,透明激光陶瓷文献中对于直线透射率光谱的处理,比如反射率、吸收、散射、衰减或损耗等有着多种方式,其原因就在于透射光强度是多种因素共同影响的结果,因此相关物理量,比如损耗系数或衰减系数主要具有相对大小的意义。从而基于这些参数的讨论和推演必须正确理解它们的来源。相关公式的定义、应用和区别可以参见第 2 章、第 4 章和 5.2 节的介绍,这里就不再赘述了。

## 5.4.4　量子效率

量子效率(quantum efficiency)也称为量子产率,用 $q$ 表示,是描述“发光效率”的一种参量,其定义是发射量子数与吸收量子数的比值。对于激光材料,因为不管是泵浦光还是发射光,给出的都是光子,因此也可以定义为发射光子数与吸收光子数之间的比值。

基于上述的定义可以得到两个主要结论:①量子效率的取值与如何定义吸收和发射有关,以此可进一步产生内量子效率和外量子效率(第 6 章);②量子效率可以超过 $100\%$,比如当入射光能量足够高,一个入射光子可以发射两个低能光子,此时量子效率等于 $200\%$。

激光材料更常用的光-光转换效率其实是辐射效率(radiant efficiency),用 $\eta$ 表示,即发光功率与激光材料从激发源所吸收功率之间的比值。相应地,斜率效率也是辐射效率,它的数值通常高于光-光转换效率是因为对吸收功率有着不同的定义——斜率效率只考虑真正被激光材料吸收的功率,而不考虑消耗在系统其他地方的部分。

如果将发射光的功率改为光通量,那么辐射效率就成了流明效率 $L$,它等于材料发射的光通量与所吸收功率之间的比值。

基于光子能量 $E=h\nu$($h$ 为普朗克常数,$\nu$ 为光子的频率)不难得到量子效率、辐射效率和流明效率之间的换算关系。因此只需要考虑其中的一种即可。需要指出的是,这种换算是基于材料而不是基于器件的。事实上,描述激光实验的斜率效率或者光-光转换效率是针对整个器件的效率,它需要考虑谐振腔的损耗,泵浦光能量转移的效率以及材料的自吸收,发光过程的量子效率仅是其中的一部分[51]。

量子效率是能量转换过程的量度,是发光动力学性质的体现,因此其理论计算主要基于发光动力学中的衰减寿命数据。

目前获得发光衰减寿命数据既可以采用实验测试直接得到,也可以基于理论计算,下面分别加以介绍。

**1. 实验测试发光衰减**

除了4.5节介绍的固定温度下的发光衰减测试,还可采用变化温度下的发光衰减测试。

基于能带模型可以知道禁带宽度是随温度变化的,这就影响到电子的跃迁以及复合。因此发光强度大小与温度有关,一般情况下随着温度升高,自吸收加重,发光会变弱,而低温下的发光则逐渐增强。基于实验所得的变温发射光谱,可以将某个能级跃迁的各温度的发光强度值按下式处理[52]:

$$I(T) = \frac{I_0}{1 + A\exp(-E/kT)}$$

式中,$I_0$ 表示 0 K 时的发光强度,而 $A$ 是无辐射($P_{nr}$)与辐射($P_r$)跃迁概率的比值,$k$ 是玻尔兹曼常数,$E$ 为热激活能。基于实验发光强度数据的拟合可以得到 $I_0$、$A$ 和 $E$,还能估测衰减时间:

$$\tau = \frac{1}{P_r + P_{nr}} \approx \frac{1}{P_{nr}} = e^{\frac{E}{kT}}$$

显然,利用这个公式也可以反过来根据不同温度下的衰减时间来求取热猝灭后的激活能。

值得注意的是,温度升高引起的发光强度下降和发光衰减时间的缩短由于本质原因是一样的,因此其变化具有相同规律,即减少的数量级是一致的。如果一种材料存在多个发光峰,那么变化规律会随波长而不同,一般波长增加,衰减时间增长,发光强度下降较慢。

**2. 理论发光衰减时间计算**

理论发光衰减时间就是所对应电子辐射跃迁概率的倒数。如果实际跃迁包含了无辐射跃迁或者多种辐射跃迁,那么总的衰减时间要根据总跃迁概率来计算。这是因为衰减时间是跃迁概率的倒数,而基于统计学理论,两个能级之间的跃迁如果同时存在多种途径,并且互不影响,那么总跃迁概率就等于各途径对应的跃迁概率的加和,因此可以得到总衰减时间的如下表达式:

$$\frac{1}{\tau} = \sum_i \frac{1}{\tau_i}$$

从而得到如下的发光衰减曲线拟合公式:

$$I(t) = I_0 \exp\left(-t \cdot \sum_i \frac{1}{\tau_i}\right)$$

这种线性叠加的关系是假设各个跃迁过程不互相影响,并且各自独立计算的;如果不同跃迁过程之间的关联或相互作用不可忽略,其指数项就需要另行处理,比如对于交叉弛豫产生的能量转移,其发光衰减寿命的贡献就需要开方根[40]:

$$I(t) = I_0 \exp\left[-\gamma\left(\frac{t}{\tau_{rad}}\right)^{\frac{1}{2}}\right], \quad \text{其中 } \gamma = \frac{4}{3}N_A\pi^{\frac{3}{2}}R_0^3$$

式中,$\tau_{rad}$ 是激发态与基态间直接跃迁的衰减寿命,$N_A$ 是受体的(粒子数)浓度,$R_0$ 是发生能量转移的给体与受体之间的有效距离。此时利用前面多种跃迁机制组成的拟合公式计算总的衰减寿命时,交叉弛豫的贡献就不是简单的 $(-t/\tau_i)$ 了。

稀土激光离子的发光衰减寿命计算一般采用 J-O 理论(5.3.1 节),这是有原因的。首先是 $4f$ 电子存在强关联作用,而且电子组态多,彼此之间的作用复杂,这正是目前理论计算的短板,需要发展更准确的理论模型并且建立性价比高的计算机算法。其次是 J-O 理论综合了经典物理唯象参数和量子力学跃迁矩阵元的优点,其结果的合理性和准确性经受了几十年的实践检验。而且与引入各种校正所得的结果比较时也差别不大,因此利用实验高分辨吸收光谱或发射光谱计算强度参数,然后基于 J-O 公式求得发光衰减寿命是目前常用于稀土离子 $4f$-$4f$ 电子跃迁的常规手段。

对于激发态容易受到外界环境影响的过渡金属离子、主族金属离子甚至 $5d$-$4f$ 跃迁的稀土离子(比如 $Ce^{3+}$),上述的理论计算依据依然有效,即发光衰减可以通过跃迁概率来计算,并且与折射率和跃迁振子强度有关。基于这些理论基础,虽然同样受限于准确计算激发态电子结构和能量位置的困难,但是也得到了一些经验公式,比如基于 J-O 理论,将 $d$ 电子的组态和关联作用类似 $f$ 电子处理,就可以给出与 $Ce^{3+}$ 等的衰减时间有关的如下表达式[53]:

$$\frac{1}{\tau} \propto \frac{n}{\lambda_{em}^3}\left(\frac{n^2+2}{3}\right)^2 \sum_f |\langle f | \mu | i \rangle|^2$$

从这个公式可以看出,当基质结构差别不大的时候,衰减时间与基质的折射率和发射波长密切相关,分别是五次幂和三次幂,这就意味着折射率越大,波长越短,衰减越快。另外,由于折射率、跃迁振子强度以及发射波长并不是彼此独立的,因此就上述正比关系而言,实验拟合的经验公式可以实现进一步简化。比如卤化物掺杂 Ce 的发光材料中,衰减时间满足如下的简单关系式:

$$\tau = \beta\lambda^2$$

其中系数 $\beta = 1.5 \times 10^{-4}$ ns·nm$^{-2}$。

### 3. 理论量子效率的计算

量子效率等于能量传输各阶段的能量转换效率的乘积,其中能量转换既可以是能量大小的变化,也可以是能量的传递,比如从敏化剂到发光中心(激活剂)之间的转移。

对于单-单光子的发光过程(即一个入射光子最多就产生一个低能的出射光子),在不存在能量传递过程的时候,其量子效率等于辐射跃迁概率相对于同样上下能级间的所有跃迁概率之和的比值。因此如果理论上可以计算各种跃迁的概率,那么就可以直接获得理论的量子效率,但是目前的计算技术并不能获得无辐射跃迁的概率,因此更常用的是实验测试衰减寿命与理论衰减寿命的联用,而单纯的理论衰减寿命则用于评价材料的应用潜力。

以可用 J-O 理论计算辐射跃迁衰减寿命的激光离子为例,其理论量子效率 $\eta$ 可以如下计算[41,54]:

$$\eta = \frac{\tau_{\exp}}{\tau_{\mathrm{cal}}} \times 100\%$$

式中,$\tau_{\exp}$ 和 $\tau_{\mathrm{cal}}$ 分别是实验测试和 J-O 理论计算的荧光衰减寿命。

如果涉及能量传递或者有多步能量转换过程,则量子效率等于各步效率的乘积,这里以 $Ce^{3+}$ 和 $Yb^{3+}$ 双掺的 YAG 样品中 $Ce^{3+}$ 到 $Yb^{3+}$ 的能量传递为例进行说明[55]。

对于 $Ce^{3+}$ 和 $Yb^{3+}$ 双掺的 YAG 样品,$Ce^{3+}$ 到 $Yb^{3+}$ 的能量传递效率可以如下计算:

$$\eta_{\mathrm{ET}} = 1 - \frac{\tau_{\mathrm{Ce,Yb}}}{\tau_{\mathrm{Ce}}}$$

式中,$\tau_{\mathrm{Ce,Yb}}$ 和 $\tau_{\mathrm{Ce}}$ 分别是 YAG 双掺和单掺时 $Ce^{3+}$ 发光的衰减时间($Ce^{3+}$ 浓度一样),那么此时双掺体系中 $Yb^{3+}$ 发光的量子效率可以如下计算:

$$\eta = 2\eta_{\mathrm{Yb}}\eta_{\mathrm{ET}} \approx 2\eta_{\mathrm{ET}}$$

第二个近似是基于能级系统,由于基态就是体系的能量最低态,因此可以假定 $Yb^{3+}$ 发光时能量转换效率 $\eta_{\mathrm{Yb}}$ 是 100%。反之,对于 $Nd^{3+}$ 的红外激光,由于基态并非体系的能量最低态,就需要利用 J-O 理论和实测单掺 $Nd^{3+}$ 的衰减寿命计算 $\eta_{\mathrm{Nd}}$ 了。

利用单掺和双掺的量子效率、发光强度或者衰减时间,可以进一步根据德克斯特提出的能量转移理论探讨两种离子之间的相互作用类型:

$$\eta_{\mathrm{Ce}} / \eta_{\mathrm{Ce,Yb}} \propto c^{S/3}$$
$$I_{\mathrm{Ce}} / I_{\mathrm{Ce,Yb}} \propto c^{S/3}$$

$$\tau_{Ce}/\tau_{Ce,Yb} \propto c^{S/3}$$

式中下标分别表示单掺 $Ce^{3+}$ 和双掺 $Ce^{3+}$、$Yb^{3+}$ 的时候,$Ce^{3+}$ 各自的量子效率、发光强度和发光衰减寿命(注意,这里的量子效率不是上述 $Yb^{3+}$ 的量子效率)。$c$ 是 $Ce^{3+}$ 和 $Yb^3$ 的总浓度,$S$ 表示多极矩相互作用的幂次(指数),其中 $S=6$ 表示电偶极子-电偶极子(dipole-dipole)相互作用,8 表示电偶极子-电四极子(dipole-quadrupole)相互作用,10 表示电四极子-电四极子(quadrupole-quadrupole)相互作用[56]。

在德克斯特模型的基础上,利用发光衰减谱也可以采用井口-平山(Inokuti-Hirayama,I-H)模型[57]来研究不同离子之间的相互作用,从而揭示其中的能量转移机制,仍以上述的双掺 $Ce^{3+}$、$Yb^{3+}$ 为例,在两者摩尔浓度比例为 1:1 的时候,有

$$I_{Ce,Yb}(t) = I_{Ce,Yb,t=0} \exp\left[\frac{-t}{\tau_{Ce}} - Q\left(\frac{t}{\tau_{Ce}}\right)^{\frac{3}{S}}\right]$$

$$Q = \frac{4\pi}{3}\Gamma\left(1-\frac{3}{S}\right)N_{Yb}R_0^3 \quad \text{或者} \quad R_0 = \left(\frac{3Q}{4\pi\Gamma\left(1-\frac{3}{S}\right)N_{Yb}}\right)^{\frac{1}{3}}$$

式中,$t$ 是时间,$N_{Yb}$ 是受体(受主,accepter,即激活剂,activator)$Yb^{3+}$ 的离子数浓度。相应地,$Ce^{3+}$ 就是给(予)体(供体或施主,donor,即敏化剂,sensitiser),$R_0$ 是 $Ce^{3+}$ 和 $Yb^{3+}$ 之间以极矩相互作用发生能量转移所需的最小临界间距(低于这个间距的能量传递是通过交换作用机制实现的),而欧拉伽玛函数 $\Gamma$ 可根据 $(1-3/S)$ 取值如下:$S=6$,$\Gamma(1/2)\approx 1.77$;$S=8$,$\Gamma(5/8)\approx 1.43$;$S=10$,$\Gamma(7/10)\approx 1.30$。利用拟合得到的 $R_0$,可以进一步如下计算耦合常数:

$$C_{DA} = \frac{R_0^6}{\tau_{Ce}}$$

其他浓度可以利用如下的公式估算平均距离 $R$,然后同 $R_0$ 比较给出能量传递机制:

$$R = (N_{Ce} + N_{Yb})^{-\frac{1}{3}}$$

式中,$N_{Ce}$ 和 $N_{Yb}$ 分别是 $Ce^{3+}$ 和 $Yb^{3+}$ 的离子数目浓度(单位为 $ions/cm^3$,对于千分之几摩尔的掺杂,数量级是 $10^{20}$ 左右,因此也可以写成 $10^{20}\ ions/cm^3$)。

# 5.5　热传导与热冲击模拟

## 5.5.1　有限元法简介

有限元法(finite element method)本质上是以数值计算来逼近问题解的一种

方法,古代的"曹冲称象"和"割圆为方"技术就包含了朴素的有限元思想,即采用大量的简单小物体来构造复杂的大物体的离散逼近思想。

有限元法的目标是求解微分或者偏微分方程。因此其公认的起源是1870年英国科学家瑞利(Rayleigh)采用假想的"试函数"来求解复杂微分方程的成果,而1909年里茨(Ritz)将其发展成为完善的数值近似方法,被认为是现代有限元方法的基础[58]。基于此,20世纪60年代初首次提出结构力学计算有限元概念的克拉夫(Clough)教授形象地将其描绘为:"有限元法=瑞利-里茨法+分片函数",即有限元法是瑞利-里茨法的一种改进。

一般的有限元分析是将求解域分解成有限个小的、互连的单元,接着对每一单元求取或者假设一个合适的且较简单的近似解,然后将各个单元所得的解综合起来而得到问题所需的连续的"解"空间,从中可以进一步给出一维曲线、二维图像和三维立体模型显示的结果。有限元所得的解不是数学解析式所给的精确解,而是近似解,其优势在于能将实际复杂的,甚至没有解析式的问题用较简单的,解析式容易运算的问题来代替,从而一方面可以确保所给问题在一定准确度下得以解决,另一方面也解决了计算成本的可行性问题。

目前有限元法不但应用对象多样,而且可利用的软件种类也不少,但是它们所依据的基本步骤是相同的,只是具体公式推导和运算求解有所不同。有限元法的基本步骤如下。

(1)定义问题及求解域:根据给定问题近似确定求解域的物理性质和几何区域。

(2)离散化求解域:通常称为网格划分,即将求解域近似分割成有限个具有不同大小和形状,并且彼此相连的单元组成的离散域。其中单元越小(网络越细)则离散域的近似程度越好,计算结果也越精确,但是计算量将大为增加。

(3)确定状态变量及控制方法:提出描绘给定问题的一组包含问题状态变量和边界条件的微分方程,而且为了适合有限元求解,通常将微分方程化为等价的泛函形式。

(4)单元近似值推导:对单元构造一个合适的近似解,建立单元函数,以某种方法给出单元中各状态变量的离散关系,从而形成所谓的单元矩阵(结构力学中称刚度阵或柔度阵)。需要注意的是,推导结果要保证问题求解的收敛性,比如单元形状应以规则为好——畸形时不仅精度低,而且容易缺秩而无法求解矩阵。

(5)总装求解:将单元总装形成离散域的总矩阵方程(联合方程组),总装是在相邻单元节点进行,因此在节点处的状态变量及其导数必须连续,这就是对单元函数连续性的要求。

(6)求解方程组和结果解释:有限元法最终将得到联立方程组,具体的求解可用直接法、选代法和随机法。求解结果是单元结点处状态变量的近似值。另外,求解有时需要多次重复计算,自洽收敛,其程度取决于计算结果的质量要求。

随着现代软件技术的发展,上述的大多数步骤已经通过"黑箱"的形式封装成一个个现成的功能模块让用户按需调用。因此基于成品软件的有限元模拟只需要完成三个步骤:前处理、处理和后处理。前处理是建立有限元模型,完成单元网格划分;处理是调用相关的功能模块,比如热传导、电热转换和光传输等完成网格的计算建模,随后通过数值计算而得到近似解;而后处理则是采集处理所得的近似解,产生各种图谱和图像,使用户能简便提取信息,了解计算结果。

由于有限元法本质上要求介质的连续性,从而便于建立方程组进行处理,对于非连续的甚至存在剧烈变化的对象,有限元法就难以适用。因此,采用有限元法的前提是所求问题应当能够以"连续"的角度来考虑[59]。对于材料而言,就是要求材料的组分与性能是连续变化的,而透明激光陶瓷满足这个要求。

目前有限元法在透明激光陶瓷中的使用主要集中于热传导及其相关的问题,比如热分布、热应力、热透镜和热冲击等。这些应用需要处理温度场(也称为温场或热场)、应力场以及电磁场等多个物理场,因此属于多物理场耦合共同作用的问题:激光材料在泵浦光和冷却装置(冷台)的综合作用下,如果受热不均匀会产生应力,而其引起的应变又会改变折射率的大小(温度差异也会引起折射率的变化),进而改变光线传输方向,最终产生透镜效应;如果应力过大并且材料中含有缺陷,还会产生微裂纹,随后裂纹延伸并扩散而导致热冲击破坏的结果。

有限元法的另一个用途就是跟踪光束,模拟光束在光路中的传输过程,从而合理设计激光器,从器件的角度来提高激光材料的实用性能,其典型的应用是谐振腔的理论设计,这也是商用谐振腔设计软件 LAS-CAD 的基础。

最后,有限元法还可以模拟激光在材料中产生的热效应,这不但是激光应用领域所需要的工作,而且也可以用于研究自倍频和自拉曼等激光材料——这些材料的热效应至少有两种:一种是基频激光的热效应,另一种是基频激光在材料中产生倍频激光或拉曼激光时具有的热效应。后一种就可以采用基频激光入射材料进行热模拟。

## 5.5.2　热传导模拟

严格来说,透明激光陶瓷的热传导模拟并不是一个单一的物理场(温场)作用下的模拟,因为伴随着传热也会发生热弹、热光和光弹效应,是一个多物理场的耦合过程。

有限元法模拟热传导及其相关效应需要以材料的基本物理性能参数为基础,其中最重要的就是热导率(thermal conductivity),用 $\lambda$ 表示,单位为 W/(cm·K)。

它可以基于实验测试的陶瓷密度、恒压热容和热扩散系数(热扩散率)如下计算:

$$\lambda = \alpha \cdot \rho \cdot c_p$$

式中,$\alpha$ 是热扩散系数($cm^2/s$),$\rho$ 是密度($g/cm^3$),$c_p$ 是恒压热容($J/g \cdot K$)。

热导率的理论计算是假设传热来自声子的散射,或者说传热过程主要由声子完成,从而可以基于晶格动力学,通过计算晶格振动频率(声子频率)等来获得热导率。具体的计算过程与求解材料的能带结构类似,只不过这里计算的是声子的态密度和色散谱,随后类似基于能带结构可以获得能量、电子轨道布居等性质一样,利用所得的声子结构性质可以得到单位体积比热容 $c_V$,声子平均群速度 $V_g$ 和声子平均自由程 $l$,而(声子气)热导率 $\lambda$ 可以如下计算[17]:

$$\lambda = \frac{1}{3} c_V V_g l$$

需要指出的是,理论模拟陶瓷的热导率前要求人为指定声子散射机制,包括声子数目和晶界处的声子散射等,其中前者可以是单声子或多声子(两个或者三个声子)。基于实验测试的热导率与理论测试的热导率的对比(相对比较)可以研究实际起主导作用的声子散射机制,从而有助于设计陶瓷材料的晶粒尺寸——因为在低温或者说晶粒尺寸与声子平均自由程的大小可以比拟的时候,就会产生尺寸效应,此时晶界散射将占据主要作用,而存在晶界正是陶瓷区别于单晶的结构特点。

基于实验或理论得到的热导率、吸收截面、受激发射截面、杨氏模量、泊松比和热扩散系数等物理参数,就可以构建模型进行有限元模拟。囿于篇幅,下面仅列举两个典型例子对这方面的工作和应用做简略介绍。

第一个例子与泵浦方式的选择有关——虽然 $Yb^{3+}$ 的能级结构具有不存在上转换和激发态吸收的优点,但是也有激光下能级与基态近邻(612 $cm^{-1}$,0.08 eV)[60],容易受环境温度影响而降低粒子反转布居效率的问题,因此掺 $Yb^{3+}$ 的激光材料在泵浦光和热沉共同作用下的温度分布对激光性能有着重要的影响。为了更好地移去废热,一个改进措施就是将原来连续波(continuous wave,CW)泵浦的模式改为准连续波泵浦的模式(quasi-CW,QCW),此时泵浦光是以脉冲的形式辐照到激光陶瓷上。通过有限元模拟可以获得不同时间的瞬态温度分布,并且联合激光动力学方程给出输出功率(图 5.22)。其结果表明不考虑温度影响的模拟与实际结果差异很大(图 5.22),而在瞬态温度的影响下,光-光转换效率随工作周期的延长而下降,其原因在于光增益介质受热后,激光下能级与基态的能量更为接近,电子在激光下能级的布居增加,从而降低了粒子数反转水平。

第二个例子可作为改进温度梯度的参考——由于一面正对泵浦光,温度较高,而另一面则与冷却台接触,温度较低,因此平板透明激光陶瓷的两面天然存在温度梯度,从而由均一浓度掺杂的陶瓷转为多层不同浓度掺杂的叠层陶瓷(复合陶瓷)

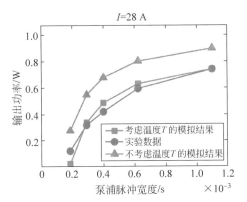

图 5.22　脉冲泵浦方式下 Yb:YAG 薄片激光器在不同泵浦脉冲宽度时的激光输出功
　　　　率实验结果与模拟结果的对比,其中包括了考虑和不考虑温度 T 时的两种
　　　　模拟结果[60]

就成了一种可选的降低温度梯度的策略。虽然透明激光陶瓷的制备工艺可以确保
这类结构的实现,但是该策略是否可行以及应该选择哪种泵浦方式则需要深入探
讨。图 5.23 给出了 5 层复合陶瓷的有限元温场模拟结果,泵浦方式采用端面泵
浦,泵浦光前进方向平行于浓度梯度。

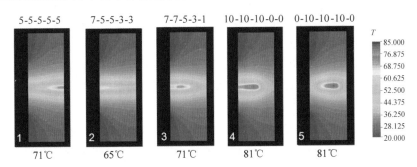

图 5.23　5 层不同浓度 Yb:YAG 复合陶瓷温度分布的模拟结果,其中图像上方的数字表示每层掺
　　　　Yb 的原子浓度(at.%)。图像的左边是冷却端,右边是泵浦端[61-62]

　　从模拟结果可以看出,叠层结构可以改变温场的分布,但是不同层之间的浓度
差异仍然造成温度分布的较大梯度,而且这个梯度随着掺杂浓度的增加而加强,这
与提高 Yb$^{3+}$ 浓度来增强激光发射的需求是矛盾的。与此相反,如果不采用端面泵
浦,而是侧面泵浦,即泵浦光沿芯层入射,相邻层提供减缓温度梯度的作用,那么这
类叠层结构就有望降低热效应而获得大功率激光输出。

　　总之,囿于透明激光陶瓷高纯原料的昂贵和优化制备工艺参数的复杂性,在实
验之前预先基于期望的陶瓷结构建模并进行热传导模拟是有必要的,它不但可以

预测所得陶瓷的热性质,在给定泵浦光下的热分布,而且可以为后继的激光实验提供泵浦方式、泵浦光波长和功率以及谐振腔参数等技术数据,从而优化激光实验,更好评价陶瓷材料的激光应用潜力。

### 5.5.3　热冲击模拟

热冲击本质上也属于热传导相关的现象,更多考虑热作用下的受力以及材料结构的变化。其计算模拟的第一步同样是建立模型,理想的透明激光陶瓷可以按照连续均匀介质处理而建立简单的几何模型。但是如果还要考虑实际材料的微观结构,那么模型就要更为复杂,比如由于烧结过程不同,陶瓷材料中会含有孔洞、气泡以及微裂纹等,这就需要基于统计学的观点,在陶瓷中划出一个表征单元,将微裂纹、孔洞等具体分配到这个单元的材料参数(如强度、弹性模量、泊松比、热膨胀系数、热传导系数等)中。此外还需要按照其中包含的缺陷的大小和数量设定这个表征单元的不同损伤程度。最后,将若干数量的表征单元总装成待模拟的陶瓷块体,并且这些单元的材料参数服从统计分布,然后就可以在这个分布的基础上施加各种应力和应变等物理公式,实现单元与材料性质之间的关联,从而模拟单元体在荷载、温度等作用下的损伤演化行为。一种最简单的统计分布设置就是利用计算机的随机函数生成器生成各单元的参数值,即通过蒙特卡罗方法来完成。实际更准确的结果应当对陶瓷材料进行微结构表征,以此为基础建立更合理的单元模型。

随后基于所建立的模型可以借助有限元方法求解热冲击过程中的热传导和应力场,其基本步骤与常规有限元方法一致:对所建立的模型进行网格剖分,然后对每个网格求得各组偏微分方程的解,最终可以得到热冲击影响因素以及抗热冲击改性措施的结果。

热冲击的结果是陶瓷内部出现应变以及相应的应力不断积累,进而产生裂纹,随后裂纹扩展而导致材料断裂。针对裂纹的产生和扩展有两种判断准则:①断裂力学准则,即裂纹的尖端无穷小,而裂纹尖端的应力趋于无穷大;②强度准则,假定材料具有某个最小的特征尺度,裂纹的扩展以这个特征尺度为最小扩展尺寸,扩展的依据则是特征尺度材料的强度。其中强度准则方法在数值模拟中容易实现。

热冲击模拟还需要注意两个问题:首先是单元的尺度决定了结果的精度,单元尺度相对于模型尺度越小,结果越准确,但是计算资源的消耗就越高,而且是非线性增加,因此需要在精度和计算资源消耗之间进行取舍;第二个问题就是模拟应当详细考虑各种影响因素,并据此对模型进行合理地定义,比如虽然陶瓷材料具有较大的脆性,从微观角度上讲,局部微观单元体的破坏性质可以假定为脆性破坏,但是考虑到微观单元体在破坏后还具有一定的残余强度,因此将单元体模拟成具有一定残余强度的弹脆性模型更为合理。

目前透明激光陶瓷的大功率激光应用仍处于实验演示阶段,因此有关工程服役的热冲击模拟的报道并不多见,更主要的是伴随热透镜研究所做的形变模拟,以此给出热作用下的应力和应变分布。图 5.24 就是一个典型。虽然热冲击模拟要比热透镜模拟具有更高的热作用,而且对瞬态热作用也更为敏感,但是小规模热作用下的热透镜模拟对耐热冲击透明激光陶瓷的研究和评价仍有实际的意义,正如图 5.24 的模拟结果意味着多层复合陶瓷结构至少在端面泵浦的方式下是不耐热冲击的,因为形变的产生和分布不均匀很容易在浓度层之间积累应力,引起层与层之间的撕裂等材料结构的失效变化。

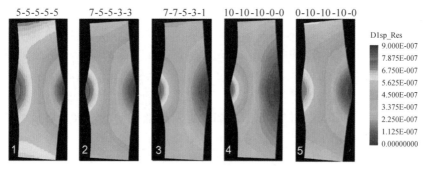

图 5.24  5 层不同浓度 Yb:YAG 复合陶瓷表面变形的模拟结果,其中图像上方的数字表示每层掺 Yb 的原子浓度(at.%)。图像的左边是冷却端,右边是泵浦端[61-62]

# 5.6  材料失效预测

## 5.6.1  失效的评价与预测方法

当材料被加工成器件用于实际环境的时候,除了考虑材料的初始性能,还必须考虑随时间和环境条件作用下材料性能的稳定性,这就涉及材料的失效问题。

材料的失效之所以重要,一方面是因为材料的性能取决于材料内部的结构,而随着时间的迁移和环境条件的作用,材料内部的结构会发生变化,比如微裂纹会扩展、微量物相比例会增加、玻璃态会转变为能量上更占优势的结晶态等。这样相应的性能就发生了变化,从而偏离应用所需的要求。另一方面在于材料的性能一旦发生变化,就意味着偏离原有的安全和使用规定,轻则设备发生问题,重则危及人身安全。比如组成锅炉、压力容器、压力管道等的合金或者陶瓷外壳一旦由于微裂纹扩展而破裂,就会发生爆炸或泄漏等灾难性事故;而玻璃制品的发毛(即结晶化)不但降低了玻璃的强度,同时也破坏了原先所需的光学透射等特性。显然,材料失效是材料性能与时间和环境条件关联后的体现。因此,材料失效、材料性能和材料经济性共同成为筛选材料的三大客观依据。

由于安全评估是对评定对象的状况（历史、工况、环境）、缺陷成因分析、失效模式判断、材质检验（包括性能、损伤与退化等）、应力分析等进行必要的实验与计算，并根据国家有关标准的规定对评定对象安全性进行的综合分析和评价，因此材料失效的评价与预测属于安全评估的一部分。

基于安全评估的要求，材料失效评价与预测的第一步是必须明确失效模式的类型，即所谓"失效模式的判别"。以常见的机械设备为例，常用的失效模式有如下四种：焊缝或母材的断裂，主结构变形过大（包括厚度减薄过大），腐蚀和磨损。这一步是材料失效分析并且能进行预测的前提，同时也是材料安全评估的客观依据。对于透明激光陶瓷，热效应是其最主要的失效模式，具体可参见 2.5 节和 5.4 节。

材料失效评价和预测的第二步，也是关键的一步就是要明确各类失效模式的成因（机制）和将会产生的后果，这两部分其实是彼此联系的。如前所述，材料失效本质上就是内部结构偏离了原有状态，这样就影响到性能，而反过来，性能一旦改变就必然产生各种有关材料失效的现象，因此对失效机制的掌握可以推断结构的变迁，从而明确性能的变化，也就可以预期相应的后果。仍以上述的机械设备为例，目前已经明确：①焊缝或母材的断裂主要是由于材料质量、焊接缺陷、残余应力、疲劳、超载等原因引起的，其后果就是裂纹将会扩展直至构件开裂；②主结构（主梁、悬臂梁等）变形过大是由于设计尺寸不对、构件初始变形过大、意外碰撞、严重超载等原因引起的，它将会导致结构应力分布不均、承载能力下降，最后局部屈曲而整体失稳；③腐蚀主要是由于构件进水或积水、油漆养护不当、受腐蚀性物料或气体的腐蚀等引起的，其结果是减小构件承载静面积，引起构件断裂或屈曲；④磨损的主要原因就是长时间的擦碰，其后果与腐蚀类似。

当完成如上两步后，材料失效预测的任务基本上就可以实现了，此时只需要根据被评定的产品或结构的具体的制造和检验资料、使用工况、有关缺陷的理化检验结果以及可能存在的腐蚀、应力和高温环境等，就可以很好地判断该材料可能产生的失效模式，然后利用同类或者类似的失效案例，就其安全实用进行合理预期。另外，有关材料失效评价和预测所用的方法其实也适用于已失效材料的失效分析，不管是寻找失效模式还是研究具体的失效机制，这两者在本质上是等同的，当然，基于已失效的材料所做的失效分析也可以作为该材料失效评价和预测结果的验证，从而有助于指导其他材料的失效评价和预测。

## 5.6.2 陶瓷失效预测

透明激光陶瓷的失效主要由热效应引起的激光质量退化和陶瓷的变形乃至断裂等，另外也包括表面损伤等非陶瓷部分的破坏，比如高能光束在谐振腔振荡时会损伤反射膜,出射的激光被镜面反射回来会击坏激光器脆弱部件等。

热效应引起的失效一般是由于陶瓷材料的脆性、对缺陷的敏感性和低热传导性而造成的,其失效模式主要有激光性能下降和材料破裂两种。在实际服役中,由于激光材料主要是将泵浦光转化为激光,因此相关的失效成因主要来自于泵浦光不完全转化而产生的废热的影响。激光功率越高,所需泵浦光功率就越大,在同等转换率的条件下,需要由材料扩散转移的热量就越高。这种热作用于材料,会通过热膨胀和热振荡(尤其是脉冲泵浦)而改变材料内部的应力、应变和激光性能。因此透明激光陶瓷的失效预测必须对陶瓷材料在热环境下的激光性能以及陶瓷的强度、刚度和热动力学等问题进行分析。考虑陶瓷材料的结构设计以及其结构在极端条件(高温、超大负载乃至复杂环境作用)下的失效机理,从而对其使用寿命和服役性能进行评估。

显然,上述关于热效应引发失效的预测其实就是热传导和热冲击模拟在考虑陶瓷服役条件下的深化,因此可以利用有限元法建立传热的偏微分模型进行模拟分析[63],研究有关热传导和热冲击所导致的材料失效问题,比如存有表面裂纹的半无限大物体(即物体尺寸远大于热脉冲的截面积)遭受热冲击时裂纹附近的应力场分布、非均质材料在热冲击下的耦合方程以及梯度结构的抗热冲击性能等。本质上这种分析与前述有关材料结构和功能的分析是一致的,主要差别就是更注重边界条件(服役环境)的定义及其影响结果的分析,甚至需要与材料的安全评估联系起来。

有关激光性能的失效可以利用激光性能表征(4.7 节)、光学参数计算以及热传导相关的模拟来实现(5.2 节~5.4 节),这里重点介绍下透明激光陶瓷工程应用必然需要考虑的热冲击引起的失效预测的要点和发展趋势。

这种失效预测的主要内容就是基于大功率激光器的高废热、激光材料与冷却台之间的温度梯度,以及脉冲泵浦的使用等条件对陶瓷材料在热冲击过程中的宏观瞬态温度场和相关的热应力场进行分析,并对由此导致的微结构的损伤,裂纹的产生及其扩展进行预测。

合理描述局域结构-性能关系是透明激光陶瓷工程应用失效预测的重点。这是因为目前的计算模拟主要基于材料属于均匀且连续介质假设,不能反映材料所具有的局部缺陷结构,比如激光陶瓷中的微孔洞等结构对数值模拟结果的影响,从而其预测结果与实际失效现象仍有相当的差距,比如不能更准确地预测由于温度不断变化而导致的应力局部积累、应力局部释放和应力局部——全局转移现象,也无法准确描述裂纹的萌生、扩展直至贯通的过程,这与热冲击破坏的本质是非稳定温度场引起瞬间巨大的热应力,从而导致裂纹的萌生、扩展直至贯通,是一个从微观损伤到宏观破坏的过程并不相符。因此,今后应当从微观角度建立起微观损伤到宏观破坏机制的数值模型,才能更好地研究陶瓷承受热冲击时的失效机制。

要克服有限元法在处理局部问题上的局限性,充分发挥其在处理大尺度复杂体系的优越性,一个合理的方式就是联用其他能够处理局部问题的技术,比如蒙特卡罗、第一性原理等。这个时候,就实际计算过程而言,局部的数值由其他方法得到,而综合汇总则由有限元法来完成,这也可以理解为介观-宏观联用模式。这种模式已经在陶瓷烧结的晶粒演变模拟上得到了应用——虽然陶瓷烧结的场环境模拟,比如陶瓷烧结所处的温场环境、放电等离子烧结时的电磁场环境乃至热压烧结时的压力场都可以用有限元法来直接完成,但是陶瓷烧结的晶粒演化模拟就不行了。因为此时体系除了连续性不理想的粉粒,还有气孔等破坏连续性的其他相。换句话说,将一片陶瓷划分为单元后,单元内部乃至单元之间的变化是随机的,而不一定连续,这就不能利用连续函数来表达。因此,在模拟表面张力对陶瓷烧结的影响时,就需要将微观的晶粒和气孔的属性用蒙特卡罗来求解,而宏观的收缩应变率等用有限元法计算,从而获得不同深度位置由于表面张力的影响而产生的致密度差异[23]。

因此要模拟高强度瞬间热冲击及其他大功率激光应用下的材料失效行为,可以基于微观尺度的结构-性能计算模拟,在介观尺度上模拟陶瓷材料局部温度梯度下的应力-应变同材料局部的缺陷结构之间的相互作用,接着利用统计方法或"假想结构"将这些相互作用结合到描述单元的物理参数方程或函数中,就可以利用有限元法给出相比于仅考虑理想无缺陷结构或平均结构更为准确的模拟结果。

最后需要指出的是,经验公式的归纳仍然是陶瓷失效机制研究的重要手段,而且又以相对比较更为直接和突出。由于激光透明陶瓷的工程应用研究仍处于起始阶段,因此这里以 YAG 透明陶瓷的装甲窗口应用为例进行说明。装甲窗口需要重视抗弹性能,而这种性能涉及很多复杂因素,因此相对于某种材料(基准)进行比较更具有操作性。另外,从穿甲弹侵彻材料的实验可以容易获得侵彻深度、面板厚度、材料密度等信息,从而可以基于这些技术数据,在相对比较的基础上建立一个防护因子来作为评价材料抗弹能力或者说被侵彻失效能力的参数[64]:

$$\alpha = \frac{\rho_s l_0}{\rho_t l + \rho_s l_r}$$

式中,$\alpha$ 是防护因子,$\rho_s$ 和 $\rho_t$ 分别是基准和待测陶瓷材料(此处是 YAG 透明陶瓷)的密度,$l_0$、$l$ 和 $l_r$ 分别是穿甲弹在基准造成的总侵彻深度、待测材料沿弹道的厚度以及穿甲弹经过待测材料后在基准上造成的侵彻深度(待测材料可以放在基准前方或者放在基准块体挖成的凹槽中)。显然,对于基准,比如铝合金材料而言,其 $\alpha$ 等于 1,实验表明 YAG 透明陶瓷的 $\alpha$ 约为 1.6,而硅酸盐玻璃则与铝合金等效[64]。这个公式的意义就在于综合考虑了防护材料的密度、厚度乃至侵彻长度,而不需要详细理解产生某个侵彻长度背后的物理机制,例如侵彻长度与动态屈服强度、弹性模量、泊松比乃至弹头形状因子等物理参数之间的关系。这就是经验公式归纳的优势所在,当然,其劣势也相当明显——缺乏对详细物理机制,比如硬度与断裂韧性之间关系的理解[65],并且存在着特定的适用范围——上面的公式其实存在一个假设,即待测材料与基准在侵彻中具有类似的物理与化学反应过程。

　　总之,目前关于陶瓷失效的研究及其应用存在着实验、理论以及两者结合三种模式,虽然实验和理论相结合是当前的共识,但是不可否认的是有些场合下由于对实际机制认识肤浅或者建模尚不完善,计算模拟所得结果缺乏定量甚至定性方面的价值,那么基于失效实验所得的经验或规律就成了材料失效预测及其相应的防护的指导法则。另一方面,对于实验条件苛刻或者成本高昂等难以获得足够实验数据支撑的场合,就只能尽量以理论模拟来缩短实验摸索的过程,或者指导实验的设计,从而将原先的"摸索"实验转为"验证"实验。

# 参考文献

[1] SHOLL D S,STECKEL J A. Density functional theory: a practical introduction [M]. Hoboken: Wiley,2009.

[2] The nobel prize in chemistry 2013[EB/OL]. [2020-11-5]. https://www. nobelprize. org/ prizes/chemistry/2013/press-release/.

[3] WARSHEL A,KARPLUS M. Calculation of ground and excited state potential surfaces of conjugated molecules. Ⅰ. Formulation and parametrization[J]. Journal of the American Chemical Society,1972,94(16): 5612-5625.

[4] WARSHEL A,LEVITT M. Theoretical studies of enzymic reactions: dielectric, electrostatic and steric stabilization of the carbonium ion in the reaction of 'lysozyme[J]. Journal of Molecular Biology,1976,103(2): 227-249.

[5] 赵宗彦.理论计算与模拟在光催化研究中的应用[M].北京:科学出版社,2014.

[6] 帅志刚,夏钶.纳米科学与技术:纳米结构与性能的理论计算与模拟[M].北京:科学出版社,2013.

[7] 罗伯.计算材料学[M].项金钟,吴兴惠,译.北京:化学工业出版社,2002.

[8] JOHN G.材料基因组与相图计算[J].科学通报,2013(35): 3633-3637.

[9] 乔芝郁,郝士明.相图计算研究的进展[J].材料与冶金学报,2005(2): 83-90.

[10] 柳平英,郭景康.用热力学函数计算相图主要方法的综述[J].中国陶瓷,2003(5): 10-13.

[11] 戴占海,卢锦堂,孔纲.相图计算的研究进展[J].材料导报,2006(4): 94-97.

[12] 黄水根.多元氧化锆($ZrO_2$)基陶瓷的相图计算和材料制备[D].上海:上海大学,2003.

[13] 王冲,余浩,金展鹏.相图计算在 BBO 晶体生长中的应用[J].人工晶体学报,2001(3): 293-300.

[14] CAHN R W. CALPHAD calculation of phase diagrams a comprehensive guide[M]. Oxford：Pergamon,1998.

[15] FABRICHNAYA O,SEIFERT H J,LUDWIG T,et al. The assessment of thermodynamic parameters in the $Al_2O_3$-$Y_2O_3$ system and phase relations in the Y-Al-O system[J]. Scandinavian Journal of Metallurgy,2001,30(3)：175-183.

[16] FASOLI M,VEDDA A,NIKL M,et al. Band-gap engineering for removing shallow traps in rare-earth $Lu_3Al_5O_{12}$ garnet scintillators using $Ga^{3+}$ doping[J]. Physical Review B, 2011,84(8)：81102.

[17] 刘铖铖,曹全喜. $Y_3Al_5O_{12}$ 的热输运性质的第一性原理研究[J].物理学报,2010(4)：2697-2702.

[18] 盖国胜.微纳米颗粒复合与功能化设计[M].北京：清华大学出版社,2008.

[19] 马非,申倩倩,贾虎生,等.用改进的 Monte Carlo 算法模拟多孔 $Al_2O_3$ 陶瓷烧结过程中的晶粒生长[J].人工晶体学报,2011(5)：1299-1304.

[20] 侯铁翠,李智慧,卢红霞.蒙特卡罗方法模拟陶瓷晶粒生长研究进展[J].材料科学与工艺,2007(6)：816-818.

[21] 王海东,张海,李海亮,等.焙烧过程晶粒生长的 Monte Carlo 模拟[J].中国有色金属学报,2007(6)：990-996.

[22] HUANG C M,JOANNE C L,PATNAIK B S V,et al. Monte Carlo simulation of grain growth in polycrystalline materials[J]. Applied Surface Science,2006,252(11)：3997-4002.

[23] MORI K,MATSUBARA H,NOGUCHI N. Micro-macro simulation of sintering process by coupling Monte Carlo and finite element methods[J]. International Journal of Mechanical Sciences,2004,46(6)：841-854.

[24] 刘亮亮,高峰,胡国辛,等.相场法模拟烧结后期陶瓷晶粒生长及气孔组织演化研究[J].西北工业大学学报,2012(2)：234-238.

[25] 刘开慧.四方相氧化锆陶瓷相变行为的相场法研究[D].武汉：华中科技大学,2017.

[26] 张爽,黄礼琳,张卫龙,等.相场法研究陶瓷粉末烧结体系的微观组织演变[J].广西科学,2012(4)：337-340.

[27] 黄健,黄政仁,陈忠明,等.一种碳化硅陶瓷常压固相烧结过程的数值模拟方法：CN 107315853[P].2017-11-03.

[28] CHEN L,CHEN X L,LIU F Y,et al. Charge deformation and orbital hybridization： intrinsic mechanisms on tunable chromaticity of $Y_3Al_5O_{12}$：$Ce^{3+}$ luminescence by doping $Gd^{3+}$ for warm white LEDs[J]. Scientific Reports,2015,5：11514.

[29] DORENBOS P. 5d-level energies of $Ce^{3+}$ and the crystalline environment. I. Fluoride compounds[J]. Physical Review B,2000,62(23)：15640.

[30] VAN UITERT L G. An empirical relation fitting the position in energy of the lower d-band edge for $Eu^{2+}$ or $Ce^{3+}$ in various compounds[J]. Journal of Luminescence,1984, 29(1)：1-9.

[31] 方振兴.掺杂稀土 $Ce^{3+}$ 离子的4f-5d跃迁的第一性原理研究[D].芜湖：安徽师范大学,2011.

[32]　GRACIA J, SEIJO L, BARANDIARÁN Z, et al. Ab initio calculations on the local structure and the 4f-5d absorption and emission spectra of $Ce^{3+}$-doped YAG[J]. Journal of Luminescence, 2008, 128(8): 1248-1254.

[33]　JUDD B R. Optical Absorption Intensities of Rare-Earth Ions[J]. Physical Review, 1962, 127(3): 750-761.

[34]　OFELT G S. Intensities of crystal spectra of rare-earth ions[J]. The Journal of Chemical Physics, 1962, 37(3): 511-520.

[35]　杨光, 吕增建. 稀土离子谱带强度的 Judd-Ofelt 理论的研究[J]. 物理与工程, 2008(5): 21-23.

[36]　夏上达. 稀土发光和光谱理论的研究进展[J]. 发光学报, 2007(4): 465-478.

[37]　FLIZIKOWSKI G A S, ZANUTO V S, NUNES L A O, et al. Standard and modified Judd-Ofelt theories in $Pr^{3+}$-doped calcium aluminosilicate glasses: a comparative analysis [J]. Journal of Alloys and Compounds, 2019, 780: 705-710.

[38]　罗遵度, 黄艺东. 固体激光材料物理学[M]. 北京: 科学出版社, 2015.

[39]　HEHLEN M P, BRIK M G, KRÄMER K W. 50th anniversary of the Judd-Ofelt theory: an experimentalist's view of the formalism and its application [J]. Journal of Luminescence, 2013, 136: 221-239.

[40]　DONG J, RAPAPORT A, BASS M, et al. Temperature-dependent stimulated emission cross section and concentration quenching in highly doped $Nd^{3+}$: YAG crystals[J]. Physica Status Solidi (A), 2005, 202(13): 2565-2573.

[41]　TIAN C, CHEN X, SHUIBAO Y. Concentration dependence of spectroscopic properties and energy transfer analysis in $Nd^{3+}$ doped bismuth silicate glasses[J]. Solid State Sciences, 2015, 48: 171-176.

[42]　刘永皓, 董云峰, 刘彰基. 两种不同计算发射截面方法的比较[J]. 大庆师范学院学报, 2010, 30(3): 83-86.

[43]　王晴晴, 石云, 冯亚刚, 等. 高光学质量 Yb:YAG 透明陶瓷的制备及激光参数研究[J]. 无机材料学报, 2020(2): 205-210.

[44]　DELOACH L, PAYNE S, CHASE L, et al. Evaluation of absorption and emission properties of $Yb^{3+}$ doped crystals for laser applications[J]. IEEE Journal of Quantum Electronics, 1993, 29(4): 1179-1191.

[45]　SUMIDA D S, FAN T Y. Emission spectra and fluorescence lifetime measurements of Yb:YAG as a function of temperature[C]. Salt Lake City, Utah: Advanced Solid State Lasers, 1994.

[46]　DONG J, DENG P. Temperature dependent emission cross-section and fluorescence lifetime of Cr, Yb:YAG crystals[J]. Journal of Physics and Chemistry of Solids, 2003, 64(7): 1163-1171.

[47]　DONG J, BASS M, MAO Y, et al. Dependence of the $Yb^{3+}$ emission cross section and lifetime on temperature and concentration in yttrium aluminum garnet[J]. Journal of the Optical Society of America B, 2003, 20(9): 1975-1979.

[48]　徐军. 激光材料科学与技术前沿[M]. 上海: 上海交通大学出版社, 2007.

[49] SAIKAWA J,SATO Y,TAIRA T,et al. Absorption,emission spectrum properties,and efficient laser performances of Yb：$Y_3ScAl_4O_{12}$ ceramics[J]. Applied Physics Letters, 2004,85(11)：1898-1900.

[50] GOLDSTEIN A,KRELL A,BURSHTEIN Z. Transparent ceramics：materials,engineering, and applications[M]. New Jersey：John Wiley & Sons,2020.

[51] HASEGAWA K,ICHIKAWA T,MIZUNO S,et al. Energy transfer efficiency from $Cr^{3+}$ to $Nd^{3+}$ in solar-pumped laser using transparent Nd/Cr：$Y_3Al_5O_{12}$ ceramics[J]. Optics Express,2015,23(11)：A519-A524.

[52] 施朝淑,魏亚光,刘波,等. $PbWO_4$ 闪烁晶体的发光动力学模型[J].发光学报,2003(3)： 229-233.

[53] BIROWOSUTO M D,DORENBOS P. Novel $\gamma$-and X-ray scintillator research：on the emission wavelength,light yield and time response of $Ce^{3+}$ doped halide scintillators[J]. Physica Status Solidi (A),2009,206(1)：9-20.

[54] LIU X,CHEN G,CHEN Y,et al. Luminescent characteristics of $Tm^{3+}$/$Tb^{3+}$/$Eu^{3+}$ tri-doped phosphate transparent glass ceramics for white LEDs[J]. Journal of Non-Crystalline Solids,2017,476：100-107.

[55] UEDA J,TANABE S. Visible to near infrared conversion in $Ce^{3+}$-$Yb^{3+}$ Co-doped YAG ceramics[J]. Journal of Applied Physics,2009,106(4)：43101.

[56] PARTHASARADHI R C,NARESH V,RAMARAGHAVULU R,et al. Energy transfer based emission analysis of ($Tb^{3+}$, $Sm^{3+}$)：Lithium zinc phosphate glasses [J]. Spectrochimica Acta Part A：Molecular and Biomolecular Spectroscopy,2015,144：68-75.

[57] RAJESH D,BRAHMACHARY K,RATNAKARAM Y C,et al. Energy transfer based emission analysis of $Dy^{3+}$/$Eu^{3+}$ co-doped ZANP glasses for white LED applications[J]. Journal of Alloys and Compounds,2015,646：1096-1103.

[58] 曾攀.有限元基础教程[M].北京：高等教育出版社,2013.

[59] MAHMOUDPOUR M,ZABIHOLLAH A,VESAGHI M,et al. Design and analysis of an innovative light tracking device based on opto-thermo-electro-mechanical actuators[J]. Microelectronic Engineering,2014,119：37-43.

[60] WANG Y,WANG P,CHEN Y,et al. Experiments and simulations of QCW Yb：YAG laser with consideration of transient temperature[J]. Optics Communications,2019,435： 433-440.

[61] FERRARA P,CIOFINI M,ESPOSITO L,et al. 3-D numerical simulation of Yb：YAG active slabs with longitudinal doping gradient for thermal load effects assessment[J]. Optics Express,2014,22(5)：5375-5386.

[62] LAPUCCI A,CIOFINI M,ESPOSITO L,et al. Characterization of Yb：YAG active slab media based on a layered structure with different doping[J]. Proceedings of SPIE,2013, 8780：87800J-87801J.

[63] SANDS J M,FOUNTZOULAS C G,GILDE G A,et al. Modelling transparent ceramics to improve military armour[J]. Journal of the European Ceramic Society,2009,29(2)： 261-266.

［64］　陈贝贝,张先锋,邓佳杰,等.弹体侵彻 YAG 透明陶瓷/玻璃的剩余深度[J].爆炸与冲击,
　　　　2020,40(8):83301.

［65］　KRISHNAN K,SOCKALINGAM S,BANSAL S,et al. Numerical simulation of ceramic
　　　　composite armor subjected to ballistic impact[J]. Composites Part B: Engineering,2010,
　　　　41(8):583-593.

# 透明激光陶瓷的应用

透明激光陶瓷主要用作固体激光器的工作物质(也称为增益介质或者激光材料)。从 20 世纪 60 年代的红宝石固体激光器开始,固体激光器的结构和性能不断改善,输出能量和脉冲重复频率不断提高,目前已经实现飞秒级和兆瓦级以上的巨脉冲。而且相比于气体激光器和液体激光器,固体激光器具有体积小、质量轻、结构紧凑、携带方便、易于维护、输出功率大等优点,因此在科研、工业、医疗、国防等领域具有广泛的应用,例如激光切割、激光焊接、激光通信、激光医学、激光投影、激光打标、激光测距和激光武器等。

从 1960 年梅曼发明了红宝石激光器以及 1964 年由盖西克(Guesic)等实现了基于 $Y_3Al_5O_{12}$(YAG)基质的激光以来,固体激光材料获得了蓬勃发展。目前已报道的材料包括石榴石、氟化物、氧化物、硫化物、铝酸盐、硅酸盐以及钒酸盐等,另外也包括了一大批稀土掺杂的磷酸盐玻璃和硅酸盐玻璃等非晶材料。其中 YAG 占据了固体激光材料市场的主要部分,而且迄今为止研究较为成熟,已经进入商业化的透明激光陶瓷也是 Nd:YAG 陶瓷为主——池末甚至认为"将来不可能会有新的材料可以在物理性质和激光性能上都超越 YAG"[1]。

严格说来,半导体激光器也属于固体激光器,又称为激光二极管,其工作物质就是砷化镓(GaAs)、硫化镉(CdS)、磷化铟(InP)和硫化锌(ZnS)等半导体单晶,激光来自带间跃迁,也可以解释为 p-n 结中电子-空穴的复合。从第 2 章关于激光发光和能带模型的介绍可以知道,由于能级差较小,因此这种工作物质的泵浦效率比较高,容易出光;但是也正因为能级差小,而且衰减快,所以难以获得大功率激光输出,其功率主要处于毫瓦级别——过多的能量输入并不能有效提高粒子数的反转状态,而且废热的产生还会使发光光谱展宽,谱峰变形,从而降低半导体激光器的激光质量。因此大功率的激光主要采用多个半导体激光器构成的阵列。对基于发光中心能级跃迁的透明激光陶瓷等固体激光器而言,半导体激光器可以作为泵浦源,从而实现全固态激光器。

由于透明激光陶瓷在激光性能上同其单晶形态并没有显著差异,因此透明激光陶瓷的应用与现有晶体乃至玻璃的激光应用大体上一样。当然实际使用中也有各自的特点,比如透明激光陶瓷在导热性能上要优于激光玻璃,而在掺杂调控性能方面也要比单晶更为自由,这是设计激光器时选择激光材料需要注意的。

下文重点介绍有关激光武器(图 6.1)、激光点火核聚变、激光(定向)照明、磁光隔离、激光量子信息处理以及激光光伏电池等较为前沿的应用,而相对传统,甚至已经成为日常生产与生活的一部分的应用,比如激光测距、激光医疗和激光加工等就不再赘述,读者可自行参考有关文献资料。

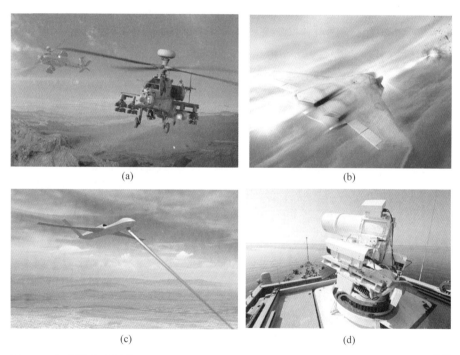

(a)　　　　(b)

(c)　　　　(d)

图 6.1　机载激光武器效果图(a)~(c)和舰载激光武器实物图(d),其中(c)为无人机[2-3]

# 6.1　大功率固体激光器

## 6.1.1　激光武器

激光能够作为武器应用主要在于它的两个优势:光速前进和高功率密度(或

高能量密度)。首先激光的运动速度是光速(约 3 万千米每秒),即便是地球同步卫星轨道半径也就是 3.6 万千米,这意味着一旦被激光瞄准,没有任何的飞机、舰艇和车炮可以逃脱;其次激光是受激发光,可以通过独特的技术将累积的能量一次性受激发射,同时也可以采用传统透镜聚焦的技术进一步提高能量密度,从而在打击目标上产生瞬间的高温并导致随后一系列物理与化学反应,最终实现摧毁目标的任务。另外,结合这两个优势,还可以催生其他的亮点,比如难以被狙击就是其中之一,即激光不像导弹那样可以在飞行中被拦阻甚至摧毁。

激光武器是区别于传统火药武器的一种新概念武器或者前卫武器,在战术对抗和战略防御中具有不可估量的作用。激光武器的作用主要有两个:①热致盲——即在较弱激光的作用下引起目标持有的功能暂时性失效——在激光照射停止后,其功能可逐渐恢复,通常所需的功率密度是每平方厘米数瓦至数十瓦;②永久性破坏——即在较强激光照射下,目标持有的功能被破坏,而且不能再次恢复,其破坏阈值约为每平方厘米几十瓦甚至几百瓦以上的功率密度。

激光武器传输高能激光(强激光)的基本过程可以参见图 6.2。从激光器(系统)出来的激光先经过自适应光学系统消除波前畸变,随后经过大气传输而抵达目标产生破坏作用。

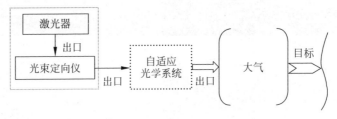

图 6.2  高能激光武器系统的激光传输过程[4]

从上述的高能激光传输过程可以看出,对于激光武器,其激光光束质量除了考虑激光器的影响,还包括其他光学系统以及大气的影响,此时没办法利用 $M^2$ 因子等偏小功率或室内应用的衡量标准,而是主要从破坏目标的能力来考虑。激光破坏目标所需的输出功率(或输出能量)$P$ 可以如下估算[4]:

$$P \geqslant I_{th} S \frac{BQ^2}{\eta T} \quad \text{或者} \quad P \geqslant E_{th} S \frac{BQ^2}{\eta T}$$

式中,$I_{th}$ 是破坏目标所需的功率密度阈值,$E_{th}$ 则是破坏目标所需的能量阈值,$S$ 是照射在目标上的光斑面积,$BQ$ 是激光光束的环围功率比或环围能量比(4.7.2节),$\eta$ 是激光系统的效率(包括传输过程的能量传输效率),$T$ 是大气的透射率。这两个公式虽然本质上没有区别,可以看作对激光能量不同单位制的描述,但是实际应用中是有区别的。以功率密度为单位侧重于"点破坏"或"硬破坏",强调聚焦光斑产生局部高能而破坏敌方目标;与此相反,用能量为单位侧重于"面破坏"或"软破坏",强调能量的累积,大光斑的辐照而产生破坏甚至摧毁的效果。

激光武器目前仍然处于实验检验阶段,2018 年,刘泽金院士在中国科学院上海硅酸盐研究所做的学术报告中提到"目前仍没有真正意义的高能激光武器列装,有的只是光电对抗武器"。其中的原因并不是提供不了高功能的激光,而是要求激光武器能够像常规武器那样快速循环使用,高效命中和灵活转移,其中快速循环使用,即重复频率的提高是亟须突破的关键问题。

激光武器的这些麻烦其实是激光的高能优点造成的。从发光的角度看,激光能量越高,就需要越多的粒子反转,并且需要更高的泵浦功率。前者意味着一次成功的激光发射需要一定的时间,而且能量越高,耗时越久;同时还要求激光工作物质能够提供足够的激光发光中心,对于气体和液体激光器,意味着体积要增加。而要提供更高的泵浦功率,一方面需要配套供能设备,另一方面还要处理废热,尤其是激光器能量转化效率只有百分之几十的时候,要实现兆瓦级别的激光输出所产生的废热是相当可观的,而激光的发射却需要合适的温度条件——首先要确保尽可能多的粒子分布在激光上能级,避免吸收热能而进入其他激发态或者无弛豫返回基态,导致粒子数反转以及单波长发光的基础不复存在;其次则是确保出射激光的质量不会因为热效应而下降,从而丧失激光高度定向而带来的高功率密度的优势。

在瞬息万变的战场上,体积庞大、工作条件苛刻以及开一枪就需要哑火一阵的武器当然是不现实的,因此当前媒体报道的激光武器,更多地是处于样机阶段,用来做演示以获得军工部门的重视为主。比如 2015 年美国洛·马公司搭建了一套"雅典娜"系统,采用 30 kW 的光纤激光武器成功摧毁 1.61 km 外的一个汽车发动机;2018 年,美国洛·马公司为美国海军建立两套"高能激光和集成监视系统",仅是分别安装在阿利伯克级驱逐舰和白沙靶场陆上进行测试[5];而 2020 年俄罗斯虽然报道第五代战斗机苏-57 装备了两个小型激光炮,但是其攻击目标仅是导弹的导引头,而且目前也是交给试飞研究中心的样机,离真正的列装并形成战斗力仍有一段距离。从国内外的发展现状来看,总体上美国(联合日本)和俄罗斯在高能激光的概念设计和具体实施方面一直居于国际领先地位。

高效命中的麻烦并不完全是激光自身造成的,其中也有激光武器的使命要求的因素。不同于炸药的大面积破坏作用,激光的破坏作用以"点"破坏为主,即在光束击中点产生高温来摧毁目标,这就意味着这个"点"的选择和命中成了激光武器需要首要考虑的事情。比如拦截精确制导的导弹这个战术任务,传统的导弹拦截模式只要能击中敌方导弹就完成任务;但是激光则要求优先破坏导引头和气动外形,使其偏离目标,其次才是提前引爆其战斗部或烧毁其壳体。这是综合考虑精确制导导弹各部分的功能和"点"破坏所需的时间之后的必然选择,如果还要考虑激光在目标的作用时间和连续发射激光的间隔时间,那么基本上就只能考虑破坏导引头,这就要求激光武器具备精确的火控系统。

从 20 世纪 60 年代激光问世以来,基于可实现的能量功率,激光武器的研究主要围绕气体和化学激光器展开,而其中又以后者占优势,比如氟化氘(DF)和氧碘(COIL)两种化学激光器由于其功率分别达兆瓦级和十万瓦级,因此在 20 世纪中期被美国等国家正式纳入武器装备的研究计划。但是这类激光器却具有上面所述的体积庞大和战场环境适应性差的缺点,甚至在使用中还要排放有毒废气,影响己方安全。这也是历经大半个世纪,激光武器仍属于新概念武器,甚至是一种科幻武器的一个原因。

相比之下,高能固体激光器却具有如下的潜在优势[6]:

(1) 大气传输和衍射有利于波长较短的固体激光器;

(2) 固体激光器质量轻、体积小,而且坚实;

(3) 可按比例放大;

(4) 整个系统完全靠电运转、不需要特殊的后勤供应;

(5) 没有化学污染;

(6) "弹药"库存多,每发"弹药"成本低;

(7) 军民两用性强,发展固体激光器对推动民用技术可起杠杆作用。

因此,具有体积紧凑、轻便、稳定、工作中甚至被破坏后不污染环境(洁净)以及可持续发光等优点的固体激光器受到世界各国的高度关注,同时也催生了实战方式的变革:原先化学激光武器只能考虑陆基和海基武器平台,而固体激光武器则可以进一步用于空基和天基武器平台,在灵活机动性和战场生存率上都会有显著的提高,而且可以成为真正意义上的战略武器,比如装配在卫星上,通过大覆盖面和高精度打击的能力实现战略威慑。

限于保密需求,国内外报道的激光武器测试主要提及系统的名称,依托公司以及测试结果或者目标,并不涉及激光武器系统本身以及所用的激光材料[5],因此,下文有关透明激光陶瓷武器应用的介绍主要是基于公开报道的学术文献来说明其可行性或潜力。

公开报道的涉及千瓦级别的激光输出主要是基于 Nd:YAG 透明激光陶瓷[6],具体例子有:①2000 年,日本神岛化学公司柳田(Yanagitani)领导的研究小组和日本电气通信大学的上田(Ueda)的研究小组一起用 Nd:YAG 透明陶瓷实现了高效激光输出,随后神岛化学公司、电气通信大学和俄罗斯科学院的晶体研究所等联合开发出一系列二极管泵浦的高功率和高效率固体激光器,激光输出功率逐步从 31 W 依次提高到 72 W、88 W 和 1.46 kW,光-光转化效率也从 14.5% 依次提高到

28.8%、30%和42%；②2005年，美国达信公司（Textron Inc.）的研究人员研制的Nd:YAG陶瓷激光器获得了5 kW的功率输出，持续工作时间为10 s；③2006年年底，美国利弗莫尔国家实验室采用日本神岛化学公司提供的板条状Nd:YAG透明陶瓷（尺寸为100 mm×100 mm×20 mm），以固态热容激光器的形式实现67 kW的功率输出（串联5块激光陶瓷板条），持续工作时间为10 s；④2009年前后，美国达信公司研制的"ThinZig"Nd:YAG陶瓷板条激光系统突破100 kW级输出。

从1995年Nd:YAG透明陶瓷首次实现激光输出，到2000年Nd:YAG陶瓷激光突破千瓦量级，再到2009年Nd:YAG陶瓷激光首次突破100 kW，可以看出Nd:YAG陶瓷激光在激光武器上潜在的应用价值，如果能进一步实现数百千瓦甚至兆瓦的突破，必将带来激光武器的革命性进展。

目前激光武器的发展除了需要重视高效激光材料，比如Nd:YAG和Yb:YAG等的研发，而且激光武器的高能和快速循环使用的特点还要求透明激光陶瓷具有足够大的尺寸和足够高的能量转换效率。前者是高能所需的吸收和发射强度乃至热传导的需求；比如在$Nd^{3+}$浓度一定的条件下，尺寸越大，$Nd^{3+}$总数就越多，产生的光子也就越多；而且尺寸大就可以采用薄板形式，同热沉（散热装置）接触面积加大，散热更快；而后者（高的能量转换效率）其实就是要求激光斜率效率要尽量高，从而提高泵浦能量的转换，降低废热。因此，高质量大尺寸透明激光陶瓷的研发同新型固体激光材料的研发一样，都是今后激光武器领域的主要工作。

最后，激光武器是一个系统，因此需要从系统论的角度来考虑激光武器的方方面面，其中也包括了激光材料。比如光纤激光器在紧凑和传热方面更占优势，但是从大功率高光束质量的角度看就难以胜任，而且通过阵列或相干复合成强光也增加了系统的复杂性，从而降低了系统应对战场各种意外的鲁棒性。又比如不考虑战争需要，而是考虑和平时期反恐需要的时候，现有的激光技术是可以满足的，布置在关键场所、公路以及航路上的陆基激光拦截系统乃至小功率单兵激光枪已经实现了商业化，但是这类器件的低响应速度并不适合拦截高速机动的敌方目标，因此也就不能看作真正的"武器"。同样地，对于激光中心而言，虽然$Yb^{3+}$在现有泵浦源的激发下产生的量子缺陷以及散热能力相比于$Nd^{3+}$有优势，但是其较低的吸收截面意味着更强的泵浦功率需求——目前通过前端逐级放大可以提高泵浦功率，却降低了整个激光器的紧凑性和可靠性。因此，多学科多领域共同合作是研制和发展激光武器的必由之路。

## 6.1.2　核聚变点火装置

基于光热转换所产生的高温，激光可用于点火过程（常规点火可用"firing"表示，而核聚变的点火则常用"ignition"）。常规的激光点火已经发展成为一门技术——激光火工技术。一个完整的激光点火系统包括控制模块、点火激光器驱动模块、光路检测模块、点火时间测量模块以及同步输出模块等主要功能单元,在实际应用中可以同时采用两种波长的激光,比如 980 nm 和 1310 nm 波长的激光。其中短波长,能量高的 980 nm 作为系统的点火激光,而长波长,能量低的 1310 nm 则作为检测激光。激光点火系统主要是将原先需要明火点燃来启用设备的工序改用激光点燃,从而不但安全性大为提高,不会有火星起火和污染环境的风险;而且可控性也进一步加强,为自动化设施的实现奠定了基础。

更进一步地,大功率激光点火产生的高温可以点燃氢同位素,引发核聚变,即实现可控核聚变。

核聚变反应是一个氘核和一个氚核生成一个氦核,并放出一个中子的核反应,根据爱因斯坦的质能公式 $E = mc^2$,这个核反应过程中的质量亏损会转化为巨大的能量。要发生核聚变,就必须将常温的气体加热到上亿摄氏度,形成等离子体(由氘、氚等原子核与自由电子所组成),而且在初始阶段还必须维持这个高温条件,直到核反应释放的能量可以自行提供这部分能量为止,随后核反应就可以自发进行,成为真正的核聚变。氢弹就是利用原子弹爆炸来提供所需的高温,但是其聚变反应是剧烈不可控的,只能作为武器使用,而可控核聚变才有作为社会生产和人类生活能源的价值。

用大功率脉冲激光辐照聚变燃料靶的概念最早出现于 1963 年(第三届国际量子电子学会议),而现代的激光点火引向心聚爆(即下文的惯性约束聚变)概念则是 1972 年泰勒(Teller)提出的,其优点就是将理论所需的激光能量降低了 4～5 个数量级,从而现有的激光功率可以满足点火引发可控核聚变的需求。

激光可控核聚变与激光点火引发可控核聚变等说法在本质上并无区别,都是利用大功率激光提供 1 亿摄氏度以上的高温并且持续到激光所供给的能量低于核体系释放出来的能量,此时点火成功,聚变反应自行维持进行。

由于核聚变所需的等离子体温度达上亿摄氏度,目前地球上没有任何实物容器可以承受如此高的温度,而且也不可能像太阳等恒星依靠巨大的引力来约束这些等离子体,因此可控核聚变采用惯性约束和磁约束两种人工约束方式,从而产生了两种激光点火引发核聚变的模式。

惯性约束聚变(inertial confinement fusion)是利用粒子的惯性作用反过来约束粒子本身,其基本思想是当外来能量将靶丸中的核聚变燃料(氘、氚)转成等离子体的同时,这些等离子体粒子由于自身惯性作用会通过向心爆聚被压缩到高温与高密度的状态,此时不但可以发生核聚变反应,而且反应也集中于靶丸中心的区域。这类激光点火模式首先获得高度聚焦的高能脉冲光束,随后多路高强脉冲激光对称地集射到球形氘氚靶丸上,使得靶丸表面消融为高温等离子体。它们高速喷射出来产生强大的反冲力,挤压靶芯,使其温度和密度急骤增加而发生核聚变。

磁约束核聚变则是在真空容器中将氘氚燃料加热到聚变反应温度,随后利用磁场将这些高温等离子体稳定地约束在该真空容器内,使其脱离器壁并发生聚变反应,此时激光点火主要就是起到"点燃"的作用,更关键的工作在于磁场的设计和建立。当前实验上最有成效的磁约束装置是托卡马克装置,又称环流器,是环形螺线管,其中的磁力线具有螺旋形状。磁约束核聚变相比于惯性约束聚变的优势主要有两个:功率更大和更安全。因为基于惯性作用的约束需要确保反冲作用足够强,这就限制了靶心的用量,而且惯性作用时间很短,随后的高温等离子体仍需要进行约束——其实氢弹的起爆就是一种惯性约束的特例,即当聚变反应发生后不再对高温等离子体进行约束的方式。

中国科学院等离子体物理研究所建立的东方超环核聚变实验堆(EAST)就是一个磁约束核聚变实验装置(图 6.3),也是世界上第一个非圆截面全超导托卡马克,它在 2017 年全球首次实现了超过 100 s 的稳态长脉冲高约束等离子体运行,目前已经实现了 1 亿摄氏度的高温,奠定了点火成功的基础。

图 6.3　EAST 装置实物[7]

不过,惯性约束条件有利于降低对激光功率的要求,这是因为相比于磁约束,惯性约束并不需要将全部核燃料都加热成等离子体,而只需要将靶丸球心区域的一部分加热到足够引起聚变反应即可,这部分区域称为热斑。换句话说,激光束的能量仅用于产生向心爆聚和加热靶心的热斑燃料上,并不需要将整个靶丸全部加热到热核聚变温度,这就降低了对激光功率的要求,也降低了外界能量的消耗。另外,所谓的热斑加热并不是激光直接加热,而是靶丸球壳向靶心压缩(爆聚)产生的球形激波。当激光脉冲具有合适的波形时,这种球形激波就可以会聚到靶丸球心区域,使球心区域一部分氘、氚燃料优先加热,形成热斑。随后热斑聚变反应释放的聚变能量会产生通过靶丸径向向外传播的超声热核爆炸波,将燃料层的聚变燃料加热并产生聚变反应,最后将表面层(烧蚀层)毁掉。

实际上上述的激光点火方式都属于直接驱动法,还有一种间接驱动的方式——此时激光不是直接照射核燃料,而是先辐照其他材料而获得 X 射线等别的辐射,随后 X 射线再辐照靶丸,开始前述的表层烧蚀、爆聚和核反应等步骤。这种方法虽然降低了激光的利用效率,但是对激光束光斑的均匀性要求却不高——因为这时是 X 射线均匀照射靶丸,而不是要求激光均匀照射在靶丸表面上。如果出现不均匀照射,其后果就是造成向心爆聚的不对称以及烧蚀层等离子体的不稳定性,从而破坏靶壳,造成靶壳和核燃料相互混合而降低压缩(爆聚)效果。

目前用于激光点火引发可控核聚变的激光材料有钕玻璃激光器和 KrF 准分子激光器等。正如第 2 章有关晶体场的介绍,虽然 $Nd^{3+}$ 的 $4f$ 电子跃迁发光受晶体场影响小,但是并不等于零。而玻璃从微观结构上就等同于提供了一个多样化的、变动的 $Nd^{3+}$ 配位环境,因此其激光质量并不好,这就意味着要实现靶丸表面的均匀照射会存在困难,而如果采用磁约束的全部加热或者间接驱动的惯性约束方式则需要更大功率的激光,这又同玻璃较短的荧光寿命和较低的热导率相矛盾。另外由于玻璃热导率低,导热性能较差,因此玻璃基激光器重复发射脉冲的频率较低(实际要求重复频率大于 10 Hz[8])、波形的调节也较为困难(同激光质量相关),不利于核聚变点火所需的脉冲波形整形。而 KrF 准分子激光器虽然具有波长较短、波形整形能力强和输出脉冲幅度可变动范围大等优点,但是在激光效率、脉冲的重复频率、激光器的可靠性与耐用性及成本方面存在缺陷。

相比之下,激光二极管泵浦的固体激光器具有重复频率高、激光效率高、可变频调整波长、激光质量高、波形整形能力强和运行可靠等优势,因此有望作为更高效激光点火系统的激光材料备选。

虽然目前激光点火所用的固体激光器主要选择单晶,其中一个原因就是需要用倍频晶体来获得更短波长的光,从而提高单个光子的能量。不过透明激光陶瓷也并非毫无优势,因为美国利弗莫尔国家实验室曾经估算在同等输出能量的情况下,使用透明激光陶瓷,整个装置总体长度和光学器件将大幅减少[6]。因此透明激光陶瓷在大功率激光点火装置方面的应用至少存在着两个发展方向:首先是类似激光武器,实现现有的 Nd:YAG 等陶瓷激光的大功率输出,并在此基础上进行激光点火的研发工作;其次是研究非立方晶系透明陶瓷材料——因为倍频效应的一个必要条件就是存在非对称中心,所以相应的晶系必然不是立方晶系。所以要实现短波长的全陶瓷激光输出,研究非立方透明陶瓷材料的制备甚至大尺寸制备是今后这一领域应用的需求。

最后,目前的激光点火可控核聚变虽然有高温、持续时间乃至中子产率的报道,但是仍处于起步阶段。这是因为一个真正的可控核聚变需要经历如下五个阶段:①产生热核反应;②实现聚爆所需的高压缩度;③热核反应释放的能量略大于输入的激光能量(比如大于 1%);④得失相当(即聚变能等于产生激光的电能或其他外界能量);⑤能量实现净增益(聚变能大于产生激光的能量,最终实现热核反应自我维持)。目前各国的研究水平还处于第一阶段或第二阶段,只有到第四阶段才具有商业化或实用的可能性,而真正意义上的聚变能应用则要求实现第五阶段,按照目前的技术水平,实现该目标仍然有相当大的差距。

# 6.2 激光照明

当前作为 21 世纪的绿色光源,LED 照明已经深入到人类生产与生活中。激光照明是中村修二等(Shuji Nakamura)在 LED 照明的基础上提出来的,两者的主要差异就是激发荧光转化层(荧光材料)的方式并不一样,传统 LED 是发光的半导体芯片激发荧光转化层,或者就是不同颜色的半导体芯片直接组装成照明器件;而激光照明则是采用激光代替半导体芯片。当然,既然激光照明中的激光主要是起到激发源的作用,因此其光束质量和功率的要求并不高,从而固体激光器中作为泵浦源的激光二极管所发射的激光就可以胜任。

需要注意的是,上述的差别重点关注激发方式,如果考虑到供能模式,两者也是截然不同的。LED 照明中,电能直接用于提供载流子及其复合而实现半导体芯片发光,这就决定了发光效率随输入功率增加必然是先增高,随后迅速下降;而激光照明则没有这个问题,因为电能是先转化为激光,其效率取决于激光器,照明器件部分主要考虑的是发光饱和,即激光光通量或功率达到某一数值,发光强度不再增加(如果存在热效应,还可能下降)的问题。

激光照明应用的领域可以分为两种,一种是高功率,另一种则是高功率密度。前者强调离开器件的光子总数量,而后者则重视定向性能。高功率激光照明主要用于解决传统 LED 受限于树脂封装和发光方式缺陷而不能实现大功率照明的问题,以便用于高杆灯、路灯、球场、机场、海洋照明、汽车前大灯、高亮度手术灯和摄影机光源等场合;而定向激光照明则是需要精准传输光子,尽量避免干扰周围环境的汽车车灯、探照灯和投影电视等器件的首选。因此两者的技术、材料和性能指标不一定相同。比如激光照明要求高色温和高显色指数(典型的 LED 照明性能指标是色温为 6500 K,显色指数 $Ra$ 高于 80,光效在 120 lm/W 左右);而汽车车灯的色温可以低于 4000 K,只需具有足够穿透能力即可。

## 6.2.1 传统 LED 的问题

电-光转换是现代照明的主要模式,第一代电光源是白炽灯和卤钨灯等热辐射光源,大量电能以热的形式被浪费掉;而第二代以日光灯和荧光灯为代表,利用紫外线激发荧光粉发光,可以称为冷光源,另外还有介于二者之间的汞灯、钠灯和金属卤化物灯等偏高能的高强度气体放电灯(有人将其看作第三代电光源,不过这类光源主要用于城市照明等特殊场合,与民居使用关系不大)。这些光源都具有能耗大、寿命短,而且对环境有污染的问题。因此随着能源短缺和环境污染问题的加重,绿色节能照明技术的研究和应用越发得到人们的重视,而 LED 则是其中的佼佼者——甚至有人提出"白炽灯泡照亮了 20 世纪,而 21 世纪将被 LED 灯照亮"。

LED 是发光二极管(light emitting diode)的简称,作为一种可以实现电-光转换的固态半导体器件,其核心是一个半导体芯片。最早的 LED 是 1962 年,GE、Monsanto 和 IBM 的联合实验室研发的发红光的半导体化合物磷砷化镓(GaAsP),随后 1965 年诞生了全球第一款商用 LED,光效大约 0.1 lm/W。1994年日本科学家中村修二以 GaN 为基片研制出蓝色发光芯片(获得 2014 年诺贝尔物理学奖),标志着以三基色芯片混合或者蓝光芯片激发荧光粉等获得白光 LED时代的开始。

虽然基于能带模型,理论上可以调整禁带中的缺陷能级来实现各种颜色,但是实际上由于能带模型是全局性的模型,而缺陷是局部性的结构——如果缺陷是全局性的结构,那就不叫缺陷,而是形成一种新的晶体周期性结构了——因此基于缺陷的发光不但效率低,而且光谱宽化,所以 LED 的颜色一般都来自较为固定的、与带隙相关的能级跃迁,即 pn 结中电子与空穴的复合,这就导致单纯由半导体芯片产生的电致发光只能得到有限的颜色,所以需要利用这些光作为入射光源,激发荧光材料产生其他色光,从而扩展发光器件的使用范围——作为照明光源的白光 LED 就是基于这种设想的产物。由于荧光材料最终是与半导体芯片一起封装成器件的,因此整体仍称为 LED,不再加以区分。

相比于其他电光源,LED 具有很多优势[9-12]:体积小、耗电量低(相同照明效果比传统光源节能 80% 以上)、使用寿命长(固体冷光源,使用寿命可达 6 万到 10万小时,是传统光源寿命的 10 倍以上)、高亮度却低热量(冷光源)和环保(无汞和有害物质污染,属于绿色照明光源)。目前 LED 已经广泛用于交通信号灯、大屏幕显示屏、背光灯、汽车灯(如尾灯和转弯灯等)、高速公路信号灯、特种照明和城市照明等领域。另外,由于 LED 光源是低压微电子产品,因此可以作为半导体光电器件用于计算机技术、网络通信技术、图像处理技术、嵌入式控制技术等各种高新技术中。

由于 LED 的应用主要是照明和显示,因此衡量 LED 及其相关材料的性能需要重视如下与照明显示相关的参数。

**1. 色坐标**

色坐标就是光源发出的光呈现的颜色在色度图上的坐标。常用的色度图是国际照明委员会(CIE)在 1931 年制定的。由于色度图的制定中定义红、绿、蓝三基色,即 R、G 和 B 各自的比例系数满足 R＋G＋B＝1,因此色坐标只需要两个数值即可。比如图 6.4 中,$x$ 轴坐标为红基色所占比例,$y$ 轴坐标为绿基色所占比例,图中并没有 $z$ 轴色度坐标(即蓝基色所占的比例)。

　　由于任何颜色都可以用三基色比例加以规定,因此每一个颜色在色度图中都有确定的位置,比如美国国家电视标准委员会(NISC)规定的红色标准色度坐标为(0.67,0.33)。在 CIE1931 色度图中,红光波段在色度图的右下部,绿光波段在图的左上角,而蓝紫光波段在左下部。图下方连接 400 nm 和 700 nm 的直线,是光谱上所没有的、由紫到红的系列。靠近中心 C 点的是白色光,相当于中午阳光的光色,其色度坐标为 $x=0.3101,y=0.3162$[9,11,13],而标准白光的色度坐标是(0.3333,0.3333),色温为 5454.12 K。

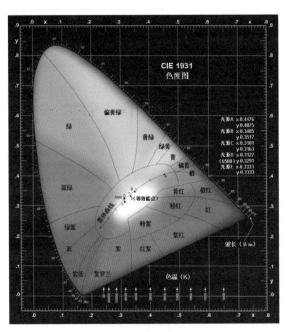

图 6.4　CIE 1931 色度系统,其中白色三角形表示红、绿和蓝三种纯颜色不同组合
产生的色域,点 $E$ 为标准白光(0.3333,0.3333)[14]

　　颜色之间的差距,比如不同材料的色坐标差异或者同种材料色坐标随温度的变化可以利用欧拉距离来描述[15]:

$$\Delta E=\sqrt{(x-x_0)^2+(y-y_0)^2+(z-z_0)^2}$$

式中,$(x,y)$ 和 $(x_0,y_0)$ 分别是待比较点和基准点(比如室温下)的色坐标,而 $z$ 和 $z_0$ 根据色坐标定义,分别等于 $(1-x-y)$ 和 $(1-x_0-y_0)$。

颜色的纯度指的是发光的色坐标相对于可代替该发光颜色的单一波长光的色坐标的差距。这种光称为主光(dominant light),相应的波长 $\lambda_d$ 称为主波长(dominant wavelength),其色坐标表示为 $(x_d,y_d)$。计算颜色纯度需要指定一种标准白光光源,所得的颜色纯度也是以该光源为基准,或者说是在该光源作为白光时体现出来的颜色纯净程度。如果白光光源的色坐标为 $(x_i,y_i)$,材料或器件发光颜色的色坐标为 $(x,y)$,那么在图 6.4 的色坐标图中,连接 $(x_i,y_i)$ 和 $(x,y)$ 两点并向 $(x,y)$ 点所在方向延伸的直线与包围颜色空间的马蹄形曲线的交点就给出了主波长 $\lambda_d$ 和相应的色坐标值 $(x_d,y_d)$。据此可以如下计算该材料或器件发光的颜色纯度(color purity,CP)[16]:

$$CP = \frac{\sqrt{(x-x_i)^2+(y-y_i)^2}}{\sqrt{(x_d-x_i)^2+(y_d-y_i)^2}} \times 100\%$$

另外,表示颜色空间的色度系统随着测试技术和统计实验的发展也有了更新的版本。由于不同色度系统的差异主要是人眼感知颜色数量的不同,因此对于同一颜色而言(假设两个色度系统都包含),它们的色坐标与 CIE 1931 色度系统所给的色坐标可以彼此换算,比如 CIE 1976 的色坐标 $(u,v)$ 和 CIE 1931 的色坐标之间存在如下的关系[15]:

$$u = \frac{4x}{3-2x+12y}, \quad v = \frac{9y}{3-2x+12y}$$

### 2. 色温

色温是相关色温(correlated color temperature,CCT)的简称,其定义源自黑体辐射。一个光源的色温定义为与其具有相同光色的"黑体"所具有的绝对温度值(单位为 K)。显然,色温越高,光线中蓝色成分越多,红色成分相对越少。比如偏黄的普通白炽灯泡的色温为 2700 K,而含有大量紫外和蓝光,缺乏红光成分的日光灯的色温为 6000 K。由于黑体辐射给出的是连续光谱,而 LED 的发光峰是离散分布的,因此就有了相关色温的概念。当光源的光辐射所呈现的颜色与黑体在某一温度下辐射的颜色接近时,黑体的温度就称为该光源的相关色温,比如色度坐标为 $(0.3333,0.3333)$ 的标准白光的色温是 5454.12 K,就是采用了相关色温。

总体说来,色温在 3300 K 以下,颜色偏红,为暖色光;色温大于 5300 K 时,颜色偏蓝,为冷色光。通常气温较高的地区,人们多采用的光源色温高于 4000 K,而气温较低的地区则多用 4000 K 以下的光源[9]。

色温在工业上也存在各种划分方式,典型的是:暖白(3500 K 以下)、自然白(3500~4500 K)、正白(4500~7000 K)和冷白(7000 K 以上),其中 6500 K 被称为日光色,恰好与太阳光(自然白光)的 5500~7500 K 色温范围对应。

基于色坐标 $(x,y)$ 可以如下公式计算相关色温(CCT):

$$n = \frac{x - 0.3332}{y - 0.1858}$$

$$CCT = -449n^3 + 3525n^2 - 6823n + 5520.33$$

### 3. 发光效率

光源所发出的总光通量(单位为 lm(流明))与该光源所消耗的电功率(单位为 W)的比值,称为该光源的发光效率或流明效率,其单位是 lm/W,代表光源将所消耗的电能转换成人眼所感知光强的效率。发光效率一般简称为光效。这里强调"人眼"是因为一种光的流明数值与视觉函数(人眼对不同颜色光的灵敏度)有关,比如对于人眼最敏感的 555 nm 的黄绿光,1W = 683 lm,即 1 W 的功率全部转换成波长为 555 nm 的光,为 683 lm;而对于其他颜色的光,比如 650 nm 的红色,1W 的光仅相当于 73 lm。因此流明效率不要同发光材料常见的量子效率和光产额等混淆起来,后者是基于粒子数。一个典型的例子就是红光成分增加会显著提高流明效率,当量子效率较低时,红光越多,流明效率反而升高。

### 4. 显色指数

光源照射下物体在人眼中能呈现其真实颜色的程度称为光源的显色性。比如红光照明下物体颜色会偏红,其显色性就不好。为了对光源的显色性进行定量的评价,从而引入显色指数(color rendering index,CRI,可用变量 $Ra$ 标识)的概念——标准光源的 $Ra$ 定为 100,其余光源的 $Ra$ 越大,显色性就越好[9]。显色指数本质上是一种表征发光光谱连续宽范围分布程度的指标。不同 $Ra$ 表现为不同的视觉效果,图 6.5 给出了一个例子。显然,$Ra$ 与人类的日常生活密切相关,比如红光照射下的生肉看起来更为新鲜,水果也显得更为成熟;与此相反,停车场的灯光如果 $Ra$ 过低,就可能分辨不出日光下不同颜色的车辆。用于模仿日光照明的发光材料 $Ra$ 应当在 80 以上,商业化场景 $Ra$ 应在 90 以上。

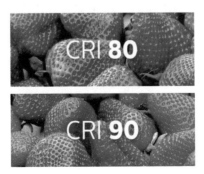

图 6.5 不同显色指数光源照射下人眼看到的草莓颜色变化[17]

**5. 发光强度和发光亮度**

发光强度是光源在给定方向的单位立体角中发射的光通量,单位为 cd(坎德拉)。由于发光强度是针对点光源而言的,或者发光体的大小与照射距离相比比较小的场合,因此这个参数是表明发光体在空间发射的会聚能力的。可以说是发光功率与会聚能力的一个共同的描述,即管芯完全一样的两个 LED,会聚程度好的发光强度就高。发光亮度是指发光强度与光源面积之比,即单位投影面积上的发光强度,单位为 $cd/m^2$。

从颜色学的角度可以认为将蓝色 LED、绿色 LED 和红色 LED 芯片发出的光按照不同强度比例叠加为显示屏上的一个像素就可以实现各种颜色乃至白光发射,但是实际应用中并不可行,这是因为一方面基于能带发光模型,三基色芯片的光输出会随温度的升高而下降,而且不同的 LED 光输出下降程度相差很大,这就造成了色差;另一方面这种三芯片组装和控制方式非常复杂,性价比并不占优势。此外高亮度也意味着高单色性,因此基于三基色 LED 所得的白光并不像日光那样属于连续光谱,只是在颜色上满足色坐标的要求,显色指数并不是 100,或者说其光色并不自然。因此当前更常见的,尤其是用来照明或者作为背光光源的白光LED 只能采用半导体 LED 芯片搭载荧光粉的模式,而两者则通过环氧树脂等封装在一起。

由于红光和绿光组合近似为黄光,因此以蓝光芯片激发黄光荧光粉可以得到白光 LED,此时一部分蓝光被荧光粉吸收,激发荧光粉发射黄光,剩余的蓝光和发射的黄光混合,通过荧光材料来调控蓝光和黄光的强度比,可以得到各种色温的白光。这种方案早在 1996 年就由日亚公司实现了商业化,也是最早商业化的白光LED,采用的黄光荧光粉是 $Ce:Y_3Al_5O_{12}$。它在 465 nm 附近具有较强的宽带吸收,其发射波长在 530 nm 附近,能与蓝色 LED 芯片的组合形成白光。

遗憾的是,基于前面提到的照明显示所需的色坐标、色温和显色指数等参数,这种模式仍不是完善的方案。首先 $Ce:Y_3Al_5O_{12}$ 发光光谱主要分布在黄绿光波段,红光成分比例偏低,而且蓝光来自 LED,单色性较强,因此与黄绿光之间的光谱强度较低,即缺乏青色部分,这就意味着这种组合所得的白光只能是近似,在色坐标、色温和显色指数上都与日光存在差距,导致显色指数低和白光不自然。其次就是不管是蓝光芯片还是黄色荧光粉,它们的能量转换效率都达不到 100%,未能转化为光能的能量就成为废热而导致器件温度升高,而环氧树脂并不是热的良导体,从而器件难以同外界环境快速热交换而维持合适的温度,此时会发生发光强度的降低(热猝灭)。由于芯片和荧光粉发光的热效应是不同的,因此其发光并非同步下降,最终器件不仅变暗,而且颜色也发生变化——热效应对"芯片+荧光粉+树脂"封装模式的色坐标、色温、显色指数乃至发光强度的不利影响成为传统 LED

需要解决的基础性问题之一。最后,从亮度、覆盖面积和大气对光的衰减角度考虑,道路、大型场所以及市政建筑艺术装饰等需要大功率的 LED 来实现足够的光强,但是功率大就意味着单位时间产生的废热增加,即强化了上述的热劣化效应,这就是传统 LED 难以用于大功率照明显示场合的主要原因。

传统 LED 以无机半导体以及无机荧光粉(陶瓷粉)为主,目前也有基于有机物的有机 LED(OLED)和基于纳米技术的碳纳米管 LED 和量子点发光二极管等,有兴趣的读者可以参阅相关文献[11]～文献[13]。总体而言,它们同样存在稳定性的问题——有机物或者基团本身的热和光稳定性较差,容易氧化老化,而且有机染料等易与封装剂发生反应也会降低器件寿命,加上杂环原料的大量使用还会带来污染和安全问题,而量子点等纳米粉的独特发光来自表面缺陷,如果发生团聚,其发光颜色和光效就会发生明显变化,因此要进入实用,不但需要解决维持"原装"表面进行器件封装的问题,而且还要解决热效应下表面缺陷的稳定性问题等,难度更大。因此纯无机物相材料在照明显示方面,尤其是大功率照明显示方面更占优势。

透明激光陶瓷对传统 LED 的改进作用主要是荧光粉的透明陶瓷化及其带来的优势以及提供了新的光源(6.2.2 节)。Nd:YAG 是常见的透明激光陶瓷,而目前白光 LED 常用的黄粉是 Ce:YAG,从组成上来说就是将 $Nd^{3+}$ 改为 $Ce^{3+}$ 掺杂,因此很容易基于 Nd:YAG 的技术制备出 Ce:YAG 透明陶瓷,与此类似的报道还有基于 $Y_2O_3$ 基激光陶瓷的 $Y_{1.8}La_{0.2}O_3$:Eu 透明红光陶瓷[18]和 Tb:$Al_2O_3$ 透明蓝白光陶瓷(图 6.6)[19],同时也包括类似荧光粉的基质多组分化以及单晶和玻璃陶瓷化等[9,20-24]。

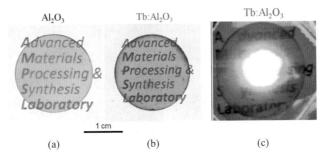

图 6.6　$Al_2O_3$ 和 Tb:$Al_2O_3$ 透明陶瓷的实物(a)和(b)的发光图像(c,355 nm 激发)[19]

采用透明陶瓷与半导体芯片组装 LED 有助于克服传统 LED 的问题,具体表现在如下三方面。

(1)可以免去涂覆工序,透明陶瓷等块体在封装 LED 的时候直接作为固体层放在半导体芯片上,构成光源框架的一部分,从而克服将荧光粉涂覆在芯片上由于加热、同有机溶剂接触等引起的荧光粉劣化问题。

（2）增加热传导作用，可用于大功率的 LED 光源。在块体模式下，废热可以通过块体传导，而 YAG 的热导率（15 W/(m·K)）远高于商业封装树脂的（0.4～1.7 W/(m·K)）[25]，这就使得 LED 工作中产生的热量可以更快地被传递出去，有利于降低荧光材料温度和芯片结温。实验表明，使用荧光陶瓷进行封装在提升 LED 器件光效的同时，也明显提高了白光 LED 器件的寿命[26]。

（3）块体与粉体相比，表面能非常低，因此更加稳定，从而可以克服粉体长时间使用或者在加热等条件下的退化问题。

由于陶瓷块体与 LED 芯片的组合是叠层的结构，因此陶瓷的厚度和透明度必然会影响最终的色坐标、色温、流明效率和显色指数等照明显示相关的技术指标。

厚度的影响结果可以参见图 6.7[27]。一方面光线在物体中的吸收与厚度呈指数关系，因此陶瓷越厚，半导体芯片发出的光必然被吸收得越多，而且这种衰减是按指数变化的。这就意味着陶瓷厚度是有限的，过厚的陶瓷将完全隔绝芯片的发光——这种吸收其实也包括陶瓷发光所需的吸收，陶瓷越厚，$Ce^{3+}$ 总浓度就越大，可吸收的蓝光就越多，其作用类似于在原有 YAG 陶瓷基质吸收系数的基础上增加了一个数量，并没有改变吸收的指数变化规律；另一方面就是黄光会随着 $Ce^{3+}$ 总浓度的增加而增强，这就改变了整个器件的光色。如图 6.7 所示，随厚度增加，LED 发光从偏蓝光向黄光过渡。图 6.7 中厚度为 0.632 mm 的样品最为理想，不但在可见光范围内的透射率为 70%～80%，而且最接近白光理论色坐标值 (0.3333, 0.3333)，流明效率为 73.5 lm/W[27]。

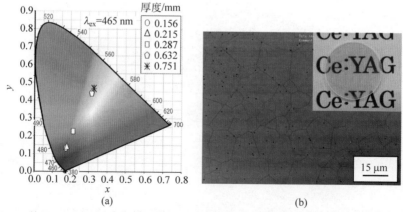

图 6.7　基于 Ce:YAG 透明陶瓷和蓝光芯片的 LED 所得发光色坐标随厚度的变化(a)和
Ce:YAG 透明陶瓷的激光聚焦显微镜图片(b)(内置图为镜面抛光后的陶瓷)[27]

需要强调的是，透明陶瓷在不同应用领域有着不同的光学质量需求。透明荧光陶瓷并不需要整块陶瓷在可见光下透明，而是要求陶瓷对自身的发射光必须"透明",即自吸收要尽量少,而且基质对半导体芯片的发射光的吸收系数也必须适当——如果基质的吸收系数过大,透明陶瓷就要做得很薄,此时发光中心的浓度会过低。不过,这不意味着陶瓷整体透射率(透射率谱线的基线数值,即基质的透射率)越低越好,而是需要综合考虑色坐标和光提取效率。虽然透明材料对光的折射和反射具有方向性,适合于定向发光应用(6.2.2 节),但也正是这种方向性产生了光色和光提取效率的问题。前者的典型例子就是当透明陶瓷与蓝光芯片叠合成 LED 器件时,光谱中的蓝色部分来自芯片发出且透过陶瓷的蓝光,而黄光部分来自荧光陶瓷的 $Ce^{3+}$。如果陶瓷很透,蓝光在内部散射就很小,即使块体中包含了足够多的 $Ce^{3+}$ 发光中心,但由于它们不一定分布在蓝光透射光路上,因此激发效率并不高,整体光色会偏蓝,向冷白光发展。与此相反,如果陶瓷透明度下降,蓝光在陶瓷内部散射增加,激发 $Ce^{3+}$ 的机会就增加,此时就会有更多的黄光发射,可以得到暖白光。另外,对于透明度较低的样品,除了发光覆盖的面积较大,还可以降低陶瓷表面与空气折射率差异过大的不利影响——此时表面漫散射程度增强,有利于更多的发射光离开陶瓷,而不是反射回陶瓷内部被消耗掉,这意味着低透明度可以增强光提取效率。然而透明度不高所产生的散射也会消耗芯片与陶瓷的发光,而且也会阻碍 $Ce^{3+}$ 对蓝光的吸收——极端情况下芯片发出的蓝光仅在靠近芯片的表层区域散射,能穿过陶瓷的是该区域被激发的 $Ce^{3+}$ 产生的黄光,此时所得的是近黄光的结果,因此基于透明陶瓷而改进的荧光陶瓷必须在透射率与光损耗之间取得平衡,而且要获得亮度均匀的光源,其内部散射体的分布也应该是均匀的。

透明块体在热效应方面的优势也已经获得了证实。图 6.8 给出了 150 ℃下加热不同时间后商用 LED 的严重变色以及 Ce∶YAG 玻璃陶瓷仍保持稳定的结果[28]。Ce∶YAG 透明陶瓷在热效应方面的优势也有报道[29]——发光强度随温度的下降要比基于商业 Ce∶YAG 荧光粉的 LED 来得慢,而且表面温度上升也要缓慢得多(往周围环境的散热更好),比如同样的电源功率下,商业粉在 12 min 内升到了 160 ℃,而 0.5 mm 厚的透明陶瓷样品封装的 LED 为 150 ℃,1.5 mm 厚的则为 135 ℃,可见基于透明陶瓷的 LED 在大功率器件的应用上具有更好的表现。

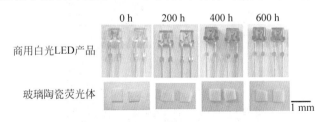

图 6.8　150 ℃下加热不同时间后商用白光 LED 和 Ce∶YAG 玻璃陶瓷的实物颜色对比[28]

另外,借鉴键合型或者包层激光透明陶瓷,目前也有组合结构的荧光陶瓷的报道,其原理就是单层透明陶瓷改变显色性、色坐标和光效等性质会受到基质能量传递或者多发光中心之间的不利能量传递等限制,因此通过联合不同发光的透明陶瓷有助于实现更高质量的光色性能。比如将 Ce:YAG 和 Pr:YAG 组合起来就可以获得更高品质的白光。该组合透明陶瓷结构由上下两层透明陶瓷粘合构成(图 6.9)[30],其中上层为 $(Pr_x Y_{1-x})_3 Al_5 O_{12}$,下层为 $(Ce_y Y_{1-y})_3 Al_5 O_{12}$,$x$ 和 $y$ 的取值范围都是 0.0003~0.06。采用蓝光芯片激发该复合透明陶瓷的时候,下层透明陶瓷产生的黄光与上层透明陶瓷产生的红光以及透过的蓝光混合成高品质白光,从而得到更高的显色指数[30]。随后进一步利用 $Cr^{3+}$ 的红光,将 Ce 和 Cr 同时掺杂进 YAG 中制成了透明陶瓷,得到更偏于红光的光色,然后采用双层组合模式与蓝光组合,得到了接近白光理论值的色坐标(图 6.10)[31]。

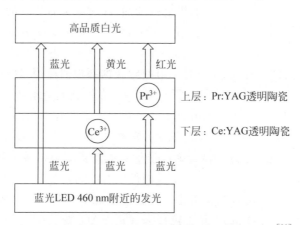

图 6.9  组合结构透明陶瓷与蓝光芯片的封装示意图[30]

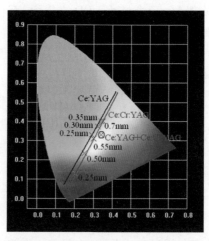

图 6.10  蓝光芯片与不同厚度的 Ce:YAG,Ce,Cr:YAG 和(Ce:YAG＋Ce,Cr:YAG)透明陶瓷组合所得 LED 发光的色坐标[31]

总之,透明激光陶瓷的发展也推动了透明荧光陶瓷的进步,为 LED 领域提供了一类新型光转换材料,并且克服了基于荧光粉的 LED 在光色稳定性、耐热性和大功率化上的先天不足。当然,基于透明陶瓷的 LED 器件仍未完善,因为它也引入了其他新的问题,比如前面所述的透射率或散射与发光颜色和光提取效率的关联问题,以及红光荧光陶瓷问题等。后者是因为当前透明荧光陶瓷主要聚焦在 YAG 基的透明陶瓷上,一方面是因为这类陶瓷在激光陶瓷领域发展历史较久,透明化技术比较成熟;另一方面则是目前商业 LED 所用的荧光粉就是 $Ce:YAG$ 黄粉,因此相关研究和商业应用探索成为当前的热门。但是荧光材料方面的大量探索已经证明 YAG 并不是 $Eu^{3+}$ 或者 $Cr^{3+}$ 的高效基质,因此基于 YAG 的红光透明陶瓷效率并不高,需要类比商用红粉 $Eu:Y_2O_3$ 或者 $Eu:Y_2O_2S$ 等考虑 $Y_2O_3$ 基红光透明陶瓷的制备和产业化。

更进一步地,目前基于荧光粉的 LED 面临的不少问题与改用透明陶瓷所面临的问题是重叠的,除了上述的红光成分缺失问题,另一个典型的例子就是组合结构透明陶瓷设计策略的缺陷。虽然这种设计策略能够获得更好的显色性和更均匀的发光分布,在白光方面具有优势,但是有两个主要问题是需要克服的:第一个是组合荧光粉或者非单一基质发光材料会碰到的“短板问题”(即 LED 的实用性取决于物理与化学性能最差的发光组分),第二个是组合结构增加了透射厚度,促进了吸收,同时还加重了热传导问题,因此会对蓝光的有效利用和器件的热稳定性等产生不利的影响——这也是荧光粉类型的 LED 需要克服的。最后,复合结构透明陶瓷还提高了 LED 器件的成本,影响相关产品的普及,这也是后继发展透明荧光陶瓷需要注意的地方。

## 6.2.2　定向照明与投影

虽然定向照明与投影的概念早已为人所知,其应用也与人类生产和生活息息相关,比如手电筒、汽车车灯、电影以及电视就是定向照明与投影的例子,但是实际上从强度分布和光色实现的角度来看,它们并不是严格的定向照明与投影。比如当打开汽车远光灯的时候,理想的照明应该是只影响正前方的景物,其他方向不应受到影响,但是实际上由于光束的定向是利用灯罩反光聚焦,因此离开焦点后就逐渐扩散,最终导致一个相当大的立体圆锥范围内都可以看到刺眼的白光,这就是乱开远光灯容易引发交通事故成为“马路杀手”的根本原因。同样地,理想的显示应该是真实颜色的再现,但是目前的液晶显示并不是真正的彩色。首先作为白光的背景光源就不是真正意义的白光,其次是三基色来自液晶对背光的吸收产生的“补色”,而这种补色并不能真正代替三基色的组合。因此类似电影通过氙灯等类白光产生胶片的“补色”而投影一样,其光色的真实性受到了限制。

虽然后来发展的金卤灯等可以产生高定向化的光束,但是其能量转化效率低且寿命短,而近年来涌现的 LED 尽管具有高效和长寿命的优势,不过做成紧凑的 LED 灯具后却很难获得发散角小于 10°的定向光。

激光照明(laser illumination)有望实现真正意义的定向照明和投影。由于激光也是一种光源,因此可以用于照明和投影,但是它的高亮度和低发散只能产生一个亮斑,而与照明和投影相关的主要是照度(单位是 lx(勒克斯)),它反映的是被照亮的物品可以产生进入人眼反射光的能力。这是因为视觉主要来自反射光,而不是直接入射光——比如看电影的时候,人眼不可能直接注视放映机来接收图像,而是放映机先投影到屏幕,我们从屏幕的反射光看到图像。因此长期以来,激光主要用于基础科学研究、工业加工乃至军事武器和核聚变,在投影上也有激光投影仪方面的应用,但是激光照明则是近年来在中村修二(因蓝光 LED 获得诺贝尔物理学奖)等提倡后才逐渐热门起来。

**1. 定向照明**

定向照明是激光照明的一个特定应用。由于激光的高亮度和低发散,不能直接射入人眼,人们类比 LED(6.2.1 节)发现原有的半导体 LED 芯片完全可以用激光器进行替换,不但可以实现激发荧光材料而发光的效果,而且由于激光是入射荧光材料,不需要类似芯片那样与荧光材料紧贴而避免激发光的损耗,从而也没有像芯片那样除了自身电阻热之外,还要受到荧光材料等废热的影响,导致电功率增加时,其发光出现饱和甚至下降。另外,基于激光的准直特性,光源和荧光材料之间的空间可以不用过于紧凑,这就可以考虑各种散热设计,有助于实现大功率照明。最后,基于激光可以实现大功率的激发,而 LED 即便可以将功率不断提高(驱动电流不断增加),也难以获得大功率发光——因为此时会出现发光效率由于电子以俄歇复合的方式被消耗而断崖式下跌。基于这些优点,激光照明近年来获得了重视,甚至被中村修二定义为 LED 之后的新一代光源。

按照实现的基本方式,激光照明可分为两大类:第一类是利用半导体激光二极管发射的激光直接组合;第二类则是利用激光驱动荧光材料发光。显然,这其实是 LED 实现白光方式的翻版。对于第一类,如前所述,它需要考虑激光的照度问题,其更现实的应用是基于光斑扫描的激光投影;而第二类则是目前的主流,甚至部分实现了商业化。需要注意的是,目前激光照明在文献中也称激光二极管(laser diode,LD),这与 LED 的用法类似,并不仅仅是 LD,而是包括了"LD+荧光材料(LDP,laser diode+phosphor"的组合)。

图 6.11 形象示范了定向照明的概念与效果[32]——在同样输出功率的条件下,定向照明具有更高的功率密度,即光束的发散角更小,如果相比于大发散角的 LED 灯,LD 车灯的光束可以近似看作准直的,可照明距离更远。

图 6.11　LED 和 LD 汽车车灯的不同照明效果示意图[32]

定向照明的实现并不复杂,只要确保离开荧光材料的发射光能尽量会聚即可,显然,透明晶体和陶瓷相比于荧光粉,在发射光的定向性能上更占优势。因此目前 LD 的研究和商业应用主要围绕蓝光 LD 激发的黄光透明 Ce:YAG 单晶和陶瓷或者掺 Ce 的 YAG 基单晶和陶瓷(比如将 Y 改为 Lu 的 LuAG)展开的,其制备和性能其实与 LED 用的透明陶瓷基本类似。

从 LDP 组合成紧凑器件的方式可以将它分成两种类型(图 6.12):透射型和反射型。前者是激光与发射光分居荧光材料的两侧,目前已经在宝马汽车前灯上实现了商业应用;而后者则是激光与发射光在荧光材料的同侧。如果纯粹从光的传播方向来看,发射光相当于入射激光在荧光材料表面的反射,因此这类器件也称为表面负载(surface-mount devices,SMDs)器件。另外,除了上述用于聚光灯和车灯等紧凑型器件的场合外,如果是制备远程非紧凑器件,那么两种方式可以任选,此时激光从较远的距离射到荧光材料上而发光,可以用于桥梁、隧道等场所。

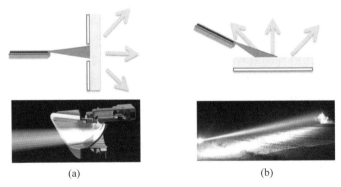

图 6.12　LDP 的两种实现方式[32]

(a) 透射型;(b) 反射型

中村修二和加拿大 Soraa 公司共同创立的 SoraaLaser 公司(现改为 SLD

Laser)在 2018 年就推出了一款白光表面负载类型的器件,就是反射型(reflective configuration)紧凑器件的一个典型[33],其实物图可参见图 6.13。它利用大功率 InGaN 激光二极管产生的半偏振化的蓝色激光来激发直径小于 300 $\mu$m 的荧光材料,随后产生了 500 lm 的光强,并且光束发散角被约束在 1°~2°,从而将蓝色激光转为人眼安全的、宽光谱的近白光。图 6.13 给出的器件仅 7 mm 见方,其中荧光材料是一个 1 mm×1 mm 的单晶。由于采用反射型,因此荧光材料旁边还需配备一个光挡(beam dump),可以吸收被荧光材料反射的激光,从而提高器件的安全性。

图 6.13　SLD Laser 公司推出的反射型 LDP 产品[33]

需要注意的是,LDP 中荧光材料的发光由于属于自发辐射,因此取向还是不可控的,比如图 6.13 中的器件就需要一个准直光路来会聚分布在 120°范围内的 1000 cd/mm$^2$ 的光强,最终的结果是相比于同样尺寸和流明输出功率的 LED,其光束散射角降低到 1/10,这就意味着其所得的灯具相比于常规的 LED,尺寸缩小至 1/10,但是输出的光强是常规 LED 的 100 倍以上。

虽然相比于 LED 用透明荧光陶瓷,定向照明用透明荧光陶瓷也有不同的要求,但是主要考虑的仍然是发光效率指标。

对于一个发光器件的效率,既要考虑最终可利用的发光,也要考虑能量转换效率(关系到成本),因此表征 LD 或 LED 的发光效率主要有三种:内量子效率、外量子效率和光提取效率。

内量子效率(internal quantum efficiency,IQE):当一束入射光射到发光材料的表面上,部分光子被吸收并激发材料发光,所产生的光子数与被吸收的入射光子数之比就是内量子效率。显然,内量子效率衡量的是发光中心的能量转化效率。

外量子效率(external quantum efficiency,EQE):当一束入射光射到发光材料的表面上,部分光子被吸收并激发材料发光,所产生的光子数与所有入射光子数之比就是外量子效率。从数值上来说,外量子效率等于内量子效率和吸收效率的乘积,后者就是被样品吸收的入射光的比例,即被样品吸收的入射光与全部入射光之比[34]。

　　显然,外量子效率衡量发光材料尤其是基质的能量转化效率,基于这个数值并考虑发射光子的能量,还可以进一步衍生出其他发光效率指标,比如电功率转化的能量效率(此时需要用能量数值,而不是粒子数目),与内量子效率做比较可以反映基质在这类发光中的品质,差值越小,就意味着基质将能量传递给发光中心的效率越高,从而是这种发光中心所需的优良基质。

　　光提取效率(light extraction efficiency):实际离开器件的发射光子数与所产生的全部发射光子数的比值。

　　实际测试的数据严格来说应当是特定光提取效率下的内量子效率和外量子效率,换句话说,如果不能获得真实的发射光子的粒子数目,那么测试所得的光子数目其实都是离开器件的光子数目,以此结合入射光的透过和吸收等计算的内、外量子效率当然要低于真实数值,不过却体现了实际的光效。

　　举个例子,如果有 10 个外来光子入射荧光陶瓷,反射掉 1 个,吸收掉 8 个,透射过 1 个,随后产生了 6 个低频光子(发射光),并且其中 5 个离开陶瓷(透过),1 个被吸收,则内量子效率是 75%(6/8),外量子效率是 60%(6/10),光提取效率是83.3%(5/6)。

　　需要注意的是,不同文献或领域采用的概念虽然维持了基本的对应关系,但是其具体数值对应的物理对象可能不一样。比如半导体中也直接用电子与空穴复合产生的电流来取代发射光子而计算量子效率乃至提取效率,甚至有人认为提取效率是外量子效率除以内量子效率所得的比值——这个数值其实是入射光子的提取效率或利用效率。目前 LED 的外量子效率较低而内量子效率较高,典型的取值是30% 和 90%,这也是现有 LED 容易产生废热,难于大功率化的一个证据。

　　定向照明与常规 LED 照明之间在光提取效率上有着不同的需求。对于照明本身,当然是希望提取效率尽可能多,正如 6.2.1 节所言,此时要求散射要多,荧光材料表面与周围环境的折射率差要小或者表面漫散射化会更容易让光子离开。但是对于定向而言,这种杂乱的散射并不是好事,它需要光子尽量往同一方向出射。但是一方面发光属于自发辐射,出射角度多样,另一方面,荧光材料(比如 Ce:YAG等)相比于空气折射率很高(约 1.8),因此容易发生全反射而导致发射光在器件内来回反射或散射而被吸收——LD 材料从追求高透明荧光陶瓷到考虑复合陶瓷,比如掺 $Al_2O_3$ 的 Ce:YAG 陶瓷的研究正是这种权衡的体现。

　　散热问题也是定向照明乃至激光照明需要考虑的,尤其是大功率应用的场合。其实激光照明中,如果能量转换效率,比如外量子效率仍然类似 LED 那样,那么其实用价值很低,这是因为激光的功率密度很高,同样的废热总量会在更小的区域聚焦,对器件的伤害要高于 LED,因此如果 LED 可以直接空气散热,那么类似功率的

LD 则需要辅以风扇才能满足使用的稳定性要求。散热问题与前面的光提取效率问题本质上是关联的，因为对光子的散射因素也可能产生对声子的散射，比如 $Al_2O_3$-$Ce$:$YAG$ 组合一方面可以利用的高热导来获得更好的热导率，但是另一方面则会因异相结构的引入，甚至导致其他缺陷结构的产生而引起热导率的下降。因此研发 LD 用荧光材料的时候，除了关注常规发光材料所需的波长、强度、温度稳定性之外，还需要详细考察激光激发下的热稳定和光提取效率问题。这不仅涉及器件的设计，比如热沉的设计和光路设计，还包括荧光材料的外形设计，比如几何形状、组合方法以及是否需要包层等。

最后，激光定向照明相比于其他光源，激发光源改用激光，从本质上是等效于更换了能量转换规律。因为广义的能量转换不仅仅是发光中心的能级跃迁，还涉及发光中心的浓度、基质的吸收、激发光的功率密度和分布等问题。正如在激光入射时必须考虑材料介电系数的高阶部分，不能再类似常规光源可以将介电系数看作介电常数一样，激光入射发光材料也会产生新的规律，引发新的问题，主要包括如下三个方面。

(1) 发光饱和性问题。

激光功率密度高，单位时间内有大量光子集中于一个区域，但是该区域的发光中心数目是有限的，处于激发态的电子不会再吸收能量，多余的激光光子只能经由其他途径释放掉，这就是发光饱和。激光质量越高，功率越集中，光斑越小，产生发光饱和的概率就越大，能量转换效率就越低。

(2) 发光的均匀性问题。

实际的激光光束的功率通常符合高斯分布，中间功率高而周围功率低，这就意味着光斑落在材料上存在一个激发光强度的分布，因此中心部位和周边产生的发光是不一样的。如果光斑不是严格的圆形，还会进一步出现各向发光的差异，这就导致发光的不均匀，使得光源照射下物体的亮度以及显色出现差异。

(3) 光色的稳定性问题。

相比于常规光源，激光具有单色性、定向性且功率密度较高，因此激发发光材料产生的发光也就存在区别。一个明显的例子就是激光激发下的发射光谱中不同跃迁的谱峰之间可以更好地区分，或者原先以肩峰或单独一个宽峰存在的发射光谱，在激光照射下会成为若干个明显分离的强峰，而且具有各自特定的分布，此时产生的光学参数，比如色坐标、显色指数等与原先常规光源激发就存在差异。另一个典型区别是热稳定性或与热稳定性相关的问题，因为激光的波长单色性高，考虑到能量的量子性，这就意味着其能量转换途径比较单一，多余的激光能量并不能像宽带常规光源那样有多种弛豫途径，最终会反过来影响材料发光的热猝灭以及材料的热稳定性。正如平板显示用发光材料不能简单套用汞灯紫外光激发的发光材料,而必须开发可适用于等离子体激发的新型高效发光材料一样,解决光色稳定性问题的前提是激光发光材料学的建立和充分发展。

其实,在面向激光定向照明的荧光陶瓷中,片面提高透明性并不是好事,正因为其上面这三个基本问题让人们片面觉得透明容易让光定向传输而造成的。虽然基于实践,人们也意识到高透明的陶瓷不利于解决发光饱和的问题,而原先为了高透明而尽量消减的散射反而有助于激光能量的吸收,因此他们尝试通过复合结构或多孔结构来提高散射,但是对于定向照明而言,这种改进措施的有效性是受限的——提高散射除了不利于长时间的热稳定性,更重要的是会导致出射光更为发散。

基于上述讨论,高效率是今后定向照明以及激光照明的主要发展方向。比如要解决发光饱和性的问题,就应当专注光路上发光中心的浓度和对激光能量的充分吸收——目前复合激光材料的构造,比如波导、包层、叠层等都是可以借鉴的。事实上,由于光提取效率和激光能量转换不完全等原因产生的损耗,因此目前激光照明的流明效率只有 30%~40%,低于传统 LED 的 50%~60%。不过,就算效率不高,但是如果考虑定向使用,以照射目标单位面积的流明来计算,LDP 也要远高于 LED,因此在诸如特种照明和汽车照明所属的定向应用领域,白光激光照明的商业化是必然的趋势,甚至已经开始涉及下一代照明应用,比如智能照明,基于光子的无线数据传输(LiFi)和物联网(IoT)等。

**2. 定向投影**

定向投影(directional projection)也可以称为定向显示、激光投影或激光显示。其基本原理就是利用不同颜色的激光束,比如红、绿和蓝激光束按照不同比例构成有色的像素点,根据要显示的图像逐行或逐场扫描,只要扫描速度高于人眼视觉残留的时间(扫描频率高于 50 Hz),就可以在人眼中形成一幅完整的图像。理论上定向投影所实现的,可为人眼看到的色域(人眼可识别的色彩空间)高于 90%。相比之下,基于背光和液晶吸收投影的液晶屏只有 27%,而基于荧光粉的等离子平板显示只有 32%,因此定向投影是现有技术中可以实现最好色彩还原,获得最真实图像的显示技术。

需要注意的是,这里的定向投影仪或激光投影仪与目前会议室常用的投影仪(比如 LCD 投影仪)并不一样,后者是基于氙灯、卤钨灯和高压汞灯等类白光光源经过分光或色轮(由红、绿和蓝滤光片构成),以及液晶或小反射镜控制亮/暗的过程来实现三基色的复合投影,可以形象地称为"灯泡投影仪"。两者相同之处是利用了人眼视觉残留。

相比激光照明,定向投影或者激光显示的发展与激光器几乎同时出现,一开始就直接根据颜色学的理论,尝试用红、绿和蓝三种颜色作为基色,按照不同比例混合而实现丰富多彩的颜色。期间找到了如下的气体激光:氦-氖激光器输出的632.8 nm 或氪离子激光器输出的 647.1 nm 红光光源;氩离子激光器输出的514.5 nm 绿光光源和 488 nm 蓝光光源。但是一方面气体激光器体积庞大并且电光转换效率低,另一方面这三种色光的波长只是近似三基色(对人眼来说,红光、绿光和蓝光波长分别是 630 nm、530 nm 和 470 nm),因此并没有实用化。随着半导体激光器的发展,使用激光二极管泵浦并结合倍频技术的全固态激光器也可获得红光、绿光和蓝光辐射,而且连续输出功率可达数瓦甚至数百瓦,并且固体激光器结构紧凑。因此进入 21 世纪后,激光显示开始出现了商业化,其技术产业链逐渐发展成熟。

定向投影除了具有更好的颜色表现力(色域空间大、色彩丰富和色饱和度高等),还具有光源寿命长、生产成本低和环保节能等优点。激光光源与传统电光光源(比如卤钨灯)的转换模式不同,属于"冷"光源,因此寿命可延长至 10 倍以上。而且固体激光器结构紧凑,生产设备投入较少,还可以分模块分期投入,从而降低了生产成本。最后,较高的能量转化效率导致定向投影的功耗仅是传统液晶显示的 1/3 或更低,激光材料并不含有汞等有害重金属元素,因此有助于节能减排和保护环境。

透明激光陶瓷材料在定向投影中的应用本质上是作为激光的应用,其性能主要侧重于合适的波长、高效率以及高光学质量。目前也有采用前述定向照明的LDP 模式,利用荧光材料来获得更好的基色或者补偿色,从而提升投影可包含的色域面积。

透明激光陶瓷在定向投影领域的发展必然要符合这一领域今后的走向,主要包括以下几点。

(1) 更高亮度。高亮度一直是定向投影技术发展的主要方向,正如上文提及的,高亮度才能获得高的照度,从而进入人眼的反射光才更强,此时人眼感知的亮度也更高。目前的努力方向是将 5000 lm 的产品普遍化,同时高端产品达到10000 lm 以上并实现产业示范。

(2) 更高的分辨率。高分辨率意味着高清晰图像,因此一直都是显示器件追求的目标。对于定向投影而言,除了与准直聚焦光路设计有关,激光光束的质量以及稳定性也是关键因素,从衍射的理论可以知道,激光光斑越小,能量密度越集中,两光斑点中心就越容易区分,其分辨率也越高。

(3) 产品差异化。产品差异化实际上就是要求激光功率方便调节并且系统可以紧凑,从而实现小体积化,以满足商务、教育和家用市场对投影仪的小体积、艺术外观以及投影方便的需求。典型的例子就是可以实现在地板、橱窗或者建筑物上随地投影。其实产品差异化归根到底就是要求定向投影在发挥高功率密度(高亮度)优点的同时,还要能做到与基于白光的灯泡投影机同样的外观效果和功耗,这在目前仍是难题——因为它意味着大功率固体激光器的成熟和应用。

(4) 功率匹配人眼视觉。对于一套统一供电的定向投影仪而言,其上面的激光器功率应当与人眼视见函数匹配,即红光、绿光和蓝光的视见函数值满足 0.265(630 nm),0.862(530 nm) 和 0.091(470 nm)的关系。因此透明激光陶瓷材料除了在波长和亮度上满足要求,还应该在一定功率范围内确保稳定性才能满足需求。

总体而言,不管是定向照明还是定向投影,其所涉及的透明激光陶瓷和荧光陶瓷面临的问题和今后的发展方向与大功率激光器和 LED 照明显示基本上是一致的。因此今后的发展方向主要包括两个:新型透明陶瓷体系的研究以及已有透明陶瓷材料(比如 YAG 基陶瓷)的掺杂改性[21,25-26,29-30]。后者的研究本质上延续了荧光粉的研究思路——在 YAG 等基质上掺杂各种元素来调整发光性能。

值得注意的是,非立方晶系材料的透明陶瓷化也是一个重要的努力方向。这是因为既要满足立方对称性,又要满足所需发光性能的现有发光材料很少,所以目前基于荧光粉或者薄膜光学的照明显示器件仍占据主流,而透明陶瓷也主要集中于石榴石、尖晶石以及倍半氧化物等少数几个体系,与发光材料的庞大数量并不相称。不过可以预料的是,由于激光照明与显示对于块体荧光材料的需求以及透明陶瓷在发光块体材料中的优势,因此随着新型透明陶瓷材料和制备技术的发展,透明陶瓷必将成为所需发光材料的骨干力量。

# 6.3　磁光隔离

## 6.3.1　磁光效应

在磁场作用下,物质的磁导率、介电常数、磁化方向和磁畴结构等发生变化,从而改变了入射光的传输特性,这种现象称为磁光效应。已有的磁光效应包含法拉第效应、科顿-普顿效应、磁二向色性、塞曼效应和克尔效应等。其中以法拉第效应最为常用。

1845 年,法拉第首先观察到不具有旋光性的材料在磁场作用下可以让通过该材料的光偏振方向发生变化,起到旋光性材料的作用,这种效应称为磁致旋光效应,也就是法拉第效应。相应的材料就称为磁旋光材料,简称磁光材料。这种材料可以用于制作法拉第旋光器、光隔离器、光非互易元件从而用于光纤通信、光学器件集成、逻辑运算和微波器件等场合;而且还能作为磁光存储器和磁光调制器用于计算机存储、磁光记录和磁光显示等领域。因此磁光材料是现代工业与信息社会的关键功能性材料之一。

在磁光效应中,沿磁场方向传输的偏振光偏振方向旋转的角度 $\theta$ 正比于磁感应强度 $B$ 和磁光材料沿偏振光传输方向的长度 $L$ 的乘积,比例系数 $V$ 称为该磁光材料的维尔德(Verdet)常数(单位为 rad/(T·m)):

$$\theta = VBL$$

另外,光偏振面的旋转方向取决于外加磁场的方向,与光的传播方向无关,因此如果逆着光看去,偏振光振动面向右旋转;那么当偏振光反方向通过时,仍然逆光看去,其振动面则向左旋转,或者说在开始输入端看,返回输入端的光相当于往同一方向旋转了两个 $\theta$ 角度,所以法拉第效应具有非互易性,这就是其能隔离反向光(光隔离)的理论基础。

需要指出的是在法拉第效应中,对于特定的材料,维尔德常数不是一成不变的,它是温度的函数,而且也与入射光的频率有关,所以在给定入射光频率的条件下,法拉第旋转角会随着温度而变化,或者说变温条件下的稳定性是磁光材料的重要指标。

基于单谐振子模型(single-oscillator model)发展起来的范弗莱克-赫布(van Vleck-Hebb)理论给出了 $V$ 与其对应波长 $\lambda$ 之间的关系[35-36]:

$$V^{-1} = \frac{g\mu_{\mathrm{B}} ch}{4\pi^2 \chi c_{\mathrm{t}}} \left(1 - \frac{\lambda^2}{\lambda_{\mathrm{t}}^2}\right)$$

式中,$g$、$\mu_{\mathrm{B}}$ 和 $\chi$ 分别是磁学中常见的郎德(Landé)因子、玻尔磁子和磁化率,而 $c$、$h$、$c_{\mathrm{t}}$、$\lambda$ 和 $\lambda_{\mathrm{t}}$ 则分别是与谐振子跃迁有关的真空中的光速、普朗克常数、跃迁概率(由跃迁矩阵元决定)[36]、测试 $V$ 所用的波长和有效跃迁波长。对于稀土离子而言,这种谐振子跃迁与 $4f$-$5d$ 跃迁对应,因此 $c_{\mathrm{t}}$ 和 $\lambda_{\mathrm{t}}$ 由 $4f$-$5d$ 跃迁概率和吸收波长所决定,比如 $Tb^{3+}$ 的 $\lambda_{\mathrm{t}}$ 近似在 250 nm。对于磁各向异性的磁光材料,$\chi$ 可以通过各晶轴 $\chi$ 的组合来计算[37]。

如果上述公式中的 $\chi$、$c_{\mathrm{t}}$ 和 $\lambda_{\mathrm{t}}$ 并不随温度而变化,那么就可以获得 $V$ 与 $\lambda^2$ 之间的线性反比关系,这其实也是判断某种材料是否适用于激光尤其是大功率激光的磁光隔离的一个重要标准——激光通过磁光材料或多或少都会有损耗,而这部分损耗会转化为热,因此磁光性质的温度稳定性是非常重要的。

基于磁光效应与电子跃迁之间的关联性可以得到描述磁光效应的品质因子,即磁光品质因子(magneto-optical figure of merit,FOM):

$$\mathrm{FOM} = \theta / A$$

式中,$A$ 是材料的光密度或吸光度(absorbance),其值是 $\lg(I_0/I)$,$I_0$ 和 $I$ 分别是入射光和透射光的强度。

磁光隔离器可简称为光隔离器,又称光单向器。其工作原理包括偏振相关和偏振无关两种,其中偏振相关就是将正向入射的一束光通过起偏器获得偏振光(对于偏振化的激光,这步可以忽略),随后经过光隔离器,其中的磁旋光材料与外磁场一起将光束的偏振方向右旋 45°,随后通过与起偏器成 45°放置的检偏器。如果离开检偏器的光被反射成为反向光,当它反向通过检偏器并经过光隔离器时,偏转方向也右旋转 45°,此时其偏振方向与起偏方向正交,不能通过起偏器,从而实现反向光(反射光)的完全阻断。而偏振无关则是一束平行光先通过双轴晶体(存在折射率各向异性的晶体材料,比如 LiNbO₃,常称为楔角片)产生两束光(称为 o 光和 e 光)随后这两束光通过磁光隔离器发生 45°同向偏转,随后通过第二块双轴晶(其晶轴相比于第一块双轴晶晶轴旋转 45°,平行于 o 光和 e 光的偏振方向)再次会聚,此时虽然有少量损耗(插入损耗,insertion loss),但是仍然成为一束平行光而进入后继的光路。而反向的光经过第二块双轴晶同样也分为 o 光和 e 光(相对于第一块双轴晶是 45°同向偏转),但是经过磁光隔离器并发生 45°同向偏转后,其方向与原先双轴晶的晶轴正交,因此 o 光和 e 光各自转为 e 光和 o 光,不再是一束平行光,而是向不同的方向折射,被进一步分开一个更大的角度。此时就算前方有聚焦透镜,也没办法完全耦合并进入到光路,比如光纤纤芯中,从而实现了反向隔离的目的,此时相比初始反向光会存在损耗(称为隔离器的隔离度(isolation))。

从上述工作原理可以看出,磁光隔离器是一种光非互易传输的无源器件,即沿正向传输方向具有较低插入损耗,比如 0.05 dB,而对反向传输光有很大衰减作用,比如隔离度达 35~60 dB 的无源器件。

磁光隔离器是法拉第效应在激光器领域的主要应用。这是因为激光器在工作中并不是简单发出激光,而是需要与一套放置透镜、反射镜以及探测器等器件的光路配合使用,而光学器件,尤其是反射镜都会产生光反射现象,这些被发射的激光会损坏激光器等器件——尤其是在大功率激光应用的场合。另外,在激光通信中,这些反射光使得光通信系统不稳定,增加误码率,限制了长距离的光信号传输,因此光隔离器是长距离、大容量和高速率光纤通信系统必不可少的器件。下面结合各种具体影响做详细介绍。

首先,如果外部反射端将部分激光输出反射回激光器谐振腔,就产生了光反馈,将显著影响激光器的性能,比如恶化调制响应特性、产生输出光功率和输出光频率抖动以及增加强度噪声等。

其次,虽然掺铒光纤放大器(erbium-doped fiber amplifier,EDFA)的出现使得长距离全光传输成为可能,但是 EDFA 在具有高增益的同时也伴随着强自发射现象(amplified spontaneous emission,ASE)。这些 ASE 光反向传输会增加噪声,并产生增益饱和,从而降低光通信的实际传输距离和速率;而光隔离器可以消减反向 ASE,从而增加最大增益及减小噪声指数,这就是高速率或长距离光纤通信中光隔离器必不可少的原因——在光纤通信中,速率越高、容量越大,光隔离器的作用就越显著。

最后,大功率激光装置,比如国内的可以实现纳秒万焦耳、皮秒千焦耳等多种脉冲输出而用于开展惯性约束聚变(ICF)、高能量密度物理和新型材料机理等研究的"神光Ⅱ"就包含大口径磁光隔离设施,其作用就是避免大功率激光反射对系统相关器件的破坏和激光性能的影响。不过这种场合的光隔离器与光通信系统或者半导体激光器所用的面向较低功率激光的光隔离器有着不同的指标要求,从而产生了如下亟需解决的,与大功率或高功率激光器件或系统相关的主要问题。

(1) 抗高功率密度激光辐射损伤。

从前面光隔离器的工作原理可以看出,它既是工作光束的通道,也是反射光束的通道,因此必须满足抗光损伤要求,或者说,可承受最大激光功率密度是相关材料的一个重要指标,而且也包括元件的表面处理等——因为激光将在表面产生折射和反射,如果表面有损伤,将会影响激光的性能甚至使之失效。

(2) 高热传导、优化散热设计,尽量降低热影响。

高功率器件工作时发热不可避免,而且其升温程度要远高于低功率器件,而旋光效应会显著受到温度的影响,比如温度升高时,旋光材料对光偏振面的旋转角度会偏离正常值而导致性能下降,严重时甚至损坏器件;而且提供外部磁场的永磁体在高温下也会发生磁场减弱和退磁,甚至出现磁场的不可逆损失。因此高温会影响磁光效应的稳定性。与此同时,因为磁光材料是透明的晶体或陶瓷,与其他透明光学元件一样,如果材料内部和表面存在温度梯度,那么除了会产生热应力,还会引起折射率的变化,导致内部和表面出现折射率差,这就会产生透镜效应,改变光束的传播特性,导致光束质量严重下降。因此必须尽量降低光隔离器对激光的吸收并且有效散热,比如面向万瓦级激光应用的光隔离设计中采用板条形状的旋光晶体就是一种有效的提高器件散热控温能力的策略。

(3) 均匀的外加磁场。

光隔离器一般采用永磁材料来产生所需的磁场,从而避免了利用电能来提供磁场(比如高压线圈)的消耗,起到节能的作用。此时需要在不明显增加器件体积的情况下获得较强的均匀磁场,因此需要在磁体磁性、形状和体积上进行权衡。

另外,装配工艺也相当重要,因为高功率光隔离器的构造比较复杂,而且服役环境相对恶劣,因此装配中产生的应力和不稳定性不能忽略,需要在实践中注意调整、积累和提高。

由于涉及能源、工业和国防战略领先问题,因此近年来大功率激光器的设计与应用已经是国内外的热门,不管是高功率光纤激光器还是类似"神光"之类的大功率大口径脉冲激光器,都对高功率光隔离器这个关键器件提出了更高的要求,因此性价比高能满足相关服役场合的高功率光隔离器是今后光隔离器领域发展的重点,与此相关的透明磁光材料的研究和产业化则是其中的根本。

## 6.3.2　透明磁光陶瓷

与透明荧光陶瓷类似,透明激光陶瓷及其制备技术的发展也促进了透明磁光陶瓷的出现和发展,从而改变了原先仅有磁光晶体的局面。其根本原因就在于常用的磁光材料是基于石榴石和倍半氧化物的,而这两类体系又是透明激光陶瓷的主要体系,因此透明激光陶瓷积累的制备技术可以较为方便转移到磁光材料领域并取得很好的成果[38]。

另外,采用透明磁光陶瓷也有助于克服原有磁光单晶生长的不一致熔融或者熔点过高的困难。前者的典型例子就是 $Tb_3Al_5O_{12}$(TAG,用于 $0.4 \sim 1.6~\mu m$,需要考虑 $Tb^{3+}$ 在可见光区的吸收或发射波段的影响)。从图 6.14 所给的 $Al_2O_3$-$Tb_2O_3$ 实验相图可以看出,这种化合物是非一致熔融,在高温下会分解为液相和 $TbAlO_3$(TAP),因此难于实现从熔液中生长单晶。而如果改用透明陶瓷技术路线,由于烧结温度在 $1700\sim1800$ ℃,这就避免了高温分相的问题,可以获得透明的磁光材料[38]。而后者的例子则是倍半氧化物,比如 $Ho_2O_3$ 等熔点超过 2000 ℃,如果采用熔融提拉单晶的技术,不但能耗高,而且需要用昂贵的 Ir 坩埚等耗材,这就提高了晶体的成本,因此在更低温度下,比如 1750 ℃ 左右烧结透明陶瓷是一个提高性价比的更好选择。当然,通过掺杂改变相图也是一种解决不一致熔融或熔点过高的途径。比如可以在 TAG 中,以 $Sc^{3+}$ 取代 $Al^{3+}$ 抑制组分挥发而获得 TSAG 晶体,进一步加入 $Lu^{3+}$ 取代部分的 $Sc^{3+}$,还可以克服 TSAG 应力过大、单晶容易开裂的问题,从而获得厘米级的大单晶[39]。至于掺杂降低熔点的改进,在本质上其实就是陶瓷常用的烧结助剂技术,反映在相图上就是二元相图中间组分范围的熔点都低于两侧单组分的熔点,这也是烧结助剂的热力学基础。

现有的石榴石磁光材料中最为典型、应用最广泛的是铁基石榴石系列 $RE_3Fe_5O_{12}$(RE＝稀土元素),其中代表材料是钇铁石榴石($Y_3Fe_5O_{12}$,YIG),可用于 $1.2 \sim 3.0~\mu m$ 的波长范围。但是 YIG 对 $1~\mu m$ 以下的光具有较强的吸收,这就意味着不能用于可见光或更短波长的波段,因此,各类改性材料不断被探索出来,典型的有高掺 Bi 的材料和掺 Ce 的材料。前者虽然不能改善吸收,但是可以提高旋光效率和居里温度,而掺 Ce 材料(Ce:YIG)可以降低光吸收,同时法拉第旋光效应也更大。据文献报道,其在相同波长、相同掺杂数量下是 Bi:YIG 的 6 倍,因此成为当前最具发展前景的磁光材料之一。目前铁基石榴石透明磁光材料的商业应用主要是基于单晶,其代表是德国和日本分别采用加速旋转坩埚技术和红外热浮区法生长大尺寸单晶,并成功进入了商业应用。而透明磁光陶瓷仍有待发展,这是因为相比于技术较为成熟的 YAG 和 Nd:YAG 透明陶瓷,铁基石榴石比如 YIG 的

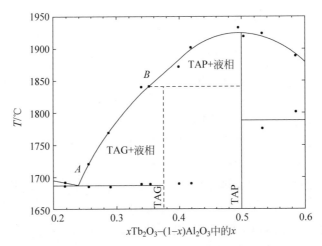

图 6.14　基于差热分析数据所得的 $Al_2O_3$-$Tb_2O_3$ 二元相图,其中小圆点是实验数据[38,40]

透明陶瓷化还涉及过渡金属元素 Fe 取代主族元素 Al 的问题。由于过渡金属元素容易出现变价或产生其他物相,而陶瓷又容易在晶界产生畸变或缺陷结构,这其实相当于单晶生长通过排杂分凝到晶棒尾端(随后可以切掉),而陶瓷则排杂到晶界并作为散射中心,因此陶瓷光学质量的提高就较为困难,需要在制备工艺上进一步改进,没办法类似荧光陶瓷一样。由于只是简单置换下稀土元素,比如 Nd 置换为 Ce,而稀土元素之间的物理与化学性质相似,因此其透明化就要容易得多。

另一类石榴石结构的磁光材料是 Ga 基材料,以 $Gd_3Ga_5O_{12}$(GGG)为代表,新近的发展则是 $Tb_3Ga_5O_{12}$(TGG,用于 $0.4\sim1.1~\mu m$),与 Fe 基材料主要用于红外以及微波段不同,$Ga^{3+}$ 外层电子全空,基质吸收为紫外短波段,因此这类磁光晶体可以用于可见光波段。不过,考虑到稀土元素自身的 $4f$ 电子跃迁,TGG 不能用于 $470\sim500~nm$ 波段,这是因为其在此波段存在严重的吸收。虽然 Ga 基石榴石是以主族元素 Ga 置换同族的 Al,但是不管是单晶还是陶瓷,这类材料的高质量制备仍需要解决化学组分不均匀的问题——因为 $Ga_2O_3$ 的挥发性比 $Al_2O_3$ 更为严重,而维尔德常数 V 与材料组分和结构密切相关。另外,激光应用还要求高光学质量,因此这种挥发引起组分偏离并最终影响光学质量和磁光性能的缺陷是这类材料目前需要解决的关键工艺问题。

近年来,也有关于 $Ho_2O_3$ 和 $Tb_2O_3$ 等倍半氧化物透明磁光陶瓷的报道,而且日本池末博士也推出了商业化产品,不过仍然是实验研究为主,至于大口径磁光隔离器或者面向大功率激光的应用仍有待实现。

总之,目前广泛商业化应用的磁光材料主要是块体单晶或者单晶薄膜,可以满足高光学质量和高磁光性能的指标,而随着透明陶瓷技术的发展,现在已有关于透明磁光陶瓷的研究报道,但是在透明性和磁光效率方面仍有待提高。不过,由于陶瓷相比于单晶,不但成本低,而且容易制备形状不规则的块体,因此透明磁光陶瓷具有很好的发展前景。

# 6.4　激光通信

## 6.4.1　大气与空间激光通信

激光通信是一种利用激光作为信息载体的通信方式,主要是通过激光的光强对需要传输的信息进行编码,随后在光纤中传输,并且用中继站补充长距离传播的激光损耗,随后在接收终端通过光-电转换并解码而成为可读的信息。

激光通信在本质上是光通信的一种,比如目前仍用于航海领域的灯语就是一种传统的光通信,根据事先约好的规则,通过灯光的颜色和亮度的变化来传播信息。如果按照传输媒介来划分,激光通信可分为大气激光通信和光纤通信。前者是直接在大气中传输,广义上包括太空与地面之间的通信模式。而光纤通信就是日常接触的光缆传输模式,比如高清晰数字电视就是通过光纤通信的方式进入千家万户的。

如果激光通信采用光纤模式,那么重点是光纤材料的选择和系统的设计,与激光材料关联较少(或者说受限制较少),因为此时在接收端和发送端很容易实现对准,需要考虑的是光路中的光能损耗引起的噪音和信号失真问题。然而光纤通信网络虽然具有高速、高稳定和大传输带宽的优点,但是架设成本高,难以用于复杂地形,更不可能适用于战场和救灾等紧急的情况(此时需要架设时间越短越好)。在这些场合就需要利用大气激光通信。

大气激光通信由于激光的单色性好、方向性强和光功率集中等特点,因此要求接收只能是小区域接收,超过一定的范围就接收不到激光信号,从而具有隐蔽性好和难以窃听的优点。如果进一步采用小型紧凑的固体激光器,那么还具有架设迅速和灵活简便的优点,在军事和民用上都有较多的应用。比如在军事上可实现海岸、岛屿、舰船、边境哨所等场所之间在跨越各种复杂地形时的快速通信;满足战场上近距离作战单元之间,部队与指挥所之间机动通信的需要;以及实现无线电静默下的正常保密通信等。在民用上则可以用于移动通信基站之间的信号传输;实现楼群和建筑物间近距离的通信网络互接而不需要开挖路面铺设光缆,从而节省市政花费并保护环境;另外在地震、洪水或海啸等自然灾害摧毁基础设施后,可以作为应急通信系统使用。

具体说来,以激光波束为载波的大气激光通信具有如下的特点[41]。

(1) 频带宽,容量大:由于大气激光通信中激光是自由传输,没有受到光纤材料和中继站增益材料的限制,因此其通信带宽甚至还高于光纤通信,而且相比于无线电波,由于激光通信所用的波长在微米数量级,因此频率是 $10^{14}$ Hz 数量级,是无线电波的 $10^3$ 倍甚至更高。从而通信容量可达 10 Gbit/s 以上,能够满足军事、抢险救灾和野外作业等带宽要求。

(2) 尺寸小,使用便捷:在采用小型紧凑的固体激光器的前提下,相比于无线电波通信系统,大气激光通信系统的天线是光学透镜,而且直接以大气为信道,无需通信线路。

(3) 方向性好,保密性强:由于激光具有良好的方向性,因此虽然实际发射的激光有一定的发散角度,但是基于激光的良好方向性,相比于无线电波的大范围甚至全空间传播,要截获激光信号就必须在一个很小的区域内直接对准光路才可接收到信号,而这个区域通常就是接收方(己方)所在的区域,从而防窃听能力强。

(4) 不占频率资源,抗干扰强:大气激光通信利用激光束为载波,不会像无线电波那样受其他电磁波干扰,而且也不用占据无线电波的频道。目前针对激光载波除了在光路中插入光学元件进行阻断和转向,还没有其他干扰方式,而这些影响光路的措施在实践中是不可行的。

虽然在激光出现后,人们就开始了大气激光通信的研究,但是目前仍处于实验阶段[41],现有的通信依然是以无线电波通信为主。比如 2006 年美国亮点通信有限公司(Lightpointe)在香港大学医学院实现了相距 1.2 km 两栋大楼之间的全双工通信;而 2012 年德国的 TESAT 公司在相距 142 km 的两个岛上实现了 5.625 Gbit/s 的通信。我国在这方面也取得了进展,比如 2013 年桂林通信激光研究所进行了陆基长距离大气激光通信实验,而 2014 年电子科技大学进行了 5 Gbit/s 的光通信测试。

大气激光通信所涉及的关键技术主要是高效的光学系统技术、高码率的调制和解调技术、大气信道补偿技术、光波窄带滤波技术、安装校准以及高精度的对准跟踪技术[41]。其中与透明激光陶瓷材料密切相关的就是光学系统技术,因为它涉及激光源的波长选择和所发射激光束的质量,而且还要求尽量紧凑小型化。

选择用于大气激光通信的激光主要考虑如下的因素。

(1) 更小的衍射极限角:衍射极限角小则对应的光学增益高,自由空间功率损耗小,有利于轻小型化设计和远距离传输。由于衍射极限角与波长成正比,因此短波长激光更有利。

(2) 对大气尽量透明:在大气中传输需要考虑大气散射引起的光衰效应,由于大气散射随着波长的增加而减小,因此长波长更有利,对应的大气信道衰减小。

(3) 大气环境光线产生的背景噪音小:短波长的太阳光在大气中容易被散射(天空呈蓝色),因此天空背景光的亮度随波长增加而下降,即长波对应的环境光背景噪声较小。

（4）匹配探测器：由于激光最终需要通过光-电转化完成信息的读取和后续的处理,因此所用的激光波长应当落在光电探测器的灵敏度范围,比如 Si 基探测器的响应峰值在 800 nm 附近,此时就需要 800 nm 或临近 800 nm 的激光波长。另外还需要考虑器件的经济性,比如红外探测用的 InGaAs 探测器和激光器虽然技术也较为成熟,但是价格昂贵,因此 1.55 $\mu$m 的红外激光虽然也可以用于激光通信,但是成本较高,普及较为困难。

综合上述的四个选择要求,目前激光通信用的激光波长主要分布在 800 nm、1.064 $\mu$m 和 1.55 $\mu$m 三个波段[42],比如欧洲航天局发射的 ARTEMIS 卫星上的激光通信端机发射的通信波长就是 819 nm,而日本的星载激光通信系统则考虑 800 nm 和 1.55 $\mu$m 两个波段。

空间激光通信是大气激光通信的扩展,也可以反过来说大气激光通信是它的一种方式。按照通信双方的位置,可以将空间激光通信分为地面大气激光通信、星地激光通信(图 6.15)和星间激光通信三种[43]。

图 6.15　卫星—地球之间的通信示意图[44]

其中星间激光通信的通信链路在大气层之外,比如卫星之间的通信以及空间任务中的通信(卫星与登月车之间的通信等)。卫星之间的通信有助于实现地球上长距离两端的通信,比如东半球发出的信息经过该区域上空的通信卫星先传递给西半球上空的通信卫星,再发送给西半球的接收者。这种长距离甚至跨洲的激光通信不是常规大气激光通信可以胜任的。另外,这种星间通信也可以基于卫星所处的位置以及光波的传输时间等数据实现定位和导航等其他任务,比如中国的北斗导航系统就是这方面的典型(图 6.16)[45]。

北斗卫星导航系统(简称北斗系统)的建设目的是提供全天候、全天时和高精度的定位、导航与授时服务,其主要特点是采用地球静止轨道卫星、地球同步轨道卫星和中圆地球轨道卫星三种轨道卫星组成混合星座,从而一方面与北斗系统 20 年来建设中不同阶段的可用技术匹配,另一方面则实现了不同轨道的卫星的优势互补。另外,北斗系统提供多个频点的导航信号,并且将导航与通信结合起来。虽

图 6.16　北斗卫星导航系统示意图[45]

然目前北斗系统仍然以微波通信为主,但是部分卫星(北斗三号)也搭载了激光通信设备,以便国内独立开展有关空间激光通信的实验和测试,因此这个庞大的星座为我国未来的空间激光通信奠定了坚实的基础。

美国在空间激光通信上的大规模投入主要是马斯克的"SpaceX"商用项目,当前已经成功部署 715 颗"星链"卫星,其最终将建立一个由 12000 个小卫星组成的互联网络。需要注意的是,SpaceX 与 GPS 和北斗系统不同,它直接定位互联网络,或者说一开始就是全球无缝全覆盖的通信应用,而且通过激光互联来实现[46]。当然,这个计划同样受限于现有激光通信技术的不足,因此它的作用更主要的是想解决长距离互联网的通信问题,或者说为复杂地形和遥远距离内的通信提供一种空基平台,不过其激光负载也可能被用于军事目的。

有地面段参与的激光通信需要考虑大气对光波的衰减和大气中环境光(主要是太阳光)产生的背景噪声,因此实用的波长范围不是连续的,而是存在离散的"窗口",表 6.1 罗列了可用于激光通信的大气窗口和相应的主流激光波长。需要指出的是,窗口的波长范围会随着地域和离地高度而变,因此衰减和噪音影响并不是一成不变的,而是需要考虑具体的地面环境,甚至在某些环境中,原先不是窗口的波段也可以使用,比如水分子在 $2.0~\mu m$ 附近有强烈的中红外吸收,而目前地球上的宜居环境基本上具有较高的湿度,因此这个波段的激光通信较难进行,一般不予考虑,但是如果某地区极为干旱,中红外光的衰减较小,此时也是一个较好的通信窗口。

表 6.1　大气透光窗口与常用激光波长

| 大气透光窗口 | 常用激光波长 |
| --- | --- |
| $0.7 \sim 0.9~\mu m$ | $0.85~\mu m$ |
| $0.95 \sim 1.08~\mu m$ | $1.06~\mu m$ |
| $1.15 \sim 1.35 \mu m$ | $1.30~\mu m$ |

续表

| 大气透光窗口 | 常用激光波长 |
|---|---|
| 1.5～1.8 $\mu$m | 1.55 $\mu$m |
| 2.1～2.4 $\mu$m | /* |
| 3.3～4.2 $\mu$m | /* |

注：* 中红外(mid-infrared,MIR,2~4 $\mu$m)没有罗列激光波长并不意味着目前没有对应的激光器——比如 $Ho^{3+}$ 和 $Er^{3+}$ 就可以实现 3 $\mu$m 左右的激光输出(参见下文)，$Tm^{3+}$ 可以实现 2 $\mu$m 左右的激光输出($^3F_4 \rightarrow {}^3H_6$)——而是相应的光电转换或光电探测器(比如近红外的高分辨率、高灵敏度的面阵 CCD)及其他配套的通信系统并未成熟，而且合适的 LD 泵浦光源也有待发展，因此这里暂时空白。

现有的激光通信实验所用的激光器以半导体激光器即 LD 为主，其工作波长范围分别是 0.5～0.9 $\mu$m、1.3 $\mu$m 和 1.55 $\mu$m。而 1.06 $\mu$m 波长主要采用 LD 泵浦的 Nd:YAG 固体激光器。采用 LD 的麻烦是其功率较低(目前主要是毫瓦级别)，虽然阵列组装可以实现瓦级输出，但是这与激光通信设备强调轻型化和小型化的要求是矛盾的。因此固体激光器在今后将是激光通信领域所用激光器的发展重点。

另外，不管是块体还是光纤形式，固体激光器主要基于稀土激光中心工作。从稀土离子的能级跃迁可以看出，同种稀土离子可以产生多种激光发射波长，以 $Er^{3+}$ 为例，如图 6.17 所示，它可以获得两种激光发射：1.5 $\mu$m ($^4I_{13/2} \rightarrow {}^4I_{15/2}$) 和 2.7 $\mu$m ($^4I_{11/2} \rightarrow {}^4I_{13/2}$)，如果用 1.48 $\mu$m 的 LD 泵浦，就可以获得 1.5 $\mu$m 的激光；而用 0.98 $\mu$m 的 LD 泵浦，则获得两种激光中的一种，其前提就是选择合适的基质结构，通过声子吸收/发射来调控无辐射弛豫过程 $W_{32}$ 和 $W_{21}$。当 $W_{32}$ 速率更

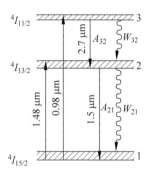

图 6.17　$Er^{3+}$ 的低能级分布图[12]

快，那么就会得到 1.5 $\mu$m 的激光，而 $W_{21}$ 速率更快，则得到 2.7 $\mu$m 的激光。$Ho^{3+}$ 的能级系统与此类似，通过控制它的能级跃迁类型，也可以分别实现 2 $\mu$m ($^5I_7 \rightarrow {}^5I_8$) 和 3 $\mu$m($^5I_6 \rightarrow {}^5I_7$) 左右的激光。这种多样化的发射波长一方面提高了固体激光材料在激光通信中的地位，为满足激光通信波长和光束质量的选择奠定了基础；另一方面也意味着高效激光材料的研制是一个复杂的工作，需要详细探讨基质结构对能级跃迁和激光工作机制等的影响(第 2 章)。

总之，不管是地面的大气激光通信还是卫星通信，目前采用的仍然是微波或者说无线电波通信的方式。虽然在系统体积、功耗乃至数据容量方面，激光通信更占优势，但是由于受限于激光器、光电探测器件以及耦合系统的技术局限，激光通信在目前仍处于概念设计和实验检测为主的阶段，要实现类似微波通信方式的普及

程度,仍需要进一步发展与完善。

对于透明激光陶瓷材料而言,一方面是完善现有的 Nd:YAG 等激光陶瓷材料,提高输出功率、能量转换效率和光束质量,另一方面就是积极发展新型高效激光陶瓷,比如 $Cr^{2+}$、$Fe^{2+}$、$Co^{2+}$ 和 $Ni^{2+}$ 掺杂的 Ⅱ~Ⅵ 族中红外激光材料就可以用于红外大气窗口的激光通信,但是目前这类材料的透明陶瓷化仍有相当大的困难——虽然利用化学气相沉积或 HIP 可以获得高纯的 ZnS 和 ZnSe 等多晶块体并实现商业化,但是基于化学气相沉积或其他技术实现功能掺杂仍处于探索阶段,而其他方法获得的陶瓷在光学质量上仍然差于化学气相沉积。并且高质量单晶的生长又受限于这类材料的易挥发和环境污染的问题,因此其透明陶瓷化探索仍然是一个严峻的挑战。

## 6.4.2 量子(激光)通信

量子是一个物理概念,表示一种不能再分,只能被完整看待的性质。当我们说"光子是量子"的时候,就意味着这个光子的能量是不可再分的,如果它是 520 nm(2.38 eV)的绿光,那么它的能量就一直是 520 nm,不能再从中取出更小的能量。

量子技术就是基于量子的各种技术的总称,实际上是物理学的量子力学相关理论的体现,比如量子态的叠加和坍缩、量子纠缠等。当量子技术与信息技术结合在一起,就产生了量子信息学,主要包括量子计算和量子通信。其中与激光有关的是量子通信,而如果与其他技术,比如激光雷达等结合,就成了量子激光雷达。它与量子通信的共同点是涉及量子信息的处理——发射、传输、接收和解读。

需要注意的是激光通信不一定是量子通信,而量子通信在现有技术条件下必定是激光通信,即量子激光通信。这是因为经典或传统的激光通信,一束光就有亿级的光子数目,适用于经典电磁波理论;而量子通信需要基于量子而实施,适用于量子力学理论,因此需要的是一个个光子,或者说需要单光子。只有实现了单光子光源,才能进一步基于单光子的量子性质进行各种量子通信。

基于光子的能量 $E=h\nu$($h$ 是普朗克常数 $=6.6261\times10^{-34}$ J/s,$\nu$ 是光的频率)可以知道,如果脉冲激光的周期与 $\nu$ 一样,此时就可以认为一个激光脉冲就是一个光子。因此对于纳米级别的光波,其脉冲时间需要压缩到飞秒级别才可获得若干个光子甚至单光子,否则就算将脉冲时间压缩到纳秒级别,也仍有几百万的光子同时参与通信过程,此时还是传统的激光通信,而不是量子通信。

实际上利用脉冲激光仅发射单个光子的、严格意义上的单光子光源是较难实现的,通常是同时出射若干个光子,此时可以利用这几个光子选择性激发某个原子的核外电子,让它进入激发态,当其回到基态时就发射出一个光子。

单个光子的总能量很小,因此是不可肉眼观察的——即便它的能量落在可见光波段。判断是否获得了单光子的一个简便方法就是利用光的反射现象：让发射装置正对一个 45°倾斜放置的、对该光波可以实现半反射半透过的膜，如果出射的是单光子，那么当光子打在这个半反射半透膜上时就只有两种可能性：50%概率透过，50%概率被反射。此时可以根据透过端和反射端探测器的脉冲信号随发射装置发射光子的变化加以判断。显然，如果是单光子出射，这两部位是绝对不会同时检测到光子的。

量子通信是一种量子理论的利用方式；是建立在单光子（量子）的基础上，因此判断某种技术是否是真正的量子技术，就需要看其源头是不是单光子。下面除了介绍量子通信及激光在其中的应用，考虑到激光雷达在工作模式上类似于量子通信，而且也是一种先进量子技术，为有助于读者理解量子技术的实质，也一并加以介绍。

**1. 量子激光雷达**

激光雷达（图 6.18）是主动发射激光束，并利用激光束在目标物体上的反射来探测目标的位置、速度等特征量的雷达系统。它基于发射信号（发射光）和反射信号（目标回波或反射光）的对比并进行数学处理后，就可获得飞机和导弹等目标的距离、方位、高度、速度、姿态甚至形状等参数。

与微波雷达相比，激光雷达由于使用激光束，因此具有高频、高亮度和高方向性等衍生的优点，主要包括以下几点[47]。

（1）分辨率高：角分辨率不低于 0.1 mard（可以分辨 3 km 距离且相距 0.3 m 的两个目标），距离分辨率可达 0.1 m，速度分辨率能达到 10 m/s 以内。而这样高的距离与速度分辨率就意味着可以实现多普勒成像技术（鸣笛的火车接近时频率升高，远离时笛声频率降低的现象就是多普勒现象或多普勒效应）来获得目标的高分辨图像。

图 6.18　激光雷达[47]

（2）隐蔽性好、抗有源干扰能力强：这点与激光通信的优点类似，可参考6.4.1 节。

（3）低空探测性能好：微波雷达由于地物回波的影响，在低空存在盲区，而基于（2），只要目标反射波不被阻挡或转向，那么就可以被激光雷达所探测，实现"零高度"工作。

（4）体积小、质量轻，架设方便：这点同样类似于激光通信系统，比如微波雷达的天线口径就达几米甚至几十米，而整套系统质量数以吨记，灵活机动性很差；激光雷达不需要天线,发射端和接收端的镜头口径一般是厘米级,整套系统的质量是千克级,因此架设、拆收、操作乃至维修都很方便。

激光雷达的缺点其实也是大气激光通信的缺点,即需要受到大气的影响——晴朗的天气里激光衰减较小,而在大雨、浓烟和浓雾等恶劣天气里,衰减急剧加大。以 $CO_2$ 激光为例,其波长虽然长达 $10.6~\mu m$,但是恶劣天气的衰减也是晴天的 6 倍以上,相应地其工作距离也从 $10\sim20~km$ 急剧降低到 $1~km$ 以下。另一个麻烦则是激光雷达的隐蔽性造成的。虽然激光束的高方向性提高了隐蔽性(包括激光通信的私密性),但是也造成了在空间覆盖区域的狭窄性,不像微波那样有较多的空间覆盖,这就影响到对目标的快速捕获和探测,只能在较小范围内搜索和捕获目标,因而激光雷达有时需要和其他探测设施,比如微波雷达等联合使用。

目前关于激光雷达的改进有两个方向:单光子激光雷达和量子激光雷达。

单光子激光雷达已经成为现实。虽然它名称中包含"单光子",甚至采用脉冲光源,但是根据它所采用的脉冲激光的波长和脉冲周期很容易就可以得到其一个脉冲就有数百万个光子出射,因此并非真正的量子雷达——"单光子"其实指的是这种雷达采用"单光子探测器"来提高探测效率的特色。

单光子探测器则是近年来发展的一种能有效放大弱光信号的光电倍增器件,它的用途除了可以放大弱信号,也使得原先需要大量光子来获得足够高的信噪比的探测技术可以改用少量光子来完成——光具有波粒二象性,光子数越多,不同光子之间的衍射效应叠加后对细节的模糊效果就越大,这就是弱光探测所得的图像分辨率反而可以高于强光的原因。这类典型例子就是当一辆汽车车灯大开时我们反而看不清汽车,反而是灯光较暗的时候看得更清楚。因此单光子雷达相比于常规激光雷达具有更高的目标分辨率,而且耐候性也更好。

与此类似的就是单光子激光高分辨成像。不管是激光主动成像还是被动成像,都需要对目标物体进行曝光,此时会发现强光曝光后采集到的光学图像模糊不清,其原因就是上面所说的衍射干扰——因为光学图像都是由大量的单个光子组成,而每个光子在光电倍增过程中会出现弥散现象,在探测器中将以具有一定面积的光斑形式存在,当光子数过多时,大量的光斑会重叠而降低了光学图像的分辨率。此时将光源的强度降低至接近单光子的水平或者低于常用光强,利用单光子探测系统探测光学信号,就可以获得高分辨率图像。

量子激光雷达才是真正利用量子现象来提高传统激光雷达性能,不过目前仍处于概念设计阶段,比如基于最大纠缠双光子态的超分辨率和超灵敏度的量子激光雷达[48],利用经典的相干态光源配合适当的量子探测方式,从而突破瑞利衍射极限的超分辨率量子激光雷达[48-49]以及利用奇相干叠加态光源配合奇偶光子数分辨探测的超分辨率量子激光雷达[48]。从这些概念设计可以看出,量子激光雷达的实现不但需要在量子光源上取得突破,而且相应的量子探测方式也要与之匹配,同时还要将基础理论往前推进。比如基于量子纠缠态的概念设计,一方面需要有产生纠缠量子的激光光源,另一方面还要考虑大气损耗对多粒子纠缠的干扰而带来的多粒子纠缠复杂性增加的问题(实际上目前也仅能实现若干个光子的纠缠,而且还是个别实验室报道的成果)。虽然基于相干态光源的量子激光雷达有较高的可行性,但是同样面临大量量子信息处理的问题。这与下面叙述的当前量子通信主要是量子密钥分发,而且仍处于少量字节长度的状态差不多。因此真实意义的量子激光雷达仍有待技术的突破和成熟。

**2. 量子密钥分发**

量子纠缠是量子通信中最吸引人的方向,可以形象地理解成超距传输信息,但是目前仅能在实验室里实现基于多个单光子或者同一单光子多个自由度纠缠的结果,而且还是世界上少数实验室才能实施这类操作。因此当前更为现实的技术是利用量子态叠加和测量时会坍缩的机制并结合光子的偏振化(极化)状态进行的量子通信或者量子信息处理,其中量子密钥分发就是一个典型例子。

2018 年,潘建伟等报道了基于“墨子号”(Micius)卫星进行地面跨距 7600 km 的洲际量子密钥分发,并且以此为基础采用一次一密的加密方式,在北京—维也纳之间演示了图片加密传输,随后又结合高级加密标准 AES-128 协议,每秒更新一次密钥建立了一套北京—维也纳的加密视频通信系统,成功举行了 75 min 的中国科学院与奥地利科学院洲际量子保密视频会议[50]。图 6.19 给出了 2017 年“墨子号”洲际量子密钥分发的实验示意图。

这类量子密钥分发遵守 Bennett-Brassard 1984(BB84)协议,并且采用诱骗态的方式。BB84 协议是一种量子通信协议,其相关操作可以如下进行(假定通信双方分别是甲方和乙方)[51]。

(1) 甲方和乙方各有一个随机数发生器,各自产生随机数。随机数有两个:0 和 1。

(2) 光子有三种量子态可选,分属于两套基组 1 和 2,每套基组各有两个量子态,假定分别是($|i\rangle$,$|f\rangle$)和($|l\rangle$,$|r\rangle$),其中“$|\rangle$”是量子力学中表示量子态的狄拉克符号,而内部的字母则是量子态的名称。按照量子测量的理论,如果在各自的基组中测试自己所有的量子态,比如在基组 1 中测试$|i\rangle$,那么结果就是$|i\rangle$;如果用基组 2 来测试$|i\rangle$,那么就会有一半的概率是$|l\rangle$,而另一半的概率是$|r\rangle$。显然,当用某基组测试其内的量子态可以得到该量子态的结果;而如果测试的是其他基组的量子态,则随机产生其他基组内含的一种量子态作为测试结果。

(3) 甲方作为量子密钥的分发者,他首先取一个随机数 $a$,确定要选哪个基组(即 $a$ 代表基组的类型),随后再取一个随机数 $a'$,确定要选该基组中的哪个量子

467

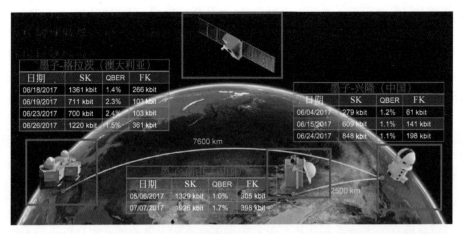

图 6.19　"墨子号"与三个地面站(格拉茨(Graz)、南山和兴隆)之间的量子密钥分发操作示意图,表格给出了分发时间、密钥长度(shifted key,SK)、量子比特出错比例(QBER)和最终接收的密钥长度(final key,FK)[50]

态(即 $a'$ 代表量子态的类型),随后将这个具有该量子态的光子发射出去,并产生了两个比特的数据 $aa'$;随后乙方接收该光子并自行测试,他也同样用随机数产生了 $bb'$;如此循环,双方各自得到一长列数据;其中每一对都包含一个描述基组类型的 $a$(或 $b$)以及描述量子态类型的 $a'$(或 $b'$)。

(4) 基于(2)不难看出,仅当乙方选对了基组,即 $a=b$,才有 $a'=b'$。这样就可以利用"对称密码体制"了,即甲乙双方同时公布一长串随机数据中表示基组类型的 $a$ 和 $b$ 数据,接着各自对照并保留 $a=b$ 时的 $a'$ 和 $b'$,就获得了一套双方完全一样的密钥,然后他们就可以用这套密钥加密要发送的信息并进行通信。举个例子,假如双方约定都用 0 和 1 来表示 $a$、$a'$、$b$ 和 $b'$,那么甲方得到 11100111 共 8 bits,四对数据;而乙方则是 11010100,此时甲方公布 1101,而乙方公布 1000,那么双方都明白只保留第一对和第三对,因此密钥就是"11"。

需要指出的是,虽然 BB84 协议早在 1984 年就提出来了,但是一直得不到实践。这是因为它是基于单光子的,而当时的激光条件达不到单光子的水平,即便到了现在,要严格让激光输出单光子也不现实,仍然存在一个分布。因此就产生了诱骗态(decoy-state)的概念——用最多是几个光子同时出射,有时甚至没有光子出射的激光脉冲分布来模拟单个光子。

上述的 BB84 协议揭示了两个事实:①量子比特的发送和接收都是随机的,其内容当然也是随机的,而且长度可以随意设置,完全可以满足信息论的创始人香农(Shannon)提出的与明文同长度甚至更长的条件。并且可以进一步满足他证明过的,不可破译密码所需的全部条件:密钥是一串随机的字符串;密钥的长度跟明文一样,甚至更长;以及每传送一次密文就更换密钥,即"一次一密"。这种量子信息作为密钥加密后的密文是不能被破解的——目前基于公钥的密码体制(非对称密码体制)由于公钥和私钥的信息是明确的,比如足够大的质数,因此从理论上是可以被破解的,只是目前的计算技术需要花难以接受(比地球存在时间还长)的计算机时而已。②这种量子密钥的分发并不需要量子纠缠,而是基于量子测量的基本理论并且有量子态(比如单个光子的不同偏振态)可用即可。③这种基于量子态测量的方法可以发现是否有人窃听。从上面有关量子态测量的介绍可以看出,当有第三方截获光子,测量后再放走光子,乙方接收到的光子已经被改变了量子态,而这种改变会反映在甲乙双方的序列对比上,那就是原先应该一样的比特对会有一半的概率变得不一样了,多对比特对发生同样的现象相当于被窃听概率的叠加,因此当甲乙双方看到各自公开的数列中存在多处这种现象的时候就会放弃这次的密钥,达到防窃听的目的。④虽然这种密钥分发的方式不需要信使,但是如果存在光信号的能量损耗,这种量子通信仍然需要建立中继站,每个中继站都清楚密钥,要确保通信安全,就必须连这些中继站也一并保护。这是非纠缠量子密钥分发的一个明显弊端。

目前潘建伟等也实现了量子纠缠原理的演示——2020 年 6 月 15 日中国科学院宣布"墨子号"量子科学实验卫星在国际上首次实现千公里级基于纠缠的量子密钥分发,通过卫星在相距超过 1120 km 的新疆乌鲁木齐南山站和青海德令哈站之间建立了激光链路,随后以 2 对每秒的速度在两个站之间建立量子纠缠,进而在有限码长下以 0.12 s/bit 的最终码速率产生密钥。这个原理实验或概念性实验的意义就在于它给出了两个改进:①卫星不再是密钥的掌握者(如上述的甲方),而是密钥的分发者。通过卫星发送纠缠的一对光子时,卫星不需要知道它们的量子态,即便知道也没用,这就意味着卫星被敌方控制的极端情况下依然能实现安全的量子密钥分发。②不需要中继站。因为纠缠的光子会传递状态,只要测量了其中一个粒子的状态,另一个粒子的状态也会相应确定,此时就可以按照对称密码体制进行加密并传输密文。

在这些量子密钥分发中,激光发挥了三方面的作用:

(1) 作为单光子的光源提供单光子或者诱骗态的"单"光子;

(2) 作为信标光实现发送—接收方(此处是卫星与地面站)之间的对标;

(3) 作为激光通信的载波传递加密的明文(也可以用微波通信来完成)。

图 6.20 是新华网公布的 2017 年"墨子号"卫星与兴隆地面站进行通信的场景,其中绿色光卫星发出的是 532 nm 信标光,而红色光则是地面站发出的 671 nm 信标光——需要注意的是,信标光其实本质上就是传统的激光通信(没有内容),可以采用常规的望远镜瞄准;而量子通信实验用的是单光子,必须使用特定的探测

器和光路(图 6.21)。

图 6.20 "墨子号"量子科学实验卫星与兴隆量子通信地面站通过信标光建立天地链路[52]

图 6.21 给出了地面站光学设置的一个示例("墨子号"卫星量子通信实验中涉及的奥地利境内的格拉茨(Graz)地面站),从左往右可以看出,地面站通过一个望远镜发射红色信标光,让卫星接收并定位地面站;随后通过另一个望远镜接收来自卫星的绿色信标光,基于这两个信号实现卫星与地面站的精准对位,此时就建立了天地之间的激光链路。然后经过调制的量子信号光(849 nm)与绿色载波光(532 nm)一同被地面接收,并分成两路,其中量子信号光进入 BB84 模块(基于BB84 协议建立的检测量子态的模块);而绿色光则进入测时模块实现星地同步的功能,确保双方发射与接收量子比特在时间上的同步性。

从上述的介绍可以看出,目前的量子通信并没有类似传统激光通信那样传输明确的信息(不管有没有加密,传统激光通信传输的信息是有意义的,而量子通信,比如上述的"墨子号"分发的量子密钥是随机的、毫无意义的内容)。如果说传统的激光通信卫星一次发射上亿个光子,依靠激光的强度、频率、相位等来携带信息,那么量子通信则一次只发射一个光子,并且利用量子态叠加和测量或者量子态纠缠来进行信息的传递。从本质上说,量子通信其实解决的是通信加密的问题,正常的通信仍然需要采用传统的激光通信甚至目前仍然盛行的微波通信。总之,当前的量子通信其实就是"量子密钥分发"的过程。

结合图 6.21 可以看出,量子通信对激光的需求与激光通信类似,甚至更高。除了要求激光波长和功率适宜空间传播并且具有高光束质量,而且还进一步要求可以量子态化,比如构造诱骗态赝单光子光源乃至真正的单光子光源等。目前的"墨子号"卫星上搭载的激光器就包括了一个诱骗态红光光源,每秒发送 4000 万个信号光子,一次过轨对接实验可生成 300 kbit 的安全密钥,平均成码率可达1.1 kbit/s。

当前的激光通信,不管是传统激光通信还是新兴量子通信或量子信息处理,仍然处于概念设计或者原理实验的阶段,其技术局限之一就是缺乏高效的激光材料。透明激光陶瓷除了需要进一步在输出功率、转化效率和光束质量上加以改进,还需要重视新材料的研制工作。从单光子化的技术手段可以看出,长波红外或宽发射光谱透明激光陶瓷的发展是今后建设各种量子光源的基础,也是目前在 Nd:YAG占优势的前提下,透明激光陶瓷往其他稀土离子和新型半导体基质方向发展的指引方向。

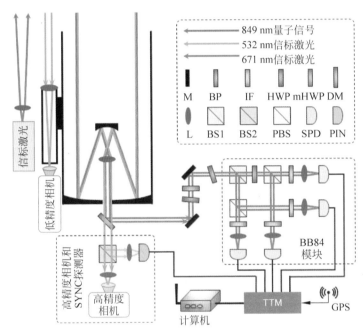

图 6.21　奥地利格拉茨地面站配置的光学设置[50]

# 6.5　激光光电转换

## 6.5.1　太阳光泵浦

如果从能量输入的性质来看,目前人类生产与生活所用的,以发光材料为核心的设备都来自电能的驱动,比如日光灯和白光 LED。激光也是如此,即便是半导体激光二极管泵浦,原始激发 LD 的也是电能。

由于太阳光涵盖的电磁波谱存在与激光材料激发光谱重叠的谱段,因此理论上太阳光泵浦产生激光是可行的,在空间发电卫星、无线能量传输、空间激光通信和激光光伏电池(6.5.2 节)等领域具有广泛的应用价值,而且也可以满足各类原有地面上的激光应用,比如激光切割、激光冶炼、激光医疗和激光测距等的需求——此时只是原有的电能供应改为太阳光而已。另外,这种模式也为激光武器的实用化提供了一种新的途径——目前激光武器实战列装的一个麻烦就是电源设备的笨重和易被破坏,如果换成太阳光,其灵活性和安全性将翻倍增加。

太阳光泵浦需要注意的问题就是太阳光谱的宽分布,或者说此时泵浦源是一个多种色光混合的宽带光谱,这与 LD 的窄带光谱不同,后者可以看作单色光。比如 808 nm 的 LD,虽然其波长会随着产品质量不同而存在一个分布,但是扩展范围并不大,比如 $\pm 5$ nm 左右,仍可看作单色光,并认为其激发激光离子时,只能从基态跃迁到某一个斯塔克(Stark)能级,对于 $Nd^{3+}$,主要就是让 $Nd^{3+}$ 从基态 $^4I_{9/2}$ 跃迁到激发态 $^4F_{5/2}$;与此类似,如果是 880 nm 的 LD,则是 $Nd^{3+}$ 的 $^4I_{9/2} \rightarrow {}^4F_{3/2}$ 跃迁。此时意味着不需要考虑其他波长的外界光源对激光材料乃至激光性能的影响——这与太阳光泵浦截然不同,在太阳光激发下,电子通常可以从基态同时跃迁好几个斯塔克能级。

对于连续宽带的太阳光谱,除了可以有多个激发光共存,比如上面提到的 808 nm 和 880 nm,还有其他可被激光材料——主要是基质吸收的波长,正如图 6.22 所示,可以激发 445 nm 的激光二极管的太阳光是落在一个较宽的谱带上的(蓝色标注)。这些被吸收的光会以热振动的方式影响激光性能,其中主要的影响是增高激光材料温度,从而降低粒子反转水平乃至猝灭发光。另外,其他波长的太阳光如果满足所需的能级差,也可以发生电子从基态直接跃迁到非激光上能级的其他能级,或者是处于激光上能级的电子吸收光子跃迁到更高的能级,此时同样不利于粒子数的反转和所需的发光。因此太阳光泵浦激光发射并不能简单认为是多种 LD 单色光泵浦激光发射的叠加,而是需要深入探讨不同波长的入射光在给定激光材料中的各种能量转换,这也是研究太阳光泵浦激光材料需要解决的关键问题之一。

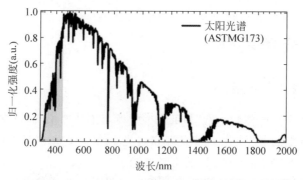

图 6.22　强度归一化的太阳光谱,其中蓝色部分表示可以泵浦 445 nm 激光二极管的谱段[53]

有关太阳光泵浦激光的实用性也有了概念设计乃至实验验证[54],而且是在

1960 年基于红宝石的激光出现后就同步开展了相关的尝试——1963 年美国的基什(Z. G. Kiss)等采用 Dy：$CaF_2$ 晶体作为工作物质,首次报道了太阳光泵浦激光的实验[55]。严格说来,这次实验属于基础性的验证:首先晶体需要液氮的温度(27 K),其次是所谓 2.36 $\mu$m 的激光输出主要体现为示波器显示的振荡波形,并没有相关输出功率以及斜率效率的测试——虽然作者根据实验的时间和地点估算了太阳光的功率密度(100 mW/cm$^2$)、太阳光在扣除反射损耗后可提供的功率(50 W)以及晶体在考虑光耦合后的吸收功率(3 W),但是最终还是未能进一步估计输出功率,而是据此简单认为所用的聚光透镜是可用的。1966 年,美国光学公司(American Optical Company)的杨(C. G. Young)基于 Nd：YAG 晶体和钕玻璃,利用宽口径望远镜收集太阳光,实现了室温下 1.06 $\mu$m 的激光输出,其中 Nd：YAG 的激光功率是 1 W,而钕玻璃则是 1.25 W[56]。因为晶体与玻璃的规格并不一样,而且也没有各自进行光路的优化,所以这里的功率并没有可比性。但是杨指出激光材料的折射率是一个重要因素,它关系到太阳光的收集和激光的出射,如果玻璃激光材料用低折射率的外层包着高折射率的内芯(激光材料),就可以利用全反射来提高太阳光的收集和激光的集中出射。另外,基于四能级速率方程,并且综合考虑太阳光带状光谱的特性和激光材料对泵浦光的吸收,通过理论模拟也证实了在单束光侧面泵浦的方式下,相比于 Nd,Cr：GSGG(即 Nd,Cr：$Gd_3Sc_2Ga_3O_{12}$)、Cr：$BeAl_2O_4$ 和 Cr,Nd：YAG 等,Nd：YAG 是最合适的太阳光泵浦激光材料——理论上 Nd：YAG 所需的泵浦阈值是 Cr,Nd：YAG 的一半,更容易实现太阳光泵浦的激光输出[57]。

除了直接获得激光出射,将太阳泵浦激光作为一种储能模式加以应用也是重要的发展方向[57]。1968 年美国彼得(Peter)等提出一种太阳能发电卫星(solar power satellite,SPS)的概念:先将太阳能转化为电能,随后这些电能通过微波的方式先传回地球,再次转化成电能进入应用环节。后来人们基于这种概念又提出了空间太阳能发电系统(space solar powe systems)的概念。日本则提出了化石燃料自由能量循环系统和激光光伏发电系统,前者由矢部(Yabe)等提出,其原理是先用太阳光泵浦产生激光,随后利用这些激光产生的高温还原 MgO 获得 Mg 单质——这一步就是将太阳能转化为化学能并存储于 Mg 中,随后的应用环节就是 Mg 与水反应可获得热能和氢能。而后者由武田(Takeda)等提出,首先太阳光泵浦获得激光,随后这些激光入射光伏电池而实现光-电转换。

另外,借鉴现有的太阳能电池技术,也有人提出间接泵浦的方案——2013 年约翰逊(Johnson)等报道了太阳光间接泵浦半导体激光器的实验[53]。他们先让太阳光入射光伏电池产生电,随后电池给多种发射波长的 LD 供电产生激光,最终在 976 nm LD 获得了最好的结果,功率为 4.31 W,太阳光到激光的转化效率是

10.34%。但是这种间接泵浦的方式需要考虑各个过程的效率，从而整体的能量转化效率理论上要低于直接抽运。这是因为增加的过程，比如这里的光伏电池转换过程，其效率肯定是低于100%的，因此这种方式更侧重于在目前激光材料难以满足高效率直接抽运的场合中使用，以便获得更高效率的能量转换——这就是约翰逊等认为他们的模式比直接抽运更占优势的一个原因。另一个优势就是这种间接泵浦不需要对太阳光进行聚焦。以往的直接抽运实验都需要用透镜将太阳光聚焦到足够高的功率密度（25 W/cm²），而这种光伏转换模式可以直接利用现有的太阳光（功率密度大约是 100 mW/cm²），从而不但简化了系统设计，而且还不需要配置冷却系统。最后，间接泵浦还提供了一种全天候的可行性。如图 6.23 所示，通常激光的功率是随着时间或者说太阳光的功率而变的，甚至可以是零，这显然不利于实用，因此要实现太阳光泵浦激光的全天候运行，光伏电池驱动等间接泵浦模式是需要考虑的。

池末等在 2008 年首先开始实施基于透明激光陶瓷的太阳光泵浦实验[54]，随后获得了日本政府的支持，进一步开展了多个实验，甚至考虑实施空间卫星发电和空间太阳能无线传输计划。考虑到目前的能量转化效率问题，池末和元弘（Motohiro）等合作提出了阵列式太阳光泵浦激光的概念并进行了实验，如图 6.24 所示。25 个太阳光泵浦激光器（solar-pumped laser，SPL）构成一个阵列，每个 SPL 自带一套聚焦系统和一根 10 mm 长，直径为 1 mm 的 Cr,Nd:YAG 陶瓷棒，从而类似于半导体激光器阵列，获得了瓦级以上的激光输出。

由于这类激光器的镜头在 50 mm 以下，与常规实验的米级透镜有显著区别，因此也称为 μSPL。图 6.25 给出了单个 μSPL 的激光输出功率和斜率效率，在其他条件固定的前提下，实验可得的数值与太阳光强度或者实验的时间有关。基于这组数据并考虑各种能量损耗，可以推出整个 SPL 阵列理论上可以获得 1.57 W 的激光输出阈值和 2.45% 的斜率效率。

需要指出的是，在这个基于 Cr,Nd:YAG 陶瓷棒的实验中，池末等考虑了前面涉及的折射率问题，因此采用了如图 6.26 所示的包边或者包芯结构，其中芯层是 Cr,Nd:YAG，而包层则是 Gd 掺杂的 YAG，从而有助于太阳光被芯层激光材料吸收，减少在激光材料边缘的反射损耗，进而提高太阳光的转化效率。

需要注意的是，虽然具有宽吸收带的 $Cr^{3+}$ 是为了提高能量的转换效率，在掺 $Nd^{3+}$ 激光材料中引入的敏化剂，但是在 YAG 中要传递能量给 $Nd^{3+}$，发生的是 $^2E \rightarrow {}^4A_2$ 自旋禁阻跃迁，因此传输效率并不高；与此相反，如果改用 GSGG 作为基质，此时传输是通过 $^4T_2 \rightarrow {}^4A_2$ 来实现的，属于自旋允许跃迁，转换效率近似 100%，就可以提高斜率效率——闪光灯泵浦时，Cr,Nd:GSGG 相比于 Nd:YAG

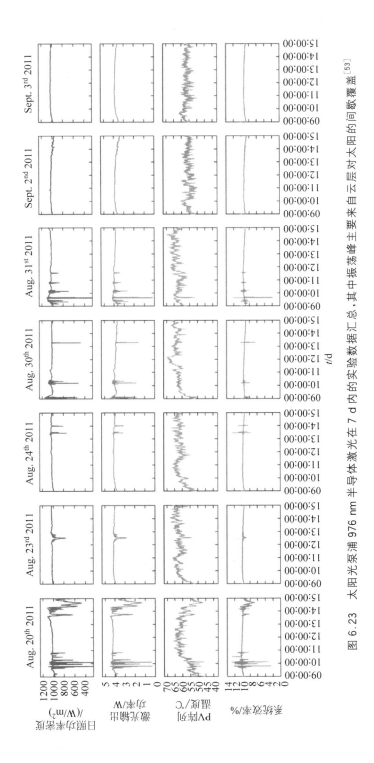

图 6.23　太阳光泵浦 976 nm 半导体激光在 7 d 内的实验数据汇总，其中振荡峰主要来自云层对太阳的间歇覆盖[53]

475

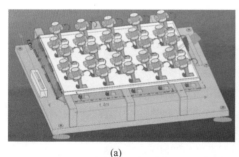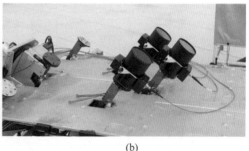

(a)　　　　　　　　　　　　　　　　(b)

图 6.24　25 个 SPL 组成的阵列示意图(a)和其中 3 个
SPL 的实物图(户外实验场景)(b)[54]

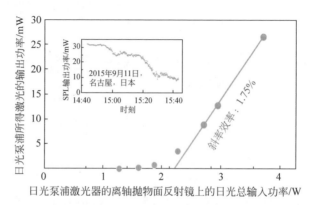

图 6.25　单个 μSPL 的输出功率随入射太阳光功率的变化,其中左上角的内图给出了
激光输出功率随时间的连续变化

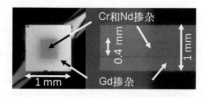

图 6.26　用于 μSPL 且包含 Cr,Nd:YAG 芯层和 Gd:YAG 包层(两者折射率匹配)的陶瓷棒实物[54]

在斜率效率上高 3 倍就是这个原因[58]。不过这种高泵浦效率并不意味着系统性
能会更好——首先是这种双掺和复合基质意味着热导率和热容会降低,其次是因
为这种 $Cr^{3+}$ 的宽光谱(蓝光带与红光带)同发射之间存在较大的斯托克斯位移。
这就意味着需要发射声子,提高材料温度来实现,因此具有更强的热聚焦和应力双
折射,在低频脉冲激光中可以获得更大的激光亮度(相当于 YAG 的 2 倍[58]),但是
频率升高则光束亮度就随之下降,与 YAG 差别不大。

总体而言,目前的太阳光泵浦实验严重缺乏上述有关材料内部各种能量转换的考虑和研究,主要侧重于将已有的激光材料利用太阳光泵浦(以地面聚焦太阳光为主)并加上精巧的聚光、冷却和耦合结构设计来测试其激光性能,因此其输出功率和能量转换效率并不高,从而太阳光泵浦激光的实用化仍有待实现。因此今后太阳光泵浦激光材料的研究主要集中在如下三个方面:

(1) 有关能量转换的基础性研究;

(2) 有关光路设计的应用性研究,比如聚光系统、导光结构和滤光元件等,从而提高泵浦光的耦合效率;

(3) 开发适合太阳光泵浦的新型激光材料,高效利用太阳光并且其热效应是可控的。

## 6.5.2　光伏效应与应用

激光本质上也是一种光源,因此只要波长合适,同样可以用于现有的太阳能电池,实现光-电转换,与原有太阳能电池的不同点就在于入射光改为激光,而不是太阳光,因此属于一种新型的光伏电池或者光伏电源。

6.5.1 节介绍的太阳光间接泵浦输出激光的模式就涉及光伏效应,虽然该实验探讨的是激光输出,引起光伏效应的是太阳光,但是该实验也揭示了基于半导体激光器波长的多样性(图 6.27),设计适宜的波长并与特定光伏电池耦合的激光材料是可行的。

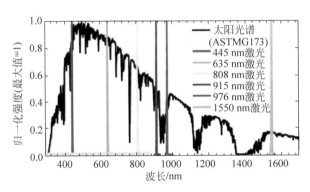

图 6.27　归一化的太阳光谱图和通过光伏效应泵浦的各种波长的 LD 激光[53]

目前有关激光产生光伏效应的尝试主要是基于现有的太阳能电池开展的,在电池结构和电路构造固定的前提下,太阳能电池(这里严格说应该是"激光能"电池,或者是激光电池/激光电源)的转换效率与具体所用的半导体电池材料和入射波长有关。图 6.28 总结了一些实验结果。从图中可以看出,目前光伏电池常用的半导体材料所需入射光源的波长范围与现有激光波长是匹配的,比如 $Nd^{3+}$ 的

1.06 μm 激光输出就可以用于硅基电池,而硅基电池又是当前商业化程度最高的太阳能电池,与之相关的生产线、销售渠道和市场可以充分利用,因此 Nd:YAG 透明激光陶瓷在这一领域具有良好的应用前景。另外,图 6.28 并不代表实际的转换效率,因为从原始文献可以发现,电池的最终效率取决于系统设计,包括材料的选型、电池构造乃至电路的设计,所以这里的转换效率主要是作为一个参考。

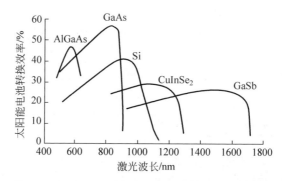

图 6.28　太阳能电池转换效率同半导体材料及其所用激光波长之间的关系[59]

光伏电池的应用可以直接利用太阳能电池相关的技术和知识,只不过是将入射光由太阳光改为激光,由于目前与此相关的文献主要是各种专利,以市场化探索为主,相关基础研究,尤其是有关透明激光陶瓷的研究并不多,因此这里主要介绍基于激光的光伏电池的两个主要应用。

首先,激光电池在军事上可用于无人机充电。当前无人机作战已经成为 21 世纪的新型作战方式之一。但是续航时间短是它的主要缺点。这是因为无人机强调有效负载尽量多,而整体质量又要尽量轻盈,从而达到高度灵活机动打击的目的。如果为了续航而增加电池将会增加质量,从而降低飞行时间和机动性,而要增加飞行时间,又要进一步增加电池的部署,这就产生了一个恶性循环。激光电池可以解决这一问题。如图 6.29 所示,美国陆军提出了一个利用车载激光器为无人机现场充电的方案,并且认为这种充电不但利用了光速充电的优势,而且便于隐蔽和机动进行。根据公开报道,由洛克希德·马丁公司与美国激光动力公司牵头,2012 年 7 月美国开发并测试了用激光充电技术为无人机充电的激光充电系统,并在 2013 年实现了装备世界首款激光充电系统(取名"隐形塔")的垂直起降飞机的首次飞行。这种充电方式能安全地远距离输送能量,不受高电压、射频场、电磁脉冲或强磁场的干扰。

当然,也可以将激光电池为无人机充电的方式反过来使用,改为飞机给地面设施、机器人、单兵武器和生活用具等无线充电,不过正如 6.1.1 节所言,实现这种应用的前提是固体激光武器取得突破,可以机载大功率激光器。

更进一步的是形成陆、海和空一体的输电系统,比如图 6.30 就给出了美国陆

图 6.29　美陆军研发的用激光为飞行中的无人机充电的概念设计图[60]

军开发的一种结合激光和高效光伏电池的输电系统。这套系统可以为 500 m 以外飞行的无人机提供理论上无限续航的能力,既可以实现基地上空的例行巡逻,也可以实现对感兴趣军事目标的全程监视。

图 6.30　美军正在研发中的为固定翼无人机和四旋翼无人机激光充电示意图[60]

　　其次,激光电池也具有民用的价值,比如可以实现智能手机的无线充电或者远程充电。2015 年,微软亚洲研究院就做过"Auto Charge"的实验,将聚集的太阳光通过充电器锁定手机并为之充电,实现了"无线"充电的设想。随后俄罗斯"能源"火箭航天公司在两栋建筑物之间完成了利用激光为 1.5 km 以外的手机充电的实验(一幢楼上安装激光发射装置,1.5 km 外的另一幢楼安装对光板,并且与常规移动电话的充电端口相连,以便进一步将激光能量转化为电能,其中对光板总长度为 10 cm,相当于常规手机的尺寸,充电时间 1 h)[61]。

　　2020 年 9 月,中国的华为公司宣布已经获得通过激光为手机无线充电("真无线充电")的专利,并且声明这项技术将允许多个拥有可支持设备的用户通过房间里的无线模块充电,预计可在未来两三代内的智能手机上得到应用。虽然它实际上需与安装在室内的无线充电模块配合使用,但这样做的目的是避免原先激光直接充电的一对一单路缺陷,改为可以同时为多个拥有接收器的设备进行充电,其效果图可参见图 6.31[62]。

房间内配备的激光充电模块可同时为多台设备进行安全且不可见的充电

图 6.31　华为公司提出的激光远程充电结合无线模块充电,同时给多个设备充电的效果图[62]

当然,激光电池的民用并不仅限于手机等智能设备,而是可以用于其他可以采用光伏电池的场合,比如汽车电池的"闪充"就是一个可行的应用,尤其是那些仅需少量电源来维持足够距离移动的汽车,比如需要开向下一站的公交车或者山野中抛锚,需要开到临近加油点的汽车,远程快速且无线的激光充电将是更好的选择。

虽然目前有关激光电池的设计与专利并不少,但是激光充电在商业化前仍需要克服一些基础问题。其中热管理问题是激光充电需要优先考虑的,这是因为激光充电要保证效率,并且考虑大气的衰减,所用的激光功率并不低,而光-电转换效率达不到 100%,多余的能量就转为电池或电源中的废热,导致温度升高,这就是所谓激光充电的高能风险。另外,废热与安全问题是密切相关的——废热如果处理不好,无人机或手机温度升高就会引发其他风险,比如引燃或熔化等。

激光充电的安全性除了上述需要考虑废热可能引发的着火和热解问题,还需要考虑激光的精确对准问题,即需要高精度控制激光束,从而确保落在接收端口上,而不至于落在其他地方,尤其是无人机携带的导弹等敏感的部位。事实上,目前激光充电系统未能常规列装部队也是出于安全考虑,仍以概念设计和样机为主——"挑战在于如何让监管当局相信它是安全的。具体来说,你必须说服他们,不会发生充电时激光束偏离无人机能量收集板的情况[60]。"而且这也是华为结合无线充电使用,而不采用直接点对点充电的重要原因。当然,对于商业应用而言,小型化和高效率也是需要考虑的原因。

要克服上述的应用问题,除了有赖于设备的设计,同样需要高效的新型激光材料——在足够高的转化效率下,废热问题可以得到缓解,而且也不需要采用大功率激光器(目前相当一部分功率是用于克服低能转化的)。

# 6.6　其他应用

由于周期性结构不是发光乃至激光应用的必要条件,因此透明激光陶瓷在激光方面的应用与透明单晶是一样的,具体取决于陶瓷的光学质量以及当前制备技术可以实现的尺寸和外形以及所需成本。囿于篇幅,除了上述比较前沿的应用,其他传统的激光应用,比如工业制造、外科手术、红外遥感和光刻等就不再赘述。当然,这些领域也因固体激光器的参与而在设备外形、波长可选择性和激光性能等方面有明显的变化,其差别主要来自固体激光器与气体和化学激光器之间在构造、波长、光束质量以及能量转化效率等方面的差异。

需要指出的是,透明激光陶瓷并不是简单作为透明单晶的候选或替代品,它同时也会产生单晶所不具有的新性质。这种能力来源于周期性破缺,一个明显的例子就是陶瓷可以通过晶界来稳定各种缺陷结构或畸变结构而获得相对较高的掺杂浓度——虽然这种高浓度并不是热力学稳定的,杂质会随着热处理时间的延长由晶粒向晶界迁移,但是在优化的制备条件下是可以动力学稳定下来的。另外,由于周期结构的中断不仅产生了晶界,而且也为特定组分的存在提供了可能,从而获得不同的物理与化学性能。比如池末就发现透明尖晶石($MgAl_2O_4$)在同时采用$MgF_2$和$AlF_3$烧结助剂后,可以获得比单晶更大的禁带宽度,其紫外吸收边高达6.81 eV(低于200 nm),而单晶则是5.51 eV(约250 nm),具体可参见图6.32。他们经过分析,排除了瑞利散射和米氏散射的可能性,最终确认是来自尖晶石在相图中存在一个稳定的固熔区域,陶瓷可以确保$MgO$与$Al_2O_3$的摩尔比近似为1(初始原料比是0.96)。而单晶即便初始原料的摩尔比为1,在生长过程中由于存在稳定固熔区域,也很容易偏离1,从而产生紫外吸收的差异。虽然他们的结论仍需要元素分析结果以及助熔剂最终去向等实验证据的支持,但是也表明陶瓷在组成-结构-性能上并不是单晶的简单重复。这就为透明激光陶瓷产生独特的激光性能奠定了理论基础(或者说是组成与结构基础)。

另外,相比于荧光粉,由于本体和表面占据的比例可变,从而导致发光中心的局域配位结构有一个较宽的分布,即发光容易受到外界环境影响的不足,陶瓷中发光中心的局域配位结构相对更为稳定,而烧结致密的透明陶瓷其晶粒内部原子占位的完美性与单晶相当(XRD衍射峰尖锐且比常规荧光粉强好几倍以上就是一个证明)。因此对于那些对发光强度变化敏感的场合,透明陶瓷具有更好的优势,其中典型的就是发光测温仪(也称为发光量热计或温度传感器)。

基于发光原理的发光测温仪主要有三类:发光强度、发光强度比和发光寿命(也有称为荧光强度、荧光强度比和荧光寿命)。其中发光强度的准确性很低,这是因为发光强度的绝对值容易受到外界环境的影响,而不仅仅是温度,比如压紧的荧光粉与松散的荧光粉就有不同的发光强度(内部的散射路径不同,而且不同颗粒之间发光中心的发光差异较大,导致颗粒位置和取向变动时也会影响整体的发光);而发光寿命的测试设备过于昂贵,同时操作也麻烦,因此基于发光强度比的温度传

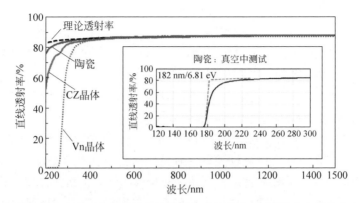

图 6.32 空气气氛下尖晶石陶瓷与两种单晶的直线透射率对比,其中内图是真空环境下测试的紫外区域的陶瓷直线透射率。CZ 表示丘克拉斯基(Czochralski)法,即提拉法生长的单晶,而 Vn 表示维尔纳叶(Verneuil)法,即焰熔法生长的单晶[63]

感器成为重点发展方向。

两个彼此作比较的发光可以来自同种离子,也可以来自不同种离子,从而具有不同的温度依赖性以及灵敏度等计算公式。

同种发光中心可以进行比较来确认温度的两个激发态能级就称为热耦合能级,意思是这两个能级可以通过温度,即热关联起来,常用的有 $Er^{3+}$ 的 $^2H_{11/2}$ 和 $^4S_{3/2}$ 以及 $Tm^{3+}$ 的 $^3F_{2,3}$ 和 $^1G_4$,不过后者的基态并不一样,分别是 $^3H_6$(约 700 nm)和 $^3F_4$(约 645 nm)[64]。

热耦合能级对应的荧光强度比(fluorescence intensity ratio,FIR)的拟合公式如下:

$$\text{FIR} = \frac{I_1}{I_2} = A\exp\left(-\frac{B}{T}\right) + C, \quad \text{其中} \, B = \frac{\Delta E}{k_B}$$

$\Delta E$ 是热耦合的能级差,相应的绝对灵敏度 $S_A$ 和相对灵敏度 $S_R$ 如下计算:

$$S_A = \left|\frac{\text{dFIR}}{\text{d}T}\right| = \frac{AB}{T^2}\exp\left(-\frac{B}{T}\right), \quad S_R = \left|\frac{1}{\text{FIR}} \cdot \frac{\text{dFIR}}{\text{d}T}\right| = \frac{B}{T^2}$$

图 6.33 给出了掺杂 $Tm^{3+}$ 的含氟硅铝酸盐玻璃陶瓷的温度敏感性的实验结果,从发射光谱可以看出,随着温度的升高,645 nm 和 700 nm 两发射峰此消彼长,这就提供了荧光强度比来反应温度的可能性,随后对比例数据进行拟合也的确得到了很好的指数对应关系,从而证明这种材料具有潜在的测温应用前景。

同种发光中心提供的两个不同能级的发光必然受到电子布居数目的制约,这就意味着根据玻尔兹曼分布,两者的比例是关联的(参考上述的 $B$ 的求值),因此荧光强度比也就承继了玻尔兹曼方程的特色,即与温度 $T$ 成为指数关系。据此可以推出要获得荧光强度比与温度的线性关系,就必须采用不同发光中心的发光。

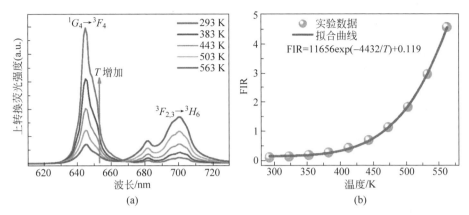

图 6.33 含 $Tm^{3+}$ 玻璃陶瓷的变温发射光谱(a)和 645 nm 与 700 nm 两发射峰的强度
对比($I_{700}/I_{645}$)及其拟合曲线(b)[64]

比如共掺 $Eu^{3+}$ 和 $Tb^{3+}$ 的体系中,$Eu^{3+}$ 的 $^5D_0 \rightarrow {}^7F_2$ 跃迁产生的红光(611 nm)和
$Tb^{3+}$ 的 $^5D_4 \rightarrow {}^7F_5$ 跃迁产生的绿光(542 nm)的荧光强度比 $I_{611}/I_{542}$ 可以拟合成
如下关于温度 $T$ 的关系[65]:

$$\text{FIR} = \frac{I_1}{I_2} = A - BT$$

这种双发光中心测温机制对应的绝对灵敏度和相对灵敏度可以如下计算:

$$S_A = \left| \frac{d\text{FIR}}{dT} \right| = B, \quad S_R = \left| \frac{1}{\text{FIR}} \cdot \frac{d\text{FIR}}{dT} \right| = \left| \frac{B}{A - BT} \right|$$

需要指出的是,此时的 $B$ 不再如同热耦合能级那样通过玻尔兹曼方程可直接
求得,而是需要线性拟合计算,它反映了两种不同发光中心各自贡献能级的能量转
移机制,并且也涉及其他影响因素,仍有待进一步认识其机制,为正确的理论推导
奠定基础。

因为 $Tm^{3+}$、$Er^{3+}$、$Pr^{3+}$ 以及 $Tb^{3+}$ 都是目前石榴石基陶瓷体系常用的发光中
心,所以透明激光陶瓷在发光测温仪领域具有优势。其他体系,比如 Pr:
$La_{0.4}Gd_{1.6}Zr_2O_7$ 这种原用于透明闪烁陶瓷的材料也显示了优秀的发光测温能力,
并且以透明陶瓷的形态进入发光测温应用在降低发光散射损耗和提取发光强度等
方面是有利的[66]。当然,由于发光测温仪强调荧光强度比与温度关系的稳定,高
光学质量并不是必需的,因此将现有的透明激光陶瓷改为测温陶瓷,并不一定需要
激光级的光学质量,从而可以降低原料纯度甚至修改制备条件,以便获得最佳的性
价比。

最后,作为一门伴随纳米科技的发展才展露峥嵘的材料,透明激光陶瓷的理
论、实践和应用仍处于发展与完善之中。比如高光学质量的大尺寸或非立方晶系

透明陶瓷仍然是一个挑战性课题,目前在未掺杂的基质化合物,比如 YAG、$MgAl_2O_4$ 等虽然已实现了口径为 20 cm 数量级的大尺寸,但是进一步扩大尺寸,或者将掺杂,尤其是高浓度掺杂也做到这个数量级水平仍需要进一步在理论和工艺上有所突破。因此,透明激光陶瓷在激光上的应用更多地处于尝试的阶段,有激光输出以及较好的斜率就是目前不错的成果。一个典型的例子就是当前全固态高能超快激光装置在寻找合适激光材料的时候,仍然采用传统的、已经有 300 多年发展历史的人工晶体和玻璃(表 6.2)。其主要原因有两方面,一方面是玻璃和晶体的制备技术和理论较为成熟,比如钕玻璃有 60 多年的探索历史(比 Nd:YAG 透明激光陶瓷还早了 30 多年),而磷酸盐晶体和氟化物晶体则更长,伴随人工晶体的出现就开始了高质量生长技术和理论的探讨,因此这些材料容易获得高质量和低成本的产品来进行测试乃至商业化;另一方面是透明激光陶瓷目前可用的体系有限,因此性能不一定占优势,比如 Yb:S-FAP($Yb:Sr_5(PO_4)_3F$) 晶体和 Yb:YAG相比,其荧光寿命较高(1.14 ms vs. 0.95 ms),并且其吸收截面和发射截面分别是后者的 12 倍和 3 倍以上。如果能拥有较好的散热设计,那么虽然 Yb:S-FAP 的热导率仅是 Yb:YAG 的 1/5,但是在大功率激光应用上仍有更大的优势。这是因为激光输出功率受制于吸收和发射截面的程度更大,而热效应主要是影响激光质量或者激光的稳定性——当然,囿于 Yb:S-FAP 是六方晶系,其透明陶瓷化在目前的理论和技术条件下很难实现的[67]。

**表 6.2　国际各 LD 泵浦的全固态高功率超快激光装置及其激光材料示例**[67-73]

| 国别 | 装置 | 激光晶体 |
| --- | --- | --- |
| 德国 | POLARIS | $Yb:CaF_2$ |
| 法国 | LUCIA | Yb:YAG |
| 英国 | DiPOLE | Yb:YAG |
| 美国 | Mercury | Yb:S-FAP |
| 日本 | HALNA | Nd:glass(钕玻璃) |
| 中国 | 神光 | Nd:glass(钕玻璃) |
| 中国 | 星光、极光 | $Ti:Al_2O_3$ |

当然,如前所述,透明激光陶瓷并不是简单承继同组分单晶(一般是更低浓度掺杂单晶)的性质,它也具有自己的独特优势。比如法国的 LUCIA 激光装置就实验了 Yb:YAG 陶瓷,发现至少有两个优点:第一个是很容易实现包边或复合来改善表面与空气的高折射率差异;第二个就是各向同性——立方晶体的各向同性其实是指三个晶轴方向不可区分,但是对角线方向的原子排列密度肯定与晶轴方向不一样,因此其光学性质也不同。而单晶块体都是沿某一方向切割的,这就导致激光退偏损耗存在明显的方向性,如图 6.34 所示,从而对激光质量的提高并不是好

事;而陶瓷的晶粒随机取向,因此理论上是真正的各向同性,其退偏损耗对方向的依赖性等于零(理论值)。因此相关工程人员的结论是后继将着重关注激光陶瓷的替换和提升作用,这恰好就是 6.1 节所述透明激光陶瓷在大功率激光器具有优良的应用前景的一个典型例证。

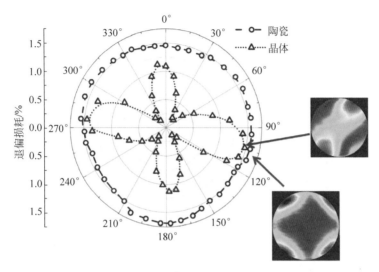

图 6.34　Yb:YAG 晶体与陶瓷在 40 W/cm² 泵浦功率下所得激光退偏损耗随方向的变化[68]

总之,当前透明激光陶瓷在透明度、热性质、光致发光效率和发光寿命等已经和单晶持平,而且近期的研究表明在激光输出功率和效率上已与单晶基本一致甚至占优,同时由于与单晶相比陶瓷具有相对较高的机械性能,在抗热损伤方面陶瓷也体现出良好应用前景——经过大量的材料制备和发光性能表征研究,已经获得了兆瓦级的激光输出。另外,近年来也开始了非石榴石结构透明激光陶瓷的研究,比如 Nd:Ba(Zr,Mg,Ta)$O_3$ 和 Yb:CaF$_2$ 透明陶瓷等,而关于非立方晶系的透明激光陶瓷则缺乏相关理论与技术的支持,亟需加大研究投入——事实上,相比于现有寥寥可数的几类激光陶瓷基质,非立方化的意义更为重大,因为它是有望利用人类已有庞大的发光材料数据库的关键和必由之路。

另外,基于透明激光陶瓷材料和制备技术,积极研究和推广相关材料与技术在其他领域,比如照明显示、磁光隔离、绿色能源以及温度传感等方面的应用,对实现学科交叉,扩展材料与技术应用,获得更好的经济效益都具有重要的意义。

# 参考文献

[1]　IKESUE A,AUNG Y L,LUPEI V. Ceramic lasers[M]. Cambridge:Cambridge University

Press,2013.

[2] 徐璐明.美军计划年底前在濒海战斗舰上安装激光武器[EB/OL].(2020-01-17)[2021-06-22]. https://www. 163. com/war/article/F33CK9SU000181KT. html.

[3] 王晓鹤.【装备发展】美空军研究实验室授予洛马公司发紧凑型机载高能激光武器研发合同[EB/OL]. (2017-11-08)[2021-06-22]. https://www. sohu. com/a/203010821_613206.

[4] 王科伟,孙晓泉,马超杰.高能激光武器系统中的光束质量评价及应用[J].激光与光电子学进展,2005(8):13-16.

[5] 程立,童忠诚,柳旺季.国外激光武器的发展现状与趋势[J].舰船电子对抗,2019,42(2):56-58.

[6] 潘裕柏,陈昊鸿,石云.稀土陶瓷材料[M].北京:冶金工业出版社,2016.

[7] 小风的科技视界.中国 EAST 核聚变实现 1 亿度运行,美国网友:我们以后只能从中国买[EB/OL]. (2018-12-26) [2020-11-26]. https://baijiahao. baidu. com/s? id = 16209214929698209...

[8] 徐军.新型激光晶体材料及其应用[M].北京:科学出版社,2016.

[9] 陈伟.白光 LED 用新型 Ce:YAG 单晶荧光材料制备及显色性能研究[D].郑州:郑州大学,2013.

[10] 李梦娜.白光 LED 用钨/钼酸盐基荧光粉的制备及发光性能[D].上海:上海大学,2013.

[11] 史光国.半导体发光二极管及固体照明[M].北京:科学出版社,2007.

[12] 布拉塞,格雷伯梅耶.发光材料[M].陈昊鸿,李江,译.北京:高等教育出版社,2019.

[13] 徐叙瑢,苏勉曾.发光学与发光材料[M].北京:化学工业出版社,2004.

[14] C I E. 1931 Chromaticity diagram [EB/OL]. [2022-06-27]. https://www. ledtronics. com/html/1931 Chromaticity Diagram. htm.

[15] ZHANG X,HUANG L,PAN F,et al. Highly thermally stable single-component white-emitting silicate glass for organic-resin-free white-light-emitting diodes[J]. ACS Applied Materials & Interfaces,2014,6(4):2709-2717.

[16] LOU Z,HAO J. Cathodoluminescence of rare-earth-doped zinc aluminate films[J]. Thin Solid Films,2004,450(2):334-340.

[17] PHILIPS L. Experience true colors with a high CRI LED bulb[EB/OL]. [2021-11-30]. https://www. usa. lighting. philips. com/consumer/led-lights/quality-of-light-led-lighting.

[18] LU S Z,YANG Q H,WANG Y G, et al. Luminescent properties of Eu:$Y_{1.8}La_{0.2}O_3$ transparent ceramics for potential white LED applications[J]. Optical Materials,2013,35(4SI):718-721.

[19] PENILLA E H,KODERA Y,GARAY J E. Blue-green emission in terbium-doped alumina (Tb:$Al_2O_3$) transparent ceramics [J]. Advanced Functional Materials, 2013, 23 (48): 6036-6043.

[20] XIE R,MITOMO M,HIROSAKI N. Ceramic lighting [M]//RIEDEL R, CHEN I. Ceramics Science and Technology. New York:Wiley-VCH Verlag GmbH & Co. KGaA, 2013:415-445.

[21] XIE R J,HINTZEN H T. Optical properties of (Oxy)nitride materials:a review[J]. Journal of The American Ceramic Society,2013,96(3):665-687.

[22] CUI Z G,YE R G,DENG D G,et al. Eu$^{2+}$/Sm$^{3+}$ ions co-doped white light luminescence SrSiO$_3$ glass-ceramics phosphor for White LED[J]. Journal of Alloys and Compounds, 2011,509(8):3553-3558.

[23] KUZNETSOV A S,NIKITIN A,TIKHOMIROV V K,et al. Ultraviolet-driven white light generation from oxyfluoride glass co-doped with Tm$^{3+}$-Tb$^{3+}$-Eu$^{3+}$ [J]. Applied Physics Letters,2013,102:161916.

[24] YE R G,MA H P,ZHANG C,et al. Luminescence properties and energy transfer mechanism of Ce$^{3+}$/Mn$^{2+}$ co-doped transparent glass-ceramics containing beta-Zn$_2$SiO$_4$ nano-crystals for white light emission[J]. Journal of Alloys and Compounds,2013,566: 73-77.

[25] 石云,吴乐翔,胡辰,等. Ce:Y$_3$Al$_5$O$_{12}$透明陶瓷在白光 LED 中的应用研究[J].激光与光电子学进展,2014(5):180-185.

[26] 雷牧云,李祯,贺龙飞,等.白光 LED 用 MgAl$_2$O$_4$ 荧光透明陶瓷的制备及性能[J].硅酸盐通报,2013(2):299-303.

[27] NISHIURA S,TANABE S. Preparation and optical properties of transparent Ce:YAG ceramics for high power white LED[J]. IOP Conference Series:Materials Science and Engineering,2009,1(1):12031.

[28] CHEN D Q,XIANG W D,LIANG X J,et al. Advances in transparent glass-ceramic phosphors for white light-emitting diodes—A review[J]. Journal of the European Ceramic Society,2015,35(3):859-869.

[29] LIU G H,ZHOU Z Z,SHI Y,et al. Ce:YAG transparent ceramics for applications of high power LEDs:Thickness effects and high temperature performance[J]. Materials Letters, 2015,139:480-482.

[30] 周圣明,滕浩,林辉,等.用于白光 LED 荧光转换的复合透明陶瓷及其制备方法:CN 102501478 A[P]. 2012-06-20.

[31] YI X Z,ZHOU S M,CHEN C,et al. Fabrication of Ce:YAG,Ce,Cr:YAG and Ce:YAG/ Ce,Cr:YAG dual-layered composite phosphor ceramics for the application of white LEDs [J]. Ceramics International,2014,40(5):7043-7047.

[32] RARING J W. Laser diodes for next generation light source[EB/OL]. (2016-02-03) [2020-12-06]. https://www. energy. gov/sites/prod/files/2016/02/f29/raring_leddroop_ raleigh2016. pdf.

[33] CAREY J. Laser light sources and applications in architectural lighting[EB/OL]. (2018- 06-18)[2020-12-08]. https://www. lightshowwest. com/laser-light-sources-and-applications-in- architectural-lighting.

[34] HUO J,YU A,NI Q,et al. Efficient energy transfer from trap levels to Eu$^{3+}$ leads to antithermal quenching effect in high-power white light-emitting diodes[J]. Inorganic Chemistry,2020,59(20):15514-15525.

[35] SUZUKI F,SATO F,OSHITA H,et al. Large Faraday effect of borate glasses with high Tb$^{3+}$ content prepared by containerless processing[J]. Optical Materials,2018,76: 174-177.

［36］ HEBB M H，VAN VLECK J H. On the paramagnetic rotation of tysonite［J］. Physical Review，1934，46(1)：17-32.

［37］ GUO F，XIE Q，QIU L，et al. Growth，magnetic and magneto-optical properties of CaDyAlO$_4$ crystals［J］. Optical Materials，2021，112：110719.

［38］ 戴佳卫. 铽铝石榴石(Tb$_3$Al$_5$O$_{12}$)基磁光透明陶瓷的制备与性能研究［D］. 北京：中国科学院大学，2018.

［39］ DOU R，ZHANG H，ZHANG Q，et al. Growth and properties of TSAG and TSLAG magneto-optical crystals with large size［J］. Optical Materials，2019，96：109272.

［40］ GANSCHOW S，KLIMM D，REICHE P，et al. On the crystallization of terbium aluminium garnet［J］. Crystal Research and Technology，1999，34(5/6)：615-619.

［41］ 刘志刚. 大气激光通信技术及应用［J］. 通讯世界，2018(8)：11-12.

［42］ 孙健. 陆军单兵激光通信系统［D］. 长春：长春理工大学，2014.

［43］ 王怡. 空间激光通信中的若干关键技术研究［D］. 哈尔滨：哈尔滨工程大学，2008.

［44］ 站长之家. SpaceX 将发射第十六批"星链"卫星 创下另一个重大里程碑［EB/OL］.（2020-11-20）［2020-11-25］. https://www.chinaz.com/2020/1120/1209932.shtml.

［45］ 百度百科. 北斗卫星导航系统［EB/OL］.（2020-11-09）［2020-11-25］. https://baike.baidu.com/item/北斗卫星导航系统/10390403?fr=aladdin.

［46］ 镁客网. SpaceX 已成功测试星链卫星"激光通信"［J］. 高科技与产业化，2020(9)：9.

［47］ 百度百科. 激光雷达［EB/OL］.（2020-10-27）［2020-11-25］. https://baike.baidu.com/item/激光雷达/2374379?fr=aladdin.

［48］ 王强，张勇，郝利丽，等. 基于奇相干叠加态的超分辨率量子激光雷达［J］. 红外与激光工程，2015，44(9)：2569-2574.

［49］ JIANG K，LEE H，GERRY C C，et al. Super-resolving quantum radar：coherent-state sources with homodyne detection suffice to beat the diffraction limit［J］. Journal of Applied Physics，2013，114(19)：193102.

［50］ CAI W，HANDSTEINER J，LIU B，et al. Satellite-Relayed intercontinental quantum network［J］. Physical Review Letters，2018，120(3)：30501.

［51］ 袁岚峰. 你完全可以理解量子信息(5)［EB/OL］.（2017-08-31）［2020-12-03］. https://tech.sina.com.cn/d/2017-08-31/doc-ifykpysa2199081-p5.shtml.

［52］ 新华社. 世界首颗量子科学实验卫星"墨子号"正式交付使用［EB/OL］.（2017-01-19）［2020-12-03］. http://www.xinhuanet.com/overseas/2017-01/19/c_129453327_9.htm.

［53］ JOHNSON S，KÜPPERS F，PAU S. Efficiency of continuous-wave solar pumped semiconductor lasers［J］. Optics & Laser Technology，2013，47：194-198.

［54］ SUZUKI Y，ITO H，KATO T，et al. Continuous oscillation of a compact solar-pumped Cr，Nd-doped YAG ceramic rod laser for more than 6.5 h tracking the sun［J］. Solar Energy，2019，177：440-447.

［55］ KISS Z J，LEWIS H R，DUNCAN R C. Sun pumped continuous optical maser［J］. Applied Physics Letters，1963，2(5)：93-94.

［56］ YOUNG C G. A sun-pumped cw one-watt laser［J］. Applied Optics，1966，5(6)：993-997.

［57］ 张军斌. 太阳光泵浦激光理论研究［D］. 福州：福建师范大学，2016.

［58］克希耐尔. 固体激光工程［M］. 孙文, 江泽文, 程国祥, 译. 北京：科学出版社, 2002.

［59］周玮阳, 金科. 无人机远程激光充电技术的现状和发展［J］. 南京航空航天大学学报, 2013, 45(6)：784-791.

［60］星之球科技. 美陆军研发激光充电无人机无限续航成为可能［EB/OL］.［2020-11-25］. http://www. laserfair. com/yingyong/201809/06/69399. html.

［61］Near. 新技术！俄科学家将用激光为无人机充电［EB/OL］. (2016-10-12)［2020-11-25］. http://cn. ttfly. com/news/show-6503. html.

［62］电脑报. 真无线充电：华为申请激光充电技术专利［EB/OL］. (2020-09-24)［2020/11/25］. https://baijiahao. baidu. com/s? id=1678644336790872787&wfr=spider&for=pc.

［63］IKESUE A, AUNG Y L. Advanced spinel ceramics with highest VUV-vis transparency ［J］. Journal of the European Ceramic Society, 2020, 40(6)：2432-2438.

［64］CHEN D, LIU S, WAN Z, et al. A highly sensitive upconverting nano-glass-ceramic-based optical thermometer［J］. Journal of Alloys and Compounds, 2016, 672：380-385.

［65］CHEN Y, CHEN G, LIU X, et al. Down-conversion luminescence and optical thermometric performance of $Tb^{3+}/Eu^{3+}$ doped phosphate glass［J］. Journal of Non-Crystalline Solids, 2018, 484：111-117.

［66］TROJAN-PIEGZA J, BRITES C D S, RAMALHO J F C B, et al. $La_{0.4}Gd_{1.6}Zr_2O_7$：0. 1% Pr transparent sintered ceramic-a wide-range luminescence thermometer［J］. Journal of Materials Chemistry C, 2020, 8(21)：7005-7011.

［67］SCHAFFERS K I. Yb：S-FAP lasers［J］. Optical Materials, 2004, 26(4)：391-394.

［68］ALBACH D, ARZAKANTSYAN M, NOVO T, et al. Comparison of large size $Yb^{3+}$-YAG ceramics and crystals［EB/OL］. (2012-09-13)［2020-12-11］. https://lasers. llnl. gov/workshops/hec_dpssl_2012/pdf/9-13-12/D. Albach. pdf.

［69］BAHBAH S, ALBACH D, ASSÉMAT F, et al. High power Yb：YAG diode pumped LUCIA front-end oscillator (250 mJ, 50 ns, 2 Hz)［J］. Journal of Physics：Conference Series, 2008, 112(3)：32053.

［70］BANERJEE S, ERTEL K, MASON P, et al. DiPOLE：a multi-slab cryogenic diode pumped Yb：YAG amplifier［J］. Proceedings of SPIE, 2013, 8780：878006.

［71］TAMER I, KEPPLER S, HORNUNG M, et al. Spatio-temporal characterization of pump-induced wavefront aberrations in $Yb^{3+}$ doped materials［J］. Laser & Photonics Reviews, 2018, 12(2)：1700211.

［72］KAWASHIMA T, IKEGAWA T, KAWANAKA J, et al. The HALNA project：diode-pumped solid-state laser for inertial fusion energy［J］. J. Phys. IV France, 2006, 133：615-620.

［73］DANSON C N, HAEFNER C, BROMAGE J, et al. Petawatt and exawatt class lasers worldwide［J］. High Power Laser Science and Engineering, 2019, 7：1-54.

# 第 7 章

# 展　　望

任何一种新材料从出现到应用都是一个系统性的工程。正如图 7.1 所示,从结构设计开始,经历定向制备和性能测试,然后进入面向应用和产业化的烧结集成阶段,而在烧结集成中又会对结构提出新的需求,进而开始新一轮的结构设计,形成一条闭合的、不断循环又不断进步的研究技术链。

透明激光陶瓷的研究与发展同样遵循这种系统的、循环的研究技术链规律,需要不同个体研究之间实现优势互补和学科融合,并且在研究过程中做到实时互动,才有助于提高各自研究的有效性,并最终获得所需性能的激光器。

围绕这一规律,本章将详细探讨透明激光陶瓷研究技术链的材料设计与制备工艺等领域存在的问题与可能的发展方向,并且指出了各自待解决问题之间的关联性及其对整个"材料-器件"实现过程的影响。另外,基于稀土元素在现有透明激光陶瓷组分中的高比例存在,本章也从"稀土经济"的角度出发介绍透明激光陶瓷的推动作用,为这种材料具有的经济价值和战略意义提供理论与技术支持。

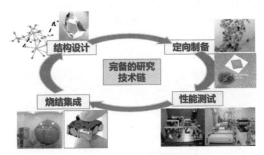

图 7.1　大功率照明用荧光陶瓷的研究技术链示意图(感谢洪茂椿先生赐稿)

# 7.1　新材料设计的"基因组计划"

## 7.1.1　材料设计

材料是人类赖以生存与发展的物质,与信息和能源并称为当代文明的三大支柱。科学技术的飞跃离不开新材料的发现和应用,比如 20 世纪初硅基半导体的出现与发展直接促成了第三次科技革命,推动人类社会从电气时代进入了信息时代。

除了偶然发现,传统的材料方式是简单地循环试错,强调经验积累。这种效率低下的材料研发方式并不适合于 21 世纪全球竞争更为激烈的环境,而是必须从经验为主的材料研发转为科学设计为主的材料研发。后者就是"材料设计",即根据所需性能来设计材料的组分、结构和生产工艺。

需要注意的是,材料设计与目前流行的材料计算模拟并不是等同的概念。后者通常是基于已知的材料结构来预测材料的性能,其理论相对成熟;而材料设计则与其反向,是从理论上通过所需的性质来推测材料的结构,并且扩展到制备与产业化过程。

另一个需要区分的是理论预测材料结构与材料设计之间的差异。当前流行的理论预测材料结构是指利用全局优化算法,根据事先给定的元素种类和配比预测各种可能的稳定结构[1],典型的计算软件包括 USPEX 和 CALYPSO。因此它并不是基于性能来预测结构,而且这种从头开始的全局优化搜索通常以能量计算和相对比较为基础,这也导致了两个缺点:①囿于计算量,只能局限于少量的原子和元素,目前取得成功的主要是合金体系或者结构较为简单的二元与三元化合物,更复杂的体系仍需要算法和计算能力的进一步突破;②结构的真实性受到计算能量的理论方法的制约,比如目前这两个程序一般与 VASP 等基于密度泛函的第一性原理计算软件联用,利用它们所得的能量作为全局搜索的对象,因此就受到"0 K"的制约,即根据密度泛函理论所得的稳定结构是绝对零度下的稳定,而且也受到泛函与赝势等不能准确描述粒子相互作用这一缺陷的影响。

由于材料计算模拟与材料设计形成互逆的关系,因此可以先通过实验测试和计算模拟获得已知材料的物理与化学性质,与相应的结构一起构成一个材料数据库,随后可以根据所需性能涉及的物理与化学性质反过来搜索数据库,找到与其匹配的结构,那么就可以以此为基础研发具有所需性能的材料。其效率显然要远高于盲目地循环试错,也要比靠经验摸索更为理性。这就是"材料基因组计划"的基本思想和出发点。

### 7.1.2　材料基因组计划

材料基因组计划(Materials Genome Initiative,MGI)是时任美国总统奥巴马在 2011 年 6 月 24 日提出的价值超过 5 亿美元的"先进制造业伙伴关系"(Advanced Manufacturing Partnership,AMP)计划的重要组成部分,投资超过 1 亿美元。从公开的官方资料来看[2],美国提出这个计划主要是基于如下四个考量:

(1) 从新材料的最初发现到最终工业化应用一般需要 10~20 年的时间,是一个漫长耗时的工作;

(2) 当前新材料的研发主要依据研究者的科学直觉和大量重复的试错实验;

(3) 不同研究团队分别承担发现、发展、性能优化、系统设计与集成、产品论证及推广这个链条的一部分或数个部分的工作,但是彼此独立,缺少合作和相互数据的共享——比如有些实验本来可以借助现有高效、准确的计算工具来完成,但是由于各自团队工作的不关联,因此只能继续利用传统的长周期尝试实验;或者性能优化的方向得不到系统设计与集成的支持,导致优化方向错误并引起对该材料性能的误解,延误了相关材料的服役进程;

(4) 技术的革新和经济的发展严重依赖于新材料的进步。

另外,从字面意义来看,美国提出的"材料基因组计划"的英文原文"Materials Genome Initiative"含义是以材料基因来推动,实现材料的主动性创新发展,这也是为什么要用"initiative"而不是用"plan"的缘由。从图 7.2 的材料基因组计划组成更可以明确这一点——支撑各类材料发展的三大工具是数据库、实验技术和计算技术以及这三者之间的交叉,因此它其实是一个提高材料设计效率,并且强调基于性能来设计材料的"主动式"思维的革新,与传统"被动式"甚至"偶然式"发现新材料是完全不同的。

图 7.2　美国材料基因组计划组成示意图[2]

材料基因组计划的提出是立足于钢铁工业领域的发展历史和现有成果的。首先,钢铁工业经过长达几百年的发展,已经积累了大量原始实验数据,不但相图较为完善,而且各种热力学参数由于工业界的需求和支持也是非常完善的,因此在此基础上建立的热力学计算、扩散动力学计算乃至新型合金的结构和性能预测都达到足以代替实际实验的地步,从而推动了钢铁行业的巨大进步。其次,就目前各种材料的发展来看,基础实验和理论数据的缺乏、共享性差以及彼此的衔接是阻碍其飞速发展的关键因素,因此美国提出的材料基因组计划中,"整合"和"标准化"成了关键字眼,更强调弥补基础研究到应用研究的差距,这就是奥巴马提出的将目前材料从面世到应用需要近 20 多年时间缩减到 2～3 年的理想目标的真实意图(就现有各个材料领域来说,目前只有钢铁合金材料领域有望达到,其余都需要进一步的整合和发展)。

由于材料基因组计划是紧扣材料的发现、发展和应用的客观规律,并且结合当前的主要问题,寻求与之有关的解决办法而提出来,因此甫一面世就得到了世界各国的积极响应。国内也立即围绕材料基因组计划召开了"香山科学会议"(由科技部发起,并与中国科学院合作,以基础研究前沿问题和国内重大工程技术问题为会议主题),随后各地在国家和地方政府的支持下积极建立材料基因学院及其相关的研究机构,有力推动了我国新材料设计领域的创新和发展。

### 7.1.3　高通量计算的利与弊

美国的材料基因组计划力求"将先进材料的发现、开发、制造和使用速度提高一倍"[2]。具体包括开发高通量的理论计算方法、高通量的实验制备和测试方法,并以此建立一套包含材料结构与性质信息的数据库系统,为新材料的筛选和发现服务。目前国内外已经有多种材料数据库,比如 Materials Project、AFLOW(Automatic Flow Repository)、Materials Mine 和 Materials Cloud 等,大多数都是免费使用的,基于美国材料基因组计划资助的 Materials Project 和 AFLOW 比较典型,包含的数据也更多。比如 2018 年年底,Materials Project 收集的无机化合物就有 8 万多种,其性质包括电子能带结构、弹性张量、压电张量、声子谱和 X 射线近边吸收光谱等。

然而,基于高通量计算模拟建立的材料数据库并不能完全取代传统的个体计算模拟工作,这是由于高通量计算的固有缺陷所决定的,具体包括以下几点。

(1) 高通量计算本身计算量就相当大,因此如果所计算的性质很复杂,那么增加的计算量就会超出现有技术的能力,在成本或时间上难以实现。比如晶格热导率虽然可以通过计算声子的非谐效应而得到,但是这种计算需要考虑三阶或四阶力常数,极为耗时,因此大多数材料数据库仅收录小体系的热导率数据;另一个例子就是自旋轨道耦合,多数材料数据库缺乏对这种相互作用的考虑就是因为这类计算会极大增加计算量。此外,精确的能量计算所需消耗的时间与系统包含的粒子数呈指数关系,因此体系原子个数的增加很容易造成计算量的急剧增大,这就导致数据库中缺乏精确的凝聚态产生的物理与化学性质。

(2) 实际材料存在缺陷和杂质,会影响甚至主导材料的有关性能。仍以热导率为例,材料在低温下晶格振动减慢,热导率主要取决于缺陷的作用,而不是晶格振动的传递,即主要来自缺陷对声子的散射,而不是声子之间的散射。由于理论计算所依据的模型主要是理想的晶体结构衍变而来,与实际材料的缺陷存在偏差,因此对低温热导率的预测也就不准确,这必然影响基于数据库的筛选结果。

(3) 现有计算软件存在缺陷从而降低了材料数据库信息的准确性,比如目前常用于建库的 VASP 计算软件是基于密度泛函理论的,其电子交换关联泛函只能近似描述电子之间的交换关联作用,因此对磁性、能隙和激发态等的求解并不准确。虽然可以通过各种修正提高准确度,比如经验参数、杂化泛函、GW 法以及扩大元胞等,但是又产生了前述(1)中计算量难以接受的麻烦。

(4) 材料的性能并不是唯一由某种物理或化学性质决定的,而是多种性质的综合,而数据库只是一个存储结构和各种性质信息的载体,因此如何设定搜索条件,或者说如何设置一个综合考虑性能所需的各种性质的特征量或者特征函数是成功利用数据库的前提。然而目前并没有成熟的理论可以指导人们有效综合各种性质及其之间的关系而推导相应的特征量或特征函数。

因此,充分实现材料基因组计划的目标要从以下两方面入手。一方面要解决上述问题,比如发展新的可以处理交换关联作用的理论,提高计算能力(目前的做法是以专用于并行计算的图形处理器,即 GPU 代替传统的主要面向逻辑运算的中央处理器(CPU)),以及基于机器学习从数学上建立性能与特征量(多种性质的综合体现)之间的关系等。另一方面则需要个体计算作为必要补充,即有目的的针对某类或若干类结构进行更为全面的计算模拟,包括在有限的、少数几个体系中高通量计算囿于计算量而难以使用的理论与方法,从而更全面认识所筛选的可能满足目标性能的结构,提高新材料设计的效率。

## 7.1.4 应用与展望

陶瓷材料属于凝聚态物质,原子之间存在各种强相互作用,必须整体考虑,这也是传统陶瓷材料的设计与理论计算模拟一般基于能带模型的原因之一。

量子力学基于薛定谔方程建立,但是这个方程其实是一个范式,并没有给出特定体系的函数关系,只有氢原子和类氢离子能提供解析函数,其他的都是基于各种近似模型以及模拟原子轨道的各类基函数。目前主流计算软件,比如 CASTEP、VASP、ABINIT 等都自行创建各自的基组,不管是哪一家软件,具体基组的好坏,其实仍然需要利用计算结果与实验结果的比较来确定并且进一步升级。因此,基组成了各类软件的"机密",用户只能通过基组的升级来确保计算更为准确,而这种准确性对于新材料研究来说显然是有限制的。

目前基于第一性原理的计算已经成功用于激光陶瓷的研究,从理论上对光学、力学性能与结构上的关系进行探讨。常见的是利用第一性原理进行能带计算,探讨激光离子能级在能带中的相对位置来解释发光跃迁,同时从结果中提取各种振动频率数据考察晶格振动(声子)对发光的影响[3-6],并且更进一步考察电子云的分布。比如图 7.3 就是利用理论计算所得的 Gd 和 Ce 分别取代 YAG 中的 Y 所得的电子云分布(电荷密度分布),从中可以明显看出掺杂 Gd 后,电子云的弥散扩大,这就意味着禁带宽度降低,从而改变了各类发光跃迁[7]。

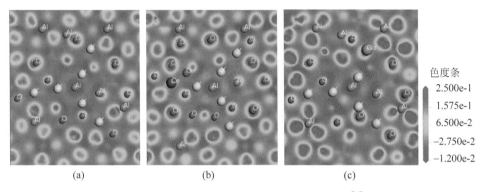

色度条

2.500e-1
1.575e-1
6.500e-2
-2.750e-2
-1.200e-2

(a)　　　　　　　　(b)　　　　　　　　(c)

图 7.3　基于 DFT 计算所得的畸变电荷密度图[7]

(a) $Y_3Al_5O_{12}$;(b) $(Y_{0.98}Ce_{0.02})_3Al_5O_{12}$;(c) $(Y_{0.75}Gd_{0.25})_3Al_5O_{12}$

缺陷的表征以及模型建立也是激光陶瓷材料的主要内容,目前的研究主要是基于性能的测试对比以及组成的非化学计量比来判断缺陷是否存在,然后利用各类技术进行表征或者建立结构模型,基于量子化学计算进行模拟。近期的典型成果有帕特尔(Patel)基于成对潜势模拟建立了点缺陷模型,对比了稀土基钙钛矿 $REAlO_3$ 和稀土基石榴石 $RE_3Al_5O_{12}$ 结构中点缺陷的存在规律,最终计算结果表明钙钛矿中 $Al_2O_3$ 容易过量,而石榴石中则是稀土氧化物 $RE_2O_3$ 容易过量[8];而希察(Heechae)等则通过理论计算预言了 $Bi^{3+}$ 掺杂 $Y_2O_3$ 中会产生氧的弗仑克尔点缺陷对,然后合成样品,利用吸收光谱等实验事实进行证明[9]。

就当前的发展而言,缺陷的计算模拟与具体材料的合成和表征一起构成了“缺陷工程”——试图理解、设计和制造缺陷来获得所需的陶瓷性能[10]。由于缺陷主要通过影响能级分布,尤其是带隙来调节最终材料的发光,因此就作用结果的角度出发,尼克尔(Nikl)等学者进一步提出更广泛的带隙(band-gap)工程的概念[11]。不管是缺陷还是带隙,归根到底都是基于能带模型,通过杂质能级以及本征能级的变化来获得所需的发光性能。由于当前有关能带计算的各种技术较为成熟,所得结果与实验结果的符合性也不断改进,因此今后陶瓷材料的研发可望更多依赖于计算结果的指导。

值得指出的是,在稀土离子发光材料领域,经典模型最主要的应用就是基于经典电磁理论发展起来的晶体场以及各种偶极相互作用。这些历经各种实验结果检验的宏观模型仍然继续被广泛用于实验现象的解释和指导。比如最近巴加耶夫（Bagaev）等在研究倍半氧化物激光陶瓷材料的时候发现掺杂同族的 $Zr^{4+}$ 和 $Hf^{4+}$ 对材料的光学性质影响是不一样的：相比于未掺杂的样品，掺 $Zr^{4+}$ 样品中 $Nd^{3+}$ 的 $4f$ 能级跃迁衰减时间下降 $5\%\sim6\%$，而掺 $Hf^{4+}$ 的则增加了近 $30\%$，这可以归因于 $Nd^{3+}$ 和 $Zr^{4+}/Hf^{4+}$ 的偶极-偶极相互作用的差异[12]。另一个更典型的例子是基于实验测试的吸收光谱、掺杂组成和衰减寿命，利用 J-O 模型及其各种相关的计算可以获得发射截面、荧光分支比、量子效率和晶体场强度参数等信息。这一模型及其相关的激光材料中稀土离子的计算至今仍在指导新材料的设计或者衡量新材料性能相应于旧材料的优越性[13]。

遗憾的是，目前有关透明激光陶瓷的材料设计基本上是空白，而计算模拟也主要停留在前述的微观结构或者说原子尺度范围，距离真正的"材料基因组计划"仍有相当大的差距。其主要原因有以下三个方面。

（1）透明陶瓷化过程仍处于大量尝试试验的阶段，从激光晶体中可选用的材料体系仍存在大量未探讨、有待透明陶瓷化的化合物，因此全新结构的创新动力不足；

（2）当前透明陶瓷的研究仍以探讨制备工艺为主，相关材料的结构和光学性能主要是直接套用原有基于荧光粉和激光晶体的研究成果，由于大多数激光离子是发光较难被外界环境影响的稀土离子，因此这种借鉴能够很好地解释陶瓷形态时得到的实验结果，专门的计算模拟理所当然不被重视；

（3）有关发光与结构之间的定性和半定量规律已经成熟，但是要绝对定量描述仍受限于电子之间相互作用理论的不完善，虽然可以基于给定的理论模型从头法计算各种光学谱线，但是与实际结果之间的差值乃至模型的调整却需要有现实的材料来提供，这与"材料设计"的目标相去甚远。

因此当前"材料基因组计划"更常用于合金与锂离子电池等领域。在这些领域中，已有材料的优势在几十年甚至上百年的发展中已经近乎枯竭，而材料性能与结构之间的关系也比较清晰，亟需发展新型高效材料。

然而这并不意味着材料设计乃至"材料基因组计划"之类的规划对透明激光陶瓷不起作用或者对其不可用。与此相反，由于透明激光陶瓷迄今也有几十年的发展了，原有材料体系在现有技术上的透明陶瓷化研究和应用已接近饱和状态，满足激光领域的各种需求也很难通过已有体系的小改进来实现，即便是激光晶体领域，新型材料和新型激光的设计与实现也已经成为当前的发展"瓶颈"，所以基于新材料设计的"材料基因组计划"是今后透明激光陶瓷材料发展的主流方向之一。

结合现有透明激光陶瓷领域的已有成果与基因组计划的特点，可以认为有关透明激光陶瓷的基因组计划总体上是探讨不同尺度结构的关联性及其对性能的影响,并据此获得拥有所需激光性能的现实结构(材料)。

首先是基于实验和理论方法,以发光中心、纳微米颗粒和陶瓷块体作为现实的研究体系,一方面将不同尺度范围的材料整合成一条完整的研究链,另一方面对这些不同尺度范围的材料进行结构表征和功能描述(实验或理论计算),归纳结构与性能随尺度变化而变动的规律,包括连续还是间断、延伸还是重建、扩展还是缩小以及可能存在的巨大质变过程,提供一批关键的实验基础数据以及能够可再现的理论计算结果。其次就是基于计算、实验、中试和生产所得的技术数据建立材料信息数据库,编制相关算法进行数据的整合和挖掘,总结并存储性能—结构关联规律的信息。最后就是基于材料信息数据库,根据所需的激光性能筛选可用的结构,然后以这个新结构作为研究体系,再次进入多尺度材料研究的阶段,开启新的一轮循环。显然,"多尺度体系研究——材料信息建库——根据激光性能设计新结构——多尺度体系研究"构成了一个完全不同于以往的"提出激光性能需求——试错"简单模式的新的材料设计流程,两者的研发效率和研发结果的可预期性是不可同日而语的。

# 7.2 基础研究的"瓶颈"问题

由于陶瓷材料的气孔、杂质、晶界、基体结构会发生光的散射和吸收,因此长时期以来,人们认为陶瓷是不透明的。但在 20 世纪 50 年代末,美国 GE 公司的科布尔博士研制成功透明 $Al_2O_3$ 陶瓷而一举打破了人们的传统观念。因此透明陶瓷的出现本身就是基础研究的突破,解决了陶瓷透明化的"瓶颈"问题。它的诞生具有如下的意义:①与陶瓷导电乃至陶瓷超导一样,为否认材料研发的"绝对性"观念增添了一个重量级示例,进一步激发人们改变传统观念,在所谓"不可能"的材料体系中获得重大突破的研究热情;②提供了单晶材料的替代品,而且还能够实现高浓度掺杂和各种复杂的块体形状。

由于陶瓷做成透明本身就是为了透光,因此,目前的透明陶瓷可以说是光功能材料占据了主要地位,具体包括激光、电光、磁光、照明和闪烁体等,其中又以激光、闪烁体和照明用的透明陶瓷最为重要。当然,即使在已有研究报道中,各类光功能透明陶瓷在小尺寸薄样品乃至特定波长下的性能与单晶可以比拟甚至占优,但是单晶作为人工晶体,其发展已经有 300 多年的历史——如果从"煮海为盐"算起,则有 4000 多年的历史,因此透明陶瓷要达到同样完善的知识与技术积累以及应用水平,仍需要基础研究的长足发展与进步。

## 7.2.1 玻璃-陶瓷-单晶的转化

对于一种材料,玻璃、陶瓷和单晶分别是其能量由高到低的三种固体状态。基于能量最小原理,玻璃与陶瓷有自发成为单晶的趋向,单晶是热力学最稳定的。因此,长时间放置的石英($SiO_2$)玻璃管会发毛(发白),这是因为出现了 $SiO_2$ 微晶;而滇南出产的翡翠原石,在刚成晶的时候结晶质量差(毕竟地质作用不可能像人工生长那样可控),但是经过漫长的时间之后,原石内部会缓慢单晶化,尤其是原石中心受外界影响小,因此其晶化程度要好于表皮的部分,这就是提高原石质量需要切割掉部分表皮以及"老坑多美玉"的由来。

虽然在热力学上是单晶稳定,但是由于玻璃和陶瓷向单晶的转化过程需要考虑动力学的因素:势垒和反应完全性,因此现实中的玻璃和陶瓷可以稳定存在,不会马上转化为单晶。反过来也是如此,单晶虽然是热力学稳定的,但是只要提供足够的能量让其克服反应的势垒,并且给予充足的反应时间,它就可以进入介稳的陶瓷和最不稳定的玻璃,随后也可以稳定存在——只要周围环境不能提供克服反应势垒的能量。更进一步地,正如图 7.4 所示,这三种固态在满足能量(克服势垒 $\Delta E_i$)和反应时间的前提下可以相互转化。

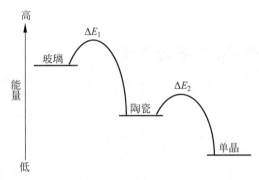

图 7.4　玻璃、陶瓷和单晶的能量相对比较图,其中 $\Delta E_i$($i=1,2$)代表势垒

### 1. 玻璃转化为陶瓷

相比于单晶,从玻璃转化陶瓷比较困难甚至难以实现,其根本原因就在于单晶可以同陶瓷同组成,但是同样组成的玻璃却很难制备,反映在图 7.4 上,就是 $\Delta E_1$ 很小,即使从高温熔融液迅速冷却,也只能获得陶瓷,而不是玻璃。如果从玻璃的传统观点出发,那就是现有的透明激光陶瓷基质,比如石榴石和倍半氧化物等要么不包含网络生成体的基团,比如硅酸根、硼酸根或者磷酸根等,要么就是所包含的网络生成体占据的比重过低,因此无法获得玻璃网络。当然,这些基质的阳离子与氧所成的基团(或者氧化物)可以充当网络修饰体,但是它们不能生成玻璃,而是插入玻璃结构网络中用来改变玻璃性质,比如 $Y_2O_3$ 等。

李建强等报道的有关从玻璃中制备 YAG 透明陶瓷的实验就是这种例子[14]。他们利用 $CO_2$ 高能激光将原料加热到 2000 ℃,随后极冷而得到玻璃态,即便如此,所用的原料也需要包含更多比例的玻璃网络中间体 $Al_2O_3$,而且所得的 $Y_2O_3$-$Al_2O_3$ 玻璃在室温下已经包含了结晶相,其 XRD 谱图上除了玻璃的宽峰,还有结晶相的尖锐衍射峰,因此迅速降温所得的产物实际上是玻璃陶瓷,而不是纯的玻璃。随后的晶化过程理所当然得不到纯的 YAG 陶瓷,而是 $Al_2O_3$ 和 YAG 之间的混合物。从图 7.5 的傅里叶变换图所指示的结晶程度可以看出,YAG 结晶良好,而 $Al_2O_3$ 则没有明显的亮斑,这与它离子键程度较差,可以参与生成玻璃的性质是一致的,或者说,要将其从玻璃态转为陶瓷态需要的时间要比难以稳定在玻璃态的 YAG 长得多。另外,由于析出来的晶粒大小基本控制在几十纳米的范围,因此所得的块体具有接近理论值的透射率(图 7.5)。

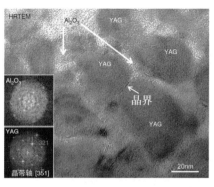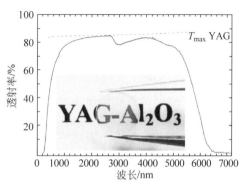

图 7.5　YAG-$Al_2O_3$ 玻璃陶瓷的高分辨透射电子显微图像((a),内图分别是 $Al_2O_3$ 和 YAG 区域实空间图像的快速傅里叶变换)和透射率谱图((b),内图是玻璃陶瓷的实物照片)[14]

不过,能够完全从玻璃制备出同成分的陶瓷并不是没有,法永(Fayon)等就报道过基于 SrO-$Al_2O_3$-$SiO_2$ 玻璃体系进行全陶瓷化的例子[15]。由于这个例子也涉及非立方晶系的透明陶瓷化,因此将在 7.2.3 节进一步介绍,这里就不再赘述了。

另外,由一部分玻璃转化为陶瓷或者玻璃中掺杂陶瓷所产生的玻璃陶瓷是一种新型的复合材料。这种近年来新兴的材料在激光方面也有潜在的应用前景,具体可参见 7.2.2 节。

**2. 陶瓷转化为玻璃**

通过高温熔化并迅速冷却的手段可以将陶瓷转化为玻璃,但是这种玻璃体系非常不稳定,尤其是像石榴石、稀土倍半氧化物等化学键的离子性很强的化合物,很容易进一步自发结晶而失去玻璃的优势——局部结晶就足以破坏原有玻璃的物理与化学性能。即便是化学键有较多共价成分的 $SiO_2$,长时间放置也会自发结晶而出现"白化"或长毛的现象,而且纯度越高,同样条件下稳定性越差。另外,石榴石等化合物的熔点在 2000 ℃左右,要熔化需要耐高温腐蚀的昂贵器皿以及大量的电力消耗,因此这种转化仅对基础研究有所裨益,实用性的激光材料开发更侧重于直接发展玻璃体系,即激光玻璃。有关激光玻璃的介绍已经超出了本书的范围,具体可参阅相关著作。

### 3. 单晶转化为陶瓷

对于透明激光陶瓷而言,除了直接利用陶瓷粉末通过高质量地烧结而得到,也可以利用图 7.4 所表示的关系,通过单晶转化而来。

基于单晶制备透明陶瓷相对比较容易,这是因为生长单晶的过程是一个高度致密化的过程,而且还可以通过分凝效应进行高纯化,所以自然可以实现透明陶瓷所需的致密度和物相纯度条件,只要通过特定的手段在块体内实现多晶化,就可以获得透明陶瓷。图 7.6 是张龙等通过热锻利用 Nd:(Ca,Y)F$_2$ 单晶所制备的透明陶瓷相片及其相应透射率的对比[16]。这类掺 Nd$^{3+}$ 的 CaF$_2$ 基透明陶瓷已经成功实现了 1053 nm 的激光输出。然而光-光斜率效率很低,只有 1.0%,相当于要实现所报道的最大输出功率 35 mW,泵浦功率就要 5 W 左右。低效激光性能的原因可以从所得陶瓷的微观结构图(图 7.7)得到解释——虽然晶粒大小均匀,基本在 20 μm 的水平,但是气孔却很多,而这正是高性能激光材料需要克服的困难。

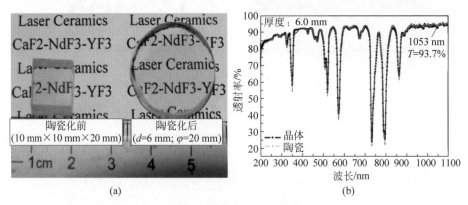

图 7.6  Nd:(Ca,Y)F$_2$ 单晶及其所转化的透明陶瓷照片(a)和各自的透射率对比(b)[16]

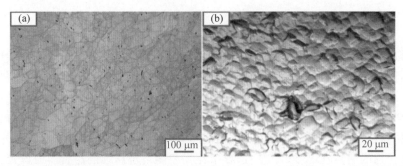

图 7.7  单晶陶瓷化所得 Nd:(Ca,Y)F$_2$ 透明陶瓷的表面(a)和倾斜表面(b)的光学显微照片

基于图 7.4，从单晶转化为陶瓷需要提供能量，让体系跨过势垒，这一步可以类似上述的 $CaF_2$ 基单晶陶瓷化的例子利用热塑性形变来实现。在 200 MPa 和 1200 ℃ 的条件下，单晶中会产生局部应力，从而大尺寸的晶块破裂成小晶粒，但是彼此之间仍键合在一起，随后就是提供介稳的条件并维持足够长的时间，使这种转变完全发生并得到巩固——相比正常的烧结过程，这个过程也可以称为"赝烧结"过程。在上述的 $CaF_2$ 基单晶陶瓷化例子中，其实现措施就是在更低的温度下保温，并维持加压的状态（200 MPa，1000 ℃ 和 12 h），一方面消除原先快速施加热应力造成的结构不稳定，让晶粒与晶粒之间的成键得以调整并稳固下来；另一方面是继续维持一种高能态，既避免原先由大单晶分离，彼此之间晶界交角近于零度的晶粒在热力学作用下又自行结合成更大晶粒，同时还进一步促进了原有大晶粒的破裂。

显然，虽然通过热锻的手段可以实现单晶到陶瓷的转变，但是需要注意的是，陶瓷化过程的环境与生长单晶的环境是不同的，而这种差异必然会作用到所得的透明陶瓷上。比如上述的 $CaF_2$ 基单晶陶瓷化的例子中，气孔就来自于热锻的环境与单晶生长环境的不同，而 $CaF_2$ 在高温下容易发生组分挥发和 $F^-$ 对容器的热腐蚀反应。而且在对单晶施加热应力的时候，外界的气体分子也会进入块体中，并在后续的赝烧结过程中产生类似正常陶瓷烧结过程的影响。当然，有的研究工作为了不浪费，直接采用低质量的单晶来进行透明陶瓷化，此时低质量单晶中的包裹物等也会产生类似的不良作用。

单晶转化为陶瓷还有一种特殊的方式，就是陶瓷与单晶的键合，此时过渡层必然不会是单晶，而必须是一个渐变的晶界——否则陶瓷的晶粒与单晶表面就没办法牢固成键，此时单晶的表面层将陶瓷化。这个键合过程同样需要高温条件来提供翻越势垒的能量，而反应时间不仅决定了键合的质量，还决定了界面层的厚度和元素的分布。比如图 7.8 给出了 Nd:LuAG 透明激光陶瓷和 YAG 单晶键合所得界面不同位置的 XRD 图[17]，从中可以看出界面层包含了两种物相，并且单晶 YAG 在界面层的 XRD 不再是单晶形态时的无峰或仅有一个强的尖峰，而是呈现多晶陶瓷形态的谱图。与此同时，不同界面部位的 XRD 图中，YAG 的谱图在绝对强度和相对强度上都是有差别的，反映了陶瓷化随界面位置而变，受到反应条件以及两边母体各自结构制约的特点。当然，这是牢固键合而得到复合材料时将遵守的规律，至于那些界面存在巨大应力，表面是连接在一起，其实是微弱范德瓦耳斯力成键为主的键合结构就不一定遵守，但是它们也没有实用价值，很容易在界面或界面附近机械破裂或热致破裂。

### 4. 陶瓷转化为单晶

事实上，人工单晶的生长就是陶瓷（多晶）转化为单晶的过程，比如将陶瓷粉末在高温熔化，随后通过提拉或者下降法生长大尺寸单晶就是典型的例子。高温是为了提供足够的能量来跨越势垒，需要更高的温度并实现熔融则是为了确保转化

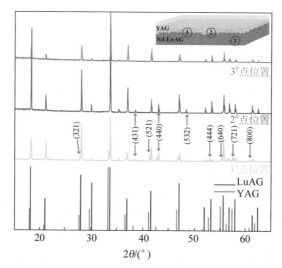

图 7.8　YAG 单晶与 Nd:LuAG 透明激光陶瓷键合产物截面不同位置的 XRD 谱图对比
（最下方的杆状图分别是 LuAG 和 YAG 的标准 XRD 谱图）[17]

的时间可以接受,而不是类似自然界宝石的提纯过程那样,依赖热力学的驱动力缓慢进行——如果是这样的话,所需的时间需要数百年甚至数万年,这是不能接受的。当然,陶瓷转为单晶要加速动力学过程除了高温熔融,也可以通过其他的方式,比如可以通过"热分解-冷化合"的过程来解决材料熔点过高不易熔融的困难,甚至还可以进一步结合其他的热力学/动力学过程。以下通过蓝宝石单晶的生长进行举例说明。

考虑到蓝宝石(Ti:Al$_2$O$_3$)的熔点超过 2000 ℃,直接熔融陶瓷粉末生长单晶成本较高,因此池末等提出了一种化学气相沉积法[18],主要化学反应过程包括如下的三个步骤:

$$Al_2O_3(陶瓷粉末) + C(粉末) \Rightarrow 2AlO(气体) + CO(气体)$$

$$2AlO(气体) + 1/2O_2(气体) \Rightarrow Al_2O_3(单晶)$$

$$2AlO(气体) + CO_2(气体) \Rightarrow Al_2O_3(单晶) + CO(气体)$$

该过程利用 Al$_2$O$_3$ 陶瓷粉末为原料,通过碳热还原,在 1750 ℃气化并随着 Ar+H$_2$ 载气扩散到低温区,随后在 Al$_2$O$_3$ 陶瓷基板上反应沉积为固体。利用图 7.9 的高分辨透射电子显微图像等晶体质量检测手段证明了所得的固体是高质量的,透射率达到理论水平的蓝宝石单晶。这个过程的要点在于引入了其他化学反应,让陶瓷转变为单晶不仅仅涉及蓝宝石自身的"陶瓷—单晶转化",而是包含了其他的反应过程(热还原、热分解、低温化合反应等),从而改变了具体的热力学/动力学过程,实现低温生长蓝宝石单晶(衬底)的目的。

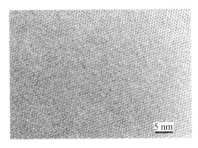

图 7.9　化学气相沉积法从陶瓷所得的蓝宝石单晶的高分辨透射电子显微图像[18]

另外,单晶能量最低原理与体系的表面能趋于最小化的烧结机制是相互关联的——单晶可以看作一堆晶粒表面能/界面能最小化后的最终产物,即大晶粒吞并小晶粒也是一种单晶生长的过程。图 7.10 给出了高温退火条件下 $BaTiO_3$ 多晶纤维上出现大晶粒而引发异常晶粒生长,进而在纤维上产生多段一维单晶条的电镜照片,其中图(e)真实显示了大晶粒吞并小晶粒,形成同样取向或单晶化的过程。

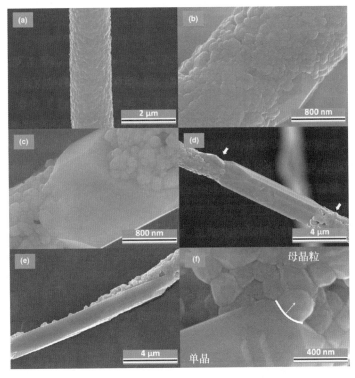

图 7.10　直径约 1.5 μm 的 $BaTiO_3$ 纤维在 1200 ℃ 下退火产生的晶粒异常生长[21]

(a) 初始 15 min 时正常的晶粒生长；(b) 经过 30 min 后出现异常大的晶粒；(c) 1 h 后大晶粒尺寸扩大到与纤维直径相当；(d) 10 h 后一维单晶生长受近邻异常生长晶粒阻挡的结果；(e) 10 h 后一维单晶生长不受阻挡的结果；(f) 图(e)中晶体正在扩展的末端(异常晶粒的生长端点)

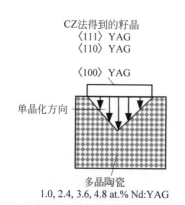

CZ法得到的籽晶
⟨111⟩ YAG
⟨110⟩ YAG
⟨100⟩ YAG

单晶化方向

多晶陶瓷
1.0, 2.4, 3.6, 4.8 at.% Nd:YAG

图 7.11　籽晶驱动下 Nd:YAG 激光陶瓷的单晶化示意图[22]

由于这个过程本质上是烧结后期的晶粒长大过程,而且也与传统陶瓷烧结中常见的局部晶粒异常生长有关,因此很容易就可以得到通过烧结过程可以获得单晶的推论,从而早在20 世纪 80 年代,松泽(Matsuzawa)等就利用烧结来提高 Mn-Zn 铁氧体的单晶化程度并应用于磁带头的生产[19]。图 7.11 给出了利用提拉法所得的晶种获得 Nd:YAG 陶瓷化单晶的示意图,其主要步骤如下:将晶种(单晶)放在一块陶瓷素坯上,随后高温烧结处理(低于熔点),晶种会通过吞并近邻小晶粒而实现重取向,或者说通过晶种诱导陶瓷中的晶粒重取向,最终组成了一块单晶。类似的处理也成功用于压电陶瓷等领域,已经获得了 $Ba(Ti_{0.9}Zr_{0.1})O_3$ 等体系的单晶块体[20]。

这种基于大晶粒吞并小晶粒而获得单晶的方法被称为固相晶体生长法(solid state crystal growth method,SSCG),其特点就是晶体生长温度虽然是高温,却低于熔点好几百摄氏度,因此不会存在晶体生长常见的大体积的液化(可能存在微观层次的液化,比如烧结助剂等)。另外,晶种并不是必要条件,而是加快晶体生长的催化因素,因此对于扩散路径不大的微米级别单晶,可以直接使用陶瓷微球,并不需要晶种。具体 SSCG 的可行性与晶系、组成、晶粒大小和热处理等条件密切相关,其过程兼顾陶瓷烧结与晶体取向生长各自的特点,或者说属于陶瓷致密化和晶体生长之间的交叉。伴随今后具体理论与工艺的发展与完善,将会成为与现有提拉法、下降法和熔区法等并列的一种重要人工晶体生长方法。

最后,池末等认为即便是晶界干净的陶瓷也会存在类似单晶的缺陷,除了包裹和异面接触问题,晶界本身就是一种可归属于位错的缺陷。而陶瓷单晶化,一方面可以消除晶界,另一方面也不会出现晶体生长中产生的包裹或异面问题。他们所依据的理由是陶瓷单晶化并没有类似单晶生长那样需要通过液-固转换来完成[19]。当然,具体的验证仍有待更多体系的进一步陶瓷单晶化实验及其理论的发展。

## 7.2.2　玻璃陶瓷

7.2.1 节已经提到,从化学键或者材料组分不适合稳定在玻璃态的角度而言,从玻璃完全转为陶瓷的做法很难在现有的基于石榴石、倍半氧化物和硫化物等体系中获得应用,但是玻璃的部分陶瓷化在激光材料上仍有它的实用价值。最近董国平等就报道了一种掺 Er 的氟化物玻璃陶瓷光纤激光材料[23]，并实现了 1.55 $\mu$m 的激光输出，输出功率最大是 23 mW。并且发现激光效率与热处理有关——董国平等解释为热处理有助于 $Er^{3+}$ 进入结晶相（陶瓷），其实从他们测试的变温 XRD 图可以明显看出应该是加热有助于玻璃向陶瓷的转化和提高结晶相的质量，因为随着温度的增加，衍射峰越发尖锐但是并没有明显的位移，因此改变的是晶相含量和晶化完整性，而不是组成的改变为主，从而使得光-光斜率效率从原来的 8.9% 增加到 11.3%。

玻璃陶瓷也称为微晶玻璃，相关的制备一般分为两个步骤：制备玻璃和微晶化。比如要制备含 $Li_2B_4O_7$ 的玻璃陶瓷，可以选择 $B_2O_3$-$Li_2O$-$SiO_2$ 玻璃体系，即将 $B_2O_3$、$SiO_2$、$Li_2O$ 配料添加 0.01% Pt（按质量计），放入铂坩埚中，熔融温度为 1100 ℃，保温 30 min，随后将熔体置于钢板上淬冷。接着将得到的玻璃进行微晶化热处理，具体又可分为成核和长大两个过程：在 500 ℃ 保温 1 h 实现 $Li_2B_4O_7$ 的成核过程，随后在 650 ℃ 保温 5 h 完成微晶形成的过程，此时就可以得到所需的玻璃陶瓷了。

玻璃陶瓷中晶体的大小可自纳米至微米级，数量可达 50%～90%。与玻璃相比，它首先保持了玻璃的透光性，其次是玻璃中的纳米/微米晶粒作为第二相，具有增强作用，使得玻璃陶瓷具有更高的弯曲强度和弹性模量，其具体数值受到内部晶相的数量、晶粒大小、界面强度以及玻璃相和晶相之间机械和物理相容性的影响。

与陶瓷相比，玻璃陶瓷虽然不再具有块体陶瓷相关的物理与化学性能，但是仍然保留了主要取决于微观结构的性能，其中就包括与激光应用密切的发光和热导率，从而有利于获得相比于纯玻璃更高的发光效率和导热能力。另外，玻璃基质也可以作为稳定虽然光学性能优良但是化学稳定性不高的陶瓷材料的保护层；并且实现这些陶瓷以及其他陶瓷的"透明化"。比如正炫（Jeong）等制备了 $Er^{3+}$ 掺杂 $BaLuF_5$ 晶化的玻璃陶瓷，发现 $Er^{3+}$ 集中分布在纳米晶粒中，具有更低的声子能损耗，从而在 980 nm 激光激发下具有比单独晶粒聚集时更高的上转换发光强度，而且衰减时间也更长[24]。而巴塔（Barta）等也通过将 $GdBr_3$/$CeBr_3$ 封装入钠铝硅酸盐玻璃中来解决溴化物的化学不稳定性问题[25]，充分显示了玻璃陶瓷在基于卤化物的激光等发光材料上的诱人前景。

目前根据化学组成可以将玻璃陶瓷分为硅酸盐玻璃陶瓷体系、铝硅酸盐玻璃陶瓷体系、氟硅酸盐玻璃陶瓷体系、磷硅酸盐玻璃陶瓷体系、硅酸铁盐玻璃陶瓷体系、磷酸盐玻璃陶瓷体系等。另外，由于玻璃的组分可以简单分为两大类：网络生成体和网络修饰体。前者构成了玻璃骨架，是获得玻璃的必要条件；而后者则是插入玻璃骨架中，用来获得特定的性能，同时也起到调整玻璃骨架局域结构的作用。因此玻璃陶瓷也可以如图 7.12 所示分为两大类，第一类是玻璃网络生成体与修饰体共同结合并晶化析出,陶瓷的物相和结构由两者共同决定;而第二类就比较简单,仅由修饰体组成晶相。显然,第一类玻璃陶瓷的产生比较麻烦,因为它需要控制生成体与修饰体之间的相互扩散过程才能获得组成与结构一致,并且晶粒均匀分布的玻璃陶瓷;而后者的形成就比较简单,在本质上等同于玻璃"溶液"中加入了"悬浮物",因此甚至可以直接采用陶瓷粉和玻璃粉混合,然后二次升温烧制成玻璃陶瓷。典型的例子就是近年来出现的荧光玻璃(phosphor-in-glass,PiG),在这里所用的陶瓷粉就是荧光粉(多晶)。不过,这种"混合+二次加热"的模式虽然简易,却存在玻璃没有完全熔融,陶瓷粉分布不均匀以及大量气孔降低透射率等麻烦;而纯粹提高二次加热温度又会引起陶瓷粉与原来玻璃基质发生反应的问题,因此从玻璃基质中直接结晶仍然是制备高光学质量玻璃陶瓷的主要方法,而PiG之类的玻璃陶瓷仍需要解决陶瓷相在玻璃基质中的均匀分布以及降低气孔率等工艺问题,才具有激光材料应用的潜质。

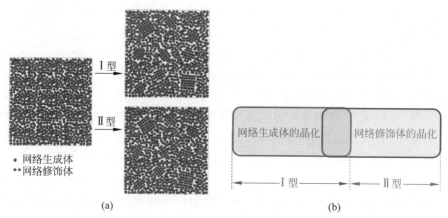

图 7.12 两类玻璃陶瓷形成机理示意图(a)以及它们之间的关系(b),其中第一类是玻璃网络生成体与修饰体共同结晶而产生陶瓷相(晶相),而第二类则仅有玻璃网络修饰体结晶化[26]

需要指出的是,对于第一类玻璃陶瓷,晶相是从一个均匀玻璃相中通过晶体生长而产生的,而陶瓷材料中,虽然由于固相反应可能出现某些重结晶或新的晶体,但主要的结晶物质仍然是在制备陶瓷组分时引入的,因此两者的形成机制是不同的。

要从玻璃中获得结晶,等同于玻璃的热稳定性要低。判断玻璃稳定性是研究玻璃陶瓷需要优先完成的工作,一般是对该玻璃进行热分析,从热分析谱图获得玻璃化转变温度($T_g$,the glass transition temperature)、初始析晶温度($T_c$,the onset crystallization temperature)和析晶峰值温度($T_p$,the peak crystallization temperature)。实际操作是先在所得的差式扫描量热(DSC)或者差热分析(DTA)谱线上定位玻璃化转变的吸热峰和结晶的放热峰,随后利用切线法等确定谱峰的起点和峰值位置,这些位置分别对应上述的温度数值,至于如何对应,目前文献并没有统一。比如玻璃化转变 $T_g$ 既有采用起始点的,也有采用峰值的;相比之下,初始析晶温度和析晶峰值温度就比较规范,分别是起点和峰值位置。有了这三个温度数值,随后就可以根据如下的差值判断玻璃的热稳定性,差值越大,玻璃越稳定:

$$\Delta T = T_c - T_g$$

当然,基于差值和比例,也可以采用其他的类似判据,比如梅萨迪克(Messaddeq)和普兰(Poulain)提出的判据[27]:

$$H = \frac{\Delta T}{T_g}, \quad S = \frac{\Delta T \cdot \Delta T_p}{T_g}, \quad \Delta T_p = T_p - T_c$$

不管是哪一种,都是数值越大,热稳定性越好,抑制析晶的能力越强,越不容易陶瓷化。

影响玻璃陶瓷制备及最终性能的重要因素除了上述的玻璃转变温度,还包括高温黏度和晶化热处理过程中的析晶和分相等[28]。其中高温黏度与玻璃的熔制、澄清、成型及密度等密切相关,是获得透明玻璃的关键因素之一。一般情况下,降低高温黏度有助于熔融澄清、降低熔制温度和成型,典型例子就是利用高场强、高电荷的离子(比如配位数高的稀土离子)来破坏玻璃网络结构,降低网络连接度,从而降低体系黏度。但是这种调整趋势与离子浓度有关,如果离子引入量较大时,也有可能造成局部键合力较大,从而与玻璃网络的氧离子配位,此时反而提高了网络连接程度,使黏度增大,不利于透明化。

晶化热处理过程是一个复杂的热力学与动力学过程。其中析晶是玻璃在热处理过程中通过局部离子迁移,部分玻璃相由长程无序转变为长程有序晶态结构的转变过程,在此基础上进一步产生了分相的结果。所有可能影响离子在基质玻璃中迁移的因素,比如高温黏度、原料组分、固溶、化学反应等都可能影响析晶与分相,成为晶化热处理过程需要考虑的因素。比如镁铝硅钛系玻璃陶瓷中 $TiO_2$ 是一种形核剂,可以获得含 $TiO_2$ 微晶的玻璃陶瓷,如果添加 $CeO_2$,就会同玻璃中的 $SiO_2$ 及 $TiO_2$ 反应生成 $Ce_2Ti_2(Si_2O_7)O_4$,反而抑制了原有的 $TiO_2$ 的析晶过程。与此相反,同样添加微量的 $CeO_2$ 反而可以显著促进 $Li_2O\text{-}Al_2O_3\text{-}SiO_2$ 玻璃陶瓷中玻璃相向 $\alpha$-石英和 $\beta$-石英乃至 $\beta$-锂辉石的转变,同时也可明显加速 $CaO\text{-}MgO\text{-}SiO_2$ 玻璃陶瓷中堇青石主晶相的析出[28]。

另外,玻璃陶瓷研究工作最重要的表征测试是对陶瓷物相的确认,包括组成和结构。图 7.13 就是上述玻璃陶瓷光纤例子中报道的组成分析[23]。该光纤采用硼硅酸盐包裹氧氟化物玻璃,而陶瓷则从核心的氧氟化物玻璃中结晶出来。从图中的元素分析结果可以看出,氧氟化物的组成元素均集中在核心区域,并且平均浓度比例(色块表示)基本与原料一致。

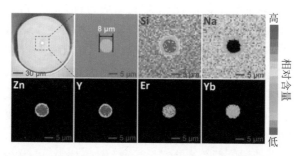

图 7.13　光纤截面的显微图像及其中各种元素的电子探针微区分析结果[23]

　　XRD 与拉曼光谱等其他结构表征也有重要作用。仍以前述玻璃陶瓷光纤为例[23],从图 7.14 可以看出,经过热处理,玻璃中出现了 $KYF_4$ 微晶,但是随着热处理温度的增高,谱峰信噪比相对变差,并且驼峰增强,这与拉曼光谱中表示非氟化物的化学键振动,比如 Si-O-Si 振动的 432 cm$^{-1}$、606 cm$^{-1}$ 的强度增强是一致的。意味着随着温度的增高,原有的玻璃基质又出现了新的反应,从而引起了总体物相的变化,并影响到最终的激光性能——高于 480 ℃ 后,光-光斜率效率开始下降[23]。

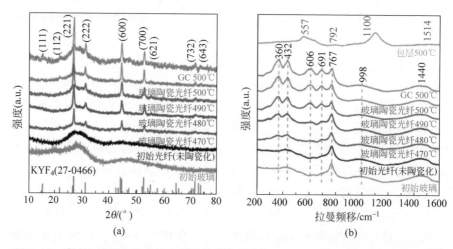

(a)　　　　　　　　　　　　　(b)

图 7.14　玻璃与玻璃陶瓷光纤在不同热处理条件下的 XRD 谱图(a)和拉曼光谱(b)[23]

　　需要指出的是,XRD 是明确玻璃陶瓷物相的唯一途径,而且一般需要至少有三个衍射峰才能确定一个物相。有的文献试图用高分辨条纹像给出晶面间距的形式来证明合成了所需物相,这是不行的——因为理论上可以有无数个物相能够给出同样的晶面间距(图 7.15),因此高分辨透射电镜所得的条纹像是 XRD 谱图的补充,而不是取代。

　　与此类似,电子探针微区分析也是 XRD 谱图的补充,因为几十纳米甚至几微米区域的元素分布并不能够说明出现了所需的陶瓷物相,即便元素明显聚集在颗粒所在的区域中(图 7.15),并且可以获得准确的定量组成(实际上都是只能给出带色的二维面分布图或者单独某个元素在不同位置的浓度比例),也不能证明形成了所需的结构。

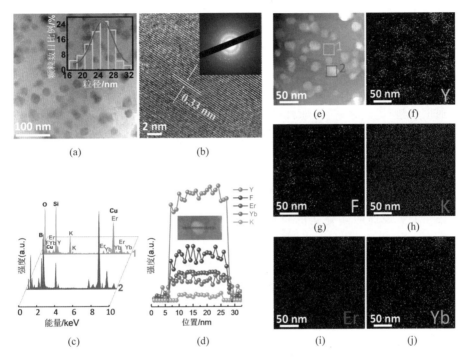

图 7.15　玻璃陶瓷光纤的透射电镜图((a),内图是粒径分布)、高分辨透射电镜图((b),内图是电子衍射图),(e)图中所示区域 1 和区域 2 的电子探针区域元素含量分析结果 (c)及其线扫描元素含量分析结果(d)、玻璃陶瓷光纤的扫描电镜图像(e)以及该区域内的二维元素(Y、F、K、Er 和 Yb)浓度分布图(f)~(j)[23](感谢董国平教授赐稿)

　　总体上说,玻璃在成本、透明性、制备周期、制备工艺和复杂形状等方面不但优于单晶,而且也要优于陶瓷,但是材料的性能与材料结构是密切相关的,由于玻璃属于无定形结构,因此掺杂发光玻璃的性能局域化因素太强,即受具体工艺的影响相比单晶和陶瓷要更为严重,批次材料性能的稳定性一般甚至较低。另外,这种无定形的基质结构也意味着声子散射更为复杂,而声子散射会影响到热传导和光子传输,其中又以直接和晶格振动密切相关的热传导受到的影响最为严重。最后,无定形结构为各种缺陷的存在提供了更宽的容忍度,从而不但可以获得远高于单晶和陶瓷中的掺杂浓度,而且对余辉和自吸收等也有复杂影响。

因此,玻璃陶瓷材料除了考虑功能性物相或者功能性基团的结构和性质,还要考虑无定形基质的结构和性质,然而就现有技术水平而言,相关的指导理论根本不能预测材料的设计和制备,从而现有的玻璃陶瓷研究仍然处于实验探索、积累技术数据和经验规律的阶段,而且实际进入应用的材料很少——在激光领域,当前玻璃陶瓷的实用尝试远远不如透明陶瓷和单晶,这有赖于今后提高光学性能的基础研究和制备工艺的突破。

根据发光材料理论及其发展规律,可以预计今后玻璃陶瓷的发展主要有两个方向:分相化理论及工艺与光学研究。前者除了利用玻璃原料在退火下直接产生第二相(晶相)的传统做法,近年来也出现了将纳米陶瓷与玻璃原料混熔和高能射线诱导结晶等技术。而后者则体现在光学材料应用方面,比如发展面向红外波段的光通信材料、激光材料、闪烁材料和照明显示发光材料等,并且突破当前光致发光表征与初步动力学机制探讨的局限,建立玻璃陶瓷特有的、复合型的发光理论与材料设计机制。

## 7.2.3　非立方结构的透明陶瓷化

第一个实现透明陶瓷化的材料其实并不是立方晶系,反而是非立方的六方 $\alpha$-$Al_2O_3$——20 世纪 50 年代末,美国 GE 公司的科布尔博士成功获得了后来商品名为 Lucalox 的氧化铝透明陶瓷[29](严格来说是半透明,即 translucent),从而一举打破了陶瓷一定不透明的传统观念。然而根据光散射理论,在不考虑吸收的前提下,只有立方结构可以做到不依赖于厚度的全透明(fully transparent with no (or slight) thickness effect)[30],而非立方结构自有的多种折射率与陶瓷作为晶粒凝聚体的结构相结合,散射是不能避免的,这种散射会随着晶粒取向不同所产生的各向光学异性的增强而增大。因此,理论上同化学组成且晶粒无规取向的条件下,非立方结构的透明陶瓷相比于立方结构具有较差的透明度,并且随厚度增加而快速失透。

光学各向异性除了影响透明度乃至陶瓷内部的散射损耗,也会影响激光的产生和光束质量。这是因为发光中心发射的光子离开激光材料之前是需要经过若干个晶粒的,对于光学各向异性的晶粒而言,这就意味着不同光子传播的波形和光程差会发生变化,前者也可以理解为波阵面的变形,最终导致产生激光振荡的阈值升高,激光效率降低,发散角增加,如果光学不均匀较为严重,甚至不会产生任何激光振荡。

虽然非立方结构具有上面的缺点,但是它们也是重要的,有的场合下甚至是相比立方结构更为优异的基质。比如红宝石激光所用的激光材料是掺 $Cr^{3+}$ 的氧化铝($\alpha$-$Al_2O_3$),而 $\alpha$-$Al_2O_3$ 基质属于六方结构;又比如近年来发现的可以将 $Yb^{3+}$ 的三能级系统通过基质晶体场效应改为更高效的准四能级系统的基质 $Gd_2SiO_5$(GSO)则属于单斜结构($P2_1/c$)。因此基于透明陶瓷相比于单晶和玻璃的优势(1.4 节～

1.5 节),与立方结构材料的透明陶瓷化一样,非立方结构的透明陶瓷化也是获取新型、高效激光材料的重要途径。

更重要的是,非立方结构在非线性倍频,间接产生其他波长激光领域是立方结构不可替代的。非线性倍频的目的就是从已有频率的激光获得新频率的激光,所得出射激光既可以比原始输入光波长更短,也可以更长,其差别就在于频率是相加还是相减。理论证明要实现非线性倍频,除了材料内部不存在对称中心,还要求满足相位匹配。而属于立方晶系的材料因为不具有折射率的各向异性,所以不能实现相位匹配这个必要条件。因此,32 种晶体学点群中只有 16 种点群具有非零的二阶非线性光学系数,可用于非线性倍频,而且其中又以四方、六方和三方点群为主。事实上第一次非线性倍频效应就是在掺 $Cr^{3+}$ 的红宝石(六方氧化铝)激光中发现的,当时除了获得红色的激光,还出现了一束亮度很弱的紫外光,这就是六方氧化铝自身又作为非线性倍频材料而实现自倍频激光的结果——当然,这种自倍频光很弱,没有实用价值,因此红宝石激光器仍以红色激光的应用为主。

虽然目前已经可以通过晶体的形式提供非线性倍频材料,但是已有被证明具有优良非线性光学效应的材料,比如红外波段的 $AgGaS_2$、$AgGaSe_2$、$CdGeAs_2$、$Ag_3AsSe_3$ 和 $Tl_3AsSe_3$ 等黄铜矿结构晶体及其置换固熔物;紫外波段的偏硼酸钡($\beta\text{-}BaB_2O_4$)与三硼酸锂($LiB_3O_5$)等晶体大多受到晶体光学质量和实际可获得晶体尺寸受限的问题。因此,基于透明陶瓷相比于单晶在大尺寸及光学质量等方面的优势,探索并实现这些非立方结构材料的透明陶瓷化对提供新型非线性倍频材料(包括自倍频材料),推动倍频激光在高能短波激光器方面的应用具有诱人的前景。除了可以直接用于需要短波长的军事和民用领域,还可以用于核聚变的点火——目前核聚变实验中经常使用磷酸二氘钾(KDP)晶体来实现激光的倍频。

基于晶体学和光学的理论可以认为,非立方结构的透明陶瓷化本质上就是消除晶粒之间的折射率差异,具体方法可以分为物理与化学两大类。晶粒尽量定向排列就是一种物理方法,根据 7.2.1 节,这其实意味着非立方结构材料的透明陶瓷化等同于这类材料的单晶化,或者说能实现高透明的陶瓷的体系能量相比于常规不透明陶瓷要更为接近其单晶形态的体系能量。另外,基于降低光散射的原理制备纳米陶瓷也是一种重要的物理方法。而化学方法的典型例子就是通过组分的调整使不同取向的折射率趋于一致,这也可以实现无规取向晶粒之间折射率的均一化,使得体系近似于光学各向同性。下面分别进一步加以介绍。

**1. 陶瓷的晶粒定向制备**

陶瓷中晶粒沿某个方向(一般是 $c$ 轴)排列并凝聚而成的陶瓷可以削弱双折射效应引起的散射,从而提高低对称体系陶瓷的透射率的设想已经在六方相的 $Al_2O_3$ 和 $Ca_{10}(PO_4)_6F_2$(氟磷酸钙,FAP)等激光基质中得到了验证,近年来也扩展到其他发光材料体系,比如作为闪烁体重要基质的硅酸镥(LSO)和氟化铈($CeF_3$)。

目前常用的陶瓷晶粒定向制备技术有热压法、流延法、模板法和强磁场定向技术[31]。

(1)热压法(热煅法)是在外力作用下,晶粒依据降低体系能量的趋势而有序排列,进而实现定向化的制备技术,比如晶粒为片状形貌的时候,在施加压力时就会形成片体大表面的法线趋于沿外加压强方向平行排列的结构,从而片体彼此层叠为致密的素坯,并进一步受热烧结为陶瓷。这种技术主要应用在晶粒结构各向异性明显的陶瓷体系,如果晶粒形貌具有较高的各向同性(更趋于球形),那么仅靠外部施加压力,很难实现晶粒的定向排列。

(2)流延法的取向原理与热压法类似,所不同的是流延法是依赖液态环境降低晶粒取向运动的阻力。仍以片状晶粒为例,此时片状晶粒被放置在浆料中,并流延(有时也可以利用挤压等)成膜,在这个过程中,基于体系能量最小化原理,片体大表面的法线沿着成膜方向排列的趋势要远大于其他取向,从而得到一块片体彼此平行或近于平行排列的薄膜。当然,这种方法同样具有热压法的缺点,而且与高质量成膜要求晶粒形貌尽量趋于球形的要求相悖,因此会导致生坯的致密度较低,并且颗粒之间的大气孔在烧结过程中也难以完全祛除,不利于所得陶瓷致密度的提高。

(3)模板法又名晶种诱导法,顾名思义就是体系中存在某种晶粒作为模板,在陶瓷制备中能引导其他晶粒定向排列而获得致密陶瓷。模板法的机制与提拉法或下降法生长单晶是类似的,即模仿单晶生长中利用晶种为溶液中凝析而出的组分提供定向指引,最终得到特定取向的高质量单晶。作为模板的晶粒通过吞并周围晶粒而实现致密化烧结(包括不同晶粒之间的反应,此时为反应性烧结),此时模板晶粒也起到了定向指引的作用。不过这也意味着模板法更适合于大晶粒的实现,而难于实现小晶粒定向排列的致密陶瓷——因为这与烧结理论是相悖的,如果烧结体系中存在不同形状、不同排列的颗粒,这个烧结体系是非常不稳定的,难于实现致密化,容易获得严重不均匀的微观结构,当然也谈不上晶粒定向排列。因此模板法的晶粒取向更适用于增强其他物理性能,比如力学性能增强的场合,这些场合考虑的空间尺度可以达到几十微米甚至毫米的级别,而不利于需要考虑几百纳米或几微米氏散射区域的陶瓷体系。

模板法的另一个不利因素是如果各向生长速率差别不大,那么所得晶种在烧结时诱导定向生长的程度就较弱,而以大晶粒的优势通过表面能差异来吞并小晶粒,使得自身快速长大的趋势增强,这就意味着烧结中晶粒异常长大的可能性增加,不利于致密度的提高。因此现有的实践尝试都是类比热压和流延法,即利用形貌具有明显各向异性的晶粒,比如具有一定长径比的针状、片状或条状晶粒作为模板晶粒。然而与热压法和流延法类似,在外力作用下让这些晶面择优取向的晶种在素坯内完全同相排列是很困难的,而且实际要获得高质量的模板(晶种形貌一致)也不容易,这时就难以实现晶粒大小可控且无气孔的致密烧结。

(4) 强磁场定向技术是基于能量最小化原理,即从能量的角度分析,晶粒受力矩作用时会转到某个稳定的方向,以便减少磁化能。其原理类似顺磁材料的磁化过程——如果晶粒具有磁各向异性,即不同方向磁化率不同,其磁化能也就不同,此时在外界磁场作用下就会沿磁场实现择优取向。实验表明,非立方晶系,比如六方晶系的 $c$ 轴容易平行于磁场方向取向。磁场定向技术不受材料结构和粉体形状的限制;无需加入模板,获得的生坯均匀性好。

强磁场定向技术一般采用注浆成型(图 7.16)或者电泳沉积的成型方法,不过当粉体颗粒加入到溶剂中时,由于颗粒之间存在范德瓦耳斯引力,颗粒容易发生团聚,这样就会阻碍磁场作用下颗粒的偏转。因此避免团聚、制备高分散的陶瓷浆料是强磁场晶粒定向的关键环节。

这里以六方的 $\alpha-Al_2O_3$ 为例介绍非立方结构透明陶瓷化的磁场诱导晶粒定向研究。传统的半透明氧化铝陶瓷的制备主要是先采用注浆成型、冷等静压或挤出成型方法获得素坯,随后在真空或 $H_2$ 气氛 (>1700 ℃)中常压烧结,所得氧化铝陶瓷的晶粒大小约为 $25~\mu m$,可见光波段的直线透射率一般为 $10\%\sim15\%$[32]。由于亚微米晶(晶粒尺寸小于 $1~\mu m$)透明氧化铝的烧结温度较低(<1400 ℃),而且具有更好的力学性能和更高的可见光透射率,因此除了用于陶瓷金卤灯等高强气体放电灯的电弧管,还可以取代蓝宝石

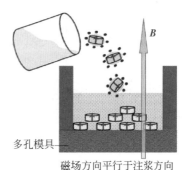

图 7.16 强磁场下注浆成型晶粒定向技术的示意图[31]

单晶作为导弹头罩和红外窗口而应用于国防及民生领域,从而成了近年来该材料体系的研究热点。比如林(Hayashi)等率先采用高温热等静压制备了具有亚微米晶粒的透明氧化铝,使可见-红外光的透射率得到显著提高(约 60%)[33]。

虽然常规非晶粒定向制备的氧化铝陶瓷晶粒可以实现亚微米尺寸的目标,并且在强度和透射率方面比起传统半透明氧化铝也的确有明显提高,但是其在小于500 nm 光谱段的透射率仍很差,一个被普遍接受的解释是由于氧化铝的晶界存在双折射,散射难以避免,因此当晶粒大小与波长接近时,晶粒对入射光的散射最强,这就导致短波段的透射率降低。由于氧化铝晶体的光轴与 $c$ 轴方向平行,因此当光透过这种晶粒沿极轴定向排列的陶瓷时,从一个晶粒射出的光到另一个晶粒,其

所遇的物理环境是相同的,理论上来说可以消除前述晶界的双折射。换言之,要解决这个低透射率的问题,就应当让晶粒尽量均一取向,发展晶粒定向透明氧化铝陶瓷,使其整体结构更近似于单晶的有序排列。

图 7.17 给出了磁场诱导晶粒取向(magentic-field-assiated orientation of grain,MFAOG)获得晶粒定向透明氧化铝陶瓷的一个典型示例。首先通过超强静磁场辅助下注浆成型得到 $c$ 轴定向排列的素坯,然后在 1850 ℃ 和 $H_2$ 气氛下烧结得到最终的,可通过 XRD 谱图证实晶粒高度定向的透明氧化铝陶瓷[34]。进一步的研究发现,虽然其晶粒大小约 25 $\mu m$,与传统半透明氧化铝陶瓷相当(未达到亚微米的标准),但是其可见光波段透射率却有显著提高(约 55%),并且在小于 500 nm 的波段仍然保持大于 40% 的高透射率,从而一方面为晶粒定向亚微米透明陶瓷的制备提供了一条有效的途径,另一方面也验证了双折射对透明性的影响要高于晶粒尺寸的影响。

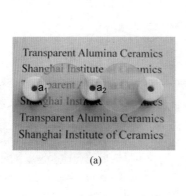

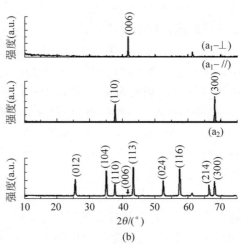

图 7.17　透明氧化铝陶瓷的实物照片(a)和 XRD 谱图(b)。其中实物照片中给出了磁场参与($a_1$)和不参与($a_2$)所得陶瓷的透明性对比结果,而 XRD 谱图中的谱线分别为:($a_1$-⊥)垂直于磁场方向的陶瓷表面;($a_1$-//)平行于磁场方向的陶瓷表面和($a_2$)无磁场作用的陶瓷表面[34]

另一个例子是氟磷酸钙(FAP)陶瓷。FAP 可以为稀土离子提供较大的晶场分裂能,从而具有吸收和发射截面大、阈值低和增益大等特点,适合制作激光二极管,但是其单晶生长非常复杂,因此目前也开发了磁场下晶粒定向制备 FAP 透明陶瓷的技术,所得到的 Nd:FAP 透明陶瓷(厚度 0.48 mm)在 1064 nm 处的透射率达到了 82%,其散射损耗为 1.5 $cm^{-1}$,实现了更高的光学质量[35]。

从图 7.17 可以进一步看出磁场辅助定向时,晶粒的择优取向与晶体结构的各向异性有关,以六方晶系为例,磁场辅助定向通常得到的是晶粒沿 $c$ 轴择优取向的结果。另外,磁场辅助定向并不意味着颗粒的均一排列,即不意味着烧结活性的提高——浆料的因素也需要予以重视。比如上述的 $Al_2O_3$ 陶瓷的微观结构就发现不少气孔,而高纯六方 $CeF_3$ 粉体在磁场作用下注浆成型所得陶瓷的光学质量与同样的粉体不球磨而直接热压烧结制备的陶瓷相比,透射率反而更低(图 7.18),其原因也在于浆料——工艺更为复杂就更加容易引入杂质,从而导致光学质量下降。这可以通过对比两者表面的扫描电镜照片(图 7.19)来证明:晶粒定向 $CeF_3$ 陶瓷表面的扫描电镜照片中存在大量黑点;而直接热压烧结的陶瓷表面未发现类似的黑点。能谱分析表明这些黑点的主要成分为 $Al_2O_3$,李伟等的解释是制备浆料的过程中需要 10 h 的球磨,而球磨罐和球磨子均为 $Al_2O_3$,并且球磨后粉体中的 Al含量经 GDMS 测试为 1900 ppm,因此可以认为是球磨中引入 $Al_2O_3$ 杂质,导致 $CeF_3$ 陶瓷中 $Al_2O_3$ 第二相的出现,而这些 $Al_2O_3$ 第二相会严重影响晶粒定向陶瓷的透射率[31]。因此如何提高浆料的纯度和磁场辅助下浆料成型所得素坯中颗粒排列的均一性,仍然是磁场辅助晶粒定向陶瓷制备待解决的瓶颈问题。

图 7.18　$CeF_3$-5N 粉体制备的 $CeF_3$ 陶瓷实物照片,左图为粉体直接热压烧结;右图是磁场辅助注浆成型制备的晶粒定向陶瓷[31]

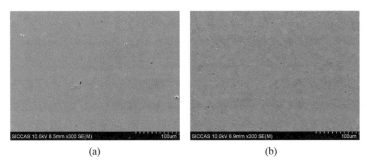

(a)　　　　　　　　　　　　(b)

图 7.19　$CeF_3$-5N 粉体制备的 $CeF_3$ 陶瓷表面的扫描电镜形貌图[31]

(a) 粉体直接热压烧结;(b) 注浆成型制备的晶粒定向陶瓷

## 2. 降低光散射的晶粒细化

非立方结构陶瓷透明化的困难其实是光散射引起的,因此除了上述通过晶粒定向,尽量单晶化来实现高透明的目的,也可以通过细化晶粒,使得光波可以绕过晶粒向前传播。图 7.20 给出了晶粒细化前后透射光在屏幕上所成光斑的示意图,可以明显看出细晶粒对光的直线传播是有利的,可实现高透明度。而且米氏散射和瑞利散射理论也指出其散射系数或散射损耗系数分别与晶粒尺寸 $d$(直径)的一次方和三次方呈指数关系,因此晶粒细化,比如制备纳米晶粒构成的陶瓷也是实现非立方透明陶瓷的一种有效途径。

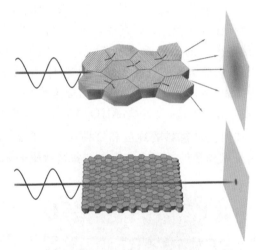

图 7.20　非立方陶瓷晶粒细化前后的散射结果示意图及其对比

然而传统烧结的高温和长时间过程并不利于晶粒的细化,反而有利于晶粒的长大。因此要实现小晶粒陶瓷的制备,除了初始粉体颗粒要小(一般小于预定陶瓷晶粒大小的一半甚至更小),而且烧结时间应尽量短,烧结的温场分布要尽量均匀,从而快速烧结技术,比如放电等离子烧结、微波烧结乃至近年发展的闪烧(或快烧,flash sintering)等更适合这种应用场合。比如古濑(Furuse)等利用放电等离子烧结,基于平均粒径约 50 nm 的粉体得到了平均粒径约 140 nm 的 $Nd:Ca_5(PO_4)_3F$(简写为 Nd:FAP)陶瓷,并实现了 1063 nm 的激光输出,斜率效率为 6.5%,激光波长处的透射率是 87.4%(1 mm 厚),相当于理论透射率的 98.7%。

需要指出的是,晶粒细化的程度与激光性能需要考虑的波长有关,以上述的 Nd:FAP 为例,140 nm 的晶粒粒径只有激光波长的 13% 左右,可以认为是远小于激光波长,这就不难解释在该位置处可以得到高透射率;但是与此相反,由于米氏散射与瑞利散射的散射系数分别同波长的二次方和四次方成反比关系,因此同样的材料,透射率随波长减小而下降,400 nm 位置已经是 65%。

另一个需要注意的地方是细晶粒陶瓷要求更细的粉体,但是粉体粒径越小,表面能越高,颗粒之间越容易团聚,进而在烧结中更容易发生局部不均匀的晶粒生长,这对于材料的热和机械性能固然是不利的,而且也不利于气孔的排除,甚至出现粉体越细,陶瓷光学质量越差的结果。

总之,晶粒细化在理论上也是非立方结构透明陶瓷化的一种可行措施。实际应用时要同时实现无规则取向晶粒的致密化与细粒化是困难的,需要系统考虑预定晶粒尺寸、粉体组成、粉体形貌以及烧结技术和工艺等的综合影响。

**3. 面向光学各向同性的组分调整**

光学各向同性要求各个方向的折射率是一样的,因此尽量降低不同方向折射率之间的差异也是获得高光学质量非立方透明陶瓷的一个解决办法。

由于折射率与介质的极化有关,而陈创天等在研究非线性光学材料时发现相比于阳离子,阴离子基团才是影响介质极化的重要因素,据此他们提出了"阴离子基团"理论并成功用于新型非线性光学材料的结构设计与优异非线性极化性能的解释,目前已经可以结合第一性原理计算直接从原子开始筛选潜在的非线性光学材料。基于这个理论,如果一种非立方结构的阴离子基团是可替换的,那么就有可能改变原有的极化性能,从而降低不同方向上的折射率差异,使得新的多组分材料逼近光学各向同性,获得高光学质量的透明陶瓷。

目前这方面的探索仍处于起步阶段,在透明激光陶瓷领域更是尚未有所突破。已有报道的典型成果就是六方锶长石透明陶瓷的制备。

在 2.2.2 节讨论晶体场畸形效应的时候已经介绍了单斜钡长石的结构,其中强调了 $Si^{4+}$ 与 $Al^{3+}$ 取代在长石结构中的不可区分性,而硅氧多面体和铝氧多面体正是构成长石的阴离子基元。相比于单斜结构,六方结构仅存在两个方向的折射率差异,即对 $a$、$b$ 和 $c$ 三个晶轴方向而言,其折射率大小满足 $n_a = n_b \neq n_c$,因此通过调整阴离子基团的组分就有望改变原先存在双折射的状况。另外,由于 $Si^{4+}$ 与 $Al^{3+}$ 的价态不同,因此这种改变也涉及阳离子数目的变化,虽然基于阴离子基团理论,阳离子的作用可以忽略,但是对材料的电价平衡仍然是必须的。

图 7.21 给出了六方锶长石 $Sr_2Al_2Si_2O_8$ 通过组分调整所得的陶瓷的透明性表征结果,从中可以看到随着 $Al^{3+}$ 含量的增加(相应地 $Sr^{2+}$ 也随着增加),陶瓷的透明性在 $x = 0.2$ 时取得了接近理论值的结果。

图 7.22 基于电子密度的微观结构表明,随着 $x$ 的增加,电子密度分布经历了一个对称性增加到减少的过程,虽然可以归因于 $Sr^{2+}$ 散射随其数目提高而增加,但是本质上也是阴离子基团改变引起的变化——$Si^{4+}$ 的降低导致电子密度的重新分布。

由于介质的极化就是材料内部电子云在电磁场作用下取向分布而产生偶极子,因此电子密度分布的变化必然引起折射率的变化,从而改变了不同方向折射率的差值。图 7.23 给出了基于密度泛函法计算各晶轴折射率,并取其差值而绘制的

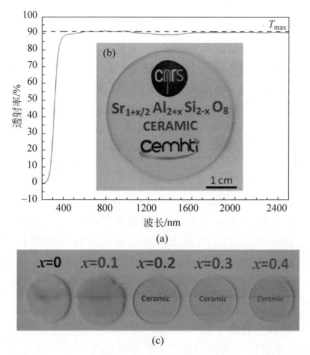

图 7.21 $Sr_{1+x/2}Al_{2+x}Si_{2-x}O_8(0 \leqslant x \leqslant 0.4)$陶瓷的透明性表征[15]

(a) $Sr_{1.1}Al_{2.2}Si_{1.8}O_8(x=0.2,$厚度：1.5 mm)陶瓷的透射率光谱；
其中理论透射率谱线(虚线)根据 $n=1.59$ 计算；(b) 放于图例上的 $Sr_{1.1}Al_{2.2}Si_{1.8}O_8(x=0.2)$陶瓷照片；
(c) $Sr_{1+x/2}Al_{2+x}Si_{2-x}O_8(x=0,0.1,0.2,0.3,0.4)$陶瓷的照片

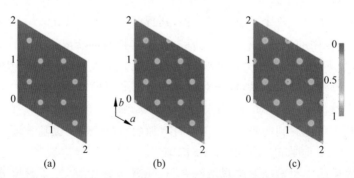

图 7.22 沿[001]方向所得的 $x=0$、0.2 和 0.4 陶瓷晶体结构的傅里叶电子密度图，
切面位置为 $z=0.25$[15]

双折射率差值谱。由于 $Al^{3+}$ 和 $Si^{4+}$ 的无序取代，因此理论计算可考虑的模型有四种，除了选择有固体 NMR 实验结果支持的结构模型(实线)，图中也给出了这四种模型平均后所得的折射率差值(虚线)。不管是哪种计算，都清楚表明当 $x$ 变为 0.25 时(用于逼近实验 0.2 的结果，这种取值差异来自于计算时选取超胞会出现

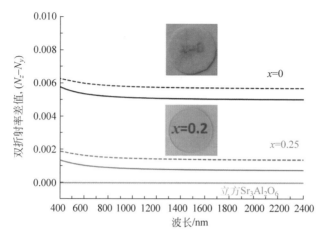

图 7.23　基于密度泛函法计算的 $x=0$（黑线）和 $x=0.25$（蓝线）陶瓷样品的双折射率差值谱线
　　　　（实线）以及各自理论可选四种不同模型所得的平均双折射率的差值（虚线），绿线则是
　　　　立方 $Sr_3Al_2O_6$ 的理论计算差值，用以验证计算方法的可靠性[15]

的组分含量的不一致），六方结构的两个折射率差值降低至近 1/5，从而陶瓷的晶粒更接近光学各向同性，也获得了更高的透明度。

　　六方锶长石透明化的成功虽然表明通过组分调整改变折射率差异，将非立方结构改为"赝"立方结构是可行的，但是这个例子并不具有代表性。首先，它的制备是从玻璃到陶瓷，虽然文献中提供了证明得到的是多晶（陶瓷）的 XRD 谱图，但是仍然难以被陶瓷领域的大多数研究人员接受，毕竟传统的操作是从粉体烧结而得到陶瓷；其次是这种材料本身比较特殊，不管是阴离子基团的无序和可替换性，还是原先双折射率差值就不是很高，都不是一般材料具有的性质。因此建立有关组分调控折射率的规律并形成筛选材料的规则，仍然是今后尝试获得赝立方结构的基础性研究。

　　总之，虽然目前常见的透明激光陶瓷是基于立方结构的石榴石和倍半氧化物等体系，而其他非立方体系由于折射等问题仍难以实现透明化，但是这类问题在理论上是可以解决的，其主要原因是有关晶粒择优取向以及第二相折射率的调控等机制和工艺尚未成熟。不过，就现有非立方 $Al_2O_3$、FAP、$CeF_3$、ZnS、ZnSe 以及锶长石等透明陶瓷化的探索已经取得了初步进展，并且提出了磁场调控晶粒择优取向以及无序组分调整等技术来看，有理由认为将来非立方材料也会成为透明陶瓷的主角，并且这方面的进展将实现透明陶瓷理论与工艺的革命性突破。

## 7.2.4　大尺寸陶瓷的组分均匀化

　　可高浓度掺杂和掺杂均匀分布是透明激光陶瓷在理论上的主要亮点[19]，与液体和玻璃相比,单晶中的掺杂浓度是不可能均匀的。比如 Nd:YAG 晶体中,从晶种到 20 cm 长的毛坯末端,$Nd^{3+}$ 浓度增加了 20%～25%,从而 3～8 cm 长的激光棒两个端面的 $Nd^{3+}$ 浓度是不同的,改变量约 0.08%[36]。这就意味着激光晶体天然存在两个局限性:可用尺寸的局限性和可用功率的局限性。这两者意味着激光晶体只能提供一定掺杂浓度范围内的材料,并且这个允许浓度的变动所导致的其他问题,尤其是热损害问题在激光器可用功率范围内是可以接受的,也意味着不能工作于更高的功率范围。因此透明激光陶瓷相对来说更有优势。

然而 1.1.4 节已经提出,目前透明陶瓷领域,尤其是透明激光陶瓷领域对组分的表征相当不完善,主要是以原始配方的组成来提供最终陶瓷的组分,而且有的文献虽然基于指标化 XRD 谱图获得的晶胞参数来论证掺杂结果,但是除了缺乏误差数据,而且也没有说明用于 XRD 测试的样品是如何准备的——基于陶瓷样品还是基于陶瓷研磨后的粉末,期间又是如何从陶瓷上选取相关测试部位……更重要的是这些 XRD 表征结果最终还是与原始配方组成相联系,用后者来证明前者,这其实已经丧失了 XRD 表征结果的独立性。图 7.24 给出了一个实际组成与原始配方组成不一样的透明陶瓷示例。由于 $Ce^{3+}$ 在石榴石中具有较大的分凝系数,因此除了在人工晶体中难以得到真正高浓度 $Ce^{3+}$ 掺杂的材料,在透明陶瓷中由于烧结过程的高温与较长时间,通常也是不能随便获得某种浓度的掺杂,正如图 7.24 所示,从 0 mol% 到 1.8 mol%,更高浓度样品的 XRD 并没有给出明显的谱峰偏移,而且不同浓度各自谱峰的相对强度比也基本一致。因此虽然该谱图是以陶瓷研磨成粉末状态的方式测试 XRD 谱图可以使得结果更为准确,但是也没有改变实际组成中掺杂浓度其实是不变的事实。其中 0 mol% 的样品本来应该单独制备,但是为了节省高温烧结机时却同其他不同浓度的样品在同一坩埚中烧制,从而由于存在浓度梯度而产生的扩散造成了它的 XRD 谱图与非零掺杂的类似,同原始组成预计的结果并不匹配的现象——XRD 谱图的灵敏性很高,比如真正 0.03 mol% 和 0.15 mol% 掺杂的两个样品就可以直接通过肉眼清楚地看到高浓度的谱峰相对于低浓度谱峰往左偏移($2\theta$ 降低方向)的现象[37]。

已有的少量真正涉及化学组分测试的文献主要来自面向闪烁体的透明陶瓷。这是因为闪烁体的成像应用并不是一整块陶瓷或单晶直接应用,而是需要先将它们切割成小块体,再拼装为阵列(当然,像大型对撞机采用的电磁量能器就可以直接用大块的单晶或陶瓷作为构成阵列的元素),这就要求每一个小块体都有同样的光学性能,否则在成像时就会出现不应该有的阴影,即某部分块体发光偏暗的现象,从而导致对图像的误判——如果用于医院的 CT 成像,这就意味着会将健康肌体看成肿瘤。因此大尺寸闪烁晶体和闪烁陶瓷的制备重视组分均匀性就成了必然的要求。

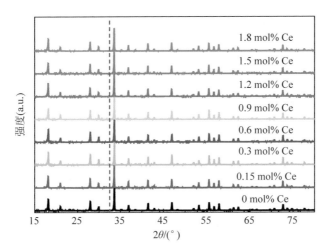

图 7.24　$Ce^{3+}$ 掺杂 $Lu_3Al_5O_{12}$ 透明陶瓷研磨成粉末后所得的 XRD 谱图,图中浓度为原始粉料浓度

虽然激光材料不需要类似闪烁体那样以阵列元素的形式出现,但并不意味着其组分均匀性就无关紧要,与此相反,组分是否均匀直接决定了最终激光,尤其是大功率激光的性能。其原因主要有如下 4 个方面。

(1) 组分不均匀会造成光学的局部各向异性,增加光散射,并且在受热时更容易产生有害的热透镜等热光效应。

(2) 在未达到发光猝灭的浓度之前,掺杂的浓度越大,发光性能就越高。以 $Pr^{3+}$ 的红色激光为例,$Pr:LiYF_4$ 中在掺杂 $Pr^{3+}$ 为 1 at.％时斜率效率是 $8.5\%^{[38]}$,而掺杂 3 at.％时则为 $24\%^{[39]}$。但是掺杂体系是热力学不稳定的体系,在长时间高温加热的条件下会趋于获得不掺杂的纯净体系,在单晶中体现于杂质往晶棒尾部的分凝,而透明陶瓷中则是杂质在晶界中的沉积。而且这个过程对于不同晶粒或者不同晶粒聚集区域有着不同的反应程度,即便素坯是完全均匀的,所得的陶瓷也会是组分不均匀的产物。

(3) 组分不均匀会降低材料的机械稳定性,从而增加了热破坏的可能性。一个典型的例子就是为了提高激光性能,在 $CaF_2$ 晶体中高浓度掺杂 $Yb^{3+}$,实验发现掺杂 $Yb^{3+}$ 增加到 8.9 at.％时,激光性能明显下降,而 12 at.％则发生热炸裂,当时的功率仅有 15 W。虽然文献中由于保密原因并没有进一步表征微观结构而给出炸裂原因[40],但是基于理论和已有单晶的研究,仍可以认为高掺杂时容易产生的非立方或各向异性的变化是主要根源之一。

(4) 组分不均匀会引起材料局部发光性能的不一致甚至发光性能的各向异性,使得材料丧失以大尺寸形式服役的价值。

同人工晶体一样,对于透明激光陶瓷而言,大尺寸条件下的组分均匀化并不仅仅是所谓"工艺优化"的问题,而是一个建立在理论和规律基础上才能有所进益的基础研究问题。这是由陶瓷制备中烧结过程的特点所决定的——高温和长时间恒温既有利于烧结的完善,也提供了一个驱动体系走向热力学稳定状态的环境,而且在大尺寸条件下,这个高温长时间过程相比于小块体要更为漫长。按照陶瓷界的用语,就是要将陶瓷"烧透"需要在同样温度下经历更长的时间,此时陶瓷块体从表面到内部所经历的动力学反应过程存在梯度。如果体系不是热力学稳定状态,这个梯度就会产生不同热力学稳定程度的组分分布,导致组分均匀化的失败。因此透明激光陶瓷的大尺寸组分均匀化并不是小块体制备条件的简单扩展,也不是随便选择一个组分体系,然后通过工艺优化,即调整温度和时间等各种制备过程的因素就可以实现的。

有关大尺寸陶瓷的组分均匀化的基础研究问题主要包括两个方面:组分设计与反应条件设计。组分设计的主要目的是避免组分的团聚,这可以借鉴人工晶体已有的控制分凝系数[40]和局域配位结构调整[41]等成果。以 $Yb:CaF_2$ 人工晶体为例,如果是单掺 $Yb^{3+}$,其分凝系数是 1.07,仍然高于1,如果在原料中分别加入 3.0 mol% 和 20.0 mol% 的 $Na^+$,则 $Yb^{3+}$ 的分凝系数分别是 1.03 和 0.91,这就意味着可以通过引入 $Na^+$ 的组分设计来调控 $Yb^{3+}$ 在晶体中的分凝,进而改善掺杂的均匀性,实现大尺寸单晶的组分均匀化,从而获得高质量的晶体——目前全 LD 泵浦的 $Na,Yb:CaF_2$ 单晶已经实现了太瓦级超强激光以及飞秒激光输出。当然,由于人工晶体生长周期随尺寸增加基本上呈指数性增长,这种多组分体系本质上仍然是热力学不稳定的,因此长出的高质量晶体尺寸在理论上就会受到限制,比不上纯单质的晶体——$CaF_2$ 单晶可以做到直径 40 cm 以上[41],此时利用制备周期相比之下要短很多的透明陶瓷来实现高质量和大尺寸的激光材料就具有重要的意义。

局域配位结构调控法是通过添加其他离子来起到稀释的作用,使得原先容易团聚的掺杂离子能够更好地均匀分布。比如 $Nd:CaF_2$ 激光材料中由于 $Nd^{3+}$ 与 $Ca^{2+}$ 的价态不同,并且两者的半径比差距约为 15.2%,因此这种取代会产生带电缺陷,从而需要通过缺陷对或缺陷簇来实现体系的电平衡。反映在组分分布上就是 $Nd^{3+}$ 容易团聚在一起,掺杂 0.02% 即形成团簇结构。如果采用陶瓷的形态,此时就意味着 $Nd^{3+}$ 更容易凝集于晶界中,此时如果添加其他离子,比如 $Y^{3+}$,虽然对于电荷的补偿并没有积极意义,但是可以起到阻隔或稀释 $Nd^{3+}$ 的作用;而采用 $Na^+$,则既可以实现电荷补偿,也可以实现稀释的作用——这其实也是前述的 $Yb:CaF_2$ 体系在加入 $Na^+$ 后可以调整 $Yb^{3+}$ 的分凝系数的微观结构机制。当然,改用其他阳离子更大的基质,比如 $Nd:SrF_2$ 体系就可以通过 $Nd^{3+}$ 和 $Sr^{2+}$ 的离子半径的近似来降低掺杂 $Nd^{3+}$ 的团聚。另外,基于局域配位结构的调控研究,徐军和苏良碧在 Yb 基激光材料中提出了"激活离子局域配位结构调控"和"强场耦合 Yb$^{3+}$准四能级系统(利用强场耦合增加 Yb$^{3+}$ 的能级分裂,从而降低激光下能级的热布居比例)"理论来指导材料的组分设计、晶体的生长和激光性能的改进[41]。这些都进一步证明了基础研究对实现大尺寸条件下的组分均匀化的意义。

最后,大尺寸透明激光陶瓷的组分均匀化并不排除有关反应条件设计的基础研究。从烧结机理不难看出,即使组分设计已经实现了热力学稳定,但是从粉体到素坯,再到烧结所得的陶瓷,各种影响动力学反应过程的因素仍然是需要考虑的,尤其是这种热力学稳定的体系从原料到陶瓷制品需要经过更多反应阶段的时候。仅从烧结这一阶段考虑,素坯微观结构的均匀性和烧结炉温场的均匀性与稳定性是其中的关键,而这又涉及粉体结构及分布、成型方法及其影响、升温速率、陶瓷形状、加热体布局以及炉膛形状等因素。然而这些因素及其相关规律仍处于探索阶段,甚至还处于"经验"的阶段,有待今后基础研究方面的发展。

## 7.2.5　烧结助剂的分布与作用

烧结助剂的分布与作用一直是透明陶瓷甚至陶瓷领域基础研究的挑战。其主要原因在于烧结助剂的用量一般很少,相比于陶瓷粉体的质量,通常是千分之一甚至万分之一的数量级,因此对烧结助剂的表征属于微量杂质分析,难度较大。另外,透明陶瓷一般是厘米级别的块体,而常用扫描电镜和电子探针等元素种类和分布的表征面对的是微米级区域,而且考虑到荷电效应,它们所用的样品体积也不能过大(毫米级别或更低),因此反映不了陶瓷的整体情况。而可以实现整体分析的XRF(X-ray fluorescence)和 ICP 等化学元素分析技术是针对陶瓷块体所有元素的分析,不能如同电子探针那样,区分陶瓷晶粒和晶间相等不同区域各自元素的浓度。

将陶瓷研磨成粉末,然后进行 XRD 分析虽然理论上可以解决上述的整体性(全局性)和个体区分性的问题,但是实际使用中受限于烧结助剂的微小用量,需要采用高分辨甚至特殊的衍射技术,这并不是常规实验室用衍射仪可以实现的,而且研磨成粉末后,原有的晶粒介观结构遭到了破坏,也丧失了研究烧结助剂在陶瓷中分布的可能性。

目前,有关烧结助剂的研究主要是通过晶粒的微观形貌和光学质量等实验结果来唯象性地描述烧结助剂种类和浓度的影响。这其实已经提供了一种研究烧结助剂分布与作用的策略——利用主相(陶瓷晶粒)来研究杂相(烧结助剂),即利用主相的各种性能表征间接给出烧结助剂的分布与作用机制。

这里以 MgO 作为烧结助剂来提高 YAG 透明陶瓷光学质量的研究进一步加以说明。

首先,不同 MgO 浓度所得的 YAG 陶瓷的透射率如图 7.25 所示[42],其中忽略了完全不透明的 0 wt.％样品的透射率曲线。由图可见,随着 MgO 浓度的增加,透射率先达到 80％左右,随后在高浓度开始下降,这就意味着过多的 MgO 应该增加了陶瓷内部的光散射。

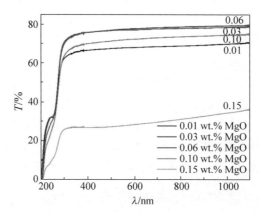

图 7.25　不同 MgO 烧结助剂浓度所得 YAG 陶瓷的透射率[42]

然而从扫描电镜照片(3.3.3 节)却发现,随着 MgO 浓度的增加,陶瓷除了晶粒尺寸增大,并没有出现明显的残余气孔率先低后高的变化(这就是电镜测试表征的缺点,局部的完美并不代表整体的完美)。随后的 XRD 图表示,YAG 的晶胞参数在 MgO 为低浓度的时候满足维加定律,随 MgO 浓度而呈线性增加,但是在高浓度则出现了异常。当时该工作的作者之一,亚维茨基(R. Yavetskiy)在与笔者及其同事进行学术交流时展示了图 7.26(a),并疑惑在 0.05～0.10 wt.％可能发生了什么,是否又要开始新的一轮维加定律(参见图中后面两点之间表示线性关系的虚线)？基于晶体学的有关理论,笔者当场指出他的想法并不对,XRD 测试结果没有错,而是他们在晶界上找不到 MgO 或 $Mg^{2+}$,就提出的 $Mg^{2+}$ 必定都进入 YAG 晶格的假设是错的——因为如果将后面 0.10 的数据点移过来,即假设实际进入 YAG 晶格的 $Mg^{2+}$ 在高浓度时反而下降了,不就满足现有的线性维加定律？随后笔者进一步建议他们考虑表征 $Mg^{2+}$ 的实际含量。亚维茨基回去后利用高分辨扫描电镜搜索,果然发现高浓度 MgO 做烧结助剂的条件下,部分 YAG 晶粒中其实存在着包裹物,如图 7.27 所示[42]。经过电子探针面扫描元素分析可以发现,包裹物中并没有 Y,而是 Mg、Al 和 O,恰好是尖晶石的结构。随后结合理论计算,就得到了低浓度的 MgO 可以进入 YAG 晶格,产生的氧空位缺陷有助于烧结过程,而高浓度的 MgO 则会在晶界偏析,并且导致与之相连的晶粒具有更快的晶界迁移速率,从而不但增加平均晶粒尺寸,而且也容易产生晶内包裹物,导致部分 MgO 以尖晶石等杂相的形式留在陶瓷内,降低了陶瓷的光学质量(透射率下降)。因此他们正式发表时就将后面的两个数据点当作实验异常点，而且去掉了原先 0.05～0.10 表示"可疑"的浅蓝色区域（图 7.26(b)）。

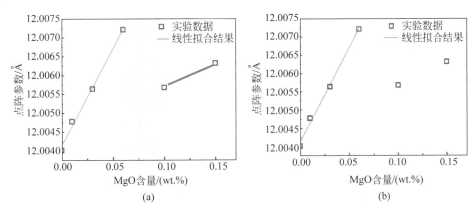

(a)　　　　　　　　　　　　　(b)

图 7.26　基于 YAG 陶瓷的 XRD 数据所得的晶胞参数与 MgO 烧结助剂浓度的关系曲线，图（a）取自亚维茨基在上海硅酸盐研究所做的学术交流报告 *Effect of MgO doping on the structure and optical properties of YAG ceramics*（2019 年），而图（b）则是他与沃罗纳（I. Vorona）等正式发表的论文[42]中的版本（2020 年）

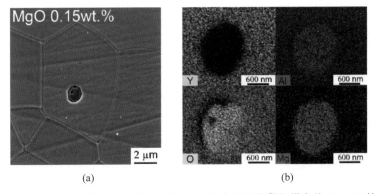

(a)　　　　　　　　　　　　　(b)

图 7.27　0.15 wt.％ MgO 烧结助剂参与下的 YAG 陶瓷的高分辨扫描电镜图（a）及其中包裹物所含不同元素的电子探针微区面扫图[42]（亮度越大表示浓度越大，越黑则越小）

　　从这个例子可以看出，烧结助剂的分布与作用的确可以从陶瓷主相的表征中间接验证，但是需要综合各类表征测试数据。以上面为例，如果亚维茨基他们仅做了透射率和扫描电镜测试，而没有再进行 XRD 表征，那么具体的讨论就没有合理性可言，因为引起透射率下降的原因很多，而获得"完美"的陶瓷微观形貌的可能性也很多，同时仅仅利用陶瓷的 SEM 图来说明也违背了"孤证不立"的逻辑规律。不过目前的确有很多被各类期刊正式接收的文章存在这种为证明而证明的"孤证"现象，审稿人或许更看重的是文章中所介绍的陶瓷达到的技术指标，从而让这些文章也进入了数据库,但是对知识的增长和启迪却毫无益处,甚至在满足质量控制与规模生产所需的可重现或可重复性方面也成了一个问题(7.3.3 节)。

总之,烧结助剂的小甚至极低用量并不意味着对透明激光陶瓷的影响就可以忽略不计,然而在现有常规微观结构表征属于局部位置表征的条件下,烧结助剂的存在与分布本来就难以确认,也就谈不上考虑它对激光性能的影响了,只能笼统包含于所谓"散射"或"缺陷"等因素之中。从理论上看,烧结助剂研究的深入显然需要建立在能够大尺寸表征组分及其分布的基础上,只有大尺寸乃至完整陶瓷样品的组分及其分布可以确认的情况下,烧结助剂在最终所得陶瓷内的含量、分布与终态结构等才有可能被表征出来,进而结合激光性能探讨其作用或影响,从而实现烧结助剂的合理选择和工艺优化路线的理论设计。

## 7.2.6 高浓度掺杂的热力学稳定性问题

在 20 世纪 90 年代以 Nd:YAG 为典型的透明激光陶瓷重新获得重视并迅猛发展后,相当长一段时间内,高浓度掺杂与大尺寸、浓度分布均匀和高性价比等作为透明陶瓷相比于人工晶体(单晶)的优势被写入各种报告、论文与著作中。其中最有代表性的就是池末等在 2013 年出版的 *Ceramic Lasers* 一书。该书专门用一个章节 Synthesis of RE (Nd) heavily doped YAG ceramics[19] 介绍了 5 倍甚至 7 倍于人工晶体可得掺杂浓度的成果。

然而不可否认的是,人工晶体的低浓度掺杂是建立在热力学稳定的基础上,其原因在于相比于非掺杂体系,掺杂体系一般是热力学不稳定的、更高能量的状态,因此具有自发排除杂质而获得纯的、不掺杂材料的趋势。自然界中玉石从中心往外,其杂质越来越多就是这种热力学效应长年累月作用的结果。相比于自然界这种低温环境,晶体生长所提供的高温条件更有利于这类排杂反应的实现和完成,因此最终得到的掺杂浓度必然是与非掺杂时具有近似或较小能量差的浓度。这就是决定分凝系数大小的根本原因——一个简单可用的判断分凝系数大小的规则就是看掺杂离子与其所取代离子的半径之比,两者差别越大,分凝系数就越小,可掺杂浓度也就越小,而且这个规则并不同于固熔化合物中常用的 15% 规则,即离子半径差小于 15% 可以实现固熔的规则(由冶金学家休谟·罗瑟里(Hume Rothery)在研究合金固溶体时提出的,被称为"休谟规则"——实际上仅是他提出的一系列用于置换或填隙固溶体规律,即"休谟规则"中的一条);而是要更为苛刻,比如 $Nd^{3+}$ 与 $Y^{3+}$ 的离子半径差异约 10%,但是分凝系数仅有 0.2,因此 1 at.% 及其以下浓度的掺杂才可以得到分布均匀的 Nd:YAG 人工晶体。当然,这类规则是经验性的,其适用范围随着体系、替换离子性质和制备条件而变化,也就是既有热力学条件的影响,也要考虑动力学条件的制约。

透明陶瓷的制备是通过烧结完成的,而烧结温度要比同类材料人工晶体生长温度少几百摄氏度,时间也要缩短至几分之一至几十分之一;因此在动力学上提供了抑制除杂反应的可能性。但是其中具体的效果和确切影响规律仍然不清楚,这就产生了高浓度掺杂的热力学稳定性问题。

这个基础研究问题包含了两个缺一不可的内容:高浓度和均匀分布。高浓度问题是指最终所得的陶瓷的确包含了所期望的掺杂浓度;而均匀分布则是这些杂质离子的确均匀分布在各个晶粒中,而不是堆积于晶界或者集中于某些晶粒,实际得到的是不同区域浓度不同的混合陶瓷块体——具体的区域大小可以有变化。

表面看来,高浓度掺杂的研究并不复杂,然而迄今为止仍没有定论。虽然池末等在前述著作中所提掺杂浓度达到 7.2%,但是从基础研究的角度,尤其是晶体学和化学分析的角度来看,其中的叙述存在不少错漏与疑问,有的地方甚至以没有提供证据或证据不充分的结论作为新结论的直接证据。其中关于 4.8 at.% Nd:YAG 陶瓷样品的介绍就是一个典型的缺憾——文中一方面没有给出更有说服力的、浓度更高的 4.8 at.% Nd:YAG 的晶粒与晶界元素分析结果(实际给出的是 2.4 at.% 样品的数据);另一方面却以此作为可高浓度掺杂的重要证据得出其他结论,然而相关的表征(电子探针与 XRD)却没有类似 2.4 at.% 样品的数据那样明确与可信。

此外还有其他不少例子,这里就不一一列举了。除了这些表征方面的疑问,该书所提的高浓度掺杂所依赖的实现机制也需要谨慎对待。池末等认为 $Si^{4+}$ 的离子半径小于 $Al^{3+}$ 的,因此其取代 $Al^{3+}$ 是更多 $Nd^{3+}$(半径要大于所取代的 $Y^{3+}$)可以进入晶格的原因,与此同时,由于 +4 和 +3 价的差异会产生空位缺陷,因此又可以容纳更多的、体积更大的 $Nd^{3+}$。但是这种不等价取代及其产生的空位缺陷仍有待验证,至少和书中所提的离子掺杂浓度的数量级的对比并不相符。而且其出发点也只是"检测不到 Si 在晶界的存在"这样一个简单的证据而已。另外,未免遗憾的是他们没注意到这种机制不仅否定了晶界这种区分陶瓷与人工晶体的关键因素的作用,而且也不利于人们对透明陶瓷性能相对优势的肯定,毕竟这种机制等同于承认透明陶瓷的光学质量和实用价值并不高——不等价取代与空位容易产生色心,不同缺陷的存在会组合成更复杂的缺陷,不同晶粒或不同区域的缺陷分布难以均匀……

有趣的是,池末等在同一本书的其他章节,比如第 6 章讨论陶瓷中的光散射中心时再次涉及 $Si^{4+}$ 的去留问题,其中描述了低 $Nd^{3+}$ 掺杂浓度下(约 1 at.%),同样浓度的 $SiO_2$,如果在烧结完成后采用不同的降温速率,那么晶界观察到的 $SiO_2$ 杂相以及陶瓷的光学质量劣化程度会随着降温速度下降而增加。这种现象被他们解释为 $SiO_2$ 的饱和析出——该解释显然需要改进,因为在主体没有质量损失的前提下,降温速率影响的是结晶质量,而不会改变不同温度下的溶解度数值。其实这种现象反而与单晶生长的杂质分凝现象极为相似,属于体系由热力学不稳定转为热力学稳定的一个动力学过程。这其实正意味着所谓 $Si^{4+}$ 进入晶格,促进高浓度掺杂的设想至少在热力学稳定性方面是有问题的,仍需要进一步深入探讨,至少需要明确这种稳定关系的浓度范围和动力学条件。

无论如何,池末等的研究仍然是迄今为止比较详细的高掺杂浓度的研究,其开创性和重要性是毋庸置疑的,而其他公开报道的透明激光陶瓷通常是直接以名义组成来代替实际组成(1.1.4 节),其中所谓的高浓度掺杂理所当然是有问题的,而且这些报道最多就是提到所得陶瓷相比于低浓度掺杂的人工晶体可以提高激光性能,但是这种性能提高的程度与浓度之间存在的定量或半定量关系就讳莫如深了,并没有给出相比于低浓度掺杂人工晶体存在的浓度数量效应。

总之,虽然高浓度掺杂的热力学稳定性问题的研究内容并不复杂,但是目前要解决它仍存在主观与客观两方面的困难。前者是因为该研究可能动摇透明激光陶瓷的一个默认的重要优势,因此相关人员缺乏主动性;而后者则是这种研究需要破坏已有的陶瓷,尤其是高光学质量的陶瓷,并且还受限于可用的测试表征水平,在当前高光学质量的透明激光陶瓷制备成本仍比较可观,而且主要关注透明激光陶瓷的可用性,强调所得陶瓷是否可用被放在第一位的环境下,这种破坏性的测试很难获得支持乃至全面开展——如果考虑到前面所提的、从事该领域研究人员的主观感情,这种测试更无从谈起。然而,不可否认的事实却是高浓度掺杂问题的解决是合理设计并预测透明激光陶瓷结构与性能的关键前提之一,更是避免大量无谓的、试图掺杂不能实现的高浓度的财力与人力浪费的关键决策因素,因此这个基础研究的瓶颈问题在今后非但不应该被有意或无意地躲避,反而是需要尽快面对并得到解决。

# 7.3 制备工艺的理论化和标准化

给定组成的透明陶瓷的制备过程受到多种因素的制约,这些因素组合成了制备工艺或者技术路线。正如第 1 章已经提到过的,到目前为止,陶瓷的制备工艺依然局限于"经验",其中既有相关机制尚未明确和研究条件难以满足需求的客观原因,也有试图依赖这种经验优势而获取并维持领先地位的主观原因。

基于科学技术发展的历史唯物主义观,制备工艺的理论化与标准化是历史发展的趋势,而试图通过所谓经验来保持优势的做法必然会导致自身的落后乃至被淘汰。这与当年普鲁士兰的生产变革是一样的:刚开始只能依赖用力摩擦铁锅这种经验来获得更好的普鲁士兰质量和更高的产量,强壮的工人有着就业的优势;

等到后来发现这种经验背后的机制是铁的催化作用,这种经验以及强壮的工人就不再受到重视,而是被各种铁基催化剂所取代,与此同时,普鲁士兰无论是质量还是产量都比以往摩擦铁锅有了成百上千倍的提高。

虽然透明激光陶瓷制备工艺的理论化和标准化研究相当缺乏,但是类比其他材料体系,尤其是单晶材料体系,可以认为工艺参数的统计分析与经验公式的建立与应用是制备工艺实现理论化的重要阶段,随后基于这两者所积累的因素种类及其影响规律,从微观、介观和宏观的角度加以解释则是理论研究的终点;而制备工艺的标准化正是理论研究的目的。

下面主要介绍工艺参数的统计分析、经验模型的应用以及制备工艺的标准化,至于多尺度理论研究的介绍可以参见第 5 章,这里就不再赘述。

## 7.3.1　工艺参数的统计分析

虽然工艺参数的统计分析在透明激光陶瓷中已有少量的初步应用,其典型例子就是利用粉体颗粒尺寸分布的衍生参数,即尺寸分布宽度来描述不同球磨条件对陶瓷光学质量的影响[43]。但是到目前为止,有关研究报道仍然局限于单因素的讨论[37],比如简单罗列透射率随着烧结温度而变化、气孔随着烧结时间而变化或者致密度随着 HIP 处理的程度而变化等实验结果。这种本质上属于单因子实验法的操作的特点是仅改变一种因素,然后以取得最优性能时所对应的取值作为该因素的最佳值。虽然表面上这类实验并没有人为改变其他因素,但是不能据此认为其他因素的确是没有变化的,而且更没有考虑不同因素之间的相互影响也会改变整个已有的优化过程。另外,即便有少量类似上述有关球磨工艺参数的多种因素研究,也不是严格的统计分析,在本质上仍然是简单的几个样本之间的对比,以此表明所关心的性能的确与给定的统计参数有关而已。

实际并不存在单独起作用的工艺参数。以大尺寸退火炉为例,理论模拟与实验表明随着退火炉尺寸的增加,炉内温场的分布更加不均匀,出现温度明显偏高和偏低的区域,但是这种不均匀并不是完全由于尺寸的增加而引起的,炉中空气的对流和加热器的布置也有影响。比如温度偏高主要是由于底部加热器加热的空气量较少,因此在相同加热功率下,底部空气温度较高,而温度偏低的区域主要存在于炉腔的角落位置,其原因在于加热器的数量和位置需要随着退火炉尺寸的增加而改变,并不是原有布置的简单等比例放大。因此为了实现大尺寸陶瓷退火时温度分布的均匀性,设计和选择退火炉的时候,退火炉尺寸必须与加热时炉中空气分布和加热器布置等综合考虑,属于如何优化多因素协同作用的问题。

工艺参数的统计分析首先考虑的是多种因素的协同作用。这是由陶瓷制备工艺中存在多种因素,并且各自之间有不同程度的关联所决定的。其次是要考虑样本数量、目标函数与期望值、统计模型、误差估计和显著性分析；最后就是可以定量给出各参数的影响程度大小及其之间关联的紧密程度。

正交法是常用的多因素统计分析的实验方法，其要点就是根据需要考虑的因素种类数目及其水平数目得到一个以水平为行，因素为列的正交表。假设影响 Ce:YAG 透明陶瓷发光性能的三个主要因素是厚度、$Ce^{3+}$ 浓度和表面粗糙度，并且每种因素均有四个水平，即四种取值，那么就可以利用 $L_{16}(4^3)$ 正交表，以此进行因素与水平之间的各种组合，最终得到如图 7.28 所示的 16 个陶瓷样本。

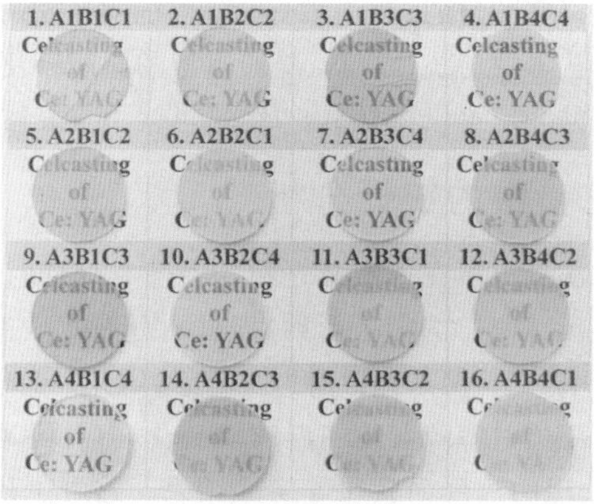

图 7.28　3 因素水平($4^3$)正交实验所得的 Ce:YAG 透明陶瓷样本[37]

随后就是目标函数与期望值的选择，对于上述 Ce:YAG 透明陶瓷的发光性能，可以选择流明效率与色坐标作为目标函数，前者没有具体期望值，而是存在一个期望"变化量"或"程度"，即特定的因素及其所取水平的条件下可以得到最大的目标函数值；而后者就存在期望值，即理论白光的色坐标，此时就可以计算不同因素及其所取水平的条件下所得色坐标值，并以其在色坐标图上同白光色坐标之间的距离作为优化依据。

统计模型的选择一般同获得样本的试验设计是一致的，比如这里采用正交设计来获得样本，那么就可以利用田口法(Taguchi method)来获取最优的因素与水平组合。此时目标函数与期望值的性质就成了筛选判据的选择依据。田口法可以采用信噪比(signal-to-noise ratio,SNR)来衡量不同因素与水平组合的优劣，如果目标函数越大越好，此时就应该采用如下"望大"的 SNR 计算公式：

$$\text{SNR} = -10\lg\left(\frac{1}{n}\sum_{i=1}^{n}\frac{1}{X_i^2}\right)$$

式中，$X_i$ 是第 $i$ 次试验(trial)所测目标函数的数值，$n$ 是基于给定组合的实验(experiment)所含试验的个数。图 7.28 的田口法分析结果是 A4B4C4(1.5 mm

厚、0.2 at.%$Ce^{3+}$ 掺杂和 0.6 $\mu$m 的表面粗糙度)具有最好的流明效率,而 A1B2C4(0.4 mm 厚、0.05 at.%$Ce^{3+}$ 掺杂和 0.6 $\mu$m 的表面粗糙度)最近似为白光,其中 A4B4C4 和 A1B2C4 表示括号内对应水平的组合,并非样品编号。

虽然田口法分析表明不同的因素与水平组合对流明效率和白光的影响程度是不同的,但是并没有给出各个因素影响的误差与相对显著性。基于方差的分析是解决这个问题的一种方法,图 7.28 样本的方差分析结果表明流明效率受 $Ce^{3+}$ 掺杂浓度、表面光洁度和厚度的影响是依次递减的,而色坐标与白光的接近程度则不能仅考虑这三个因素,或者说原先的假定,即主要影响色坐标的是这三个因素是错误的,还需要考虑芯片功率的影响——随着芯片功率从低到高变化,前三种因素从不显著逐渐变为显著,并且影响程度也是随 $Ce^{3+}$ 掺杂浓度、表面光洁度和厚度而递减。

上述以 Ce:YAG 透明陶瓷为例,介绍了工艺参数的统计分析的原理和基本流程。实际的分析可能更加复杂和多样化,并且样本数量的增加也有利于提高结论的准确性。另外,统计分析过程也是一种检验假设是否成立的过程,因此当分析的结果并不支持原来假设的时候,就应当修改初始的假设或者采用其他更符合实际的模型,必要时还需要对样本进行统计检验,确保后继的优化和分析是基于合理的——至少统计上合理的样本,以免受到试验中发生的系统误差或意外错误的影响。

## 7.3.2 经验公式的建立与应用

工艺参数的统计分析只是走出了制备工艺理论化的第一步,即解决了工艺参数与性能之间关系的定性解释问题。然而要实现从"偶然"到"必然"的认识跨越,就必须能够定量地描述这种关系,而经验公式属于半定量的描述,是连接定性与定量之间的桥梁,也是在定量描述尚不能实现的前提下进一步接近真理的必经阶段。

经验公式的建立与应用在其他学科领域相当流行,合金领域就有一个当量设计思想[44]:以对合金性能有主要影响的某合金元素为标准,比如铁合金选择 C 元素,而钛合金选择 Mo 元素,随后其他合金元素的影响按照质量分数折算为该元素的当量,然后用这个当量(质量分数)来判断所得合金的结构或性能。比如一种钛合金中包含了 Mo、V、Nb 等各种非 Ti 金属,它们的影响可以如下折算成 Mo 的当量影响,即按照有这么多当量的 Mo 存在时来预测合金的结构或性能:

$$W_{Mo}(eq) = W_{Mo} + W_V/1.5 + W_W/2 + W_{Nb}/3.6 + W_{Ta}/4.5 + W_{Fe}/0.35 +$$
$$W_{Cr}/0.63 + W_{Mn}/0.65 + W_{Ni}/0.8 - W_{Al}$$

式中,"eq"表示等价关系。应用这个经验公式时,当 $W_{Mo}(eq) < 2.8\%$,所得合金为 $\alpha+\beta$ 相,而 $W_{Mo}(eq) > 30\%$,为 $\beta$ 相;$W_{Mo}(eq) = 2.8\% \sim 23\%$,近于 $\beta$ 相。而物相

及其组合与性能有关,因此可以据此设计合金组分,得到所需的性能,比如生物医用钛合金可以有多种组分设计,但是其 $W_{Mo}(eq)$ 是 $2.8\%\sim17.7\%$ 的范围。

在激光材料领域,基于 $Yb^{3+}$ 的激光上能级 $^2F_{5/2}$ 寿命取决于辐射陷阱和荧光猝灭,假设这些弛豫点的位置是无序分布的,那么基于无规行走模型可以得到如下的公式[45]:

$$\tau = \frac{\tau_0}{1 - Ax^{\frac{5}{3}} + Bx^3}$$

式中,$\tau$、$\tau_0$ 和 $x$ 分别是实际衰减寿命、理论衰减寿命(可用低掺杂浓度材料的衰减寿命代替)和 $Yb^{3+}$ 的浓度,而 $A$ 和 $B$ 则是待拟合参数。该公式已经在 Yb:$YAl_3(BO_3)_4$ 等激光材料上取得了应用。

这些经验公式是基于定性关系而通过建立模型并拟合得到的,公式中可以通过拟合得到的参数虽然物理含义并不明确,却为后继进一步的理论、定量研究打下了基础。比如上面公式的 $A$ 和 $B$ 由于是浓度项的系数,显然与粒子或缺陷的分布有关,并且以浓度项的幂次给出了相关影响的定量预测。合金当量的计算也是如此,各种金属元素当量的系数虽然各不相同,但是可以在微观尺度上用 $d$ 电子设计理论来解释。目前已经在描述 $d$ 轨道对导带的贡献的 $M_d$ 参数(与 $d$ 轨道能级有关)和反映共价成键的程度,即原子轨道或波函数重叠的程度的键级 $B$ 参数的基础上初步解释了这些系数之间相对大小的合理性,预计后继有望实现这些系数的理论推导,给出理论上的数值。

有些时候由于影响性能的因素种类并不明确,或者仅仅存在单因素的统计分析,也可以获得定量化的经验关系,典型例子就是如下上转换发光强度($I$)与泵浦激发功率($P$)之间的经验公式:

$$I \propto P^n$$

式中,$n$ 是所需的红外光子数,可以通过仅有单因素影响的假定而拟合得到,用于描述上转换过程的机制。比如 $n=1.85$ 或 $1.24$,明显高于 $1$ 而小于 $2$,就可以认为两者都属于双光子的红外上转换过程[46],而偏离 $2$ 的不同程度则反映了其他未考虑影响发光强度 $I$ 的因素的作用程度。

另外,有的经验公式虽然保留了"逼近"的特色,但并不是直接用来反映工艺参数与性能之间的相互关系,不过也有助于这种关系的研究,典型的例子就是计算相关色温的公式。

照明显示领域的相关色温(简称色温)表示黑体辐射与光源发射的光具有最接近颜色时该黑体所处的温度,单位为 K。一开始求取相关色温的做法是在色坐标图上画图定点,这种操作并不方便,而且光源颜色如何与黑体辐射关联的定量关系并不清楚,只知道相关色温与色坐标之间存在对应关系,因此就有了如下基于色坐标$(x,y)$计算相关色温的公式[47]：

$$\text{CCT} = -449n^3 + 3525n^2 - 6823n + 5520.33, \quad n = \frac{x - 0.3332}{y - 0.1858}$$

当然,目前随着计算机图形学的发展,人们已经可以将色坐标图数字化并提供各种图像处理技术,可以利用计算机根据黑体辐射的颜色在色坐标图描绘的曲线以及光源颜色的色坐标直接给出相关色温的值,其误差远小于原先人工绘图的误差,但是正如计算机并没有彻底取代计算器甚至计算尺一样,上述经验公式在不方便使用或缺乏计算机的场合仍有不可替代的作用。而相关色温正是发光材料,尤其是照明显示用发光材料的一个重要性能指标,因此同样可用于相关材料的工艺参数优化和研究。

与此相反,有的经验公式虽然已经从"理论"上给出性能与参数之间的定量关系,却没有用来"逼近"实验数据,而是以此计算其他不能或者较难求得的参数。这种基于设想的理论模型得到的公式也是经验公式的一个来源。虽然这类公式不需要通过实验拟合来获得,并且公式中各种参数和变量的物理意义是明确的,但是由于其来自简化的理论模型,因此与真实的定量化公式仍有差距。当然,这类公式称为理论公式也是可以的——严格说来是忽略次要因素影响、有不同程度片面化的理论公式。下面考虑多声子弛豫的发光衰减寿命的计算就是其中的一个典型例子。

$Cr^{3+}$ 是重要的过渡金属激光离子,其红光来自于 $^2E$ 和 $^4T_2$ 两个激发态到基态的跃迁,其中 $^4T_2$ 的电子可以发生多声子弛豫,那么根据跃迁概率的加和原理可以得到实验测试的红光衰减寿命与这两个激发态的衰减寿命之间的关系[48]：

$$W = \frac{1}{\tau} = \frac{1}{\tau(^2E)} \frac{g(^2E)}{Z} + \frac{1}{\tau(^4T_2)} \frac{g(^4T_2)\mathrm{e}^{-E_{\text{gap}}/kT}}{Z}$$

式中：$\tau$、$\tau(^2E)$ 和 $\tau(^4T_2)$ 分别是实验所得发光、$^2E$ 和 $^4T_2$ 能级的衰减寿命；配分函数 $Z \approx \{1 + \exp[-E_{\text{gap}}/(kT)]\}$；$E_{\text{gap}}$ 是这两个激发态之间的能级差,$k$ 是玻尔兹曼常数,$T$ 为温度,简并度 $g(^2E)$ 和 $g(^4T_2)$ 分别是 4 和 12。利用上述公式可以定量讨论多声子弛豫对 $Cr^{3+}$ 发光随温度变化的影响。但是这种讨论归根到底还是经验化的讨论,这是因为不但该公式在考虑弛豫机制的时候已经进行了简化,即发光衰减只有激发态衰减的影响,而且实际应用时仍需要通过实验测试获得部分参数,然后以此讨论其他参数。比如需要通过实验测得发光衰减,然后利用低温下发光衰减曲线的贡献可以分离,拟合出 $\tau(^2E)$ 并假定其不受温度影响(基于仅有 $^4T_2$ 发生多声子弛豫的假设)。随后利用上述公式计算不同温度下的 $\tau(^4T_2)$,这其实意味着实际存在的其他影响已经全部、人为地集中到了 $\tau(^4T_2)$ 上,本质上仍然属于半定量的机制解释行为。

另一种经验公式的来源比较特殊，与目前量子计算类似，产生这类经验公式的原因是理论公式表示的是一种关系，并没有明确的数学解析式，有时也包括公式中的参数较难测试或通过无损测试而得到。比如计算晶界能的时候，可以利用晶界位置的受力平衡建立一个理论公式，但是实际计算晶界能的时候并不能直接利用这个平衡关系式，而且也较难计算相关参数，因此就产生了如下利用晶界凹陷的几何形状（称为热槽，thermal groove）来估算晶界能的经验公式[49-50]：

$$\gamma_{\mathrm{gb}} = 2\gamma_{\mathrm{s}} \sin\left(\arctan \frac{4.73d}{2W}\right)$$

式中，$\gamma_{\mathrm{gb}}$ 和 $\gamma_{\mathrm{s}}$ 分别表示晶界能和表面能，而 $d$ 和 $W$ 则是图 7.29 中所示的几何参数。可以通过线扫描晶界附近的高度随扫描路径的变化曲线来表示。实际应用中同样晶界位置可以取其平均值来计算。

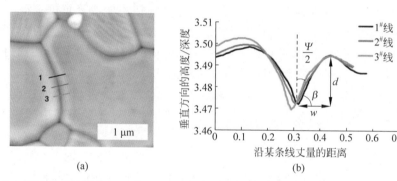

(a)　　　　　　　　　　　　(b)

图 7.29　热腐蚀或热槽化（thermally grooved）后 $Al_2O_3$ 陶瓷表面的原子力显微图像（a）和三条热槽线及其如何确定 $d$ 和 $W$ 的图示（b），其中三条热槽线来自图（a）所标示的三条线段[49]

最后需要提出的是，经验公式的应用存在不统一或不规范的现象，因此应用时应当谨慎，其中勤于回溯原始文献，了解该经验公式的真实起源、应用范围、人为假设和缺陷等。这是用好经验公式的前提。

以计算析晶活化能的经验公式为例，其在透明块体材料领域，尤其是玻璃领域中经常以如下的形式被使用，国内不少学者称为小泽（Ozawa）法[51]：

$$\ln\beta = -\frac{E_{\mathrm{c}}}{RT_{\mathrm{p}}} + C$$

式中，$\beta$ 是升温速率（$\mathrm{d}T/\mathrm{d}t$，$T$ 和 $t$ 分别是温度与时间），$R$ 为理想气体常数，$E_{\mathrm{c}}$ 是析晶活化能，$T_{\mathrm{p}}$ 是 DTA 或 DSC 表示析晶谱峰的峰值温度，$C$ 为常数项。

然而通过溯源，可以发现小泽的原始文献并没有给出这个公式，而且文章只是研究高分子的结晶行为，两者有关系的是都属于考虑非等温动力学行为的研究[52]。随后因农（Yinnon）详细介绍了各种玻璃析晶动力学的热分析数据处理方法,其中有关小泽的是小泽-陈(Ozawa-Chen)法[53],其公式在指数与幂次关系上与如下国外文献常称为"Kissinger 法"的公式类似[54-55]:

$$\ln \frac{T_p^2}{\beta} = \frac{E_c}{R T_p} + C_1$$

式中,$C_1$ 为常数项。后来班萨尔(Bansal)等指出因农的文献有错,上述公式其实是基辛格(Kissinger)和陈鹤寿(Chen)各自推导的,随后他们基于动力学方法也推导了该公式[55],随后雷(Ray)等又推导一次[54]。2014 年蒙泰罗(Monteiro)等在其研究工作中除了确认基辛格法的名称,进一步提出当 $T_p$ 变化不大的情况下,可以退化为小泽法[56-57]。这不难验证,基于上述的基辛格法公式可以得到:

$$\ln\beta = -\frac{E_c}{R T_p} - C_1 + 2\ln T_p$$

如果改变升温速率,热分析谱峰的位置变化不明显,即 $T_p$ 近似为常数,那么就可以将它并入 $C_1$ 中,统一用 $C$ 来表示,此时便得到了前述的小泽法公式。

显然,基于上述的溯源,可以知道小泽法公式的准确性较差,如果再考虑到 DTA 与 DSC 这两种热分析曲线谱峰位置会受到样品量、参比样品的热容变化、升温速率以及样品受热后的物理与化学变化等其他因素的影响,那么其准确性还要进一步下降,因此应用上优先采用基辛格法。

另外,经验公式除了要注意类似上述从基辛格法到小泽法的近似,还要注意另一类用法,即经验公式的衍生,比如基辛格法就有用于求解玻璃化(玻璃转换)活化能的例子,此时析晶温度 $T_p$ 和析晶活化能 $E_c$ 分别用玻璃化温度 $T_g$ 和玻璃化活化能 $E_g$ 来代替[58]。这种应用,尤其是其所得的结果当然更需要谨慎对待,即便应用者声称与实验符合良好,在用于其他场合的时候仍然需要自行验证,甚至需要交叉验证。

经验公式的建立是长期而复杂的工作,具体与所研究性能受影响的因素种类、数量及其相互关系有关,这也是工艺参数的理论研究过程更为漫长和复杂的主要原因。而目前理论研究在理论、算法和计算资源方面的局限性也限制了"从头法"的实现,即不能仅从已知的各种物理与化学常数出发,直接推导性能与工艺参数之间的关系。因此有理由认为,今后透明激光陶瓷领域有关工艺参数的理论化研究主要是类比其他材料领域,积极开展多因素的统计分析,并且多方式地建立并应用各种经验公式来提高陶瓷的研发与制备效率。

### 7.3.3　基于标准的质量控制和规模生产

陶瓷材料一般是以块体的形式进入应用的。如前所述,一方面构成陶瓷材料的是单晶颗粒,其组成和尺寸会受到制备与处理方法的影响;另一方面,陶瓷材料是单晶颗粒的聚集体,存在着晶界甚至气孔等第二相或者更多的物相,这就意味着同一批次甚至同一块陶瓷材料不同部位的发光性能会存在差异,因此发光性能的测试和描述严格说来必须引入尺寸、位置和批次等因素,形成相应的质量控制标准。当然,面向基础研究的文献一般并不考虑这些,更多的是报道最好的数值,而不给出该数值所对应的陶瓷材料的空间位置、尺寸以及制备批次。

基于统计分析的陶瓷材料的质量控制有助于衡量制备方法的优劣。在激光陶瓷中,发光中心可以分布在单晶颗粒的晶格中,也可以分布在晶界和其他物相中。由于单晶晶格位置的对称性约束,因此其发光更为稳定,并且可以理论预测。就批量生产的激光陶瓷而言,这就意味着陶瓷的质量分布在统计学上属于窄分布的类型。但是如果发光性能包含了过多的晶界或其他非基质晶格占位的贡献,那么这类发光的波动就相当大,甚至同一个人、同一批、同样配比乃至同样制备和处理条件得到的陶瓷产品也会产生发光性能存在较大离差的现象,即发光性能属于宽分布,这显然不利于量化生产以及材料的服役,而且其光学性能也缺乏规律性。因此,一种有用的制备方法最起码应该更多的实现晶格占位类型的发光机制,而将晶界等的影响归为次要缺陷或者尽量地避免。

除了质量控制,透明激光陶瓷走向市场的另一个前提是实现规模化的生产,它也需要基于标准来执行。长期以来,陶瓷行业的生产虽然实现了规模化,但是仍然停留在经验性的阶段。以控制烧窑的温度为例,明代宋应星在《天工开物》的《陶埏》[59]中介绍了如下的规模化生产的管理手段,即观察火候法:"凡火候,少一两则锈色不光,少三两则名'嫩火砖',本色杂现,他日经霜冒雪,则立成解散,仍还土质。火候多一两,则砖面有裂纹;多三两,则砖形缩小拆裂,屈曲不伸,击之如碎铁,然不适于用。"而且进一步提出这个生产过程离不开有经验的"陶长"——"凡观火候,从窑门透视内壁,土受火精,形神摇荡,若金银熔化之极然。陶长辨之。"如果按照战国《考工记》中有关冶炼青铜的记载,高温目测技术或者观察火候法在中国已经持续了 2500 年以上。

这种以火焰外观的描述来代替实际的工艺参数,最终必然会落到"陶长辨之"的结果。这是因为宋应星等古代中国的工匠们并没有由火候而建立起"温度"的概念,也没有归纳出火候同加热时间的关系,所以观察火焰颜色(火候)虽然有科学道理,但是不能定量化,只能由有经验的陶工,即陶长来完成正常的生产过程。同样地,由于缺乏有关原子光谱的理论,虽然冶炼青铜时可以观察到熔化挥发矿物中的不纯杂物会产生"黑浊"火焰,随后由于熔点较低的锡或杂质硫挥发而转化为"黄白"火焰,等到炉温升高,铜挥发就成了"青白"火焰,此时青铜液成,可以开炉铸造青铜器了。但是这种有关黑浊、黄白与青白的量化仍需要有着丰富经验的工匠,从而伴随汉代铁器的兴起,即便后面的朝代对商周时期的青铜器感兴趣,也难以复制成功,当然更没有规模化生产的可能性。

任何一种技术的完整生命周期都包括诞生、发展、成熟、产业化、改进和被替代六个阶段。但是大多数技术在经历诞生和发展阶段后就销声匿迹了,这是因为诞生与发展阶段虽然是基础研究的"风口",也是各类研究团体"圈地乃至封顶"的时代,但是这种不太过于计较经济产出的,主要由政府经费投入的阶段只是向学术界和工程界贡献了一堆论文与专利。这些论文与专利中绝大多数会被抛弃主要源于两个原因:①成果不可靠甚至是错误的,只不过是因为各种原因,比如当时技术和认识水平低下才得到支持和发表,因此随发展的深入,被正确的成果所代替是必然的结果;②成果不能进入标准化,因为这些成果所体现的高指标并没有与高稳定性相对应——不管其来源于特殊的复杂的条件还是人为的偶然的收获。这类成果的一大特点就是提出者在报道它们之后并没有继续确认它们的可重复性或第三方的可实现性,而是转向新的探索与发展。然而稳定、容易重现恰恰是一项技术能够进入成熟阶段的前提,而这个阶段必然走向标准化,强调基于标准的质量控制和规模生产。

显然,标准化的思维有助于在探索与发展阶段有效约束技术的多样性,让技术创新尽量围绕可标准化的要求进行,从而快速形成主流技术,减少技术发展的盲目性或不确定性,有利于成果快速进入市场,形成产业。

上述的讨论在白光 LED 领域得到了证实。目前商业白光 LED 采用的是蓝光 LED＋发黄光的 $Ce:Y_3Al_5O_{12}$ 荧光粉,后者是几十年前就已经发现的荧光粉,因此白光 LED 技术的诞生有赖于蓝光 LED 的出现。严格来说,世界第一颗蓝光 LED 并不是目前为人所知的中村修二发现的,而是美国科锐(Cree)公司。它于 1989 年 8 月推出基于碳化硅(SiC)的蓝光 LED,比中村修二(1993 年)[60] 早了 4 年,但是哪怕 Cree 公司将这种蓝光 LED 作为商用产品推向市场,但是也没办法改变该技术仍处于发展阶段的本质。因为 SiC 属于间接带隙半导体,这就意味着其发光效率极低,以至于这个商用的蓝光 LED 发光效率达不到 0.03％,只能算是蓝光 LED 上有了突破。考虑到 Cree 公司是以不成熟的技术来做商业研发,其成本当然很高,因此相关产品也就住友商社等大财团基于抢占技术高地的远景考虑购买了一批,随后就被中村修二研发的以蓝宝石为衬底氮化镓基材料的高亮度蓝光 LED 淘汰了。

由于氮化镓蓝光 LED 和黄粉的相关技术已经成熟,因此白光 LED 不再是技术竞争的高地,与此相应的是各种标准的建立与实施,使得基于蓝光 LED 芯片和黄粉的白光 LED 进入了成熟和商业化阶段,其特征就是虽然 LED 照明的质量和出货量日渐增长,但是成本却不断下降,目前已经下降了 90％以上。以封装成本为例,2009 年是 25 美元/klm,但是 2020 年仅有 0.7 美元/klm。与此相反,目前白光 LED 的发光效率却提升了 30 倍,使得 LED 的性价比已完全满足照明需求,因此建立在众多标准之上的白光 LED 已经是成熟的、通用的、可大批量供货的商品。

制定标准,或者说标准化的目的就是提供可以共同使用或重复使用的条款(或者规章、制度等),从而在特定范围内获得最佳秩序。对于透明激光陶瓷,建立标准可以使陶瓷的制备、测试、装备、预检以及服役等过程实现可重复和可协作,达到质量控制与规模化生产的目的,进而获得最佳的经济与社会效益。

一个领域内的标准是一系列层次不同标准的集合。这种结果一方面来自于事物内部的关联性,比如透明激光陶瓷的制备就涵盖好几个过程,各自都可以建立自己的标准,然后共同组合成制备过程的标准集;另一方面源于认识的有限性——标准意味着定量化和成熟化,然而有些参数、规律或指标的正确认识可能超越当前的技术水平,此时就只能针对更小的影响因素先建立局部的、个体的或初级的标准,而建立更全面与准确的标准则作为今后标准发展与修订的任务。

从宏观上说,标准是实现现代化大生产的必要条件,是科学管理的基础和扩大市场的必要手段。标准可以促进科学技术向生产力的转化,是实现现有产品结构和产业结构调整乃至转变的前提,也是科学技术推动经济发展的桥梁和纽带。

就透明激光陶瓷的制备过程而言,将制备工艺标准化意味技术及其参数的定量化和规律化,可以避免重复试错的浪费,提高效率并节约成本。标准为相关制备流程的质量控制提供了监督与检查的基础,并可以借此明确各阶段的责任。标准决定质量,有什么样的标准就有什么样的质量,只有高标准才有高质量。

另外,标准意味着更重复和可共同使用,因此方便接与衍生,大量复制,在保证质量的前提下扩大生产规模。最后,标准是对已有知识、技术和经验的总结与提炼,相比于大量无规律的、试错用的原始实验数据,标准提供的内容更为深入而明确,对发展规律性的描述也更为详细具体,因此理所当然地可以作为今后工艺改进或者说创新的基础。

科技创新与标准之间是一种互相促进的关系,即科技创新活动中产生的知识经过提炼和固化可以成为标准;而以标准为基础,基于各种材料需求与经济利益驱动,又可以为科技创新提供了新的方向,注入新的内容(图 7.30)。

图 7.30 科技创新与标准之间的关系

经济利益驱动标准的发展可以用上述蓝光芯片和黄粉构成的白光 LED 技术来说明。当相关标准已经建立并广泛实施后,一方面是不需要竞争技术高地,另一方面是早期的核心发明专利逐渐到期而失效,其他企业可以随意使用。因此能够占领市场的不再是技术优势和制造优势,而是成本控制和市场开拓。一个典型的例子就是凭借免费的核心技术和广阔的消费市场,中国以三安广电和华灿光电为代表的 LED 照明厂商迅速崛起,而原先凭借技术优势把控市场的美日欧厂商则不断失去市场份额,需要通过新的科技创新来提供产品的附加价值。2019 年 3 月,Cree 公司干脆将 LED 照明部门(LED Lighting)以 3.1 亿美元出售给了美国的 Ideal Industries 公司,自己则专注抢占正处于技术竞争阶段的 SiC 和 GaN 通信器件领域的制高点就是标准反过来推动科技创新的一个典型例子。

科技创新与标准之间是辩证统一的关系,即标准引领科技创新,而科技创新反过来推动标准化的发展。或者说创新是突变,而标准是积累,其制定在创新出现之后,实施是创新的成果被普及的阶段,而修订则意味着新创新已经开始并有了需要改进原有标准的依据。

总之,标准是质量管理的科学工具、科技创新的支撑体系和产业发展的战略手段。标准意味着规范、通用、开放和协同。透明激光陶瓷不管是材料的提出还是最终高质量陶瓷的制备都是创新的成果,但是如果最后不能标准化,那么这些成果也就只能存在于实验室,没办法进入成熟等后继阶段,当然也不能转化为经济福利和未来创新的制度基础。因此实验室中探索的透明激光陶瓷技术,不管是理论计算模拟还是经验实验操作,最终都应当走向标准,对经济社会的发展才有意义。

面向 2035 年的新材料强国战略研究,透明激光陶瓷的标准化并不局限于制备工艺,而是要进一步扩展到新材料设计与新材料的测试、表征和评价,从而建立起支撑新材料产业高质量发展的一个更完整的标准体系。这就需要及时布局规划标准的制定工作,建立规划与实施标准的保障体系,并且积极推动标准的共享,从而实现标准的建立及其效能。

# 7.4  助力"稀土经济"

稀土已经渗透到人类生产和生活的方方面面(图 7.31),如果没有稀土,不但各种高新科技成果不会实现,而且连作为现代社会文明标志之一的白光照明也实现不了。另外,我国是世界公认的稀土大国,稀土矿产不管是现有储量还是远景可开采量都居世界首位,因此在 20 世纪 90 年代,伴随改革开放的兴起,基于邓小平同志"中东有石油,中国有稀土"的战略观念,国家提出了"稀土经济"的建设目标,提倡发展与稀土相关的产品和技术,从而充分发挥我国的稀土资源优势为国家的发展与进步服务。

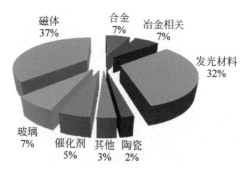

图 7.31 稀土在各行业中使用的比例(2012 年)

## 7.4.1 "稀土经济"

稀土经济涉及的产品主要有矿产和材料两大类,相应的问题及热点也是围绕这两个主题展开的。在矿产方面,长期以来,国内冶炼分离产能严重过剩,向国外出口以粗矿或者粗金属料锭为主,然后进口高纯氧化物和金属。这种以"白菜价"供应国际市场,再以"黄金价"回购产品的行为既浪费了我国的储量,也没有带来应有的回报,更严重地是还存在各地胡乱开采所造成的环境破坏以及为了私利,不经国家级机构统一议价,各自直接与境外商家交易,内部恶性竞争而带来的利益损失。

在材料方面,国内不管是新材料开发还是终端应用都与国际存在很大的差距。以灯用荧光粉为例,国外要求节能灯的使用寿命在 10000 h 以上,并且 3000 h 内的光衰不超过 8%,此外还要有高的显色指数;而我国目前的节能灯由于荧光粉质量问题,不但显色指数较低,而且光衰和使用寿命也都相对较差。另一个典型例子是虽然国内紧随国际研发前沿,在氮化物荧光粉方面做了大量科研投入,并且申请了众多专利,"科研创新成绩"十分漂亮可观,然而当产品开始威胁日本企业市场并遭到日本的专利狙击时却发现已有的研究乃至专利都属于"跟风",本质上是在别人专利的基础上帮别人更好地理解机制和精准制备。好比日本提出了制备方法并保护起来,而国内则研究这种方法的相关工艺参数(包括组分设计等)如何优化以及为什么要这样优化,并以此申请专利,却不知道其本质上属于日本专利的应用研究,不但没有真正的原创,反而侵犯日本企业的专利权,从而历时多年的知识产权诉讼理所当然以败诉结束。

永磁体是关于材料问题的又一个典型。目前美国、欧洲各国乃至日本已经缩减甚至取消了永磁体生产,并且将生产线转移到中国。表面上我国成了全球最大的稀土永磁生产基地,几百家烧结稀土永磁厂家提供了世界 70% 以上的产能,但是由于我国的工艺制度不成熟,工艺控制受人为和环境影响大,而且与日本和德国相比,在产品一致性和单位产量能耗等方面差距很大,成本比日本高出 60%[61]。更严重的是,商业化的永磁材料发明权掌握在日本和美国为首的国家中,有市场价值的新材料也都是国外专利,比如双相纳米耦合材料的原创国是荷兰,钐铁氮则是日本和爱尔兰。

专利就意味着市场,我国生产的稀土永磁材料的市场有 90% 在国外,这就需要购买稀土永磁材料的专利费,才能在相关材料专利覆盖的国外市场中销售,这就意味着我国产品的附加值很低,或者利润率很低,出口产品的价值由于专利费的外缴损失是成亿美元计算的,这其中还没有考虑由于生产效率的低下造成的国内稀土储量的浪费——本质上还是在以"白菜价"供应国际市场,只不过是做了更好的"形象包装"而已[61]。

总之,在国内稀土产业"繁华"的背后是我国自有知识产权的缺乏和高端产品市场的大片空白,不但缺乏真正拥有知识产权的新型稀土材料,而且也缺乏成熟的生产工艺以及器件制造,从而既难以获得高额的利润回报,又容易造成低端产品的产能严重过剩。因此要真正实现"稀土经济",就必须在新型材料研发和高端产品工艺探索方面自力更生,取得与国际同步甚至超过的成绩。

目前,我国针对稀土经济提出的战略热点是提高矿产的有效利用以及高档次稀土材料的应用,正如发展稀土产业的白皮书中所说的"国家鼓励稀土行业的技术创新。在《国家中长期科学和技术发展规划纲要(2006—2020 年)》[62]中,稀土技术被列为重点支持方向……积极开发环境友好、先进适用的稀土开采技术,复杂地质条件高效采矿技术,共伴生资源综合回收技术,提高资源采收率和循环利用水平。大力组织研发低碳低盐排放、超高纯产品制备、膜分离、伴生钍资源回收和利用、尾气氟硫回收处理、化工原料循环利用、生产自动控制等先进技术,实现稀土高效清洁冶炼分离……调整稀土加工产品结构,控制稀土在低端领域的过度消费,压缩档次低、稀土消耗量大的加工产品产量,顺应国际稀土科技和产业发展趋势,鼓励发展高技术含量、高附加值的稀土应用产业。加快发展高性能稀土磁性材料、发光材料、储氢材料、催化材料等稀土新材料和器件,推动稀土材料在信息、新能源、节能、环保、医疗等领域的应用"[62]。

虽然目前我国供应世界市场的仍然局限于稀土矿石粗加工产品和低技术含量化合物原料为主,与我国多年前就提出的稀土经济的建设目标严重脱节,但是随着人类生产的进步和生活水平的不断提高,对稀土基材料的性能要求日益深入并多样化,需要相关材料和技术的不断发展来解决现有的问题和满足现有的需求,这也为我国有效利用稀土矿产,在高档次稀土材料实现"弯道超车"提供了契机,通过加快自有知识产权的新兴稀土陶瓷材料以及技术的开发和发展来进一步发挥我国的稀土资源优势,并且实现"稀土经济"的繁荣。

## 7.4.2　透明激光陶瓷的推动作用

稀土不管是作为基质组分还是少量掺杂的改性元素,归根到底,它们在材料中的应用都是来源于稀土元素的物理化学性质:金属性、离子性、$4f$ 电子衍生的光学和磁学性能等。比如在各种电学陶瓷中掺杂的稀土 La、Ce、Nd、Pr 等利用的是其金属性和离子性,即基于稀土离子半径较大、稀土元素容易与其他元素,尤其是非金属的氮族、氧族和卤素元素结合,而且还具有变价的性质,以之作为添加剂可以调整电学陶瓷内部的微观结构,从而得到稀土改性功能陶瓷。更进一步地,如果这些元素掺入 Y 基石榴石化合物这种常见的激光材料基质中,那么 La 可以作为烧结助剂和结构畸变调整因素,仍然是利用它的金属性与离子性,但是 Ce、Nd 和 Pr 则主要发挥 $4f$ 电子的能级跃迁,利用的是其光学性质,从而获得激光。因此,稀土材料的发展主线就是基于材料的性能需求,单独或者复合稀土元素的物理化学性质,并且寻找合适的基质作为载体的过程。

在现有的各种稀土材料中,透明激光陶瓷产业是"顺应国际稀土科技和产业发展趋势,具有高技术含量、高附加值的稀土应用产业",这是因为如下几点。

(1) 稀土在透明激光陶瓷中可以作为基质组分,这是由优秀激光基质化合物多数是稀土基化合物的现状所决定的。比如 $Y_2O_3$ 中 Y 的质量达到 78.7%,而 $Y_3Al_5O_{12}$ 中 Y 的质量也有 45% 左右,因此透明激光陶瓷是稀土消费的大户,也是稀土相关产品担任主要角色的材料。它并不像稀土掺杂作为发光中心的常规发光材料或者稀土掺杂作为改性材料的半导体功能陶瓷等,1 kg 产品所含稀土还不到 1 g,而且这些材料所得的产品质量除了与稀土产品有关,还要受限于含量相比远大于稀土的基质的生产和质量——上述关于我国在节能灯用荧光粉的差距就是一个明证。这也意味着如果我国的稀土冶炼和分离水平达到国际先进的地步,那么直接将高纯稀土原料用于透明激光陶瓷要比用于生产荧光粉等来得经济有效,受限制也小。

(2) 重稀土元素在世界其他国家储量很少甚至没有,在我国储量也不多,而且重稀土元素不可再生,目前以 NdFeB 为主的永磁材料正在大量消耗 Tb、Dy、Nd、Sm 和 Pr 重稀土却不能产生相应的经济效益(7.4.1 节),同时还造成数万吨 La、Ce 和 Y 的氧化物矿石未得到开发利用而被积压的问题。因此,更为高效地利用重稀土,并且积极挖掘轻稀土元素的应用是发展稀土经济的重要方向,而透明激光陶瓷可以实现重稀土作为发光中心和轻稀土作为基质组分的结构,同时满足重稀土少量使用而轻稀土大量使用的要求,因此是解决上述发展问题、提高稀土矿利用率的主要途径。

(3) 透明激光陶瓷是当前激光、闪烁和照明显示三大类发光透明陶瓷之一,是

21世纪的材料及其应用的基石。这是因为激光广泛应用于工业、农业、医疗和国防,是一个国家现代化程度的标志,当前及今后的发展方向是大功率固体激光器,基本要求就是发光中心必须高浓度掺杂,这不是容易分凝而只能低浓度掺杂的单晶可以胜任的,而透明激光陶瓷可以满足这个要求,代表着今后激光材料的主要发展方向,更是国防激光武器和核聚变研究所需的关键材料。因此透明激光陶瓷是当前国内外瞩目的先进材料,代表了高新材料的发展方向。

(4)透明激光陶瓷产业具有群聚和带动其他产业一同发展的作用。一块透明激光陶瓷的合成需要各种稀土氧化物等原材料,需要各类高温炉等设备,而从合成设备中取出后,还要经过材料处理(退火、切割、研磨、抛光)、块体包装、阵列封装、器件集成和设备装配等阶段,才能最终发挥材料的功能而服务于社会。因此除了透明激光陶瓷的研发与生产外,还可以催生或发展各种诸如冶炼、分离、工程机械、加工、封装、设计与集成、销售、培训等产业,即围绕着透明激光陶瓷产业中心,还可以新增或者带动相关产业的发展,从而更有利于旧有经济的改造和促进。

(5)透明激光陶瓷在我国已经有了足够的知识储备和工作基础。相比于其他材料体系,国内在透明激光陶瓷等稀土基陶瓷材料的研究和发展上几乎和国际同时起步。这主要是基于两个主要原因:①稀土陶瓷材料的发展是以高纯稀土元素的获取作为基础的,而高纯稀土元素的提纯技术及其广泛工业化在二十世纪七八十年代已经成熟,同时透明激光陶瓷重新获得重视是在二十世纪九十年代后,因此不管是国内还是国外,都可以同期得到高纯稀土元素这个客观因素的支持;②多年来,国家对稀土经济的困境有着清醒的认识,一直致力于稀土经济的建设和发展,不但营造出提高稀土利用效率和产业价值,降低原材料或粗产品生产与利用的舆论环境,而且在稀土相关的科研计划方面给予必要的人力和财力支持,其具体表现就是从中央到地方,每一类高新科技或者材料发展规划中都有稀土基材料的内容,这就为中国包括透明激光陶瓷在内的稀土陶瓷材料的发展提供了必要的经济基础和政策环境。

中国科学院上海硅酸盐研究所、中国科学院上海光学与精密机械研究所、中国科学院福建物质结构研究所、中国科学院北京理化研究所、山东大学、东北大学、上海大学、北京人工晶体研究院等国内研究所和高校在透明激光陶瓷研发方面的成果基本与国际同步,所得激光功率在数量级上也与美、日等国一样,达到了千瓦级别。而且也已经开展了产业化探索,可以稳定供应厘米级板条等形状的块体以及各类复合结构的块体,有能力与国外展开竞争。当然,国内与国外之间的差距仍然存在——当2006年上海硅酸盐研究所刚在国内第一个实现瓦级激光输出的时候,美国和日本已经获得了25 kW的激光输出;而且当前国内制备透明陶瓷的设备,比如高温烧结炉、热等静压炉、放电等离子体烧结炉甚至高端球磨机等也有赖于进口设备。由于国外最先进的设备很难第一时间提供给国内使用,因此它们所造成的陶瓷光学质量差距就不可避免。这也证明了自主创新与"弯道超车"的重要性。

综上所述,透明激光陶瓷产业是当前及今后高新稀土材料产业的关键内容和新型稀土陶瓷材料发展的主流方向之一。它们的研发与产业化除了可以满足我国各种战略规划,尤其是国家安全、工业生产和精神文明建设的需要,还有助于我国稀土经济脱离以往供应原材料为主的低级水平,实现健康、高质量地发展。

正如7.1节~7.3节所提的,透明激光陶瓷的研发和产业化过程是一个系统性的过程,与如图7.1所示的中国科学院海西研究院提出的大功率照明用荧光陶瓷的技术链类似,需要整合基础研究、应用验证和器件制备等各个环节。与此同时,又要类似如图7.32所示的发展规划,对各个环节在不同时间阶段的地位与作用进行合理划分,其中分阶段的技术指标是重要的划分依据,而每个阶段仍然是一个完整的、闭环的技术链,并不是基础研究、应用验证和器件制备等环节截然分开。

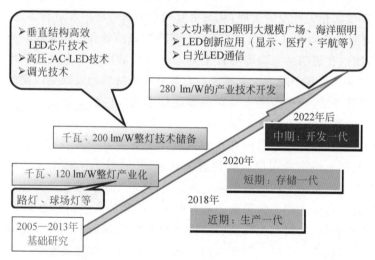

图 7.32　中国科学院海西研究院的"大功率荧光陶瓷照明发展规划"(感谢洪茂椿先生赐稿)

因此今后透明激光陶瓷的发展需要在陶瓷材料体系的选择和结构-性能关系、陶瓷制备工艺、陶瓷表征技术以及陶瓷材料的计算模拟方面持续加大投入。一方面是基于材料基因组的技术路线,将基础技术数据、计算和实验关联在一起,在尽可能短的研发周期内获得高性能的新型材料,维持甚至进一步提高当前基础研究与国际同步甚至部分领先的发展势头;另一方面则是鼓励并且更多支持产业化方面的研发工作,具体体现为自有知识产权,即专利和标准的建立,从而切实服务于我国的稀土经济。

# 参考文献

[1]  WANG Y,LV J,LI Q,et al. CALYPSO method for structure prediction and its applications to materials discovery[M]//ANDREONI W, YIP S. Handbook of Materials Modeling: Applications: Current and Emerging Materials. Switzerland: Springer International Publishing,2020: 2729-2756.

[2]  ALLISON J. Materials genome initiative light weight structural materials session[EB/OL]. (2012-05-15)[2014-12-16]. http://events. energetics. com/MGIWorkshop/pdfs/JohnAllison-Lightweight. pdf.

[3]  HOU D,XU X,XIE M,et al. Cyan emission of phosphor $Sr_6BP_5O_{20}$ : $Eu^{2+}$ under low-voltage cathode ray excitation[J]. Journal of Luminescence,2014,146: 18-21.

[4]  BRIK M G,MA C G,LIANG H,et al. Theoretical analysis of optical spectra of $Ce^{3+}$ in multi-sites host compounds[J]. Journal of Luminescence,2014,152: 203-205.

[5]  YAN J,NING L,HUANG Y, et al. Luminescence and electronic properties of $Ba_2MgSi_2O_7$ : $Eu^{2+}$ : a combined experimental and hybrid density functional theory study [J]. Journal of Materials Chemistry C,2014,2(39): 8328-8332.

[6]  NING L,WANG Z,WANG Y, et al. First-principles study on electronic properties and optical spectra of Ce-doped $La_2CaB_{10}O_{19}$ crystal[J]. The Journal of Physical Chemistry C, 2013,117(29): 15241-15246.

[7]  CHEN L,CHEN X L,LIU F Y, et al. Charge deformation and orbital hybridization: intrinsic mechanisms on tunable chromaticity of $Y_3Al_5O_{12}$ : $Ce^{3+}$ luminescence by doping $Gd^{3+}$ for warm white LEDs[J]. Scientific Reports,2015,5: 11514.

[8]  PATEL A P,STANEK C R,GRIMES R W. Comparison of defect processes in $REAlO_3$ perovskites and $RE_3Al_5O_{12}$ garnets[J]. Physica Status Solid B-Basic Solid State Physics, 2013,250(8): 1624-1631.

[9]  CHOI H,CHO S H,KHAN S, et al. Roles of an oxygen Frenkel pair in the photoluminescence of $Bi^{3+}$ -doped $Y_2O_3$ : computational predictions and experimental verifications[J]. Journal of Materials Chemistry C,2014,2(30): 6017-6024.

[10]  NIKL M,KAMADA K,BABIN V,et al. Defect engineering in Ce-doped aluminum garnet single crystal scintillators[J]. Crystal Growth & Design,2014,14(9): 4827-4833.

[11]  FASOLI M,VEDDA A,NIKL M,et al. Band-gap engineering for removing shallow traps in rare-earth $Lu_3Al_5O_{12}$ garnet scintillators using $Ga^{3+}$ doping[J]. Physical Review B, 2011,84(8): 81102.

[12]  BAGAEV S N,OSIPOV V V,KUZNETSOV V L, et al. Ceramics with disordered structure of the crystal field[J]. Russian Physics Journal,2014,56(11): 1219-1229.

[13]  LU Q,YANG Q H,YUAN Y,et al. Fabrication and luminescence properties of $Er^{3+}$ doped yttrium lanthanum oxide transparent ceramics[J]. Ceramics International,2014, 40(5): 7367-7372.

[14] MA X,LI X,LI J,et al. Pressureless glass crystallization of transparent yttrium aluminum garnet-based nanoceramics[J]. Nature Communications,2018,9(1): 1175.

[15] AL SAGHIR K,CHENU S,VERON E,et al. Transparency through structural disorder: a new concept for innovative transparent ceramics[J]. Chemistry of Materials,2015, 27(2): 508-514.

[16] JIANG Y,JIANG B,ZHANG P, et al. Transparent Nd-doped $Ca_{1-x}Y_xF_{2+x}$ ceramics prepared by the ceramization of single crystals[J]. Materials & Design,2017,113: 326-330.

[17] ZHANG P,JIANG B,JIANG Y, et al. YAG/Nd: LuAG composite laser materials prepared by the ceramization of YAG single crystals[J]. Journal of the European Ceramic Society,2018,38(4): 1966-1971.

[18] IKESUE A,AUNG Y L. High quality sapphire crystal by advanced chemical transport process[J]. Journal of the European Ceramic Society,2020,40(13): 4536-4538.

[19] IKESUE A,AUNG Y L,LUPEI V. Ceramic lasers[M]. Cambridge: Cambridge University Press,2013.

[20] BORDIA R K,KANG S L,OLEVSKY E A. Current understanding and future research directions at the onset of the next century of sintering science and technology[J]. Journal of the American Ceramic Society,2017,100(6): 2314-2352.

[21] CHEN Z,PENG F. Normal and abnormal grain growths in $BaTiO_3$ fibers[J]. Journal of the American Ceramic Society,2014,97(9): 2755-2761.

[22] IKESUE A,AUNG Y L. Synthesis and performance of advanced ceramic lasers [J]. Journal of the American Ceramic Society,2006,89(6): 1936-1944.

[23] KANG S,HUANG Z,LIN W,et al. Enhanced single-mode fiber laser emission by nano-crystallization of oxyfluoride glass-ceramic cores[J]. Journal of Materials Chemistry C, 2019,7(17): 5155-5162.

[24] YANG J,GUO H,LIU X,et al. Down-shift and up-conversion luminescence in $BaLuF_5$: $Er^{3+}$ glass-ceramics[J]. Journal of Luminescence,2014,151: 71-75.

[25] BARTA M B,NADLER J H,KANG Z, et al. Composition optimization of scintillating rare-earth nanocrystals in oxide glass-ceramics for radiation spectroscopy[J]. Applied Optics,2014,53(16): D21-D28.

[26] LIU X,ZHOU J,ZHOU S,et al. Transparent glass-ceramics functionalized by dispersed crystals[J]. Progress in Materials Science,2018,97: 38-96.

[27] MESSADDEQ Y,POULAIN M. Stabilizing effect of aluminium,yttrium and zirconium in divalent fluoride glasses[J]. Journal of Non-Crystalline Solids,1992,140: 41-46.

[28] 李保卫,赵鸣,张雪峰,等. 稀土微晶玻璃的研究进展[J]. 材料导报,2012(5): 44-47.

[29] COBLE R L. Sintering alumina: effect of atmospheres[J]. Journal of the American Ceramic Society,1962,45(3): 123-127.

[30] KRELL A,HUTZLER T,KLIMKE J. Transmission physics and consequences for materials selection,manufacturing,and applications[J]. Journal of the European Ceramic Society,2009,29(2): 207-221.

[31] 李伟.CeF₃透明闪烁陶瓷的制备及其性能研究[D].上海：中国科学院大学上海硅酸盐研究所,2013.

[32] WEI G C,HECKER A,GOODMAN D A. Translucent polycrystalline alumina with improved resistance to sodium attack[J].Journal of the American Ceramic Society,2001, 84(12):2853-2862.

[33] HAYASHI K,KOBAYASHI O,TOYODA S,et al. Trasmission optical-properties of polycrystalline alumina with submicron grains[J].Materials Transactions JIM,1991, 32(11):1024-1029.

[34] MAO X,WANG S,SHIMAI S,et al. Transparent polycrystalline alumina ceramics with orientated optical axes[J]. Journal of the American Ceramic Society,2008,91(10): 3431-3433.

[35] 潘裕柏,李江,姜本学.先进光功能透明陶瓷[M].北京：科学出版社,2013.

[36] 克希耐尔.固体激光工程[M].孙文,江泽文,程国祥,译.北京：科学出版社,2002.

[37] ZHANG L,YAO Q,MA Y,et al. Taguchi method-assisted optimization of multiple effects on the optical and luminescence performance of Ce:YAG transparent ceramics for high power white LEDs[J].Journal of Materials Chemistry C,2019,7(37):11431-11440.

[38] LYAPIN A A,GORIEVA V G,KORABLEVA S L,et al. Diode-pumped LiY₀.₃Lu₀.₇F₄: Pr and LiYF₄:Pr red lasers[J].Laser Physics Letters,2016,13(12):125801.

[39] RICHTER A,HEUMANN E,OSIAC E,et al. Diode pumping of a continuous-wave Pr³⁺- doped LiYF₄ laser[J].Optics Letters,2004,29(22):2638-2640.

[40] 徐军,徐晓东,苏良碧.掺镱激光晶体材料[M].上海：上海科学普及出版社,2005.

[41] 徐军.新型激光晶体材料及其应用[M].北京：科学出版社,2016.

[42] VORONA I,BALABANOV A,DOBROTVORSKA M,et al. Effect of MgO doping on the structure and optical properties of YAG transparent ceramics[J]. Journal of the European Ceramic Society,2020,40(3):861-866.

[43] OH H,PARK Y,KIM H,et al. Effect of powder milling routes on the sinterability and optical properties of transparent Y₂O₃ ceramics[J]. Journal of the European Ceramic Society,2021,41(1):775-780.

[44] 代建红,王丽娟.新材料的第一性原理计算与设计[M].哈尔滨：哈尔滨工业大学出版社,2020.

[45] 徐军.激光材料科学与技术前沿[M].上海：上海交通大学出版社,2007.

[46] SOMESFALEAN G,LIU Y,ZHANG Z,et al. Upconversion mechanism for two-color emission in rare-earth-ion-doped ZrO₂ nanocrystals[J].Physical Review B,2007, 75(19):195204.

[47] MCCAMY C S. Correlated color temperature as an explicit function of chromaticity coordinates[J].COLOR research and application,1992,17(2):142-144.

[48] ÖRÜCÜ H,ÖZEN G,DI BARTOLO B,et al. Site-selective spectroscopy of garnet crystals doped with chromium ions[J].The Journal of Physical Chemistry A,2012, 116(35):8815-8826.

[49] KELLY M N,BOJARSKI S A,ROHRER G S. The temperature dependence of the

relative grain-boundary energy of yttria-doped alumina[J]. Journal of the American Ceramic Society,2017,100(2)：783-791.

[50] SAYLOR D M,ROHRER G S. Measuring the influence of grain-boundary misorientation on thermal groove geometry in ceramic polycrystals[J]. Journal of the American Ceramic Society,1999,82(6)：1529-1536.

[51] 陈国华,陈勇. 新型磷酸盐玻璃和玻璃陶瓷发光材料[M]. 北京：电子工业出版社,2019.

[52] OZAWA T. Kinetics of non-isothermal crystallization[J]. Polymer,1971,12(3)：150-158.

[53] YINNON H,UHLMANN D R. Applications of thermoanalytical techniques to the study of crystallization kinetics in glass-forming liquids,part Ⅰ：Theory[J]. Journal of Non-Crystalline Solids,1983,54(3)：253-275.

[54] RAY C S,HUANG W,DAY D E. Crystallization kinetics of a lithia-silica glass：effect of sample characteristics and thermal analysis measurement techniques[J]. Journal of the American Ceramic Society,1991,74(1)：60-66.

[55] BANSAL N P,DOREMUS R H. Determination of reaction kinetic parameters from variable temperature DSC or DTA[J]. Journal of thermal analysis,1984,29(1)：115-119.

[56] LOPES A A S,MONTEIRO R C C,SOARES R S, et al. Crystallization kinetics of a barium-zinc borosilicate glass by a non-isothermal method[J]. Journal of Alloys and Compounds,2014,591：268-274.

[57] SOARES R S,MONTEIRO R C C,LOPES A A S,et al. Crystallization and microstructure of $Eu^{3+}$-doped lithium aluminophosphate glass[J]. Journal of Non-Crystalline Solids,2014,403：9-17.

[58] VÁZQUEZ J,WAGNER C,VILLARES P, et al. Glass transition and crystallization kinetics in $Sb_{0.18}As_{0.34}Se_{0.48}$ glassy alloy by using non-isothermal techniques[J]. Journal of Non-Crystalline Solids,1998,235-237：548-553.

[59] 戴念祖. 文物中的物理[M]. 北京：北京联合出版公司,2021.

[60] NAKAMURA S,SENOH M,MUKAI T. High-power InGaN/GaN double-heterostructure violet light emitting diodes[J]. Applied Physics Letters,1993,62(19)：2390-2392.

[61] 国家发展和改革委员会高技术产业司,中国材料研究学会. 中国新材料产业发展报告2007：新材料与资源能源和环境协调发展[M]. 北京：化学工业出版社,2008.

[62] 中华人民共和国国务院新闻办公室.《中国的稀土状况与政策》白皮书[R]. (2012-06-20)[2022-02-10]. http://www. gov. cn/zhengce/2012-06/20/content-2618561. htm.

# 索　引

3D 打印　206

BB84 协议　467

CALPHAD　357

$Ce^{3+}$ 的吸收和发射光谱　385

CIE1931 色度图　437

$Cr^{3+}$　69

EAST　433

F-L 公式　400,401

ICP-AES　279

ICP-MS 方法　289

LD 泵浦光波长　318

LED 照明　435

Lucalox　30

Thermo-Calc　357

$Ti^{3+}$　69

X 射线 CT　303

X 射线光电子能谱　288

X 射线微区成像法　289

X 射线吸收精细结构谱　286

X 射线显微成像　302

X 射线荧光分析　280

Y-Al-O 三元相图　358

"受激"发光　6

"托克"(Tauc plot)法　309

"自发"发光　6

Ⅱ-Ⅵ族半导体　44

$M^2$ 因子　341

阿贝尔数　314

阿基米德排水法　293

爱因斯坦系数　395

安全评估　418

奥斯特瓦尔德熟化　363

半导体激光器　426

包裹型结构　50

饱和光强　402

饱和光通量　402

饱和能流密度　402

倍半氧化物　40

本构参数　363

泵浦功率　336

泵浦源　7,59

比表面测试技术　292

比热容　143

闭气孔　294

变温光谱　329

标准　539

标准化　493,537

表观密度　294

表面粗糙度　263

表面光洁度　263

表面活性剂　187

表面结构　110

表面漫散射　443

表面能　213

表面平整度　263

表面态　182

表面微凸起间距　263

波茨(Potts)模型　364

波函数法　385

波利(Pawley)精修　274

玻璃陶瓷　504

玻璃转化为陶瓷　498

薄胎瓷　30

材料的失效　417

材料基因组计划　491

材料计算模拟　491

材料设计　491

参比法　273

残差因子 275
残余气孔率 300,303
差分电荷密度 370
差示扫描量热法 330
掺铒光纤放大器 455
掺杂成分的均匀性 289
场变量 367
超感系数 394
超高斯模式 344
超声波处理 191
沉淀法 185
成型 198
尺寸效应 111,134,159
传统陶瓷 17
串扰 25
瓷器 15
磁导率 405
磁光材料 453
磁光品质因子 454
磁光效应 453
磁偶极跃迁 392
磁约束核聚变 433
磁致旋光效应 453
从头法 360,382
大尺寸陶瓷 519
大气激光通信 459
单光子激光雷达 466
单晶化 258
单晶中的掺杂浓度 520
单晶转化为陶瓷 500
单谐振子模型 454
弹性光散射 114
氮化硅陶瓷 18
导热法 347
倒易法 399
德克斯特理论 67
德克斯特模型 411
低自旋 89
第二相 114,119
第一性原理 360

电偶极跃迁 392
电子成对能 88
电子门控技术 323
电子能量损失谱 280
电子亲和力 378,380
电子探针微区分析 279
电子显微成像 299
电子云变形 371
电子云扩展效应 378
调控能级系统 156
叠层结构 415
钉扎效应 218
定向投影 451
定向照明 445,446,449
短时间效应 326
堆积均匀性 192
多尺度模型 354
多次散射 117
多极矩相互作用 411
多晶 8
多晶结构 159
多中心发射 94
多重散射 117
多组分改性 47
二次光谱 317
二次烧结 210
发光 6
发光饱和性 450
发光的均匀性 450
发光的能带机制 99
发光动力学 317
发光二极管 436
发光粉 21
发光离子能级跃迁 316
发光亮度 440
发光量热计 481
发光强度 440
发光效率 407,439,448
发光中心 59,64
发射光谱 320

发射光谱位置 378

法拉第效应 453

反常晶粒生长 215

反射 4

反射率 406

反斯托克斯发光 60

反位缺陷 112,219

反转参数 219

非弹性光散射 114

非辐射跃迁概率 76

非立方结构的透明陶瓷 510

非立方透明陶瓷 434

菲涅耳反射率 126

费希特鲍尔-拉登堡公式 400

分段结构 48

粉末衍射 270

粉末衍射文件 271

粉体物相 182

粉体制备方法 184

氟化物 43

辐射寿命 392

辐射效率 407

辐射跃迁概率 75,392

负吸收 5

复合沉淀 185

复合物理场成型 207

复折射率 375

伽玛函数 411

干法成型 198

高密度 256

高能弛豫 390

高浓度掺杂 161,526

高温蠕变 242

高压作用 220

高致密度 256

高自旋 89

工艺参数的统计分析 529

功能复合陶瓷 23

功能陶瓷 21

共沉淀 185

共格性 215

共格应变 215

共价性 371

共振能量传递 64

骨瓷 30

固体激光器 426

固相反应法 185

固相晶体生长法 504

官能团 184

惯性约束聚变 432

光-光转换效率 407

光斑大小 162

光程差 139

光单向器 454

光弹效应 139

光挡 448

光隔离器 453,454

光密度 306

光谱计算 373

光谱项 60

光谱展宽 80,83

光谱支项 60

光散射 114

光散射法 292

光色的稳定性 450

光束发散角 162

光束宽度 164

光束模式 162

光束强度 162

光束束宽 164

光束质量 340

光束质量变化 315

光提取效率 448

光纤激光器 141

光纤通信 459

光学显微成像 297

光学谐振腔 7

规模生产 535

过渡金属离子 69

过渡金属离子变价 71

过烧结  222

核聚变  432

横模  162

红外光谱  282

后致密化处理  249

化学键  370

环围功率比  346

环氧树脂  440

基模  162

基质  37

基质效应  100

畸变电荷密度  370

激发光谱  318

激光  6,59

激光点火  431

激光电池  477

激光二极管  123,426

激光发光中心  69

激光功率分布  315

激光可控核聚变  432

激光雷达  465

激光亮度  165

激光模式  162

激光能级系统  148

激光上能级  6,63

激光烧结  248

激光输出性能  340

激光武器  427

激光下能级  6

激光照明  435,446

激光质量退化  418

几何结构设计  145

技术链  490,544

间接泵浦  122

间接带隙  308,374

间接跃迁  374

键合  258

键合成型  208

姜-泰勒(Jahn-Teller)效应  89

交叉弛豫  409

交叉弛豫能量传递  64

结构复合陶瓷  23

结构因子  116

截面  396

介电系数  374,405

介观  361

界面反应  362

界面能  213

界面迁移  214

经验法  377

经验公式  531

晶胞  8

晶间相  12

晶界  11,108,133,171,481

晶粒定向制备  511

晶粒细化  515

晶体  8

晶体场分裂能  88

晶体场工程  94

晶体场畸形效应  80,83,85,86

晶体场理论  78

晶体场稳定化能  88

晶体场效应  78,80,100

晶体结构解析  274

晶体结构精修  274,275

井口-平山  411

静电场模型  78

镜面反射  114

绝对折射率  404

均相沉淀  185

开气孔  293

柯西色散方程  313

科技创新  538,539

可调谐激光  77

可见激光  73

空间尺寸  353

空间激光通信  461

空位流  228

孔隙率  295

拉卡(Racah)参数  90

拉曼光谱　283

朗伯-比尔-布格定律　4

勒贝尔(Le Bail)精修　274

里特沃尔德(Rietveld)精修　275

理论密度　294

立体成像　302

立体印刷术　206

粒径　291

粒径分布　291

粒子布居反转　150

粒子数反转　70,148

连贯体　212

连续激光　123

连续激光品质因子　403

量子产率　407

量子激光雷达　466

量子亏损　122

量子密钥分发　467

量子通信　464

量子效率　392,407

磷光　113

零声子线　103,318

流明效率　407,439

流延成型　202

掠入射式 XRD　288

络合子　255

脉冲激光　123

脉冲激光输出性能　338

漫反射谱　319

蒙特卡罗法　363

米(Mie)散射　115

密度泛函法　353,383

密度指数　296

模型　411

纳微米粉末　36

内量子效率　448

内禀散热　140

内透射率　127

能带　95

能带发光跃迁机制　96

能带工程　99,113

能带模型　436

能量传递　410

能量守恒原理　87

能量转换　59,121,390,408,410

能量转换模拟　391

拟合法　377

黏结剂　203

黏滞烧结　212

浓度的单位　278

配分函数　397,398

配位场理论　79

喷雾干燥法　186

喷雾热解　186

喷雾造粒　186

偏振化吸收光谱　395

品质因子　169,275

平-凹腔　336

平-平腔　336

平行度　263

剖面分析　302

谱峰分解　285

气氛烧结　241

气孔　31

气孔的排除　363

气孔的脱钩　368

气孔密度　303

前向全透射率　309

嵌入势从头模拟法　385

强度参数　392,394

强激光　344

侵彻材料　420

轻稀土　542

球磨　189

曲率变化　225,226

取向效应　159

全反射　310

全透明　510

全透射率　125,304,309

缺陷工程　99,113

缺陷能级 96
热成像 331
热冲击 416
热传导 140,413
热弹效应 139
热导率 143,413
热分析 329
热光系数 138
热光效应 139
热机械分析 330
热解法 186
热耦合能级 482
热释光 330
热效应 135
瑞利长度 164
瑞利散射 115
瑞利散射截面 115
瑞利散射系数 116
赛隆陶瓷 19
三维显微成像 303
散射 4,25
散射点成像 311
散射点密度 303
散射光成像 259
散射光谱 116
散射损耗 5,305
散射损耗系数 128
散射系数 128
散射系数测试 310
扫描电子显微成像 299
色度图 436
色度系统的差异 438
色温 438
色心 108,113
色域 451
色坐标 436
色坐标差异 437
熵减 220
熵值 340
上转换激光 73

烧成 212
烧结 31
烧结活性 196
烧结路径 229
烧结驱动力 195
烧结图 228
烧结助剂 32,457
烧结助剂的分布 523
烧蚀法 347
设备的信息 278
声子 414
声子辅助能量传递 64
声子散射 414
失效模式 418
湿法成型 198
石榴石 38
时间尺度 353
时间关联单光子计数法 323
受激发光 59
受激发射 63
受激发射截面 396,397
受激辐射 6
受激吸收 6
受激吸收截面 397
输出功率 336
束宽 343
束散半角 164
束散角 164
衰减寿命 408
衰减寿命谱 322
衰减系数 305
双折射 119,120
瞬间热冲击 420
瞬态光谱 316
瞬态热作用 417
瞬态吸收光谱 323
斯塔克能级 93
斯塔克效应 76,93
斯特列尔比 346
斯托克斯发光 60

塑性流变　31

塑性形变　231

随机抽样　364

随机散射　119

损耗系数　305

太阳光泵浦　472

太阳能发电卫星　473

碳化硅陶瓷　19

陶瓷　16

陶瓷粉体　181

陶瓷厚度　116

陶瓷化　258

陶瓷基复合材料　22

陶瓷转化为玻璃　499

陶瓷转化为单晶　501

陶瓷组成　11

陶器　14

特征标　61

梯度结构　49

体积密度　294,295

体结构　110

田边-菅野(Tanabe-Sugano)图　61

田口法　530

填充系数　296

透明磁光陶瓷　457

透明化　24

透明结构陶瓷　34

透明陶瓷　13

透明性　1,131

透射电子显微成像　301

透射率　2,4,125,304,406,443

透射率光谱　116

团聚　193

拓扑需求　225

外量子效率　448

外形　290

外源冷却　140

网络生成体　498,505

网络修饰体　498,505

唯象参数　394

维尔德(Verdet)常数　454

伪彩色化　300

温度场　135

稳态光谱　316

无辐射跃迁　64

无结构全谱拟合　274

无烧结助剂体系　249

无序激光　68,340

无序性　220

无压烧结　240

物相的均匀性　289

物质流　228

物质流动　362

吸光度　306,454

吸收　33

吸收光谱　318,373,393

吸收截面　396,397

吸收系数　86,129,305

析晶活化能　534

稀土材料　541

稀土激光离子　72

稀土经济　490,539

稀土离子　69

下能级　63

显气孔率　295

显色性　439

显色指数　439

现场吸收光谱　325

相变增韧　367

相场法　365

相场模型　366

相衬像　301

相对密度　295

相对强度　271

相对折射率　312,404

相关色温　438

相图　218,357

消光系数　127,375

斜率效率　63,336,407

谐振腔　63

谐振腔损耗　63

形貌与分布　183

形状的分布　293

选择性激光烧结　206

颜色的纯度　438

衍射　10

衍射极限倍数　346

赝基态　384

赝立方结构　519

赝吸收　305

氧化锆陶瓷　20

氧化铝陶瓷　18

氧离子扩散　220

液相烧结　362

钇铁石榴石　457

荧光分支比　392

荧光粉　21

有限元法　369,411

有效体积分数　120

有压烧结　240

余辉　113

宇称禁阻　70,72

宇称禁阻跃迁　79

宇称选律　79

宇称允许　86

元素与基团分析　278

原胞　9

原料粉体　181

远场发散角　164

跃迁矩阵元　392

杂相分析　272

杂相衍射峰　270

造粒　188

择优取向　272

泽尔迈尔色散方程　313

增材制造　206

增益截面　396,403

增益介质　426

乍得-奥菲特(Judd-Ofelt,J-O)理论　392

折射率　374,404

折射率差异　517

真实密度　294

振子强度　393

整合　493

正交法　530

之字形结构　51

直接 HIP 法　243

直接泵浦　122

直接带隙　308,374

直接驱动法　434

直接跃迁　374

直线透射率　2,125,304

指标化　274

指纹性　271

制备工艺的理论化　528

质量控制　535

质谱　281

致密度　295

置换型缺陷　112

重稀土　542

重心原理　87

周期性破缺　481

主波长　438

主光　438

注浆成型　199

注模成型　201

注凝成型　200

转换发光　72

自发发射　63

自发辐射　400

自发辐射跃迁概率　395

自发射　455

自旋选律　79

自旋跃迁禁阻　76

自有烧结助剂　253

纵模　162

总磁量子数　60

总轨道量子数　60

总透射率　3

总自旋量子数　60

综合性能评价指标　169
组成与结构　356
组分分布均匀性　330
组分均匀化　519

组合结构的荧光陶瓷　443
最小泵浦功率密度　402
最小偏向角　313